普通高等教育“十三五”规划教材

应用胶体与界面化学

YINGYONG JIAOTI YU JIEMIAN HUAXUE

赵振国 王舜 编著

第二版

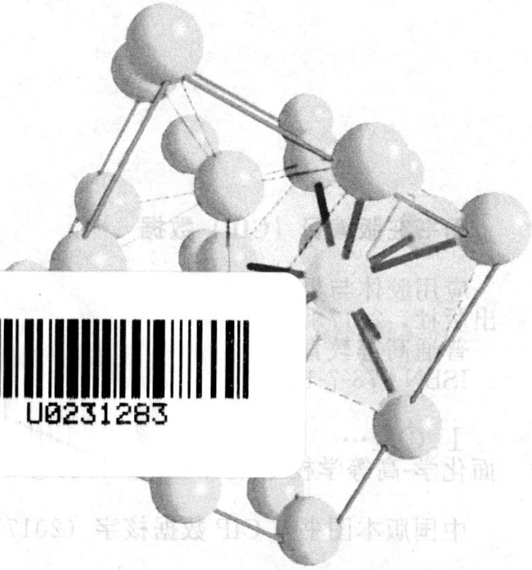

化学工业出版社

·北京·

《应用胶体与界面化学（第二版）》简明介绍了胶体与界面化学的基础知识（强调基本概念，理论模型的条件和应用限制，多不涉及公式的详细推导），着重介绍了有代表性的实际应用、科学实验方法和对实验对象及数据的处理与分析，其中包括溶胶、单分散胶体、纳米粒子的制备，乳状液、微乳液、泡沫、凝胶等实用分散体系的形成、结构与应用，表面活性剂及其在增溶、洗涤、催化作用中的应用，不溶物单层、LB膜、BLM、自组装膜的形成及应用，吸附作用及其在水处理、气体分离中的应用和常用吸附剂的结构特点及应用等。各章内容有简有繁，为了便于学习和理解，许多章节给出实例予以说明。每章后编写了若干习题，供读者选择应用。

《应用胶体与界面化学（第二版）》可作为化学、应用化学、环境、材料、生物、油田化学、气体工业等相关专业本科生、研究生开设胶体与界面化学课的教材和教学参考书，也可供相关领域工作的科技人员参考。

图书在版编目（CIP）数据

应用胶体与界面化学/赵振国，王舜编著. —2版. —北京：化学工业出版社，2017.8（2025.2重印）
普通高等教育“十三五”规划教材
ISBN 978-7-122-29546-0

Ⅰ.①应… Ⅱ.①赵…②王… Ⅲ.①胶体化学-高等学校-教材②表面化学-高等学校-教材 Ⅳ.①O648②O647

中国版本图书馆CIP数据核字（2017）第087925号

责任编辑：刘俊之　　装帧设计：史利平
责任校对：宋　玮

出版发行：化学工业出版社（北京市东城区青年湖南街13号　邮政编码100011）
印　　装：北京盛通数码印刷有限公司
787mm×1092mm　1/16　印张23　字数614千字　　2025年2月北京第2版第7次印刷

购书咨询：010-64518888　　售后服务：010-64518899
网　　址：http://www.cip.com.cn
凡购买本书，如有缺损质量问题，本社销售中心负责调换。

定　　价：59.00元

前　言

《应用胶体与界面化学》自2008年问世，至今已过九年。

我们所处的时代是科学技术“井喷”的时代，不时会有新的发现、发明和科技新成果问世。同时又不断提出许多新的课题期待科技工作者解决。因此，科技图书的内容需不断更新，以反映出当前的科技成果和课题，并回答一些读者感兴趣的问题。基于此，只要有需要，书的修订势在必行。

对本书修订说明如下：

1. 本书中胶体与表面化学的基础知识内容基本未动，适当删节少量图表和文字，修改了少量错误。基本保持第一版大部分章节框架，只对第六章、第十章做了大的调整。

保持第一版注重实验、例题和对实验现象的分析、讨论等特点。

2. 近几年环境污染问题的突显和人们环保意识的提高，本版补充了气溶胶内容的介绍，重点在大气气溶胶和大气污染的防治。在第九章中补充了吸附在水处理中的应用。

3. 超轻材料的研究我国处于先进行列。故在第十章中增加气凝胶和超轻材料的介绍。

4. 第六章做了内容调整。突出生物界面膜。其他章节增加或补充了一些知识点，如胶体晶体、纳米污染、化学吸附与多相催化等。

5. 应读者要求编选了习题。所选习题部分是根据作者的教学、科研实验数据演化而成，其余选自多种参考书。部分习题给出参考答案。

本书修订特邀温州大学化学与材料科学学院院长王舜教授参加。王教授修订了第一章和第七章第六节。其余由赵振国修订。

本书修订得到刘雅仙女士和王舜教授团队张青程、刘爱丽老师的帮助。化学工业出版社领导和编辑对本书的出版给予热心的指导和帮助，在此一并致以衷心的感谢。

本书若对读者有所裨益，应归功于本书所列参考文献的众多作者。编写者向他们表示深深的谢意。书中若有谬误，皆为编写者水平不足，欢迎读者不吝指正。

编著者

2017年3月

第一版前言

胶体与界面化学是研究胶体分散体系物理化学性质及界面现象的科学。虽然原属物理化学的一个分支，但其与生产和生活实际联系之紧密和应用之广泛是化学学科中任一分支不能比拟的。

我在 20 世纪 80～90 年代在北京大学化学系曾主持胶体与界面化学实验课和讲授界面化学及吸附理论等课程，并进行了其中一些领域的研究工作，不断学习和积累了一些资料和研究成果。感到有些内容应该可丰富到胶体与界面化学的教学活动中，以有利于有关专业和研究方向的学生、科研和工程技术人员深化和扩大知识面并提高解决实际问题的能力。

本书取名《应用胶体与界面化学》，本意只在于说明本书理论部分介绍的少一些，特别是略去多数公式的推导，只说明成立（假设）条件和应用；介绍一些较有代表性的应用性内容。我对“应用”的理解是，至少应包括：生产与生活实际中的应用；科学实验中研究方法和测试手段的应用；数据处理和实验现象等综合结果的分析等方面。

本书共分十章。第一、二、五、十章介绍胶体分散体系（包括溶胶、乳状液、泡沫、凝胶）的制备及基本性质。重点介绍溶胶、单分散溶胶、纳米粒子的制备，乳状液、微乳液，凝胶的应用原理及实例。第三、四章介绍液体表面张力基本概念、测量方法和表面活性剂溶液性质及增溶、洗涤作用。第六章介绍不溶物膜、BLM、LB 膜、脂质体等。第七、八章介绍固气、固液界面上的吸附作用及在气体分离、水处理中的应用。第九章介绍几种常见吸附剂（活性炭、硅胶、沸石分子筛、活性氧化铝等）的结构特点和吸附性质。在介绍相关体系的实际应用时，说明胶体与界面化学原理在这些应用中的作用和适度的相关知识，基本不涉及工艺流程。在各章中或多或少地以举例方式介绍了一些有代表性的实验方法、数据处理和实验结果的讨论，期望有助于对所介绍内容的深入了解。

在我进行教学和科研工作中曾得到北京大学化学院胶体化学教研室的朱玚瑶、羌笛、马季铭、高月英、程虎民、齐利民等教授和刘迎清女士的帮助。在本书编写时得到江苏石油化工学院沈钟教授的关心和北京大学化学院吴瑾光教授的帮助，刘雅仙女士做了许多绘图和文字工作。在此一并致谢。

对化学工业出版社领导和编辑给予我一贯的支持及为出版此书付出的辛勤劳动在此表示衷心感谢。

本人水平有限，书中不当之处，欢迎读者不吝指教。

赵振国

北京大学燕北园

戊子年春节

目录

第八章 固液界面的吸附作用 …… 258

第九章 吸附剂 …… 294

第十章 泡沫、凝胶、气凝胶和气溶胶 …… 323

绪　论

第一节　胶体与界面

一、分散体系❶

一种或几种物质以细分状态分散于另一种物质中形成的体系称为分散体系（也称分散系统，dispersion system）。根据被分散物质分散的程度可将分散体系分为粗分散体系、胶体分散体系和分子分散体系，各自的特点见表 0.1。

表 0.1　分散体系按被分散物质分散程度大小的分类

分 散 体 系	被分散物粒子大小	分散体系的直观性质
粗分散体系（coarse disperse system）	$\geq 1\mu m$	粒子粗大，不扩散，显微镜下可见；体系不稳定，易沉降分离
胶体分散体系（colloidal disperse system）	$1\mu m \sim 1nm(10^{-6} \sim 10^{-9}m)$	粒子细小，扩散极慢，普通显微镜下不可见；体系一般透明，有较高的稳定性
分子分散体系（molecular disperse system）	$< 1nm$	分子扩散快；体系完全为均相透明且稳定

大分子化合物溶液许多直观性质与可溶无机物和小分子有机物溶液性质接近，但其大分子粒子大小常在胶体分散体系粒子大小范围内，也具有胶体分散体系的许多特点。

在粗分散体系和胶体分散体系中被分散的不连续相（分散相，disperse phase）与连续相（分散介质，disperse medium）间有相界面。根据被分散物和分散介质的聚集状态可将分散体系以被分散物/分散介质表示。表 0.2 是依被分散物（分散相）和分散介质的聚集状态对分散体系的分类。

表 0.2　依被分散物和分散介质聚集状态对分散体系的分类

被分散物聚集态	分散介质聚集态	分散体系名称	实　例
气	气	气/气分散体系	混合气体
气	液	气/液分散体系，泡沫	灭火泡沫
气	固	气/固分散体系，固体泡沫	泡沫塑料，气凝胶、孔性固体①
液	气	液/气分散体系，气溶胶	雾，油雾，湿气
液	液	液/液分散体系，溶液，乳状液	牛奶，原油
液	固	液/固分散体系，凝胶	某些宝石，豆腐
固	气	固/气分散体系，气溶胶	烟，尘
固	液	固/液分散体系，溶胶，悬浮液凝胶	油漆，泥浆
固	固	固/固分散体系	合金，有色玻璃

① 孔性固体具有双连续相结构。固体泡沫中气体是分散相。

❶ 根据化学术语修订方案，“体系”和“系统”统称“系统”。但现多数教材中仍沿用“体系”。

在表 0.1 的分类方法中，分子分散体系和大分子化合物溶液的胶体分散体系均为均相体系。在表 0.2 的分类方法中，气/气分散体系和部分液/液分散体系为均相体系。

当以气体为分散介质时，分散相为液态物质的分散体系称为雾；分散相为固体的烟或尘等微粒形成的混浊大气现象称为霾（haze）。烟中的固体粒子比尘的固体粒子小。雾、尘和烟均可称为气溶胶（aerosol）。

当以液体为分散介质时，分散相为气体的分散体系称为泡沫（foam）；分散相为不相混溶的液体的称为乳状液（emulsion）；分散相为高度分散的固体的称为溶胶（sol）或胶体溶液（colloidal solution），分散相为普通显微镜下可见固体粒子的称为悬浮体（suspension）。作为分散介质的液体可以是纯液体，也可以是多组分完全混溶的液体混合物和溶液。以水和水溶液为分散介质形成的溶胶和悬浮体常称为水溶胶（如金的水溶胶）和水悬浮体（如 Al_2O_3 水悬浮体），以有机液体为分散介质形成的称为有机溶胶（如硫的苯溶胶）和有机悬浮体。一般未特别说明时所表述的均为水溶胶或水悬浮体。

当以固体为分散介质时，分散相为气体形成的分散体系称为固体泡沫（solid foam）和气凝胶（aerogel）；分散相为液体的称为凝胶（gel）和固体乳状液（solid emulsion）；以固体为分散相形成的分散体系称为固体溶胶（solid sol）。

从上述介绍中可知，气/气分散体系和无机与有机化合物（包括大分子化合物）在液体介质中形成的分子分散体系是均相的，而其他分散体系均为非均相体系，在这些非均相体系中分散相粒子的大小极大地影响这些体系的性质，但分散相粒子的大小并非为决定分散体系性质的唯一因素。换句话说，非均相分散体系的性质还与分散相、分散介质的性质及二者间的相互作用有关。许多书中将分散体系专指非均相（多相）体系，气/气体系和溶液（不包括大分子溶液）不属于分散体系。

二、胶体

由表 0.1 可知，分散相粒子在至少一个尺度上的大小在 1～1000nm 范围内高度分散的分散体系称为胶体分散体系。在此限度范围的分散相粒子称为胶体（colloid）。在有些书中对这一限度范围有不同的规定，如将其上限规定为 10^{-7} m(0.1μm)。胶体的大小约相当于一般小分子大小（约纳米级）至高倍放大（如超显微镜）条件下可见的大小。

胶体粒子中可以只含有一个分子。例如某些天然的或合成的大分子化合物溶解于良溶剂中，可被分散为单个的分子，这些分子大多符合胶体粒子大小的标准。大分子化合物溶液构成的胶体分散体系是热力学稳定体系，即粒子与溶剂具有亲和性。只有当溶剂蒸发掉，大分子化合物才能析出，析出的物质仍可再溶解于良溶剂中：如此反复，可可逆进行。大分子化合物胶体被称为亲液胶体（lyophilic colloid）。

胶体粒子也可以由多个分子构成。由亲水性基团和亲油性基团（或称疏水性基团，主要是碳氢链）组成的两亲性表面活性物质（主要指表面活性剂）在液体介质中可以形成由多个这类分子构成的缔合体（在水中这种缔合体称为胶束，在有机溶剂中称为反胶束），此类缔合体称为缔合胶体（association colloid）。与亲液胶体相似，缔合胶体也是热力学稳定体系，故缔合胶体可视为亲液胶体的一种，区别仅在于缔合胶体粒子是由多个两亲分子构成的，其粒子大小与构成粒子的分子大小、数目和结构有关。缔合胶体只有在两亲物质大于一定浓度的溶液中方可形成，且缔合过程是可逆的。

由上面的介绍可知，亲液胶体（分散体系）是胶体粒子大小在一定范围内与分散介质有亲和性的真溶液。亲液胶体一般能自发形成。

当构成胶体粒子的物质与分散介质亲和性不大时，必须通过外界做功，使被分散物质以胶体粒子的大小分散于分散介质中，这样形成的胶体分散体系称为疏液胶体或憎液胶体

(lyophobic colloid)。大多数疏液胶体分散体系的分散介质为液体，如常见的固/液、气/液和液/液分散体系中分散相粒子大小在胶体大小范围内的相应体系，这些体系常有如表 0.2 中所列的常用名称，如溶胶、泡沫、凝胶、乳状液等。分散介质为气体或固体的胶体体系，只要分散相与分散介质亲和性差，也可笼统地归入疏液胶体，只是此处之"液"泛指分散介质，如气溶胶、固体泡沫、某些凝胶等。气溶胶和凝胶的含义有时不十分清楚，要分清分散相和分散介质各是什么。

疏液胶体与亲液胶体的最大不同是前者为热力学不稳定体系，不能自发形成，分散相有自发从分散介质中分离的趋势。换言之，疏液胶体只有暂时的或在一定条件下的相对稳定性，长时间放置总会分离成分散相和分散介质。当然，这种相对稳定性的大小与分散相粒子大小、分散相与分散介质的性质、疏液胶体形成和保存的条件等因素有关。疏液胶体虽为热力学不稳定体系，但由于其粒子很小，在分散介质中有一定的扩散作用，从而具有动力学稳定性。疏液胶体的热力学不稳定性和动力学稳定性的综合结果使其具有某种相对稳定性。

疏液胶体的另一特点是分散相与分散介质各为单独的相，即为多相体系。具有高度分散的分散相的疏液胶体有比粗分散体系大得多的界面面积和界面能，这正是形成疏液胶体分散体系需外界做功和疏液胶体热力学不稳性的原因。

三、界面

由物理化学知识可知，体系中任何一均匀、可用机械方法分离开的部分称为一个相，一个相不一定只含一种物质，一种溶液是一个相，不相混溶的两种液体为两个相，几个不同物质的固体混合物（不包括固溶体）体系就有几个相。接触的不相混溶的两相交界之处称为界面(interface)。在接触的两相中若有一相为气相，另一相为凝聚态相，所交界之界面称为表面(surface)。界面与表面无本质区别，有时统称为界面。物质一般有气、液、固三态，故界面有气固界面（或称固体表面）、气液界面（或称液体表面）、液液界面、固液界面和固固界面五种。气体与气体完全混溶，不能形成界面。液液界面指不相混溶的两液体间的界面。

实际体系的界面都不是没有厚度的几何面，而是有若干分子厚度的两相间的"过渡"区域，这一厚度与大块体相大小相比又常是微不足道的，因而为了研究方便有时将界面视为二维或准二维状态。

在自然界中人们视觉和触觉所感知的多为有形物体的表面或界面，即为宏观表面或界面。在自然界中也有一些在常规条件下不被人们所感知的界面，如各种生物膜、表面活性剂的各种类型有序聚集体（胶束、囊泡及脂质体、微乳液等）的微观界面。

在有限的界面区域内，分子的聚集状态、排列方式、分子间的相互作用与在构成界面两侧大块体相中的有很大不同，从而导致在界面区域发生一些独特的物理化学作用、化学反应和生物化学过程。例如吸附作用，界面化学反应，细胞膜对阴离子、阳离子和中性分子的选择性运输作用，细胞膜中的各种酶促反应等。

在界面上发生的各种物理化学作用及化学反应与构成界面的物质组成、化学结构、表面结构与基团、界面面积大小等因素有关。例如，水在硅胶表面上的吸附量受硅胶表面硅羟基浓度、硅胶孔结构和比表面的影响；氢和烃易在过渡金属表面吸附，故过渡金属是氢和烃反应（如加氢、脱氢、加氢裂解反应）的良好催化剂……

在胶体分散体系中分散相粒子都很小，因而可形成大的界面面积。换言之，在此体系中界面面积与粒子大小有直接的关系：粒子越小，界面面积越大。

体系中界面面积的大小通常可用比表面（积）表示。比表面（specific surface area）是指单位质量（通常为 1g）或单位体积（通常为 $1cm^3$）分散相物质的界面面积。无孔实体（如金属晶体、液珠）只有外表面；多孔固体还有内表面，即孔隙内壁的面积。胶体分散体系中分散相比表面的激增，使得在界面上发生的各种物理化学作用、化学反应活性也明显增大。

表 0.3 表述将半径为 1.0cm 的球形水珠，逐次将半径减半，所得水珠数目、总表面积、比表面数值。由表中数据可知，同样体积大小的分散相，分散程度越大（粒子数目越多，粒子越小），比表面越大。比表面与球形粒子半径 r 的关系为：

$$比表面=\frac{分散相粒子总面积}{分散相质量}=\frac{n4\pi r^2}{n\dfrac{4}{3}\pi r^3\rho}=\frac{3}{r\rho} \qquad (0.1)$$

式中，n 为将球形粒子分切的次数；ρ 为分散相密度。当然，若球形粒子的半径为分子大小（如 10^{-8}cm）时，相界面也不再存在，式(0.1)不能应用。

表 0.3　半径为 1.0cm 的水珠逐次将半径减半切分时所得水珠个数、每个水珠的体积、每个水珠的面积、总表面积和比表面

水珠半径 r/cm	水珠个数 N/个	每个水珠体积 V/cm^3	每个水珠面积 A/cm^2	水珠总表面积 S/cm^2	比表面 S_p/cm^{-1}
1(r_0)	1(N_0)	4.19(V_0)	12.6(A_0)	12.6(S_0)	3.01
0.5	8	0.524	3.14	25.1	6.0
0.25	64	6.55×10^{-2}	0.786	50.3	12.0
0.125	5.12×10^{2}	8.18×10^{-3}	0.196	101	24.1
0.0625	4.10×10^{3}	1.02×10^{-3}	4.91×10^{-2}	201	48.0
0.0313	3.28×10^{4}	1.28×10^{-4}	1.23×10^{-2}	402	95.9
⋮	⋮	⋮	⋮	⋮	⋮
10^{-4}	10^{12}	4.2×10^{-12}	1.26×10^{-7}	1.26×10^{5}	3.0×10^{4}
10^{-5}	10^{15}	4.2×10^{-15}	1.26×10^{-9}	1.26×10^{6}	3.0×10^{5}
10^{-6}	10^{18}	4.2×10^{-18}	1.26×10^{-11}	1.26×10^{7}	3.0×10^{7}
10^{-7}	10^{21}	4.2×10^{-21}	1.26×10^{-13}	1.26×10^{8}	3.0×10^{8}
10^{-8}	10^{24}	4.2×10^{-24}	1.26×10^{-15}	1.26×10^{9}	3.0×10^{9}
$\left(\frac{1}{2}\right)^n r_0$	$8^n N_0$	$\left(\frac{1}{8}\right)^n V_0$	$\left(\frac{1}{4}\right)^n A_0$	$2^n S_0$	S/V_0

注：n 为水珠切分的次数。

由表 0.3 数据可知，随切分次数增加，水珠半径减小，比表面增大。胶体粒子的比表面比粗大粒子的大几个数量级。比表面增大的直接结果是总表面能的增大和大多数分散相物质分子将处于表面上。仍以水珠为例。当半径为 1.0cm 的水珠，切分成 64 个半径为 0.25cm 的水珠，总表面能为 3.62×10^{-4}J；当切分成 10^{21}个半径为 10^{-7}cm 的水珠时，总表面能为 9.07×10^{2}J，约增大了 10^6倍。应当说明，总表面能是用室温下水的表面张力与所有小水珠总面积相乘得到的，表面张力是物质的宏观性质，当水珠小到分子水平或几个分子聚集的水平时，其表面张力的概念已经模糊。有研究工作证明，当弯曲液面的曲率半径小于 50nm 时，其表面张力值远远偏离平液面的表面张力。随着水珠半径的减小，原处于体相中的水分子将更多地处于表面上。处于体相中的分子受到周围分子的作用力是均衡的，而处于表面上的分子受密度大的一相中分子作用力比密度小的一相中的分子作用力大得多，因此在液体表面（即气液界面）上的液体分子受到垂直于表面，指向液体体相的作用力，此作用力导致液体表面有自动收缩的趋势。从能量角度来说，胶体分散体系界面面积大，处于界面上的分子数多，体系能量高，处于不稳定状态，这就是产生特殊的表面物理化学作用（如吸附作用）及表面化学反应的根本原因。

四、胶体粒子的形状与大小

胶体粒子的形状多样，其中有些体系的粒子可视为球形，如分散相为液体的乳状液中的小液珠、特定条件下人工合成胶乳（如聚苯乙烯胶乳）、球蛋白分子、特殊条件制备的某些金属或金属氧化物的疏液胶体等。有些胶体粒子偏离球形，但可作为椭球体处理。椭球体可视为一椭圆平面绕自身一个轴旋转而形成的三维体。椭球体可用其旋转半轴 a 和最大旋转半径 b 描述。轴比 a/b 表示粒子偏离球形的程度。若 $a>b$，即 $a/b>1$ 为长椭球体；若 $a<b$，即 $a/b<1$ 为扁椭球体；若 $a=b$，即 $a/b=1$ 为球体；若 $a\gg b$，粒子近似为长棒状；若 $a\ll b$，粒子近似为盘状。线型大分子多有柔性，在溶液中分子形状不断改变，可视为无规线团，但其大小多在胶体粒子大小范围。上述各种粒子形态定性图示于图 0.1 中。

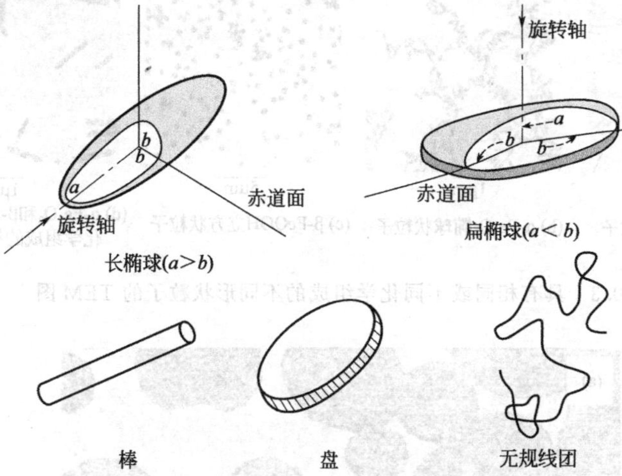

图 0.1　非球形粒子形状示意图

图 0.2 是两种单分散胶体粒子的电镜图片。图 0.2(a) 是球形硫化锌粒子的 SEM 图，图 0.2(b) 是立方碳酸镉粒子的 SEM 图。

图 0.2　单分散球形硫化锌粒子 (a) 和单分散立方碳酸镉粒子 (b) 的 SEM 图

控制成核、生长和后处理条件，可得到同一化学组成但形状不同的粒子。图 0.3 是不同条件下得到不同形状的 β-FeOOH 和 α-Fe_2O_3 粒子的 TEM 图。图 0.4 是炭黑粒子的电镜照片。图 0.4(a) 是在热处理前的，(b) 为同样品在无氧条件下 2700℃处理后的。由图可见，热处理前粒子基本为球形，部分粒子间熔合；处理后粒子向多面体形状转化。无氧高温处理碳素材料即为石墨化。

在胶体分散体系中，若分散相粒子大小完全均一，此种体系称为单分散体系。但是，大多数胶体分散体系的分散相粒子大小和形状不尽相同，这类体系称为多分散体系。表述多分散体系粒子大小分布的方法如下。①列表法。直接测量显微镜或电镜照片上不规则粒子大小，列表表示各种大小粒子占总粒子数中的百分比。测量粒子大小方法之一是取粒子投影面积等分线之线长为粒子直径，以何方向之等分线线长为准可任意确定，但进行多个粒子测量方向应一致，以避免主观误差。②作图法。以粒子数对粒子直径作图，可得粒子分布曲线

（微分分布曲线）；以小于和等于某一粒子直径的粒子总数对粒子直径作图，得粒子累积分布曲线（积分分布曲线）。这两种方法都要准确测出粒子大小分布，实验测定（如上述测量粒子投影面积等分线线长法及沉降分析等）比较烦琐。

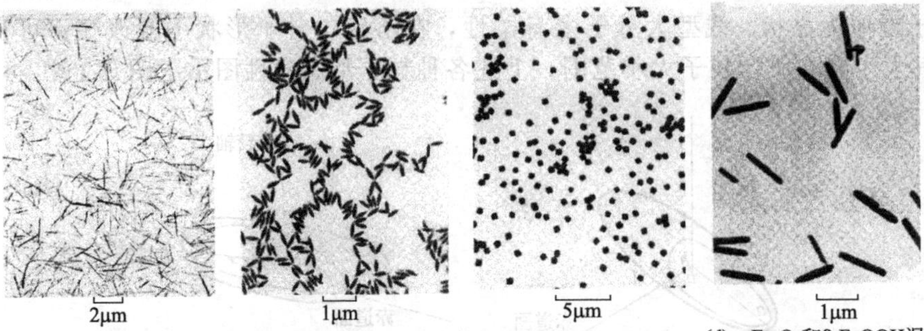

(a) β-FeOOH棒状粒子　(b) α-Fe_2O_3椭球状粒子　(c) β-FeOOH立方状粒子　(d) α-Fe_2O_3和β-FeOOH混合化学组成的棒状粒子

图 0.3　具有相同或不同化学组成的不同形状粒子的 TEM 图

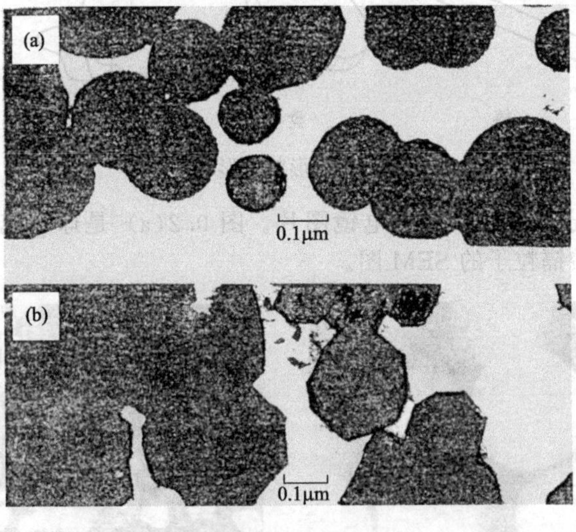

图 0.4　炭黑粒子的电镜照片（150000×）

（a）热处理前；（b）无氧条件下 2700℃处理后

列表法和作图法虽能较清晰地表示分散相粒子的大小及分布，但有时不需特别细致地了解这些内容，而是期望根据有限的测定数据得出粒子的平均大小。

在胶体化学中粒子直径（及大分子化合物的分子量）都常用它们的平均值表示。但要注意的是，用不同实验方法所得出的平均值的含义有所不同。例如根据一定数量粒子直径的平均值得出的平均直径为数均平均直径（数均直径）；根据多个粒子表面积的平均值得出的平均直径为表面平均直径（面均直径）；根据多个粒子体积平均值得出的为体积平均直径（体均直径）。

数均直径 d_n：由显微镜法等可测出多个粒子的直径，故

$$\overline{d}_n = \frac{\sum_i n_i d_i}{\sum_i n_i} = \sum_i f_i d_i \tag{0.2}$$

式中，n_i 是直径为 d_i 的粒子数目；$f_i = n_i / \sum_i n_i$ 是 d_i 粒子在粒子总数中占的分数。

面均直径 $\overline{d}_S$：由吸附法等可测出粒子的平均面积 $\overline{A}$，再用 $\overline{A}$ 与 $\overline{d}_S$ 的关系求得 $\overline{d}_S$。

$$\overline{A} = \pi(\overline{d}_S)^2$$

而

$$\overline{A} = \frac{\sum_i n_i A_i}{\sum_i n_i} = \frac{\pi \sum_i n_i d_i^2}{\sum_i n_i} = \pi \sum_i f_i d_i^2$$

故

$$\overline{d}_S = (\overline{A}/\pi)^{1/2} = \left(\sum_i f_i d_i^2\right)^{1/2} \tag{0.3}$$

体均直径 $\overline{d}_V$：由密度测定求得粒子平均体积 $\overline{V}$，再由 $\overline{V}$ 与体均直径 d_V 之关系求出 $\overline{d}_V$。

$$\overline{V} = \frac{\pi}{6}(\overline{d}_V)^3$$

而

$$\overline{V} = \frac{\sum_i n_i V_i}{\sum_i n_i} = \frac{\pi \sum_i n_i d_i^3}{6\sum_i n_i} = \frac{\pi}{6}\sum_i f_i d_i^3$$

故

$$\overline{d}_V = (6\overline{V}/\pi)^{1/3} = \left(\sum_i f_i d_i^3\right)^{1/3} \tag{0.4}$$

对于多分散体系，$\overline{d}_V > \overline{d}_S > \overline{d}_n$；对于单分散体系三种粒子平均直径相等。当此三直径值差别越大，说明粒子大小分布越宽。

大分子化合物的平均分子量因测定方法不同也有不同形式。

数均分子量 $\overline{M}_n$：由渗透压法可测出大分子化合物的多个级分，其中第 i 级分有 n_i 个粒子（分子），分子量为 M_i，从而得

$$\overline{M}_n = \frac{\sum_i n_i M_i}{\sum_i n_i} = \sum_i f_i M_i \tag{0.5}$$

重均分子量 $\overline{M}_w$：用光散射方法可测出各级分的重量 w_i 和相应级分的分子量 M_i，从而可得

$$\overline{M}_w = \frac{\sum_i w_i M_i}{\sum_i w_i} \tag{0.6}$$

由于各级分物质之重量为该级分中分子数与分子量之乘积，即 $w_i = n_i M_i$，可得

$$\overline{M}_w = \frac{\sum_i (n_i M_i) M_i}{\sum_i n_i M_i} = \frac{\sum_i n_i M_i^2}{\sum_i n_i M_i} = \frac{\sum_i f_i M_i^2}{\sum_i f_i M_i} \tag{0.7}$$

Z 均分子量 $\overline{M}_Z$：用重力沉降或离心沉降法测定时，粒子的沉降与粒子在重力场或离心力场方向（Z 轴）的运动有关，可得

$$\overline{M}_Z=\frac{\sum_i (w_iM_i)M_i}{\sum_i w_iM_i}=\frac{\sum_i w_iM_i^2}{\sum_i w_iM_i}=\frac{\sum_i n_iM_i^3}{\sum_i n_iM_i^2}=\frac{\sum_i f_iM_i^3}{\sum_i f_iM_i^2} \tag{0.8}$$

对于单分散体系，$\overline{M}_n=\overline{M}_w=\overline{M}_Z$。多分散体系，$\overline{M}_Z>\overline{M}_w>\overline{M}_n$。有时用 $\overline{M}_w/\overline{M}_n$ 比值表示分子量分布的量度，比值偏离1越大，分散性越明显。$\overline{M}_n$ 对大分子化合物的低分子量部分较敏感，而 $\overline{M}_w$ 和 $\overline{M}_Z$ 对高分子量部分较敏感。因此，加入少量高分子量组分，会使 $\overline{M}_w$ 和 $\overline{M}_Z$ 明显增大，而 $\overline{M}_n$ 变化不大。

以上仅介绍了几种最常见的表征粒子和大分子分子量大小的平均值。显然，若样品是多分散的，同一样品用不同方法得到的粒子（分子量）大小的平均值不会相等。也就是说，当对未知样品用不同方法得到的粒子（分子量）大小平均值不相等时不仅不必大惊小怪，而且要认识到这是样品多分散性的必然结果，从这些数值的差别可以了解样品的分散程度。

第二节　胶体与界面化学的基本内容

一、什么是胶体与界面化学

胶体与界面化学是研究界面现象及除小分子分散体系以外的多相分散体系物理化学性质的科学，其内容涉及各种界面现象、表面层结构与性质（如凝聚态物体的表面、界面特点与性质，吸附作用，润湿作用，表面活性剂溶液性质及其各种有序组合体的结构、性质与应用，界面膜等），各种分散体系（如溶胶、凝胶、乳状液、泡沫、气溶胶等）的形成与性质（如动力性质、电学性质、光学性质、流变性质、稳定性等。）

如前所述，在胶体分散体系中，分散相粒子的高分散性使体系的性质受粒子的大小、形状、表面特点、粒子与粒子和粒子与分散介质分子间相互作用等因素的影响，而具有与真溶液、粗分散体系不同的物理性质。对胶体分散体系的形成与性质的分析与研究是胶体化学的主要内容。有一些粗分散体（如乳状液、泡沫、气溶胶、悬浮体）中的分散相粒子有的大于胶体粒子，但粗分散体系与胶体体系的性质有相同或相近之处，故粗分散体系也多属于胶体化学的研究范围。

在多相胶体分散体系中，分散相与分散介质间巨大的相界面足以决定和影响体系的许多性质。因此，主要考查界面的性质及各种影响因素就构成了界面化学的主要内容。当然，界面化学并不仅限于研究胶体分散体系中的界面现象，而且涉及宏观凝聚态各种界面的性质及应用。

胶体化学与界面化学密不可分。胶体化学中必然涉及界面化学，如胶体体系的制备必是分散相与分散介质间大而新的界面的形成，胶体体系的稳定性常与粒子界面电性质有关……胶体体系和某些粗分散体系是界面化学研究的实际体系。因此，时常将二者合二为一称为胶体与界面化学。但应注意，许多胶体化学书中包含界面化学的基本内容，而界面化学的书中多不涉及胶体分散体系的形成和基本性质。

二、胶体与界面化学的基本内容

胶体与界面化学的基本内容可大致分为胶体及某些粗分散体系的形成、结构与性质部分和界面化学（各种界面性质及与界面有关的体系和过程等）部分。随着科学技术的进步和实际需求的发展，胶体与界面化学的内容也有一定的变化，其中有些新的研究成果不断充实原有的内容，而有些内容又发展和扩展为独立的分支。

现代胶体与界面化学的基本内容可大致归纳如下。

1. 分散体系的形成与性质

① 溶胶的形成。

② 胶体的基本性质 动力性质（扩散、沉降与渗透压等），光学性质（光吸收与光散射），流变性质（黏度与流型特点），电性质（双电层、电动现象等）。

③ 胶体的稳定性 DLVO 理论，大分子的稳定与絮凝作用等。

④ 实用分散体系（气溶胶、乳状液、泡沫、悬浮体等）的形成与性质。

⑤ 纳米粒子与纳米材料 制备、性质与应用（前景）。

2. 界面现象

① 液体和固体表面的性质与特点 液体的表面张力，固体表面自由能。

② 吸附作用 Gibbs 吸附公式，多种界面的吸附等温线及吸附等温式，吸附理论，吸附剂。

③ 润湿作用 接触角，润湿方程，固体表面改性。

④ 界面吸附层结构及现代研究方法。

3. 表面活性剂及分子有序组合体

① 表面活性剂及其溶液的性质。

② 溶液中的表面活性剂分子有序组合体 胶束，反胶束，囊泡等。

③ 膜的化学 不溶物膜，LB 膜，BLM，生物膜及其模拟。

④ 表面活性剂有序组合体的物理化学作用 增溶作用，胶束催化。

4. 高分子溶液

高分子化合物分子量及其分布，高分子溶液的动力性质、光学性质、渗透压、黏度、扩散与沉降。

在上述内容中高分子溶液虽常被纳入高分子物理化学分支学科内，但由于历史的原因和作为最经典的亲液胶体仍是胶体与界面化学研究的重要方面。

表面活性剂，特别是表面活性剂分子有序聚集体是胶体与界面化学的最重要组成部分之一，这不仅是由于这类物质在工农业生产和人们日常生活中有极其重要的和广泛的应用，而且其分子有序聚集体在生物膜模拟，作为微反应器在多种无机和有机化学反应中的应用有理论意义和应用前景。

第三节 胶体与界面化学与其他学科的关系

我国胶体化学主要奠基人之一的傅鹰先生在他的“胶体科学”（讲义）中说：“没有任何科学是孤立的。倘若以一种科学与其他科学的关系之深度广度为这门科学的广大性及重要性的标准，则胶体科学无愧为门庭最大、应用最广的一门科学”。傅鹰先生的这段话告诉我们，胶体化学与其他科学联系紧密，实际应用范围广泛。虽然我们很难找到单一应用胶体与界面化学知识开办的工厂和实际应用项目，但几乎没有一个现代科技领域不涉及胶体与界面化学知识。换言之，现代科学技术或日常生活所应用的许多材料、应用流程，解释或解决在这些领域中的许多现象，都在一定程度上与胶体和界面化学有关。当然，在这些领域还会涉及众多的学科，但胶体粒子、大分子和界面现象是不可忽视的方面。

Hiemenz 在《胶体与表面化学原理》一书中列举了在诸多科技领域胶体与界面化学应用实例（见表 0.4）。由表可知，胶体与界面化学的研究与应用已远远超出了化学学科的范围，因此近年来多有应用“胶体科学”、“界面科学”和“胶体与界面科学”的名称。应当说明，表0.4中仅列出了有限的与胶体和界面现象应用有关的学科和实例，更多的内容不能一一列举。例如在石油科学中，从油、气勘探、钻井、采油、储运，到石油炼制、油品加工与回收无不应用胶体与界面化学的有关知识。

表0.4 一些与胶体和界面现象应用有关的学科与实例

学　　科	实　　例
分析化学	吸附指示剂，离子交换，浊度法，沉淀过滤性能，色谱法和脱色作用
物理化学	成核作用，过热、过冷和过饱和作用，液晶
生物化学与分子生物学	电泳，渗透与膜平衡及其他膜现象，病毒、核酸与蛋白质，血液学
化学生产	催化，皂与洗涤剂，油漆，黏合剂，墨水；纸与纸涂层；颜料；增稠剂；润滑剂
环境科学	气溶胶，雾与烟尘，泡沫，水纯化与污水处理；播云；室内清洁技术
材料科学	粉末冶金，合金，陶瓷，水泥，纤维，各种塑料
石油科学，地质学和土壤科学	油品回收，乳化作用，土壤孔性，浮选和矿物富集
日常消费用品	牛奶和奶制品，啤酒，防水用品，美容化妆品，胶囊制品
成像技术	照相乳剂，静电印刷技术，印刷油墨，平板显示技术

第四节　胶体与界面化学的发展与展望

了解和研究一门科学的历史之目的不仅能消除某些认识上的偏见，对该门科学的发展有较为公正的认识，更重要的是对其未来发展有正确的估计。这就是说，了解前辈的成就、经验和教训，有助于在今后的研究中端正方向，少走弯路，避免明显的错误。

任何学科的起源与发展都与人们的生活与生产活动有关。最初的科学是对人们生活与生产活动经验的系统总结。换言之，任何一门科学发展史都是人类在某一领域认识自然现象、改造客观世界、发展生产力水平的历史。

胶体体系和有关知识的应用起于何时已不可考，可以说自有人类起就逐渐有对此类知识的认识和应用。在我国，在距今六七千年前河姆渡和半坡村氏族遗址已有陶器的发现；在距今三四千年前殷周时代酿酒工艺已有很大进步；在原始社会的仰韶文化时期已出现彩陶，这可视为染色的先驱，而在两千多年前马王堆汉墓中的帛画上有36种颜色，这是织物染色的明证。制陶、酿造、染色以及豆腐、面食等的制作无疑都与胶体与界面化学基本内容流变学、吸附等有关。在国外，古埃及史中就有利用木头遇水膨胀的性质以裂石的记载，这是利用凝胶特性的最早实例。中古时炼丹家就知道制备金汁，这是悬于水中的金微粒（这可能是最早的纳米粒子了）。公元前5世纪，古医学创始人希波克拉底（Hippocrates）已知用炭可除去腐败伤口的污秽气味，这是气体吸附的早期应用。

生产力的解放与发展是科学技术进步的主要推动力。在17世纪以前，化学多与生活中的应用联系，如炼金术对某些元素和化合物的零星发现与制备，药剂师在制药过程中对化学知识的应用等。欧洲的文艺复兴和英国的工业革命等对各门学科提出了许多新的课题。直到18世纪，化学才得以用精确的实验作为结论的基础，并以科学论文的形式发表这些结果。

1771年瑞典化学家和药剂师C.W.Scheele发现木炭在加热时放出气体，冷却时又被木炭吸着。1777年A.F.Fontana发表论文指出木炭能吸着几倍于其体积的气体。1785年俄国科学家T.Lowitz发现炭可自溶液中脱除有色物质。1814年瑞士学者T.de Saussure第一个系统地研究了多种气体在几种吸附剂上的吸着，得出吸着量与固体的表面积大小有关，并指出气体吸着是放热过程。

在19世纪中叶，出现了一批胶体化学创始性的工作。瑞典化学家J.J.Berzelius，意大利科学家 Selmi，英国科学家 Faraday 先后研究了在水介质中的胶体分散体系。1845 年 Selmi 首先制备了在水中的氯化银、硫和普鲁士蓝的胶体溶液，这种体系几乎是透明的。他认为在这类体系中，不溶解的物质以比分子大得多的聚集体形式存在。为与真溶液（solution）区别，将这类含多分子聚集体（称为“胶粒”，micelle❶）的体系称为溶胶。在同一时期，Laplace 和 Young 得出了对毛细现象的定量描述。1827 年英国植物学家 R.Brown 在显微镜下发现了悬浮于液体中的胶体粒子（花粉）不停息的无规热运动，多年以后人们才给出了合理的解释和严格的数学描述。Brown 观察到的现象（布朗运动）是胶体体系动力性质扩散作用的微观基础。1858 年 Faraday 制出红色金溶胶，并研究其光学性质。对于溶胶的制备，他特别强调实验所用器皿的洁净，这是得到较稳定疏水胶体溶液的关键因素之一。他制备的金溶胶在 60 余年后才聚沉。1869 年英国物理学家 Tyndall 以一束光通过胶体溶液，在与入射光垂直方向的溶胶中可观察到乳光现象，这是胶体体系光散射现象的直观表现。

在胶体化学的发展中英国化学家 T.Graham 的研究有重要贡献。他系统地研究了溶解于水中物质的扩散作用和多种胶体溶液的制备方法。他的研究方法极为简单，将半透膜（羊皮纸）缚于广口瓶口，几种可溶物质溶液置于瓶中，使瓶倒置于有水的大器皿中，经一定时间后，测定大器皿中各物质浓度以确定其扩散速度。根据扩散速度可将所有物质分为两类：容易扩散的物质（如无机盐、糖、尿素等），不易扩散的物质（如硅酸、氢氧化铝、明胶、蛋白质、焦糖等）。他将前者称为晶体（crystalloid），后者称为胶体。colloid 一词来自希腊文的 κολλα(胶，糨糊) 和 ειδοσ(类似物)。Graham 虽将物质分为晶体和胶体两类，但并未认为胶状物不能结晶，甚至认为胶体粒子可能是由多个小晶体粒子聚集而成的。当然，将物质严格分为两类，即认为晶体和胶体分属两种不同的物质世界是不对的。1869 年俄国科学家 G. Borshov 在研究了胶体的扩散速度后，认为胶体粒子可能有晶体结构，晶体可转化为胶体。若干年后，Zsigmondy 也发现他制备的金溶胶粒子有晶体结构。经过 40 余年的不断工作，人们证实胶体和晶体都是物质的一种状态，只要条件合适，任何晶体均可制成胶体。1910 年用几种方法制备出典型晶体氯化钠的胶体溶液，甚至在多种有机介质中也可以将盐的晶体分散到与在水溶胶中金和普鲁士蓝粒子那样的大小。Graham 用他提出并命名的渗析法（dialysis）分离胶体和晶体，他还提出了许多科学术语说明一些实验结果，这些术语有的至今仍在应用，如凝胶、胶溶作用（peptization）、脱液收缩（或离浆作用，syneresis）等。

直到 20 世纪初，胶体体系结构的概念主要依靠一些间接的实验结果说明，没有实验手段直接观测溶胶中的单个粒子。因此，有些科学家仍认为胶体溶液也是分子溶液，Zsigmondy 当时也持这种观点。1903 年 Zsigmondy 设计出超显微镜，观测出强光照射的溶胶单个粒子发出的散射光，否定了他自己原有的观点。超显微镜的应用促进了胶体化学的发展。因 Zsigmondy 对胶体溶液多相性的阐述和创立胶体化学的新研究方法，他获得 1925 年诺贝尔化学奖。Zsigmondy 和 Freundlich 等的胶体体系多相性的观点直到 20 世纪 30 年代随高分子溶液性质研究的发展才得以改进，即高分子均相溶液体系也是胶体体系。这段历史说明，科学概念也在不断演变，根据今天科学实验结果得出的看法，随着生产力、科学仪器的进步和人们认识的深化可以有新的实验结果和看法出现，从而修正原有的观念和理论。

在 19 世纪胶体电动性质开始被研究。1809 年俄国科学家 F.Reuss 首先发现电渗和电泳，即在外电场作用下带电胶体粒子向某一方向的运动（电泳）或液体介质（水）通过带电孔性塞的运动（电渗）。几十年间该项研究处于定性阶段。1852 年 Weidemann 证明，在其他条件一定时电渗的体积流速正比于电流强度，即电渗体积流速与电流强度之比与孔性塞、

❶ micelle 可译为胶粒、胶团、微团等，但应注意将疏液胶体的胶团与表面活性剂分子有序聚集体胶束（也可称为胶团）区别。

截面面积及厚度无关。1859 年 Quincke 发现，在外压下将液体挤过孔性塞时，在塞的两端产生电位差。这是电渗的逆过程，称为流动电势。1880 年 Dorn 发现电泳的逆过程，粉末在液体中下沉可在液体中产生电位降，此过程产生的电位降称为沉降电势。电渗、电泳、流动电势、沉降电势统称为胶体体系的电动现象（electrokinetic phenomenon）。1879 年德国物理学家 H.Helmholtz 提出电动现象的理论。他假设在固液界面存在双电层，在外电场作用下有一相向正或负极移动。根据静电学原理，他导出移动速度的公式。后来波兰科学家 M. Smoluchowski，德-美物理学家 O.Stern，法国物理学家 L.Gouy 等对双电层和电动现象理论做了深入研究。

在 19 世纪，包括著名德国物理学家、诺贝尔奖金获得者 W.Ostwald 在内的多数学者都认为粒子的大小是胶体体系的最重要特性。这种看法没有注意到粒子表面与介质间的作用，而胶体体系的许多性质，特别是胶体的稳定性更多地与粒子和介质间的界面性质有关。因此，界面现象的研究不再仅限于某些实际应用结果的积累，而逐渐探索带有普遍性的规律和理论。

在界面现象的研究中，美国物理化学家 J.Gibbs 有卓越的贡献，他在 19 世纪末发表的“多相平衡”论文中建立了吸附、浮选、膜平衡、薄膜之生成等多种界面现象的理论基础，他的论文几乎包括了表面热力学的全部内容。其中，他提出的 Gibbs 吸附公式是解决各种界面吸附作用的最重要公式。

进入 20 世纪，随着生产力的迅猛发展和先进科学仪器的开发应用，与其他许多学科一样，胶体与界面化学的新研究成果层出不穷，新概念、新理论、新方法、新应用不断涌现。其中特别要提到的有以下一些方面的成果。

吸附理论与应用。20 世纪初，出现了用气体活化和化学活化法制备活性炭的专利，建立了活性炭制造工厂。由此，吸附方法不仅限于脱色、除臭的简单应用，而成为气体分离和净化的工业操作。吸附作用在初级工业中的应用促进了基础研究的发展，在 19 世纪末至 20 世纪初相继发表了吸附热力学、吸附动力学和多种吸附理论成果。1911 年 Zsigmondy 提出毛细凝结理论，该理论是孔性吸附剂吸附的理论基础。Polanyi 的吸附势理论（1914 年），Langmuir 的单分子层吸附理论（1916 年）和 Freundlich 吸附等温式（1914 年）几乎同时提出。Langmuir 的单层吸附理论可用于化学吸附也可用于物理吸附，是吸附研究中表现形式简单，应用最为广泛的理论。Polanyi 的吸附势理论只适用于物理吸附，后经 Dubinin 等发展，在微孔吸附研究上得到很好的应用，并扩展成为微孔填充理论。1938 年前后，Brunauer、Emmett、Teller 在 Langmuir 吸附理论的基础上提出多分子层吸附理论（BET 理论）。该理论成功地解释了几种气体吸附等温线，至今仍是测定固体比表面标准方法的理论基础。1906 年俄国植物学家 M.Tswett 在进行叶绿素的化学研究时发现和命名了色谱法。色谱法的理论基础是吸附剂对吸附质的选择性吸附作用，现在，色谱法已是对混合物进行分离和分析的基本物理化学方法。吸附和脱附是多相催化的基本步骤，现在已可在分子水平上研究化学吸附。吸附理论和吸附技术的研究促进了新型吸附剂的开发和应用。例如，美国科学家 R. Barrer 在第二次世界大战后合成沸石成功并投入生产，随后又有多种型号和性能的合成沸石问世，在石油工业上有极重要应用。

胶体稳定性理论研究。多相胶体体系本质上是热力学不稳定体系，但因分散相粒子小，又具有动力学稳定性。考虑到胶体粒子带电及范德华力而引起的粒子间排斥或吸引作用，在扩散双电层模型的基础上，苏联化学家 Derjaguin、Landau 和荷兰化学家 Verwey、Overbeek 于 20 世纪 40 年代分别独立提出溶胶在一定条件下的稳定性由粒子间吸引力和排斥力大小决定，导出了相应的计算公式。这一理论称为 DLVO 理论。DLVO 理论说明疏液胶体稳定性和电解质的影响是比较成功的。随着聚合物吸附研究的开展，聚合物在疏液胶体粒子上吸附层对胶体稳定性的影响受到重视。从20世纪50年代起，形成了描述吸附聚合物对胶体稳定性影响的空间稳定理论和因胶体粒子表面聚合物浓度低于体相溶液中浓度而对胶体稳定产生影响的空位稳定理论。这些稳定性理论都各有应用前提和成功的实例。

表面活性剂及其分子有序聚集体的研究。表面活性剂最早是作为洗涤用品而与洗涤剂齐名的。随着石油化工的发展，合成出具有各种性能和多种结构的表面活性剂，它们不仅用于民用和传统工农业项目，而且在许多高新技术领域（如能源、环保、生物工程、材料等）也有广泛的应用。对表面活性剂物理化学的研究始于对其水溶液表面张力降低的规律性探求，因而设计出许多测定表面张力的方法。表面张力与其溶液浓度的关系是表面活性剂研究的最基本关系。Gibbs吸附公式和Szyszkowski公式（1908年）至今仍在应用。基于吸附公式和表面张力或吸附量的测定可以了解在界面上表面活性剂分子定向方式、吸附层结构，并导出相应的状态方程。当然，这些都是由宏观实验结果推测微观状态。至20世纪末，新的研究手段的应用，已可以从分子水平上了解吸附状态。表面活性剂在体相溶液中形成聚集体是这类物质的重要特性。在20世纪20年代McBain提出了胶束假说，丰富了胶体体系的内容，缔合胶体与疏液胶体和亲液胶体并列为三种胶体体系。McBian还提出了增溶作用（solubilization）、吸着（sorption）等术语。近几十年来胶束的概念已发展成为多种形态的超分子结构；在溶液中有各种形状的胶束，不同结构的液晶，单室和多室囊泡，双分子膜，微乳状液等；在固液、液气界面上有吸附胶束，吸附单层与双层，不溶物单层膜，LB膜等。这些聚集体不仅有实际应用价值，有的可能成为良好生物膜模拟体系。

现代研究手段的开发与应用。20世纪以来，Zsigmondy的超显微镜应用确立疏液胶体为多相体系；Svedberg研制的超离心机测出了多种蛋白质和其他亲液胶体的分子量；Debye利用光散射技术测出聚合物分子量，并由此可得到胶体粒子大小。20世纪60年代以后，探测表面成分和表面结构的技术手段不断问世，使得表面化学研究进入分子水平。例如，场发射显微镜（FEM）和场离子显微镜（FIM）可研究不同晶面的表面态、表面成分和离子价态，低能电子衍射（LEED）可测定表面吸附层的几何构型，俄歇电子能谱（AES）可研究表面组成分布，光电子能谱（PES）和紫外光电子能谱（UPS）可研究吸附前后固体表面结构，X射线光电子能谱（XPS）和化学分析用电子能谱（ESCA）在研究痕量物质吸附和表面离子价态方面有独到之处，原子力显微镜（AFM）可研究表面形貌和结构……至于扫描电镜（SEM）和透射电镜（TEM）等现几乎成为研究固体表面形貌、成分的常规手段。

胶体与界面化学是涉及国计民生各方面的科学，因而应当也必将得到迅猛发展。可以预料在应用研究和理论研究方面都将有新的突破。

① 在工农业生产和人们日常生活领域不断开拓涉及胶体体系的新应用，改进原有应用产品。如当前方兴未艾的超细材料的制备、性能的改进与应用的开发，LB膜等分子有序膜在电子元器件、医药等领域的应用探索，新型表面活性剂的合成、性能和应用研究，三次采油中的表面活性剂驱和微乳驱的应用，油漆、洗涤剂、纸浆、水泥、化妆品、石墨乳、炭粉、催化剂等产品生产和应用中的各种问题等。保护人类赖以生存的环境是当前多门学科需共同奋斗的大课题，胶体与表面化学知识无疑将大有作为。从改善生产条件，减少污染到废气、废水、污物的治理都必然要应用胶体化学知识。

② 应用现代物理、化学理论和现代科技手段推动胶体与界面化学理论的发展。例如用量子力学和固体理论研究吸附和多相催化，用统计力学研究高分子，用拓扑学研究固体表面，用AFM研究吸附分子与固体表面的作用等。

③ 开展跨学科的研究，促进胶体与界面化学的发展。胶体与界面化学本来就与多种学科有密切联系，历史上许多物理学家、植物学家、医学家、土壤学家等都对此门学科发展有重要贡献。将胶体与界面化学理论与方法结合地学、生物学、土壤学、医学、环境科学等多

种科学的理论和实际问题进行研究，既可丰富这些学科的内容，也促进胶体与界面化学自身的发展。

参考文献

[1] 周祖康，顾惕人，马季铭. 胶体化学基础. 北京：北京大学出版社，1987.
[2] 郑忠. 胶体科学导论. 北京：高等教育出版社，1989.
[3] 沈钟，赵振国，康万利. 胶体与表面化学. 第四版. 北京：化学工业出版社，2012.
[4] 培斯可夫，亚历山大罗娃-普列斯. 胶体化学教程. 上海：商务印书馆，1953.
[5] 中国知识分子的光辉典范——傅鹰先生百年诞辰纪念文集. 北京：北京大学出版社，2002.
[6] Захарценко В Н. Коллойдная. химия. Москва：Высшая школа，1989.
[7] Hiemenz P C，Rajagopalan R. Priciples of Colloid and Surface Chemistry.（3rd ed.）. New York：Marcel Dekker，1997.
[8] 朱珖瑶，赵振国. 界面化学基础. 北京：化学工业出版社，1996.
[9] 赵振国. 吸附作用应用原理. 北京：化学工业出版社，2005.
[10] Barnes G，Gentle I. Interfacial Science An Introduction（2nd ed.）. New York：Oxford Univ. Press，2011.
[11] 斯图尔特. 胶体科学. 闫云，黄建滨译. 北京：科学出版社，2012.

习题

1. 为什么许多学者用“胶体科学”术语代替“胶体化学”术语？

2. “表面”和“界面”的含义有何区别？

3. 请举出实例说明界面对某一体系性质的作用。

4. 举出你周围环境中存在的胶体体系，并说明之。

5. 已测出某城市上空可悬浮颗粒物成分主要是氧化硅微粒，并已知氧化硅的密度为 $2.2g \cdot cm^{-3}$，比表面为 $5.6m^2 \cdot g^{-1}$。设粒子为实心球体，求粒子的平均半径。

6. 已知碳的密度为 $1.8g \cdot cm^{-3}$。实心碳粒子的比表面为 $10m^2 \cdot g^{-1}$，碳原子半径为 0.077nm。求半径为 1nm 的碳粒子质量。

7. 举一实例说明胶体科学与物理学的关系。

第一章　溶胶与纳米粒子的制备

第一节　溶胶的制备[1~7]

溶胶通常是指分散相粒子很小（一般小于 100nm，也有人限定为 1μm）的固液分散体系。若粒子再大，则为悬浮液了。

一、溶胶制备的一般原则和方法

欲制备较为稳定的溶胶（及悬浮液）必须满足下述基本条件：

① 固体分散相粒子要足够小（在胶体分散度的范围内），使其有一定的动力学稳定性。疏液胶体分散体系是热力学不稳定体系，有自发聚结的趋势。

② 分散相在分散介质中的溶解度要足够小，形成分散相的反应物浓度低。在此条件下才可能形成难溶的分散相小粒子，且不易使粒子生长。反应物浓度过大，有可能使瞬间生成的大量小粒子彼此接触形成凝胶结构。

③ 为了使分散相粒子具有抗聚结而保持稳定的性质（聚结稳定性），必须在体系中有第三种物质存在，这些物质可以是外加的，也可能是生成分散相粒子的反应物本身或反应产物。第三种物质的作用是使粒子表面形成保护层，如某些离子的存在可形成具有静电排斥作用的双电层，某些表面活性剂在粒子表面吸附形成定向吸附层和吸附-溶剂化层，可阻碍粒子的接近和聚结。

以在水溶液中进行形成难溶化合物的化学反应，在一定条件下制备溶胶为例说明溶胶粒子的复杂结构。将 $AgNO_3$ 加入过剩的 KCl 溶液中形成 AgCl 水溶胶，其粒子具有如下结构：

$$\underbrace{\underbrace{[\underbrace{n(\mathrm{AgCl})}_{\text{晶体(核)}}\cdot \underbrace{m\mathrm{Cl}^-}_{\text{内壳}}\cdot \underbrace{(m-x)\mathrm{K}^+}_{\text{紧密层反离子}}]^{x-}}_{\text{胶粒}}\quad \underbrace{x\mathrm{K}^+}_{\text{扩散层}}}_{\text{胶团(micelle)}}$$

在上述结构中，n 是形成 AgCl 晶核的分子数，m 是紧密吸附于 AgCl 晶核上的 Cl^- 离子数（通常 $n \gg m$）。除了紧密吸附的 Cl^- 外，胶粒还含有 $(m-x)$ 个反离子 K^+，$m-x$ 少于 m，故胶粒带负电荷 (x^-)。显然，胶粒带负电荷是由于 Cl^- 优先吸附于晶核上。为了保持电中性，xK^+ 处于围绕胶粒的介质中形成扩散层。胶粒与扩散层合称为胶团。疏液胶体的胶团结构与表面活性剂的胶束虽同用术语 micelle，但意义不同。

制备溶胶的方法可分为两类：分散法和凝聚法。分散法是以各种物理的或化学的方法将大的颗粒分散成小的分散相胶体粒子。凝聚法是将溶于介质中的某些分子或离子聚集成不溶于介质的胶体粒子，这种方法类似于空气中水蒸气冷却凝成雾滴的过程。分散法与凝聚法比较，前者使分散相比表面急剧增大，体系自由能增加，因而需外界做大量的功；后者是体系自由能减小，分散相比表面减小的过程，或者可视为是过饱和状态的分散相物质的析出。因此，从能量上说，凝聚法比分散法制备溶胶更为有利。

二、分散法制备溶胶

制备溶胶的分散法主要包括机械粉碎、超声分散、电分散和胶溶分散等方法。其中除胶溶法外的几种方法所得分散相粒子都较粗，多不在胶体粒子大小范围内，形成悬浮液。

1. 机械粉碎法

机械粉碎法主要应用各种工业和实验室条件下的设备。工业设备有各种类型的粉碎机、高速搅拌分散器、机械磨（振动磨、球磨机、辊磨等）等，实验室设备有小型胶体磨、均化器等。球磨机是在一水平圆筒中，装入瓷球、钢球或其他硬度高、耐磨材料圆球，再装入被分散物质。使圆筒旋转，圆球上升至某处后开始下落，在相互滚撞过程中，使处于接触圆球间的被分散物压碎。球磨机类型的粉碎称为振动粉碎。用球磨机得到的被分散物的粒子大小分布较宽，如从 2～3μm 到 50～70μm。胶体磨有两个靠得很近的磨盘或磨刀，均由坚硬耐磨的合金或碳化硅制成。当上下两盘以高速反向转动（转速约 5000～10000$r \cdot min^{-1}$），或上磨盘转动下磨盘静止时，粗粒子被磨细。好的胶体磨制备的分散相粒子大小可不超过 1μm。

2. 超声分散法

频率高于 16000Hz 的声波称为超声波。高频率的超声波传入介质，在介质中产生空化作用，即液体介质空穴的瞬间产生与消失。空穴瞬间消失伴随产生的空化冲击波对被分散物质有巨大的破碎作用。实验证明，超声分散的效果与超声振动频率有关。当被分散物预先经其他方法粉碎后，用超声分散法处理更为有效。此法操作简单，效率高，经常用于制备分散相粒子大小均匀的乳状液。

3. 电分散法

以金属（如 Au、Ag 等）为电极，通直流电，电极间产生电弧，电极金属气化，在水中可凝成金属小粒子。电分散法制备出的金属溶胶通常粒子较大，体系不稳定，易聚沉。电分散法也可视为在电弧作用下金属气化后的凝结，故也可认为是凝聚法。

【例 1】 电分散法制备银的水溶胶

在 100mL 烧杯中加入 50mL 0.001$mol \cdot L^{-1}$ NaOH，滴加 2 滴还原剂（如硫化钠、甲醛水）。以两银丝为正负电极（电极间距可调节），插入水溶液中，保持较大距离。两电极经可变电阻与直流电源连接（电源电压 110V），并串联电流表。调节两电极间距离和可变电阻，使电路中电流强度约为 4～6A。两电极接近时产生电弧，并在溶液中出现深色雾状银的胶体粒子。

4. 胶溶法

胶溶法是将暂时松散聚集在一起的胶体粒子在一定条件下重新分散的方法。松散胶体粒子聚集体是被分散介质分隔开的多个分散相粒子的聚集体，粒子表面的双电层或溶剂化层妨碍它们更紧密的接触。例如，新生成的氢氧化铁、氢氧化铝沉淀物实际上是胶体粒子的聚集体，由于制备时缺少稳定剂，胶体粒子聚集成松散的沉淀物。

使新的沉淀物胶溶为溶胶可有三类方法。

(1) 吸附胶溶作用　以电解质为胶溶剂，胶体粒子吸附胶溶剂的某种离子而带电，粒子表面形成双电层，从而使沉淀物中粒子间静电排斥，且在适当外力作用（如搅拌）下而胶溶重新分散为溶胶。

【例 2】 吸附胶溶法制备氢氧化铁溶胶

取 10mL 20% $FeCl_3$ 溶液放入小烧杯中，加水稀释至 100mL。用滴管加入 10% NH_4OH 至微过量（不时搅拌）。过滤生成的 $Fe(OH)_3$ 棕色沉淀，用蒸馏水洗涤数次。将部分沉淀迅速转移至另一烧杯中，加约 10mL 水，用小火微热，同时滴加约 10 滴 20% $FeCl_3$ 溶液，搅拌下加热近沸，可得红棕色透明氢氧化铁溶胶。

(2) 洗涤沉淀胶溶作用　有时由于粒子表面电解质浓度太大，压缩双电层而使粒子聚集，故洗去过量的电解质，使双电层厚度增大，粒子间静电排斥作用又起作用，沉淀物又转变为溶胶。

【例 3】 洗涤沉淀胶溶法制备普鲁士蓝溶胶

向 5 滴 $FeCl_3$ 饱和溶液中加入 1 滴 20% 的 $K_4[Fe(CN)_6]$ 溶液，得到糊状普鲁士蓝沉淀物。用小玻棒轻轻搅动沉淀物，加入大量水可得普鲁士蓝溶胶。可能有部分沉淀不能胶溶。

(3) 表面解离胶溶法　加入适宜的胶溶剂，使其与沉淀物中粒子表面作用生成可溶性、易电离物质，从而使粒子表面形成双电层，粒子间的电性排斥作用可使沉淀物变为溶胶。

【例 4】 表面解离胶溶法制备氢氧化铁溶胶

取 2mL 饱和 $FeCl_3$ 溶液，用水稀释至 40mL，向此溶液中滴加浓氨水，直至完全形成$Fe(OH)_3$沉淀。用倾析法洗沉淀几次。取半量沉淀物，加入 100mL 0.02mol·L^{-1} HCl，摇动后可得樱桃红色 $Fe(OH)_3$ 溶胶。HCl 可与 $Fe(OH)_3$ 粒子表面作用，生成的 $FeCl_3$ 在粒子表面解离形成双电层。

用胶溶法制备溶胶要注意只能应用新形成的沉淀，若沉淀放置过久，小粒子经过老化，出现粒子间的连接或变为大粒子时，胶溶法常不能起到很好的效果。当然，胶溶法制备溶胶，可转变沉淀物的量与胶溶剂的浓度和量有关。在沉淀物量为定值时，某一中等浓度的胶溶剂可使最大量沉淀物变为溶胶，胶溶剂电解质浓度过大，可引起粒子表面双电层压缩和粒子间静电排斥力的减小，使胶溶效果减小。

三、凝聚法制备溶胶

1. 凝聚法基本原理

凝聚法制备溶胶可认为是处于分散介质中的某些物质经过物理的或化学的过程形成小的分散相粒子，或者说是处于亚稳状态的均相体系析出分散相粒子，这与过饱和溶液中的结晶，过饱和蒸气的凝结类似。显然，此过程发生的条件是分散相粒子中物质的化学势小于其在均相中时的。在亚稳态体系中新的分散相晶核产生于局部的过饱和区，即在此局部区域内有足够大的密度（浓度）涨落。根据 Kelvin 公式（详见第四章）可知，新相平衡晶核半径与过饱和浓度有关。以在过饱和蒸气中形成液滴为例，晶核半径 r 为：

$$r=\frac{2\gamma V}{RT\ln(p_{过}/p_{饱})} \tag{1.1}$$

式中，γ 和 V 分别为液体的表面张力和摩尔体积；$p_{过}$ 和 $p_{饱}$ 分别是过饱和和在实验温度 T 的饱和蒸气压；R 为普适常数。由式(1.1) 可知，要形成新相晶核必须过饱和，即 $p_{过}/p_{饱}>1$，$p_{过}/p_{饱}$ 越大，晶核越小，晶核越容易形成。

式(1.1) 只表示过饱和状态下形成晶核大小与过饱和度的关系。实际得到的粒子大小与晶核的生成速度及晶核的生长速度有关，晶核的生成与生长速度相对快慢决定形成粒子的大小。

Weimarn 研究了自过饱和溶液中形成新相的晶核生成与生长速度得出以下的结果。

晶核生成速度 v_1：

$$v_1=k\frac{c-c_s}{c_s} \tag{1.2}$$

晶核生长速度 v_2：

$$v_2=\frac{D}{\delta}A(c-c_s) \tag{1.3}$$

式中，k 为常数；c 为过饱和溶液浓度；c_s 为分散相物质在介质中的溶解度（饱和溶液浓度）；D 为扩散系数；δ 为粒子表面扩散层厚度；A 为粒子表面积。

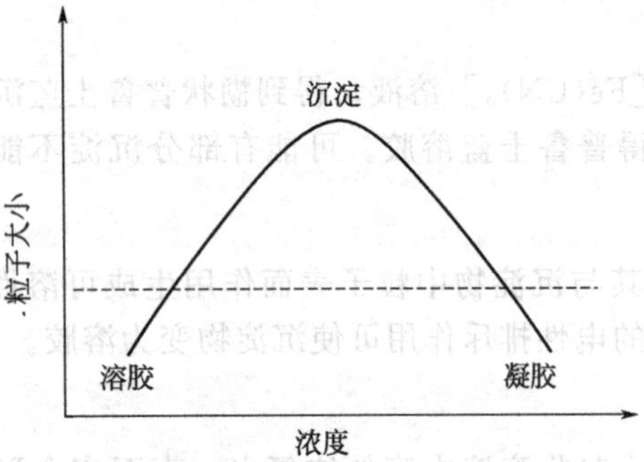

图 1.1　粒子大小与反应物浓度关系的示意图

为了得到粒子小的溶胶，v_1 必须远大于 v_2。显然，根据式(1.2)，只有过饱和度（$c-c_s$）大时，v_1 才大，即 c_s 小有利于 v_1 增大。当溶液浓度很低时，对形成晶核已有足够的过饱和度，v_1 足够大，而 v_2 较小，故可形成溶胶。当浓度很大时，虽然 v_1 很大，生成晶核极多，但由于大量晶核生成导致的过饱和度急剧减小，使 v_2 减小。晶核（或小粒子）太多，粒子间距很小，易形成半固体状的凝胶。只有当浓度为中等程度大小时，v_1 小，v_2 大，容易得到大粒子的沉淀物。图 1.1 是粒子大小与反应物浓度关系的示意图。

2. 化学凝聚法

应用化学反应（如氧化还原反应，水解反应，复分解反应等）形成不溶物，皆可制备溶胶。此种方法一般在稀溶液中进行，以使晶粒生长速度不大，既可得到小的粒子，又使体系具有较好的沉降稳定性。此外，此方法反应物的量要过剩，使可在粒子表面形成双电层，具有聚结稳定性。

【例 5】 氧化还原法制备金溶胶

用浓度为 0.36mol・L^{-1} 的 K_2CO_3 水溶液中和 5mL 浓度为 6g・L^{-1} 的金氯酸（$HAuCl_4 \cdot 4H_2O$）溶液，至中性或弱碱性时加水稀释到 100mL，加热至沸。逐滴加入新配制的丹宁溶液(1%)。得到红色溶胶。反应如下：

$$HAuCl_4+2K_2CO_3 \longrightarrow HAuO_2+2CO_2+4KCl$$

$$2HAuO_2+C_{76}H_{52}O_{48}(\text{丹宁}) \longrightarrow 2Au+H_2O+C_{76}H_{52}O_{49}$$

本实验的成败在于：①所用器皿均应用热铬酸洗液充分洗干净；②丹宁溶液要新配制的。用类似方法也可制备银溶胶。

【例 6】 水解反应法制备氢氧化铁溶胶

在烧杯中加 250mL 水，加热至沸，不断搅拌下滴加 1mL 30% 的 $FeCl_3$ 水溶液，生成暗红色透明 $Fe(OH)_3$ 溶胶。

【例 7】 复分解反应法制备碘化银负电溶胶

在锥形瓶中加入 5mL 0.02mol・L^{-1} 的 KI 水溶液，用滴定管滴加 4.5mL 0.02mol・L^{-1} $AgNO_3$ 水溶液，边滴边摇动锥形瓶。得黄绿色碘化银负电溶胶。

3. 物理凝聚法

利用物理的方法使分散相物质分子在分散介质中凝聚，所用的物理方法包括将某种物质的蒸气通入另一种不能将其溶解和发生化学反应形成可溶物的分散介质中（蒸气凝聚法）；将任一种物质的溶液在搅拌下逐渐加入不能溶解该物质的另一种液体中（改换介质法）。

【例 8】 改换介质法制备硫溶胶

取少量硫黄放入试管中，加 5mL 酒精，加热，少量硫溶于酒精中。将溶有硫的酒精溶液倒入盛有水的烧杯中，立即得到黄色硫溶胶。

四、溶胶的纯化

用各种方法（特别是用化学法）制备的溶胶中常含有低分子量化合物及离子等杂质，这些杂质有时会影响溶胶的稳定性。例如少量的电解质常使胶体粒子吸附某种离子而带电，提高溶胶的稳定性，但过多电解质（特别是高价离子）的存在，有时会大大压缩双电层厚度，使溶胶粒子发生聚沉作用。为此，常要使溶胶进行纯化。纯化的目的是提高溶胶的稳定性，并非将一切电解质除去。纯化方法主要有渗析法、超过滤法等。

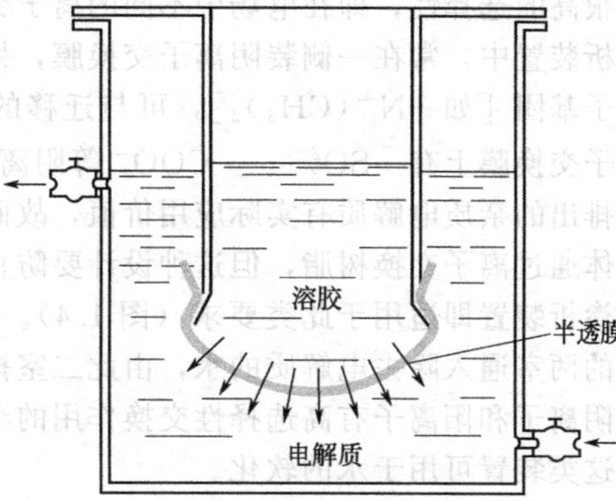

图 1.2 简单渗析装置示意图

1. 渗析法

渗析法的根据是胶体粒子比小分子、离子等杂质大得多，不能通过半透膜，图 1.2 是一种渗析装置的示意图。溶胶装在下端缚有半透膜的容器中，将此容器放入装有纯溶剂的更大容器，小分子量化合物或离子等杂质将通过半透膜扩散入纯溶剂中（图中箭头方向）。渗析过程一直进行到在溶胶中和在渗析液中杂质的浓度接近为止。如果不断地更换溶剂（如图中所示通过阀门使溶剂流动更换）可使杂质更多地除去。显然，纯化的效率与半透膜的性质有关。半透膜的孔要足够小，使得只有小分子或离子等杂质自由通过，溶胶粒子不能通过。

【例 9】 火棉胶半透膜的制备

将一 500mL 锥形瓶洗净烘干，倒入一定量市售火棉胶液，倾斜锥形瓶并慢慢旋转，使瓶内壁全部均匀涂上一层胶液。控制旋转速度，使胶液层厚度均匀。倒出多余胶液。静置，待胶膜不粘手时，将瓶口胶膜剥离开一部分，从此剥离口处慢慢注入蒸馏水，瓶壁胶膜逐渐剥离成一胶袋。取出胶袋在蒸馏水中浸泡数小时，得有一定强度的半透膜。半透膜孔的大小与成膜胶液浓度有关，浓度越小，孔越大。欲得到合适的半透膜需通过多次实验摸索。

对于低浓度体系，溶胶渗析纯化速度由杂质在溶胶和渗析液中的浓度差决定：

$$v=-\frac{\mathrm{d}c_t}{\mathrm{d}t}=\frac{\delta S}{V}(c_t-c_\mathrm{d}) \tag{1.4}$$

式中，v 为渗析速度；c_t 为 t 时杂质在溶胶中的浓度；c_d 为杂质在渗析液中的浓度；V 为溶胶体积；δ 为与介质黏度、杂质性质、半透膜孔性有关的渗析系数；S 为半透膜面积。由式(1.4) 可知，渗析速度随 S/V 比值增大而增加。因此，渗析器的结构总是设计的膜面积尽可能大。

2. 电渗析法

利用外加电势差除去溶胶体系中的电解质的方法为电渗析法。显然这种方法比一般依靠浓度差的扩散作用除去小离子杂质的速度要快得多。电渗析法起初是用于对生物胶体体系（如蛋白质溶液，血清等）的纯化。电渗析的最简单装置如图 1.3 所示。被纯化物（溶胶、大分子化合物）置于中室 1 中，在两个侧室中注入分散介质。一侧室为插入阴极的阴极室 3，另一侧室为插入阳极的阳极室 5。溶胶体系中的杂质离子在外加电势作用下通过半透膜的孔迁移。和前述的一般渗析法相同，半透膜可用各种纤维材料（如赛璐珞、赛璐玢、纸浆等）制备。用电渗析法纯化溶胶受多种因素的影响。纤维制半透膜在水中通常均带有负电荷，故阳离子杂质比阴离子杂质更易于通过半透膜。因此，在电渗析时常可观测到介质 pH 的减小。半透膜的电导也对电渗析产生影响。用赛璐玢和火棉胶做的半透膜电导越小效果越好。这是因为膜电阻的增大使离子迁移速度减小。为了使电渗析速度加快常用离子交换树脂做半透膜，离子交换树脂膜在水中的电阻比火棉胶膜和赛璐玢膜低。离子交换膜的优点还在于有很高的选择性，即在电场中不同的离子交换膜可使带不同电荷的某种离子通过。因此在电渗析装置中，常在一侧装阴离子交换膜，另一侧装阳离子交换膜。阴离子交换膜骨架上有阳离子基团［如$-N^+(CH_3)_2$］，可与迁移的阴离子电荷发生电性中和，并能排斥阳离子。阳离子交换膜上有$-SO_3^{2-}$、$-COO^-$等阴离子基团，故而使杂质阴离子通过困难。有时电渗析排出的杂质电解质有实际应用价值，故而需将其回收。为此，需将外室中含杂质电解质的液体通过离子交换树脂，但这种设计要防止这些电解质又可逆地返回纯化的介质中。五室型电渗析装置即适用于此类要求（图 1.4）。图中中室放待纯化溶胶，其余各室放水。靠近中室的两室通入除去电解质的水，由此二室排出的水再进入电极室。多室电渗析装置可以应用对阴离子和阳离子有高选择性交换作用的半透膜使溶胶纯化，或者同时在某几室中使盐浓缩。这类装置可用于水的软化。

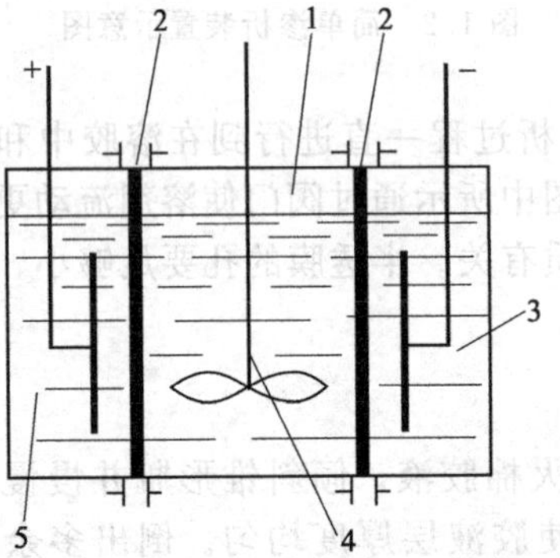

图 1.3 最简单电渗析装置示意图

1—中室（放溶胶）；2—半透膜；3—阴极室；4—搅拌器；5—阳极室

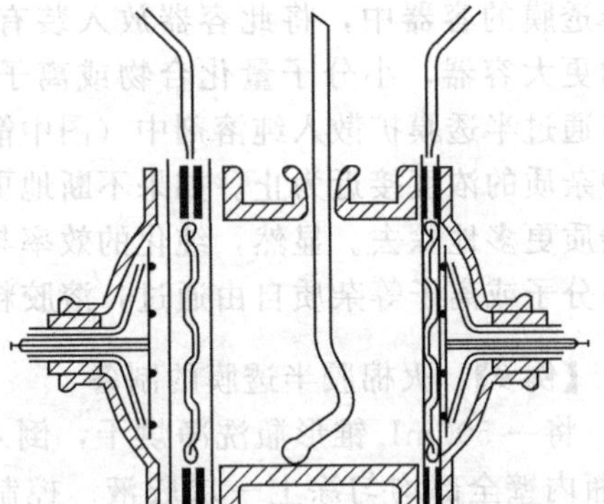

图 1.4 五室型电渗析装置

3. 超过滤法

超过滤法是在外压作用下使溶胶中的小分子和离子通过滤膜除去，以使溶胶纯化的方法。可用前述渗析和电渗析方法所用的半透膜作为滤膜，也可用孔数多、孔径极小的滤片为滤膜。图 1.5 是一种最简单的超过滤装置示意图。溶胶装在滤膜囊中。向溶胶施加比大气压大的压力（可与压缩空气瓶或压缩机连接实现）。或向溶胶中不断加入纯溶剂和适当提高外压力均可使超过滤速度加快。但提高外压时要注意不使滤膜破损。为此，有时可用多孔玻璃制或陶瓷制薄片作为滤膜的支架。超过滤膜的效率可用渗透率 D 表示。渗透率是在单位压差下，1s 通过单位面积滤膜的超滤液体积：

$$D=\frac{V}{St\Delta p} \tag{1.5}$$

式中，V 为 t 时间内通过的超滤液体积；S 为滤膜面积；Δp 为压力差。超过滤是一种分离含量少的杂质的有效方法，分离速度快，且分散介质损耗小。这一方法不仅可用于除去溶胶中的低分子量组分杂质，而且对于杂质含量大和含有分子量大小不等的杂质的分离也是有效的。

超过滤的工业规模应用主要有：水的净化处理，从微生物合成产物中分离人工培养液，生物活性物质（蛋白质、酶、抗生素等）的浓集。

应用超过滤法除在高外压时滤膜要有好的机械强度外，在需长时间应用时还要求滤膜有好的稳定性。将超过滤法用于生物物质和药物体系时，还要求滤膜对这些物质是惰性的。

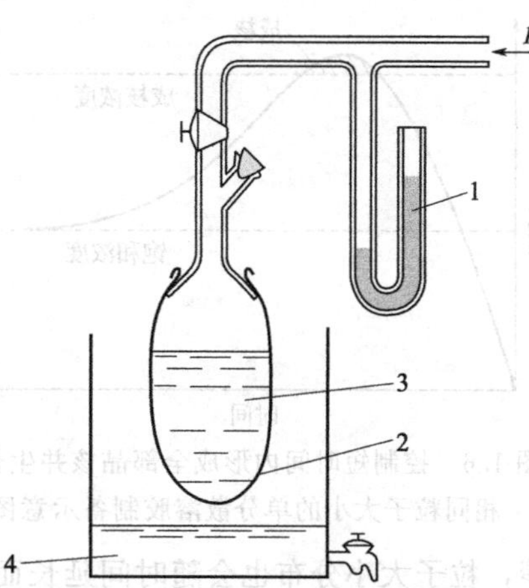

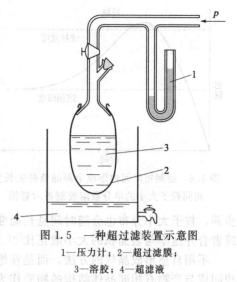

图 1.5 一种超过滤装置示意图

1—压力计；2—超过滤膜；3—溶胶；4—超滤液

表征滤膜性质的重要参数是其选择性。选择性 R 可由下式求出：

$$R=\frac{c_0-c}{c_0}\times 100\% \tag{1.6}$$

式中，c_0 为待处理溶胶中某杂质的浓度；c 为超过滤处理后滤液中该杂质的浓度。显然，滤膜的选择性不仅与膜本身的性质有关，而且与分离杂质的性质有关。一般来说，被分离杂质分子量减小，选择性 R 将减小。

4. 电倾析法

这是将过滤与电渗析配合应用的方法，即不带搅拌的电渗析法。由于溶胶或大分子粒子带有某种电荷，在外电场作用下向某一电极方向迁移，而这些粒子又不能通过半透膜，故在膜的一侧浓集。由于粒子密度与介质的不同，在溶胶浓集时将沉于电渗析器的底部，并产生环流，从而使粒子完全分离。电倾析法可用于某些病毒的分离。

第二节 单分散溶胶

一、单分散胶体粒子制备原理

用化学法和物理法制备的溶胶粒子大多是多分散的，即粒子的大小、形状常不相同。在特定条件下制备的粒子大小、形状、组成均相同的溶胶称为单分散溶胶（monodisperse sol）或称均匀分散溶胶（homodisperse sol）、等分散溶胶（isodisperse sol）。

用化学凝聚法制备单分散溶胶的基本条件是：①形成胶体粒子的化学反应必须有适宜的反应速率，而反应速率受反应温度和反应物浓度控制；②控制反应条件使晶核在短时间内迅速形成，随后不再形成新的晶核，而是使已有晶核以相同速度长大。制备单分散溶胶形成晶核和晶核长大机理如图 1.6 所示。在溶液中产物浓度超过其饱和浓度，并略高于成核浓度时，在短时间内形成全部晶核（爆发性成核）。晶核生成后，溶液浓度迅速减小，低于成核浓度（仍高于饱和浓度），不再形成新晶核。已形成的晶核在此浓度下以相同速度长大，从而得到单分散胶体粒子。

LaMer 等根据上述机理，用酸处理约 0.03mol·L^{-1} 的硫代硫酸钠稀溶液制备出单分散

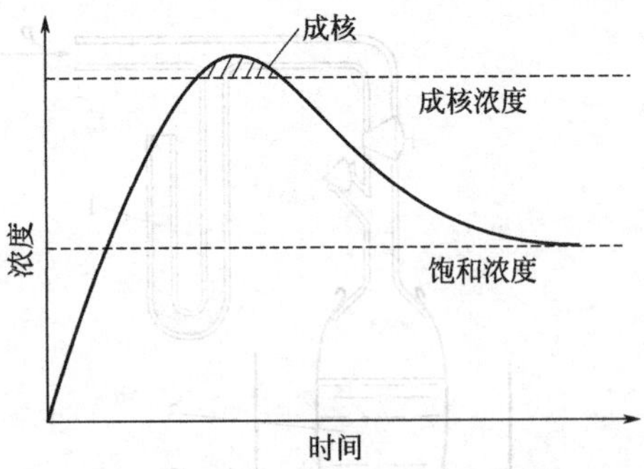

图 1.6 控制短时间内形成全部晶核并生长为相同粒子大小的单分散溶胶制备示意图

的硫溶胶[8]。制备单分散溶胶时，在几乎全部晶核形成以后晶核的长大实际上有两个过程：①溶液中能反应生成晶核的物质不断在已成晶核的表面沉积，使这些晶核长大。②粒子的合并使晶体长大。随后的研究结果表明，只要制备单分散溶胶速率的限制步骤是物质向晶核生长表面的扩散，而不是粒子间的合并步骤，则每个晶核长大引起的表面积变化随时间的变化关系都是相同的。Overbeek 认为，在这类体系中，粒子大小分布随时间延长而变得更窄。他甚至认为，即使粒子间合并步骤是速率的限制步骤，粒子大小分布也会随时间延长而变窄。这是因为，粒子间的合并速率可能是相同的，或者合并速率与表面积的大小成正比[9]。

不用自然形成晶核的方法，而是在饱和浓度和核化浓度间（见图 1.6）加入一些与产物相同或与产物有相同晶体结构的物质作为小晶种，也可以形成单分散溶胶。Zsigmondy 用这种方法成功地制备了单分散金溶胶，所用晶种是用红磷还原金盐得到的约 3nm 的金粒子。

二、金属（水合）氧化物单分散粒子的制备

金属（水合）氧化物单分散粒子通常用控制金属离子水解的方法制备。用这种方法制备所得粒子的化学组成、形貌与多种因素有关。这些因素包括体系的 pH，反应物浓度，反应温度，金属盐阴离子的性质，混合方法等。有时甚至与金属离子水解生成沉淀物的操作或转化条件有关，而这些条件对反应的影响与常规设想有时并不相同。例如，增大反应物浓度和提高反应温度并不一定对生成要求的产物有利，反而可能生成其他的物质。制备单分散粒子的实验条件常要求十分严格，有时略微改变就可能得不到产物或得到化学组成和形貌不同的产物。

现以向 $CuSO_4$ 溶液中加入强碱调节 pH 并在 25℃或 75℃下发生水解反应和陈化 18h 所得实验结果为例予以说明[10]。图 1.7 是该体系中硫酸铜浓度与 pH 的关系图，图中还给出在不同区域所得沉淀物的形貌。图中Ⅰ区为均相溶液，在此区域内无沉淀物形成。在Ⅱ区内有蓝色沉淀物生成（水硫酸铜矿，brochantite）。在Ⅲ区内有红褐色沉淀物生成（黑铜矿 CuO，tenorite）。图中实线为各区域间的分界线，实验点分别用空心圆圈、方框和三角标出。图中短划虚线为理论相转变线。在 25℃时Ⅱ区内的点虚线表示形成大的和小的粒子区域间的边界线。图 1.7 中的电镜图分别为相应区域内形成的典型粒子图像，最右边的电镜图的粒子制备条件如箭头所示。由图 1.7 左右二图比较可知，各区域间边界也与温度有关。值得注意的是，在各区域边界线附近，硫酸铜浓度或体系 pH 的微小变化都可能导致形成不同形态和化学组成的粒子，只有在第Ⅲ区内才能形成单分散的粒子。研究还表明，所用盐的阴离子对形成产物的组成和形状也有影响。例如，用硝酸铜时形成固体粒子的形状、发生沉淀的区域与用硫酸铜时不同。甚至在应用硫酸铜可得到单分散粒子的条件下应用硝酸铜却得不到单分散的粒子。

控制金属离子水解，制备单分散金属（水合）氧化物粒子有多种方法，现择要介绍如下。

（1）强制水解法 将金属盐的水溶液在 80～100℃以上的高温陈化一定时间（时间长短与金属阳离子的水解能力有关）可得金属（水合）氧化物单分散粒子。该反应是在较低 pH 的条件下，水合金属阳离子去质子化完成的，形成单分散粒子的化学组成、形貌、结构与反应条件有关，并强烈地受盐的阴离子性质的影响。当体系中有杂质时，可用水、弱酸或弱碱浸洗析出。

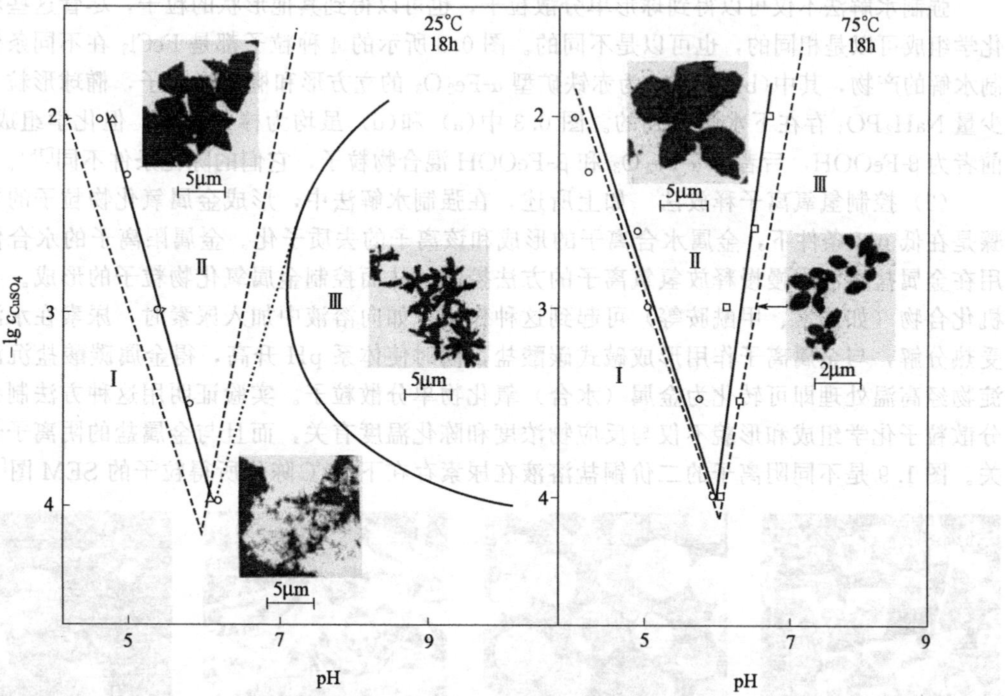

图 1.7　由体系中硫酸铜浓度和 pH 所决定的形成沉淀的区域

陈化时间 18h；反应温度 25℃和 75℃

【例 10】　强制水解法制备金属（水合）氧化物单分散粒子

（A）2.0×10^{-3} mol·L^{-1} $Al(NO_3)_3$ 和 3.0×10^{-3} mol·L^{-1} $(NH_4)_2SO_4$ 水溶液在 105℃陈化 24h，得到球形水合氧化铝单分散粒子，粒子电镜图像如图 1.8(a) 所示[11]。

（B）4.0×10^{-3} mol·L^{-1} $KCr(SO_4)_2\cdot12H_2O$ 水溶液在 75℃陈化 24h，得到球形水合氧化铬单分散粒子，粒子电镜图像如图 1.8(b) 所示[12]。

（C）1.2×10^{-3} mol·L^{-1} $Ce(SO_4)_2$ 和 8.0×10^{-2} mol·L^{-1} H_2SO_4 水溶液在 90℃陈化 48h，得到球形氧化铈单分散粒子，其电镜图如图 1.8(c) 所示[13]。

（D）3.2×10^{-2} mol·L^{-1} $FeCl_3$ 和 5.0×10^{-3} mol·L^{-1} HCl 在 100℃陈化 10 天，得球形 α-Fe_2O_3 单分散粒子，其电镜图如图 1.8(d) 所示[14]。

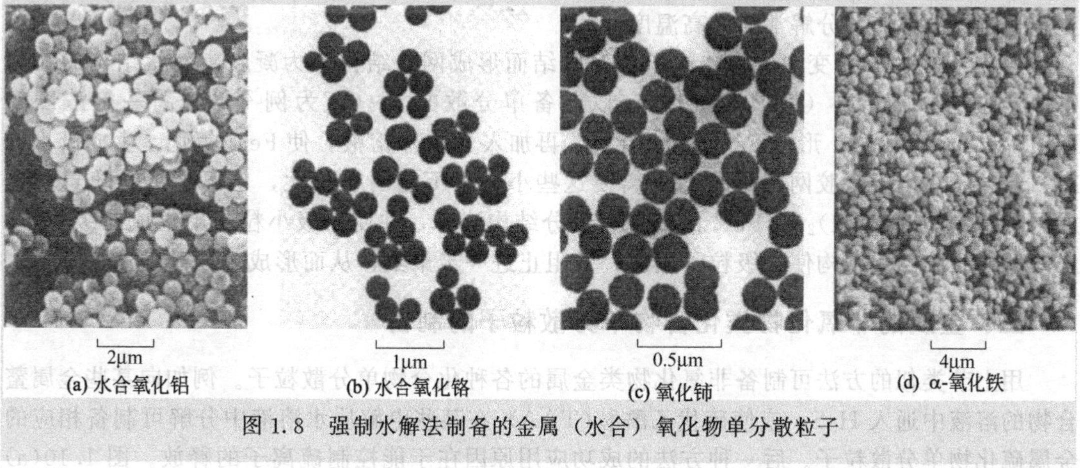

(a) 水合氧化铝　(b) 水合氧化铬　(c) 氧化铈　(d) α-氧化铁

图 1.8　强制水解法制备的金属（水合）氧化物单分散粒子

强制水解法不仅可以得到球形单分散粒子，也可以得到其他形状的粒子，尽管这些粒子的化学组成可以是相同的，也可以是不同的。图 0.3 所示的 4 种粒子都是 $FeCl_3$ 在不同条件下强制水解的产物，其中(b) 和(c) 为赤铁矿型 α-Fe_2O_3 的立方形和椭球形粒子，椭球形粒子是在少量 NaH_2PO_4 存在下水解得到的。图 0.3 中(a) 和(d) 虽均为棒状粒子，但化学组成不同，前者为 β-FeOOH，后者为 α-Fe_2O_3 和 β-FeOOH 混合物粒子，它们的陈化条件不同[15]。

(2) 控制氢氧离子释放法　如上所述，在强制水解法中，形成金属氧化物粒子的重要步骤是在低 pH 条件下，金属水合离子的形成和该离子的去质子化。金属阳离子的水合作用可用在金属盐溶液中慢慢释放氢氧离子的方法控制，从而控制金属氧化物粒子的形成。某些有机化合物（如尿素、甲酰胺等）可起到这种作用。如向溶液中加入尿素时，尿素在水溶液中受热分解，与金属离子作用形成碱式碳酸盐，同时使体系 pH 升高，得金属碳酸盐沉淀。沉淀物经高温处理即可转化为金属（水合）氧化物单分散粒子。实验证明用这种方法制备的单分散粒子化学组成和形貌不仅与反应物浓度和陈化温度有关，而且与金属盐的阴离子性质有关。图 1.9 是不同阴离子的二价铜盐溶液在尿素存在下 90℃陈化所得粒子的SEM 图[16]。

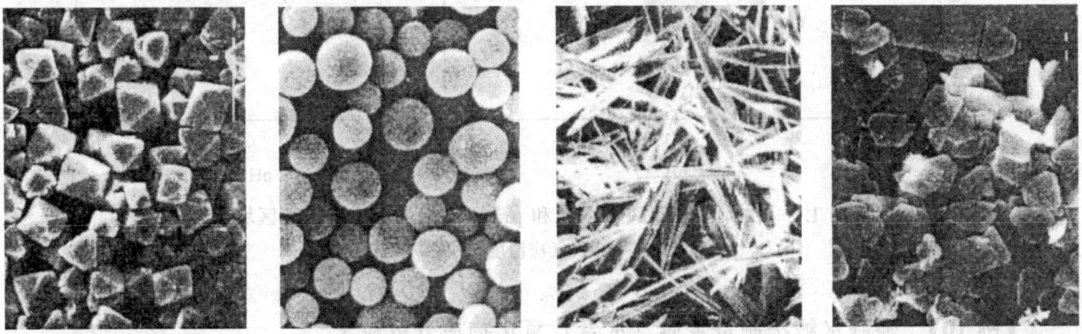

(a) $2.0\times10^{-3}mol\cdot L^{-1}$ $CuCl_2$ 和 $4.0\times10^{-1}mol\cdot L^{-1}$ 尿素，陈化120min　(b) $8.0\times10^{-3}mol\cdot L^{-1}$ $Cu(NO_3)_2$ 和 $2.0\times10^{-1}mol\cdot L^{-1}$ 尿素，陈化100min　(c) $6.0\times10^{-3}mol\cdot L^{-1}$ $CuSO_4$ 和 $2.0\times10^{-2}mol\cdot L^{-1}$ 尿素，陈化100min　(d) $1.2\times10^{-3}mol\cdot L^{-1}$ $CuSO_4$ 和 $3.0\times10^{-1}mol\cdot L^{-1}$ 尿素，陈化60min

图 1.9　不同阴离子的二价铜盐溶液在尿素存在下 90℃陈化所得粒子的 SEM 图

(3) 有机金属化合物分解法　有机醇盐在低温加水，可水解生成水合金属氧化物。所得粒子的性质与醇盐的醇溶液浓度、加水量、加水速度等有关，也与醇盐中的金属配位键有关。利用这种方法已报道制备出铝、钛、锌、锆等多种金属（水合）氧化物的单分散粒子。金属螯合物或有机金属化合物在烷烃溶液中分解也可得到单分散的金属氧化物粒子。例如，加热在葡萄糖存在下的酒石酸铜络合物可以制备出 CuO 单分散粒子。由于许多金属螯合物比较稳定，故欲使其分解常需较高温度。

(4) 溶胶-凝胶转变法　胶体粒子相互联结而形成网状结构称为凝胶，网状结构的孔隙中填充的是分散介质（液体或气体）。以制备单分散的 Fe_3O_4 为例[2]。先将一定浓度的 $FeSO_4$ 和 KOH 混合，形成 $Fe(OH)_2$ 凝胶，再加入 KNO_3 溶液，使 Fe^{2+} 氧化，生成极小的 Fe_3O_4 粒子。由于凝胶网状结构的隔离使这些小粒子不能明显长大，也不聚沉。随着联结成网状结构的 $Fe(OH)_2$ 中 Fe^{2+} 的氧化，部分结构溶解，并使一级小粒子聚集成二级粒子。未溶解的凝胶网状结构使二级粒子隔离，并阻止进一步聚集，从而形成单分散 Fe_3O_4 粒子。

三、金属的非氧化物类化合物单分散粒子的制备

用上节类似的方法可制备非氧化物类金属的各种化合物单分散粒子。例如向某些金属螯合物的溶液中通入 H_2S，或使硫代乙酰胺(TAA) 在某些电解质水溶液中分解可制备相应的金属硫化物单分散粒子。后一种方法的成功应用原因在于能控制硫离子的释放。图 1.10(a)

和(b) 分别是加入硫代乙酰胺的方法制备的 ZnS 和 PbS 单分散粒子。X 射线衍射图谱证明，ZnS 粒子为闪锌矿型晶体结构，PbS 粒子为方铅矿型结构。在含有磷酸根离子的电解质溶液中陈化，可得到铝、铁、锌、钴、镉、镍、锰的碱式磷酸盐单分散粒子。图 1.10(c) 是碱式磷酸锰粒子的 TEM 图。图 1.10(d) 是 $CdCO_3$ 粒子的 TEM 图，它是用 $CdCl_3$ 在尿素存在下陈化制备的。将 $CdCO_3$ 在高温煅烧可得 CdO 粒子，比表面从 $CdCO_3$ 的 $1.8m^2 \cdot g^{-1}$ 增大到 CdO 的 $22m^2 \cdot g^{-1}$，这说明孔隙率明显增加。

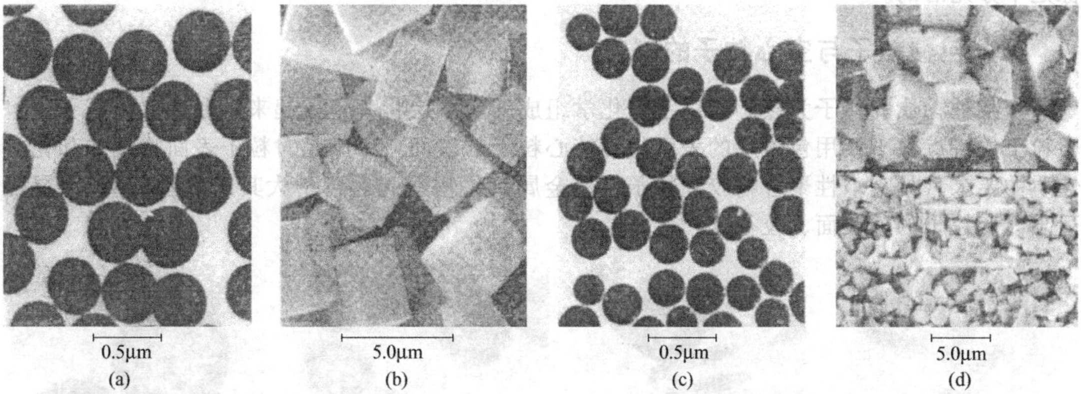

图 1.10 (a) ZnS 粒子的 TEM 图，制备条件：$2\times10^{-2}mol \cdot L^{-1}$ $Zn(NO_3)_2$，$6.2\times10^{-2}mol \cdot L^{-1}$ HNO_3 和 $1.1\times10^{-1}mol \cdot L^{-1}$硫代乙酰胺(TAA) 溶液混合在 26℃陈化 5h，再在 60℃陈化 6h；(b) PbS 粒子的 SEM 图，制备条件：先制备“晶种溶胶”，$1.2\times10^{-3}mol \cdot L^{-1}Pb(NO_3)_2$，$2.4\times10^{-1}mol \cdot L^{-1}$ HNO_3 和 $5.0\times10^{-3}mol \cdot L^{-1}$ TAA 在 26℃放置 21h，然后向上述溶液中再加入 $1.25\times10^{-3}mol \cdot L^{-1}$ TAA，再陈化 1h；(c) 磷酸锰粒子的 TEM 图，制备条件：$5.0\times10^{-3}mol \cdot L^{-1}$ $MnSO_4$，$5.0\times10^{-3}NaH_2PO_4$，$1mol \cdot L^{-1}$尿素和 $1.0\times10^{-2}mol \cdot L^{-1}$十二烷基硫酸钠 (SDS) 混合液在 80℃陈化 3h； (d) $CdCO_3$ 粒子的 SEM 图，制备条件：在 80℃将 $10mol \cdot L^{-1}$尿素与 $2.0\times10^{-3}mol \cdot L^{-1}$ $CdCl_3$ 溶液等体积混合，放置 24h

特别要提到的是单分散 SiO_2 的制备与应用。单分散 SiO_2 可用气相法生产，也可由四乙氧基硅烷水解合成[17]。市售 Aerosil 即为气相法得之 SiO_2，Ludox 为 SiO_2 溶胶，均为单分散粒子（图 1.11）。单分散 SiO_2 广泛用做催化剂载体、橡胶补强剂、涂料填充剂等。SiO_2 溶胶也可用于合成蛋白石(opal)。

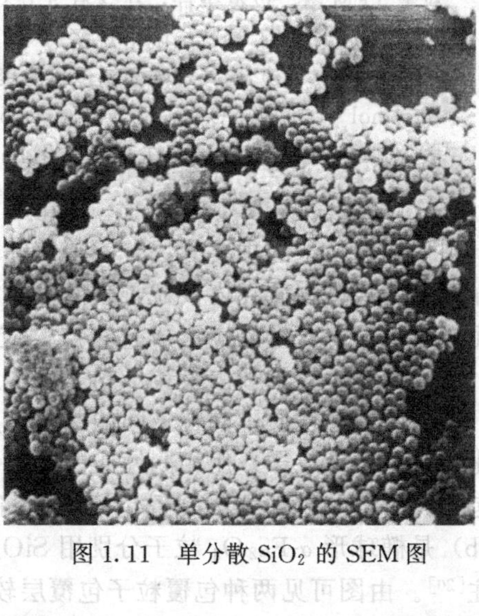

图 1.11 单分散 SiO_2 的 SEM 图

四、乳液聚合法制备有机高分子聚合物单分散粒子

在以水为介质时在乳化剂和机械搅拌作用下，大分子单体一部分进入胶束，大部分被乳化剂乳化成小油珠，还有少量单体可能溶于水中。水溶性聚合反应引发剂分解成自由基进入含单体的胶束中引发单体聚合反应发生，生成单体/聚合物胶粒。反应不断进行，在被乳化成小液珠中的单体向水相并进而向含单体/聚合物胶粒的胶束中扩散，使聚合反应继续进行。反应一直进行到含单体的油珠消失，单体/聚合物胶粒完全变为聚合物粒子。乳液聚合形成的聚合物粒子在水介质中构成外观如乳状的分散体系，称

为胶乳(latex)。现常将聚苯乙烯胶乳和聚甲基丙烯酸甲酯胶乳用做胶体化学研究的典型物质，这两种胶乳极易制成球形单分散粒子[18]。近年来又研制出表面有不同密度正电荷和负电荷基团的胶乳，这类胶乳称为两性胶乳(amphoteric latices 或 Zwitterionic latices)，与在不同 pH 介质中的蛋白质性质相似。通常认为，单分散聚合物粒子表面是光滑的球体，在水中表面多有一些负电性基团。但是也有人认为大多数这类粒子表面不是完全光滑的。即使如聚苯乙烯胶乳等粒子表面也有一定的粗糙度[19]。带有许多荷电基团的两性胶乳的表面更不像是十分光滑的。

五、包覆粒子与空心粒子的制备

以某种物质的粒子为核心，用不同化学组成的包覆层将其包覆起来，形成包覆粒子。包覆粒子的特点在于：用包覆层的表面代替核心粒子的表面，以满足对粒子表面物理的和化学性质的要求（如疏水性聚合物胶乳粒子包覆金属氧化物薄壳后可增大其亲水性）；包覆层可适当改变粒子的比表面、粒径等。

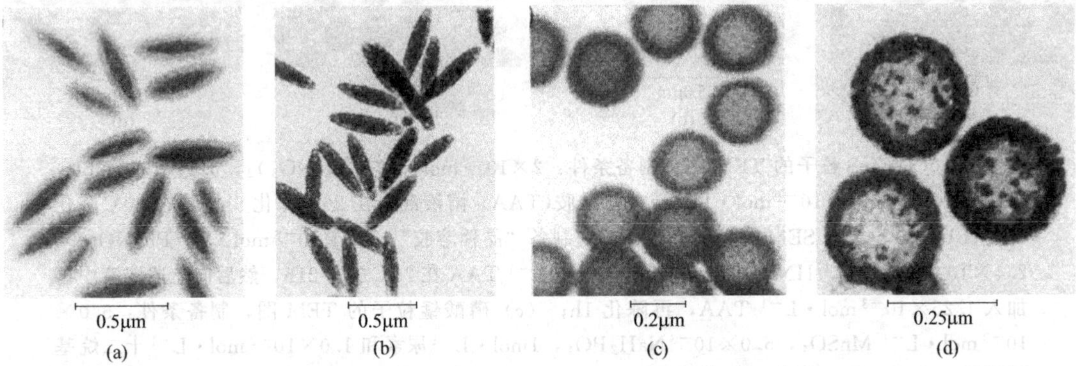

图 1.12 (a) 用 SiO_2 包覆的 α-Fe_2O_3 粒子 TEM 图，包覆条件：在含有 0.45mol·L^{-1} NH_3，3.05mol·L^{-1} H_2O，4.0×10^{-4} mol·L^{-1}原硅酸四乙酯(TEOS) 异丙醇溶液中，分散有 72.7mg·L^{-1}的 α-Fe_2O_3 粒子，在 40℃陈化 18h；(b) 用水合氧化锆包覆的 α-Fe_2O_3 粒子 TEM 图，包覆条件：在含有 5.0×10^{-3} mol·L^{-1} 硫酸锆，5%(体积分数) 甲酰胺，0.5%(质量分数) 聚乙烯吡咯烷酮(PVP) 的水溶液中分散 600mg·L^{-1} α-Fe_2O_3 粒子，在 70℃陈化 2h；(c) 用碱式碳酸钇包覆的聚苯乙烯(PS) 胶乳 TEM 图，包覆条件：在含 5.0×10^{-3} mol·L^{-1} $Y(NO_3)_3$，1.8×10^{-3} mol·L^{-1}尿素，1.2%(质量分数) PVP 的水溶液中分散 100mg·L^{-1}PS 胶乳，在 90℃陈化 2h；(d) 将(c) 所得包覆粒子在 800℃煅烧 3h 所得空心氧化钇粒子的 TEM 图

制备包覆粒子的主要方法有：①使细小的前体粒子在内核粒子上沉积；②在一定条件下使介质中的某些物质在内核粒子表面发生沉淀反应形成包覆层；③介质中的某些物质与内核表面的某些基团发生反应形成包覆层。应用第①种方法时要考虑发生沉积所需的电解质浓度。由于沉积小粒子和内核粒子的表面性质和荷电性质可能不同，沉积的最佳条件要慎重选择，特别要注意性质不同粒子间的黏附作用。可以使不同化学组成的内核粒子（如氧化铁、氧化铬、氧化钛粒子）用相同性质的物质（如氧化铝）包覆。也可使相同内核粒子用不同物质包覆。第②和③种方法制备包覆粒子将在介绍空心粒子制备时顺便提及。图 1.12 中(a) 和(b) 是椭球形 α-Fe_2O_3 粒子分别用 SiO_2 和 ZrO_2 包覆后的 TEM 图，包覆条件见图 1.12 图注[20]。由图可见两种包覆粒子包覆层较均匀。包覆粒子的化学性质由包覆层的性质决定，与内核粒子性质关系不大。图 1.13 是 α-Fe_2O_3、氢氧化铬、用氢氧化铬包覆的 α-Fe_2O_3 粒子的热分析(DTA) 图。由图可见，氢氧化铬（水合氧化铬）和包覆氢氧化铬的 α-Fe_2O_3 的

热分析曲线相同，而与 α-Fe_2O_3 的曲线不同。聚苯乙烯胶乳悬浮于含有 $Y(NO_3)_3$、尿素等的水溶液中高温陈化时，尿素分解生成的碳酸根与硝酸钇反应，生成碱式碳酸钇[$Y(OH)CO_3$]小粒子。$Y(OH)CO_3$ 小粒子在聚苯乙烯胶乳粒子上发生杂聚沉（hetro gulation），形成包覆层［图 1.12(c)］。杂聚沉是表面有明显不同电荷符号的粒子或性质不同粒子的聚沉作用。发生聚沉的条件由粒子的荷电状况和表面性质决定。

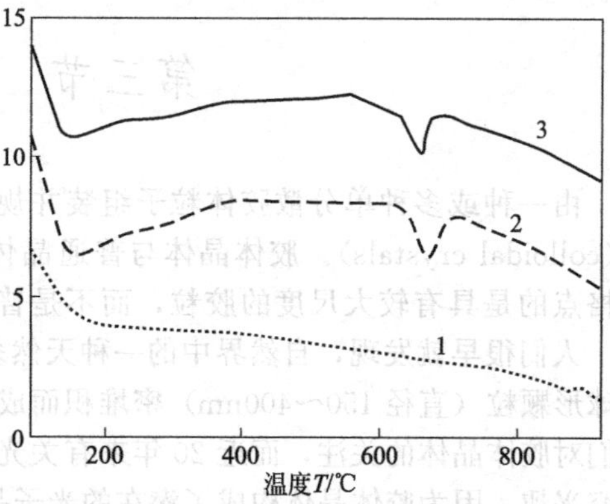

图 1.13　α-Fe_2O_3(1)、氢氧化铬(2)、用氢氧化铬包覆的 α-Fe_2O_3 粒子(3) 的热分析曲线

空心粒子是有一定厚度壳层的空心球体。空心粒子的表面积大、密度小，可望作为轻质材料应用，在医药等方面也有应用前景[21]。

制备单分散的包覆粒子通常均以单分散粒子为内核粒子进行包覆。制备单分散空心粒子通常以单分散聚合物粒子（胶乳）为内核粒子进行包覆后经高温处理除去内核粒子得空心粒子，但这类空心粒子多为无机物空心粒子。当以单分散聚合物胶乳为内核制备无机材料包覆粒子时，除前述的使无机小粒子在内核胶乳粒子上沉积外，还可用在内核表面上发生沉淀反应或与其表面某些基团发生化学反应的方法形成包覆层。图 1.12(d) 是使 $Y(OH)CO_3$ 小粒子在聚苯乙烯单分散胶乳上沉积后煅烧处理形成氧化钇空心粒子的 TEM 图。

【例 11】 胶乳粒子表面反应法制备空心粒子

（A）聚苯乙烯(PS) 与聚甲基丙烯酸甲酯(PMMA) 的单分散粒子表面，以及苯乙烯与甲基丙烯酸甲酯的单分散共聚物（PSMA）表面均有因引发剂而产生的—SO_3^-、—COO^-基团。在水溶液中这些负电基团可吸附阳离子。若在溶液中再引入可与吸附阳离子形成沉淀反应的阴离子，即可在胶乳表面形成无机沉积物壳层，经高温处理除去胶乳后可得空心单分散粒子。图 1.14 是以 PSMA 为内核粒子制备 ZnS 空心粒子的反应过程示意图。其中 S^{2-} 可用 γ 射线照射硫代乙酰胺(TAA) 使其分解提供。

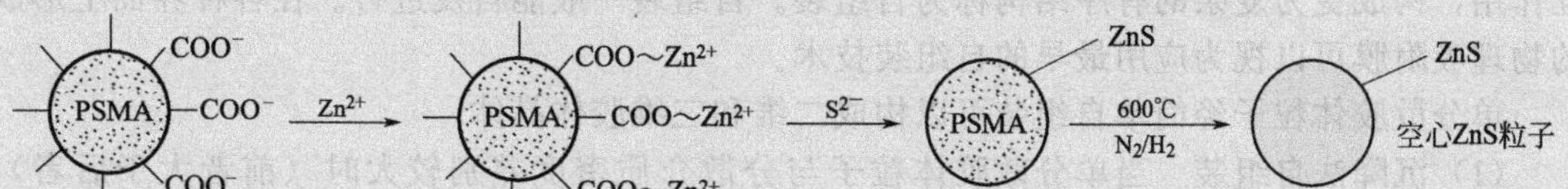

图 1.14　ZnS 空心粒子制备过程示意图

（B）通过 PS 胶乳表面缩聚反应制备 SiO_2 空心粒子。先使硅烷偶联剂（如 γ-甲基丙烯酰氧丙基三甲氧基硅烷，牌号 KH570）分子端基可反应基团与 PS 胶乳粒子表面的可反应基团发生接枝反应，将含硅基团引到粒子表面。加入原硅酸四乙酯(TEOS) 的乙醇溶液，在 70℃使表面共聚物发生缩聚反应，得到带有有机基团的硅酸聚合物包覆层，高温处理使 PS 和有机基团烧失，得到 SiO_2 空心粒子。这一制备过程如图 1.15 所示。

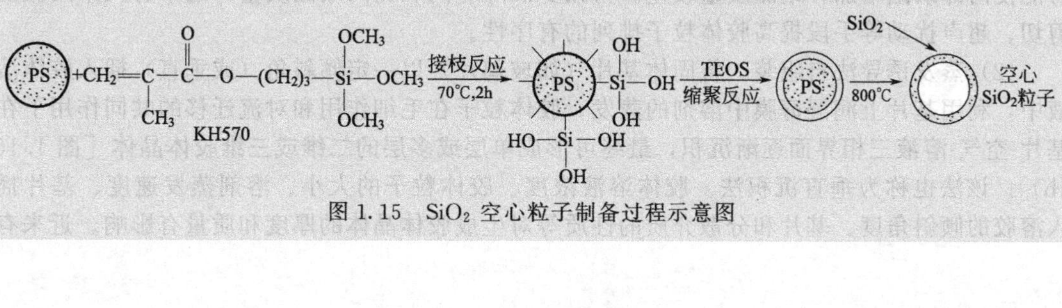

图 1.15　SiO_2 空心粒子制备过程示意图

第三节 胶体晶体[22]

由一种或多种单分散胶体粒子组装并规整排列而成的二维或三维有序结构统称为胶体晶体(colloidal crystals)。胶体晶体与普通晶体在结构上十分相似，只是胶体晶体中占据每个晶格点的是具有较大尺度的胶粒，而不是普通晶体中的分子、原子或离子。

人们很早就发现，自然界中的一种天然多彩宝石——蛋白石（opal）就是由单分散二氧化硅球形颗粒（直径150～400nm）密堆积而成的胶体晶体，自然界中蛋白石结构的存在引起了人们对胶体晶体的关注，而近20年来有关光子晶体的研究则大大激发了人们对于胶体晶体的研究兴趣，因为胶体晶体构成了潜在的光子晶体和制备光子晶体的模板。而光子晶体可像半导体控制电子一样控制光子的传送，可望用于光子开关、光子频率变换器等元器件的制造。

除了在光子晶体领域的重要应用之外，胶体晶体还作为一种模型体系被广泛用于研究晶体的成核与生长、熔化等重要过程中的基础研究。因为单分散的胶体粒子表现出与原子、分子相似的相行为，而其纳米至微米级的尺寸使得其微观相行为可以被直接观察。如果构成胶体晶体的胶体粒子的粒径小至纳米尺度范围（1～100nm），则该胶体晶体通常称作纳米粒子超晶格（nanoparticle superlattices），其中作为构造单元的纳米粒子也被称作为“人造原子”。纳米粒子超晶格的形成涉及到单分散纳米粒子的自组装过程，它与“自下而上”地构建纳米器件或复杂功能体系有着密切关联，因而最近受到科学家的高度重视。此外，胶体晶体作为一种长程有序的结构化模板在新型纳米结构及功能材料的制备方面显示出巨大的应用潜力。因此，胶体晶体在最近20年左右的时间里引起了人们的浓厚兴趣，成为一个异常活跃的研究领域，同时也为古老的胶体科学注入了新的活力。本节将着重介绍胶体晶体的制备和应用。

一、胶体粒子的简单自组装

在某些条件下，原子、分子、胶体粒子、纳米粒子等结构单元间以价键或非价键的弱相互作用，构成更为复杂的有序结构称为自组装。自组装一般能自发进行。在各种界面上形成的物理吸附膜可以视为应用最早的自组装技术。

单分散胶体粒子经简单自组装可以构成二维和三维胶体晶体。

(1) 沉降法自组装 当单分散胶体粒子与分散介质密度差别较大时（前者大于后者），胶体粒子在重力场中自然缓慢沉降可以形成底面为（111）晶面的具有面心立方密堆积结构的三维胶体晶体［图1.16(a)］。这一方法对胶体粒子大小、粒子密度、沉降速度等要求严格。改变分散介质的密度和黏度对改善沉降法组装是有意义的。重力沉降法的缺点是用时长(几周至几个月)，有时会出现“多层”沉降，即在重力场方向可能形成一些不同密度和排序的不规则层。

过滤沉降法类似于减压过滤，可加速沉降。离心沉降法常可制备较大尺寸胶体晶体，但可能使内部缺陷增加，结晶质量较差。为减少沉降时间和提高结晶质量，近来有人采用振荡剪切、超声扰动等手段提高胶体粒子排列的有序性。

(2) 蒸发诱导法自组装 将固体基片（如玻璃片）以一定倾斜角（或垂直）插入胶体溶液中，利用基片上润湿薄膜中溶剂的蒸发，胶体粒子在毛细作用和对流迁移的共同作用下在基片-空气-溶液三相界面逐渐沉积，最终可形成单层或多层的二维或三维胶体晶体［图1.16(b)］。该法也称为垂直沉积法。胶体溶液浓度、胶体粒子的大小、溶剂蒸发速度、基片插入溶胶的倾斜角度、基片和分散介质的性质等对生成胶体晶体的厚度和质量有影响。近来有人利用温度梯度驱动蒸发诱导自组装成功由大的 SiO_2 胶体粒子构成的大面积胶体晶体薄膜。也有人在研究温度、相对湿度、干燥工艺条件等对胶体晶体生长的影响，并认为基片与胶体间的亲和性和表面电性质是这种方法制备胶体晶体成功的关键。

(3) 狭缝过滤法自组装　用两块平行的固体板狭缝对胶体溶液过滤，得到厚度与狭缝间距相等的胶体晶体［图 1.16(c)］。

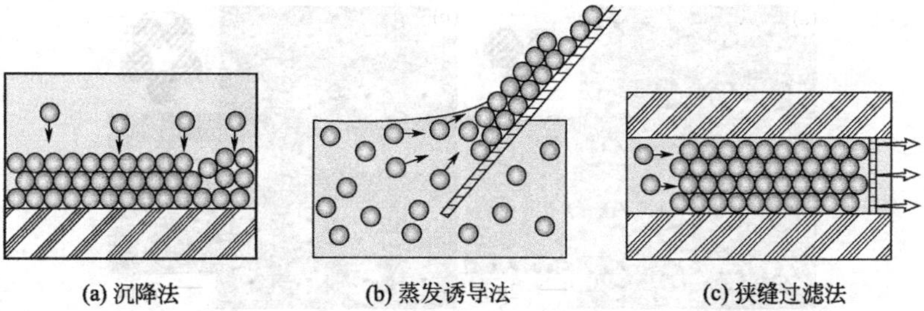

图 1.16　沉降法、蒸发诱导法、狭缝过滤法制备三维胶体晶体[23]

(4) 外电场法自组装　当胶体粒子太大或太小时利用上述方法有时会遇到困难。粒子太小，沉降时间太长；粒子太大，所得晶体有序性差。如果胶体粒子带有电荷，可在外电场作用下，利用电泳原理，控制沉降速度，以得到满意的胶体晶体（图 1.17）。粒子过大时应用此法也有困难。

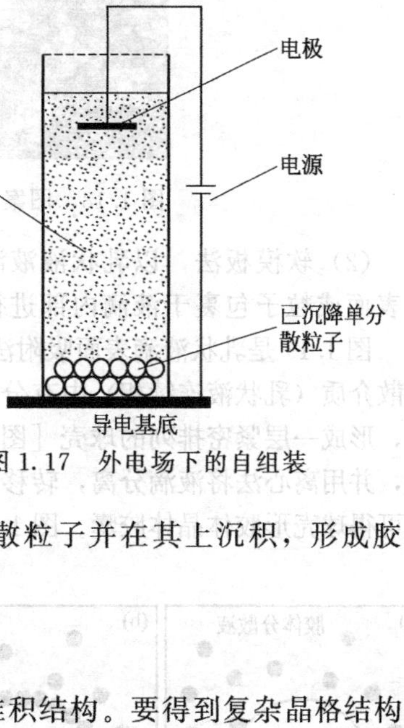

图 1.17　外电场下的自组装

(5) 静电力法自组装　若胶体粒子表面带有一定电荷密度的电荷，溶胶体系中粒子浓度也适当，在静电力作用下粒子自组装成周期性结构，形成胶体晶体。显然，粒子间是静电斥力的作用，形成的胶体晶体中粒子并未完全接触。用这种方法自组装条件十分苛刻。但是近来有人利用聚焦离子光束使不导电的基底上有序带有电荷，这些带电荷点可靠静电作用吸引溶胶中带反号电荷的单分散粒子并在其上沉积，形成胶体晶体[24]。

二、模板法胶体粒子自组装[22]

简单自组装成的胶体晶体结构简单，为二维或三维密堆积结构。要得到复杂晶格结构常需应用不同的模板。根据模板的类型可将这种方法分为硬模板法和软模板法，前者多以在硬质聚合物基片刻蚀图案为模板，后者多为以乳状液液滴为模板。

(1) 硬模板法　在 20 世纪末，有人以用平版印刷图案方法刻蚀的聚甲基丙烯酸甲酯基底为模板，制备了具有面心立方结构的胶体晶体。方法是先在聚合物基片上用电子束刻蚀出按面心立方（110）或（100）面排列的直径与胶体粒子直径接近的孔，然后在此图案上用沉降法组装胶体粒子，最后得到面心立方胶体晶体的晶格常数与刻蚀图案的一致。

Xia 等对流动模板沉积法[25]进行了改进，利用有特定凹槽结构的平面基底作为图案化模板，通过胶体溶液的流动沉积，制备出有复杂结构的胶体晶体（图 1.18）。当 0.9μm 的聚苯乙烯（PS）单分散粒子在直径 2μm、深度 1μm 的圆柱状孔中沉积时，得到三角形排列的胶体粒子聚集体［图 1.18(a)］。当 0.7μm 的 PS 粒子在与上相同大小的孔中沉积时，得五角形聚集体［图 1.18(b)］。当溶胶中分散相体积分数较大时，2μm 的 PS 粒子在直径

5μm、深度 1.5μm 的圆柱状孔中沉积，可得到双层结构聚集体［图 1.18(c)］。当 1μm PS 粒子在宽度为 2.72μm 的 V 形凹槽中沉积时，可得到螺旋链状结构聚集体［图 1.18(d)］。显然，模板图案的形状对所得胶体晶体的结构形态有直接影响。如利用有一维孔道结构的硅基底作为图案化模板，制备出了有管状堆积结构的二氧化硅胶体晶体[26]；用微接触印刷技术实现了图案化二维胶体晶体和非密堆积结构的二维胶体晶体的制备[22,27]。

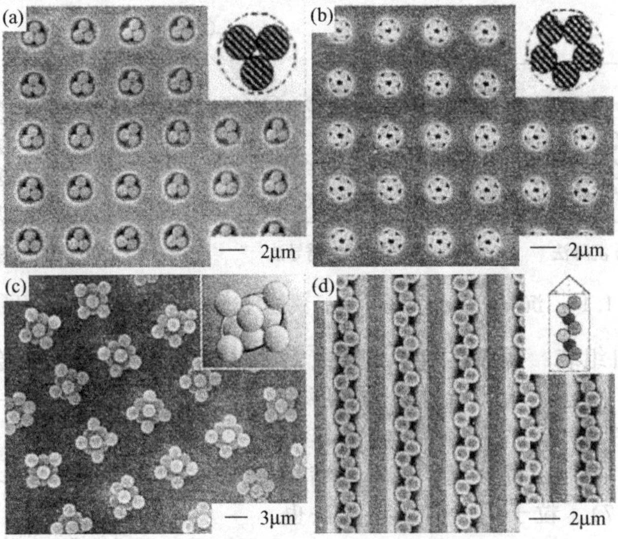

图 1.18　图案化表面模板法组装的 PS 胶体晶体的复杂结构

（2）软模板法　以乳状液液滴为软模板进行胶体粒子自组装有两种方式：粒子吸附于液滴表面或粒子包裹于液滴内部进行组装。

图 1.19 是乳状液滴表面吸附法组装胶体晶体的过程示意图。这一方法是先制成乳状液，在分散介质（乳状液连续相）中有分散的胶体粒子［图 1.19(a)］。胶体粒子吸附于乳状液液滴表面，形成一层紧密排列的球壳［图 1.19(b)］。加入稳定剂或用其他方法（如烧结）使球壳层稳定，并用离心法将液滴分离，转移至与原乳状液连续相不相混溶的液体中［图 1.19(c)］。干燥后可得球壳形胶体晶体胶囊。图 1.20 是由 0.9μm PS 粒子组装干燥后所得胶囊的 SEM 图。

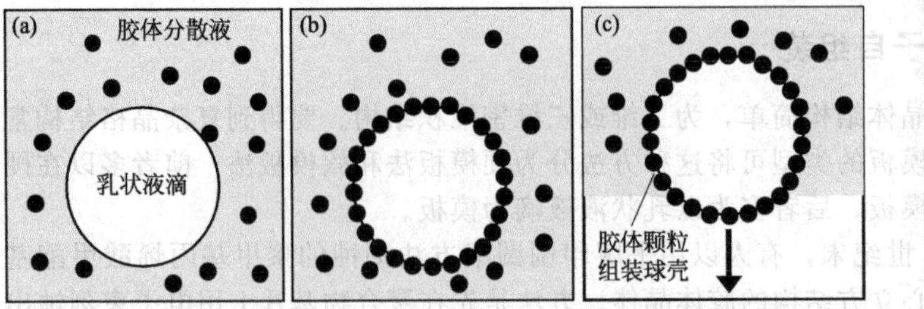

图 1.19　乳状液模板法组装球壳状胶体晶体过程示意图

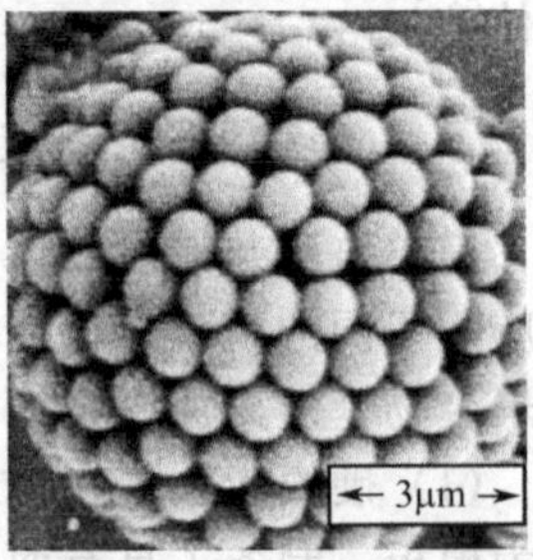

图 1.20　乳状液法组装的 PS 粒子胶体晶体干燥后胶囊的 SEM 图

将胶体粒子包裹于乳状液液滴内，使粒子附着于液滴表面，使液滴内液体蒸发，最后也可得球形紧密结构。例如，使溶胀的交联 PS 乳胶粒子分散于甲苯中，将此液作为油相，制成 O/W 型乳状液，控制每个液滴中约含十余个乳胶粒子。随甲苯蒸发，乳状液液滴体积减小，形成特定对称性多面体几何构型。

李亚栋课题组发展了一种微乳体系组装单分散纳米晶的 EBS（emulsion-based bottom-up self-assembly）通用方法[28]。这种方法是在水/油两相体系中，将单分散纳米晶分散在油相（如环己烷）中，水相中含有水溶性表面活性剂（如十二烷基磺酸钠，SDS），通过高速搅拌或超声形成水包油的微乳体系，纳米晶则被限制分散在体系内微米级的油滴中，通过蒸发有机溶剂，使油滴内的纳米晶逐渐过饱和而聚集，在熵驱动下这个聚集过程可发生有序的组装。EBS 组装的特点是把缓慢蒸发溶剂限制在微米级的油滴内进行，整个过程并不依赖单分散纳米晶的组成、形貌、尺寸和表面包覆分子，EBS 是一种普适性非常强的三维胶体微球超结构的制备方法。目前已成功用于多种组成（金属、硫化物、氧化物等）、维度（零维、一维、二维结构单元）和尺寸（1～100nm）的单分散纳米晶，最终得到的三维胶体球表面被 SDS 包裹可以稳定分散于水相中，并且胶体球的尺寸、表面性质以及内部粒子的有序性可以通过调节实验参数加以调控。图 1.21 是 EBS 组装的示意图。

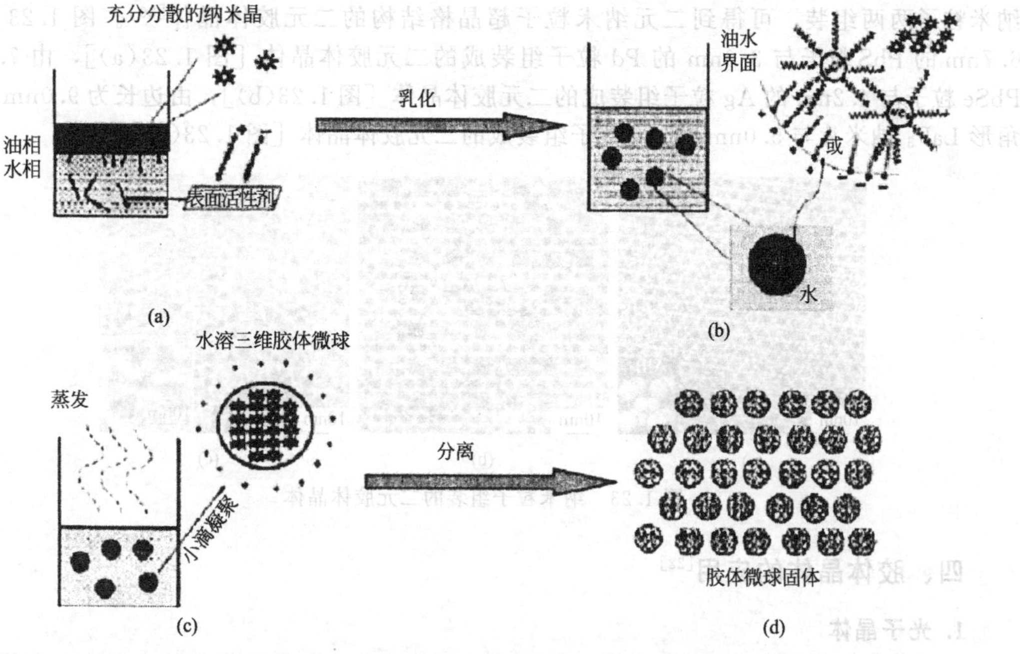

图 1.21　单分散纳米晶的 EBS 组装示意图

三、二元胶体晶体组装[22]

两种不同的胶体粒子有序组装而成的胶体晶体称为二元胶体晶体。不同的胶体粒子既可以是化学组成相同仅大小不同，也可以是化学组成、大小、形状等均不相同的粒子。

将一种大粒径的球形粒子（以 L 表示）和一种小粒径的球形粒子（以 S 表示）组装成的二元胶体晶体的结构受两种粒子粒径比的影响。van Blaaderen 等利用胶体外延生长和蒸发诱导相结合的方法，层层组装成功由两种粒径不同的二氧化硅微球构成的二元胶体晶体[29]。组装过程中，大球先形成六方密堆积单层，以此单层为模板引导小球自组装。在液体蒸发速率恒定的条件下，小球在大球模板上堆积排列结构由其体积分数 ϕ 调节，随 ϕ 增大，堆积结构从大、小球比例的 1∶1(LS) 向 1∶2(LS_2) 和 1∶3(LS_3) 转变（图 1.22）。

选择形状、大小、表面性质、物质种类不同的两种胶体粒子，可以组装成结构更为复杂的二元胶体晶体。例如，用带有反号电荷的两种聚甲基丙烯酸甲酯微球，在静电作用下可组装成体心立方结构的 CsCl 型二元胶体晶体，甚至用带正电的聚甲基丙烯酸甲酯微球与带负

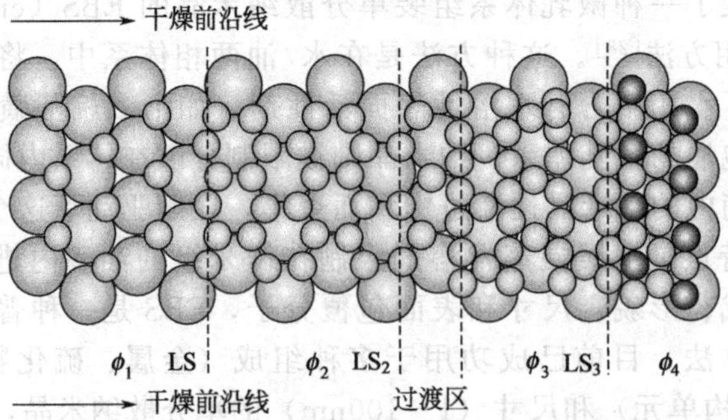

图 1.22 层层组装二元胶体晶体示意图

电的二氧化硅微球也可组装成上述类型的二元胶体晶体。近日报道，用半导体、金属及磁性纳米粒子两两组装，可得到二元纳米粒子超晶格结构的二元胶体晶体[30]。图 1.23 为由 6.7nm 的 PbS 粒子与 3.0nm 的 Pd 粒子组装成的二元胶体晶体［图 1.23(a)］，由 7.2nm PbSe 粒子与 4.2nm 的 Ag 粒子组装成的二元胶体晶体［图 1.23(b)］，由边长为 9.0nm 的三角形 LaF_3 纳米片与 5.0nm 的 Au 粒子组装成的二元胶体晶体［图 1.23(c)］。

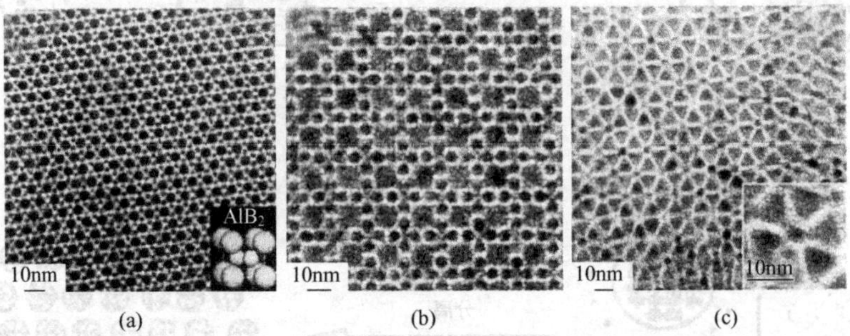

图 1.23 纳米粒子组装的二元胶体晶体

四、胶体晶体的应用[22]

1. 光子晶体

光子在光子晶体中的行为与电子在半导体中的行为相似，即光子晶体在各个方向能阻止一定频率范围的光传播（称为“完全带隙”）。由亚微米或微米级胶体粒子组装的胶体晶体是具有特定光子带隙（光子晶体对入射光的布拉格衍射产生的光子禁带）的光子晶体，即一定频率范围的光将因受到强烈的布拉格衍射而不能透过胶体晶体。因此，某些胶体晶体可作为光开关材料。图 1.24 是聚苯乙烯胶体晶体多层膜的透射谱。实际上制备产生完全带隙的胶体晶体还有一定的困难。首先，面心立方密堆积排列的胶体晶体结构上是完全对称的，只能形成不完全带隙，即只能在某些方向阻止禁带频率范围光的传播。为此，改变胶体晶体结构的对称性，组装非球形粒子的胶体晶体可能是有益的。其次，选择更多材质的单分散胶体粒子有可能组装成具有完全带隙或可控带隙的胶体晶体。现已研

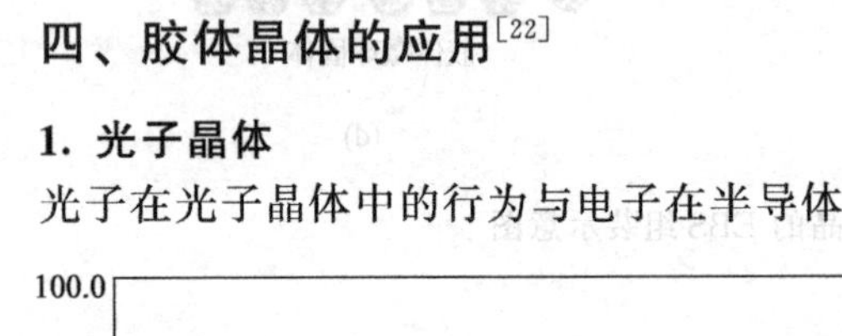

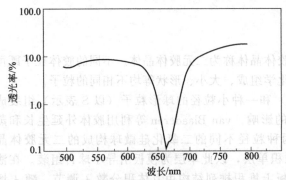

图 1.24 聚苯乙烯胶体晶体多层膜的透射谱

制出许多由金属和半导体材料的单分散球形粒子组装的胶体晶体。最后，研究新的组装方法，实现非球形胶体粒子组装胶体晶体尚处于探索阶段。

2. 传感器

传感器是指利用一定规律使不易被直接检测的量转换成便于检测和处理的物理量的器件。既然胶体晶体是一种光子晶体，故其对特定波长的光有强烈的布拉格衍射现象，即胶体晶体晶格间距变化会引起布拉格衍射峰的移动。有时这种光谱峰的移动可被直接用裸眼观察。胶体晶体因外界条件变化而晶格间距的变化也必将引起颜色的改变。据此胶体晶体可制成能反映外界环境变化的传感器。例如，在胶体晶体粒子的间隙中以共聚合方式引入能螯合某种金属离子的冠醚功能单体，该体系晶面间距和衍射峰位置将随离子浓度大小而变化。因而可根据衍射峰的位移确定离子浓度。

Asher 等[31,32]设计了可以对 pH、温度、生物分子、离子等产生颜色响应的智能水凝胶光子晶体传感器。他们通过利用带电胶体粒子之间的静电排斥作用，将高浓度胶体粒子溶于分散有水凝胶前驱体以及特定响应单体的溶液中，构建胶体光子晶体结构，并利用水凝胶聚合交联的方式将该结构固定，从而制备智能水凝胶胶体光子晶体。当待测物质进入水凝胶网络结构中后，会与水凝胶中的功能单体结合，从而改变水凝胶骨架结构，导致其溶胀或收缩，最终引起胶体光子晶体衍射波长以及颜色的变化，如图 1.25 所示。

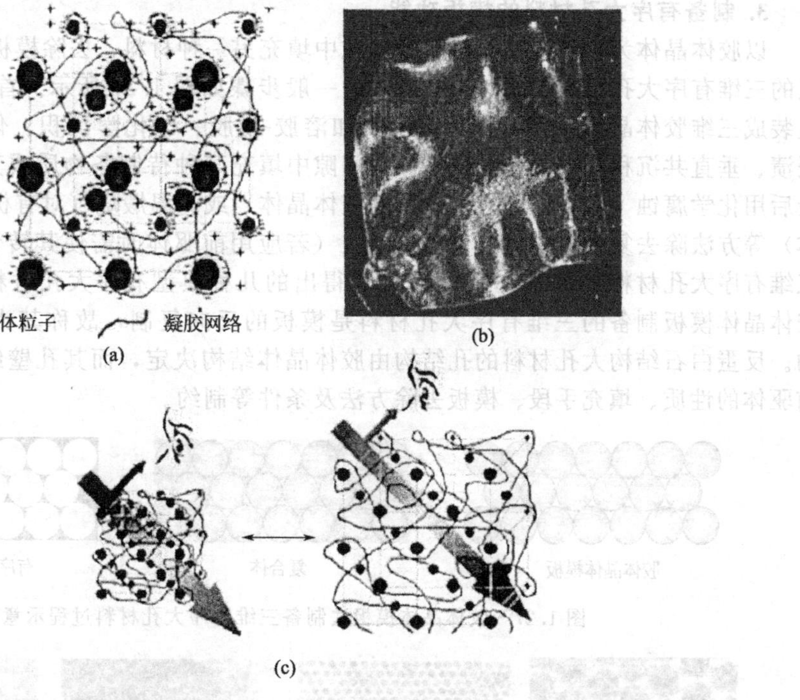

图 1.25 (a) 凝胶固定后的由静电自组装制备的胶体晶体阵列；(b) 智能聚合胶体晶体阵列的实物照片；(c) 体积改变引起聚合胶体晶体阵列的布拉格衍射峰的移动

传统的响应性光子晶体大部分是基于体积较大的水凝胶，在化学响应过程中所需要的目标物总量也较大，因而不适用于检测微量或是痕量的物质。2006 年，东南大学顾忠泽教授课题组[33]首次报道了胶体晶体微球可作为生化检测的载体。胶体晶体微球的制备一般采用胶体颗粒的水、油界面自组装法 [图 1.26(e)]，将单分散小球的水相分散液与油相液体共同注射到微管中，随后聚集成球状并使水分蒸发得到胶体晶体微球。后来顾教授等[34]又合成了基于抗体、DNA 和分子印迹相应的反蛋白石状光子晶体微球。

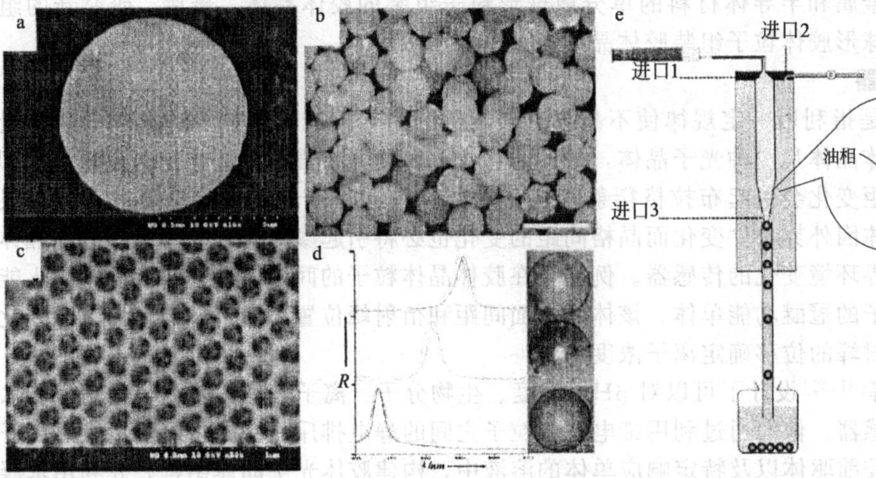

图 1.26　(a) 和 (c) 反蛋白石状光子晶体微球 SEM 图片；(b) 不同颜色的反蛋白石状光子晶体微球，标尺：0.5mm；(d) 标记不同抗体的反蛋白状光子晶体微球结合抗原前后的衍射峰变化；(e) 反蛋白石状光子晶体微球的制备方法示意图[33,34]

3. 制备有序大孔材料的模板功能

以胶体晶体为模板，在胶体粒子间隙中填充另一种材料，去除模板，可得与模板结构相反的三维有序大孔材料。这一制备方法的一般步骤如图 1.27 所示。首先用单分散胶体粒子组装成三维胶体晶体，再用各种手段（如溶胶-凝胶、电化学沉积、化学气相沉积、离心、浸渍、垂直共沉积等）使在胶体晶体的间隙中填充某种待制备物质或其前驱体形成复合体；最后用化学腐蚀（对无机物粒子构成的胶体晶体）或高温煅烧（对有机物粒子构成的胶体晶体）等方法除去复合体中的胶体晶体模板（若应用前驱体时需使其转化为最终产物），可得三维有序大孔材料。图 1.28 是用此方法得出的几种典型有序大孔材料的 SEM 图像。应用胶体晶体模板制备的三维有序大孔材料是模板的反向复制，故称其为反蛋白石（opal）结构。反蛋白石结构大孔材料的孔结构由胶体晶体结构决定，而其孔壁组成受填充物料性质、前驱体的性质、填充手段、模板去除方法及条件等制约。

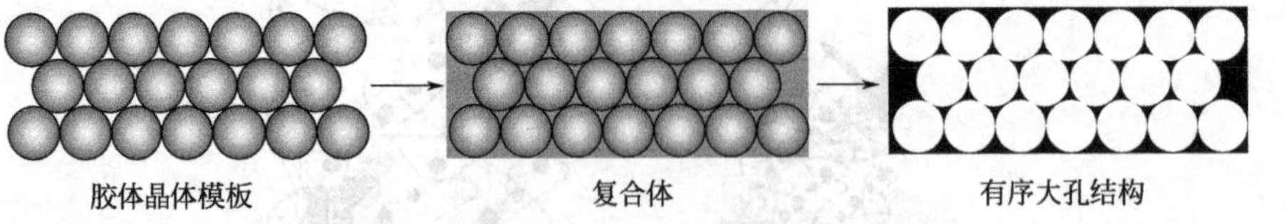

图 1.27　胶体晶体模板法制备三维有序大孔材料过程示意图

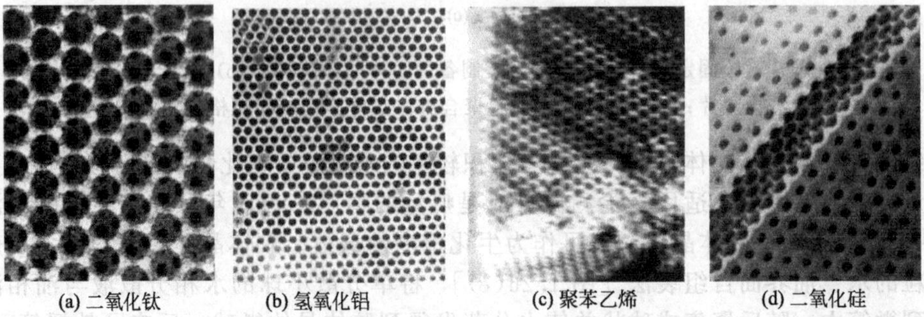

图 1.28　胶体晶体模板法制备的几种大孔材料的 SEM 图像

反蛋白石结构大孔材料也是完全带隙光子晶体的一种形式，不仅可因其孔径大小可由形成模板的胶体粒子大小控制而有效调节光子带隙的位置，而且可通过填充高介电常数物质，提高两种介质的介电常数之比，从而加宽带隙或促成完全带隙。

反蛋白石结构大孔材料在大分子催化、分离与提纯、半导体和电池材料、光波导器件等方面有应用前景。例如 Stein 等报道了大块碳三维有序大孔材料的合成及其在锂离子二级电池阳极材料方面的应用[35]；Blanco 等制备的单晶硅大孔材料有望用于制作光波导器件[36]。

Kamegawa[37]等以有机表面活性剂和聚甲基丙烯酸甲酯（PMMA）的胶体晶体为模板制备获得具有介孔结构的大孔二氧化硅，然后再往上嫁接 TiO_2 对其催化性能进行了探究，与没有这种大孔的介孔二氧化硅材料相比，前者在线性的 α-烯烃的环氧化反应方面呈现出高度的催化活性。

4. 制备有序二维纳米结构模板功能

将单分散胶体粒子在固体基底上组装成六方密堆积排列，可得二维胶体晶体。在二维胶体晶体中，每三个相邻的粒子间有三角形空隙，这些空隙也是二维有序排列的。

以二维胶体晶体作为胶体刻蚀技术的掩模，进一步利用沉积技术，如金属蒸镀、多种元素化学气相沉积、电沉积、导电物质的电聚合等方法在胶体晶体与基底之间的空隙处生长特定物质，可以制备相应的图案化阵列。二维纳米结构阵列和微图案的可控建设对于制备微纳结构电子器件及光学器件、制备生物芯片和化学传感器等有重要意义。

由于二维胶体晶体中的胶体粒子为球形的，故所得沉积物的二维图案十分复杂，这一过程与图 1.27 类似，只是将胶体晶体模板视为二维的。例如，以单层或双层胶体晶体为模板，在聚苯乙烯微米球粒二维阵列蒸镀沉积上 Au 形成各种图案。用化学沉积法使 Cu 沉积于单层胶体晶体上，得到 Cu 的二维纳米结构[22]。Wang 等[38,39]利用如图 1.29 所示的原子层沉积技术，通过单层的 PS 胶体晶体为模板沉淀了一层 TiO_2 前驱体，之后利用离子轰击技术除掉 PS 上面的二氧化钛，再用甲苯溶去聚苯乙烯模板，便成功地制备了 TiO_2 纳米碗图案化阵列。

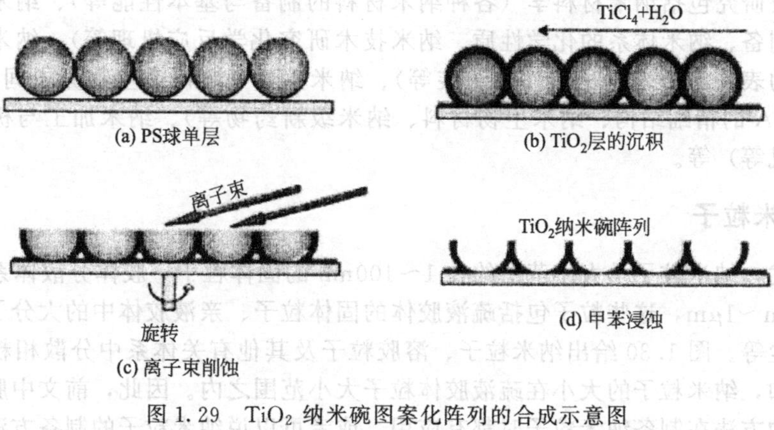

图 1.29 TiO_2 纳米碗图案化阵列的合成示意图

二维纳米有序结构对于制造微纳电子器件、光学器件、生物芯片和化学传感器有重要意义。

虽然胶体晶体的研究近年来取得可喜的进展，在制备多种物质单分散胶体粒子及组装相应的胶体晶体方面国内外学者均有突破性的成果，但无疑在研究构筑可控复杂结构胶体晶体的新方法、制备有实用价值的光子晶体器件、探索纳米粒超晶格的组装及新型纳米器件的开发、发现胶体晶体的新功能等方面还有许多工作要做。

第四节 纳米粒子

一、纳米科技

纳米是长度单位，1nm＝10^{-9}m。金属原子直径一般约为0.3～0.4nm，非金属原子直径约为0.1～0.2nm。C_{60}的直径约为0.7nm，水分子的平均直径约为0.36nm。由几个至几百个原子、小分子聚集成的直径小于1nm的集合体称为团簇（cluster）。尺寸大小范围约在1～100nm的固体粒子称为纳米粒子（nanoparticle），纳米粒子可以是非晶态、单晶态或多晶态的。固态单晶纳米粒子称为纳米晶（纳晶，nanocrystal）。至少有一维大小在纳米尺寸范围内的固态材料称为纳米材料（nanomaterials；nanoscale material；nanostructured material；nanosize material；nanophase material）。显然，纳米材料包括零维的纳米粒子，一维的纳米线，二维的纳米薄膜，三维的纳米块体等。

量变到一定程度可引起事物质的变化，这是辩证唯物论的基本观点之一。宏观体系物质的性质只与其化学组成、存在条件等有关，如固态物质的熔点，液体的凝固点、沸点、蒸气压、表面张力等。对于固体，当粒子大小达到一定尺寸时（如纳米量级），其大小与光波波长、自由电子波长、超导相干长度等相当或更小，有极大的比表面和表面能，因此使其具有独特的量子尺寸效应和界面效应，表现出特殊的磁学、热学、力学、光学等性能，如熔点降低、高催化活性、超顺磁性等。纳米量级（10～100nm）的液滴（纳米液滴，nanodroplet）也有类似的效应，并有“膜”的特点，可作为微反应器等。纳米粒子的大小是在胶体粒子范围内的，100多年来胶体化学的发展已揭示了这种体系的多种宏观物理化学性质。近20多年来，在胶体化学研究的基础上，制备了多种独特性能的纳米材料，利用现代科技手段对其性能、微观结构进行系统研究，并用物理、化学的基本理论解释这些特性的原因，特别是在纳米尺度上安排原子和分子，以获得满足各种需要的新物质，逐渐形成了多种学科交叉的前沿性新兴学科，即纳米科技。

纳米科技研究包括纳米材料学（各种纳米材料的制备与基本性能等）、纳米化学（纳米材料的化学制备、纳米体系的化学性质、纳米技术研究化学反应机理等）、纳米电子学（纳米电子材料的表征、纳米电子器件的组装等）、纳米生物学（研究生物分子间的相互作用、生物膜和DNA的精细结构、纳米生物材料、纳米级新药物等）、纳米加工与机械（研制微机械和微电机等）等。

二、纳米粒子

如前所述，纳米粒子是大小范围约在1～100nm的固体粒子。胶体分散体系中分散相粒子大致在1nm～1μm，这些粒子包括疏液胶体的固体粒子、亲液胶体中的大分子、气溶胶中的雾滴、烟尘等。图1.30给出纳米粒子、溶胶粒子及其他有关体系中分散相粒子大小的比较。由图可知，纳米粒子的大小在疏液胶体粒子大小范围之内。因此，前文中胶体粒子制备的原则和各种方法在制备纳米粒子时都有应用，或者可以说纳米粒子的制备方法大多是由胶体粒子制备方法演变、发展而来的。

纳米粒子也称纳米粉末，又称超微粉、超细粉、超细颗粒等。也有人将1μm以下的粒子称为超细颗粒或超细粒子。实际上在讨论纳米粒子的各种问题时，研究的对象常超出一般认为纳米粒子大小的上限100nm，有时可达微米级。这不仅是因为不同物质的许多性质因粒子大小而发生量变到质变时的极限大小不一定是100nm，而且用不同的测量手段对同一批次粉体粒子大小的测量结果可能是不同的。但是，没有规矩就不成方圆。毕竟1～100nm

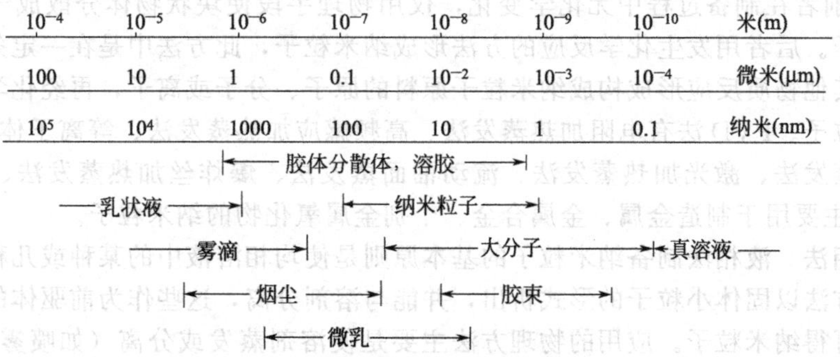

图 1.30　多种体系分散相粒子的大小比较

的粒子是介于原子、分子的微观体系与肉眼可见的宏观体系之间的介观体系的固体颗粒，大多物质的这类粒子的物理、化学性质不同于宏观物体和微观世界的。这正如我们虽将分散相在 1nm～1μm 的分散体系界定为胶体分散体系，但也常将某些粗分散体系（如悬浮体、乳状液等）的性质列入胶体化学的研究内容一样。

三、纳米粒子的制备

1. 纳米粒子制备方法的分类

纳米粒子的制备方法早期分为物理方法和化学方法两大类，这显然是由于当时只有物理学家和化学家才对纳米粒子感兴趣[40]。这种分类法基本与溶胶制备是一致的。物理方法主要包括粉碎法和凝聚法两类。前者以研磨粉碎为主。常规机械粉碎法很难得到粒径小于 100nm 的纳米粒子，大多是微米级粉体。利用高能球磨法工艺可以制特殊结构的纯金属、某些合金体系的纳米粒子，也可制备金属-陶瓷、聚合物-无机物等复合材料纳米粒子[41]。例如，用体心立方结构的 Fe、Nb、W、Cr 等金属可得到粒径约为 9nm 的粒子，用六角密堆积结构的 Hf、Zr、Co、Ru 等可得到粒径约为 13nm 的粒子；可以使 Fe-Cu、Ag-Cu 合金晶粒减小到十余纳米，聚氯乙烯-氧化铁复合材料中 Fe_3O_4 转化为直径为 10nm 的 α-Fe_2O_3 粒子等。物理方法中的凝聚法主要是指将形成纳米粒子的原料以各种手段（如电阻加热、等离子体喷雾加热、高频感应加热、电子束加热、激光加热等）加热、蒸发，使之成为原子、分子，再发生凝聚生成纳米粒子。这种加热、蒸发、凝聚成纳米粒子的方法在真空中进行更为有效。但工艺条件较为苛刻。显然，上述物理方法不涉及物质的化学变化。利用化学反应制备纳米粒子的方法即化学方法。化学方法包括沉淀法、水解法、氧化还原法、喷雾水解和焙烧法等，这些方法在介绍溶胶和单分散胶体粒子制备时已经涉及。制备纳米粒子的化学方法所应用的化学反应涉及气-气、液-液、固-固、气-液、固-液体系，其中固-固相反应对反应物粒子大小和反应温度要求严格，且高温反应易引起产物粒子的粗化，因而对制备纳米粒子不利。在液体和气体体系中进行反应，反应物分子或原子的活动性好，反应在原子、分子水平上进行，反应所得固体产物粒子大小、形状易于控制，并能及时从反应物相中分离，不干涉反应的继续进行。因此，在液体和气体体系中进行化学反应是制备纳米粒子的好方法。

近年来由于对纳米科技感兴趣的已不仅限于物理和化学工作者，其他诸如电气、陶瓷、电子、生物、医学等方面的工程技术人员的参与给纳米科技的研究注入新的活力，提供了新的研究方法和研究方向，将基础研究与应用研究结合起来。因此，纳米粒子的制备方法分类也有变化。

近来有人认为将纳米粒子的制备方法分为气相法、液相法和固相法是科学的[41～43]。

（1）气相法　主要包括物理气相沉积与凝聚法（PVD 法）和化学气相沉积与凝聚法

(CVD 法)。前者在制备过程中无化学变化，仅用物理手段使块状物体分散成气态并凝聚成纳米尺度粒子。后者用发生化学反应的方法形成纳米粒子，此方法中是在一定条件下使化合物分解或同其他物质反应形成构成纳米粒子原料的原子、分子或离子，再经化学反应成核并长大成纳米粒子。PVD 法有电阻加热蒸发法、高频感应加热蒸发法、等离子体加热蒸发法、电子束加热蒸发法、激光加热蒸发法、流动油面蒸发法、爆炸丝加热蒸发法、电极溅射法等。PVD 法主要用于制造金属、金属合金、个别金属氧化物的纳米粒子。

(2) 液相法　液相法制备纳米粒子的基本原则是使均相溶液中的某种或几种组分用物理方法或化学方法以固体小粒子的形式析出，并能与溶剂分离，这些作为前驱体的小固体粒子经过后处理可得纳米粒子。应用的物理方法主要是使溶剂蒸发或分离（如喷雾蒸发、降温、冷冻等方法），用物理方法从溶液中得到的纳米粒子与作为溶质的物质化学组成相同。应用化学方法多是在溶液中组分间发生化学反应（如水解反应、沉淀反应等），所得纳米粒子与原溶质的化学组成可以有变化。液相法是当前在化学实验室制备纳米粒子应用最多的方法，主要用于金属氧化物、各种氢氧化物、碳酸盐、氮化物等纳米粒子的制备。常用的液相法有沉淀法、水解法、水热合成法、氧化还原法、乳状液法、微乳液法、溶胶-凝胶法、螯合物分解法、模板法等。

(3) 固相法　将块状固体通过机械粉碎、固-固相间的化学反应、热分解等方法形成粉体的方法称为固相法。固相法所得粒子可能与原块状固体化学组成相同，也可能不相同。多数固相法所得粒子较粗。在气相法和液相法中常先得到的前驱体都要经过后处理才能获得纳米级粉体，这一过程实际上也是固相法的范畴。常用的固相法有研磨粉碎法、无机盐热分解法、固相反应法等。

2. 纳米粒子制备方法举例

纳米粒子的制备方法太多，现仅就在化学实验室常用的一些方法作简单介绍，更多的内容请参阅有关书籍，并注意新的文献，有些方法在不断更新和丰富。

(1) 沉淀法　在含有一种或多种离子的可溶性盐溶液中（通常为水溶液）加入适宜的沉淀剂（如氨水、可溶性碳酸盐、草酸盐等），在一定条件下生成不溶性氢氧化物、碳酸盐、硫酸盐或有机盐等沉淀，再经过过滤、洗涤、干燥，有的还需经热分解、高温固-固相反应，最终得纳米粉体。沉淀法又可分为均相沉淀法和共沉淀法两种。均相沉淀法是不另加沉淀剂，在溶液内部自身缓慢形成沉淀，所得产物均匀，且重复性好。共沉淀法用于制备含两种以上金属复合氧化物粉体，为得到组成恒定、均匀的产物需严格控制反应及后处理条件。

均相沉淀法与金属氧化物单分散胶体粒子制备中的控制氢氧离子释放法相似。这种方法的沉淀剂是在溶液中某些物质发生化学反应缓慢形成的，故沉淀反应是在整个溶液中均匀出现。例如图 1.9 所示，在尿素存在下二价铜盐离子可转化为单分散纳米粒子。若陈化温度、尿素浓度及其他条件不适合时，也可能得不到单分散的粒子。

【例 12】 均相沉淀法制备 TiO_2 纳米粉体

取定量的硫酸钛和尿素分别溶于去离子水中。称取一定量的聚乙二醇-1000，溶于硫酸钛水溶液中。将以上两种溶液移入带有冷凝回流管的反应器中，将反应器置于带加热的磁力搅拌器平台上，在不断搅拌下加热升温达恒定温度，反应一定时间。沉淀产物经离心分离，用去离子水洗涤至无硫酸根为止。再用无水乙醇置换数次后，离心分离。将沉淀在室温下自然干燥，即得锐钛矿型纳米 TiO_2 介孔粉体。将干燥后的粉体分别于 360℃、500℃、650℃、750℃、850℃下焙烧 5h，得不同织构形貌的纳米 TiO_2 介孔粉体[44]。本例中使用聚乙二醇和乙醇为的是防止 $Ti^{4+} \rightarrow Ti(OH)_4 \rightarrow TiO_2$ 过程中 $Ti(OH)_4$ 缩合产生硬团聚和抑制二次粒子的生成。

含多种阳离子的溶液，在加入沉淀剂后，使所有阳离子完全沉淀的方法称为共沉淀法。共沉淀法一般实验方法简便，获得前驱体固体时常不需很高温度。但应用共沉淀法制备复合氧化物纳米粒子时影响因素很多（如原料的选择、反应温度、介质 pH、滴加速度与顺序、搅拌速度、后处理温度、助剂的选择等），这些因素有可能会影响最终产物粒子大小、粒径分布、粒子形貌，甚至可能得不到要求的化学计量比产物。如用共沉淀法制备 $BaTiO_3$，有人发现影响产物的最关键因素是滴加方法。用草酸的乙醇溶液滴加到 Ba/Ti 溶液中，焙烧产物后得单相 $BaTiO_3$；但若将 Ba/Ti 溶液滴加到草酸的乙醇溶液中，焙烧沉淀后得到混合相产物。当然，其他因素也有一定影响。

【例 13】 以醋酸铅和钛酸四丁酯为原料用共沉淀法制备 $PbTiO_3$ 微粉

将醋酸铅溶于甲醇，钛酸四丁酯溶于无水乙醇中，两种溶液以等摩尔比混合，在 40～45℃搅拌下将混合液滴入氢氧化铵水溶液中，同时加入 30%过氧化氢液（加入量以过氧化氢与铅、钛化合物的摩尔比为 2.5∶1 为宜），溶液呈黄色，同时有深黄色沉淀形成。用氨水调节使介质 pH 一直保持在 8.9～9.2 间。沉淀反应完全后继续搅拌 10min，过滤沉淀物，以去离子水洗至滤液为中性。100℃干燥沉淀物，研磨后在 550～700℃焙烧，得淡黄色 $PbTiO_3$ 微粉[45]。

一些研究结果表明，与前述以草酸为沉淀剂制备 $BaTiO_3$ 比较，例 13 中所述制备 $PbTiO_3$ 微粉的机理和影响因素更为复杂[46,47]。已知钛酸四丁酯在碱性介质中可形成水合氧化物，沉淀反应在很宽的 pH 范围内进行。铅的氧化物及氢氧化物在水中的溶解度与介质 pH 有关。因此，用等摩尔的铅、钛化合物进行沉淀反应，并非在任何碱性大小的介质中都可以得到等摩尔比的铅、钛氧化物沉淀。实验证明，只有在 pH≈9 时所得沉淀物的铅、钛才是等摩尔比的。有意思的是，发生沉淀反应时的 pH 还会对最终产物 $PbTiO_3$ 粒子大小和比表面有影响：pH≈9 时，粒子最小，比表面最大。在介质 pH 不同时，过氧化氢与 Ti^{4+} 反应生成的钛物种不同，在中性和碱性介质中可生成钛的过氧化物[46]。实际上在pH≈9 和过氧化氢的存在下，铅和钛物种原料发生共沉淀作用，生成铅和钛的复杂价高氧化物。共沉物经洗涤、干燥后焙烧得终产物 $PbTiO_3$，焙烧温度对产物的形成和产物粒子大小有很大影响。图 1.31 是常规共沉淀法所得共沉物在不同温度处理后的 X 射线衍射图。此图表明，在温度低于 500℃时样品为无定形结构；温度≥550℃时形成钙钛矿型纯的 $PbTiO_3$ 晶体结构。不同温度处理样品的红外光谱图也有相同的结果。一般来说，单一物质粒子随处理温度升高和处理时间延长而变大，这是因为高温下晶粒长大的粒子烧结所致。但在不同物种粒子间发生固-固相反应时情况变得复杂：虽然温度升高因晶粒长大和烧结使粒子变大，但固-固相反应可产生新的小粒子。并且在制备 $PbTiO_3$ 时 500～650℃间发生氧化铅向氧化钛表层的单向扩散，导致粉体体积膨胀，产生纳米粉体骨架型结构，该结构极易破碎，从而使粒子变小[48]。图 1.32 是不同热处理温度所得样品粒子的平均大小结果。由图可见，在约 650℃时处理粒子平均大小有最小值[45]。

(2) 金属醇盐水解法 大多数多价金属的氯化物、硫酸盐、硝酸盐等都容易发生水解反应，且随温度升高水解反应速率越大。金属盐的水解是制备溶胶、单分散胶体粒子的常用方法，当然也是制备纳米粒子的方便方法。影响水解法制备的纳米粒子结构的主要因素有：介质 pH，溶液浓度，陈化温度和时间等。

金属有机醇盐溶于有机溶剂，在一定条件下加入水中可发生水解反应，生成金属氢氧化物或氧化物。经后处理可得纳米粒子粉体。这一方法的优点是金属醇盐多易精制，水解时只需加水，不加其他添加剂，因而所得纳米粉体纯度高；用两种以上金属醇盐同时水解可方便地制备按一定化学计量的复合金属氧化物纳米粉体。

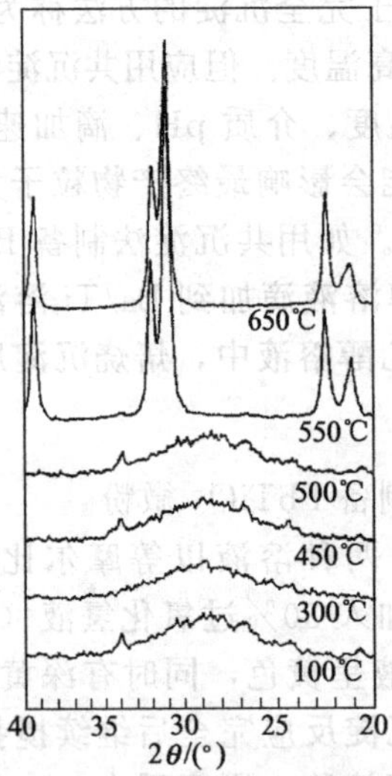

图 1.31 例 13 共沉淀法制备 $PbTiO_3$ 共沉物在不同温度处理后的 X 射线衍射图

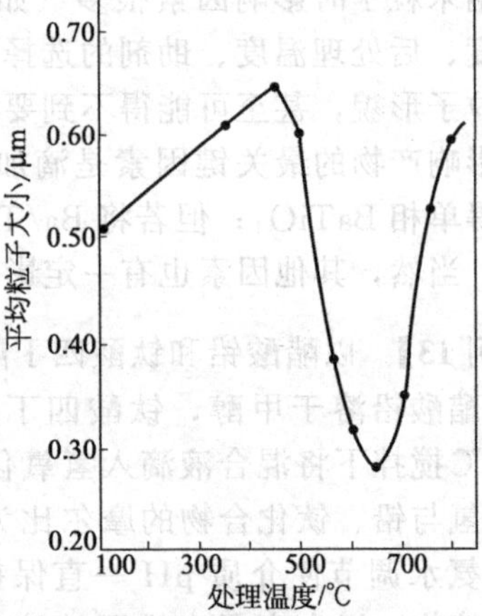

图 1.32 例 13 所得粒子平均大小与热处理温度关系图

单一金属醇盐水解时因条件不同可得到不同类型的金属氢氧化物、氧化物沉淀。例如铁的醇盐在不同条件下水解可生成无定形 FeOOH、$Fe(OH)_3$ 和结晶型 $Fe(OH)_2$、Fe_3O_4；锰醇盐水解可得无定形 $Mn(OH)_2$ 和结晶型 MnOOH、Mn_3O_4；铅的醇化物室温下水解生成 $PbO\cdot\frac{1}{3}H_2O$ 和 PbO 沉淀，二者均为结晶型。

金属醇盐水解法是制备复合金属氧化物粉体的好方法。

用两种金属醇盐的混合溶液进行水解通常可以得到均一组成的复合金属氧化物粒子。这是因为虽然两种金属醇盐溶液是机械混合，但它们各自水解速度极快，只要两种醇盐配比恰当不致使产物混杂。例如，将 Ba 的醇盐和 Ti 的醇盐，以 Ba∶Ti 为 1∶1 混合，以苯为溶剂，回流一定时间，向此溶液中加入水，水解反应完全后可得 $BaTiO_3$ 纳米粉体。实验证明，虽然应用不同结构的醇形成的醇盐均可得到结晶钛酸钡，但醇的沸点越高，结晶性越好；所得 $BaTiO_3$ 粒子粒径大小与水解条件有关。

复合醇盐是一种金属醇盐（MOR）与另一种金属盐［$M'(OR)_n$］反应，生成的复合醇化物：

$$MOR+M'(OR)_n \longrightarrow M[M'(OR)_{n+1}] \tag{1.7}$$

例如通常认为醋酸铅和钛酸四丁酯形成的 Pb-Ti 复合醇盐反应如下：

$$Pb(OAc)_2+Ti(OR)_4 \longrightarrow PbTiO_2(OR)_2+2ROAc \tag{1.8}$$

式中，R 为丁基（$—C_4H_9$），而 Ramamurthi 等认为，溶剂（R′OH）将参与反应，故 Pb-Ti 复合醇盐的化学式应为 $PbTi(OR')_6$。齐利民等认为 Pb-Ti 复合醇盐的形成有如下普遍性反应式[41]：

$$Pb(OAc)_2+R'OH \longrightarrow Pb(OAc)_{2-m}(OR')_m \tag{1.9}$$

$$Ti(OR)_4+R'OH \longrightarrow Ti(OR)_{4-n}(OR')_n \tag{1.10}$$

$$Pb(OAc)_{2-m}(OR')_m+Ti(OR)_{4-n}(OR')_n \longrightarrow PbTiO_{(6-x-y-z)/2}(OAc)_x(OR)_y(OR')_z \tag{1.11}$$

式中，R′为溶剂中的醚基，$m\leqslant2$，$n\leqslant4$，x、y、$z\leqslant6$。式(1.11) 中产物即为复合醇盐的通式。

复合醇盐水解产物一般为原子水平混合均一的无定形产物。式(1.11)之 Pb-Ti 复合醇盐水解可有如下反应：

$$PbTiO_{(6-x-y-z)/2}(OAc)_x(OR)_y(OR')_z+(x+y+z)/2\ H_2O \longrightarrow PbTiO_3+x\,HOAc+y\,ROH+z\,R'OH \quad (1.12)$$

齐利民等的进一步研究证明，Pb-Ti 复合醇盐水解反应所得 $PbTiO_3$ 前体中 Pb 以无定形 $PbTiO_3$ 和无定形 PbO 两种形式存在。当前体粉热处理温度达到晶化温度区间（430～470℃）时，无定形 $PbTiO_3$ 向结晶型 $PbTiO_3$ 的转化和无定形 PbO 与 TiO_2 间的反应同时发生。

【例 14】 Pb-Ti 复合醇盐水解法制备 $PbTiO_3$ 微粉[49,50]

以水合乙酸铅和钛酸四丁酯为初始原料在乙二醇独乙醚溶剂中反应制备 Pb-Ti 复合醇盐。将 Pb-Ti 复合醇盐用异丙醇稀释后，在搅拌下加入水中直接水解。沉淀物经过滤分离后，在 90℃恒温干燥 48h，得干燥的 PT 前体粉。再以 8℃/min 的速率升温至预定温度（380℃、410℃、440℃、470℃、500℃），恒温 2h，得相应的 PT 微粉。用 X 射线衍射、IR 等手段测定不同温度处理之微粉晶化结果。

(3) 溶胶-凝胶法　凝胶是分散相粒子相互连接形成的网状结构，分散介质填充于其间。溶胶-凝胶法是无机盐或金属有机盐水解先形成溶胶，在一定条件下溶胶粒子以某种方式相互连接形成凝胶，凝胶再经陈化、干燥、焙烧等后处理得金属氧化物纳米微粉的方法。这种方法的特点是所得产物纯度高，易制备金属氧化物复合粉体。

当以无机盐为原料时，通常向溶液中加入碱液（或通氨气），促使金属离子水解形成金属氢氧化物沉淀，沉淀物充分水洗，除去杂质离子，加入适量的胶溶剂（如盐酸等），使沉淀胶溶为稳定溶胶。溶胶在一定条件下可转变成凝胶，干燥和焙烧后可得金属氧化物粉体。溶胶转变为凝胶至少与下述的条件有关：①反应物浓度，浓度过高或过低都易生成沉淀，而不形成凝胶；②溶胶粒子的形状越不对称越利于凝胶的形成；③介质的性质常对凝胶形成有影响，如介质的 pH，介质中添加物的吸水性等可能对水解反应速率产生影响；④一般来说温度升高对凝胶形成有利。

【例 15】 溶胶-凝胶法制备 SnO_2 纳米粒子[41]

将 20g $SnCl_2$ 溶解于 250mL 乙醇中，搅拌 0.5h，经 1h 回流，2h 老化。室温下放置 5 天，然后在 60℃水浴锅中干燥 2 天，再在 100℃烘干，得 SnO_2 纳米微粒。

当以金属有机盐（主要是金属醇盐）为原料时，常是先经水解和缩合反应形成溶胶，再进一步缩聚成凝胶。除金属醇盐外，烷氧基硅烷常用做以溶胶-凝胶法制备 SiO_2 纳米粒子的原料。

以四甲氧基硅烷［$Si(OCH_3)_4$，TMOS］为原料，用溶胶-凝胶法制备 SiO_2 纳米粒子的过程大致如下。

TMOS 水解反应的机理为

$$Si(OCH_3)_4+H_2O \longrightarrow (CH_3O)_3Si(OH)+CH_3OH \quad (1.13)$$

$$Si(OCH_3)_4+4H_2O \longrightarrow Si(OH)_4+4CH_3OH \quad (1.14)$$

水解反应形成的 $(CH_3O)_3Si(OH)$ 和 $Si(OH)_4$ 等可进一步发生缩合反应形成 Si—O—Si 键：

$$2(CH_3O)_3Si(OH) \longrightarrow (CH_3O)_3Si—O—Si(CH_3O)_3+H_2O \quad (1.15)$$

$$2Si(OH)_4 \longrightarrow (OH)_3Si—O—Si(OH)_3+H_2O \quad (1.16)$$

硅酸缩合形成的二聚体、三聚体等基本上仍以分子形式存在，只有当聚集体大到一定程度才能形成二氧化硅溶胶粒子。

溶胶小粒子进一步聚集成粒子簇（Cluster），进而连接成凝胶骨架。近期研究证明，形成二氧化硅溶胶的初级粒子半径约为1～2nm，相当于含3～4个SiO_2四面体的链状或环状物大小，次级粒子至少约含13个初级粒子，次级粒子的形成约为胶凝过程的开始，即凝胶开始形成。

凝胶中包含有大量液体，即使网状结构固体粒子很多，只要液体能润湿这些粒子，粒子间夹有液体就是不可避免的。根据表面化学原理，润湿粒子的液体与气相间形成凹液面。由表述弯曲液面内外压力关系的Laplace公式知，气相压力大于凹液面液体一侧压力。因而将这些粒子压得更紧密。对于凝胶来说，有可能使网状骨架破坏。一种常用的方法是用对固体粒子润湿性较差的液体逐渐取代原来的润湿性好的液体（如形成的SiO_2水凝胶用醇多次洗涤，再用苯洗涤，以达逐渐取代水的目的）。这样，在凝胶陈化和干燥时可能减少粒子新的聚集。

近来，应用溶胶-凝胶法制备纳米粒子时使用将凝胶在超临界状态下干燥的方法。超临界干燥是在高压釜中将凝胶中的液体介质（水或有机溶剂）加压加温至其临界压力和临界温度，此时气液界面消失，表面张力也不复存在，不存在固体粒子间液体与气相间的凹液面，也就不会有因凹液面而产生的毛细收缩力，粒子也不应发生进一步的聚集。由于水的临界温度和临界压力太大（$T_c=374℃$，$p_c=22MPa$），故对水凝胶常先用乙醇置换水，再将凝胶置于高压釜中，注入液态CO_2取代乙醇，待乙醇取代干净后，再升温升压（液态CO_2的$T_c=31.1℃$，$p_c=7.36MPa$）。维持一段时间后再等温减压可得干燥产品。超临界干燥法的优点是干燥时间短，所得粒子与形成凝胶时的接近，无严重聚集。

（4）水热法　将反应物（金属盐、金属氢氧化物、金属粉末及其他反应物等）和水置于高压容器中，加热到水的正常沸点以上（压力通常大于10^5Pa），在此条件下可以进行水热氧化、还原、分解、结晶、合成等类型反应。其中有些反应可以形成纳米粒子。如用碱式碳酸镍及氢氧化镍水热还原制备纳米镍粉，锆粉经水热氧化制备纳米氧化锆。水热法应用的高压容器可以是有贵金属衬里的，也有用聚四氟乙烯为衬里的。

水热法制备纳米粒子的特点是：①由于反应是在相对高的温度和压力下进行，有可能实现在常规条件下不能进行的反应；②改变反应条件（温度、酸碱度、原料配比、矿化剂等）可能生成有不同晶体结构、组成、形貌和粒子大小的产物；③产物一般为晶态，无需焙烧晶化，可减少在焙烧过程中难以避免的团聚和烧结。

【例16】 水热法制备ZrO_2纳米粒子[51]

以$ZrOCl_2 \cdot 8H_2O$或$ZrO(NO_3)_2 \cdot 2H_2O$为原料，配制成$0.5mol \cdot L^{-1}$的水溶液。取上液40mL和$0.5mol \cdot L^{-1}$ $CaCl_2$ 1.6～8mL混合，用KOH溶液调节混合液的pH至一定值。将上述混合液用蒸馏水稀释至60mL。将上液转移至容积为100mL的带有聚四氟乙烯内衬和电磁搅拌器的不锈钢压力容器中。水热反应在220℃进行2h。再在约2h使压力容器冷却至室温。放置24h。过滤悬浮液，用乙酸-乙酸铵缓冲液和乙醇洗涤，以避免胶溶作用发生。在80℃干燥，得ZrO_2纳米粉体。

以$SnCl_2$为原料，用水热法制备纳米SnO_2微粉的研究结果表明，在酸性介质中，120～220℃范围内形成的产物均为四方晶系SnO_2，适当减小介质酸度有利于$SnCl_2$粒子尺寸变小和产率提高。反应温度提高，SnO_2粒子逐渐长大。这些结果对用水热法制备TiO_2纳米微粉等有一定的普遍意义。

（5）螯（配）合物分解法　配合物（配位化合物）是由金属原子或离子与若干个配位体通过配位键结合而成。螯合物是由金属离子与多齿配位体结合而成。螯（配）合物分解法制备纳米粒子的依据是，金属离子与NH_3、EDTA等配位体形成的常温下稳定的螯（配）合物，在适宜的高温和 pH 条件下稳定性破坏而分解，使金属离子释放出来，与溶液中的 OH^- 及其他外加沉淀剂（如 $NaHCO_3$ 等）、氧化剂（如 H_2O_2 等）反应，生成不溶性金属氧化物、氢氧化物、碳酸盐等，从而得到微粉粒子。与共沉法比较，螯合物分解法是在特定条件下快速生成大量晶核，并在适宜的温度和维持一定时间使晶核以要求的速度长大，从而可控制粒子的大小与形貌[52]。

应用螯合物分解法制备纳米粒子要求形成的金属配离子有适宜的稳定常数：稳定常数太大，温度升高配离子也难以分解；稳定常数太小，又难以在室温形成稳定的配离子。当以 $Zn(NO_3)_2$ 为原料制备 ZnO 粒子时，以 NH_3 为配合剂得粗大微米级棒状粒子，以乙二胺四乙酸二钠为螯合剂得几十纳米大小的粒子，以半胱氨酸盐酸盐为螯合剂得 10nm 大小的粒子。Zn^{2+} 与上述三种配（螯）合剂形成的配离子稳定常数依次为 2.3×10^2、3.16×10^{16}、7.2×10^9。

利用螯合物分解法制备复合氧化物微粉是困难的，这是因为只有使这些金属离子的配合物稳定常数数量级接近，方能形成均匀的一定化学比的固体粒子[53]。但是 Kim 等以氨基三乙酸为螯合剂[53]，赵振国等以半胱氨酸盐酸盐为螯合剂[54]均制备出 $PbTiO_3$ 纳米粒子。

实际上螯合剂和反应物的浓度，陈化温度和时间对用螯合物分解法制备纳米粒子的形态与大小也都有重要影响。

【例 17】 用螯合物分解法制备 ZnO 微粉[52]

在 $ZnCl_2$ 水溶液中加入螯合剂半胱氨酸盐酸盐水溶液，放置 30min，加入沉淀剂 NH_4HCO_3 溶液。90℃陈化 24h。骤冷后，过滤，洗涤，真空干燥。600℃处理 1h，得白色 ZnO 微粉。半胱氨酸盐酸盐是二合或三合配位体，分子中 2 个 N 和 1 个 S 原子均可以是配位原子，故使其与 Zn^{2+} 形成的螯合物结构难以确定。用此法得之 ZnO 粒子可小至 10nm，为不规则球形。

(6) 反胶束法和微乳法　两亲性的表面活性剂在非极性溶剂中形成的极性基聚集成内核，非极性基朝向溶剂的有序组合体称为反胶束。反胶束内核亲水性强，可增溶少量水、水溶液和极性有机物，可以作为制备纳米粒子的微反应器。由水、油、表面活性剂和助表面活性剂形成的分散相液滴一般不大于 100nm 的透明或半透明的稳定胶体分散体系称为微乳液。微乳液分水包油型（O/W 型）和油包水型（W/O 型）。W/O 型微乳液与反胶束很相似，只是前者水相液滴更大些。微乳液分散相液滴与可以作为微反应器制备纳米粒子。

在反胶束的极性内核可以形成球形纳米粒子。这是由于反胶束的聚集数都较小，内核增溶水的能力有限，在有限的空间内难以形成大的球形粒子。文献报道，用反胶束法可制备柱状铜粒子，立方形 $BaSO_4$ 粒子，棒状和椭球状 $BaCO_3$ 粒子等。又如，利用琥珀酸二异辛酯磺酸钠形成的反胶束，增溶氢氧化钙水溶液后，通入 CO_2 气体，该气体扩散入反胶束内核，与氢氧化钙反应，可制备大小均匀的 $CaCO_3$ 粒子。有意思的是，既然在离子型表面活性剂反胶束中用通入 CO_2 的方法能生成球形 $BaCO_3$ 粒子，在非离子型表面活性剂反胶束体系中能生成轴比达 23～29 的棒状 $BaCO_3$[55]，那么在反胶束体系中就可能合成出有极大轴比的不对称纳米粒子，即有很大轴比的纳米线。由上述思路出发，齐利民等将钡盐和碳酸盐水溶液分别增溶于非离子型表面活性剂 $C_{12}E_4$（含 4 个氧乙烯基的十二碳醇聚氧乙烯醚）反胶束的极性内核中，反应生成直径为 10～30nm、长达 100μm 的 $BaCO_3$ 纳米线（图 1.33）[56]。显然，纳米线是在反胶束体系中定向聚集生成的结果。

利用反胶束法也可以制备 CdS-ZnS、CdSe-ZnSe、CdSe-ZnS 等复合纳米粒子。以制备 CdS-ZnS 壳核纳米粒子为例，先将含 Cd^{2+} 和 S^{2-} 的水溶液分别增溶于反胶束内核中，再以含 Cd^{2+} 和 S^{2-} 的量为 1∶2 的比例混合两反胶束溶液，在反胶束内核形成 CdS，并含有过量的 S^{2-}。再加入含有 Zn^{2+} 的反胶束溶液，将在 CdS 粒子上形成 ZnS 的包覆层，构成壳核复合粒子[57]。

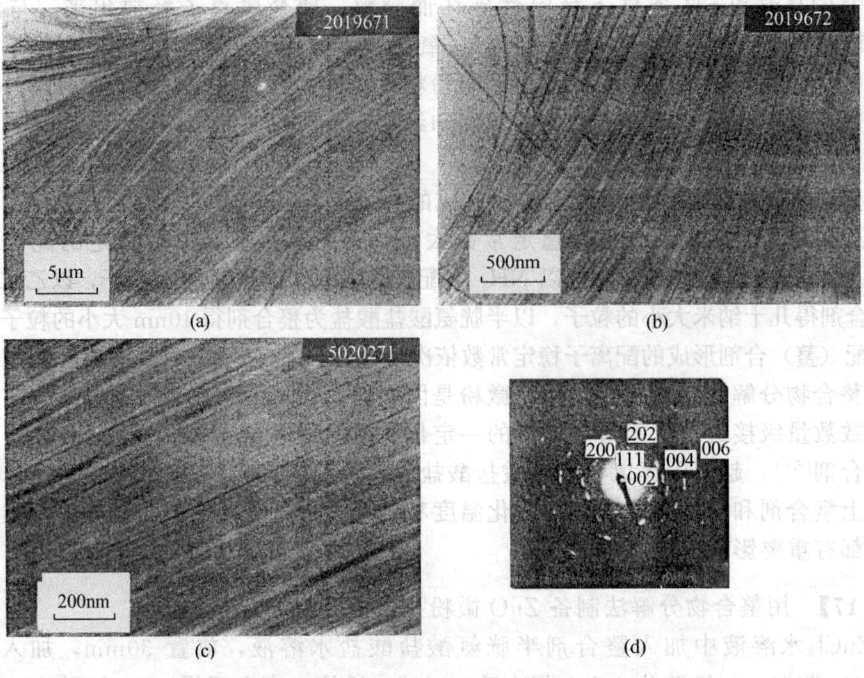

图 1.33　在 $C_{12}E_4$ 反胶束体系中陈化 2 天所得 $BaCO_3$ 纳米线的 TEM 图(a)～(c) 和电子衍射图(d)

已知微乳液的液滴大小虽比反胶束大，但一般也不会超过 100nm，因而在微乳液液滴中制备纳米粒子是可能的。若用 W/O 型微乳液，将两种可生成沉淀物的试剂水溶液，分别构成 W/O 型微乳液的内相。含两种试剂的微乳液液滴互相碰撞、渗透和聚结，两种试剂反应生成沉淀，沉淀物只能在微乳液水核内生成，其粒子大小受水核大小的限制。当然，利用微乳液液滴的微环境发生的形成纳米粒子的化学反应不限于沉淀反应，其他能形成固体物质的化学反应（如金属盐还原为金属粒子，金属离子氧化为金属氧化物等氧化还原反应）也可应用。

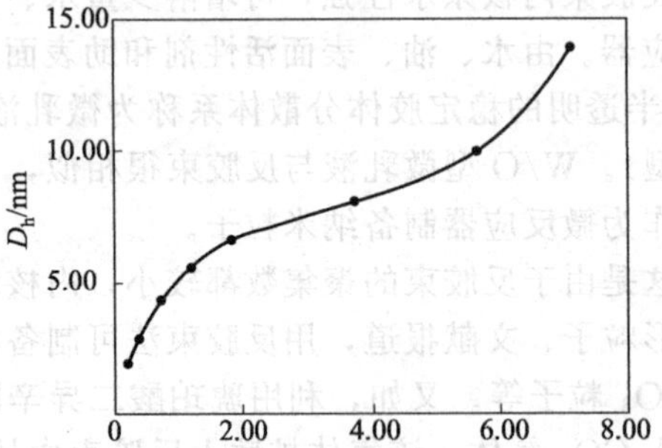

图 1.34　水/Triton X-100/己醇/环己烷的 W/O 型微乳液中水核流体力学直径 D_h 与 W 的关系

现在用于制备纳米粒子的微乳液体系中，常用的表面活性剂有琥珀酸二异辛酯磺酸钠（AOT）、十六烷基三甲基溴化铵（CTAB）、Triton X-100（烷基酚聚氧乙烯醚类）、$C_{12}E_x$（十二碳醇聚氧乙烯醚类）、Span80（失水山梨糖醇脂肪酸酯类），常用的助表面活性剂有中等碳链的脂肪醇（如己醇等），常用的有机溶剂有 C_6～C_8 直链烷烃和环烷烃（如己烷、环己烷等）。

应用微乳液法制备纳米粒子，最终所得粒子的大小、形状与 W/O 型微乳液水核的大小有关，而水核的性质由微乳液体系中水与表面活性剂的摩尔比 W（W＝[H_2O]/[表面活性剂]）及表面活性剂的种类决定。这是因为，W/O 型微乳液水核半径随 W 增大而增大。图 1.34 是水/Triton X-100/己醇/环己烷的 W/O 型微乳液中水核（或称微乳粒子）流体力学直径 D_h 与 W 的关系图。图中所示微乳液中两亲混合物与环己烷质量比为1∶7.5，此时水的最大增溶量为 2.8%（体积分数），相当于 W＝10。由图可知，随着 W 增大，水核直径增大[58]。在性质不同的表面活性剂形成的微乳液中制备的纳米粒子大小也有不同。例如在 AOT 微乳中生成的 CdS 粒子比在 Triton X-100 微乳中生成的粒子小而均匀[59]。这是因为 Triton X-100 的亲水基 EO(乙氧基）长链难以在油水界面密堆积，一部分水增溶于 EO 长链构成的栅栏区内，而 AOT 则能在油水界面形成较紧密的堆积层，对微乳内相水核产生较强的空间限制作用，从而使生成的粒子较小和稳定性较高。

【例 18】 用非离子型表面活性剂形成的 W/O 型微乳液制备 $BaSO_4$ 纳米粒子[60]

以 Triton X-100 为表面活性剂，正己醇为助表面活性剂，环己烷为连续油相，盐溶液（或水）为分散的水相。将 Triton X-100 和正己醇以质量比 4∶1 混合，构成表面活性剂混合物。将此表面活性剂混合物以一定浓度（如 10%，体积分数）溶于环己烷中。室温下向上述的表面活性剂的环己烷溶液中加入不同量的水相溶液，形成 W/O 型微乳液。加入的水相溶液的体积为 1.6%～2.8%(体积分数)。以 $(NH_4)_2SO_4$ 或 $Ba(OAc)_2$ 的水溶液为水相溶液，盐的浓度为 0.1mol·L^{-1}。将含有 Ba^{2+} 的和含有同样浓度 SO_4^{2-} 的两 W/O 型微乳液快速混合，可得 $BaSO_4$ 纳米粒子。

(7) 乳状液法　一种或多种液体以小液珠的形式分散于与其不混溶的液体介质中所形成的多相液/液粗分散体系称为乳状液。乳状液的分散相液珠大小一般不小于 0.1μm，远比微乳液的液滴大。为得到乳状液和使其有一定的稳定性通常要应用乳化剂。乳状液也主要分为 O/W 型和 W/O 型。与微乳液不同，乳状液是热力学不稳定体系。应用 W/O 型微乳液制备纳米粒子已有大量报道，但由于制备微乳液需大量表面活性剂和助表面活性剂，成本偏高。因此，探索应用乳状液制备纳米粒子的条件是有意义的。

黄宵滨等以甲苯为乳状液油相，等摩尔比混合的乙酸锌和硫代乙酰胺（TAA）水溶液（0.5mol·L^{-1}）为水相，Span 80 与 Tween 80 混合物为乳化剂，室温下超声乳化，然后在 60℃下加热 1h，使乙酸锌与 TAA 反应生成 ZnS 粒子。反应完毕后用旋转蒸发仪除去甲苯和水，用无水乙醇和水依次洗涤，以除去乳化剂和未反应物。最后用丙酮洗涤后，60℃干燥得白色 ZnS 晶态粒子[61]。在上述 W/O 型乳状液中生成 ZnS 的机理是，TAA 在常温下较稳定，但在 60℃以上迅速分解出 H_2S。将乙酸锌和 TAA 等摩尔比混合水溶液作为乳状液的分散相，使每个液滴中均含等摩尔的反应物，以增强乳状液液滴的间隔化效果。

【例 19】 乳状液法制备 ZnO 粒子

取 10mL 1mol·L^{-1} $Zn(NO_3)_2$ 水溶液，加入 10mL 0.5mol·L^{-1} Span 80 与 Tween 80 的甲苯溶液（其中 Span 80 与 Tween 80 之摩尔比为 0.42∶0.08)。超声分散，得 W/O 型乳状液。搅拌下加入氨水，调节 pH 至 8～8.8，室温下陈化 2 天。过滤，洗涤，80℃干燥。600℃焙烧 1h 得 ZnO 微粉。

上述利用胶束、反胶束、微乳液、乳状液体系制备纳米粒子的方法，以及利用表面活性剂吸附而影响纳米粒子的形成、形态等的方法现视为“软模板法”。软模板是由表面活性剂分子聚集而形成的有限空间和对粒子生长的定向导向，从而限制粒子的大小和形貌。应当说明的是，最终形成粒子的大小和反胶束、微乳液滴等的大小不一定相等，因为在这些有限空间中生成的初级粒子还可能聚集，后处理条件下的团聚也常是不可避免的。此外，用不同手段测出的粒子大小也常很不相同。

(8)“硬模板”法　如果将表面活性剂有序组合体称为“软模板”，那么许多天然的或人工合成的多孔性物质（如各种吸附剂）可以用做纳米粒子制备的“硬模板”。用“硬模板”法制备纳米材料，产物的大小和形态受到孔结构的制约，可以得到纳米粒子、纳米线和三维结构的纳米材料。作为“硬模板”的孔性固体，在制备纳米材料的反应完成后有时可以将模

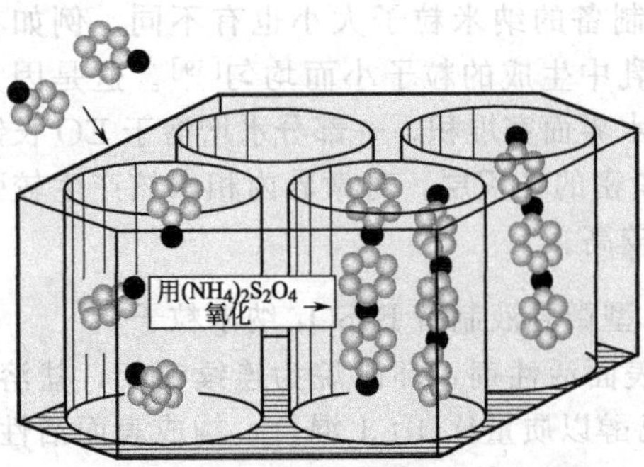

图 1.35 在 MCM-41 孔道中进行苯胺聚合反应过程的示意图

板物破坏，得到纯的纳米材料，有时模板物质与形成的纳米材料形成复合物。近来，又有以孔性有机物为模板，进行矿化反应，得到具有一定结构的无机材料的报道。

沸石分子筛早在 20 世纪 80 年代就用做制备 Au、Ag、Se 等金属纳米粒子的模板。若在沸石分子筛孔隙中全部形成纳米粒子，可能得到通过各孔腔窗口连接的三维结构材料。

在 MCM-41 分子筛孔道中合成聚苯胺分子导线的过程如图 1.35 所示。经真空干燥的苯胺，在 40℃下被 MCM-41 气相吸附 24h。达饱和吸附后（1g MCM-41 可吸附 0.5g 苯胺），浸入氧化剂过硫酸铵水溶液 4h(0℃)。氧化剂过硫酸铵与苯胺的摩尔比为 1∶1。反应完成后，孔道中有聚苯胺的 MCM-41 外观颜色为深绿色。水洗，并真空干燥。用 0.5%氢氟酸溶去 MCM-41(聚苯胺与 HF 无反应)，可得约含 190 个苯胺单元的聚苯胺分子导线[62]。

多孔氧化铝膜是一种人造多孔材料，其孔径均匀，排列规则，为柱状孔。已有通过气相反应，在多孔氧化铝膜中合成氮化镓纳米丝的报道。图 1.36 是多孔氧化铝模板及模板中生长出的碳纳米管图[63]。

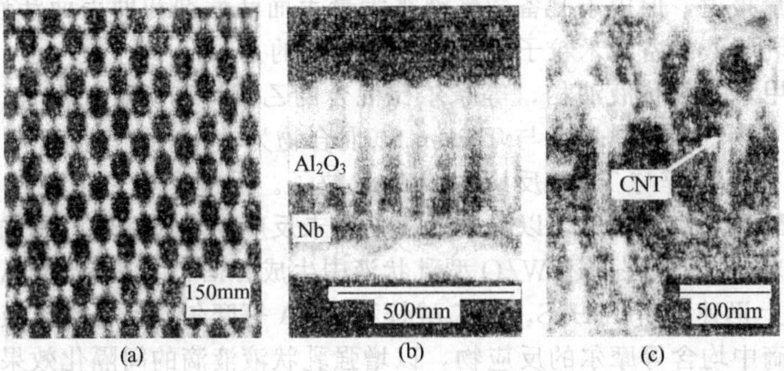

图 1.36 多孔氧化铝模板［(a) 俯视图；(b) 剖面图］及模板中生长出的碳纳米管（CNT）(c)

活性炭是常用的吸附剂，有丰富的微孔和介孔结构。选用优质原料制造的活性炭经适当的化学处理，可除去 99%以上的灰分。在这种低灰分炭的孔隙中进行某种能产生不溶物的反应，由于受活性炭孔大小的限制作用，能生成纳米量级的粒子。

【例 20】 在活性炭孔隙中形成 $PbTiO_3$ 和 $LaFeO_3$ 微粉[64]

将一定量的醋酸铅溶于稀硝酸中，得溶液 1。再称取与醋酸铅相等物质的量的钛酸四丁酯，加入少量水，并立即加入浓硝酸，得澄清溶液 2。将溶液 1 加入到溶液 2 中，补加适量水，至得澄清混合液。将在 150℃处理 4h 并冷却后的低灰分粒状活性炭加入到上述混合液中，超声处理 10min，静置 24h，使溶液充分浸入炭的孔隙中。倾出多余液体，用玻璃砂漏斗抽滤，用少量硝酸酸化水洗涤。滤干后，在 120℃干燥 12h。样品冷却后，在管式高温炉中通氮气保护的条件下 600℃处理 6h，使在活性炭孔隙中发生化学反应，生成 $PbTiO_3$。冷却后将样品在扁瓷舟中铺成薄层（<0.5mm 厚），在空气中 600℃处理 5min，使活性炭烧失，得淡黄色 $PbTiO_3$ 微粉。用类似方法可制备 $LaFeO_3$ 微粉。由所得微粉的 XRD 图(图 1.37) 知，该两种样品均为纯的锐钛矿型晶体结构。此法要求原料配比准确，使炭烧失的温度和时间要严格掌握，温度过高和时间过长都会使微粉发生烧结，粒子变大。

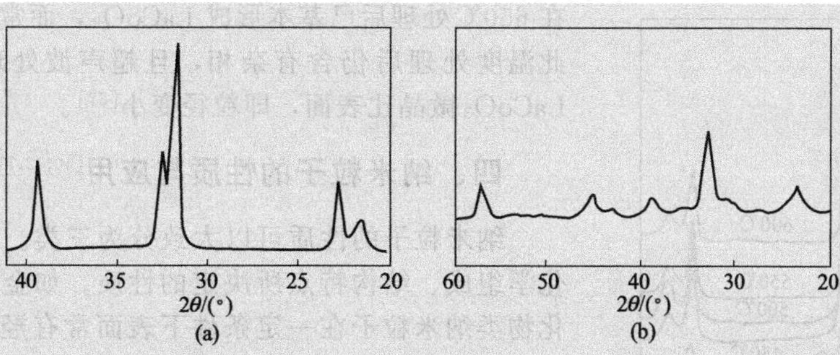

图 1.37 在活性炭孔隙中形成的 $PbTiO_3$ 微粉（a）和 $LaFeO_3$ 微粉（b）的 XRD 图

（9）微波和超声波法 微波是指频率约为 $3\times10^8\sim3\times10^{11}$ Hz（波长为 1m～1mm）的电磁波。现大多数人认为，微波对化学体系的作用是将电磁能转化为热能，且微波加热是同时使样品内外加热。用微波辐射法可制备氧化物、氮化物及金属纳米粒子。例如用金属盐水解法制备纳米粒子时，用微波辐射可使盐溶液在很短时间内均匀加热，沉淀相在瞬间成核，因而使粉体粒径更小和更均匀。当用微波水热法时，通过对加热时间、体系压力和介质 pH 的调节还可以有效控制产物的形状和尺寸。图 1.38 是用微波水热法和常规加热法以 $Zn(NO_3)_2$ 为原料制备的 ZnO 粒子的 SEM 图比较[65]。

(a) pH 12, 常规加热　(b) pH 8, 微波介电加热

图 1.38 微波水热法和常规加热法制备的 ZnO 粒子的 SEM 图

超声波是频率大于 20kHz 的机械波。由于波的传播也是能量的传播，单位时间传递的能量的多少（即波的功率）是与波的频率平方成正比，故超声波的功率比一般声波的大得多。大功率超声波在液体和固体介质中传递时，可对介质产生显著的声压作用；并发生许多物理和化学变化。例如，由于超声振动的非线型性而产生的锯齿波效应有粉碎作用，超声作用于液体可产生空化气泡，空化气泡的迅速破裂，产生的高温、高压和冲击波有粉碎作用和促进化学反应的作用。一些研究结果表明，超声空化作用在纳米粒子制备中有重要作用。以超声法制备硫族化合物纳米粒子为例，多数研究者认为，超声空化作用使溶剂水热解成·OH和·H自由基，这些自由基有强烈还原能力。当有硫源（如硫脲、硫代乙酰胺等）、硒源（如硒脲等）存在时，自由基·H 可将其还原出 H_2S（或 H_2Se）。H_2S（或 H_2Se）与金属离子反应生成硫化物（或硒化物）纳米粒子。赵振国等研究超声空化作用对共沉淀法制备 $PbTiO_3$ 微粉晶粒大小的影响时发现，超声分散作用能明显减小晶粒大小，并降低 $PbTiO_3$ 的晶化温度[66]。600℃ 处理后，超声法所得 $PbTiO_3$ 样品在（100）方向晶粒大小为 21.2nm，在（001）方向为 13.1nm；一般共沉淀法分别为 26.4nm 和 15.0nm[45]。图 1.39 是超声波共沉淀法所得共沉物在不同温度处理后样品的 X 射线衍射图。将此图与图 1.31 常规共沉法的结果比较可知，在超声波作用下于 450℃时已部分晶化，晶化温度比常规共沉淀法的 550℃下降 50～100℃。梁新义等用超声共沉淀法制备 $LaCoO_3$ 纳米微晶发现，沉淀物

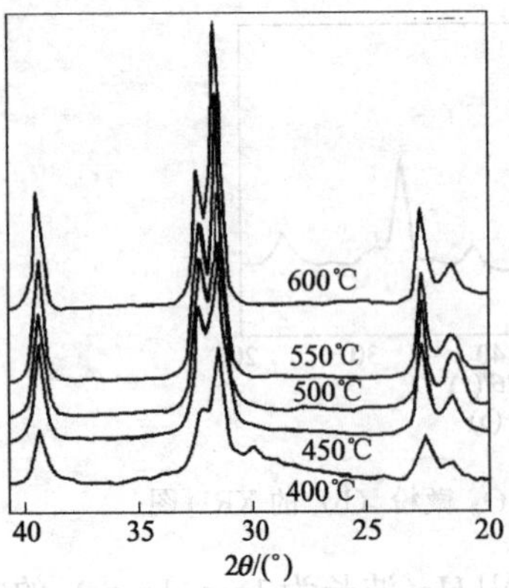

图 1.39 超声波共沉淀法所得共沉物在不同温度处理后的X射线衍射图

在 650℃处理后已基本形成 $LaCoO_3$，而常规共沉淀法在此温度处理后仍含有杂相，且超声波处理明显可提高 $LaCoO_3$ 微晶比表面，即粒径变小[67]。

四、纳米粒子的性质与应用[40,42,71]

纳米粒子的性质可以大致分为三类。①由纳米粒子化学组成、结构特点所决定的性质。如金属和非金属氧化物类纳米粒子在一定条件下表面常有羟基，这些基团可与某些化合物形成氢键，是此类纳米粒子吸附作用的重要原因。②与粒子大小紧密相关的性质。由表 0.3 和表 0.4 数据可以看出，粒子越小处于表面上的粒子分数越大，表面能和比表面越大。实际上当粒子为 1nm 大小时，物质已处于原子、原子簇和分子状态，宏观意义上的表（界）面已不存在。巨大的表面能使纳米粒子吸附和反应活性大增。实际上多数高效多相催化剂的活性组分都是纳米粒子。大的表面能也使得纳米粒子间极易团聚，并使金属纳米粒子的熔点随粒径减小而明显降低。图 1.40 是金粒子的熔点与粒子直径的关系。由图可知，当粒径 $d<5$nm时随粒径变小熔点急剧减小。因表面能大而引起的纳米粒子物理和化学性质的变化称为纳米粒子的表面效应。当纳米粒子的直径比电子平均自由程、光的波长、超导电子对寿命距离等更小，或与磁畴的大小相当时，将引起纳米粒子的电学、光学、磁学性质的变化，这种作用称为纳米粒子的体积效应。图 1.41 是 150K 和 250K 时纳米 Pd 块体电阻率与粒径的关系。由图可知，纳米 Pd 块体的电阻率随晶粒的减小而增加，也随温度升高而增大。③由物质本性和粒子大小协同决定的性质。例如，已知半导体材料的光物理性质与半导体带隙和禁带中存在的陷阱能级及表面态能级有关。尺寸较大的半导体粒子在晶体中存在分子（或原子）间强烈相互作用，使最高占据轨道相互作用形成价带（VB），最低空轨道相互作用形成导带（CB），电子在价带和导带是非定域化的，可以自由移动。对于理想的半导体，价带顶与导带底间不存在电子状态，此带隙称为禁带。对于有杂质和缺陷的半导体，它们成为捕获电子和空穴的陷阱，产生局域化电子态，在禁带中有相应电子态能级。当半导体粒子小到纳米级时，粒子半导体的导带和价带变成量子化的非定域分子轨道，与大粒子比较，导带升高，价带下降，带隙增宽。粒子越小，带隙越大。这就导致半导体纳米粒子的导带与价带间有深陷阱和表面态能级，从而对光物理和光化学性质产生很大影响。

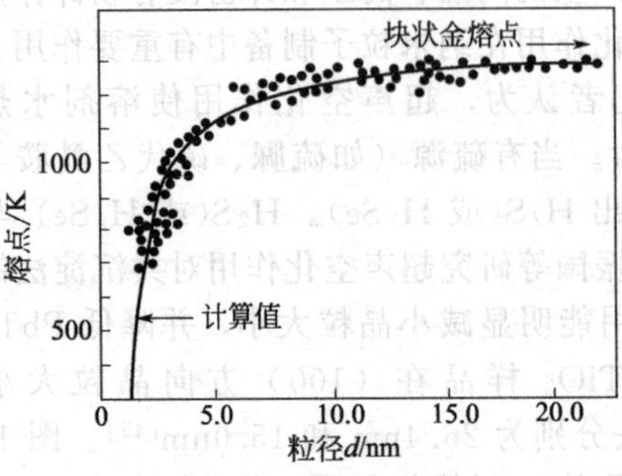

图 1.40 金粒子熔点与粒子直径的关系

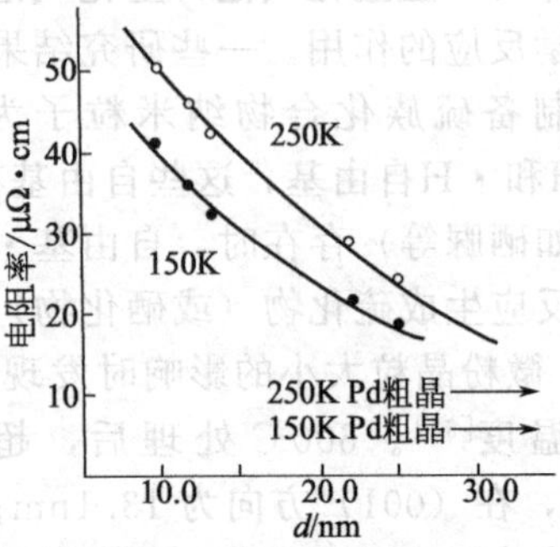

图 1.41 纳米 Pd 电阻率与 Pd 晶粒直径 d 的关系（150K，250K）

上述的纳米粒子的第②和第③类性质构成纳米粒子的特性。依据这些特性纳米粒子已得到广泛的应用或有深厚的应用前景。以下举几例予以说明。

(1) 纳米粒子的光学性质与新型光学材料　由于纳米粒子的小尺寸、表面效应和缺陷的大量存在导致光吸收带出现蓝移或红移。一般来说，粒径减小，蓝移明显；粒径减小，空位、杂质存在，能隙减小，内应力增加等导致红移。同时，大的界面和缺陷存在，可能形成新的高浓度色心，从而形成新的光吸收带。图 1.42 是 GaN 纳米晶体（平均粒径为 16nm）的红外光谱图。图中 $581.3cm^{-1}$ 吸收峰较理论值蓝移 $20cm^{-1}$，$984.6cm^{-1}$ 为新吸收峰。吸收峰的蓝移和新吸收峰的出现是由于纳米粒子的小尺寸效应和纳米粒子间的界面作用引起的晶面部分扭曲，使平均键长缩短、键的振动频率变化所致。纳米粒子对某种波长光吸收峰的蓝移和使各种波长光吸收峰的宽化现象，使得纳米粒子可能作为光吸收材料应用。纳米粒子紫外吸收材料通常是将纳米粒子分散到树脂中成膜。该膜的紫外吸收能力与粒子大小和膜中的粒子含量有关。有报道称 TiO_2 纳米粒子树脂膜和 Fe_2O_3 纳米粒子树脂膜分别对 400nm 和 600nm 以下波长的紫外光有吸收能力。也有报道将 Al_2O_3 纳米粒子掺到稀土发光粉中用于制造日光灯，可有效地吸收有害紫外光，而又不减弱荧光粉发光效率。将 ZnO、TiO_2、SiO_2、Al_2O_3 等氧化物纳米粉体掺入防晒油和某些化妆品中都能起到防止紫外光对人体的伤害。光吸收材料还可用于其他目的。如含某些纳米微粒的透明涂层可防止塑料制品吸收紫外光而引起的老化；利用纳米 Al_2O_3、TiO_2、SiO_2 和 Fe_2O_3 的复合纳米粉体与聚合物纤维结合对中红外波段的强吸收能力，可以用于制造防御红外线探测的隐身材料；利用某些纳米粒子复合粉体的强红外吸收能力，将这些粉体与纤维混纺，制成衣物，对人体红外线的吸收作用，可增强衣着保暖性能；有些金属纳米粒子能吸收全部太阳光能（本身呈黑色），可用于制造太阳能热电转化设备；有些纳米粒子能吸收部分波长的光（如 ZnO 能吸收远红外和紫外光，锡锑氧化物和锡铟氧化物能吸收近红外和紫外光），从而可使可见光透过，可用于防辐射透明遮光材料的制造等。

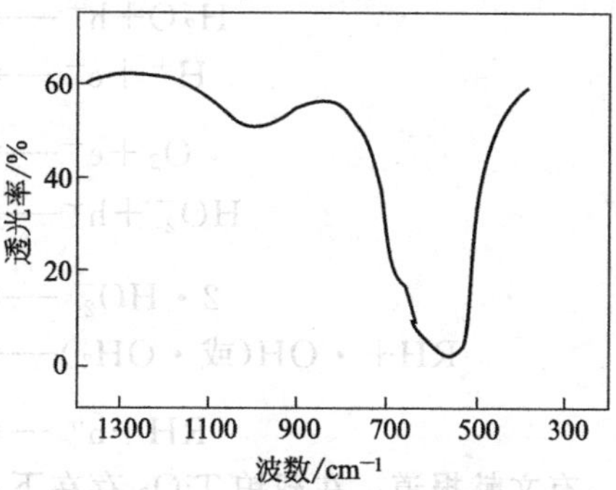

图 1.42　GaN 纳米晶体红外光谱图

有些纳米粒子对红外线有反射能力，可用于制造红外反射材料。现已证明，金属薄膜（如 Au、Ag、Cu 膜），透明导电膜（如 SnO_2、In_2O_3 膜）、金属-电介质复合膜（如 TiO_2-Ag-TiO_2、TiO_2-MgF_2-Ge-MgF_2 膜）、电介质-电介质多层膜（如 ZnS-MgF_2、TiO_2-SiO_2、Ta_2O_3-SiO_2 膜）等均可用做红外线反射膜，其中以电介质-电介质多层膜性能最优。现在用于照明的各种白炽灯，约 2/3 的电能转化为红外线，以热能方式无谓消耗。若醇盐水解法在白炽灯灯泡罩内壁形成 SiO_2 和 TiO_2 多层膜，不仅透光率好，还有良好的红外线反射能力。用于卤素灯泡涂膜，在相同亮度下，可节省电力约 15%。

(2) TiO_2 纳米粒子的光催化作用　TiO_2 是很稳定的宽带隙半导体，价带电位较偏正，导带电位较偏负，有氧化还原能力。纳米 TiO_2 由于其量子尺寸效应使导带与价带能级变为分立能级，能隙变宽，价带电位变得更正，导带电位变得更负，因而氧化还原能力更强。此外，由于 TiO_2 纳米粒子粒径小，与大粒子比较，光生载流子更容易从粒子内通过扩散迁移至表面，利于半导体电子、空穴传递，从而使氧化还原能力增强。

有光催化作用的是锐钛矿型和金红石型 TiO_2，其中尤以锐钛矿型的 TiO_2 光催化活性最高。当 TiO_2 吸收足够短的波长的光后，价带中的电子被激发到导带，形成带负电的高活性电子 e^-，同时在价带上产生带正电的空穴 h^+。电子有还原性，空穴有氧化性。空穴将水氧化成自由基·OH，活泼的·OH自由基能氧化有机物，直至成为 CO_2 和 H_2O。电子 e^- 能将 O_2 还原成自由基·O_2^-，并在 H^+ 存在下形成·HO_2。·HO_2 也可与有机物反应。在水存在下，在以 TiO_2 上载有铂为催化剂发生的碳氢化合物光催化氧化反应如下[68]：

$$(TiO_2)+h\nu \longrightarrow e^- + h^+$$

$$H_2O+h^+ \longrightarrow \cdot OH + H^+$$

$$H^+ + e^- \longrightarrow H\cdot$$

$$O_2+e^- \longrightarrow \cdot O_2^- \xrightarrow{H^+} \cdot HO_2$$

$$HO_2^- + h^+ \longrightarrow \cdot HO_2$$

$$2\cdot HO_2^- \longrightarrow O_2+H_2O_2 \xrightarrow{\cdot O_2^-} \cdot OH+OH^- + O_2$$

$$RH+\cdot OH(或\cdot OH_2) \longrightarrow ROH+\cdot H$$

$$RH+h^+ \longrightarrow RH^+ \xrightarrow{h^+} RH^{2+}$$

有文献报道，在载铂 TiO_2 存在下，光照射可导致 CN^- 水溶液的氧化反应发生，在水-气间甚至可进行 $CO+H_2O \Longrightarrow H_2+CO_2$ 的反应。有人甚至讨论了在 TiO_2-水界面上使水氧化为 O_2 的反应机理。由于沸石分子筛有重要的催化作用，近来有人研究发现，TiO_2 载于 Y 型沸石上对将 NO 分解为 N_2、O_2 和 N_2O 的反应有光催化活性[69]。

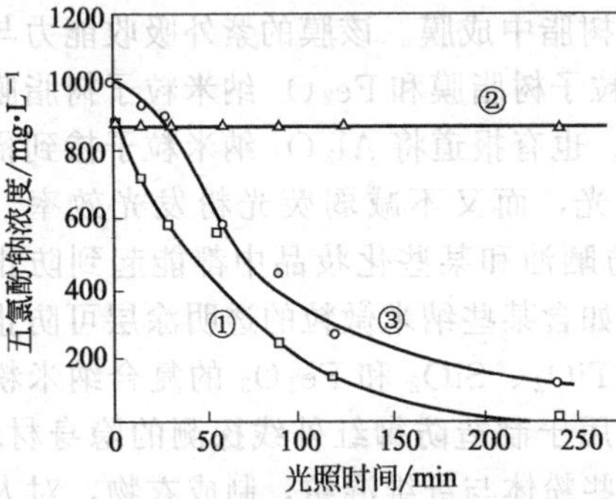

图 1.43 五氯酚钠氧化降解图
①TiO_2 存在，紫外光照射；②TiO_2 存在，无光照；③无 TiO_2，紫外光照射

TiO_2 纳米微粉广泛用于光催化降解脂肪族和芳香族有机污染物，使其能完全氧化成 CO_2 和 H_2O。有机物的光催化降解是由于水捕获 TiO_2 的光生空穴 h^+ 生成活泼氧物种，同时 TiO_2 表面吸附的 O_2^-、O_2 捕获光生电子 e^- 生成活泼的 O_2^-、OOH^-、H_2O_2 和 O—O 键断裂的物种，这些活性氧能催化氧化有机污染使其降解。

五氯酚钠有剧毒，性质稳定，难生物降解，可用于光催化降解的代表性试剂。图 1.43 是对一定浓度的五氯酚钠水溶液在三种条件下处理所得结果的比较：①加 0.5g 由 $TiCl_4$ 水解法所得 TiO_2，并在磁力搅拌下用紫外光照射；②加 0.5g 上述 TiO_2，只磁力搅拌，无紫外光照射；③不加 TiO_2，磁力搅拌和紫外光照射。由图可见，只有 TiO_2 存在，无紫外光照射，五氯酚钠浓度基本不变，无催化效果；无 TiO_2，有紫外光照射也可实现部分光解；只有在 TiO_2 和紫外光照射同时存在下光催化效果最好。

十二烷基苯磺酸钠（SDBS）是合成洗涤剂的主要活性组分，此类物质的污染问题主要表现在所产生泡沫对水体环境的破坏（如含氧量减少，细菌繁殖，水处理成本增加等）。其对动物的毒性虽低于阳离子型表面活性剂，但也属微毒性物质（如对黑鼠的半致死量为 1.0～4.0g/kg）。研究证明，利用由多孔氧化铝模板制备的 TiO_2 纳米管可有效催化光解 SDBS，且随纳米管长度增加，光催化效果增强。实际上 TiO_2 纳米管的管壁是粗糙的，由许多球状晶粒组成，这可能是 TiO_2 纳米管有明显的紫外和荧光光谱蓝移以及有较高光催化活性的原因（图 1.44）[65]。

(3) 纳米粒子与近代医药[70,71] 将药物以各种方法在液体、固体或气体介质中分散成微小粒子或微液滴，形成传统的乳剂、粉剂、软膏剂、混悬剂、气雾剂等剂型以利于药物的

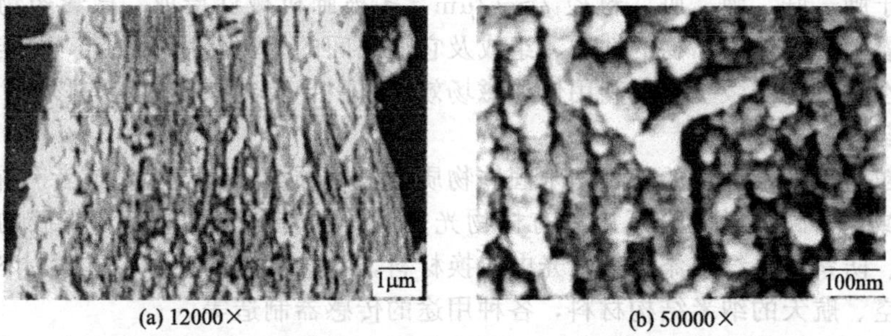

图 1.44　由多孔氧化铝模板制备的 TiO_2 纳米管局部放大 SEM 图

吸收是至今常用的给药方法。在这些剂型中虽然作为分散相药物大多超出纳米粒子大小，但其分散方法、稳定性理论仍是以纳米粒子体系（或者说是胶体分散体系）的规律为基础的。

微粒或微液滴分散给药在控释给药、靶向给药、基因治疗以及控制药物在体内分布、减小药物毒副作用、提高安全性方面都有其优点。这些给药方法包括脂质体给药，微乳剂给药，微胶囊和微球给药，大分子胶束给药，纳米粒子给药等。现仅简单介绍几种与纳米粒子有关或与纳米粒子大小相当的给药方法。

功能化纳米粒子给药是对纳米粒子按一定要求使粒子表面有特定功能，具有识别和定向能力，能起到定向给药（即靶向给药）的作用。例如，有人用 Fe_3O_4 磁性纳米粒子涂覆一层聚合物，并载有蛋白质、抗体和要求的有效药物。在外磁场的“导航”下定向到病灶部位，并可能指向特定细胞受体，从而达到提高疗效、降低剂量之目的。

固体脂质纳米粒子是以固体脂肪为基质（如三酰甘油酯、部分甘油酯、蜡类等），以某些表面活性剂为分散稳定剂，应用适宜的方法（如高压乳匀法、乳化沉淀法、微乳法等）制备的脂质纳米粒子，粒径一般小于 200nm。脂质纳米粒子可以不同的方法将药物包载，这些方法与药物性质、脂质材料性质、表面活性剂性质与浓度、制备工艺等因素有关。一般来说，当药物与脂质凝固点接近时，脂溶性强的药物易于以分子状态包载于脂质粒子骨架中成固态溶液；因多种原因药物不易包载于脂质粒子中，而富集于脂质粒子表面层；若药物的凝固点高于脂质的，药物可能成为脂质粒子生长的晶核，而富集于粒子核心。显然，药物在脂质粒子不同位置包载、药物释放介质及脂质载体材料的降解性质影响脂质纳米粒子包载药物的释放。药物富集于粒子表面层的易释放，脂质载体材料易降解的易释放。现已证明，利用固体脂质纳米粒子溶液静注给药可达到缓释、延长在体内循环时间及药物在靶组织的作用时间。例如，喜树碱固体脂质纳米粒子较喜树碱溶液，注射给药后被动物网状内皮系统摄取后在肝、脾、肺、心、血、脑等组织中驻留时延长。再如，经聚乙二醇表面修饰后的阿霉素固体脂质纳米粒子较普通的固体脂质纳米粒子，对脑组织的靶向性增强，且可降低对心脏与肝脏的毒副作用。总之，固体纳米粒子给药优点是：①粒子小，可注射给药；②固体脂质作为载体材料无毒性，有良好的生物相容性和可降解性；③有较高的载药量和包封率；④对脂质纳米粒子进行表面修饰，可提高给药靶向性，降低毒副作用；⑤制备方法简便。

以天然或合成的无毒、易降解高分子材料作为囊膜，将固体或液体药物包裹于其中，制成比纳米粒子大或与纳米粒子相当的小胶囊，称为微囊或微球。微囊、微球的应用与它们的粒径大小有关。粒径＜50nm，可透过肝内皮，通过淋巴转入脾、骨髓和肿瘤组织，如用低密度脂蛋白包封含抗癌药的微球，粒径 20nm，导向于肿瘤细胞。粒径约为 0.1～0.2μm，被网状内皮系统的巨噬细胞内吞，转到肝枯否细胞溶酶体中，如聚丙烯酰胺包裹 L-麦冬酰胺酶，静注用于急性白血病。粒径＞1μm，有肺内停留趋向。粒径 2～7μm，被毛细血管网摄取后，积于肺、肝、脾、脏。粒径 7～12μm，多被肺机械性摄取。微囊药物的性质和作用由药物、囊膜材料、添加物的性质、组成及它们之间的相互作用所决定，也与制备方法有关。如将磁性材料包于微囊中，利用体外磁场效应可引导药物在体内定向移动，并在靶位定位浓集和释药。

以纳米粒子为基础制备的各种纳米固体物质的应用领域十分广泛，或者有深厚的应用背景。这些领域包括高分子聚合反应和有机物光分解等的催化剂，塑料、橡胶的增韧、增强剂，抗静电、防紫外线纤维添加剂，光电转换材料，特殊性能的光学、磁学材料，微电子器件，用于航空、航天的纳米结构材料，各种用途的传感器制造等。

最后应该指出，纳米科技仍处于不断发展阶段，从理论到实践还有很多问题未解决，纳米科技进入百姓生活尚需时日。此外，纳米微粒对人体和环境带来的危害和污染（“纳米污染”），也必须引起全社会的关注。

五、纳米液滴与纳米气泡

纳米粒子（nanoparticle）的 particle 泛指小碎块状物，既可是固态的，也可是液态的或气态的。因此就可以有纳米液滴和纳米气泡。只是此两种纳米粒子研究的还不够多。

纳米液滴（nanodroplet，NP） 纳米液滴不同于几个水分子的团簇，也不同于宏观液体。微乳液中分散相液滴多小于 50nm，植物枝叶导管（直径约为几十纳米）中的液体，凝聚态物体表面的界面膜，许多为几十纳米厚的液膜，这些均可视为零维、一维和二维的纳米液体（滴）。

球形的纳米液滴（零维的纳米液体）和固体的纳米粒子一样有独特的性质（如表面效应、量子尺寸效应等），纳米液滴也可用作微反应器，用于研究某些反应的历程，实现某些在宏观体系难以实现的或大大提高某些反应的速率（如微乳催化等）。

纳米气泡（nanobubble，nanoscale gaseous state） 是指在液体中或在固体表面存在的纳米尺度大小的气泡，有时适当地放宽尺度，将纳米级或近微米级的气泡混称为微纳米气泡。

纳米气泡可用水泵、空压机、精滤器、气水混合器等设备联合使用而形成。

纳米气泡较纳米液滴有更多的研究工作发表。本世纪初在北京召开的 12 届国际表面与胶体科学大会上和随后在澳大利亚“物理评论快报”上都有此类研究工作发表[72,73]。我国华东师大陈邦林教授的研究团队也开展了卓有成效的工作[73]。

纳米气泡除与纳米粒子有类似的特性外，还有以下特点：

(1) 根据 Laplace 公式可知，由于纳米气泡半径极小，故泡内外压差较大，因而使纳米气泡具有相对较大的稳定性。当其破裂时可能有一定的冲击力。

(2) 纳米气泡在生成时表面带负电荷，有一定的表面活性。

(3) 空气和氧气的纳米气泡可提高水体中溶解氧量，使其周围的水体、土壤结构发生一定变化，形成富氧活性水和提高土壤的肥力，从而影响植物根系活力，促进植物的生长和环境的改善。

近些年微纳米技术用于处理水后，获得以下成效：

(1) 用于水稻种植。可减少化肥用量 1/4 以上，且对稻株有明显抗倒伏作用。所得稻谷蛋白质、氨基酸含量高，出米率提高。

(2) 用于水产养殖。以培养蟹苗为例，可增产 50%以上。

(3) 用于水环境的改善。用微纳米技术处理饮用水、地下水和各种工农业废水，对水质有明显改善。据报道，在上海新渔浦河、宁波黄鹂河、华东师大校内丽娃河用微纳米技术处理后水的 COD 降低 90%，氨氮降低 60%以上。

六、纳米污染

随着纳米科技的兴起，在制造纳米材料和应用纳米材料与技术的生活与生产过程中，产生的纳米大小的有害物质称为纳米污染物。纳米污染物对环境、动植物和人体造成的损害统称为纳米污染。

早在本世纪初，已有科学家指出环境中游离的纳米粒子和一维纳米线有可能穿透细胞膜，并可能会在人体不同部位累积引发疾病或对动植物造成伤害。

许多研究结果表明，纳米材料的潜在风险是存在的。当粒子小到纳米级时，其物理和化学性质产生巨大变化，原来无毒无害的物质就可能对环境和有机体造成风险。2009 年中国青年报[74]报道，北京朝阳医院宋玉果大夫发现某些接触含纳米粒子涂料的工人患有胸腔积液、肺间质纤维化、胸膜肉芽肿等病变，并从变质胸提取液中发现有大小不同的纳米粒子。甚至在病人皮肤细胞中也发现有直径为 30nm 的纳米粒子。此论文在“欧洲呼吸杂志”上发表后引起广泛影响。“自然”杂志认为，该论文首次记录了纳米粒子能导致人类疾病。但也有科学家认为纳米粒子危害的证据不足，患有上述疾病也可能是生产环境不规范或其他有害物质造成的[75]。

对造成纳米污染的原因可能是多种多样的。例如有些人认为，水环境中的许多污染物（如农药、重金属等）大多是附着于胶体微粒上，即以微粒子为载体而起作用的[76,77]，另一方面纳米和微米级粒子有大的相界面和界面能，能富集各种有害物质，并随着水质迁移或随气流漂浮而在大的空间范围产生污染效应。对此，我国科学家汤鸿霄等从环境纳米污染物的定义、共同特征、微界面行为到纳米污染的鉴定等作了深入研究[78]。

为减轻纳米污染的危害，至少应在以下方面采取措施：

（1）在生产和应用纳米材料的工业部门的各环节要防止纳米材料的泄漏、遗撒，制订标准及安全操作条例，严格保存及运输方式。

（2）发展和重视纳米材料回收，再利用和再处理技术，严密防止纳米材料二次污染。

（3）在将纳米技术用于环境治理时，必须确保其安全可靠，不会产生次生灾害和污染。

参考文献

[1] 周祖康，顾惕人，马季铭. 胶体化学基础. 北京：北京大学出版社，1987.

[2] 沈钟，赵振国，王果庭. 胶体与表面化学. 第三版. 北京：化学工业出版社，2004；第四版，2012.

[3] 北京大学化学系胶体化学教研室. 胶体与界面化学实验. 北京：北京大学出版社，1993.

[4] 拉甫罗夫 И С. 胶体化学实验. 赵振国译. 北京：高等教育出版社，1992.

[5] Захарченко В Н. Коллоидная химия. Москва：Высшая школа，1989.

[6] Hiemenz P C，Rajagopalan R. Principles of Colloid and Surface Chemistry. 3ed. New York：Marcel Dekker，Inc，1997.

[7] Matijevic E. Chem Mater，1993，5：412.

[8] Zaiser E M，La Mer V K. J Colloid Interface Sci，1948，3：571.

[9] Overbeek J Th G. Adv Colloid Interface Sci，1982，15：251.

[10] McFadyen P，Matijevic E. J Inorg Nucl Chem，1973，35：1883.

[11] Brace R，Matijevic E. J Inorg Nucl Chem，1973，35：3691.

[12] Demchak R，Matijevic E. J Colloid Interface Sci，1969，31：257.

[13] Hsu W P，Ronnquist L，Matijevic E. Langmuir，1988，4：31.

[14] Matijevic E，Scheiner P. J Colloid Interface Sci，1978，63：509.

[15] Matijevic E，Cimas S. Colloid Polym Sci，1987，265：155.

[16] Kratohvil S，Matijevic E. J Mater Res，1991，6：766.

[17] Stober W，Fink A，Bohn E. J Colloid Interface Sci，1968，26：62.

[18] Liu B Y，Krieger I M//Becher P，Yudenfreund M N，ed. Emulsions，laticex and dispersions. New York：Marcel Dekker，1978.

[19] McDonogh R W，Hunter R J. J Rheol，1983，27：189.
[20] Ohmori M，Matijevic E. J Colloid Interface Sci，1992，150：594.
[21] Sugama T，Lipford B. J Mater Sci，1997，32：3523.
[22] 李澄，齐利民. 大学化学，2006，21(5)：1.
[23] Velev O D，Lenhoff A M. Curr Opin Colloid Inferface Sci，2000，5：56.
[24] Fudouzi H，Kobaayashi M，Shinya N. Adv Mater，2003，14：1649.
[25] Xia Y N，Gates B，Yin Y D，et al. Adv Mater，2000，12：693.
[26] Xia Y N，Yin Y D，Lu Y，et al. Adv Funct Mater，2003，13：907.
[27] Li F，Badel X，Linnros J，et al. J Am Chem Soc，2005，127：3268；Yan X，Yao J，Lu G，et al. J Am Chem Soc，2005，127：7688.
[28] Bai F，Wang D S，Li Y D et al. Angew Chem. Int. Ed. 2007，46：6650.
[29] Velikov K，Christova C，Dullens R，et al. Science，2002，296：106.
[30] Shevchenko E V，Talapin D V，Kotov N A，et al. Nature，2006，439：55.
[31] Lee K，Asher S A，Photonic crystal chemical sensors：pH and ionic strength. J Am Chem Soc 2000，122：9534-9537
[32] Holtz J H，Asher S A，Polymerized colloidal crystal hydrogel films as intelligent chemical sensing materials. Nature 1997，389：829-832.
[33] Zhao X，Cao Y，Ito F，Chen H，Nagai K，Zhao Y，Gu Z，Colloidal crystal beads as supports for biomolecular screening. Angew. Chem. Int. Ed. 2006，45：6835-6838.
[34] Zhao Y，Zhao X，Hu J，Li J，Xu W，Gu Z，Multiplex label-free detection of biomolecules with an imprinted suspension array. Angew. Chem. Int. Ed. 2009，48：7350-7352.
[35] Ergang N S，Oh S M，Stein A. Adv Funct Mater，2005，15：547.
[36] Blanco A，Chomski E，Grabtchak S，et al，Nature，2000，405：437.
[37] Kamegawa T，Yamahana D，Yamashita H. Graphene coating of TiO_2 nanoparticles loaded on mesoporous silica for enhancement of photocatalytic activity. The Journal of Physical Chemistry C，2010，114（35）：15049-15053.
[38] Wang X，Graugnard E，et al. Large-scale fabrication of ordered nanobowl arrays. Nano Letters，2004，11（4）：2223-2226.
[39] Wang X，Lao C. et al. Large-size liftable inverted-nanobowl sheets as reusable masks for nanolithiography. Nano Letters，2005，5（9）：1784-1788.
[40] 一濑升，尾崎义治，贺诚集一郎. 超微粒子导论. 赵修建，张联盟译. 武汉：武汉工业大学出版社，1991.
[41] 王世敏，许祖勋，傅晶. 纳米材料制备技术. 北京：化学工业出版社，2002.
[42] 施利毅等. 纳米科技基础. 上海：华东理工大学出版社，2005.
[43] 徐国财，张立德. 纳米复合材料. 北京：化学工业出版社，2002.
[44] 李玲. 表面活性剂与纳米技术. 北京：化学工业出版社，2004.
[45] 赵振国，马季铭，程虎民，羌笛. 应用化学. 1999，10（2）：99.
[46] Fox G R，Adair J H，Mewnham R E. Ournal Mater Sci，1990，25：3634.
[47] Cotton F A，Wilkinson G. Adv Inorg Chem. 4th ed.，New York：John Wiley & Sons，1980.
[48] Shrout T R，Papet P，Kim S，et al. J Am Chem Soc，1990，73：1862.
[49] 齐利民，马季铭，程虎民等. 应用化学，1995，12（2）：1.
[50] 齐利民，马季铭，程虎民等. 高等学校化学学报，1994，15：1834.
[51] Cheng H M（程虎民），Wu L J（吴立军），Ma J M（马季铭），et al. J Mater Sci let，1996，15：895.
[52] 赵振国，丁丁，程虎民等. 北京大学学报（自然科学版），1966，32：693.
[53] Kim M J，Matijevic E. Colloid Polym Sci，1993，271：581.
[54] 赵振国，程虎民，齐利民等. 黄淮学刊，1998，14（4）：34.
[55] Kon-no K，Koide M，Kitahara A. J Chem Soc Jpn，1984，6：815.
[56] Qi L M，Cheng H M，Ma J M，et al. J Phys Chem B，1997，101：3460.
[57] Qi L M，Ma J M，Cheng H M，et al. Chin Chem Lett，1995，6：1013.
[58] 国家高技术新材料领域专家委员会编. 国家高技术新材料领域 1993 年学术交流论文选集——先进材料进展. 北京：科学出版社，1995：170.
[59] Petit M，Pileni G. J Phys Chem，1988，92：2282.
[60] Qi L M，Ma J M，Cheng H M，et al. Colloids and Surfaces A，1996，108：117.
[61] 黄宵滨，马季铭，程虎民等. 应用化学，1997，14（1）：117.
[62] Wu C C，Bein T. Science，1994，264：1757.
[63] Jeong S H，Hwang H Y，Lee K H，et al. Appl Phys Lett，2001，78：2052.
[64] 赵振国，程虎民，马季铭等. 高等学校化学学报，1995，16：950.
[65] 薛宽宏，包建春. 纳米化学——纳米体系的化学构筑及应用. 北京：化学工业出版社，2006.
[66] 赵振国，程虎民，马季铭. 高等学校化学学报，1994，15：1063.
[67] 梁新义，秦永宁，齐晓周. 化学物理学报，1998，11：375.
[68] Adamson A W，Gast A. Physical Chemistry of Surfaces. 6th ed. New York：John Wiley & Sons，1997.

[69] Yamashita H，Ichihasi Y，Anpo M. J Phys Chem，1996，100：16041.
[70] 侯新朴，武凤兰，刘艳. 药学中的胶体化学. 北京：化学工业出版社，2006.
[71] 马远鸣，徐慧英. 胶体与界面化学（安徽大学学报自然科学版胶体与界面化学专辑），1987.
[72] Zhang X H，Ducker W A，Khan A. 12 International Conference on Surface and Colloid Science. book of abstracts，Beijing：2006：11.
[73] 中国化学会第10届胶体与表面化学会议论文集. 西安：2004：357.
[74] 周凯莉. 中国青年报，2009，09. 19.
[75] 化学通讯，2004（6）：29.
[76] 汤鸿霄. 安徽大学学报（胶体与界面化学专辑），1987（总27）：13.
[77] 曲久辉，贺弘. 环境科学学报，2009，29（1）：2.
[78] 汤鸿霄. 环境科学学报，2003，23（2）：146.

习题

1. 写出不相等化学计量的硝酸银和氯化钾水溶液反应生成氯化银溶胶的胶团结构。

2. 取 1mL 0.1mol・L^{-1}的硫酸和 1mL 0.1mol・L^{-1}的硫代硫酸钠水溶液反应可生成不太稳定的硫溶胶。试写出反应式。

3.[例 5] 用氧化还原法制备金溶胶，试写出反应式和金溶胶胶团结构。

4. 试比较疏液胶体制备和纳米粒子的制备方法的异同。

5. 制备稳定的胶体体系为什么要有稳定剂存在？

6. 计算球形金粒子的粒径与表面原子数占粒子总原子数百分数的关系。已知金的密度是 19.3g・cm^{-3}，原子半径是 0.144nm。

7. 已知硫化砷溶胶粒子平均直径为 120nm，密度为 3.43g・cm^{-3}。求溶胶粒子的比表面。

8. 什么是胶体晶体？其特点是什么？

9. 以硝酸银和碘化钾反应制备碘化银溶胶为例，当硝酸银过量时可得带正电的碘化银胶体粒子，碘化钾过量时可得带负电的碘化银胶体粒子。为什么？若硝酸银和碘化钾等化学计量比时会得到什么结果？为什么？

10. 为什么说纳米粒子的基本制备方法脱胎于疏液胶体的制备方法？

第二章　胶体的基本性质

胶体分散体系与粗分散体系的最本质区别是分散相粒子大小不同，前者有大的表（界）面和许多独特的性质。与表（界）面有关的性质将在以后的一些章节中讨论。本章介绍胶体体系（及部分粗分散体系）的运动性质、光学性质、电学性质、流变性质，最后介绍胶体体系的稳定性。

第一节　胶体的运动性质

胶体的运动性质主要表现在分散相粒子在分散介质中的热运动（布朗运动是其微观表现，扩散作用是其宏观表现）和在重力场及离心力场中的沉降作用。有些电动现象和流变性质也是在一定条件下粒子运动性质的表现。

一、布朗运动与扩散作用[1~3]

1. 布朗运动与平均位移

在溶液中胶体粒子主要受到三种力的作用。①重力。粒子在重力作用下是下沉或是上浮取决于其对溶剂的相对密度。②粒子运动时受到的黏滞力。③粒子和分子的固有动能。

布朗运动（Brownian motion）即为悬浮于液体中的小粒子和分子因液体分子热运动所引起的无规则运动，由英国植物学家布朗（R. Brown）发现而得名。显微镜下能观察到的悬浮粒子的运动是液体分子对其不规则碰撞的结果。布朗运动是胶体运动性质的第一个实验证据，是扩散作用的微观基础。

20 世纪初，Einstein 和 Smoluchowski 独立提出了对布朗运动的理论解释。他们认为，只有分子大小的粒子才能进行无规热运动；粒子运动轨迹十分复杂，理论上每秒钟运动方向可改变 10^{20} 次。

在实际研究中准确测定粒子运动途径是不可能的。为此，以在某一时间间隔起始和终结时粒子所处位置的连线在某轴向上投影的均方根 $\overline{X}$ 作为布朗运动强度的表征。$\overline{X}$ 称为平均位移。$\overline{X}$ 与粒子在某方向上位移的关系如下：

$$\overline{X}=\left(\frac{x_1^2+x_2^2+\cdots+x_n^2}{n}\right)^{1/2} \tag{2.1}$$

n 为移动次数。x_1、$x_2\cdots x_n$ 分别为粒子第 1 次、第 2 次…第 n 次移动在某轴向投影的距离。

Einstein 导出了半径为 r 的球形粒子的平均位移 $\overline{X}$ 与扩散系数 D 的关系：

$$\overline{X}^2=\frac{kT}{6\pi\eta r}2t=2Dt \tag{2.2}$$

或

$$(\overline{X}^2)^{1/2}=(2Dt)^{1/2} \tag{2.3}$$

式中，η 为介质黏度；t 为位移时间；k 为 Boltzmann 常数；T 为实验温度，K。式

(2.3) 称为 Einstein 布朗运动公式。此式表明，平均位移与 $t^{1/2}$ 和 $D^{1/2}$ 成正比，说明布朗运动与扩散的关系。

由于球形粒子的扩散系数 D 与 Avogadro 常数 N_A 间有

$$D=\frac{RT}{N_A}\frac{1}{6\pi\eta r} \tag{2.4}$$

的关系，代入式(2.3)，可得

$$(\overline{X}^2)^{1/2}=\left(\frac{RT}{N_A}\frac{t}{3\pi\eta r}\right)^{1/2} \tag{2.5}$$

根据此式和实验测出的布朗运动数据最早求出常数 N_A。

2. 扩散作用和 Fick 定律

粒子从大浓度区域向小浓度区域自发运动，并最终使浓度趋于均衡的过程称为扩散作用。扩散作用的驱动力是分子热运动引起的体系熵增加，故扩散作用是热力学自发过程。

当分子或粒子沿着 x 方向发生扩散作用时，在 dt 时间内经过 S 截面积的物质质量 dm 由下式表示：

$$dm=-DS\frac{dc}{dx}dt \tag{2.6}$$

或者说扩散速度

$$dm/dt=-DS\,dc/dx \tag{2.7}$$

式中，dc/dx 为扩散方向分子或粒子的浓度梯度；D 为扩散系数。

式(2.6) 和式(2.7) 为 Fick 第一定律。根据此定律可知，经过某一截面积的扩散量与浓度梯度、截面积大小、扩散时间成正比。其中浓度梯度的存在是扩散作用的原因。

扩散系数 D 的物理意义是：在单位浓度梯度下，单位时间通过单位面积扩散的物质(分子或粒子) 的量，也可以看做单位浓度梯度下。通过单位面积物质的扩散速度。D 的单位为 $m^2 \cdot s^{-1}$。

式(2.6) 和式(2.7) 中的负号表示扩散方向与浓度增加的方向相反，即物质由高浓度区向低浓度区扩散。

Fick 第二定律表示在扩散方向浓度随时间的变化与位置的关系：

$$\frac{dc}{dt}=D\frac{d^2c}{dx^2} \tag{2.8}$$

Fick 第二定律可由 Fick 第一定律导出，但假设 D 为与浓度无关的常数。

扩散系数 D 与粒子运动的阻力系数 f 间的关系为：

$$D=kT/f=RT/N_Af \tag{2.9}$$

对于球形粒子

$$f=6\pi\eta r \tag{2.10}$$

因此可得出式(2.4) 和式(2.5)。

由式(2.4) 知，D 与粒子大小有关。表 2.1 中列出 20℃时不带电球形粒子在水中的扩散系数和布朗运动不同位移时所需时间。

表 2.1 不带电球形粒子在水中的扩散系数和布朗运动位移所需时间 (20℃)

球粒半径/nm	$D/m^2 \cdot s^{-1}$	布朗运动位移所需时间		
		1cm	1mm	1μm
1000	2.15×10^{-13}	7.3 年	27 天	2.3 秒
100	2.15×10^{-12}	9 个月	2.7 天	0.23 秒
10	2.15×10^{-11}	27 天	6.5 小时	2.3×10^{-2} 秒
1	2.15×10^{-10}	2.7 天	40 分	2.3 毫秒

由式(2.9)可知，扩散系数也与温度有关。

【例 1】 已知某种物质 40℃时在水中的扩散系数 $D_{40}^{\ominus}=4.76\times10^{-11}\,\mathrm{m^2\cdot s^{-1}}$，求作为标准条件的 20℃的扩散系数 $D_{20}^{\ominus}$。已知 20℃和 40℃时水的黏度分别为 1.0050×10^{-2}P 和 0.6560×10^{-2}P($1\mathrm{P}=10^{-1}\mathrm{Pa\cdot s}$)。

解：根据式(2.9)和式(2.10)，D 与 T/f 成正比，而 f 又正比于 η。故 $D\propto T/\eta$，或

$$\frac{D_{20}^{\ominus}}{D_{40}^{\ominus}}=\frac{T_{20}/\eta_{20}}{T_{40}/\eta_{40}}=\frac{T_{20}\eta_{40}}{T_{40}\eta_{20}}$$

上式中各符号下角之 20、40 分别表示 20℃和 40℃时相应物理量。

将题设数据代入，立得

$$D_{20}^{\ominus}=(293/313)(0.6560/1.0050)(4.76\times10^{-11})=2.91\times10^{-11}(\mathrm{m^2\cdot s^{-1}})$$

由此结果可以看出，温度对黏度的影响极大地影响了 D 的大小。

二、重力场中的沉降作用

在重力场中，分散相粒子和分散介质可因密度不同而分离：分散相粒子密度比分散介质密度大，粒子将沉降；反之，则上浮。在发生沉降作用时，分散相粒子的浓度随距体系上界面距离不同而不同，即有浓度梯度。当分散相粒子足够小时，扩散作用又使粒子向其浓度小的方向运动。这样，沉降作用使粒子向体系下部浓集，扩散作用使粒子在介质中趋于均匀分布：沉降与扩散是两个互相对抗的作用。在具体体系中，沉降与扩散哪种作用占优势视粒子大小和力场强弱而定。粒子粗大，力场强时，沉降作用占主导地位；粒子小，力场弱，扩散作用起主导作用；这两种作用接近时，形成沉降-扩散平衡状态。

1. 重力沉降速度公式

在重力场中粒子等速运动的条件是重力与粒子在介质中运动受到的阻力相等。设粒子为球形，浮力不计。则有

$$阻力=fu_{沉}=6\pi\eta r u_{沉} \tag{2.11}$$

$$重力=mg(\rho-\rho_0)/\rho=V(\rho-\rho_0)g \tag{2.12}$$

立得

$$u_{沉}=\frac{mg}{6\pi\eta r}\cdot\frac{\rho-\rho_0}{\rho}=\frac{2r^2}{9\eta}(\rho-\rho_0)g \tag{2.13}$$

式中，r 为球形粒子半径；m 为粒子质量；g 为重力加速度；ρ 和 ρ_0 分别为粒子和分散介质的密度；V 为粒子体积；η 为分散介质黏度；$u_{沉}$ 为粒子沉降线速度。

式(2.13)称为重力场中的沉降速度公式，或称 Stokes 重力沉降公式。此式成立的条件是：粒子为单分散的刚性小球体；粒子运动速度慢，保持层流；粒子间无相互作用；分散介质是连续的。

2. 重力沉降粒子大小分析

实际体系的粒子大小是多分散的，大粒子不能进行布朗运动，这些粒子沉降速度快，而小粒子沉降速度慢。沉降过程中多分散的粗分散体系可以其粒子大小分成级分，并度量出不同大小粒子所占总粒子中的分数，此即沉降分析，是常用的粗分散体系粒度大小的简便分析方法。

当粒子在介质中匀速下沉时，若设 H 为 t 时间内沉降的距离，沉降速度 $u_{沉}$ 应为

$$u_{沉}=H/t \tag{2.14}$$

将式(2.13)和式(2.14)结合，得

$$r=\left[\frac{9\eta}{2g(\rho-\rho_0)}\frac{H}{t}\right]^{1/2} \tag{2.15}$$

对于粒子、分散介质一定的体系，ρ、ρ_0、η 为常数，故式(2.15) 中的 $9\eta/2g(\rho-\rho_0)$ 为定值：

$$K=\left[\frac{9\eta}{2g(\rho-\rho_0)}\right]^{1/2} \tag{2.16}$$

K 称为沉降常数。因而

$$r=K(H/t)^{1/2} \tag{2.17}$$

非球形粒子的沉降方向可能不是垂直向下，粒子在沉降中可以有转动、摆动，理论处理需做假设并引入其他参量。若仍沿用式(2.17) 计算，所得粒子半径是假设以同种材料和相同实验条件时球形粒子的半径，称为等效半径。

用重力场中沉降分析方法求粒子大小分布可参见普通的物理化学或胶体与界面化学实验教材[4,5]，在此不再赘述。

三、离心力场中的沉降作用

当分散相粒子大小为纳米级时，在重力场中的沉降速度极慢，粒子的扩散作用不可忽视。在离心力场中离心力比重力大得多（可达上百万倍），可使纳米级小粒子沉降速度加快。

在离心力场中粒子的沉降速度仍可用 Stokes 沉降速度公式［式(2.13)］处理，只需将重力加速度 g 换为离心加速度 ω^2x。ω 是离心机旋转轴角速度（$\omega=2\pi n$，n 为旋转轴每秒转数），x 是粒子与旋转轴的距离，在离心力场中沉降，x 不断改变，$u_{沉}=\mathrm{d}x/\mathrm{d}t$。当阻力与离心力相等时，由式(2.11) 和式(2.13)，并设粒子为球形，可得离心沉降速度 $u_{离}$ 为：

$$u_{离}=\frac{\mathrm{d}x}{\mathrm{d}t}=\frac{2}{9}\frac{r^2\omega^2x(\rho-\rho_0)}{\eta} \tag{2.18}$$

设时间为 0 和 t 时，相应 x 值为 x_1 和 x_2，以此条件积分上式，得

$$\ln\frac{x_2}{x_1}=\frac{2}{9}\frac{r^2\omega^2(\rho-\rho_0)t}{\eta} \tag{2.19}$$

因而

$$r=\left[\frac{9\eta}{2(\rho-\rho_0)\omega^2}\frac{\ln(x_2/x_1)}{t}\right]^{1/2}=K\left[\frac{\ln(x_2/x_1)}{t}\right]^{1/2} \tag{2.20}$$

$$K=\left[\frac{9\eta}{2(\rho-\rho_0)\omega^2}\right]^{1/2}$$

在离心力场中，粒子从 x_1 至 x_2 之距离为离心沉降距离 $H_{离}$，而 $u_{离}=H_{离}/t$，故结合式(2.18)，得

$$H_{离}=x_2-x_1=\frac{(\rho-\rho_0)\omega^2r^2t(x_1+x_2)}{9\eta} \tag{2.21}$$

实验和计算证明，在重力场中可对粒子半径在 $10^{-5}\sim10^{-6}$ m(10～1μm) 的粗分散体系进行沉降分析，在离心加速度为 200g 的离心力场中可进行离心沉降分析的粒子半径下限为 10^{-7} m(100nm)，离心加速度为 1000g 时为 0.5×10^{-7} m(50nm)。若粒子 $r<50$nm 时，需用离心加速度达 $10^5\sim10^6g$ 的超离心机进行沉降分析。

【例 2】 已知粒子半径 $r=1\times10^{-7}$ m；粒子密度 $\rho=2\times10^3\,\mathrm{kg\cdot m^{-3}}$；分散介质水的密度 $\rho_0=1\times10^3\,\mathrm{kg\cdot m^{-3}}$；黏度 $\eta=1\times10^{-3}\,\mathrm{Pa\cdot s}$；离心加速度 $\omega^2x=200g$。计算和比较在重力场和离心力场中的沉降速度。

解：依式(2.13) 计算重力场中的沉降速度：

$$u_{沉}=\frac{2}{9}\frac{r^2g(\rho-\rho_0)}{\eta}=\frac{2\times10^{-14}\times9.81\times10^3}{9\times10^{-3}}=2.18\times10^{-8}\ (\mathrm{m\cdot s^{-1}})$$

依式(2.18) 计算离心力场中的沉降速度 $u_{离}$：

$$u_{离}=\frac{2}{9}\frac{r^2\omega^2x(\rho-\rho_0)}{\eta}=\frac{2\times10^{-14}\times200\times9.81\times10^3}{9\times10^{-3}}=4.36\times10^{-6}\ (\mathrm{m\cdot s^{-1}})$$

由以上计算可知，同种粒子在 200g 离心加速度的力场中的沉降速度是在重力场中的 200 倍。

在离心力场中的沉降作用之重要应用是测定聚合物的分子量。这种方法借助于 Svedberg 发明的超离心机（离心加速度可达 10^6g）。用超离心机测定聚合物分子量的方法有两种：沉降平衡法和沉降速度法。

沉降平衡法的依据是在离心加速度不很大时（$10^3\sim10^4g$），聚合物分子（或其他相当的粒子）发生沉降。达到相应旋转速度时沉降与扩散形成平衡。在离心加速度为 $10^3\sim10^4g$ 达到这种平衡（沉降平衡）常需数十小时。Svedberg 得出用沉降平衡法测定聚合物分子量 M 的公式是：

$$M=\frac{2RT\ln\dfrac{c_2}{c_1}}{(1-\overline{V}\rho_0)\omega^2(x_2^2-x_1^2)} \tag{2.22}$$

式中，c_1 和 c_2 分别是距旋转轴 x_1 和 x_2 处聚合物的浓度；$\overline{V}$ 是聚合物比容；ρ_0 为溶剂密度；ω 为角速度。

沉降速度法的基本依据是式(2.18)，并设

$$S=\frac{\dfrac{\mathrm{d}x}{\mathrm{d}t}}{\omega^2x} \tag{2.23}$$

S 称为沉降系数，S 为在单位离心力作用下的沉降速度。其积分形式为

$$S=\frac{\ln\left(\dfrac{x_2}{x_1}\right)}{\omega^2(t_2-t_1)} \tag{2.24}$$

根据式(2.24)，在时间为 0 和 t 时测出界面位置 x_1 和 x_2 即可计算出 S。

S 与分子量 M 有下述关系：

$$S=KM^b \tag{2.25}$$

式中，K 和 b 均为经验常数。

一般情况下，沉降系数 S 与聚合物浓度有关，而 $1/S$ 与浓度间有直线关系。若测出不同浓度时之 S 值，作 $1/S$ 与浓度关系直线，外推可求得无限稀时之沉降系数（S_0）。而 $S_0=KM^b$，故

$$\lg M=\frac{\lg S_0-\lg K}{b} \tag{2.26}$$

从而可求出分子量 M。

在上述两种方法中，沉降平衡法要求离心力场较小（约 10^4g），达到平衡时间长；不能求得分子量分布，只能得到平均值。沉降速度法要求离心力场强（$\geqslant10^5g$）；可求出分子量分布；相对完成测定需时较短。故速度法比平衡法应用广。

【例 3】 超离心沉降法测聚合物分子量。应用旋转轴旋转速度（ω），ω^2 为 $1.997\times 10^7 s^{-2}$（或角速度为 $4.47\times 10^3 rad\cdot s^{-1}$，或 $42700 r\cdot min^{-1}$）的超离心机测定聚合物分子量。测得在 10min 边界面从 $x_1=6.314cm$ 移动至 $x_2=6.367cm$ 处。已知聚合物和介质的密度分别为 $\rho=0.728 g\cdot cm^{-3}$ 和 $\rho_0=0.998 g\cdot cm^{-3}$，阻力系数 $f=5.3\times 10^{-11} kg\cdot s^{-1}$。计算聚合物的分子量。

解：与在重力场中类似，在离心力场中达沉降平衡时，粒子受到的离心力与阻力相等。由式(2.11) 和式(2.12) 可得到在离心力场中类似形式

$$m\omega^2 x(\rho-\rho_0)/\rho=fu_{离}=f\frac{dx}{dt}$$

m 为粒子质量。聚合物分子量为 M，则 $m=M/N_A$，N_A 为 Avogadro 常数。因而上式可写为：

$$M\omega^2 x(\rho-\rho_0)/(N_A\rho)=f\frac{dx}{dt}$$

结合式(2.23)，得

$$S=\frac{\frac{dx}{dt}}{\omega^2 t}=\frac{M(\rho-\rho_0)}{N_A f\rho}$$

$$M=SN_A f\rho/(\rho-\rho_0)$$

由式(2.24) 知：

$$S=\frac{\ln(x_2/x_1)}{\omega^2(t_2-t_1)}$$

从而可由题设数据求出 S：

$$S=\frac{\ln(6.367/6.314)}{1.997\times 10^7\times 10\times 60}=6.98\times 10^{-13}\ (s)$$

$$M=SN_A f\rho/(\rho-\rho_0)=\frac{6.98\times 10^{-13}\times 6.02\times 10^{23}\times 5.3\times 10^{-11}\times 0.728}{0.998-0.728}$$

$$=6.00\times 10^4\ (kg\cdot mol^{-1})$$

四、渗透压与 Donnan 平衡

1. 渗透压

将溶液和溶剂（或两不同浓度的溶液）用只容许溶剂分子透过的半透膜（如火棉胶膜、赛璐玢膜）分开，为使膜两侧的化学势趋于相等（或使两侧不同浓度溶液的浓度趋于相等），溶剂将透过半透膜扩散。为阻止这种溶剂扩散的反向压力称为渗透压。在图 2.1 所示的装置中，当半透膜两侧的溶剂与溶液达到平衡时，渗透压表现为溶液一侧有比溶剂一侧大的压强，高出的压强即为渗透压。渗透压通常以 π 表示，单位为 Pa。设渗透平衡时纯溶剂上的压力为 p_1，溶液上的压力为 p_2，显然，$\pi=p_2-p_1$。若 $p_2-p_1<\pi$，溶剂将继续渗透；$p_2-p_1>\pi$，溶液中的溶剂将反向渗透，称为反渗透。

在恒定温度 T 和达到渗透平衡时半透膜两侧溶剂的化学势相等，故

$$\mu_1^{\ominus}(p_1)=\mu_1(p_1+\pi,x_1) \tag{2.27}$$

式中，x_1 为溶液中溶剂的摩尔分数。对于理想溶液，有

$$\mu_1(p_1+\pi,x_1)=\mu_1^{\ominus}(p_1+\pi)+RT\ln x_1 \tag{2.28}$$

而

$$\mu_1^{\ominus}(p_1+\pi)=\mu_1^{\ominus}(p_1)+\int_{p_1}^{p_1+\pi}\overline{V}\mathrm{d}p \tag{2.29}$$

式中，$\overline{V}$ 为溶剂的偏摩尔体积。结合式(2.27)、式(2.28) 和式(2.29)，得

$$-RT\ln x_1=\pi\overline{V} \tag{2.30}$$

由于 $x_1=1-x_2$（x_2 为溶液中溶质的摩尔分数），且对于稀溶液有

$$\ln x_1=\ln(1-x_2)\approx -x_2=-n_2/(n_1+n_2)\approx -n_2/n_1 \tag{2.31}$$

n_2 和 n_1 分别为溶液中溶质和溶剂的物质的量。故由式(2.30) 可得

$$\pi=\frac{RTx_2}{\overline{V}}=\frac{RTn_2}{n_1\overline{V}}\approx RT\frac{n_2}{V}=\frac{RTc}{M} \tag{2.32}$$

式中，V 为溶液体积；c 为溶液的质量浓度（$kg\cdot L^{-1}$）；M 为溶质分子量。

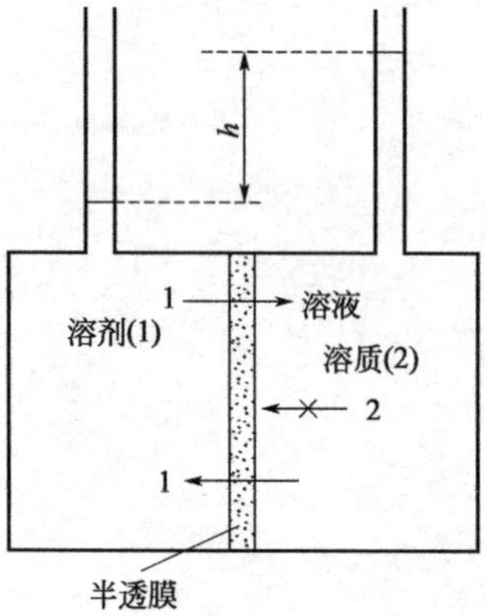

图 2.1 渗透压现象示意图

渗透压是稀溶液依数性质中最为灵敏的一种，可用于测定分子量。渗透压 π 与大分子分子量的关系式为：

$$\pi=cRT\left(\frac{1}{M}+A_2c+A_3c^2+\cdots\right) \tag{2.33}$$

或

$$\frac{\pi}{c}=RT\left(\frac{1}{M}+A_2c+A_3c^2+\cdots\right) \tag{2.34}$$

式(2.33) 和式(2.34) 称为维利方程，式中 A_2、A_3、…称为维利系数。对于大分子的稀溶液，c^2 项以后各项可忽略不计，故可得

$$\frac{\pi}{c}=RT\left(\frac{1}{M}+A_2c\right) \tag{2.35}$$

2. Donnan 平衡

若在图 2.1 中溶液一侧含有可透过半透膜的小离子，也有不能透过半透膜的大离子（大分子电解质或称聚电解质），在达到渗透平衡时，膜两侧的小离子浓度因大离子的存在而不相等。这种现象称为 Donnan 平衡。若含大离子一侧称膜内侧，不含大离子一侧称膜外侧，开始时膜内侧大离子浓度为 $m_{大}$，膜外侧小离子浓度为 $m_{小}$，对于稀溶液，在达到渗透平衡时，膜两侧小离子浓度有下述关系：

$$\frac{[小离子]_{膜外侧}}{[小离子]_{膜内侧}}=1+\frac{Zm_{大}}{m_{小}} \tag{2.36}$$

式中，Z 为大离子的净电荷数。

由式(2.36) 可知：

① 当 $Z=0$，即大分子不带电时，膜两侧的小离子浓度相等。

② Z 越大，膜两侧的小离子浓差越大。

③ 当 $m_{大}\ll m_{小}$ 时，膜两侧的小离子浓度近似相等。

④ 当 $m_{大}\gg m_{小}$ 时，$[小离子]_{膜外侧}\gg[小离子]_{膜内侧}$。

由于大离子存在使得膜两侧小离子浓度不等而产生的附加渗透压，在应用式(2.35) 计算大离子分子量时需校正如下：

$$\frac{\pi}{c_{大}}=RT\left(\frac{1}{M}+\frac{1000Z^2c_{大}}{4M^2y}\right) \tag{2.37}$$

式中，$c_{大}$ 为大离子质量浓度，$kg\cdot L^{-1}$；$c_{大}=m_{大}M/1000$；M 为大离子分子量；$m_{大}$ 为摩尔浓度，$mol\cdot L^{-1}$；y 为膜内侧正或负的小离子浓度。

3. 渗透现象的应用

在溶胶的纯化中曾介绍渗析法和电渗析法。这两种方法都是使溶胶中小离子杂质通过半透膜除去，只是前者是通过浓差的存在自然扩散，后者是在电场作用下小离子加速迁移。此外，渗透现象在日常生活、生理学、医药学等方面均有应用。

(1) 渗透压法测算大分子分子量　根据式(2.37)，以 π/c 对 c 作图应得直线，该直线外延至 $c\to0$ 时之截距 $(\pi/c)_{c\to0}$ 即等于 RT/M。或者以 $\pi/(cRT)$ 对 c 作图，直线外延至 $c\to0$ 时之截距即为 $1/M$。从而求出分子量 M。

【例 4】 渗透压法求算分子量。图 2.2(a) 是不同分子量级分的醋酸纤维素丙酮溶液测出的与渗透压相关的数据。图 2.2(b) 是硝化纤维在不同溶剂中（如图中所标）所成溶液测出的与渗透压相关的数据。计算各大分子化合物的分子量。

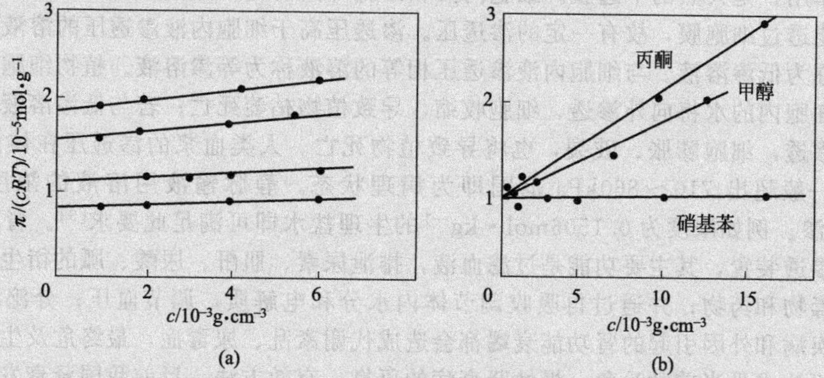

图 2.2　$\pi/(cRT)$ 对浓度 c 的关系图

(a) 不同分子量级分的醋酸纤维素丙酮溶液；(b) 在三种溶剂中硝化纤维溶液

解：由式(2.35) 可得

$$截距=[\pi/(cRT)]_{c\to0}=1/M$$

根据此式将图 2.2 中的截距值代入，可求得相应的分子量，截距值和分子量一并列于下表中：

在图 2.2 中的位置	(a)	(a)	(a)	(a)	(b)
$[\pi/(cRT)]_{c\to0}/10^{-5}$mol·g^{-1}	1.92	1.59	1.09	0.79	0.90
M/g·mol^{-1}	52000	63000	92000	126000	111000

对数据处理和结果说明如下：

① 渗透压可用任一常用单位，体积多用 cm³（或 mL）。当 π 用不同单位时 R 值可能不同。如 π 的单位用 atm，V 单位用 cm³，$R=82.05$atm·cm³·K^{-1}·mol^{-1}；π 单位用 torr，V 用 cm³，$R=62360$torr·cm³·K^{-1}·mol^{-1}；π 用 N·m^{-2}，V 用 m³，$R=8.314$J·K^{-1}·mol^{-1}。

② 根据式(2.35) 知，图 2.2 中各直线的斜率即为第二维利系数 A_2。图 2.2(a) 中四种不同分子量的醋酸纤维素体系直线斜率近似相等，即 A_2 相同。而图 2.2(b) 中三直线斜率不同，说明 A_2 变化很大。A_2 是大分子链段间和大分子与溶剂分子间相互作用的量度，特别是反映溶剂作用的强弱。在良溶剂中，大分子与溶剂作用强烈，大分子结构疏松，大分子链段间以排斥作用为主，A_2 为正值。在不良溶剂中，大分子结构紧缩，链段间吸引作用增大，A_2 减小；当链段间吸引作用为主时，A_2 可为负值。图 2.2(b) 中的三种溶剂对硝化纤维作用强弱依次为丙酮＞甲醇＞硝基苯。尽管同一大分子化合物在不同溶

剂中所得 $\pi/(cRT)$ 对 c 的图直线斜率不同，甚至可能是一曲线，但这些直线（或曲线）外延所得 $[\pi/(cRT)]_{c\to 0}$ 的值常是相同的。这就是说，应用不同溶剂不大影响分子量测定结果。

③ 渗透压是稀溶液依数性质之一，用此法测出的分子量是数均分子量。

④ 对于带电的大分子化合物的离子也可应用相同的方法求算分子量，显然这种方法与这种大离子所带电荷无关。

（2）在生物学和医药学中的应用　细胞是生物体的基本结构单位，具有进行物质代谢、能量转换、自身生长和复制及自身调节等功能。水是各种生物体活细胞的主要化学成分，此外还有多种分子量大小不等的含碳、含氮的有机化合物，以及丰富的微量元素。细胞膜有通透、屏蔽作用，是天然的半透膜。细胞内液和细胞外液的化学组成不完全相同，细胞液中有些物质不能透过细胞膜，故有一定的渗透压。渗透压高于细胞内液渗透压的溶液称为高渗溶液，反之称为低渗溶液。与细胞内液渗透压相等的溶液称为等渗溶液。植物细胞若与高渗溶液接触，细胞内的水将向外渗透，细胞收缩，导致植物枯萎死亡；若与低渗溶液接触，水将向细胞内渗透，细胞膨胀、破裂，也将导致植物死亡。人类血浆的渗透压在体温下平均约770kPa，一般超出710～860kPa范围即为病理状态。静脉输液用溶液的浓度要基本与770kPa等渗。例如浓度为0.1506mol·kg^{-1}的生理盐水即可满足此要求[6]。肾脏是哺乳动物有效的渗透装置，其主要功能是过滤血液，排泄尿素、肌酐、尿酸、胍的衍生物等代谢产物，排泄毒物和药物；并通过再吸收调节体内水分和电解质，调节血压；分泌细胞生成素等。各种疾病和外因引起的肾功能衰竭都会造成代谢紊乱、尿毒症，最终危及生命。人工肾及血液透析技术是当前救治急、慢性肾衰病的可靠、有效方法。目前我国肾衰发病率约为万分之一，其中接受透析疗法的约占10%，血液透析器年用量约60万只。血液透析即借助于血液透析机与患者建立体外循环过程，依靠透析膜（即半透膜）分隔血液与透析液，膜两侧液体中某些物质的浓差及引起的渗透压，使血液中小于膜孔大小的物质（主要是代谢小分子废物和毒物）扩散、渗透进透析液中，以达到除去毒物、调节水和电解质平衡之目的。显然，透析器具有人工肾的作用。人工肾有血液透析、血液滤过、血液洗滤和吸附-透析等类型，其中以血液透析型最为基础。血液渗透型人工肾的透析膜孔较小，只能除去血液中尿素、肌酐、尿酸等小分子杂质。滤过型用的超滤膜孔大，除能去除小分子杂质外还可去除中等分子量的杂质以及维生素 B_{12} 等，但同时水的渗透也大，故处理后的血液需适当稀释。血液洗滤型是上述两种类型相结合的类型。吸附-透析型是将透析型或滤过型装置与吸附剂结合，快速吸附去除代谢废物。吸附型人工肾也可使废透析液再生。由于此类人工肾对毒物吸附能力强，对血液急性中毒和肾功能衰竭的急救十分有效。图2.3是血液透析、血液滤过和血液洗滤型人工肾液流流向示意图。

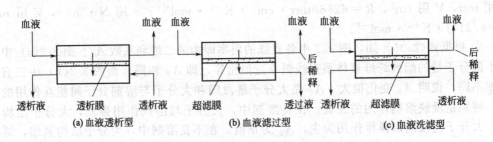

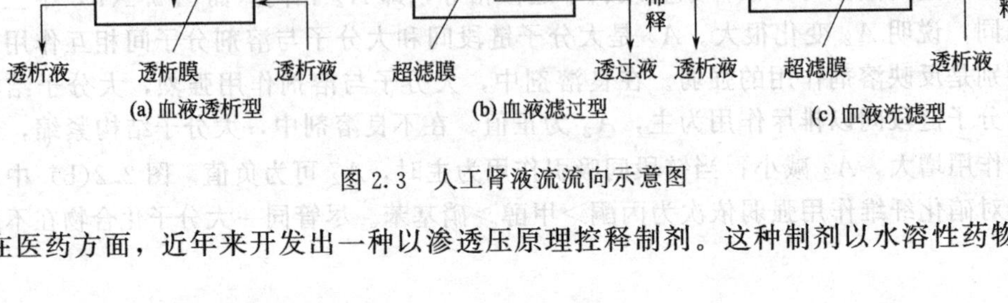

图2.3　人工肾液流流向示意图

在医药方面，近年来开发出一种以渗透压原理控释制剂。这种制剂以水溶性药物和具有高渗透性能的水溶性聚合物或其他辅料制成片芯，外有水不溶性聚合物包衣膜（半透膜），水可渗透入膜内，药物不能由膜内渗出。在片的一侧面用激光致孔技术开一小孔。当片与水接触后，由于渗透压的作用，水经半透膜渗入片芯，使药物与高渗透性辅料溶解形成药物的饱和溶液。在渗透压作用下，药物溶液由小孔以一定速率释放，达到恒速释放之目的。只要片芯的药物浓度不低于饱和溶液浓度，药物的释放就保持恒速[7]。

五、海水淡化[3,8,9]

海水及其他含盐量较高的苦咸水淡化是解决淡水资源紧缺的世界性课题。我国人均占有水资源量约 2300m^3，为世界人均水平的 1/4，是世界上 26 个贫水国家之一。海水淡化是提供淡水的最有前途的方法。

海水中含可溶性固体（盐类）总量约为 35000～50000mg·L^{-1}，其中多数为氯化钠，按重要性其他依次为镁、钙、钾的氯化物及其他盐类。海水淡化的主要方法为蒸发法（包括多级闪蒸、多次蒸发、压汽蒸馏等）和膜法（主要包括电渗析和反渗透法）。目前，世界上有数百家海水淡化工厂在运行（我国在西沙群岛也有海水淡化装置），其中用反渗透法生产的约占总淡化生产量的 1/3 强，蒸发法生产仍占主导地位。蒸发法之流行是由于蒸发所耗能量在水冷凝时可大部回收，且无需复杂的设备。

反渗透法是目前研究最多的一种方法，并已有大规模工厂应用此法生产。

反渗透法的原理很简单，即用一只能允许水分子通过的半透膜将海水与淡水分开，在海水一侧施加超过其渗透压的机械压力，海水中的水分子将反渗透到淡水一侧。已知在 25℃ 时海水的渗透压约为 25atm(约 2.5MPa) 可以设想将一端用半透膜覆盖的管子插入海水中，只要插入深度超过 256m(即相当于大于 25atm 的压强)，海水中的水将通过半透膜进入管中。这就相当于在海水中形成一口淡水井。

反渗透法海水淡化的关键问题是：一要有耐压、截留盐而能通过水的膜，二要能提供使水反渗透通过膜的推动力。

海水中盐浓度大，渗透压高达 2.5MPa 以上，反渗透的操作压力达 5MPa 以上；苦咸水中盐含量较低，渗透压一般为 0.1～0.3MPa，操作压力为 2～3MPa。常用做反渗透膜的材料有醋酸纤维素、醋酸丁酯纤维素、（交联）芳香聚酰胺、（交联）聚乙烯亚胺、聚一氯三氟乙烯、交联聚醚、聚四氟乙烯、聚甲基丙烯酸甲酯等。反渗透膜可以做成中空纤维状或卷式。图 2.4 是中空纤维状（外径约 150～200μm）反渗透膜脱盐原理示意图。当含盐水在加压下从纤维管外流过时，水透过纤维管壁（半透膜）进入中空纤维管内，盐及其他杂质被截留在管外。中空纤维管开口端流出的是淡化水。

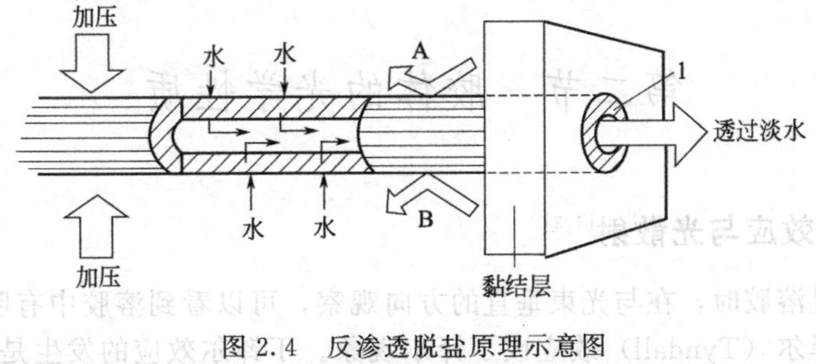

图 2.4　反渗透脱盐原理示意图

1—中空纤维开口部；A—离子、有机物、病毒；B—热原、细菌、悬浮固体

用反渗透法使海水淡化工艺流程大致有以下内容。①进水的预处理。包括用多种材料过滤除去悬浮固体；Ca^{2+}、Mg^{2+}、Ba^{2+} 等的沉淀处理或用螯合剂的防沉淀处理，$Al(OH)_3$、

$Fe(OH)_3$ 等胶体的絮凝处理，以防它们对半透膜的污染；加入消毒剂或照射紫外线消除微生物，加入亚硫酸氢钠进行海水除氯和除氧；适当调节 pH 保护设备和半透膜等。预处理的许多方法涉及胶体和悬浮体的稳定性。②脱盐。主要涉及反渗透（RO）膜组件的选择和排列。膜组件排列有一级、二级之分。一级指进料液经一次加压反渗透，二级指进料液经两次加压反渗透。③后处理。包括反渗透透过水（淡化水）与海水浓缩液的后处理及污染膜的清洗、再生。淡化水后处理通常是除去因预处理时加入酸而形成的 CO_2，并加入 Cl_2 或NaClO以灭菌消毒。膜的清洗工业上主要用化学法，即使用清洗剂（适当配合表面活性剂）除垢。如已知用柠檬酸和 EDTA 等试剂可除去酸性污染物和高价金属和非金属氧化物及盐类的无机垢等。应用的化学试剂应与膜材料无化学反应。反渗透处理后的海水浓缩液一般直接排入距引水系统较远的海洋中，以不影响取水点盐浓度。苦咸水脱盐厂多不靠海，可将浓缩液蒸发回收利用 NaCl 和其他有用物质，但要注意蒸发池的渗透造成对地下水的污染。

图 2.5 是巴林 Addur SWRO 海水反渗透脱盐工厂流程图。

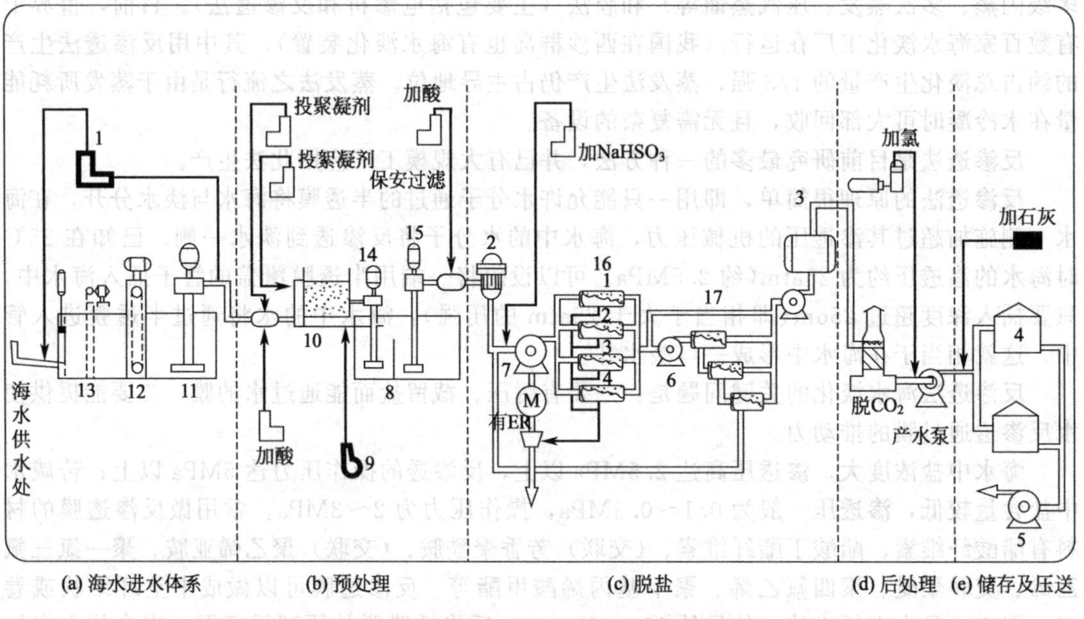

图 2.5 Addur SWRO 脱盐工厂流程图

1—次氯酸盐发生器；2—微保安过滤；3—反清洗水储槽；4—产水储槽；5—产水压送泵；6—二级进料升压泵；7——级进料升压泵；8—净水槽；9—过滤器空气反吹洗风机；10—双滤材过滤器；11—海水供应泵；12—移动筛；13—拦污栅；14—反洗泵（1+1）；15—进水泵（1+1）；16—1 级 RO（四机组）；17—2 级 RO；ER—能量回收装置

第二节 胶体的光学性质

一、丁铎尔效应与光散射[1,3]

当一束光透过溶胶时，在与光束垂直的方向观察，可以看到溶胶中有明亮的光线轨迹，这种现象称为丁铎尔（Tyndall）效应或丁铎尔现象。丁铎尔效应的发生是由于胶体粒子对入射光强烈散射的结果。

光束通过任意一种分散体系时，可以发生吸收、反射和散射作用，有一部分甚至可自由通过。胶体的颜色与选择性吸收某波长范围的光有关。而分散相粒子的大小决定散射与反射光强弱（图 2.6）。粒子大小在胶体粒子范围内，散射明显；粒子大于光的波长，光反射明显。散射光表现的是丁铎尔效应（乳光现象），反射光明显使体系呈现混浊。实际上纯液体也有微弱的光散射，只是难以观测（当纯液体中有灰尘等杂质时观测到乳光现象是杂质粒子造成的）。

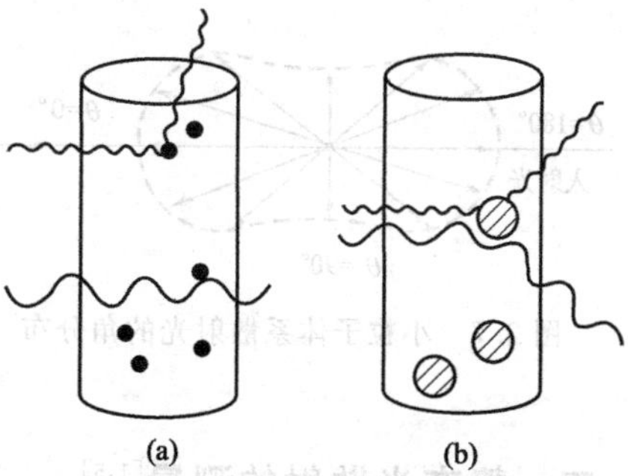

图 2.6　胶体粒子产生的光散射 (a) 与粗大粒子产生的光反射现象 (b)

本质上是一种电磁波的光，与传播介质分子相互作用而产生的诱导电偶极子可以视为次波源，它可向各方向发射电磁波，即为散射光波。若介质是均匀单相物质，所有次波源偶极子发出的散射光波相互干涉而抵消，入射光仍沿原方向传播，强度不变。若传播介质是不均匀的，在介质的某些区域（如液体介质中有胶体粒子存在）的极化率，折射率等会有变化，在此区域产生的诱导偶极矩与周围的不同，则次波源发出的散射光波不能全部抵消，这就能观察到光散射现象。换言之，只要光在一定介质中传播就有散射光的存在，但只有在不均匀介质中传播才能观察到光散射现象。

英国物理学家瑞利（L. Rayleigh）在假设散射粒子的直径 d 远小于入射光波长 λ ($d \ll \lambda$)；溶胶浓度很稀，粒子间无相互作用；粒子为非导体，不吸收光等前提下导出球形非导体小粒子稀分散体系的光散射公式：

$$R_\theta=\frac{i_\theta r^2}{I_0(1+\cos^2\theta)}=\frac{9\pi^2}{2\lambda^4}\left(\frac{n_1^2-n_0^2}{n_1^2+2n_0^2}\right)NV^2 \tag{2.38}$$

式中，R_θ 为瑞利比，表征体系的散射能力，单位为 cm^{-1}；i_θ 为单位散射体积在散射角为 θ、距离为 r 处的散射光强；I_0 为入射光强；λ 为入射光在介质中的波长；n_1 和 n_0 分别为分散相和分散介质的折射率；N 为单位体积内散射粒子数；V 为散射粒子体积。

式(2.38) 即为瑞利溶胶光散射公式。由此式可以看出影响和决定散射光强度的主要因素是：

① 散射光强度与入射光波长四次方成反比。因此，短波长的光比长波长的光散射光强得多。当溶胶粒子很小时，正对入射光方向看溶胶显橙红色，侧面看显蓝色。侧面看到的为散射光，入射光中短波长的蓝光散射明显；正面看到的应是入射光中除去散射光后的长波长的橙红色光（设粒子不吸收光）。

② 散射光强度和粒子与介质的折射率差值有关，n_1-n_0 越大，散射光越强。这是超显微镜能观察小粒子的原理。

③ 散射光强度与粒子体积的平方成正比，粒子直径增大 10 倍，散射光强将增强 10^6 倍。

④ 散射光强度与粒子在体系中的质量浓度成正比。

⑤ 散射光强度与散射角的关系。小粒子体系，散射光的角分布如图 2.7 所示。即 $\theta=0°$ 和 $\theta=180°$ 时，i_θ 最大；$\theta=90°$ 时，i_θ 最小，只有 $\theta=0°$ 时的一半。且前向散射与后向散射相等，即 $i_\theta=i_{(\pi-\theta)}$。

对于大粒子（粒子直径 $d>0.05\lambda\sim0.1\lambda$）时，同一粒子不同部位的散射光发生干涉（内干涉），其后果是前向散射强度大于后向散射强度。内干涉程度受粒子大小及形状的影响。对于球形大粒子散射光强度的角分布如图 2.8 所示。图中所示为 $m=n_1/n_0=1.33$，$x=2\pi r/\lambda=6$ 的体系处理结果。由图可知，大粒子的前向散射大于后向散射；散射光强度的角分布有极大值和极小值；波长不同的光，散射光角分布也不相同。换言之，对于大粒子体系，式(2.38) 不再适用，且在不同角度观察体系的颜色可以不相同。

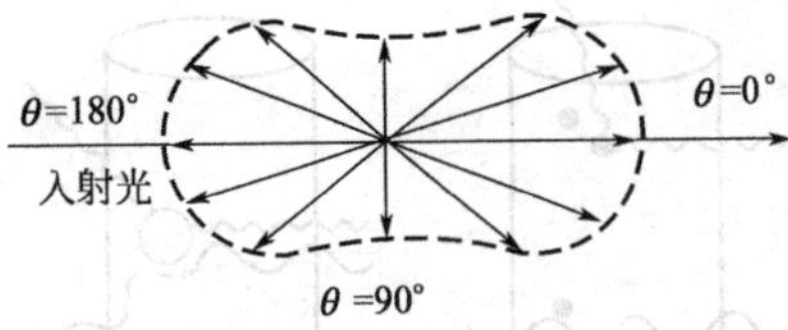

图 2.7 小粒子体系散射光的角分布

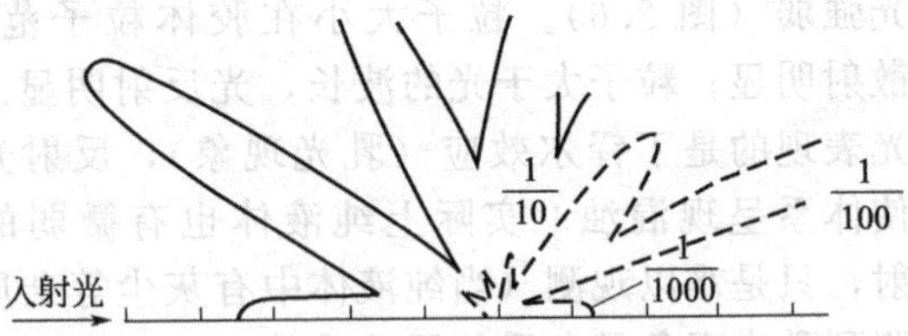

图 2.8 球形大粒子光散射角分布示意图
（图中虚线已按标出的比例值缩小）

二、静态光散射的测量[1,5]

当散射光与入射光的频率相同时，光散射为弹性散射，亦即静态光散射。静态光散射研究体系的平衡性质，测量散射光强的时间平均值。上节介绍的瑞利公式及瑞利比均为静态光散射的基础。静态光散射用光散射光度计测量。

光散射光度计测量散射角为90°和0°时散射光强度，并根据仪器常数计算出瑞利比R_{90}。由于R_{90}通常都很小，故需应用光电倍增管等检测器以测量微弱的散射光强。

得出R_{90}与溶液浓度c的关系可以计算粒子的分子量，粒子间相互作用的第二维利系数等。

光散射光度计的应用实例可参阅参考文献［5］。

三、动态光散射及其测量[1,5,10]

在实际体系中小粒子不停地做布朗运动，散射光频率与入射光频率比较，发生频移。粒子运动速度也不完全相同，有一定的速度分布，故频率也有一定分布。这样，散射光频率将以入射光频率ω_0为中心展宽，或者说是散射光强随时间变化发生涨落（图2.9）。这种由于胶体体系中粒子动态性质引起的光散射变化称为动态光散射。动态光散射研究的是非弹性或准弹性散射。由于因布朗运动而引起的散射光频率展宽（约$10^2 \sim 10^4$ Hz）与入射光原频率6×10^{14} Hz比较实在太小，应用原有的单色仪等实验技术难以测量。20世纪70年代由于激光光散射实验方法的建立才可能测量出动态散射光强的时间相关函数，从而求得溶液中大分子或胶体粒子的大小。动态光散射的重要实验方法是测量光电子的相关函数，故也称为光子相关谱法。

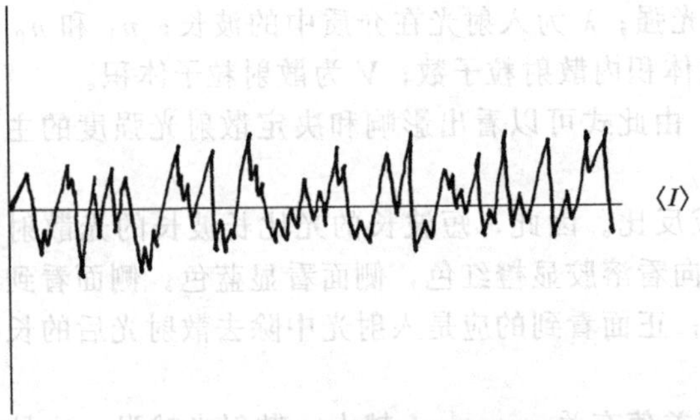

图 2.9 散射光强随时间的涨落

动态光散射可用光散射谱仪测量。这一方法是根据实验测出的因粒子布朗运动而引起的散射光频率展宽的线宽值Γ计算扩散系数D［$\Gamma=DK^2$，$K=(4\pi n_0/\lambda_0)\sin(\theta/2)$，$\lambda_0$为入射光在真空中的波长，$\theta$为散射角，$K$称为散射矢量］。同时这一方法也可根据散射光强度随时间的变化求出光强时间相关函数$R_I(\tau)$，而$R_I(\tau)$与扩散系数D有一定关系。求得D后即可计算粒子的流体力学半径R_h。

激光光散射谱仪的结构和应用实例参见参考文献［5］。

四、光散射的应用[10~12]

光散射现象和测量可用于对溶胶颜色的定性解释，测定粒子大小、大分子分子量、表面活性剂胶束聚集数、带电粒子电泳淌度等。

1. 溶胶颜色的定性解释

如前所述，在胶体分散体系粒子大小范围内光散射明显，有丁铎尔现象。若粒子很小，当白光照射时侧面观察短波长的蓝、紫光明显，透射光必为长波长的红橙色。若胶体粒子对某一波长范围的光有明显的吸收作用，则胶体显示不吸收波长光的颜色。在溶胶粒子由小变大时，散射光由弱变强，且散射光的波长由长波长向短波长移动（透射光向长波长移动）。对硫溶胶进行实验证明，对于 5～100μm 的粒子，式(2.38) 成立，即 $i_\theta \propto \frac{1}{\lambda^4}$；在 100～150μm 间的粒子，$i_\theta \propto \frac{1}{\lambda^3}$；对 150～250μm 的粒子，$i_\theta \propto \frac{1}{\lambda^2}$；更大的粒子，散射光与入射光波长无关。

【例 5】 硫溶胶透射光颜色与粒子大小的关系。取 1mL 1mol·L^{-1}的 H_2SO_4 和 1mL 1mol·L^{-1}的 $Na_2S_2O_3$ 溶液，各冲稀至 10mL 后混合均匀。待溶液略显混浊时，将 5mL 混合液倒入另一大试管中，不断观察透射光的颜色变化。几分钟后溶胶过于混浊时，加入适量水冲稀并摇匀，继续观察。解释硫溶胶透射光及散射光颜色随时间延长而变化的原因。

2. 大分子分子量的测定

在大分子溶液中，分子间距小，作为次波源的大分子所发射的散射光有强烈干涉。光散射的涨落理论从折射率或介电常数的局部涨落（实际反映在溶液浓度的局部涨落）出发计算散射光强。这一理论认为溶液光散射的瑞利比 R_θ 正比于浓度涨落的均方值 $(\Delta \bar{c})^2$。浓度涨落起因于分子热运动，并且浓度涨落也引起局部浓差，而浓差又引起渗透压，故 $(\Delta \bar{c})^2 \propto \frac{kT}{\mathrm{d}\pi/\mathrm{d}c}$。结合大分子渗透压公式(2.35) 可得大分子稀溶液光散公式：

$$R_\theta = KcM \tag{2.39}$$

$$K = \frac{2\pi^2 n_0^2 (\mathrm{d}n/\mathrm{d}c)^2}{N_A \lambda_0^4} \tag{2.40}$$

式中，K 称为光学常数；λ_0 为入射光在真空中的波长；c 为溶液浓度；M 为分子量，$\mathrm{d}n/\mathrm{d}c$ 为溶液折射率随浓度的变化率；n_0 为介质折射率；N_A 为 Avogadro 常数。

对于理想溶液，式(2.39) 可写为

$$Kc/R_\theta = 1/M \tag{2.41}$$

对于非理想溶液，有

$$Kc/R_\theta = 1/M + 2A_2 c \tag{2.42}$$

因而，原则上对于小粒子由光散射法求出 R_θ，作 Kc/R_θ 对 c 的图，由直线之截距可求出 M。

实际上对于大粒子情况复杂得多，不仅粒子中不同部位散射分波有内干涉，而且当粒子浓度大时还存在粒子间散射光的外干涉，因而加一校正因子 $P(\theta)$，$P(\theta)$ 称为散射函数。大粒子溶液散射公式为：

$$\frac{Kc}{R_\theta} = \frac{1}{P(\theta)}\left(\frac{1}{M} + 2A_2 c\right) \tag{2.43}$$

其中

$$P(\theta) = 1 - \frac{16\pi^2 R_g^2}{3\lambda^2} \cdot \sin^2(\theta/2) + \cdots$$

式中，R_g^2 称为均方半径。R_g 的物理意义是设粒子质量全部集中于一点而仍具有相同的转动惯量时，该点与质心的径向距离即为 R_g。

3. 粒子大小的测定

动态光散射法的最重要应用是测定直径在纳米至微米级粒子的大小和分布。利用激光光散射谱测定粒子运动引起的散射光频率展宽的线宽 Γ(如图 2.10 所示的频率分布的半高宽)，可求出粒子布朗运动强度的平动扩散系数 $D(D=\Gamma/K^2$，K 为散射矢量)。散射光强随时间涨落的变化也可用时间相关函数表征。散射光强时间相关函数 $R_I(\tau)$ 的定义是，t 时间的光强 $I(t)$ 和 $t+\tau$ 时的光强 $I(t+\tau)$ 的乘积对时间的平均值，它表征光强在相隔 τ 的两个不同时间的相关程度。$R_I(\tau)$ 的数学表示式是：

$$R_I(\tau)=\langle I(t)I(t+\tau)\rangle=\lim\frac{1}{T}\int_t^{t+\tau}I(t)I(t+\tau)\mathrm{d}t \tag{2.44}$$

式中，τ 表示延迟时间；t 是观察时间的长短；括号〈 〉表示时间平均值，其含义是两个不同时刻光强乘积对整个实验观察时间的平均值。如果 τ 很短，$I(t)$ 和 $I(t+\tau)$ 值接近。当 $\tau=0$ 时，由式(2.44) 知，$R_I(\tau)=\langle I^2\rangle$。若与涨落周期比较，$\tau$ 很长时，$R_I(\tau)=\lim\langle I(0)I(\tau)\rangle=\langle I(0)\rangle\langle I(\tau)\rangle=\langle I\rangle^2$。因此，$R_I(\tau)$ 与 τ 的关系如图 2.11 所示，即 $R_I(\tau)$ 从 $\tau=0$ 时之 $\langle I^2\rangle$ 衰减至 $\tau=\infty$ 时 $\langle I\rangle^2$。由图可知，$R_I(\tau)$ 随 τ 的变化符合单指数下降规律。对单分散的稀溶胶和大分子释溶液，$R_I(\tau)$ 随 τ 的衰减与粒子平动扩散系数 D 有下述关系：

$$R_I(\tau)=1+\exp(-2DK^2\tau) \tag{2.45}$$

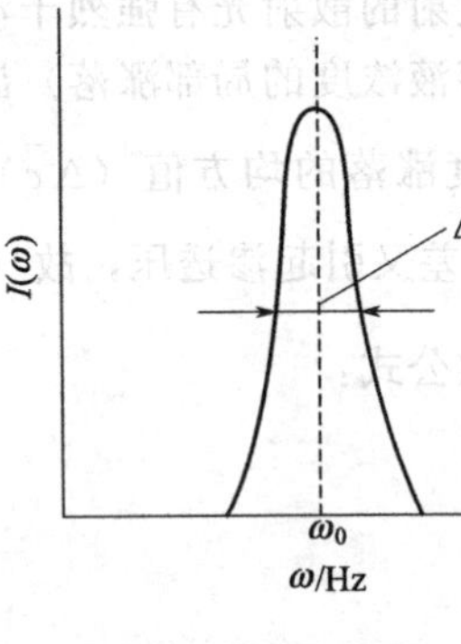

图 2.10 粒子运动引起散射光的频率展宽

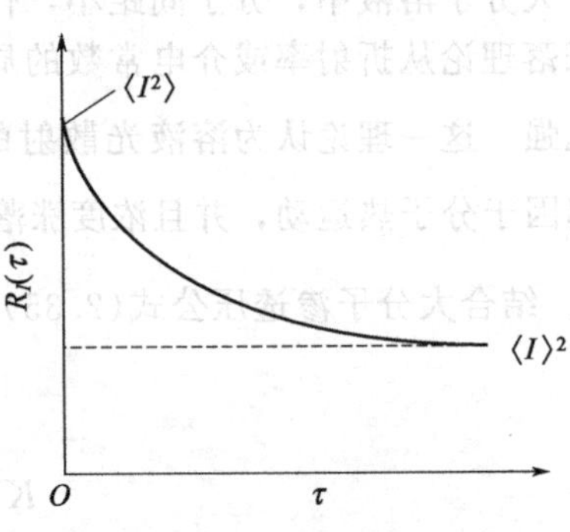

图 2.11 散射光强的自相关系数 $R_I(\tau)$ 与 τ 关系图

以动态光散射谱仪可测出 $R_I(\tau)$，以 $\ln[R_I(\tau)-1]$ 对 τ 作图可求出直线的斜率 $-2DK^2$。K 为散射矢量。从而可求得 D。对于球形粒子，有

$$R_h=kT/(6\pi\eta D) \tag{2.46}$$

式中，R_h 为粒子流体力学半径；k 为 Boltzmann 常数；η 为介质黏度；T 为实验热力学温度。

第三节　胶体的电学性质

一、带电的胶体粒子

胶体粒子常带有一定符号和数量的电荷。一般认为胶体粒子表面电荷可来自以下几种途径。①粒子表面某些基团解离。如 SiO_2 粒子在水溶液中含有的硅羟基 $\equiv$Si—OH 在不同 pH

条件下可有以下的平衡：

$$\geq Si-OH_2^+ \underset{H^+}{\rightleftharpoons} \geq Si-OH \overset{OH^-}{\rightleftharpoons} \geq Si-O^- + H_2O$$

因此，SiO_2 表面带电符号由介质 pH 决定。显然，在水中决定 SiO_2 粒子表面电荷符号和电荷密度的是 H^+ 和 OH^-，这些离子称为电势决定离子（potential-determining ion，PD)。②粒子表面吸附某些离子而带电。例如，用 $AgNO_3$ 和 KI 溶液反应制备的 AgI 粒子优先吸附 Ag^+ 或 I^-。$AgNO_3$ 过量，则 AgI 吸附 Ag^+ 而带正电；KI 过量，AgI 吸附 I^- 而带负电。对 AgI 而言，Ag^+ 和 I^- 是电势决定离子。③在非水介质中粒子热运动引起的粒子与介质之摩擦而带电。一般来说，粒子与介质中介电常数大的一相带正电，另一相带负电。上述这些原因都各有实验证据，其中尤以表面基团解离和表面吸附离子更为大家所接受。

二、电动现象[1,13]

悬浮于分散介质中带某种电荷的胶体粒子在外电场作用下产生与液体介质的相对运动，或是带电固体与介质间因相对运动而产生电势差统称为电动现象（electrokinetic phenomenon)。电动现象是胶体体系特有的电学性质。这种电性质对胶体体系的诸多基本性质产生影响，特别是对胶体体系的稳定与破坏（涉及土壤科学、环境科学、生命以及许多工、农业生产工艺）都有重要意义。电动现象有下列四种。

(1) 电泳（electrophoresis） 在外直流电场作用下离子或带电粒子和附着于粒子表面的物质相对于液体介质的定向运动。

(2) 电渗（electroosmosis） 在外电场作用下液体介质相对于与它接触的静止的带电固体表面（孔性物质的毛细管束表面或通透性栓塞）的定向运动。

电泳与电渗是在 1809 年由俄国学者 Φ. Peŭcc 发现的，它们是在外电场作用下粒子与液体介质的相对运动，只是前者为粒子运动，后者为液体运动，二者是互为补充的过程。抑制电渗进行的外加压力称为电渗压。

(3) 流动电势（streaming potential） 在外力作用下液体介质相对于静止带电表面流动而产生的电势差。流动电势是电渗的逆过程，在 1859 年由 Quincke 发现，也称为 Quincke 效应。

(4) 沉降电势（sedimentation potential） 在外力作用下带电粒子相对于液体介质的运动而产生的电势差。沉降电势是电泳的逆过程，在 1880 年由 Dorn 发现，也称为 Dorn 效应。

图 2.12 是四种电动现象的最简单实验装置。图 2.12(a) 是研究电泳的 U 形管仪器，管中下部装有溶胶，其上为辅助液，辅助液多为溶胶的分散介质，用盐桥使溶胶-辅助液与电极室连接，电极室中插有金属电极并注入相应的金属盐溶液。常用的电极及溶液为：铜和 $CuSO_4$ 溶液，锌和 $ZnSO_4$ 溶液，氯化银电极等。施加的直流电电压用伏特表测量。这种方法测量的是根据溶胶-辅助液界面在外电场作用下移动的速度计算胶体粒子的移动速度。图 2.12(b) 是电渗装置，借助于刻度毛细管测量在电场作用下一定时间内通过隔膜（可用素瓷片作为隔膜）的液体体积。图 2.12(c) 是研究流动电势的装置。用液态空气或泵对体系施以 Δp 的压力，测定液体流过孔性隔膜时，隔膜两侧的电势差。沉降电势的测量较其他三种电动现象更为困难，这是因为沉降电势通常很小。图 2.12(d) 是研究沉降电势的最简装置示意图。

电动现象的实验研究最重要的是计算出电动电势（ζ 电势），ζ 电势是靠近粒子表面的双电层电势，为此必须了解粒子表面离子的分布，并进而讨论双电层的模型。在分散介质中粒子的表面电现象和 ζ 电势在实际应用中有重要作用，这种作用从理论上来说就是对疏液胶体稳定性的影响。

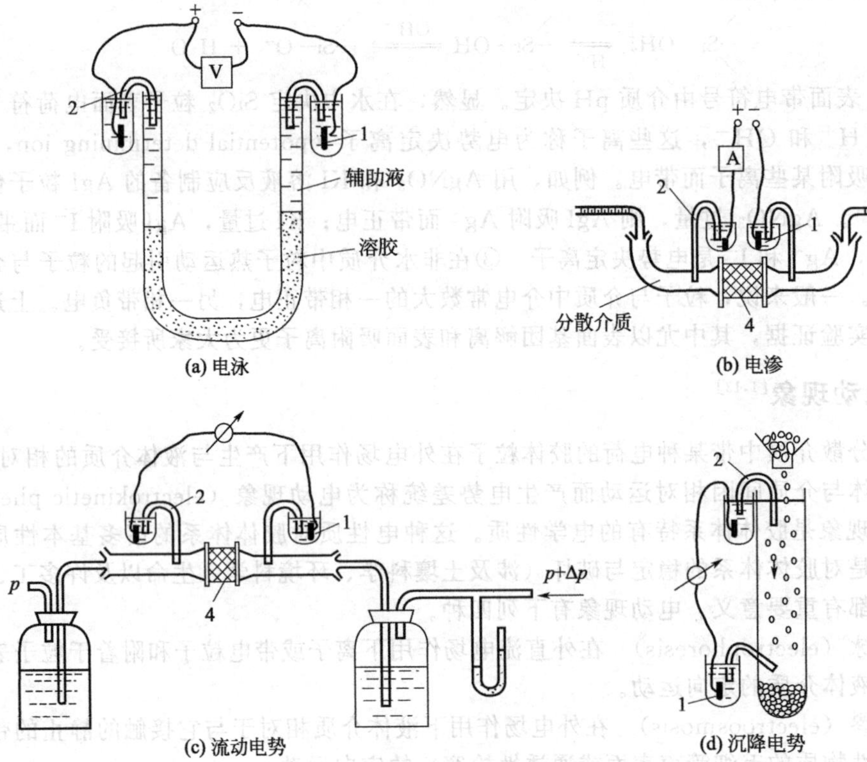

图 2.12 四种电动现象实验装置简图

1—电极；2—盐桥；3—毛细管；4—孔性隔膜

三、扩散双电层[1,14～16]

胶体粒子因表面解离或吸附溶液中的某些离子而带电，带电固体表面必形成电场。在此电场作用下，溶液中离子在带电表面附近不会是均匀分布的。由电势决定离子所确定的粒子表面电势 φ_0 称为表面电势或热力学电势。为保持带电固体与介质的电中性，在表面电场作用下，介质中与固体表面带电符号相反的离子（称为反离子）将靠近固体表面；与固体表面带电符号相同的离子（称为同离子）被电性排斥。这样，与体相溶液比较，在固体表面附近反离子浓度大，同离子浓度小。反离子从表面附近浓度大向体相溶液中逐渐减小，最后其浓度与同离子浓度相同，这种扩散状分布形成扩散双电层（diffuse double layer）。对双电层的认识多年来有许多模型提出，其中根据 Gouy 和 Chapman 的扩散双电层理论由 Stern 提出的模型已为大家所接受。这一模型的基本假设是：粒子表面为无限大平面，表面电荷均匀分布；介质的介电常数均匀相等；扩散层中反离子服从 Boltzmann 分布。根据这一模型，将在靠近固体表面一两个分子厚度的区域内，反离子与表面形成的牢固吸附层称为 Stern 层（或固定吸附层），在 Stern 层中反离子电荷中心连成的假想平面称为 Stern 平面，该平面与表面的距离 δ 为 Stern 层厚度。带电粒子表面与液体内部的电势差称为粒子的表面电势 φ_0，Stern 平面与液体内部的电势差为 Stern 电势 φ_δ。在外力作用下，固体与液体相对运动时，随固体一同运动的除 Stern 层内的离子外还有一定量与固体表面紧密结合的溶剂分子，其外界面称为切动面（或称滑动面）。显然，此面的位置在 Stern 平面之外。切动面与溶液内部的电势差称为电动势或 ζ 电势。ζ 电势可由电动现象数据求得。图 2.13 是扩散双电层结构示意图。

粒子表面正负电荷相等（即净电荷为零）时，表面电势 $\varphi_0=0$，此时溶液中电势决定离子浓度的负对数值称为零电点（point of zero charge，PZC；zero point of charge，ZPC），零电点可用电位滴定法求出。利用电动现象测定电动电势时可以调节电势决定离子浓度使 ζ 电势为零，此时电势决定离子浓度之负对数值称为粒子之等电点（isoelectric point，IEP）。

在满足 Gouy 和 Chapman 扩散双电层理论基本假设的条件下，溶液中各处的电势分布服从 Poisson 公式，即

$$\nabla^2\varphi=-\frac{\rho}{\varepsilon\varepsilon_0} \tag{2.47}$$

式中，∇^2 为 Laplace 算符，代表 $\partial^2/\partial x^2+\partial^2/\partial y^2+\partial^2/\partial z^2$；$\rho$ 为体积电荷密度；ε 为介质的相对介电常数；ε_0 为静电介电常数，或称真空介电常数，$\varepsilon_0=8.85\times10^{-12}\mathrm{F\cdot m^{-1}}$。

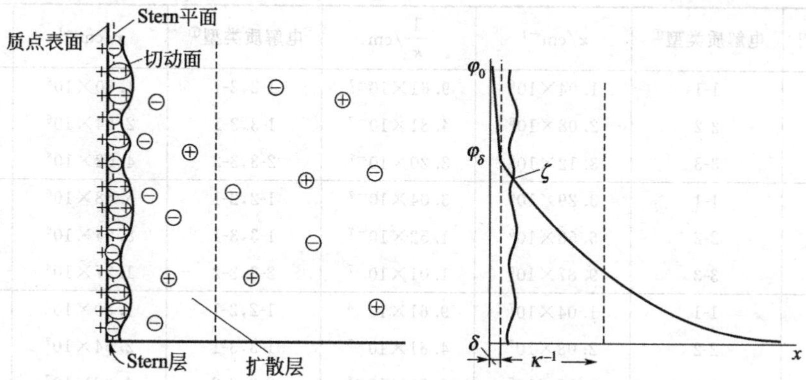

图 2.13 扩散双电层的 Stern 模型示意图

带有相同电荷数的阴、阳离子电解质溶液，在扩散双电层中任一点的体积电荷密度 ρ 为：

$$\rho=-2n_0ze\sinh\frac{ze\varphi}{kT} \tag{2.48}$$

式中，n_0 为溶液内部（$\varphi=0$）单位体积内阴或阳离子数目；z 为离子价数；e 为电子电荷；φ 为该点电势；k 为 Boltzmann 常数；T 为温度，K。

对于平板粒子，式(2.48) 中 $\nabla^2\varphi=\mathrm{d}^2\varphi/\mathrm{d}x^2$，可得

$$\frac{\mathrm{d}^2\varphi}{\mathrm{d}x^2}=\frac{2n_0ze}{\varepsilon\varepsilon_0}\cdot\sinh\frac{ze\varphi}{kT} \tag{2.49}$$

已知，当表面电势 φ_0 很小时，$\frac{ze\varphi_0}{kT}\ll1$，此时 $\sinh\frac{ze\varphi}{kT}\approx\frac{ze\varphi}{kT}$，故式(2.49) 可简化为

$$\frac{\mathrm{d}^2\varphi}{\mathrm{d}x^2}=\frac{2n_0z^2e^2}{\varepsilon\varepsilon_0kT}\cdot\varphi=\kappa^2\varphi \tag{2.50}$$

$$\kappa=\left(\frac{2n_0z^2e^2}{\varepsilon\varepsilon_0kT}\right)^{1/2} \tag{2.51}$$

或

$$\kappa^{-1}=\left(\frac{\varepsilon\varepsilon_0kT}{2n_0z^2e^2}\right)^{1/2}=\left(\frac{\varepsilon\varepsilon_0kT}{2z^2e^2c}\right)^{1/2} \tag{2.52}$$

κ^{-1} 称为双电层厚度（thickness of the double layer），具有长度单位，其大小与电解质类型（离子价数）和浓度有关。c 为电解质溶液浓度。对于 1-1 价盐（如 NaCl，KCl 等）的稀水溶液，浓度用摩尔浓度表示，25℃时

$$\kappa^{-1}=\frac{3.06}{c^{1/2}}10^{-8}\mathrm{cm} \tag{2.53}$$

表 2.2 中列出几种不同类型电解质在不同浓度时之 κ 和 $1/\kappa$ 值（25℃）。根据式(2.51) 可知电解质浓度增大和价数增加均使双电层厚度（κ^{-1}）减小。同时由图 2.14 可知，也可使 ζ 电势降低，图中 Δ 是切动面，$r_i=1/\kappa$。

处于扩散层中的离子可被后加入的电性相同的离子取代（即离子交换）。离子交换能力与离子价数和离子水化作用有关。离子半径大、水化体积小的离子比离子半径小、水化体积大的离子有更强的离子交换能力。高价反离子交换扩散层中的低价反离子将使双电层压缩和 ζ 电势减小，甚至可能使 φ_δ 和 ζ 电势符号发生改变。例如，在中性水中玻璃表面带负电荷。

表 2.2 几种不同类型电解质不同浓度时之 κ 和 1/κ 值（25℃）

浓度/mol·L^{-1}	电解质类型①	κ/cm^{-1}	$\frac{1}{\kappa}$/cm	电解质类型①	κ/cm^{-1}	$\frac{1}{\kappa}$/cm
0.001	1-1	1.04×10^6	9.61×10^{-7}	1-2,2-1	1.80×10^6	5.56×10^{-7}
	2-2	2.08×10^6	4.81×10^{-7}	1-3,3-1	2.54×10^6	3.93×10^{-7}
	3-3	3.12×10^6	3.20×10^{-7}	2-3,3-2	4.02×10^6	2.49×10^{-7}
0.01	1-1	3.29×10^6	3.04×10^{-7}	1-2,2-1	5.68×10^6	1.76×10^{-7}
	2-2	6.58×10^6	1.52×10^{-7}	1-3,3-1	8.04×10^6	1.24×10^{-7}
	3-3	9.87×10^6	1.01×10^{-7}	2-3,3-2	1.27×10^6	7.87×10^{-7}
0.1	1-1	1.04×10^7	9.61×10^{-8}	1-2,2-1	1.80×10^7	5.56×10^{-8}
	2-2	2.08×10^7	4.81×10^{-8}	1-3,3-1	2.54×10^7	3.93×10^{-8}
	3-3	3.12×10^7	3.20×10^{-8}	2-3,3-2	4.02×10^7	2.49×10^{-8}

① 1-1 型例 NaCl，2-2 型例 $MgSO_4$。

溶液中的 Na^+ 作为反离子进入扩散层和固定层形成双电层。向溶液中加入 Al^{3+} 后，Al^{3+} 强烈的电性作用甚至可交换固定层中的 Na^+，使表面正电荷过剩，即 Stern 层显正电性质。此时，阴离子反而成为反离子，形成新的扩散双电层，φ_0 虽无变化，但 φ_δ 和 ζ 电势先减小，后改变符号。这一过程如图 2.15 所示。

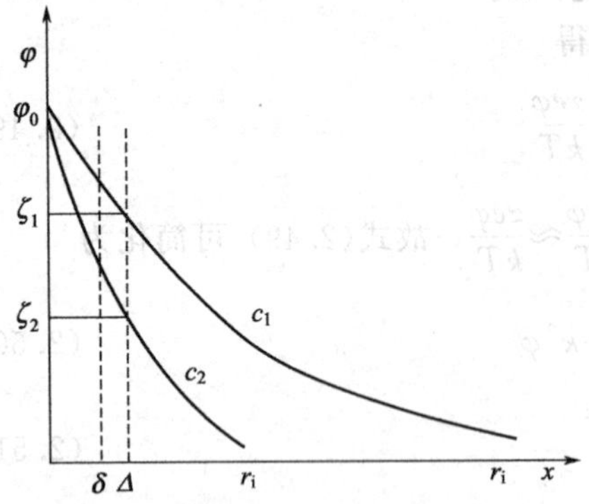

图 2.14 离子浓度对双电层结构的影响

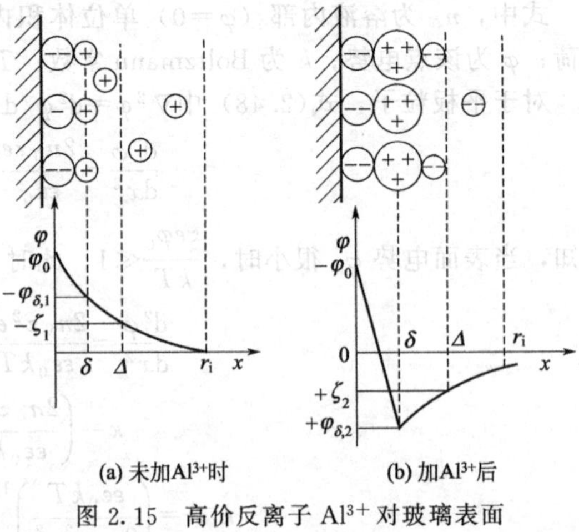

图 2.15 高价反离子 Al^{3+} 对玻璃表面双电层结构的影响

四、电泳及其应用[1~5,17]

1. 电泳测量的理论公式

Smoluchowski 认为，在电场中带电粒子运动是静电力和阻力的综合结果。当粒子半径

a 远大于带电粒子表面扩散双电层厚度 κ^{-1} 时（即 $\kappa a \gg 1$，κa 为粒子半径与双电层厚度之比），粒子表面可视为平面。此时粒子在外电场作用下运动的线速度 u 为：

$$u=\varepsilon\varepsilon_0\zeta\frac{E}{\eta} \tag{2.54}$$

式中，E 为外加电场强度；ε 为介质的相对介电常数；$\varepsilon_0=8.85\times10^{-12}\mathrm{F\cdot m^{-1}}$；$\eta$ 为介质黏度；ζ 为电动电势。

当 $\kappa a \ll 1$ 时，

$$u=2\varepsilon\varepsilon_0\zeta\frac{E}{3\eta} \tag{2.55}$$

Henry 等认为，对电泳速度有影响的作用力除静电力和介质阻力外还有其他作用的贡献。其中主要有以下两种。在外电场作用下，靠近粒子表面的反离子向着与粒子运动方向相反的方向运动，从而可减小粒子的电泳速度。这种作用称为延迟效应。同样在外电场作用下，粒子原有双电层结构发生变动，粒子被极化，使其有偶极子的性质。极化电荷产生的电场对粒子表面电荷产生作用，从而影响电泳速度。

考虑到上述因素和粒子大小对电泳速度的影响，Henry 得出以下公式：

$$u=\frac{2\varepsilon\varepsilon_0\zeta E}{3\eta}f(\kappa a) \tag{2.56}$$

若已知电解质浓度、粒子大小和形状可计算出参数 κa 和电泳速度。在导电介质中，不导电球形粒子的函数 $f(\kappa a)$ 值在 1～1.5 间变化。

当 $\kappa a \gg 1$ 时，$f(\kappa a)\rightarrow 1.5$，式(2.55) 还原为式(2.53)。当 $\kappa a \ll 1$ 时，$f(\kappa a)\rightarrow 1$，式(2.55) 还原为式(2.54)。

单位电场强度时粒子运动的线速度称为电泳淌度、电泳迁移率或电泳速度。即

$$u_{淌}=\frac{u}{E}=\frac{2\varepsilon\varepsilon_0\zeta}{3\eta}f(\kappa a) \tag{2.57}$$

在不同的资料中对粒子运动速度、电泳速度（电泳淌度）的表示方法不同，需注意其规定。电泳淌度 $u_{淌}$ 的单位为 $\mathrm{m\cdot s^{-1}/(V\cdot m^{-1})}$ 或 $\mathrm{m^2\cdot V^{-1}\cdot s^{-1}}$。

2. 电泳研究的应用

电泳是各种电动现象中研究最多的一种。其最重要的应用是能较方便地测出 ζ 电势，而 ζ 电势在胶体稳定性的理论和实际应用中占有十分重要的地位。可以不夸张地说，几乎凡是与带电固体和液体表面有关的各种物理化学作用无不与 ζ 电势的大小及符号有关。对电泳应用仅举几例。

(1) 胶体粒子表面带电符号的简易判别　图 2.16 是利用原电池原理制成的电泳探针示意图。将直径约几毫米的铜片和锌片作为电极与焊在玻璃管中铂丝连接，两玻璃管中的铂丝构成通路。两电极间距约 3mm。探针电极插入溶胶中，构成一短路原电池 +Zn|胶体溶液|Cu−，锌为正极，铜为负极。带电胶体粒子向带电符号相反的电极移动，并在电极表面电性中和而聚沉，形成带色沉积物。据此可判断胶体粒子带电符号。例如，带负电的 AgI 胶体粒子在 Zn 电极附近形成黄色聚沉带，带正电的 $Fe(OH)_3$ 溶胶在 Cu 电极附近形成褐色聚沉带。

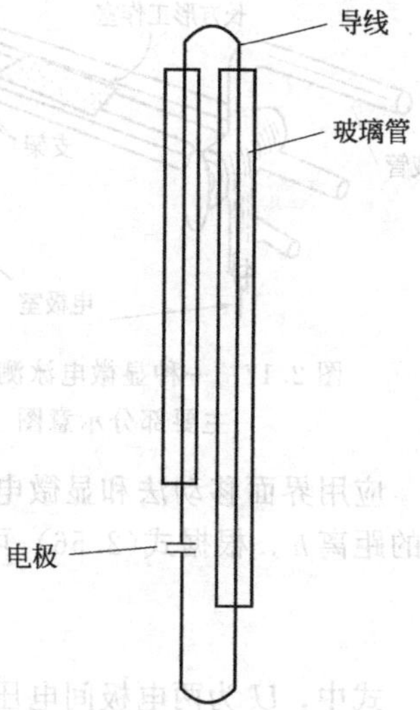

图 2.16　简易电泳探针示意图

（2）ζ电势的测定　用电泳法测定带电粒子ζ电势主要有两种方法：宏观界面移动电泳和显微电泳。

界面移动电泳（moving boundary electrophoresis）的最简单装置如图 2.12(a) 所示，直接测定的是接通电源后溶胶或大分子溶液与辅助液界面的移动速度，可求出胶体粒子或大分子的电泳速度。

显微电泳也称微量电泳、粒子电泳（microscopic electrophoresis，particle electrophoresis），是用显微镜直接观测在外电场作用下单个胶体粒子的迁移方向和速度，以确定粒子的带电符号和电泳淌度，进而计算ζ电势。用此方法能研究显微镜下可见胶体粒子的体系。图 2.17 是一种显微电泳测量装置示意图。但是需注意的是，在外电场作用下，电泳池壁与液体间界面的存在，池内液体也会发生电渗运动。在封闭的电泳池中，电渗引起的液体流动形成与粒子运动方向相反的液流。因而，电泳池内液体流速分布如图 2.18 所示，胶体粒子运动速度必受电渗运动的影响。由图 2.18 可知，在距上下池壁一定距离处液体是静止的，即液体的运动速度为零，此静止液层称为静止层。在静止层中胶体粒子的运动排除了电渗的影响。矩形电泳池静止层的位置可由下式求出：

$$\frac{s}{d}=0.500-\left[\frac{1}{12}+\left(\frac{2}{\pi}\right)^5\cdot\frac{d}{l}\right]^{1/2} \tag{2.58}$$

式中，s 为静止层距上下池壁的距离；d 为电泳池内壁距离（参见图 2.18）；l 为矩形池宽度。

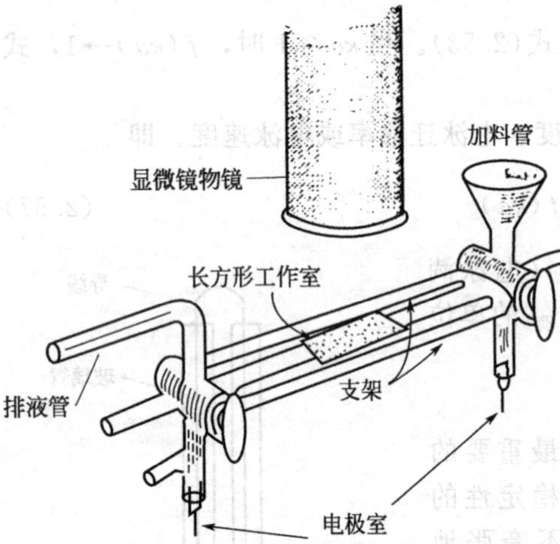

图 2.17　一种显微电泳测量装置主要部分示意图

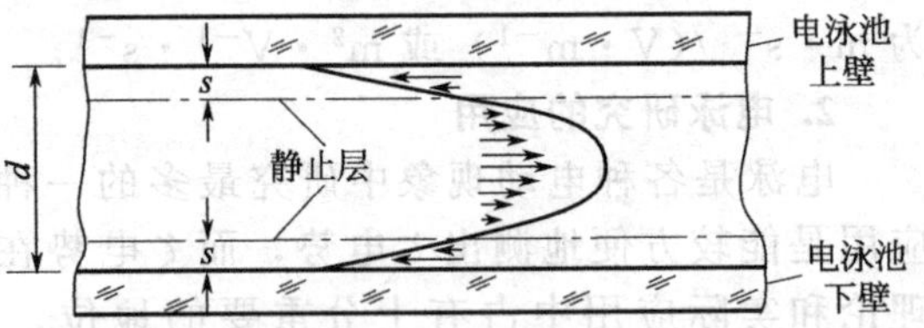

图 2.18　电泳池内液体流速分布示意图
s—静止层距上下池壁的距离

应用界面移动法和显微电泳法直接测量是在某电场强度下某一时间 t 界面或单个粒子移动的距离 h。根据式(2.56) 可求出电泳淌度 $u_{淌}$，

$$u_{淌}=\frac{u}{E}=\frac{h/t}{U/L}=\frac{hL}{tU} \tag{2.59}$$

式中，U 为两电极间电压；L 为电极间距离。

得出 $u_{淌}$ 后，应用式(2.56) 可计算出ζ。在 25℃和 0.005mol·L^{-1} 的 1-1 型电解质溶液中，应用式(2.51) 可计算出 $\kappa=2.32\times10^8\text{m}^{-1}$。若粒子不小于 1μm 时 $\kappa a\gg1$，$f(\kappa a)\to1.5$，则

$$\zeta=\frac{u_{淌}\eta}{\varepsilon\varepsilon_0} \tag{2.60}$$

【例 6】 用显微电泳法确定 ZrO_2 微粉粒子的等电点。用显微电泳法测得 ZrO_2 粒子在不同 pH 的 $5\times10^{-3}\,mol\cdot L^{-1}$ NaCl 水溶液中外加电压 U 时粒子运动 $50\mu m$ 的平均时间 t：

介质 pH	2.13	3.23	3.80	6.00	7.57	7.77	10.57
U/V	80	80	80	210	100	100	80
t/s	6.67	6.72	6.83	6.68	5.85	5.81	5.12
粒子带电符号	+	+	+	—	—	—	—

已知两电极间距离为 11cm，粒子平均半径 $a=1\mu m$，介质黏度 $\eta=1\times10^{-3}\,Pa\cdot s$，$\varepsilon=81$，$\varepsilon_0=8.85\times10^{-12}\,F\cdot m^{-1}$，实验温度 $T=291K$。全部溶液用 $0.005mol\cdot L^{-1}$ NaCl 水溶液配制。

解：ZrO_2 在水中可形成表面羟基，电势决定离子是 H^+ 和 OH^-，故其等电点应是 ζ 电势为零时 H^+ 浓度的负对数，亦即溶液的 pH。

根据式(2.51)

$$\kappa=\left(\frac{2n_0z^2e^2}{\varepsilon\varepsilon_0kT}\right)^{1/2}=\left[\frac{2\times0.005\times10^{-3}\times6.023\times10^{23}\times1^2\times(1.6\times10^{-19})^2}{81\times8.85\times10^{-12}\times1.38\times10^{-23}\times291}\right]^{1/2}$$

$$=2.31\times10^8\,m^{-1}$$

$$\kappa a=2.31\times10^8\times1\times10^{-6}=231\gg1$$

故可应用式(2.51) 计算 ζ 电势。

根据式(2.54)，今又知 $f(\kappa a)\rightarrow1.5$，故

$$u_{滴}=\frac{u}{E}=\frac{\varepsilon\varepsilon_0\zeta}{\eta}=\frac{hL}{tU}$$

式中，u 为粒子移动速度；E 为电场强度；h 为 t 时间移动距离；L 为两电极间距离；U 为施加电压。当 h、L 单位用 m，t 单位用 s，U 单位用 V 时，$u_{滴}$ 的单位为 $m^2\cdot V^{-1}\cdot s^{-1}$。$\zeta$ 电势可由上式求出。$u_{滴}$ 和 ζ 电势之值一并列于下表中。

pH	2.13	3.23	3.80	6.00	7.57	7.77	10.57
$u_{滴}/10^{-8}m^2\cdot V^{-1}\cdot s^{-1}$	+1.03	+1.02	+1.01	−0.39	−0.94	−0.95	−1.34
ζ/mV	+14.3	+14.2	+14.1	−5.44	−13.1	−13.3	−18.6

作 ζ 对 pH 图（图 2.19），由图可知 ZrO_2 粒子的等电点约为 pH 5.5。

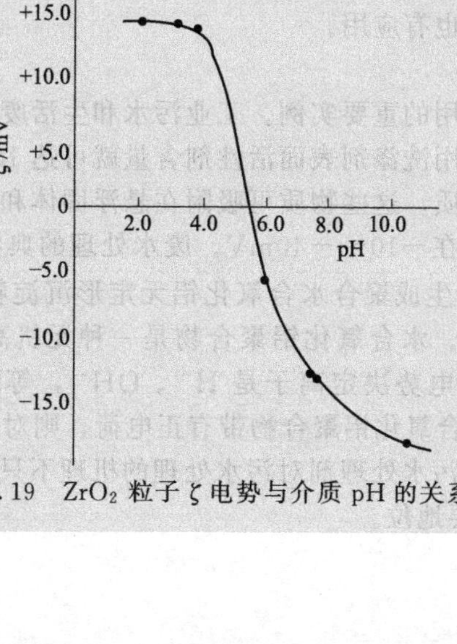

图 2.19　ZrO_2 粒子 ζ 电势与介质 pH 的关系

(3) 电泳沉积　电泳沉积是利用带电粒子在外电场作用下在与粒子带电符号相反的物体表面形成牢固包覆层的技术。显然，电泳沉积主要依靠悬浮粒子的带电，这些粒子的迁移速度和在被包覆物体表面形成的包覆层质量与外加电场强度有关。在进行电泳沉积时总是将被包覆物做成电极，其带电符号与粒子带电符号相反。利用电泳沉积方法可在金属表面形成涂料、橡胶、塑料等物质的涂层，以提高金属的防锈能力、表面绝缘性能和改善外观形象。

两个同轴圆筒电极，t 时间内在中心电极上生成电泳沉积物的量 m 可依下式计算：

$$m=2\pi l\lambda\,\frac{c_0 c_{\mathrm{m}}}{c_{\mathrm{m}}-c_0}t \tag{2.61}$$

式中

$$\lambda=\frac{\varepsilon\varepsilon_0\zeta U}{\eta\ln(r_1/r_2)} \tag{2.62}$$

式中，l 为电极覆盖层长度，m；c_0 和 c_{m} 分别为体相和电极附近悬浮体的质量浓度，$\mathrm{kg\cdot m^{-3}}$；r_1 和 r_2 分别为同轴圆外和内电极的半径，m。其他符号意义同前。当 ε_0 单位用 $\mathrm{F\cdot m^{-1}}$，ζ 电势单位用 V，U 单位用 V，η 单位用 Pa·s 时依式(2.60) 求出的 m 单位为 kg。

平板电极上的电泳沉积量可按下式计算：

$$m=u_{\text{淌}}\,ctSE \tag{2.63}$$

式中，E 为电场强度；c 为悬浮体质量浓度；t 为沉积时间；S 为电极面积。

【例 7】 计算刚玉水悬浮体在板状电极上的电泳沉积量。已知电场强度 $E=2\times10^2\ \mathrm{V\cdot m^{-1}}$，悬浮体质量浓度 $c=2\times10^3\ \mathrm{kg\cdot m^{-3}}$，连续沉降时间 $t=10\mathrm{s}$。由电泳淌度求出的粒子 $\zeta=49.6\times10^{-3}\mathrm{V}$，电极面积 $S=1\times10^{-4}\mathrm{m^2}$，介质黏度 $\eta=1\times10^{-3}\mathrm{Pa\cdot s}$。

解： 设刚玉水悬浮体体系 $\kappa a\gg1$，式(2.60) 变化为

$$\begin{aligned}m&=(\varepsilon\varepsilon_0\zeta ctSE)/\eta\\&=(81\times8.85\times10^{-12}\times49.6\times10^{-3}\times2\times10^3\times10\times1\times10^{-4}\times2\times10^2)/1\times10^{-3}\\&=1.42\times10^{-2}\ (\mathrm{kg})\end{aligned}$$

五、电动现象的其他应用[3,18~20]

电泳和电渗是两种最易于测定 ζ 电势的方法，而且它们在工农业等方面有直接的应用，如电泳沉积、孔性材料的电渗干燥等。电动电势是带电表面极重要的参数，配合以胶体体系中电解质含量、粒子大小及形状等参数能对胶体稳定性给出合理的解释。近年来电动现象在环境保护、免疫化学等方面也有应用。

1. 污水处理

污水处理是电动现象应用的重要实例。工业污水和生活废水中含有大量的亲水和疏水的物质残渣。生活废水中仅家用洗涤剂表面活性剂含量就可达 $10\mu\mathrm{g\cdot g^{-1}}$。废水中还有许多天然的和生物来源的两亲性物质。这些物质可吸附在悬浮固体和液体粒子上，并使其荷电。废水中悬浮粒子通常 ζ 电势可在 $-10\sim-40\mathrm{mV}$。废水处理的典型实例是向水中加入 $NaHCO_3$ 和 $Al_2(SO_4)_3$。Al^{3+} 水解，生成聚合水合氧化铝无定形沉淀物，在其生成和沉淀过程中同时将废水中悬浮物裹挟下来。水合氧化铝聚合物是一种无机高分子絮凝剂，和 $Al(OH)_3$ 相同，在水中也带有电荷，其电势决定离子是 H^+、OH^-，等电点与 $Al(OH)_3$ 形成条件有关。如果调节介质 pH 使水合氧化铝聚合物带有正电荷，则对处理带负电的悬浮粒子更为有效。当然，利用带有电荷的污水处理剂对污水处理的机理不只限于电性作用，其他如吸附作用、“过滤作用”等也有重要地位。

2. 环境治理

渗透性不良土壤的污染是环境治理中的一个重要课题。传统治理方法有生物修复法、蒸气抽提法等。由于这些方法的可操作性差和处理试剂输送的困难，故应用效果不好。电渗方法可用于这类污染的处理，若与传统处理方法结合使用效果尤佳。自 1930 年起电渗就可用于细砂、黏土和泥浆的脱水，用于环境治理类似于那些早期应用。图 2.20 是这一方法的示意图。如图所示，在埋置于污染区两侧的电极间施以一定电压，在电渗作用下水从阳极一侧压入土壤，通过污染区，并将污染物（金属及有机物等）带向阴极一侧的土壤表面，以利于进一步处理。此方法的优点有电渗液流流过不均匀区域流速相对稳定，能控制液流方向和范围，能耗很低。电渗用于地下水的治理还不成熟。已有将电渗用于从油砂中抽提沥青的报道。

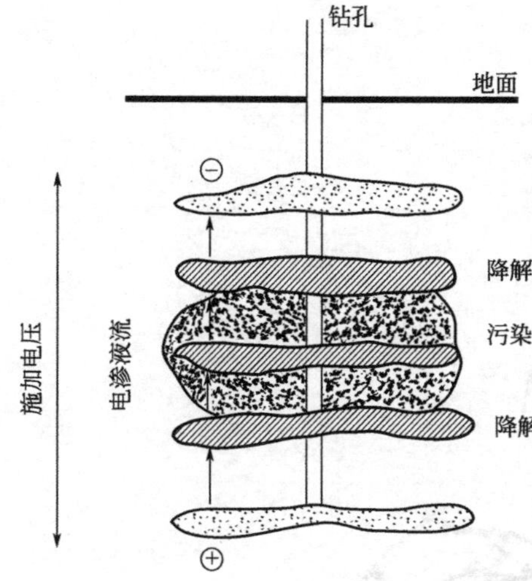

图 2.20　电渗用于污染土壤治理示意图

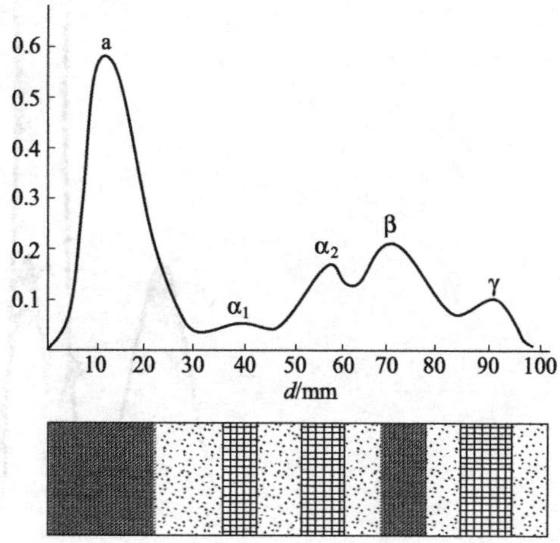

图 2.21　正常人的血清电泳图谱和图形

a—清蛋白；α_1, α_2, β, γ—球蛋白

3. 生化电泳技术

在电场作用下某些与生化过程有关的小分子（如氨基酸、核苷酸）和大分子（如病毒、细胞等）发生的移动也称为电泳。这些带电粒子的电泳速度不同，可用于它们的分析和分离，这种方法称为电泳法或电泳技术。生化电泳技术多应用惰性多孔物质（如滤纸、醋酸纤维薄膜、淀粉、聚丙烯酰胺凝胶、二氧化硅凝胶、尼龙丝等）为支持体（支持体以水平或垂直方式置于液槽内），待分析或分离样品放在支持体一端。在离子强度、pH 恒定的介质中和一定的外加电场作用下，带电物质移动，用染色或分光光度法检测带电物质迁移和分离结果。图 2.21 是应用醋酸纤维薄膜电泳分离正常人的血清电泳图谱和图形。由图可知，人血清经电泳分离得到 5 种蛋白区带：清蛋白，α_1、α_2、β 和 γ 球蛋白。此图是先用蛋白染色剂染色，再经分光光度扫描测吸光度得到的，由各峰面积可定量计算。图 2.22 是醋酸纤维素薄膜电泳装置示意图。

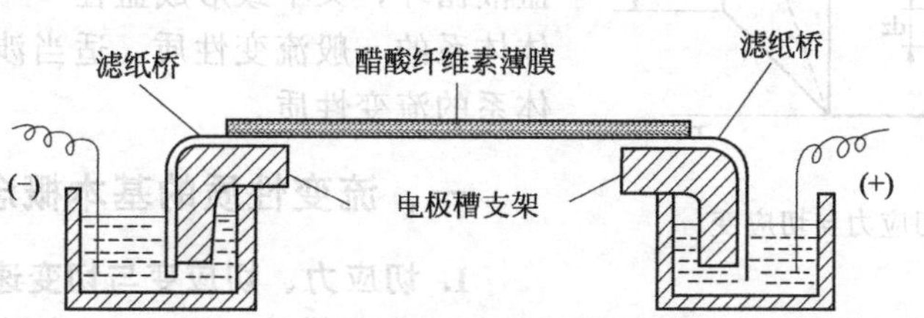

图 2.22　醋酸纤维素薄膜电泳装置示意图

应用电泳方法使物质分离的重要实例之一是免疫电泳。这一技术是利用抗原与抗体间的免疫化学反应鉴别被电泳分离的蛋白质。根据生化知识，抗原是能刺激机体发生免疫反应，生成抗体和致敏免疫活性细胞，并能与之发生特异性反应的物质。抗体是机体与抗原反应而生成的特殊球蛋白。抗原混合物在适宜的介质中（常用琼脂凝胶）进行电泳。然后将抗体混合物加入上述凝胶的平行于分离轴的切口中。抗原与抗体组分彼此相向扩散，在二者相遇处产生弓形沉淀。这种实验用于比较两种抗原制品（相对于单一抗体）和比较两种抗体制品（相对于单一抗原）特别有效。在某一方向进行电泳分离，随后向凝胶中加入抗体，再进行第二次电泳，这种方法称为交叉免疫电泳。交叉免疫电泳的分辨性能好，根据沉淀物形成的面积可以进行定量处理。图 2.23 是人血清与兔抗人血清作用在交叉免疫电泳实验时形成的抗原-抗体沉淀物图谱[3]。

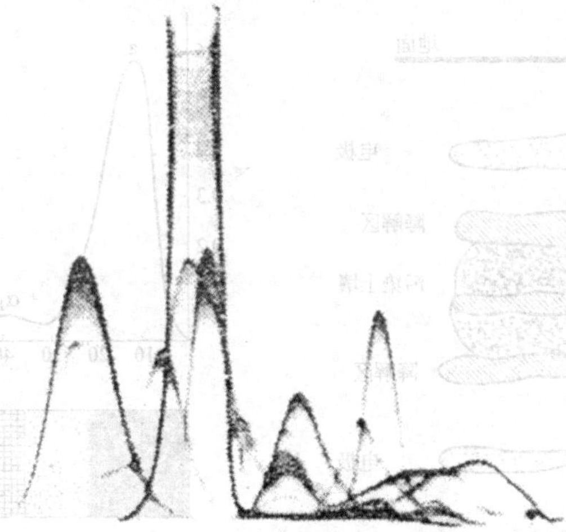

图 2.23 人血清与兔抗人血清作用的交叉免疫电泳图谱

第四节 胶体的流变性质

胶体体系的流变性质（rheological properties）是指在外力作用下该体系的流动与变形性质，这种流动性质常对日常生活和工农业生产有重要意义。例如，用油漆刷饰物体要求油漆流动性适当，即既不留刷痕又能保持涂层一定厚度不淌流；用黏土制陶器，既要求湿土有一定流动性，便于保持其可塑性，又不能流动性太大，使陶坯形状不能维持；药剂学中一些液体、半固体药剂的稳定性、吸收与使用均与体系的流变性质有关；人体血液维持一定的黏度才能既保证正常血液循环，又不致形成血栓……本节主要介绍稀胶体体系的一般流变性质，适当涉及浓体系及粗分散体系的流变性质。

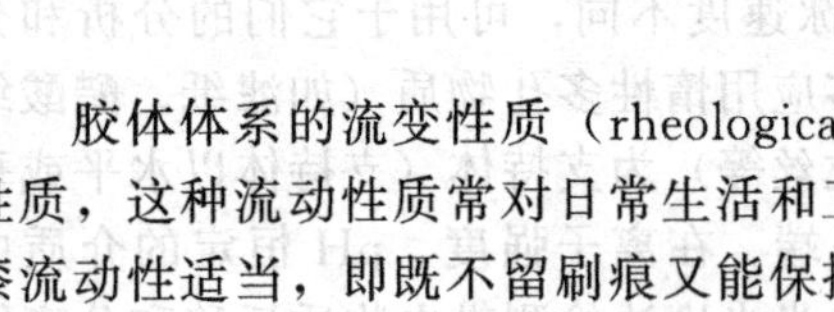

图 2.24 切应力与切应变

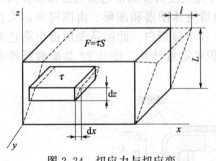

一、流变性质的基本概念与规律[2,3]

1. 切应力、切应变与切变速度

物体的形状变化可用其在外力作用下的相对变形描述。图 2.24 表示在切力 F 作用于平行六面体的上界面 S 时的剪切变形。单位面积受到的切力称为切应力（shear stress），常以

τ表示，单位用Pa或$N \cdot m^{-2}$，$\tau = F/S$。在切应力作用下，物体内部任一体积单元产生的形变dx/dz和整个固体的形变l/L相同，这种形变称为切应变。若切应变以θ表示，则有$\theta = dx/dz = l/L$。

对于固体，在弹性极限内，切应力τ与切应变θ成正比，即

$$\tau = G\theta \tag{2.64}$$

式中，系数G称为弹性模量。显然，当$\tau = 0$时，固体弹性变形消失，恢复原状。

对于液体，在切应力τ的作用下，切应变θ随时间的变化速率$d\theta/dt$称为切变速率(shear rate)，通常以D表示。切变速率等于液体流动方向的速度梯度。τ和D是表征体系流动性质的基本参数。

2. 黏度

对于纯液体和小分子化合物的溶液，由外力F所形成的切应力τ完全用于克服液体的内摩擦，则切应力τ与切变速率D成正比：

$$\tau = \eta D \tag{2.65}$$

此式称为牛顿定律。比例常数η称为液体的黏度（viscosity），它是液体流变性质的最重要参数。黏度的单位是$Pa \cdot s$。

凡服从牛顿定律的液体（即黏度与切变速率无关），称为牛顿（流）体。牛顿流体的τ与D关系线为通过原点的直线，大多数纯液体和小分子化合物溶液为牛顿流体。不服从式(2.64)的流体为非牛顿流体，这类流体的黏度是速度梯度的函数，由τ/D确定的黏度称为表观黏度，以η_s表示。浓分散体系多为非牛顿流体。表2.3中列出一些常见物质在室温下的近似黏度。

表2.3　室温下一些常见物质的近似黏度

流　体	近似黏度/Pa・s	流　体	近似黏度/Pa・s
玻璃	10^{40}	甘油	10^{0}
熔化玻璃(500℃)	10^{12}	橄榄油	10^{-1}
沥青	10^{8}	自行车润滑油	10^{-2}
熔融聚合物	10^{3}	水	10^{-3}
金汁	10^{2}	空气	10^{-5}
液态蜂蜜	10^{1}		

二、浓分散体系的流型[2]

浓分散体系的应用十分广泛，但其流变性质非常复杂。这是因为此类体系中分散相粒子浓度大，粒子间、粒子与分散介质间的相互作用强烈。

以切速D对切应力τ作图得到的曲线称为流变曲线。流变曲线的不同形式称为流型。

牛顿流体（Newtonian fluid）的流型为牛顿型，特点是D-τ线为通过原点的直线（图2.25中可见），这种类型在粗分散体系中极为少见。

非牛顿流体包括非时间依赖关系的流型（塑流型、假塑流型、胀流型）和时间依赖关系的流型（触变型）。这些流型的流变曲线见图2.25和图2.26。

塑性流体（plastic fluid）也称Bingham流体，其流变曲线为不通过原点的直线。关系式为

$$\tau - \tau_c = \eta^* D \tag{2.66}$$

式中，τ_c称为屈服值（或极限切应力）；η^*为塑性黏度，$\eta^* = (\tau - \tau_c)/D$。$\eta^*$和$\tau_c$是描述塑性体流变性质的两个特征参数。理想塑性流体的流变曲线及相应的η-τ关系如

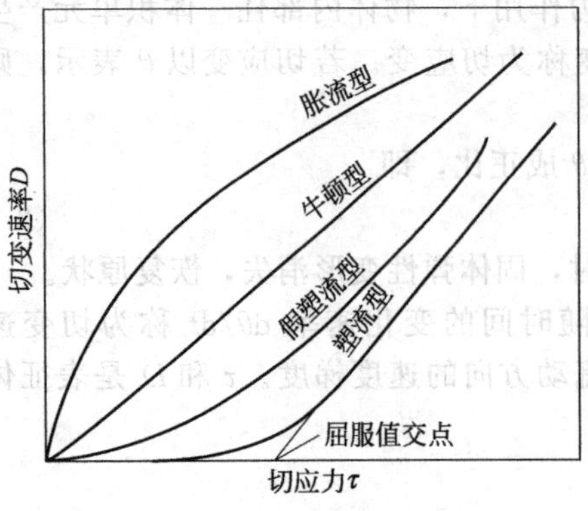

图 2.25　几种非时间依赖性流体流变曲线

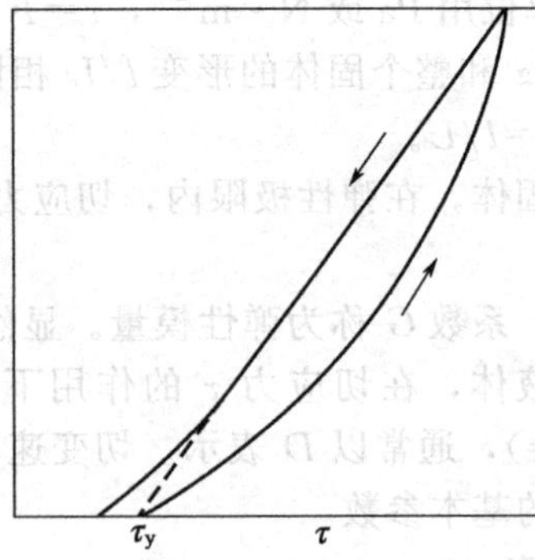

图 2.26　触变性流体流变曲线

图 2.27所示。实际塑性流体流变曲线复杂得多，不是简单地与 τ 轴直线相交的线，而是在某一切应力范围内，切速非直线变化。只有在 τ 达到某一数值 τ_m 后，才表现出线性关系。即在$\tau<\tau_m$时，τ-D 关系为曲线，此曲线可能交于原点，也可能交于 τ 轴的 τ_s 处。此时 τ-D 关系直线部分外延至 τ 轴的交点为屈服值 τ_c（参见图 2.28）。图 2.27 和图 2.28 中的η是表观黏度，即由 τ/D 决定的黏度，显然

$$\eta=\eta^{*}+\frac{\tau_c}{D}=\frac{\eta^{*}\tau}{\tau-\tau_c} \tag{2.67}$$

在塑性流体性质的体系中，分散相粒子浓度大。在体系静置时，粒子间可形成三维结构，屈服值 τ_c 的大小是此类结构强弱的表征。当切应力 τ 大于屈服值 τ_c 时，体系的三维结构完全破坏，成为与牛顿流体相似的流体，τ 与 D 间有直线关系。当切应力取消时，经过一定时间体系的三维结构又得以恢复。用通俗的话说，塑性体是“越搅越稀”，即用外力搅动时，力太小搅不动，力大到一定程度突然可以搅动，并随用力增大，体系黏度急剧减小。油漆、泥浆等均为塑性体。

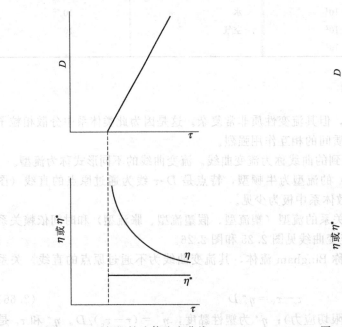

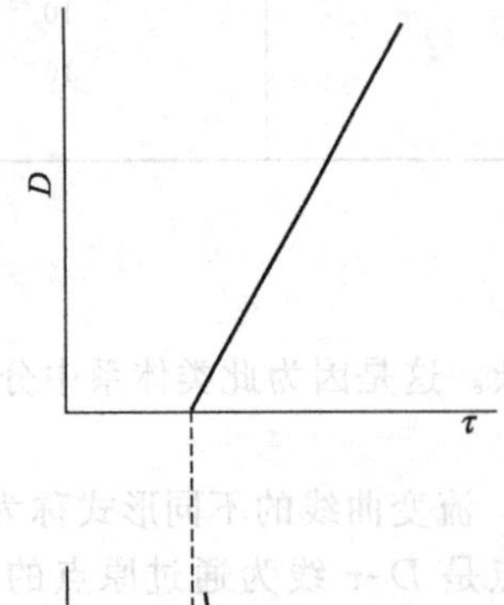

图 2.27　理想塑性流体流变曲线

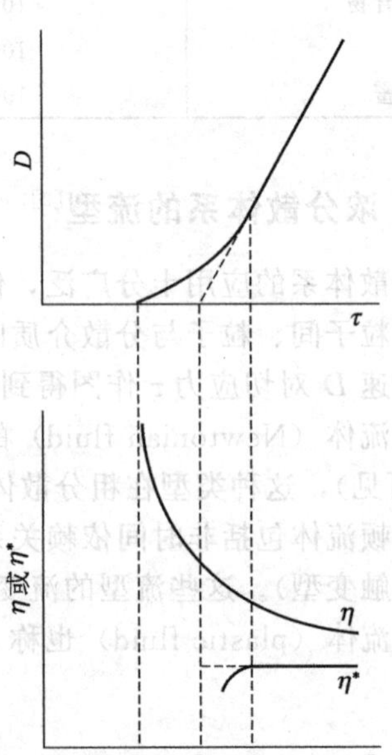

图 2.28　实际塑性流体流变曲线

假塑流型流体（pseudoplastic fluid）的流变曲线为通过原点凸向切应力轴的曲线（见图 2.25）。此曲线可用指数关系描述：

$$\tau = kD^n \quad (0<n<1) \tag{2.68}$$

羧甲基纤维素等大分子化合物水溶液、淀粉水悬浮体等为此种流型。由上式知，假塑流型流体的表观黏度应为

$$\eta = \frac{\tau}{D} = kD^{n-1} \tag{2.69}$$

根据此式知，因 $n<1$，表观黏度随 D 增大而减小。

胀流型流体（dilatant fluid）的流变曲线与假塑流型的相反，是一条凸向切速轴的通过原点的曲线。流变曲线虽仍可用式(2.67) 描述，但 $n>1$。胀流型流体的特点是表观黏度随切速 D 增大而增大。通俗地说是“越搅越稠”。胀流型流体组成条件苛刻，要求分散相的分散性能好、浓度大、浓度范围有较严格要求。胀流型的形成是在足够大的切应力作用下，高浓度分散相粒子相互拉扯，形成一定的松散结构，使流动阻力增大、黏度增加。淀粉-乙二醇糊状物、颜料的浓悬浮体等体系属此流型。

触变性流变曲线（图 2.26）与假塑流型和塑流型各有相似之处。此流体的特点是搅动时结构破坏成为流体，停止搅动后体系逐渐变稠形成凝胶。从开始搅动时体系结构的破坏到再次胶凝的过程与时间因素有关，此即为触变性（thixotropy）。形成触变性流体的分散相粒子大多为针状或片状的，这些粒子的边、棱可互相作用形成三维网状结构，使体系黏度增大。搅动时网状结构破坏，包容的分散介质析出，流动性增加。静置时又重新形成网状结构。一定浓度的泥浆、溶胶、油漆等有触变性。

各种流型的流体各有其实际用途。流体流型的测定可计算出表观黏度，并了解相应体系的结构特点和变化规律。

三、稀分散体系的黏度[1,2]

1. 与黏度有关的常用符号和术语

表 2.4 中列出与黏度有关的常用术语和符号。习惯上虽将这些术语冠以黏度之名，但它们均非黏度。表中，η_0 为纯溶剂的黏度；η 为溶液黏度；c 为质量浓度，单位一般用 g/100mL或 $kg \cdot L^{-1}$。相对黏度η_r 和增比黏度η_{sp}为无因次量，比浓黏度η_{sp}/c 和特性黏度的因次为浓度的倒数。

表 2.4 与黏度有关的常用术语、符号、含义和当分散相浓度为零时之极限值

符 号	基本形式	常用名称	IUPAC命名	含 义	$\lim\limits_{c\to 0}$
η	—	黏度 (viscosity)	—	—	η_0
η_r	η/η_0	相对黏度 (relative viscosity)	黏度比 (viscosity ratio)	溶液黏度与溶剂黏度之比	1
η_{sp}	η/η_0-1	增比黏度 (specific viscosity)	—	溶液黏度比溶剂黏度增加的百分数	0
$\eta_{red}, \eta_{sp/c}$	$(\eta/\eta_0-1)/c$	比浓黏度 (reduced viscosity)	黏数 (viscosity number)	单位浓度溶质对黏度的贡献	$[\eta]$
$[\eta]$	$\lim\limits_{c\to 0}\frac{\eta_{sp}}{c}$	特性黏度 (intrinsic viscosity)	极限黏数 (limiting viscosity number)	单个溶质分子对黏度的贡献	—

2. Einstein 黏度公式

在稀分散体系中，分散相粒子间无相互作用，分散体系无固定结构。这种体系的黏度服从 Einstein 公式：

$$\eta=\eta_0(1+\alpha\phi) \tag{2.70}$$

式中，η和η_0分别为分散体系和分散介质的黏度；α为粒子形状系数，球形粒子的$\alpha=2.5$，椭球形（长短轴比=4）粒子的$\alpha=4.8$，片状（宽厚比=12.5）粒子的$\alpha=5.3$；ϕ为在分散体系中分散相的体积分数。

对于刚性圆球粒子，分散介质为连续的和不可压缩的、能润湿粒子的液体，粒子间、层流间互不干扰的稀分散体系：

$$\eta=\eta_0(1+2.5\phi) \tag{2.71}$$

对于较浓的球形粒子体系：

$$\eta=\eta_0(1+2.5\phi+14.1\phi^2+\cdots) \tag{2.72}$$

对于分散相为液珠或气泡的体系：

$$\eta=\eta_0\left[1+2.5\frac{\eta_i+(2/5)\eta_0}{\eta_i+\eta_0}\right] \tag{2.73}$$

式中，η_i为液珠或气泡的黏度。

图 2.29 是对式(2.70) Einstein 公式的验证实例。图中实线为式(2.70) 的理论线（斜率=2.5），实验数据与理论线很一致。该实验选用粒子的半径较小且大小范围较窄，在分散体系中体积分数也小。

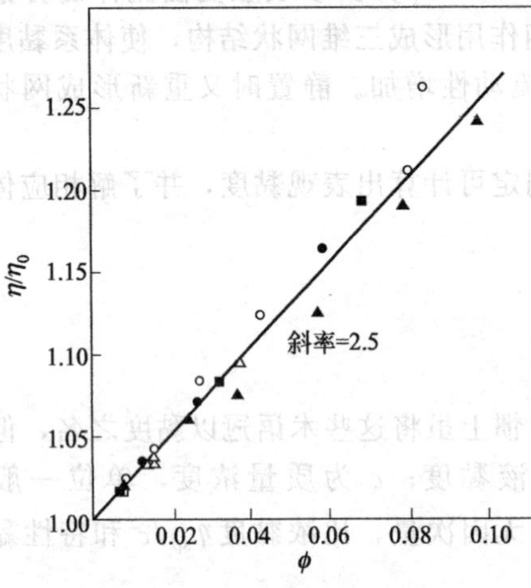

图 2.29 Einstein 公式的验证

方形点为半径 2.5μm 的酵母；圆形点为半径 4μm 的真菌；三角形点为半径 8.0μm 的玻璃珠。

空心点是用同心圆筒式黏度计测定，

实心点是用毛细管黏度计测定

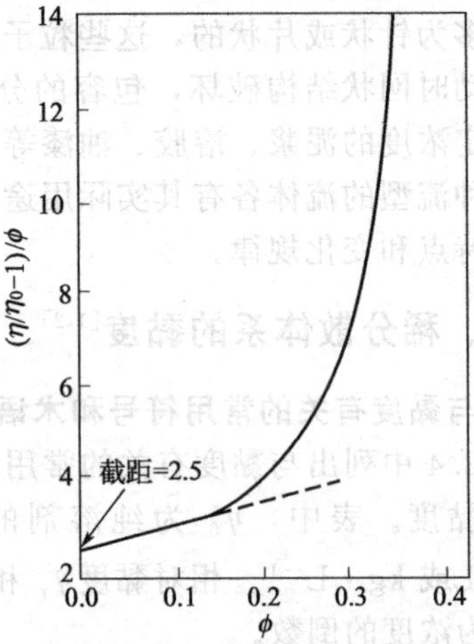

图 2.30 较浓的玻璃珠体系比浓黏度与体积分数关系图

当分散相体积分数大时对 Einstein 公式有明显的偏离。应用式(2.71) 可以扩大 Einstein 公式的适用范围。将式(2.71) 改写为下述形式

$$[(\eta/\eta_0)-1]/\phi=2.5+k_1\phi+\cdots \tag{2.74}$$

以$[(\eta/\eta_0)-1]/\phi$对ϕ作图应得直线，其截距应等于 2.5。图 2.30 是半径为6.5×10^{-3}cm 的玻璃珠体积比浓黏度与体积分数的关系图。由图可见，关系线之截距确为 2.5，但仅在ϕ小（$\phi<0.15$）时为直线。

在较浓分散体系中应用 Einstein 公式要注意：①分散相粒子可能偏离刚性圆球等假设；②粒子在介质中的流体动力学性质及它们之间的相互作用不可忽视。

在电场或磁场存在时，分散相粒子可有电偶极子或磁偶子的性质，导致分散体系形成某

种结构，Einstein 公式中的 α 可增大至 4，即

$$\eta=\eta_0(1+4\phi) \tag{2.75}$$

3. 粒子溶剂化对黏度的影响

当分散相粒子在介质中发生溶剂化时，溶剂化层随粒子一起运动，从而使粒子有效体积分数增大。溶剂化层包括吸附层和扩散双电层。溶剂化后粒子体积分数 $\phi_{溶剂化}$ 与不溶剂化的体积分数 ϕ 间有下述关系：

$$\phi_{溶剂化}=\phi\left(1+\frac{\delta}{a}\right)^3 \tag{2.76}$$

式中，δ 为溶剂化层厚度；a 为球形粒子本身半径。

当 $a\gg\delta$ 时，有

$$\phi_{溶剂化}=\phi\left(1+\frac{3\delta}{a}\right) \tag{2.77}$$

因而式(2.71) 应写为

$$\eta=\eta_0\left[1+2.5\phi\left(1+\frac{3\delta}{a}\right)\right] \tag{2.78}$$

由此可知溶剂化（及粒子的不对称性增大）可导致体系黏度增加。图 2.31 是蛋白质特性黏度 [η] 与其不对称程度（用轴比 a/b 表征）、水化量（水/蛋白质，质量比）的关系。图中等值线上的数字为 [η] 值。

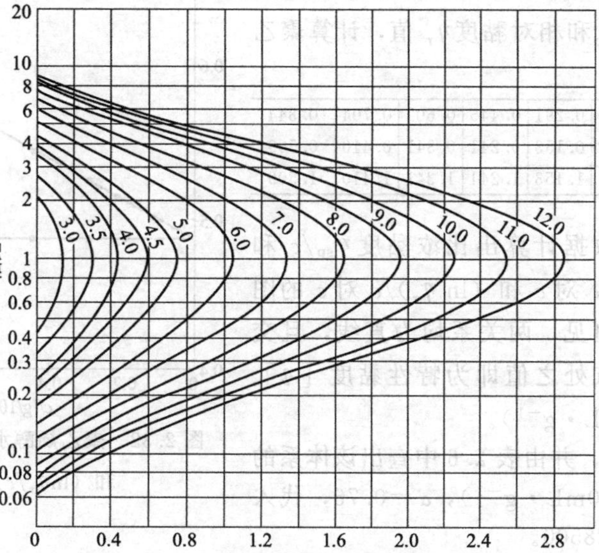

图 2.31　蛋白质水溶液的 [η] 与粒子轴比（a/b）及水化量的关系

4. 聚合物溶液黏度与分子量

聚合物稀溶液的黏度也常比纯溶剂的大得多。线型大分子稀溶液的比浓黏度 η_{sp}/c 随浓度的变化常为线性关系。当 $c\rightarrow 0$ 时，η_{sp}/c 趋于恒定值 [η]，[η] 即为特性黏度。

当浓度不大时，$\ln\eta_r/c$ 随浓度的变化也为直线关系，且当 $c\rightarrow 0$ 时 $\ln\eta_r/c$ 也为 [η]。即

$$[\eta]=\lim_{c\rightarrow 0}(\eta_{sp}/c)=\lim_{c\rightarrow 0}\frac{\ln\eta_r}{c} \tag{2.79}$$

因此，以 η_{sp}/c 或 $(\ln\eta_r)/c$ 对 c 作图可得两根斜率不同的直线，两直线在 η_{sp}/c 或 (ln

$\eta_r)/c$ 轴上交于一点，所得截距即为 $[\eta]$。特性黏度 $[\eta]$ 的单位为浓度的倒数。

在一定温度下，聚合物溶液的特性黏度 $[\eta]$ 与其分子量 M 有关：

$$[\eta]=KM^{\alpha} \tag{2.80}$$

式中，K 和 α 为体系特征常数，由聚合物、溶剂性剂及温度决定。α 值多在 0.5～1 间。表 2.5 中列出一些体系的 K、α 值。

表 2.5 一些聚合物稀溶液体系的 K、α 值

聚合物	溶剂	温度/℃	$K/10^{-3}\mathrm{cm^3\cdot g^{-1}}$	α
聚丙烯	环己酮	92	172	0.50
聚乙烯醇	水	25	20	0.76
聚氧乙烯	四氯化碳	25	62	0.64
聚甲基丙烯酸甲酯	丙酮	30	7.7	0.70
聚苯乙烯	甲苯	34	9.7	0.73
天然橡胶	苯	30	18.5	0.74
聚丙烯腈	二甲基甲酰胺	20	17.7	0.78
聚氯乙烯	四氢呋喃	20	3.63	0.92
聚乙烯钛酸酯	m-甲酚	25	0.77	0.95

【例 8】 今测得 25℃时不同浓度聚乙烯醇水溶液的增比黏度 η_{sp} 和相对黏度 η_r 值，计算聚乙烯醇分子量。

浓度/(g/100mL)	0.219	0.291	0.445	0.602	0.704	0.844
η_{sp}	0.112	0.153	0.241	0.341	0.410	0.509
η_r	1.112	1.153	1.241	1.341	1.410	1.509

解： 由所给数据计算出比浓黏度 η_{sp}/c 和 $(\ln\eta_r)/c$，作 η_{sp}/c 对 c 和 $(\ln\eta_r)/c$ 对 c 的图（图 2.32）。由图可见，两关系均为直线，且交纵轴于一点，交点处之值即为特性黏度 $[\eta]$。$[\eta]=0.486(100\mathrm{mL\cdot g^{-1}})$。

根据式(2.79)，并由表 2.6 中查出该体系的 $K=2.0\times10^{-4}(100\mathrm{mL\cdot g^{-1}})$，$\alpha=0.76$，代入式(2.79) 得 $M=28500$。

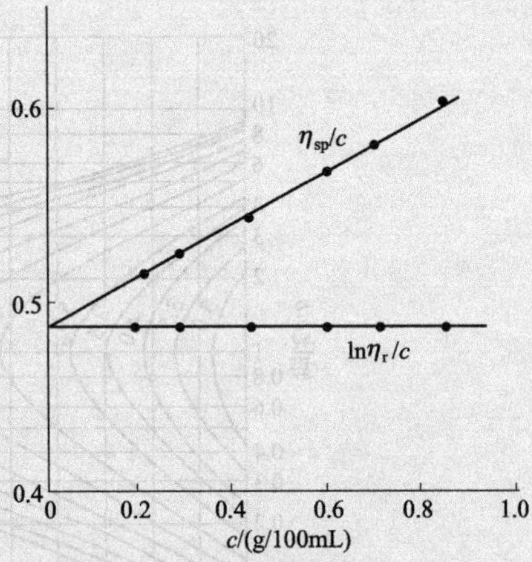

图 2.32 聚乙烯醇水溶液的 (η_{sp}/c)-c 和 $(\ln\eta_r/c)$-c 关系图

四、黏度的测量[1~3,5,21,22]

测定分散体系黏度的装置称为黏度计（viscometer）。用黏度计测定流体黏度的基本原理是设法测出切应力和相应的切变速率。为此，测定时要保证分散体系处于均匀受力状态。黏度计的种类很多，其中转筒式、毛细管式、锥板式最为常用。

1. 同心转筒式黏度计

转筒式黏度计（concentric cylinder viscometer）由两个同心圆筒构成，内筒可以是空心钟罩形的，也可以是密封筒状的。两筒中一筒转动，称为转子；另一筒固定，称为定子。图 2.33 为一种带有钟罩状定子的转筒式黏度计。图 2.34 为内筒为转子的转筒式黏度计用重物带动内筒转动的示意图。

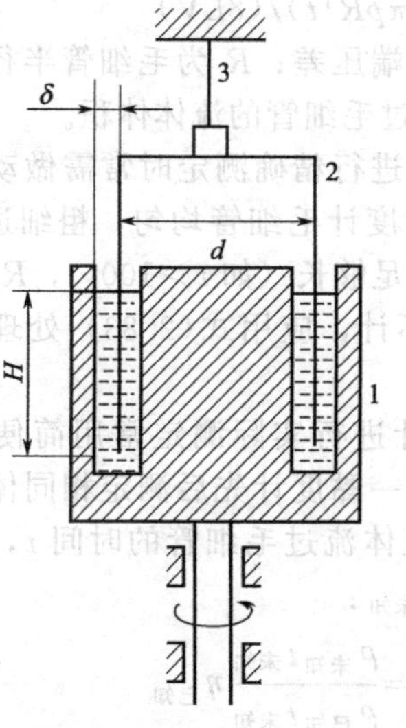

图 2.33　带有钟罩状定子的转筒式黏度计
1—转子；2—定子；3—扭力丝

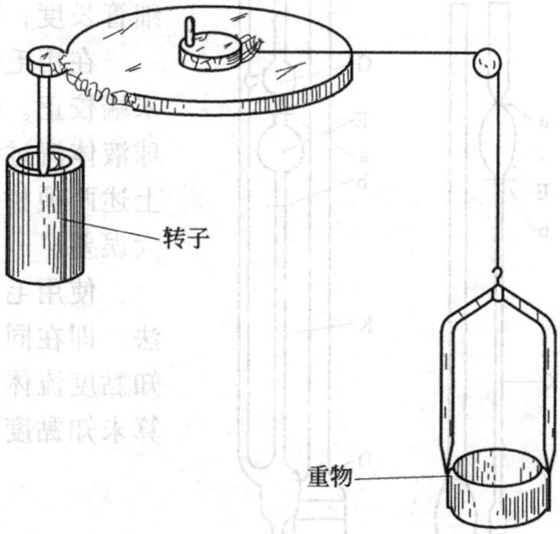

图 2.34　用重物带动内筒转动的示意图

现以图 2.33 所示黏度计为例说明切应力 τ 和切速 D 的测定。将待测流体倒入定子与转子的空隙中。定子外壁与转子凹槽外壁间的距离及定子内壁与转子凹槽内壁间的距离均为 δ。切应力 τ 根据转动时扭力丝偏转角度及其弹性模量求出。当定子直径 d 远大于定子壁的厚度和间隙 δ 时，有下述关系存在：

$$\tau = M/(\pi d^2 H) \tag{2.81}$$

$$D = (\pi d \Omega)/\delta \tag{2.82}$$

式中，H 是定子浸入流体中的深度；Ω 是每分钟转子转数（转速）；M 是转矩。此类结构的黏度计适用于转子做低速或中速转动时的研究。在高速转动时高离心力场可使在空隙中的流体产生蜂窝状流动，破坏流体的均匀变形。因此，高转速时要应用只有外空隙的转筒式黏度计。

转筒式黏度计中转子与定子相对的端面间流体的阻力大，常须加大距离，为此有时将转子或定子端面做成圆锥形的。

在转筒式黏度计中，流体的黏度 η、转子转速 Ω 和使转子达到转速 Ω 时所施加的重物质量 m 间有下述关系：

$$\eta = (km)/\Omega \tag{2.83}$$

式中，k 为仪器常数，与转子的几何尺寸、转子与定子间间隙大小及筒的结构有关。

实际应用转筒式黏度计测定黏度常采用相对方法，即用已知黏度的流体测出仪器常数 k，再将此常数用于未知黏度流体黏度的测定。

常用的转筒式黏度计有 Stormer 黏度计等。这类黏度计适用于研究非牛顿流体。

2. 毛细管式黏度计

常用的毛细管式黏度计（capillary viscometer）有奥式（Ostwald）和乌式（Ubbelohde）两种，结构如图 2.35 所示。

奥式黏度计由储液球 E、F 和毛细管 K 组成。乌式黏度计除有储液球 E、F 和毛细管 K 外，增加储液球 G、支管 C。支管 C 与球体 D 连接。此种黏度计之优点是球 E 中液体流经毛细管 K 中的时间与液体总量无关，且液体可方便地在储球 F 中稀释。

毛细管式黏度计测定流体黏度的理论公式是 Poiseuille 公式：

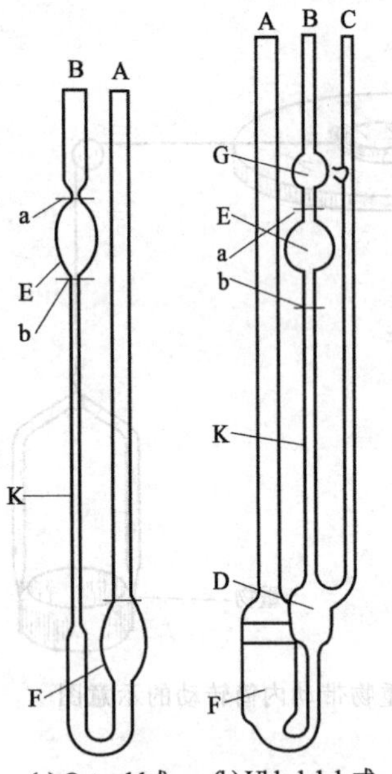

(a) Ostwald式　(b) Ubbelohde式

图 2.35　毛细管式黏度计

$$\eta=(\pi pR^4t)/(8LV) \tag{2.84}$$

式中，p 是毛细管两端压差；R 为毛细管半径；L 为毛细管长度；V 是 t 时间流过毛细管的流体体积。

在用毛细管式黏度计进行精确测定时常需做动能校正和末端校正。但当选用的黏度计毛细管均匀，粗细适宜，使E球液体流过毛细管的时间足够长（如 $t>100$s），$R/L\ll 1$ 时，上述两项校正可以忽略不计，应用式(2.83) 处理不会有很大误差。

使用毛细管式黏度计进行实际测定常用简便的相对方法，即在同一条件下用同一黏度计先后测定相同体积的一已知黏度流体和未知黏度流体流过毛细管的时间 t，用下式计算未知黏度流体的黏度 $\eta_{未知}$：

$$\eta_{未知}=\frac{\rho_{未知}t_{未知}}{\rho_{已知}t_{未知}}\eta_{已知} \tag{2.85}$$

式中，ρ 为相应流体的密度，若为稀溶液，用纯溶剂密度不致有很大误差。

毛细管式黏度计仪器简单，操作方便，精确度高，大多用于牛顿流体的测定。

3. 锥板式黏度计

图 2.36 是锥板式黏度计（cone and plate viscometer）结构示意图。该仪器由一平板和一圆锥体组成，锥顶端刚好与平板接触，锥面与平板面夹角 ϕ 极小（0.5°～2°），试液填充于锥-板夹缝中。设圆锥体以 Ω 角速度旋转，在夹缝中 A 点处之半径为 r，其线速度为 $v=\Omega r$。A 处之夹缝宽度为 $r\tan\phi$。故 A 点之切速 D 为

$$D=\frac{\Omega r}{r\tan\phi}=\Omega/\tan\phi \tag{2.86}$$

由此式知，D 与 r 无关，即夹缝中任一处之 D 均相等。

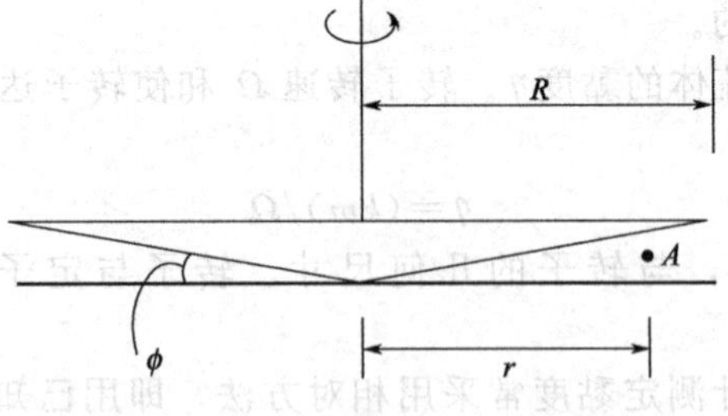

图 2.36　锥板式黏度计结构示意图

由于 ϕ 很小，故 $\tan\phi\approx\phi$，式(2.85) 可写为

$$D=\Omega/\phi \tag{2.87}$$

由于切速 D 是切应力 τ 的函数，即 $D=f(c)$，故 τ 也与 r 无关。因而转矩 T 为

$$T=2\pi\tau\int_0^R r^2\,\mathrm{d}r=\frac{2}{3}\pi R^3\tau \tag{2.88}$$

$$\tau=3T/(2\pi R^3) \tag{2.89}$$

已知，牛顿流体 $\tau=\eta D$，则

$$\tau=\eta\Omega/\phi \tag{2.90}$$

将式(2.89)代入式(2.87)，立得

$$T=\frac{2\pi R^3}{3\phi}\eta\Omega=K\ \eta D \tag{2.91}$$

或

$$\eta=\left(\frac{3T}{2\pi R^3}\right)\Big/\left(\frac{\Omega}{\phi}\right) \tag{2.92}$$

实验测得不同角速度 Ω 时的转矩 T，即可依式(2.91)求出 η；以 Ω/ϕ 对 $3T/(2\pi R^3)$ 作图即为流变曲线。

第五节 胶体稳定性

一、疏液胶体的稳定性

胶体体系一般分为亲液胶体与疏液胶体。前者为热力学稳定体系，即在常规条件下，即使加入少量其他物质体系的稳定性也不会破坏；而疏液胶体是热力学不稳定体系，有自发破坏的本能，即分散相粒子相互吸引而自发聚集。加入某些稳定剂只能使疏液胶体有相对的稳定性。因此，一般来说胶体稳定性多指疏液胶体体系而言。

胶体体系加入某些电解质、改变温度、加入一定浓度的大分子化合物等可使分散相粒子聚集成可分离的沉淀物。这一过程称为聚沉或絮凝，形成的沉淀物称为聚沉物（coagulum）或絮凝物（floc）。聚集、聚结、聚沉、絮凝等术语在物理意义上没有严格明确的区别。习惯上一般认为聚沉形成的聚集体较为紧密，易分离，不易重新分散；絮凝形成的聚集体较松散，不易分离，易重新分散。聚沉和絮凝也可笼统地称为聚集（aggregation）。也有人将因无机电解质加入引起的聚集称为聚沉（coagulation），将加入大分子化合物引起的聚集称为絮凝（flocculation）。

二、临界聚沉浓度与 Schulze-Hardy 规则[2]

1. 临界聚沉浓度

疏液胶体可因多种原因而带有某种符号的电荷。在一定时间内引起疏液胶体有明显变化（如变浑浊，颜色改变，生成沉淀物等）所需加入的惰性电解质的最小浓度称为该胶体的临界聚沉浓度（critical coagulation concentration，CCC）或聚沉值（coagulation value），单位常用 $mmol\cdot L^{-1}$。

2. Schulze-Hardy 规则

临界聚沉浓度 CCC 除与体系中胶体粒子浓度、反离子大小、电解质加入方式和加入时间等因素有关外，主要由反离子的价数决定，反离子价数越高，CCC 越小，CCC 与反离子价数的 6 次方成反比。此即 Schulze-Hardy 规则。对于荷负电胶体粒子：

$$M^{+}:M^{2+}:M^{3+}=(1)^6:(1/2)^6:(1/3)^6$$

式中括号中的分母即为反离子的价数。

一般来说，在其他条件相同时，一价反离子的 CCC 值约在 25～150 间，二价反离子的在 0.5～2 间，三价反离子的在 0.01～0.1 间。

同价反离子的 CCC 值虽较为接近，但也略有不同。如

$$Li^{+}>Na^{+}>K^{+}>NH_4^{+}>Rb^{+}>Cs^{+}$$

$$Mg^{2+}>Ca^{2+}>Sr^{2+}>Ba^{2+}$$

$$SCN^- > I^- > NO_3^- > Br^- > Cl^- > F^- > Ac^-$$

这一顺序与它们水合离子半径由大到小的顺序大致相同。这一顺序称为感胶离子序（lyotropic series）。

3. 不规则聚沉

有些溶胶加入少量电解质时发生聚沉；电解质量增加沉淀物又分散为溶胶；再增加电解质量又再发生聚沉，这种现象称为不规则聚沉。图 2.37 是向带正电荷胶体体系中加入高价反离子时的不规则聚沉示意图。图中 c 轴为反离子浓度。发生不规则聚沉是由于在第一次聚沉后，增加反离子浓度使聚沉的松散粒子吸附大离子或高价反离子而重新带有反离子的电荷（与原胶体粒子带电符号相反）。继续提高电解质浓度，与新带电符号相反的离子起反离子作用，又使溶胶聚沉。

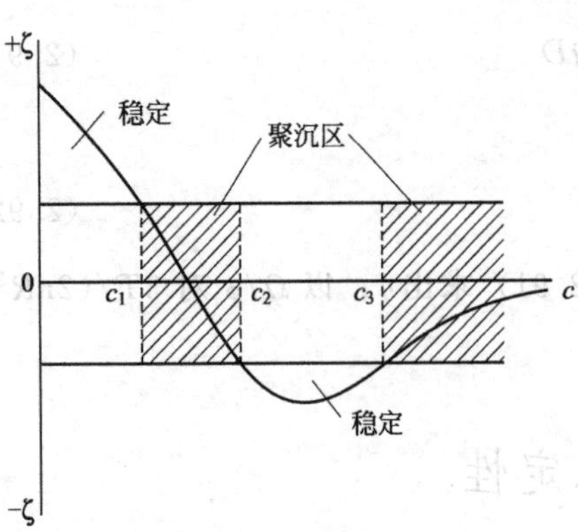

图 2.37　不规则聚沉示意图

三、DLVO 理论[2,3]

20 世纪 40 年代，苏联物理化学家 B. V. Derjaguin 和 L. D. Landau[23]，荷兰物理化学家 E. J. W. Verwey 和 J. Th. G. Overbeek[24] 分别独立提出疏液胶体稳定性理论，称为 DLVO 理论。该理论认为，疏液胶体粒子间既有因粒子带电形成的扩散双电层交联时产生的静电排斥作用，又有粒子间 van der Waals 力相互吸引作用，此两作用均与粒子间距离有关。当粒子间的排斥能大于吸引能时，胶体体系稳定；当吸引能大于排斥能时，粒子发生聚集，体系稳定性破坏。粒子表面溶剂化层的形成有利于提高稳定性，加入反离子，压缩双电层利于粒子聚集。粒子间总作用能 $U(h)$ 为排斥能 $U_i(h)$ 与吸引能 $U_m(h)$ 之和，即 $U(h)=U_i(h)+U_m(h)$，(h) 表示是距离为 h 的函数。

带电表面间的静电排斥作用与粒子 Stern 电势 φ_δ、扩散双电层厚度的倒数 κ、粒子间距离 h、介质介电常数等有关。对于半径为 a 的强荷电表面，排斥能 U_i 为

$$U_i=32\varepsilon\varepsilon_0\left(\frac{kT}{ze}\right)^2\pi a\left[\frac{\exp(\Psi/2)-1}{\exp(\Psi/2)+1}\right]^2\exp(-\kappa h) \tag{2.93}$$

式中，z 为离子价数；e 为电子电荷；k 为 Bolfzmann 常数；T 为热力学温度；$\Psi=ze\varphi_\delta/(kT)$；$\varepsilon$ 为相对介电常数；$\varepsilon_0=8.85\times10^{-12}\,F\cdot m^{-1}$。

粒子间的 van der Waals 吸引作用可用 Hamaker 的方法处理。这一方法认为，粒子间的相互吸引作用是组成粒子的各原子（分子）对的相互作用的加和。对于半径为 a、相距 h 的球形粒子相互吸引能 U_m 为：

$$U_m=-\frac{Aa}{12h} \tag{2.94}$$

常数 A 称为 Hamaker 常数，可由物质的某些基本物理常数计算。表 2.6 列出几种物质的 Hamaker 常数 A，由表可知大部分物质的 A 值约在 $10^{-19}\sim10^{-20}$ J 间。

表 2.6　几种物质的 Hamaker 常数 A

物　质	$A/10^{-20}$J	物　质	$A/10^{-20}$J
丙酮	4.2	天然橡胶	8.58
氧化铝	15.4	聚苯乙烯	7.8～9.8
金	45.3	银	39.8
氧化镁	10.5	甲苯	5.4
金属	16～45	水	4.35

球形粒子间总作用应为U_i与U_m之和。将式(2.92)和式(2.93)加和，得

$$U=U_i+U_m=32\varepsilon\varepsilon_0\left(\frac{kT}{ze}\right)^2\pi a\left[\frac{\exp(\Psi/2)-1}{\exp(\Psi/2)+1}\right]^2\exp(-\kappa h)-\frac{Aa}{12h} \tag{2.95}$$

由式(2.94)可知，随粒子间距离h增大，U_i和U_m均减小，但U_i随h增大成指数减小。由式(2.93)可知，随h减小U_m绝对值无限增加。自式(2.92)可知，随h减小U_i趋于一极限值。因此，当h很小时吸引大于排斥，U为负值；随h增大U_m和U_i均减小，但U_i减小的更快些，故U也是负值；h再增大，U将趋于零。当h与双电层厚度近于同数量级时，U_i可能大于U_m。因而在U-h图上出现峰值（势垒）。若势垒值足够大，可阻止粒子进一步接近，使聚沉不能发生。有的体系在任何h时U_m总大于U_i，粒子相互吸引无任何障碍，这类体系极不稳定，很快聚沉。当粒子间距h很小时，吸引能U_m大于排斥能U_i；当粒子再接近至电子云发生重叠，排斥能U_i急剧增大，总作用能U又增大为正值。图2.38是总作用能U与粒子间距h关系曲线，其中有两个势能极小值，在此处发生聚沉。在第二极小值时势能谷浅，聚沉生成的聚集体易分散，在第一极小值生成的沉淀物紧密且稳定，不易分散。

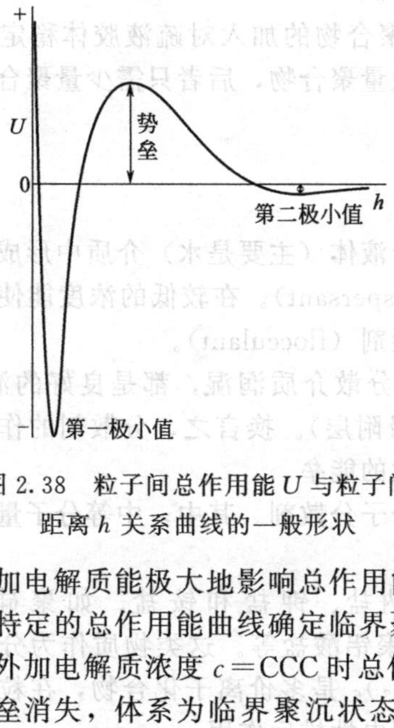

图2.38 粒子间总作用能U与粒子间距离h关系曲线的一般形状

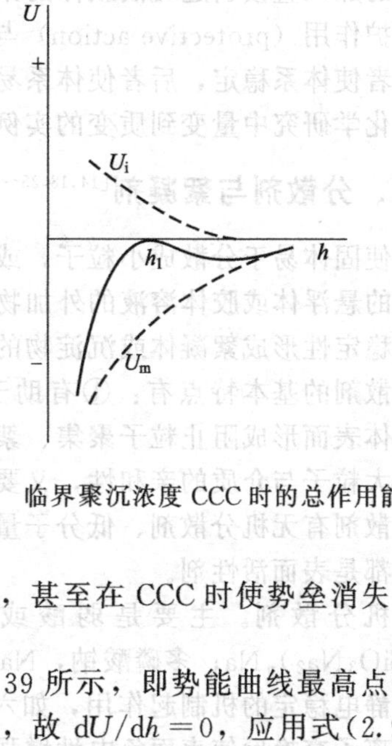

图2.39 临界聚沉浓度CCC时的总作用能曲线

外加电解质能极大地影响总作用能曲线，降低势垒，甚至在CCC时使势垒消失。因此可根据特定的总作用能曲线确定临界聚沉浓度。

当外加电解质浓度c=CCC时总作用能曲线如图2.39所示，即势能曲线最高点势能为零，势垒消失，体系为临界聚沉状态。由于此时$U=0$，故$dU/dh=0$，应用式(2.94)求解，得

$$\mathrm{CCC}=K\frac{(4\pi\varepsilon\varepsilon_0)^3kT}{A^2(ze)^2}\left[\frac{\exp(\Psi/2)-1}{\exp(\Psi/2)+1}\right]^4 \tag{2.96}$$

式中，K为常数。

由式(2.95)可知，当$\left[\frac{\exp(\Psi/2)-1}{\exp(\Psi/2)+1}\right]$趋近于1时，CCC与反离子价数$z$的6次方成反比，此即Schulze-Hardy规则。同时由上式也知CCC与介电常数的3次方成正比。

四、聚合物对疏液胶体的稳定与絮凝作用

1. 空间稳定作用

在疏液胶体中加入一定浓度的聚合物（或非离子型表面活性剂）虽常使粒子的电动电势降低，但体系稳定性却能提高。这是因为聚合物在粒子表面吸附时，大分子的部分链节留在

介质中形成空间位垒，从而使体系稳定。一般来说，聚合物吸附层越厚、聚合物分子与介质的亲和性越强稳定效果越好。这种因聚合物吸附而使疏液胶体稳定性提高的作用称为空间稳定作用（steric stabilization）。

对空间稳定作用的解释有下面几种。

(1) 体积限制效应　吸附聚合物的粒子相碰撞时，吸附层被压缩。若各粒子吸附层中的分子互不交叉。只是接触处分子发生变形，聚合物构型数减少，构型熵降低，体系自由能增加，粒子间排斥作用增强。

(2) 混合效应　若带有吸附层的粒子接触时，聚合物分子互相渗透、交叉，类似于不同浓度聚合物溶液的混合。如果这一过程熵变、焓变引起的自由能增大，粒子将互相排斥，使体系稳定，聚合物吸附层起保护作用；若自由能减小，粒子相互相吸引，稳定性破坏，发生絮凝作用。

2. 絮凝作用

当向疏液胶体中加入低于能使其稳定所需的聚合物数量时，聚合物不仅不能使胶体稳定，而且能使体系的临界聚沉浓度降低。这种作用称为敏化作用（sensitization）。有时少量聚合物的加入直接引起疏液胶体的聚沉，称为絮凝作用。

保护作用（protective action）与敏化作用都是指聚合物的加入对疏液胶体稳定性的影响。前者使体系稳定，后者使体系易聚沉；前者需较大量聚合物，后者只需少量聚合物。这是胶体化学研究中量变到质变的实例之一。

五、分散剂与絮凝剂[14,18,25～27]

能使固体易于分散成小粒子，或使粒子易于分散于液体（主要是水）介质中形成有一定稳定性的悬浮体或胶体溶液的外加物质称为分散剂（dispersant）。在较低的浓度能使分散体系失去稳定性形成絮凝体或沉淀物的外加物质称为絮凝剂（flocculant）。

分散剂的基本特点有：①有助于固体粒子表面被分散介质润湿，都是良好的润湿剂；②在固体表面形成阻止粒子聚集、絮凝的表面结构（吸附层）。换言之，分散剂的作用在于既能增大粒子与介质的亲和性，又要使粒子间有足够大的能垒。

分散剂有无机分散剂、低分子量有机分散剂和高分子分散剂。其中，中等分子量的有机分散剂都是表面活性剂。

无机分散剂。主要是弱酸或中等强度酸的钠盐、钾盐和铵盐。如聚硅酸钠，$NaO(SiO_3Na_2)_nNa$；多磷酸钠，$NaO(PO_3Na)_nNa$；聚铝酸盐等。这类物质作为分散剂主要是以静电稳定的机制起作用，如六偏磷酸钠（$NaPO_3$）$_6$ 是多价离子化合物，在粒子表面可进行离子交换后使表面负电性增强，从而加大粒子间电性排斥作用。

低分子量有机分散剂。主要是指各种类型的表面活性剂，如直链烷基苯磺酸盐（LAS）、SDS、亚甲基萘磺酸钠、木质素磺酸盐、聚丙烯酸钠，Tween 型、烷基酚聚氧乙烯醚型、脂肪醇聚氧乙烯醚、聚氧乙烯脂肪酸酯、钛酸酯等。这些分散剂有的依靠在粒子上吸附后引起表面电性质变化（离子型表面活性剂），有的是在粒子表面形成亲水基团的水化层（非离子型表面活性剂）以达到分散作用。

高分子分散剂。既有合成的聚乙烯醇，聚甲基丙烯酸等，也有天然产物磷脂等。实际应用的高分子分散剂的相对分子质量多在 1000～10000，分子结构特点是既有能与粒子表面结合的锚固基团，又有与介质亲和性好的易溶剂化的亲介质链节。从而可形成空间位阻起到分散稳定作用。

絮凝剂主要应用于使水中有害或无益物质的聚集并便于分离。

絮凝剂主要有无机和有机絮凝剂两大类。无机絮凝剂又可分为低分子量的和大分子量的两种。有机絮凝剂又有天然的与合成的之分。较细致的内容参见第八章第六节的常用絮凝剂部分。

无机和有机絮凝剂能使分散相粒子失稳和聚集的原因如下。

(1) 电性中和作用　带有电荷的粒子因电性排斥作用而不易聚集。能在水中解离的无机和有机絮凝剂，形成的与粒子带电符号相反的反离子向粒子表面扩散，压缩双电层，甚至使粒子表面电性中和，从而粒子间静电斥力减小或消失，进而粒子可因 van der Waals 引力作用而聚集，使体系稳定性破坏。有些无机絮凝剂在水中发生电离和水解，既能生成带电粒子的反离子，又可能形成新的胶体粒子，这些新粒子的带电符号可能与絮凝胶体粒子带电符号相反，也可发生电性中和，从而使体系失稳。如铝盐水解生成 $Al(OH)_3$ 粒子常带正电荷，可以使负电粒子絮凝。

(2) 桥连絮凝作用 (bridging flocculation)　高分子絮凝剂的长碳链以不同链节吸附多个粒子，像架桥一样将这些本因电性排斥不易聚集的粒子结合起来，这种作用称为桥连絮凝作用。高分子絮凝剂分子量越大对发生桥连絮凝作用越有利。桥连絮凝作用与敏化作用是同一事物的两种说法，前者着眼于过程，后者强调的是效果。由此可知桥连絮凝作用也是在絮凝剂浓度低时发生，并且与絮凝剂的类型、介质 pH、温度等因素有关。例如，硫酸铝和聚合铝的适用范围虽均为 pH＝6～8.5，但聚合铝适用范围更宽些，且其最佳适用 pH 比硫酸铝的高（图 2.40）。介质 pH 对絮凝作用的影响是由于一方面 pH 不同时胶体粒子表面电荷密度有变化，从而影响与反离子的电性作用；另一方面也影响絮凝剂的电离与水解。

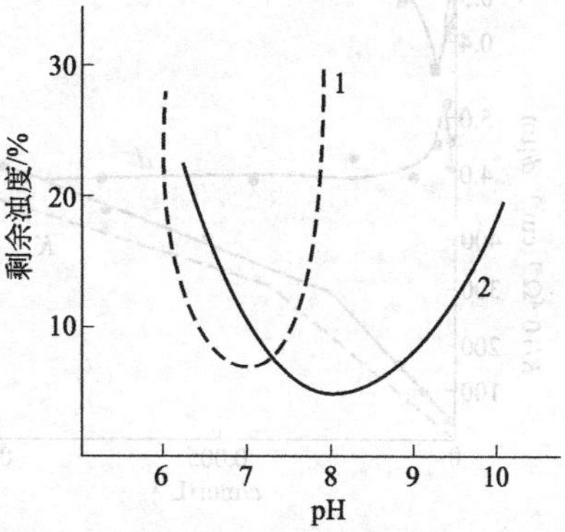

图 2.40　硫酸铝 (1) 和聚合铝 (2) 适宜应用的 pH 范围比较

无机高分子絮凝剂和有机高分子絮凝剂单独应用对不同体系各有优劣。一般来说，无机高分子絮凝剂处理无机粒子体系效果较好，有机高分子絮凝剂对一般固体粒子和油污粒子体系均可应用。将二者复合使用有时效果更好，且可降低用量和成本。

正如一切事物都遵守量变到质变的法则一样，在应用某些絮凝剂时，浓度不同可能有完全不同的效果。在较低浓度使用可以起絮凝剂作用（有絮凝体或沉淀物生成）；在较大浓度可能起到分散作用（使分散体系稳定性增大）。因此，即使应用公认的絮凝剂时也要结合实际研究体系进行细心实验，选择最佳条件，以达到理想的絮凝效果。

从另一角度讨论，有机高分子类分散剂与絮凝剂都是表面活性剂，都有降低各种表(界)面张力的能力，都是润湿剂、渗透剂。有时只有在相对于不同体系和具体实验条件才能确定其适于作分散剂或絮凝剂。因而，一种表面活性既可能用做分散剂，也可能在另一体系和实验条件下用做絮凝剂。这是我们应特别注意的。

六、胶体稳定性的研究方法[7,16,26]

研究胶体稳定性没有标准方法。文献报道的研究结果都是根据具体的实验体系和明确感兴趣的待测性质，选择适宜的物理化学手段进行测试，从所得结果中分析体系稳定性变化，探索发生变化的原因。因此，可以说几乎所有胶体基本性质变化的测试手段在研究胶体稳定性时均可能采用。例如，用在重力场或离心力场中的沉降分析方法可以测出在各种实际条件下分散相粒子大小的变化以推测体系稳定性的变化；用电泳法测定粒子电动电势以判断体系的稳定性；用光散射法测定粒子大小及分布，用电镜直接测定粒子大小以了解体系的稳定性；用分光光度法或浊度测定法测定不同条件下悬浮体光密度或浊度的变化研究体系的稳定性等。

【例 9】 图 2.41 是用多种手段研究表面活性剂十四烷基氯化吡啶（TPC）对 4A 沸石水悬浮体稳定性的影响[28]。图中 D 线是悬浮体光密度与 TPC 浓度关系，此线表明在 TPC 浓度很低时（约 4×10^{-4} $mol\cdot L^{-1}$）光密度有极小值，即体系最不稳定。将 D 线与吸附等温线（Γ 线）和电泳淌度线（$U_{淌}$ 线）比较，恰在 D 线出现最低点（即体系最不稳定）时，$U_{淌}=0$，TPC 吸附量约为极限吸附量之半。这就是说，在等电点附近悬浮体最不稳定。但是，只要 $U_{淌}\neq0$，且有一定的大小，无论是正或负值，均说明粒子带有电荷，因同号电荷粒子静电排斥作用使体系均有一定的稳定性。粒子平均大小的测定结果（d 线）表明，在 TPC 浓度约为 $4\times10^{-4}mol\cdot L^{-1}$（即体系最不稳定）时，$d$ 有最大值（d 由 4.2μm 增至 5.4μm），这与此时体系中粒子易聚集有关。电导测定结果（K 线）表明，该体系稳定性与电导无明确关系。这可能是因为电导主要由小离子浓度决定，粒子粒径大，即使带电也难有贡献。图中实线为含 4A 沸石体系、虚线为不含沸石体系的关系线，虚线折点处浓度应为 TPC 的 CMC 值，实线折点处浓度较虚线折点处浓度降低是因为 4A 沸石存在的缘故。本例实验方法：吸附等温线测定用常规溶液吸附法，TPC 浓度用紫外可见分光光度计测定[5]；电泳淌度用显微电泳仪测定[5]；悬浮体光密度用分光光度计测定[16]；粒子平均大小用粒度分析仪测定[5]；电导率用电导仪测定[5]。

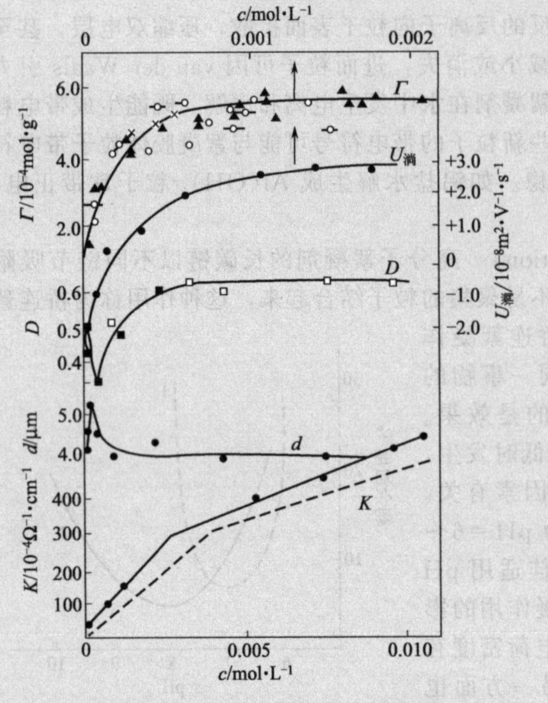

图 2.41　4A 沸石自水中吸附 TPC 的等温线（Γ 线）及 4A 沸石粒子电泳淌度（$U_{淌}$ 线）、粒子平均大小（d 线）、悬浮体光密度（D 线）和电导（K 线）与 TPC 浓度关系图

参考文献

[1] 周祖康，顾惕人，马季铭. 胶体化学基础. 北京：北京大学出版社，1987.
[2] 赵振国. 胶体与界面化学——概要、演算与习题. 北京：化学工业出版社，2004.
[3] Hiemenz P C，Rajagopalan R. Principles of Colloid and Surface Chemistry. 3rd ed. New York：Marcel Dekker，1997.
[4] 北京大学化学系物理化学教研室. 物理化学实验. 北京：北京大学出版社，1985.
[5] 北京大学化学系胶体化学教研室. 胶体与界面化学实验. 北京：北京大学出版社，1993.
[6] 高月英，戴乐蓉，程虎民. 物理化学. 北京：北京大学出版社，2000.
[7] 侯新朴，武凤兰，刘艳. 药学中的胶体化学. 北京：化学工业出版社，2006.
[8] Adamson A W. A Textbook of Physical Chemistry. New York：Academic Press，1973.
[9] 刘茉娥. 膜分离技术应用手册. 北京：化学工业出版社，2001.
[10] 周祖康. 化学通报，1986，(10)：34.
[11] 杨文治主编. 物理化学实验技术. 北京：北京大学出版社，1992.
[12] Pecora R，et al. Dynamic Light Scattering，Application of Photon Correlation Spectroscopy. New York：Plenum，1985.

[13] Захарченко ВН. Коллоидная химия. Москва：Высшая школа，1989.
[14] 赵振国. 吸附作用应用原理. 北京：化学工业出版社，2005.
[15] 卢寿慈，翁达. 界面分选原理及应用. 北京：冶金工业出版社，1992.
[16] 赵振国，钱程，王青等. 应用化学，1998，15(6)：6.
[17] Kitahara A，Watanabe A，界面电现象. 邓彤，赵学范译. 北京：北京大学出版社，1992.
[18] 汪祖模. 水质稳定剂. 上海：华东化工学院出版社，1991.
[19] 杨根元，金瑞祥，应武林. 实用仪器分析. 北京：北京大学出版社，1997.
[20] 中山大学生物系生化微生物学教研室. 生化技术导论. 北京：人民教育出版社，1978.
[21] 郑忠. 胶体科学导论. 北京：高等教育出版社，1989.
[22] 弗歇尔 E K. 胶态分散体. 徐日新译. 北京：中国工业出版社，1965.
[23] Derjaguin B V，Landau L D. Acta Phys Chim，URSS，1941，14：633.
[24] Verwey E J W，Overbeek J Th G. Theory of the Stability of Lyophobic Colloids. New York：Elsevier，1948.
[25] 常青，傅金镒，郦兆龙. 絮凝原理. 兰州：兰州大学出版社，1993.
[26] 肖进新，赵振国. 表面活性剂应用原理（第二版）. 北京：化学工业出版社，2015.
[27] Todros，Th F. Surfactants. London：Aeademic Press. 1984.
[28] 赵振国. 精细化工，1992，9(5，6)：76.

习题

1. 计算蔗糖和氯化钠在浓度为 0.8g・kg^{-1}时的渗透压。已知两溶液的温度为 298K，水的密度为 1000g・dm^{-3}。计算时用范特霍夫方程。（答：蔗糖渗透压＝1.95×10^6 Pa。氯化钠渗透压＝3.90×10^6 Pa）

2. 道南平衡形成后，分离负电聚电解质和氯化钠溶液的膜电势为 45mV（聚电解质溶液电势较低）。计算两溶液中钠离子浓度的关系。（答：$c_2/c_1=0.173$）

3. 上题中若聚电解质浓度是 0.2mol・L^{-1}，另一边钠离子浓度是 3mol・L^{-1}。问聚电解质带电荷数是多少。（答：$Z=-143$）

4. 计算悬浮于 25℃的水中，半径为 0.1μm 的球形质点因布朗运动沿某一方向 1min 内的平均位移（均方根位移）。

5. 在 KI 过量时制备的碘化银溶胶，用 U 型管电泳仪测得数据如下：电极间距离 35cm，界面移动时间 30min，移动距离 19.1mm，两电极间电压 200V，辅助液黏度 0.001Pa・s。计算胶体粒子的电动电势 ζ。（答：电动电势 ζ＝－25.8mV）

6. 用转筒式黏度计测得 85％甘油、1％羧甲基纤维素水溶液、34％白土水泥浆、44％淀粉-乙二醇分散体系的施加重物质量 W 和相应转子转速 N 的实验数据如下：

体系							
85％甘油体系	W/g	20.0	50.0	100	150	200	
	N/rpm	21.8	57.5	117	179	235	
1％羧甲基纤维素体系	W/g	50.0	100	150	200	250	300
	N/rpm	43.8	111	200	312	445	587
34％白土水泥浆体系	W/g	460	480	500	520	540	
	N/rpm	92.4	204	324	453	572	
44％淀粉-乙二醇体系	W/g	20	50	100	200	300	400
	N/rpm	11.1	25.0	41.3	72.0	95.1	113.2

作 N 对 W 图，判断各体系的流型。求黏度计的仪器常数。计算各体系的表观黏度。

7. 根据下列数据作高岭土粒子在水中的沉降曲线。用作图法处理沉降曲线，作粒子大小的积分和微分分布曲线。已知：沉降高度 $H=0.09$m；介质黏度$\eta=1\times10^{-3}$ Pa・s；高岭土密度$\rho=2.72\times10^3$ kg・m^{-3}；水的密度$\rho_0=1\times10^3$ kg・m^{-3}。

t/min	0.5	1	2	4	6	8	12	16	20	24
m/mg	8	11	18	21	26	29	34	38	40	40

8. 用显微电泳法测定聚苯乙烯胶乳粒子在不同浓度的阳离子表面活性剂十四烷基氯化吡啶（TPC）水溶液中的电泳淌度 $u_{淌}$，得到下列数据。直接测定的是在一定电压（U）下胶乳粒子运动 0.05mm 所需的平均时间 t（s）。

TPC 浓度/(mol・L^{-1})	5×10^{-10}	5×10^{-9}	5×10^{-8}	5×10^{-7}	5×10^{-6}	5×10^{-5}	5×10^{-4}	5×10^{-3}
U/V	40	30	30	60	160	60	20	20
t/s	5.99	6.46	7.14	5.49	8.01	3.96	6.49	4.92

已知：电极间距离 11cm，粒子平均半径 $a=0.5\mu m$，介质黏度 $\eta=1\times10^{-3}$ Pa·s，$\varepsilon=81$，$\varepsilon_0=8.85\times10^{-12}$ F·m^{-1}，实验温度 $T=289$ K，全部溶液用 0.005mol·L^{-1}氯化钠的水溶液配制。

9. 用显微电泳法测定 ZrO_2 粒子的等电点。用中性水配制 0.005mol·L^{-1}浓度的 NaCl 溶液。在此溶液中加入 0.5g ZrO_2 微粉，超声分散 10min 备用。另用盐酸或氢氧化钠配制不同 pH 的水溶液。取 25mL 不同 pH 的水滴加 5 滴上述 ZrO_2-NaCl 的悬浮液，摇匀后再测 pH。

用显微电泳仪在一定电压 U 下测定 ZrO_2 粒子移动 50μm 所用时间 t。依次测定几种 pH 时的结果（见下表）。

已知电极间距离为 11cm。

原水 pH	10.70	8.00	6.57	4.59	3.85	3.23	2.22
加入 ZrO_2 后 pH	10.57	7.77	7.57	6.00	3.80	3.23	2.13
U/V	80	100	100	210	80	80	80
t/s	5.12	5.81	5.85	6.68	6.83	6.72	6.63

根据上述数据计算相应的电泳淌度 $u_{淌}$ 和电动电势 ζ。作电泳淌度 $u_{淌}$-pH 和电动电势 ζ-pH 曲线，相应于电动电势 $\zeta=0$，电泳淌度 $u_{淌}=0$ 时之 pH 即为 ZrO_2 的等电点。（答：等电点 IEP=pH5.5）

10. 计算碳酸锶水悬浮体在同轴圆筒形电极上的电泳沉积量。已知：电极长度 $L=0.02$m，内筒电极半径=0.001m，外筒电极半径=0.024m，电动电势 $\zeta=35$mV，电极电压 $U=15$V，$c_0=700$kg·m^{-3}，介质黏度 $\eta=0.001$Pa·s，$c_m=1000$kg·m^{-3}，$\varepsilon=81$，$t=20$s

11. 根据下述实验结果计算血红蛋白的分子量 M。在 298K 时 39h 达沉降平衡。离心机转数=8700rpm，溶剂密度 $\rho_0=1008$kg·m^{-3}。血红蛋白的比容 $V=749$cm^3·kg^{-1}。在距旋转轴 x_1 和 x_2 处血红蛋白的质量分数 c_1 和 c_2 列于下表中。

$x_2\times10^2$/m	$x_1\times10^2$/m	c_2/%	c_1/%
4.51	4.46	0.930	0.832
4.21	4.16	0.437	0.398
4.36	4.31	0.639	0.564

（答：$M=61.3$kg·mol^{-1}）

12. 为什么说 Schulze-Hardy 规则是近似规则？聚沉作用还与哪些作用有关？

13. 什么是临界聚沉浓度？它由哪些因素决定？

14. 什么是扩散双电层厚度？如何计算？

15. 计算两个半径相等的球形粒子之间的吸引能。已知粒子的半径 $a=100$nm，粒子上包覆厚 1.0nm 的类脂单层，粒子间有 2.0nm 的水，体系温度为 300K。假设 Hamaker 常数 $A=6\times10^{-20}$J。忽略类脂层对吸引能的影响。（答：8.3×10^{-20}J）

16. 在一试管中取 0.1mol·L^{-1}的硫酸 1.0mL 和 0.1mol·L^{-1}的硫代硫酸钠 1.0mL 混合，摇匀。观察形成的浅色硫溶胶的颜色随形成时间延长的变化。不断观察透射光和散射光（侧面观察）的颜色变化。说明原因。

17. 溶胶的保护和敏化作用。用胶溶法制备氢氧化铁溶胶。在三支试管中分别各加入 3mL 氢氧化铁溶胶，再分别加入不同浓度的明胶水溶液或水，摇匀后各加入 1mL 0.025mol·L^{-1}的硫酸钾水溶液，摇匀。观察聚沉效果（下表最后一行），说明产生这些现象的原因。

试管编号	1	2	3
加入溶胶体积/mL	3	3	3
加入水的体积/mL	1		0.6
加入 0.1%明胶液体积/mL		1	
加入 0.05%明胶液体积/mL			0.4
加入 0.025mol/L 的硫酸钾水溶液的体积/mL	1	1	1
现象	有聚沉，上层为清液	稳定，不聚沉	很快聚沉上层为清液

第三章　表面张力与润湿作用

第一节　液体的表面张力

一、几个小实验

在石蜡表面上的小水滴会自动成球形；在水面上用简单的方法可使金属针（或分值硬币）漂浮，但不能使它们悬浮于水中；从管口缓慢自然形成的液滴形状与橡胶薄膜中盛水悬起的形状很相似；插入水中的毛笔笔毛是分散开的，当笔头提出水面后笔毛并拢，成一体状。这些实验现象说明：① 液体表面与体相液体的性质不完全相同；②液体表面似存在一弹性膜；③液体表面有自动缩小的本能。

液体表面的这些特点可从力学和能量的角度予以解释。

二、液体的表面张力[1~3]

处于液体体相内的任一分子受到其周围四面八方分子的作用力是相等的，可以相互抵消，故在液体内部分子的移动无需做功。处于液体表面上的分子受到液体内部分子的作用力远大于另一侧气体（或蒸气）分子的作用力，因而液体表面分子有自动向液体内部迁移的趋势，这种趋势的表现之一是液体表面自动缩小，使自然形成的液滴总是倾向于表面积最小的球形或类球形。表现之二是若欲扩大表面（即使体相分子迁移至表面）需外界对其做功。

若将液体表面视为厚度为零的均匀伸缩的弹性膜，表面张力的力学定义是作用于液体表面上任何部分单位长度直线上的收缩力，力的方向是与该直线垂直并与液面相切。表面张力是温度、压力和液体组成的函数。换言之，在温度、压力、溶液组成恒定时液体表面张力为恒定数值，表面张力常用 γ(有时也用 σ）表示，单位为 $mN \cdot m^{-1}$。

液体表面的自动收缩也可从能量角度认识。当液体表面增大时，是体相中的分子迁移至表面，这就需要对体系做功。已知在恒温、恒压条件下扩大液体表面外界对体系做的功等于体系自由能的增量 ΔG，若体系液面面积改变 ΔA，显然，扩大单位面积，体系自由能的增量即为 $\Delta G/\Delta A$：

$$\gamma=\Delta G/\Delta A \tag{3.1}$$

此处 γ 称为比表面自由能，简称表面自由能（surface free energy）。有时不严格地含糊地称为表面能。表面自由能是单位液面上的物质比其在液体体相内自由能的增量，故这是一过剩量（超量）。表面自由能的常用单位为 $mJ \cdot m^{-2}$。

对于纯液体，在只做膨胀功和表面功的可逆过程中，根据热力学基本关系式可知：

$$dU=TdS-p dV+\gamma dA \tag{3.2}$$

$$dH=TdS+Vdp+\gamma dA \tag{3.3}$$

$$dF=-SdT-p dV+\gamma dA \tag{3.4}$$

$$dG=-SdT+Vdp+\gamma dA \tag{3.5}$$

式中，U、H、F、G、p、V、T、S、γ、A 分别代表体系的内能、焓、Helmholtz 自由能、Gibbs 自由能、压力、体积、热力学温度、熵、表面张力、体系表面积。F 和 G 均可简称自由能，但意义不同。

由式(3.2)～式(3.5) 可得

$$\gamma=\left(\frac{\partial U}{\partial A}\right)_{S,V}=\left(\frac{\partial H}{\partial A}\right)_{S,p}=\left(\frac{\partial F}{\partial A}\right)_{T,V}=\left(\frac{\partial G}{\partial A}\right)_{T,p} \tag{3.6}$$

因此，γ 是在不同的指定条件下，扩大单位面积、体系内能、焓、Helmholtz 自由能、Gibbs 自由能的增量。

$(\partial U/\partial A)_{T,p}$ 是液体的总表面能增量[4]，或简称表面能。而 $(\partial G/\partial A)_{T,p}$ 是液体的表面张力或表面（过剩）自由能。总表面能包括扩大单位面积时体系以功的形式得到的能量 γ（表面自由能）和以热的形式得到的能量 $-T(\partial\gamma/\partial T)_{A,p}$。对于纯液体，$(\partial\gamma/\partial T)_{A,p}<0$，故 $-T(\partial\gamma/\partial T)_{A,p}>0$。因此，总表面能总是大于表面自由能。表 3.1 中列出一些液体的总表面能 U 和表面自由能 γ 的数值[1]。

表 3.1　一些液体的总表面能 U 和表面自由能 γ

液　体	温度/℃	U/mJ·m^{-2}	γ/mJ·m^{-2}
氮	75K	26.7	9.71
乙醇	20	46.3	22.75
水	20	120	72.75
全氟甲基环己烷	20	45.0	15.70
苯	20	67.0	28.88
正辛烷	20	51.1	21.80
银	879	1132	1100
铜	1535	1721	1300

表面张力和表面自由能是对同一表面现象从力学和热力学角度所做的描述。表面张力的力学概念直观、易应用，在分析各种界面同时存在的各界面张力的平衡关系时易理解；表面自由能的概念更反映现象的本质，讨论表面现象的各种热力学关系时应用表面自由能概念更贴切和方便。在应用适宜单位时（如表面张力用 mN·m^{-1}，表面自由能用 mJ·m^{-2}），同一体系的表面张力和表面自由能数值相同。

三、决定和影响液体表面张力的主要因素

1. 物质的本性

既然液体的表面张力（或表面自由能）表示将液体分子从体相中拉到表面上所做功的大小，故显然就与液体分子间相互作用力的性质与大小有关。相互作用强烈，不易脱离体相，表面张力就大。如水分子间有氢键作用，并可形成结构，故水是常见液体中表面张力最大的。表 3.2 中列出一些纯液体的表面张力。由表中数据可知：①液态金属的表面张力大是由于金属键的强度大，使其相对移动困难，在室温下液态物质中以汞的表面张力最高；②有机液体的表面张力一般均小于 50mN·m^{-1}，其中非极性液体（如烷烃等）分子间仅有 van derWaals 力作用，表面张力较含极性基团的有机液体（如醇、酸等）的表面张力低。在有机同系物中分子量大的表面张力较高。

2. 温度的影响

由于温度升高使分子热运动加剧，分子间引力减弱，故表面张力多随温度升高而减小。换言之，各纯液体的表面张力温度系数（$d\gamma/dT$）均为负值。同时，温度升高液体的饱和蒸气压增大，气相中分子密度增加，也使气相分子对液体表面分子的引力增大，导致液体表面

张力减小。当温度达到临界温度 T_c 时，液相与气相界线消失，表面张力也就没有意义了。表 3.3 中列出一些常见液体的 $d\gamma/dT$ 值。应当指出的是，只有在较小的温度区间内才可将 $d\gamma/dT$ 视为常数。极个别液体的 $d\gamma/dT$ 甚至为正值。

表 3.2 一些纯液体的表面张力

液 体	温度	$\gamma/mN\cdot m^{-1}$	液 体	温度	$\gamma/mN\cdot m^{-1}$
氢	20K	2.01	四氯化碳	25℃	26.43
氮	75K	9.71	甲醇	20℃	22.50
氧	77K	16.48	乙醇	20℃	22.39
氯	−30℃	25.56	丙酸	20℃	26.69
溴	20℃	31.9	丁酸	20℃	26.51
全氟戊烷	20℃	9.89	甘油	20℃	63.40
全氟庚烷	20℃	13.19	水	20℃	72.75
正己烷	20℃	18.43	汞	20℃	485.5
正庚烷	20℃	20.3	银	1100℃	878.5
苯	20℃	28.88	铜	熔点	1300
甲苯	20℃	28.52	铂	熔点	1800
三氯甲烷	20℃	26.67	铁	熔点	1880

表 3.3 一些常见液体的表面张力温度系数（$d\gamma/dT$）（20℃）

液 体	$d\gamma/dT$	液 体	$-d\gamma/dT$
水	−0.16	苯	−0.13
乙醇	−0.086	全氟甲基环己烷	−0.10
丁醇	−0.082	硝酸钠	−0.050(308℃)
辛烷	−0.095	铜	−0.176(1083℃)
十二烷	−0.088	银	−0.164(961℃)
十六烷	−0.085	铁	−0.43(1535℃)

表征液体表面张力与温度关系的经验公式为 Ramsay-Shields 式：

$$\gamma V^{2/3}=k(T_c-T-b) \tag{3.7}$$

式中，V 为液体摩尔体积（$V=M/\rho$，M 为摩尔质量，ρ 为液体密度）；k 为常数，对于非极性液体 $k=0.21\mu J\cdot K^{-1}$，醇类约为 $0.095\sim0.15\mu J\cdot K^{-1}$，酸类约为 $0.090\sim0.17\ \mu J\cdot K^{-1}$。

压力对液体表面张力的影响很小，即使实际观测到压力对表面张力有某些影响也极可能是由于气体的吸附与溶解而引起的。

第二节 弯曲液面内外压力差与曲率半径的关系——Laplace 公式

一、Laplace 公式的简单导出[4~6]

弯曲液面与平液面不同，弯曲液面表面张力在法线方向的合力不等于零。凸液面，表面张力合力方向指向液体内部；凹液面，合力方向指向液体上方。为保持弯曲液面的存在与平衡，弯曲液面内外两侧有压力差：弯曲液面突向一侧的压力总是小于另一侧的；换言之，当液面两侧有压力差时，能形成弯曲液面，液面突向的一侧压力小，两侧压力差与液体表面张力和弯曲液面的曲率半径有关。

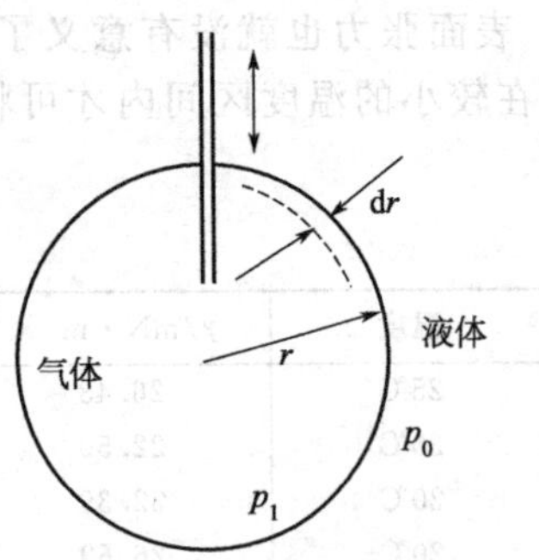

图 3.1 液体中球形气泡示意图

在液体中形成一半径为 r 的气泡（图 3.1），此气泡是由一细管鼓气而成。显然，由于在液体中成泡，气泡内的压力 p_1 必须大于气泡外周围液体的压力 p_0。当气泡稳定时气泡中气体与外界不再流动，气泡的半径为恒定值 r。这种情况下，体系平衡的条件是，气泡半径发生无限小的变化时体系自由能不变，即 $dG/dr=0$，dr 为气泡半径的极小增量。由于半径增大 dr，故气泡表面自由能随气液界面增大而增大量为 $\gamma[4\pi(r+dr)^2-4\pi r^2]=8\pi r\gamma dr$。同时，在表面张力作用下气液界面的减小趋势为气泡内外压力差 Δp 所平衡。对抗压力差所做的膨胀功为 $\Delta p\pi r^2 dr$，因而

$$dG=8\pi r\gamma dr-\Delta p4\pi r^2 dr$$

由于平衡时 $dG/dr=0$，故

$$8\pi r\gamma=\Delta p4\pi r^2$$

$$\Delta p=2\gamma/r \tag{3.8}$$

此式即为球形界面的 Laplace 公式。对于主曲率半径为 R_1 和 R_2 的任一曲面可得 Laplace 公式的普遍形式：

$$\Delta p=\gamma\left(\frac{1}{R_1}+\frac{1}{R_2}\right) \tag{3.9}$$

显然，当 $R_1=R_2=r$ 时上式(3.9) 还原为式(3.8)。

由 Laplace 公式表示出以下内容。①Δp 指弯曲液面内外压力差即 $\Delta p=p_{内}-p_{外}$，$p_{内}$ 通常指曲率半径为正值一侧的压力，如图 3.1 中气泡内的压力。这一规定并非一定遵守，只是在确定曲面那一侧为内侧后要判别曲面曲率半径的正负号。根据式(3.8)，图 3.1 中气泡内的压力应大于液相中的。②对于弯曲液面，若将液相作为内侧，液面的曲率半径可能是正的，也可能是负的，如图 3.1 所示，以液相为内侧，气液界面曲率半径即为 $-r$，这种液面称为凹液面；若考虑在气相中的小液珠（与图 3.1 相似，只是将图中气体和液体互换），以液相为内侧，弯曲液面曲率半径为 r，这种液面常称为凸液面；形成凸液面时，$\Delta p>0$，液相内压力大于另一侧气相的；形成凹液面时，$\Delta p<0$，液相内压力小于另一侧气相的；平液的 $r=\infty$，$\Delta p=0$，液体内压力与气相一侧的相等。③根据 Laplace 公式，r 越小，Δp 越大。表 3.4 中列出水中小气泡的大小（半径）与泡内外压力差 Δp 的关系：

表 3.4 水中小气泡半径 r 与泡内外压力差 Δp 的关系

r/nm	1	2	10	1000
Δp/Pa	1440×10^5	720×10^5	144×10^5	1.44×10^5

二、Laplace 公式的应用举例

1. 毛细上升和下降

毛细作用（capillary action）是因表（界）面张力存在而引起的多种表（界）面现象。最明显的是其决定流体运动达到平衡时的形态，如使液体成液滴状或形成弯液面。在毛细管或孔性固体介质中液体受到额外的因有弯曲液面存在而产生的作用力，此作用力即为由Laplace公式所决定的指向曲率半径为正值一侧的附加压力（称为毛细力，capillary force），这就表明，由于毛细力的作用曲率半径为正一侧的压力比另一侧的压力大。对于弯曲液面，凹液面下的液体比同样高度的平液面液体的压力小。液体在与其亲和力强的固体所构成的毛

细管中（这种固体表面称为亲液表面，如干净的玻璃表面是亲水的）液面成凹液面形状［图3.2(a)］，图中1处压力小于2处的，而2、3、4的压力相等，故4处压力大于1处的，由于液体的流动性，毛细管中液面将上升，直至1处压力与4处相等。达到平衡时，

$$\Delta p=2\gamma/r=(\rho_1-\rho_g)gh=\Delta\rho gh \qquad (3.10)$$

式中，$\rho_1-\rho_g=\Delta\rho$ 为凹液面两侧的液体与气体密度差；h 为平衡时毛细管中液柱高度；g 为重力加速度；r 应为凹液面的曲率半径，在一定条件下可视为毛细管半径。

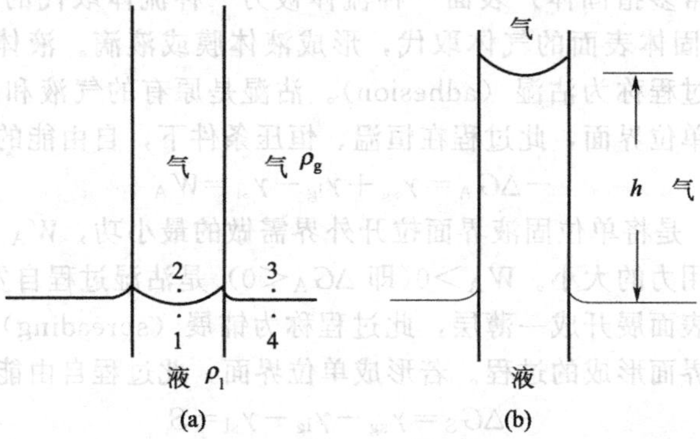

图 3.2 毛细上升现象

将毛细管插入与毛细管壁亲和性差的液体中（这类固体称为疏液固体）将形成凸液面，根据 Laplace 公式凸液面下方液体内压力大于气相中的，也将大于相同高度的平液面液体的压力，因而毛细管中液面将降低。

式(3.10) 是利用毛细升高测定液体表面张力的基本公式。

2. 亲液固体片间、粉体间隙中形成的液体凹液面引起的附加压力的作用

干净玻璃片间夹有一层水时两玻璃很难拉开；松软土壤雨后常会发生塌陷等都是因为水在缝隙（可视为毛细管束）中形成凹液面，如果缝隙足够小（即凹液面曲率半径很小），根据 Laplace 公式，Δp 将很大，从而会出现上述现象。

【例 1】 已知两块间距 10^{-4}cm 的玻璃板间刚好夹有 0.1g 水，求玻璃板受到的压力。水的表面张力为 $73\text{mN}\cdot\text{m}^{-1}$。

解： 题意如图 3.3 所示。干净玻璃表面是亲水的，故在玻璃板缝隙中形成水的凹液面，凹液面的一个曲率半径 $R_1=d/2$，另一半径 $R_2=\infty$。

根据式(3.10) 可得 $\Delta p=2\gamma/d$

$$\Delta p=2\times73/10^{-6}=146\times10^6(\text{mN})=1.46\times10^5\ (\text{N})$$

0.1g 水充满 10^{-4}cm 缝隙，玻璃板的面积 $S=0.1\text{cm}^3/10^{-4}\text{cm}=1\times10^3\text{cm}^2=0.1\text{m}^2$

已知，压力=力/面积

故　　压力$=1.46\times10^5\text{N}/0.1\text{m}^2=1.46\times10^6\text{Pa}=14\text{atm}$

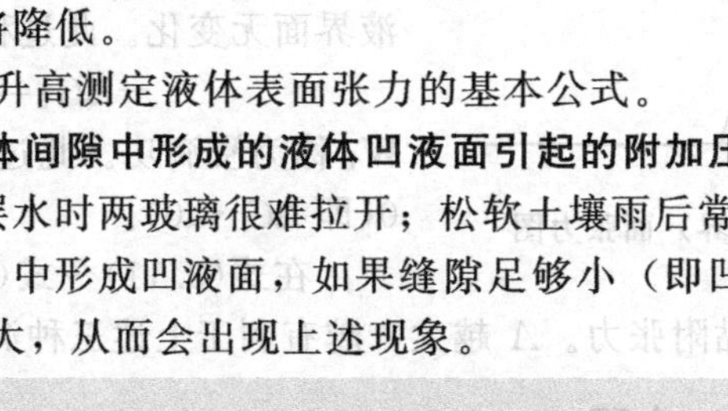

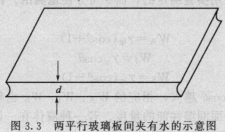

图 3.3 两平行玻璃板间夹有水的示意图

第三节 润湿作用与接触角[1,2,4,7,8]

一、润湿作用

凝聚态物体（通常多指固体）表面一种流体被另一种流体取代的过程称为润湿（wetting）。例如，液体将固体表面的气体取代，形成液体膜或液滴。液体取代固体表面气体，液体不能完全展开的过程称为沾湿（adhesion）。沾湿是原有的气液和固气界面消失形成新的固液界面。若形成单位界面，此过程在恒温、恒压条件下，自由能的改变为

$$-\Delta G_A=\gamma_{sg}+\gamma_{lg}-\gamma_{sl}=W_A \tag{3.11}$$

W_A 称为黏附功，是将单位固液界面拉开外界需做的最小功，W_A 表征固液界面（即固体与液体分子间）作用力的大小。$W_A>0$（即 $\Delta G_A<0$）是沾湿过程自发进行的条件。

液体自发在固体表面展开成一薄层，此过程称为铺展（spreading）。铺展是固气界面消失、气液界面和固液界面形成的过程。若形成单位界面，此过程自由能的改变为

$$-\Delta G_S=\gamma_{sg}-\gamma_{lg}-\gamma_{sl}=S \tag{3.12}$$

S 称为铺展系数。此过程自发进行的标准是 $\Delta S>0$（即 $\Delta G_S<0$）。

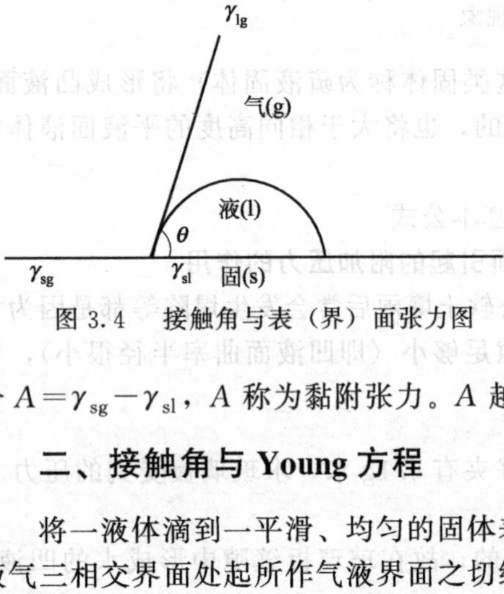

图 3.4 接触角与表（界）面张力图

固体浸于液体中的过程称为浸湿（immersion）。此过程是固气界面被固液界面取代，气液界面无变化。此过程自由能变化为

$$-\Delta G_I=\gamma_{sg}-\gamma_{sl}=W_I \tag{3.13}$$

W_I 称为浸润功。此过程自发进行的条件是 $W_I>0$（即 $\Delta G_I<0$）。

在式(3.11)～式(3.13) 中均含 $\gamma_{sg}-\gamma_{sl}$ 项，令 $A=\gamma_{sg}-\gamma_{sl}$，$A$ 称为黏附张力。A 越大，越有利于上述三种润湿过程进行。

二、接触角与 Young 方程

将一液体滴到一平滑、均匀的固体表面上，若不铺展，将形成一平衡液滴，其形状由固液气三相交界面处起所作气液界面之切线经液滴至固液界面所成之夹角决定，此角称为该种液体在所研究固体表面上之接触角（contact angle），或称润湿角（图 3.4）。接触角常以 θ 表示。θ 与三个界面张力 γ_{sg}、γ_{lg}、γ_{sl} 间有如下关系：

$$\gamma_{sg}-\gamma_{sl}=\gamma_{lg}\cdot\cos\theta \tag{3.14}$$

式(3.14) 称为 Young 方程，或称润湿方程。

引入接触角和 Young 方程，使应用式(3.11)、式(3.12) 判断三种润湿过程的困难得以解决。因为 γ_{sg} 和 γ_{sl} 是难以用实验测定的，而 θ 可方便地测出。将式(3.14) 与式(3.11) ～式(3.13) 结合，可得到：

沾湿：
$$W_A=\gamma_{lg}(\cos\theta+1) \tag{3.15}$$

浸湿：
$$W_I=\gamma_{lg}\cos\theta \tag{3.16}$$

铺展：
$$W_S=\gamma_{lg}(\cos\theta-1) \tag{3.17}$$

由上三式知，θ 越小，$\cos\theta$ 越大，相应的 W_A、W_I、W_S 也越大，润湿过程越易进行。因而接触角 θ 可作为固体表面润湿性能的量度。若一种液体在一固体表面能完全自由展开，即 $\theta=0°$，θ 越小，展开的倾向越大，润湿性越好。由式(3.15)～式(3.17) 可知，$\theta\leqslant180°$、

$\theta \leqslant 90°$和$\theta=0°$将可分别发生沾湿、浸湿和铺展过程，这就是说，只要$\theta \leqslant 180°$就可以发生润湿过程，即任何液体都能在一定程度上润湿任何固体，这就给实际应用带来困难。因此，习惯上规定，$\theta>90°$为不润湿，$\theta<90°$为润湿。

三、决定和影响接触角大小的一些因素

1. 物质的本性

由 Young 方程知，θ由γ_{sg}、γ_{lg}和γ_{sl}决定。对于指定的固体，液体表面张力越小，其在该固体上的θ也越小（表 3.5）。对同一液体，固体表面能越大，θ越小。这是因为固体表面能大，其内聚能也大。θ反映了液体分子与固体表面亲和作用的大小，亲和力越强越易于在表面上展开，θ就越小。

表 3.5 几种液体在三种固体上的接触角

液体	γ_{lv}①/mN·m^{-1}	正三十六烷②	石蜡②	聚乙烯②
正十四烷	26.7	41°	23°	铺展
正十二烷	25.4	38°	17°	铺展
正辛烷	23.9	28°	7°	铺展
正壬烷	22.9	25°	铺展	铺展
苯	28.9	42°	24°	铺展
水	72.8	111°	108°	94°
汞	63.4	97°	96°	79°
聚甲基硅氧烷	19.9	20°	铺展	铺展

① γ_{lv}应为液-蒸气界面的表面张力，常与γ_{lg}混用。

② 正三十六烷、石蜡、聚乙烯的γ_{sg}依次为 19.1mN·m^{-1}、25.4mN·m^{-1}和 33.1mN·m^{-1}。

2. 接触角的滞后现象

当固液界面扩展时形成的接触角称为前进角（advancing angle），常以θ_a表示；固液界面回缩时的接触角称为后退角（receding angle），常以θ_r表示。前进角与后退角常不相等的现象称为接触角滞后（contact angle hysteresis），这一现象产生的原因如下。

（1）表面粗糙性　在粗糙表面上和在平滑表面上的接触角不相同。以r表示的表面粗糙度（也称粗糙因子，roughnees）表示真实的粗糙的固体表面积与相同体积固体完全平滑表面积之比，显然，$r \geqslant 1$，且r越大，表面越粗糙。某液体在粗糙表面上的表观接触角θ'与在同一固体平滑表面上接触角θ有下述关系：

$$r(\gamma_{lg}\cos\theta)=\gamma_{lg}\cos\theta' \tag{3.18}$$

$$r\cos\theta=\cos\theta' \tag{3.19}$$

上两式称为 Wenzel 方程，说明表面粗糙度对接触角的影响。由式(3.19) 可知，θ大于和小于 90°时，r对接触角影响不同；$\theta \geqslant 90°$时，r越大，接触角越大，润湿性越差；$\theta<90°$时，r越大，接触角越小，表面润湿性越好。图 3.5 是在聚合物（烷基乙烯酮二聚体）上的水滴，由于水在聚合物上$\theta>90°$，故在$D=2.29$分形表面上$\theta'=174°$，而在平滑表面上$\theta=109°$，$D=2.29$表明该表面有一定的粗糙性[8]。

（2）表面不均匀性　因各种原因固体表面有不同表面能的区域（如混合表面）使得θ大小与表面组成有关。若表面由性质 1 和 2 的物质组成，各占表面分数f_1和f_2，某种液体在各纯组成的物质上的θ分别为θ_1和θ_2，混合表面的θ为：

$$\gamma_{lg}\cos\theta=f_1\cos\theta_1+f_2\cos\theta_2 \tag{3.20}$$

此式称为 Cassie 方程。

3. 吸附及其他因素的影响

固体表面，特别是高能固体表面能自发地从周围环境中（气或液体）吸附某些组分而降

(a) D=2.29分形表面上(θ'=174°)

(b) 在平滑表面上(θ=109°)

图 3.5　在烷基乙烯酮二聚体上的水滴（液滴直径约为 2mm）

低表面能，同时也改变了表面性质，从而影响 θ 大小。其他如温度、液滴形成时间等都可能对接触角产生影响。可以毫不夸大地说，用常规手段很难准确地测量出接触角的大小，即使在相当严格的实验条件下也要进行多次测量，然后取平均值应用。

四、常用的接触角测量方法[9,10]

1. 角度测量法

这是最常用的方法：利用各种手段直接观测固体表面上稳定的平衡液滴、液体中附着于固体表面上气泡的外形，量出接触角。该类方法直观，设备较简单（有商品仪器出售），但要求观测者从三相交界点处人为作气液界面切线，故有不可避免的不准确性，且此类方法较难避免环境污染。

图 3.6 是一种测量角度的装置。将液体用注射器滴在固体片上，用双筒显微镜观测。先观察到液固二相交界线，并使该线与目镜中刻度板之水平线重合，调节目镜中之叉丝使目镜中观察到的液滴一端固-液-气三相交界点在目镜中刻度板中心点位置，旋转叉丝使其与液滴相切，该切线与水平线之夹角即为液体之接触角。

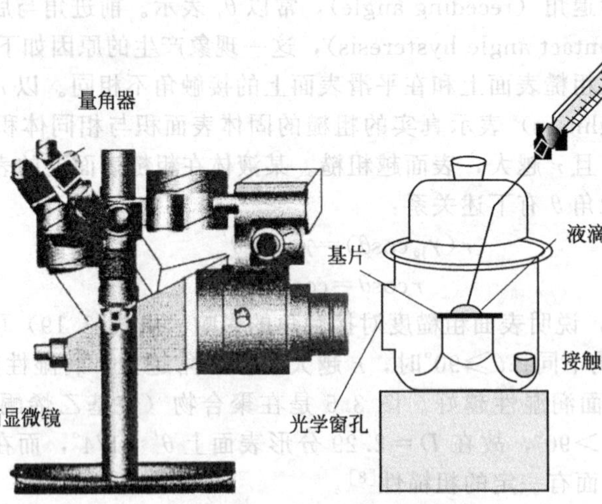

图 3.6　一种测量接触角的装置

2. 滴高法

当液滴较小，忽略重力对液滴形状的影响，液滴可视为球冠。测出球冠（液滴）高度 h 和液滴固液界面长度 l，可得出与接触角 θ 的关系：

$$\sin\theta = hl/[h^2+(l/2)^2] \tag{3.21}$$

或

$$\tan(\theta/2)=2h/l \qquad (3.22)$$

故，测出 h 和 l 即可求出 θ。

若在固体上形成液滴后，不断加大液体量，液体高度达一定值后不再增加，并形成固定高度的“液饼”，可以证明，液饼最大高度 h_m 由液体和固体性质决定，与 θ 有下述关系[1]：

$$\cos\theta=1-(\rho g h_m^2/2\gamma_{lg}) \qquad (3.23)$$

式中，ρ、γ_{lg}分别为液体密度和表面张力；g 为重力加速度。

3. 透过法测粉体上的接触角[1,11]

粉体上的接触角比固体片上的测定更为困难，至今无公认的准确方法。透过法是一种相对方法，原理是，将粉体填充柱视为毛细管束，可润湿液体可通过毛细作用自下而上向粉体柱中渗透，在 t 时间内渗入高度 h 服从 Washburn 方程：

$$h^2=c\gamma tr\cos\theta/(2\eta) \qquad (3.24)$$

式中，γ 和 η 分别为液体的表面张力和黏度；θ 为接触角；c 为毛细管因子；r 为与粉体柱相当的毛细管束平均半径，此值是无法求得的，将 cr 值作为仪器常数。通常用一已知表面张力、黏度，且 θ 为 0°的液体为参考液，先测其 t-h 关系，应用式(3.24) 求出仪器常数 cr。再用待测液测定其在相同装填条件下粉体柱中渗透的 t-h 关系，因 cr 已知，从而可求出待测液在此粉体上之 θ。

第四节　浮选与接触角

接触角易测定，并可根据接触角的大小了解固体表面的润湿性质，计算固体表面能[12]、润湿热[13]、吸附量[14]等。

接触角研究在工业上的最大应用是泡沫浮选（froth flotation）。泡沫浮选的基本原理是：在矿浆（矿石粉体在水中的不稳定悬浮体）中加入起泡剂、捕集剂等助剂，通入空气，形成泡沫，由于水对矿石粉不同组成的润湿性质（接触角）不同，有用矿粒附着富集于气泡上，并上浮被分离出，无用矿粉沉于底部，每年全世界用浮选法分离的矿石达 10^9 t 以上。

泡沫浮选得以发生的基本条件是：①无用矿粉粒子完全能被水润湿时（水在其上完全铺展，即 $\theta=0°$），这种粒子为完全亲水粒子将保留悬浮状态或聚集而沉降；②只要水在有用矿粉上的接触角约大于 20°，即有可能附着于通过浮选槽的气泡上（图 3.7）；③矿粒在气液界面附着的稳定性，即附着于气液界面的矿粒不受外界影响而脱落。Valentiner 从静力学角度分析矿粒在气液界面的稳定性，假设粒子为立方体，粒子在水面漂浮。平衡时，应如图 3.8 所示[15,16]，并满足以下方程：

$$4a\gamma_{lg}\sin\theta+a^3\rho_1 g+a^2h\rho_s g-a^3\rho_s g=0 \qquad (3.25)$$

式中，a 为粒子边长，$4a$ 即为液固接触线总长；h 为粒子表面没入液面之下的深度；γ_{lg}为气液表面张力；θ 为接触角；ρ_1 和ρ_s 分别为液体和固体粒子密度。

式(3.25) 中前三项是使粒子漂浮的上浮力，最后一项是粒子重量，是粒子脱离气液界面的沉降力。显然，只有在上浮力与沉降力相等时方能达到平衡。

在实际浮选过程中，矿粒在气泡上的稳定和脱落受到多种力作用的影响。Schulze 认为这些力有：重力，矿粒浸入液体部分受到的浮力，三相接触面低于水平面而受到的静压力，气液界面张力在与重力相反方向的垂直分量，由 Laplace 公式决定的气泡内气体对固气界面施加的毛细压力，惯性脱落力（矿粒质量乘以粒子在湍流场中所获的加速度）[17]。根据这些力的平衡关系式，可得到能在气泡表面稳定的球形矿粒的最大尺寸 R_{max}：

$$R_{\max}=\left[\frac{3\gamma_{lg}\sin(180°-0.5\theta)\sin(180°+0.5\theta)}{2(\rho_s-\rho_g)g+\rho_s b_m}\right]^{1/2} \tag{3.26}$$

式中，b_m 是湍流场加速度。由上式可知，随 b_m 增大在气液界面能稳定存在的矿粒尺寸减小；在相同 b_m 时，随 θ 减小，$R_{\max}$ 也减小。

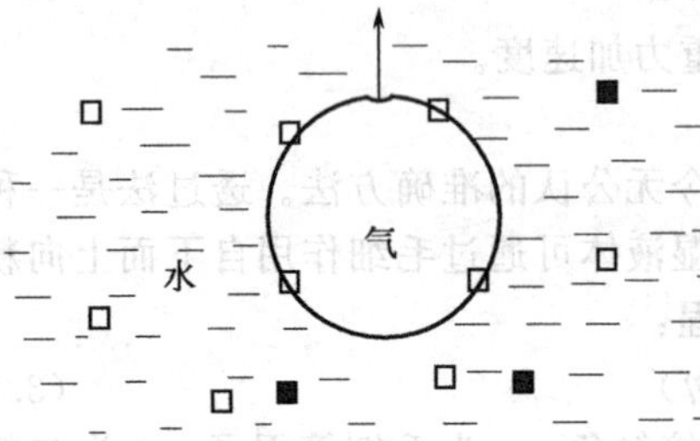

图 3.7 泡沫浮选过程中疏水性矿粒在气泡上附着的示意图

粒子大小约 20μm，气泡大小约 0.1cm，

■为亲水性矿粒，□为疏水性矿粒

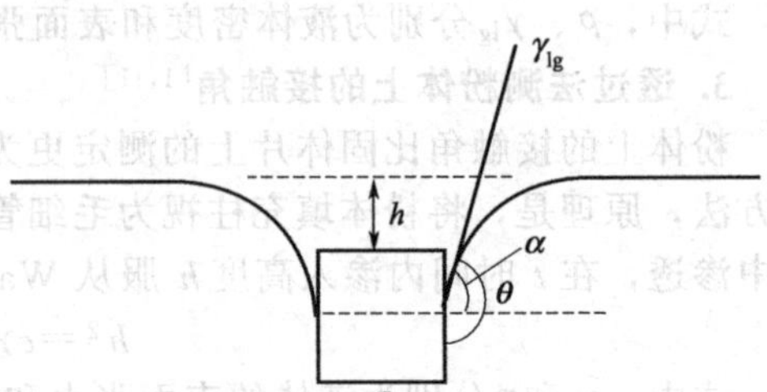

图 3.8 水面漂浮立方体矿粒稳定性示意图

矿粒在气泡表面的稳定作用，除与接触角及影响接触角的各因素有关外，还与气泡和矿粒表面的电性作用等因素有关[15]。此外，泡沫浮选的效果还受矿粒粒度大小的影响，一般可浮选粒度下限至 5μm，上限达 0.1mm，最佳粒度范围为 7～74μm。泡沫浮选的过程主要包括：使粉碎的矿粒处于湍流和悬浮状态；悬浮矿粒与浮选药剂作用而使其表面疏水化，增大水在其上的接触角；有一定疏水性的矿粒与弥散状态的气泡接触，并附着于气泡上，形成矿化气泡；矿化气泡上浮，形成精选泡沫层；排出精选泡沫层，回收精选矿。图 3.9 是机械搅拌式泡沫浮选过程示意图[18]。

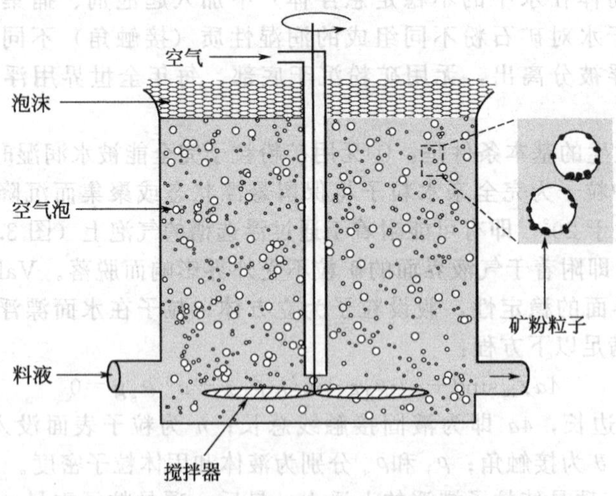

图 3.9 搅拌式泡沫浮选过程示意图

泡沫分选是对泡沫浮选的改进，只是将矿浆先用浮选药剂处理，自泡沫层上方加入无强烈搅拌的泡沫层，矿粒在无湍流等条件下附着于气泡（不易脱落），并可能附着于气泡内壁。因在泡沫分选时泡沫层中气泡密集，矿粒可能与几个气泡接触，从而提高其附着的牢固度。泡沫分选比泡沫浮选的优越性在于能提高适宜矿粒上限至几毫米，使分选效率提高数倍。

第五节　液液界面张力

在不相混溶的两液体界面也存在界面张力和界面自由能，其定义与液体表面张力和表面自由能类似。影响表面张力的各种因素对界面张力也有影响。

界面张力的经验的和理论的研究，使得可以从构成界面的两种液体的表面张力及有关参数推算界面张力。

一、Antonoff 规则

此规则是对界面张力与表面张力关系的最早经验描述：两互相饱和液体所形成的界面之界面张力等于两液体表面张力之差，即：

$$\gamma_{ab}=|\gamma_a-\gamma_b| \tag{3.27}$$

γ_a、γ_b、γ_{ab}分别表示被 b 液体饱和的 a 液体之表面张力、a 液体饱和之 b 液体表面张力及 ab 两液体所形成界面之界面张力。本规则对一些体系适用。表 3.6 举出几例。

表 3.6　Antonoff 规则适用性检验（水-有机液体界面）

有机液体	γ_{ab}(实验)/$mN\cdot m^{-1}$	γ_{ab}(计算值)/$mN\cdot m^{-1}$	有机液体	γ_{ab}(实验)/$mN\cdot m^{-1}$	γ_{ab}(计算值)/$mN\cdot m^{-1}$
苯	33.9	33.9	乙醚	8.1	9.4
四氯化碳	23.0	24.3	二硫化碳	48.6	38.7
异戊醇	4.7	3.0	二碘甲烷	40.5	19.6

二、Good-Girifalco 公式

Good 和 Girifalco 受到两种不同分子 1 和 2 间的 van der Waals 引力常数 $b_{1,2}$ 与同种分子间引力常数 $b_{1,1}$ 和 $b_{2,2}$ 间有几何平均关系［即 $b_{1,2}=(b_{1,1}\cdot b_{2,2})^{1/2}$］及构成界面时，两种液体分子间 van der Waals 作用是永远存在的启发，他们认为表征两种液体 a、b 间黏附过程（形成界面）自由能降低的黏附功 W_A［式(3.11)］与表征同种液体 a 或 b 相互作用的内聚功 $W_C=2\gamma_a$（或 $2\gamma_b$）间也有几何平均关系：

$$W_{A(ab)}=[W_{C(a)}\cdot W_{C(b)}]^{1/2} \tag{3.28}$$

根据 W_A 和 W_C 与表面张力的关系，立得

$$\gamma_{ab}=\gamma_a+\gamma_b-2(\gamma_a\gamma_b)^{1/2} \tag{3.29}$$

式(3.29) 为 Good-Girifalco 公式[19]，适用于碳氢与碳氟化合物形成的界面。对多数体系需校正，引入参数 ϕ，即

$$\gamma_{ab}=\gamma_a+\gamma_b-2\phi(\gamma_a\gamma_b)^{1/2} \tag{3.30}$$

而 $\phi=\phi_V\phi_A$

$$\phi_V=\frac{4V_a^{1/3}\cdot V_b^{1/3}}{(V_a^{1/3}+V_b^{1/3})^2} \tag{3.31}$$

$$\phi_A=\frac{\frac{3}{4}\alpha_a\cdot\alpha_b\left(\frac{2I_a\cdot I_b}{I_a+I_b}\right)+\alpha_a\mu_b^2+\alpha_b\mu_a^2+\frac{2}{3}\frac{\mu_b^2\mu_a^2}{kT}}{\left(\frac{3}{4}\alpha_a^2I_a+2\alpha_a\mu_a^2+\frac{2}{3}\frac{\mu_a^4}{kT}\right)^{1/2}-\left(\frac{3}{4}\alpha_b^2I_b+2\alpha_b\mu_b^2+\frac{2}{3}\frac{\mu_b^4}{kT}\right)^{1/2}} \tag{3.32}$$

式中，V 为摩尔体积；μ 为分子偶极矩；α 为极化率；I 为电离能；k 为 Boltzmann 常数；T 为热力学温度。

水和低分子有机液体自式(3.31)、式(3.32) 及式(3.30) 求出界面张力与实验值很接近，但多数体系所得结果偏差较大。

三、Fowkes 的理论[20]

Fowkes 认为分子间的各种相互作用最终可分为两大类：极性作用力和非极性作用力(van der Waals 作用，即色散力作用)。其中色散力作用在任何分子间均存在。因而表面张力 γ 可分解为表面张力的色散力作用贡献 γ^{d} 和表面张力的极性作用力贡献 γ^{p}，即

$$\gamma=\gamma^{d}+\gamma^{p} \tag{3.33}$$

如果异种分子间的相互作用与同种分子相互作用均有几何平均关系，式(3.29) 可变为

$$\gamma_{ab}=\gamma_{a}+\gamma_{b}-2(\gamma_{a}^{d}\cdot\gamma_{b}^{d})^{1/2}-2(\gamma_{a}^{p}\cdot\gamma_{b}^{p})^{1/2} \tag{3.34}$$

当两液体分子间只有色散力作用（如饱和烃与水间的作用），则有

$$\gamma_{ab}=\gamma_{a}+\gamma_{b}-2(\gamma_{a}^{d}\cdot\gamma_{b}^{d})^{1/2} \tag{3.35}$$

式(3.34) 和式(3.35) 均为 Fowkes 公式。根据此两式知，只要知道构成界面的两液体的表面张力及其各自 γ^{d} 和 γ^{p}，即可计算出界面张力。非极性液体的 $\gamma=\gamma^{d}$。因而，只要测出非极性液体与某种极性液体的表面张力和二者形成的界面的界面张力，即可应用式(3.32) 及式(3.34) 计算出极性液体的 γ^{p} 和 γ^{d}。进而可用该种极性液体与其他已知 γ^{d} 和 γ^{p} 的极性液体形成的界面的界面张力。例如用水和多种饱和烃形成界面，测出界面张力及各自表面张力，计算出水的 $\gamma_{H_2O}^{d}=(21.8\pm0.7)\mathrm{mN\cdot m^{-1}}$，类似方法可求得 $\gamma_{Hg}^{d}=(200\pm7)\mathrm{mN\cdot m^{-1}}$，从而可得 $\gamma_{H_2O}^{p}=50.95\mathrm{mN\cdot m^{-1}}$，$\gamma_{Hg}^{p}=284\mathrm{mN\cdot m^{-1}}$。

第六节 液体表（界）面张力的测定

测定液体表（界）面张力的方法可分为三类：静态法、半静态法和动态法。

静态法：使表（界）面与体相溶液处于静止平衡状态。如毛细升高法（capillary rise method），滴外形法等。

半静态法：在测定过程表（界）面周期性更新。如气泡最大压力法，滴体积（重）法等。

动态法：测定中液体表（界）面周期性伸缩变化与表（界）面形成的时间有关，从而求出不同时间的表（界）面张力（即动态表面张力）。如振荡射流法等。

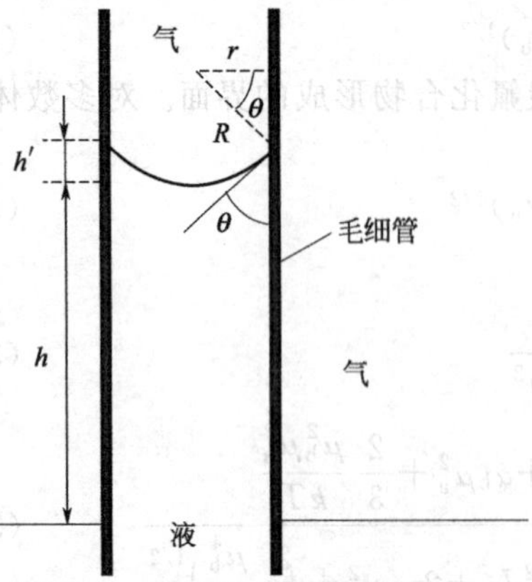

图 3.10 毛细升高法测表面张力

一、毛细升高法[9]

当一毛细管下端插入能使管壁完全润湿的液体中（$\theta=0°$），液体沿毛细管上升，上升高度与由 Laplace 公式所决定的毛细压力相等的静压力对应之高度决定［式(3.10) 和图 3.2］。从而可得

$$\gamma=rh\Delta\rho g/2 \tag{3.36}$$

若插入液体在管壁上有一定接触角 θ，则在管中形成的凹液面曲率 R 与毛细管半径 r 的关系为 $R=r/\cos\theta$(图 3.10)，则

$$\gamma=rh\Delta\rho g/2\cos\theta \tag{3.37}$$

精确测定尚需对凹液面凹形部分液体重量加以校正，若将此凹形部分液体的体积视为圆

柱体体积（$\pi r^2 h'$）减去在此圆柱体中除液体外气体占据的球冠部分体积，可以得到

$$\gamma = r\left(h+\frac{r}{3}\right)\frac{\Delta\rho g}{2\cos\theta} \tag{3.38}$$

更复杂、细致的校正公式有：

$$\gamma = \frac{1}{2}\Delta\rho g h r\left(1+\frac{r}{3h}-0.1288\frac{r^2}{h^2}+0.1312\frac{r^3}{h^3}\right)$$

$$\gamma = \frac{1}{2}\Delta\rho g h r\left(1+\frac{r}{3h}-0.1111\frac{r^2}{h^2}+0.0741\frac{r^3}{h^3}\right)$$

毛细升高法测定液体表（界）面张力，理论清楚，方法简单。实际应用时对毛细管的选择要严格，最好是直径均匀的毛细管，并 $\theta=0°$。至今，此法仍常作为标准方法应用。

二、吊片法和脱环法[9]

吊片法通称 Wilhelmy 吊片法（Wilhelmy plate method），此法是将一薄片（玻璃、云母、铂片等）悬吊在天平一臂上，使其底边与液面平行，测定底边刚接触液面时所受的拉力 f，f 应等于表面张力与吊片周边长之乘积（l 为边长；d 为片厚）（图 3.11）：

$$f=\gamma 2(l+d)$$

$$\gamma = f/2(l+d)\approx f/2l \tag{3.39}$$

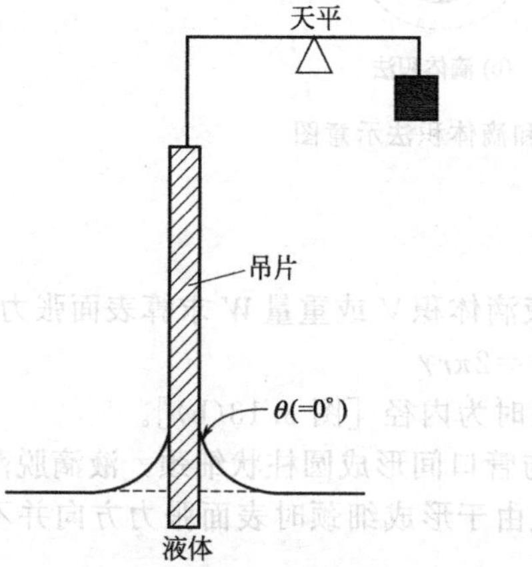

图 3.11　吊片法测定液体表面张力示意图
吊片为侧视，接触角 $\theta=0°$

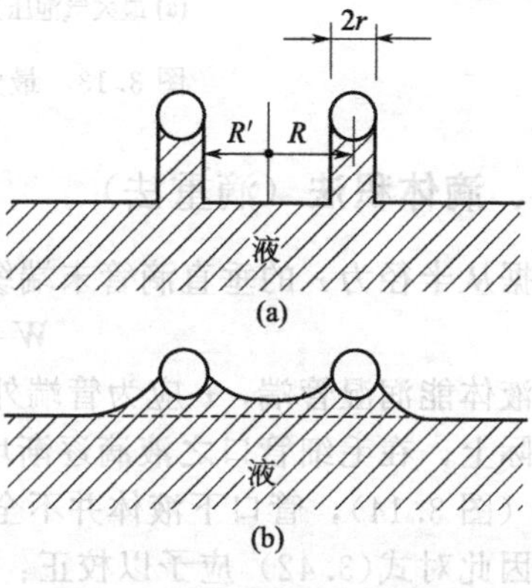

图 3.12　脱环法测液体表面张力
圆环拉起液体示意图

吊片法是一种静态法，不需任何校正因子和密度等数据，但最好选择 $\theta=0°$的薄片材料。

脱环法也称 Dunouy 环法（Dunouy ring method），该法是用一扭力丝装置测量使一金属环（通常用铂环）从表（界）面拉离开所需的力 p，显然，力 p 应等于拉起液体的重力（mg），也应和表面张力与圆环内外总长度的乘积相等，即

$$p=mg=4\pi(R'+r)\gamma=4\pi R\gamma \tag{3.40}$$

式中，R'为圆环内半径；r 为环的金属丝半径；R 为环平均半径（$R=R'+r$）。实际上圆环拉起的液体不是圆柱状［图 3.12(a)］而如图 3.12(b) 所示，故需对式(3.38) 予以校正：

$$\gamma = pF/(4\pi R) \tag{3.41}$$

式中，F 为校正因子，F 是 R/r 和 R^3/V 的函数，V 是圆环拉起的液体体积，可自 $p=mg=V\rho g$ 求出（ρ为液体密度）。校正因子 F 可参见胶体化学实验书［2，9，10］。

脱环法也要求液体能完全润湿环丝（即 $\theta=0°$）。吊片与脱环法都要求测定的液面远大于

吊环和吊片，否则会对结果产生影响。

三、最大气泡压力法

此法是将空气经半径为 r 的毛细管通入液体中，根据气泡破裂时之压力值依 Laplace 公式计算液体表面张力：

$$\gamma = r\Delta p/2$$

上式应用时需注意：①毛细管紧贴液面时适用，若毛细管口没入液体一定深度，需对没入深度的静压力予以校正；②液体能润湿毛细管口时 r 用毛细管外径，不能润湿时用内径［图 3.13(a)］。

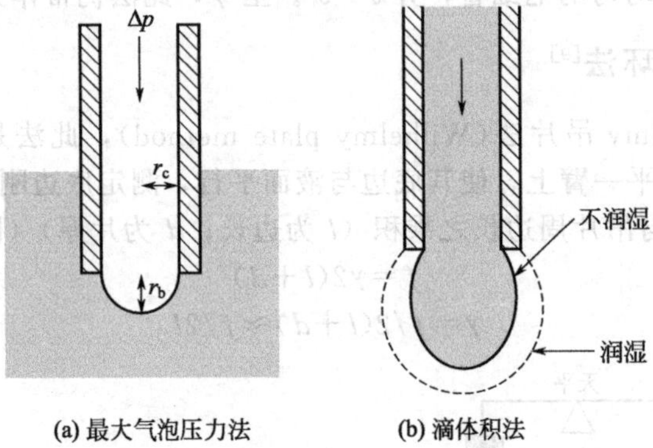

图 3.13　最大气泡压力法和滴体积法示意图

四、滴体积法（滴重法）

根据从半径为 r 的垂直滴管末端缓慢滴落的液滴体积 V 或重量 W 求算表面张力的方法。

$$W = mg = V\rho g = 2\pi r\gamma \tag{3.42}$$

当液体能润湿管端，r 应为管端外径；不润湿时为内径［图 3.13(b)］。

实际上，在毛细管口之液滴逐渐增大时液滴与管口间形成圆柱状细颈，液滴脱落时在此处断开（图 3.14），管口下液体并不全部脱落。且由于形成细颈时表面张力方向并不与管端垂直。因此对式(3.42) 应予以校正：

$$W = mg = 2\pi r\gamma f \tag{3.43}$$

f 为校正因子，令 $F = 1/2\pi f$，可得

$$\gamma = mgF/r = V\rho gF/r \tag{3.44}$$

F 也是校正因子，F 是 V/r^3 的函数，F 与 V/r^3 的关系在参考文献［2，9，10］中均有。

滴体积法和滴重法具有仪器简单（用一支 0.2mL 刻度移液管即可加工成主要部分），便于恒温，不易污染等优点，且能方便地测定界面张力，但耗时较长。

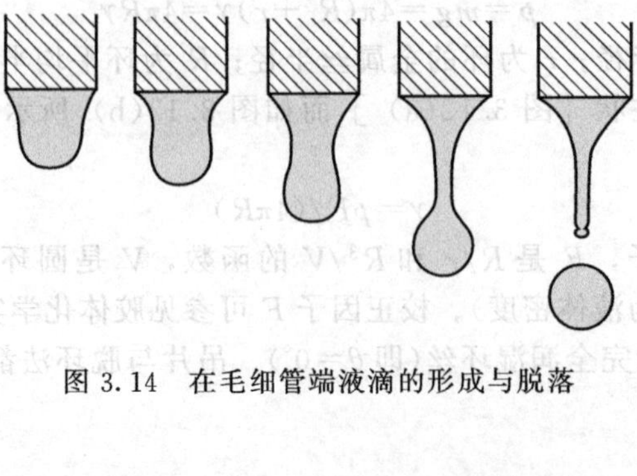

图 3.14　在毛细管端液滴的形成与脱落

【例 2】 今用滴体积法测定水表面张力的温度系数 $d\gamma/dT$。

测出 20℃、30℃、40℃时每滴水的平均体积 V，由手册查出相应的密度值ρ列于下表。已知滴头毛细管（玻璃制）端直径 $d=0.3532\text{cm}$。

表 3.7 滴体积法测定水表面张力的温度系数数据表

T/℃	20	30	40
V/cm^3	0.0563	0.0551	0.0539
$\rho/\text{g}\cdot\text{cm}^{-3}$	0.9982	0.9957	0.9924
V/r^3	10.22	10.0	9.79
F	0.2402	0.2406	0.2410
$\gamma/\text{mN}\cdot\text{m}^{-1}$	74.96	73.30	71.57

解： 根据实测 V 及 r 值，求出三种温度时之 V/r^3，并由 F-V/r^3 表查出相应之 F 值（列于上表 3.7 中）。根据式(3.44)计算出相应表面张力 γ，一并列于表 3.7 中。

作表面张力 γ 与温度 T 关系图（图 3.15），由直线斜率求出水表面张力温度系数 $d\gamma/dT=-0.16\text{mN}\cdot\text{m}^{-1}\cdot℃^{-1}$。将所得表面张力结果与手册值比较有明显正偏差，这是因实验条件系统误差所致，其中作为滴头移液管的刻度未经校正极可能是主要原因。若以 20℃表面张力手册值 $72.75\text{mN}\cdot\text{m}^{-1}$为标准校正体积，再计算 γ，得到的结果与手册值极为吻合（见下面数据）。应用已知表面张力的液体为标准，校正实验系统误差是一种有效、便利的方法。

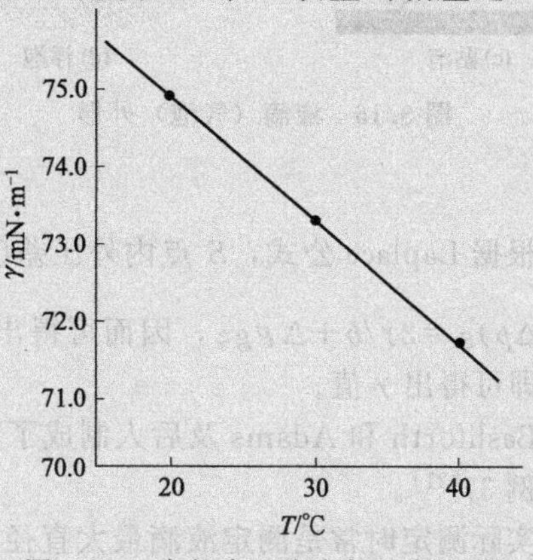

图 3.15 水的表面张力与温度关系图

温度/℃	20	30	40
实测值 $\gamma_{实}/\text{mN}\cdot\text{m}^{-1}$	74.96	73.30	71.51
校正值 $\gamma_{校}/\text{mN}\cdot\text{m}^{-1}$	72.75	71.14	69.46
手册值 $\gamma_{册}/\text{mN}\cdot\text{m}^{-1}$	72.75	71.18	69.56

五、滴外形法

滴外形法有躺滴法（sessile drop method）、悬滴法（pendent drop method）、浮泡法和贴泡法（图 3.16）。其中以躺滴法和悬滴法应用最多。利用滴外形的某些参数和表面张力的关系计算出表面张力。

1. 躺滴法

根据躺滴外形求算液体表面张力的基本关系式是 Bashforth-Adams 方程：

$$\left(\frac{\sin\phi}{x}\right)+\left(\frac{1}{R_1}\right)=2+\beta \qquad (3.45)$$

$$\beta=\Delta\rho g\frac{b^2}{\gamma} \qquad (3.46)$$

式中，R_1 为躺滴外形曲线上 S 点的曲率半径（参见图 3.17）；$\Delta\rho$ 为液滴与外相之密度差；b 为躺滴顶点 O 液面之曲率半径；g 为重力加速度；x 为 S 点与对称轴 Δp 之垂直距离；ϕ 为 S 点法线与 OP 轴的夹角。另外，R_2 为 S 点曲面的另一曲率半径；b 为 O 点曲率半径；z 为 S 点与参考平面距离。

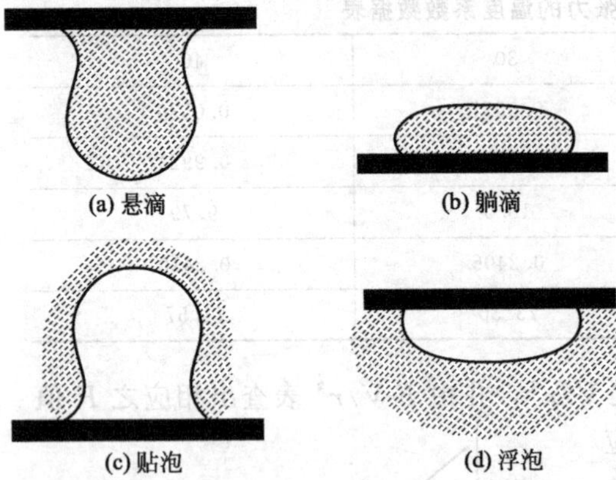

图 3.16 液滴（气泡）外形

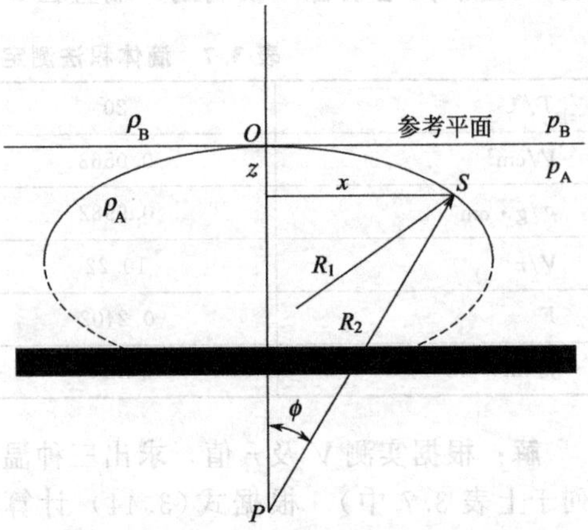

图 3.17 描述以 OP 为对称轴的躺滴的各参数的示意图

根据 Laplace 公式，S 点内外压差 $(\Delta p)_S=\gamma\left(\frac{\sin\phi}{x}+\frac{1}{R_1}\right)$，同时从 S 点所受之静压力可得 $(\Delta p)_S=2\gamma/b+\Delta\rho gz$，因而可得出式（3.46）。$\beta$ 称为形状因子。只要从滴外形求出 β 和 b 即可得出 γ 值。

Bashforth 和 Adams 及后人制成了不同 β 和 ϕ 时之 x/b 和 z/b 数值的表（称为 B-A 表，参见例 3）[21]。

实际测定时常是测定液滴最大直径（得出相应之半径即为赤道半径 x_{90}，其与对称轴之夹角为 90°）和最大直径或与液滴顶点之垂直距离 z。根据拍摄之躺滴侧面像与理论图比较（两图之最大直径最好相同），找出待测液滴外形之 β 值，从 B-A 表中查出相应 β 值之表，读出 $\phi=90°$ 之 x/b，即可求出 b，代入式(3.46)，可得 γ。

【例 3】 今测得在空气中某液体在不润湿固体表面液滴之赤道直径 $z_{g0}=1.30\text{cm}$，液滴形状与 $\beta=25$ 理论图相似，计算该液体的表面张力。已知 $\Delta\rho=1\text{g}\cdot\text{cm}^{-3}$。

解： 先查出 $\beta=25$ 之 B-A 表（见表 3.8），由表查出 $\phi=90°$ 时 $x/b=0.48148$。由此，$b=1.30/(2\times0.48148)=1.35$（cm）

代入式(3.46)

$$\gamma=\frac{\Delta\rho g b^2}{\beta}=\frac{1.0\times980\times(1.35)^2}{25}=71.4\ (\text{mN}\cdot\text{m}^{-1})$$

表 3.8 $\beta=25$ 和 $0°<\phi\leqslant180°$ 时 x/b 和 z/b 值表①

ϕ/(°)	x/b	z/b	ϕ/(°)	x/b	z/b
5	0.08521	0.00368	40	0.39755	0.11236
10	0.16035	0.01348	45	0.41666	0.12985
15	0.22230	0.02712	50	0.43249	0.14711
20	0.27250	0.04288	55	0.44551	0.16405
25	0.31333	0.05974	60	0.45609	0.18063
30	0.34684	0.07713	65	0.46451	0.19678
35	0.37455	0.09475	70	0.47101	0.21246

续表

$\phi/(°)$	x/b	z/b	$\phi/(°)$	x/b	z/b
75	0.47579	0.22761	130	0.45319	0.35204
80	0.47905	0.24221	135	0.44682	0.35901
85	0.48089	0.25626	140	0.44008	0.36519
90	0.48148	0.26966	145	0.43302	0.37061
95	0.48092	0.28243	150	0.42571	0.37526
100	0.47934	0.29435	155	0.41823	0.37915
105	0.47682	0.30594	160	0.41062	0.38231
110	0.47345	0.31665	165	0.40296	0.38472
115	0.46931	0.32662	170	0.39528	0.38643
120	0.46452	0.33585	175	0.38766	0.38744
125	0.45911	0.34433	180	0.38014	0.38776

① F Bashforth and J C Adams. An Attempt to Test the Theory of Capillary Action. London: Cambridge University Press, 1883.

2. 悬滴法

悬滴法直接测量的是悬滴最大直径 d_e 和与悬滴顶点距离 d_e 处悬滴的直径 d_s（见图 3.18），并定义

$$S=d_s/d_e \tag{3.47}$$

$$H=\beta\left(\frac{d_e}{b}\right)^2 \tag{3.48}$$

将上两式结合，可得

$$\gamma=\Delta\rho g b^2/\beta=\Delta\rho g d_e^2/H \tag{3.49}$$

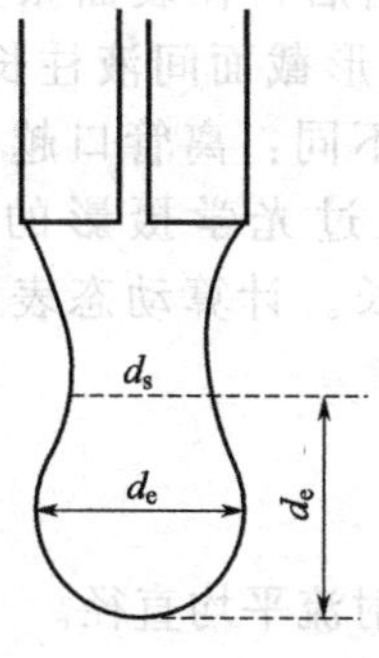

图 3.18 悬滴法示意图

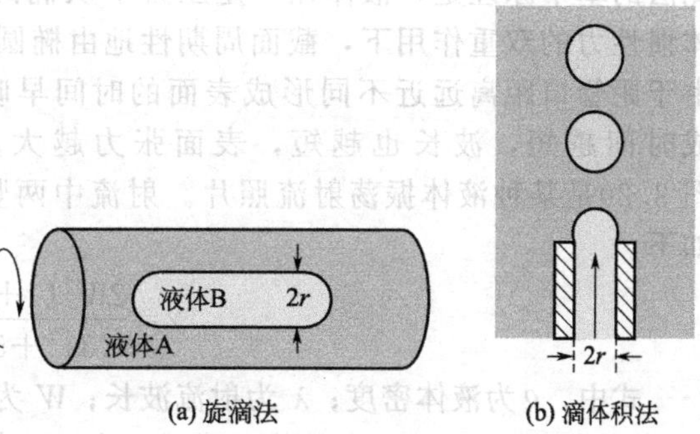

图 3.19 测定界面张力的旋滴法和滴体积法示意图

现已有 S 与 $1/H$ 关系表[22]，只要测出悬滴的 d_s 和 d_e，求出 S，查 S-$1/H$ 表找到 $1/H$，即可依式(3.49) 求出 γ。

六、旋滴法测定液液界面张力

用上述的一些方法（或略加改进）可测定不太低的液液界面张力。但当界面张力在 $10^{-2}\sim10^{-1}\,\text{mN}\cdot\text{m}^{-1}$（称为低界面张力）或在 $10^{-3}\,\text{mN}\cdot\text{m}^{-1}$ 以下（称为超低界面张力）时用上述方法难以进行。低界面张力尚可用滴外形法测定。测定超低界面张力最常用的是旋

滴法（spinning drop method）。

旋滴法测界面张力是将少量低密度液体B加入已装有高密度液体A的样品管（通常为毛细管）中，样品管安装于旋转仪上，样品管长轴与旋转轴平行且同心，当旋转轴以 ω 角速度旋转时，高密度液体中的低密度液体成球状或圆柱状，转速越大越趋向成圆柱状［图3.19(a)］。当液滴成圆柱状时，A、B两液体间界面张力 $\gamma_{A/B}$ 有下述关系：

$$\gamma_{A/B}=0.25(\rho_A-\rho_B)\omega^2 r^3 \tag{3.50}$$

式中，ρ_A、ρ_B 分别为A、B液体密度；r 为圆柱状液滴之半径。

用滴体积和滴重法等也可测定界面张力。图3.19(b)是其示意图。将已知密度的一种液体通过一毛细管挤入另一种密度的液体中，可以测定液滴形成时间。当界面张力大时，液滴大；界面张力小时，液滴小。由流速和液滴数目可求出液滴平均体积 V，界面张力可依下式计算：

$$\gamma_{AB}=\frac{V(\rho_A-\rho_B)g}{2\pi r} \tag{3.51}$$

式中，r 为毛细管半径。这种滴体积法可用于研究界面张力的时间效应。有机液体与水间界面张力的信息可参阅文献［23］。

七、振荡射流法测定液体的动态表面张力[24]

在有的实际应用中需要了解表面形成不同时间时液体的表面张力，例如在乳状液和泡沫生成时，新的表面不断形成，乳化剂和起泡剂分子在表面吸附速度就成了这些体系得以稳定的重要限制步骤。而表面吸附必引起表面张力的变化。因此，研究表面张力与表面形成时间的关系（表面张力的时间效应）就具有十分重要的实际意义。由于表面吸附时间极短，适用于表面张力时间效应的研究方法比较少。前述的一些常规方法（如滴体积法、吊片法）只能用于以秒和分的时间范围，而经改进的最大气泡压力法也只能用到分秒级。

振荡射流法(oscillating jet method)是实验室最常用的测定动态表面张力的方法[25]，此法的基本原理是，液体在一定压力下从椭圆形毛细管口射出后，在表面张力和流动液体惯性力的双重作用下，截面周期性地由椭圆变为圆形。两圆形截面间液柱长称为波长。由于距管口距离远近不同形成表面的时间早晚不同，波长也不同：离管口越近，表面形成时间越短，波长也越短，表面张力越大。射流波长可通过光学摄影的方法测量。图3.20是某种液体振荡射流照片。射流中两竖线间距即为波长。计算动态表面张力公式如下。

$$\gamma=\frac{2W^2(1+1.542B^2)}{(3\lambda^2+5\pi^2 r^2)r\rho} \tag{3.52}$$

式中，ρ 为液体密度；λ 为射流波长；W 为射流流量；r 为射流平均直径。

$$r=(r_{max}+r_{min})[(1+B^2)/6]/2 \tag{3.53}$$

$$B=(r_{max}-r_{min})/(r_{max}+r_{min}) \tag{3.54}$$

式中，r_{max} 和 r_{min} 分别为椭圆喷口长轴和短轴半径。射流流量 W 为单位时间(s)流出液体的质量(g)，由 W 可求出射流线速度 U：

$$U=W/(\pi r^2\rho) \tag{3.55}$$

自 U 及测出的距管口距离 l 可算出此处表面形成的时间 t：

$$t=l/U \tag{3.56}$$

这样，就可得到表面张力［式(3.52)］与表面形成时间［式(3.56)］的关系。

对不透明液体可用增长液滴法（growing drop method）测定动态表面张力[26]。

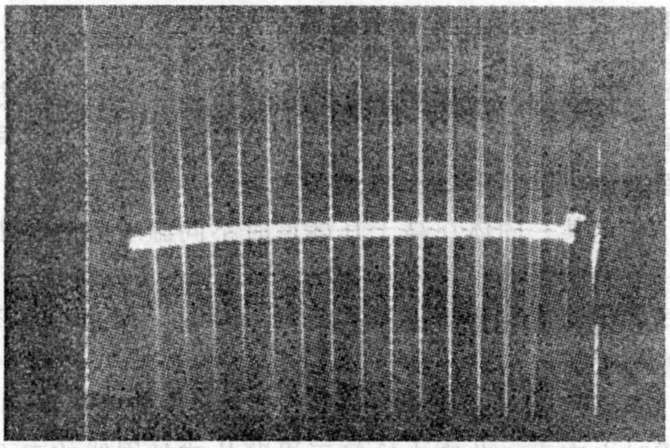

图 3.20 振荡射流照片（管口在右侧）

第七节 固体表面能及其测定

一、固体的表面能

固体的表面自由能虽可与液体类似，定义为形成单位新表面时外力所做的可逆功，但不能笼统地将固体表面能与表面张力混为一谈。这是因为：①固体可能存在各向异性，形成不同晶面时表面张力可不同；②形成新表面时，表面原子重排达平衡状态需时极长；③表面区域原子间距离的改变可引起表面积改变，不需体相中原子做功使其成表面原子；④表面不均匀使处于不同区域的原子微环境不同，受到周围原子的作用力也不相同。由于这些原因在讨论固体表面时，用表面能术语更贴切，即使用固体表面张力的术语，其含义也是指表面能，且固体表面能数据多是在一定条件下用某种测定方法所得结果的平均值，不同文献数据可能相差较大。

二、低能表面与高能表面

已知有机固体（如石蜡、聚乙烯等）的表面能都小于 $100mJ \cdot m^{-2}$，无机固体（如 NaCl、CaO、Ag、云母等）表面能都大于 $100mJ \cdot m^{-2}$。人为界定，前者为低表面能固体，其表面为低能表面；后者为高表面能固体，其表面为高能表面。

固体表面能的大小决定了其可润湿性质。液体在固体表面能自发铺展的基本条件是液体表面张力小于固体的表面能。液体表面张力越低，越有利于铺展进行。

能使低能固体表面润湿的液体较少。表征低能表面润湿性质的经验参数是临界（润湿）表面张力，临界表面张力(critical surface tension)，常以 γ_c 表示。其物理意义是：表面张力低于 γ_c 的液体方能在此低能表面上铺展。显然，γ_c 越小，能在其上铺展的液体越少。表 3.9列出一些固体大分子聚合物的 γ_c 值。

表 3.9 一些聚合物的 γ_c 值

聚合物	$\gamma_c/mN \cdot m^{-1}$	聚合物	$\gamma_c/mN \cdot m^{-1}$
聚六氟丙烯	16.2	聚乙烯醇	37
聚四氟乙烯	18.5	聚甲基丙烯酸甲酯	39
聚三氟乙烯	22	聚甲基丙烯酸辛酯	23.5
聚乙烯	31	聚二甲基硅氧烷	24
聚苯乙烯	40.7	石蜡	23

三、固体表面能的实验估测[27]

至今仍无精确、可靠、通用的测定固体表面能的方法。现报道的方法均是在一定条件下对特定体系进行的，虽然同一固体用不同方法所得结果可有相当大差异，但半定量甚至定性的结果对了解固体表面性质也常是有意义的。

(1) 熔融外推法　测定某一固体在高于其熔点时不同温度的表面张力（用经改进的常规测定液体表面张力的一些方法即可），外推到低温固态时的数据。此方法假设固态和液态时表面张力温度系数相同（此假设对有的固体是不适用的）。此法可用于无定形固体、碱性卤化物、银等金属表面能测定[28]。

(2) 应力拉伸法　在低于固体熔点若干度时，测定薄片或丝状固体应变速度与应力关系，求出应变速度为零时之应力，此应力恰等于沿薄片或丝周线的表面张力值。此法求得的是表面应力，在熔点时，表面应力可近似视为表面张力（表面能）[29]。用这种方法测得金在920℃、970℃、1020℃时表面能为1680mJ·m^{-2}、1280mJ·m^{-2}、1409mJ·m^{-2}[30]。

(3) 解理劈裂法　直接测量劈裂某些晶体所施加负荷所形成新表面的大小计算表面能[31]。此法可用于盐、金属、半导体材料表面能测定，这种方法难度大，精度差，测定环境使得形成新表面有不同的吸附膜，所得结果差别很大。

(4) 溶解热法　高度分散的粉体有大的表面积，在良溶剂中溶解时，大表面消失，表面能释放出来。因此，用同一物质的高分散粉体和一般粉体测定溶解热，由其差值和比表面积可计算出表面能。此法要求高灵敏度量热技术和极细粉体（至少应为微米级）。

(5) 接触角法　将Fowkes的液液界面张力设想应用于固液界面，并假设固液界面间只有色散力作用，式(3.35) 可写为：

$$\gamma_{sl}=\gamma_{lg}+\gamma_{s}-2(\gamma_{s}^{d}\gamma_{lg}^{d})^{1/2} \tag{3.57}$$

式中，各γ下角标分别表示固液（sl)、液气（lg)、固（s）的相应值。

因吸附气体而引起固体表面能的降低，对于低能表面可以忽略，即$\gamma_s=\gamma_{sg}$。

将式(3.57)与式(3.14) Young方程结合，立得

$$\cos\theta=-1+\frac{2(\gamma_{s}^{d}\gamma_{lg}^{d})}{\gamma_{lg}} \tag{3.58}$$

根据上式，以同系列已知表面张力及其色散分量的液体在固体上的接触角$\cos\theta$对$(\gamma_{lg}^{d})^{1/2}/\gamma_{lg}$作图，应得直线，直线的截距为$-1$，斜率为$2(\gamma_{s}^{d})^{1/2}$。对于低能表面，$\gamma_{s}^{d}\approx\gamma_{s}$。图3.21为多种液体在四种低能表面上的实验结果[32]。

如果固体表面还有极性作用成分，Fowkes的公式［式(3.34)］与Young方程结合，可得

$$\cos\theta=-1+2(\gamma_{sg}^{p}\gamma_{lg}^{p})^{1/2}/\gamma_{lg}+2(\gamma_{sg}^{d}\gamma_{lg}^{d})/\gamma_{lg} \tag{3.59}$$

和

$$\frac{\gamma_{lg}(1+\cos\theta)}{2(\gamma_{lg}^{d})^{1/2}}=(\gamma_{sg}^{d})^{1/2}+(\gamma_{sg}^{p})^{1/2}(\gamma_{lg}^{p}\gamma_{lg}^{d})^{1/2} \tag{3.60}$$

根据式(3.59)，以$\cos\theta$对$(\gamma_{lg}^{d})^{1/2}/\gamma_{lg}$作图应得截距为$-1+2(\gamma_{sg}^{p}\cdot\gamma_{lg}^{p})^{1/2}/\gamma_{lg}$的直线，斜率为$2(\gamma_{g}^{d})^{1/2}$，由斜率和截距可求出$\gamma_{sg}^{d}$和$\gamma_{sg}^{p}$。根据式(3.60)，以$[\gamma_{lg}(1+\cos\theta)]/2(\gamma_{lg}^{d})^{1/2}$对$(\gamma_{lg}^{p}/\gamma_{lg}^{d})^{1/2}$作图得直线斜率为$(\gamma_{sg}^{p})^{1/2}$，截距为$(\gamma_{sg}^{d})^{1/2}$。而$\gamma_{sg}=\gamma_{sg}^{p}+\gamma_{sg}^{d}$。

图3.22是用式（3.59）估算玻璃片表面能的结果。由图直线的斜率与截距可求出玻璃表面的$\gamma_{sg}^{d}=31$mJ·m^{-2}，$\gamma_{sg}^{p}=64$mJ·m^{-2}。

表3.10中列出一些20℃用接触角法测出的多种固体的表面能组成。表中一种固体列出的不同数值是不同文献的结果。由此也可知，这种方法误差很大，这不仅是由于接触角测准

的困难，而且理论处理上也有缺陷。

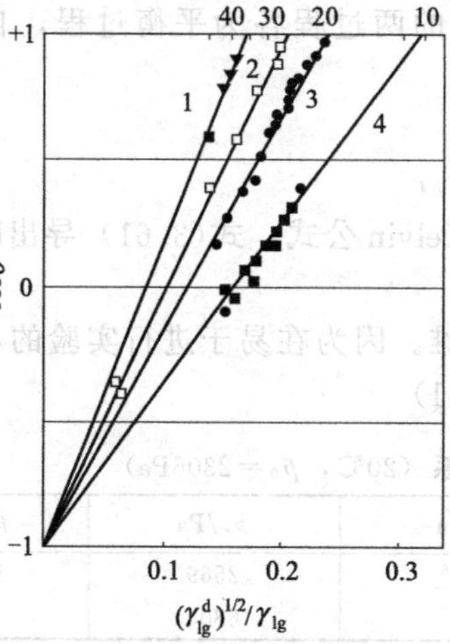

图 3.21　聚乙烯（1）、石蜡（2）、正三十六烷（3）、丹桂酸单层（4）上多种液体的 $\cos\theta$ 对 $(\gamma_{lg}^d)^{1/2}/\gamma_{lg}$ 图

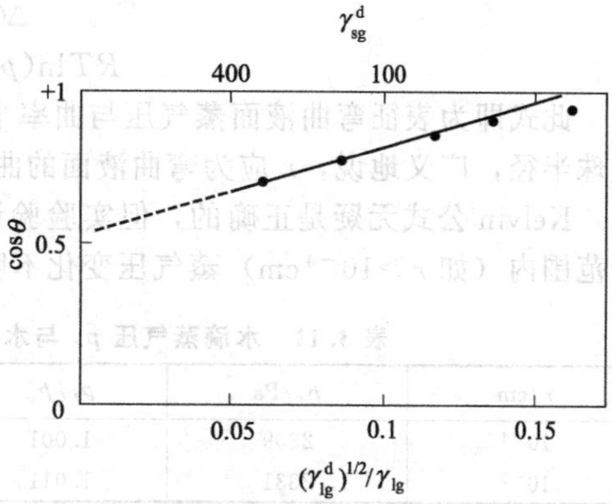

图 3.22　玻璃片的 $\cos\theta$ 对 $(\gamma_{lg}^d)^{1/2}/\gamma_{lg}$ 和 γ_{sg}^d 图

表 3.10　接触角法测出的固体表面能组成（20℃）　　mJ · m^{-2}

固　体	γ_{sg}	γ_{sg}^d	γ_{sg}^p	固　体	γ_{sg}	γ_{sg}^d	γ_{sg}^p
石蜡	25.4	25.4	0.0	聚苯乙烯	42.0	41.4	0.6
	25.1	25.1	0.0		23～41	17～34	6～7
聚乙烯	33.1	32.1	1.1	聚四氟乙烯	14.0	12.5	1.5
	32.8	32.1	0.7		21.8	21.7	0.1
	23～33	22～33	0～1		16～29	15～28	1
聚甲基丙烯酸甲酯	40.2	35.9	4.3	聚氯乙烯	41.5	40.0	1.5
	44.9	39.0	5.9	碳纤维	35～38	28～38	0～9
	23～48	14～34	9～14	云母	120	30	90

第八节　弯曲液面的蒸气压——Kelvin 公式与毛细凝结

一、弯曲液面蒸气压与曲率半径的关系——Kelvin 公式

当大块液体分散成小液珠时总表面积增大，小液珠内外有压力差，体系的许多性质发生改变。在恒温、恒压条件下，1mol 大块液体分散成半径为 r 的小液珠，此小液珠与其蒸气达平衡，设此时蒸气压为 p_r，大块液体的蒸气压为 p_0。此过程自由能变化 ΔG_1 为：

$$\Delta G_1 = V\Delta p$$

V 为液体之摩尔体积。引入 Laplace 公式

$$\Delta G_1 = 2V\gamma/r$$

若在恒温下将 1molp_0 之蒸气变为 p_r 之蒸气，并设气体为理想气，此过程自由能变化 ΔG_2 为：

$$\Delta G_2 = \int_{p_0}^{p_r} V\mathrm{d}p = RT\ln(p_r/p_0)$$

由于小液珠中组分之化学势与其蒸气相中之化学势相等。将1mol大块液体→p_0之蒸气→p_r蒸气的过程与1mol液体→半径为r液珠→p_r蒸气的过程比较，始终态相同，而大块液体→p_0蒸气及半径为r之小液珠→p_r蒸气的两过程各为平衡过程，自由能变化为零。故

$$\Delta G_1 = \Delta G_2$$

$$RT\ln(p_r/p_0) = 2V\gamma/r \tag{3.61}$$

此式即为表征弯曲液面蒸气压与曲率半径关系的Kelvin公式。式(3.61)导出时r为小液珠半径，广义地说，r应为弯曲液面的曲率半径。

Kelvin公式无疑是正确的，但实验验证却相当困难。因为在易于进行实验的小液珠半径范围内（如$r>10^{-4}$cm）蒸气压变化不明显（表3.11）

表3.11　水滴蒸气压p_r与水滴半径r的关系（20℃，p_0=2306Pa）

r/cm	p_r/Pa	p_r/p_0	r/cm	p_r/Pa	p_r/p_0
10^{-4}	2309	1.001	10^{-6}	2569	1.114
10^{-5}	2331	1.011	10^{-7}	6804	2.95

由Kelvin公式知：

① 当液面为凸液面时，$r>0$，$p_r>p_0$，即在相同温度时，凸液面上的蒸气压大于平液面的，且随r减小，p_r增大，表3.10的结果即为计算结果。

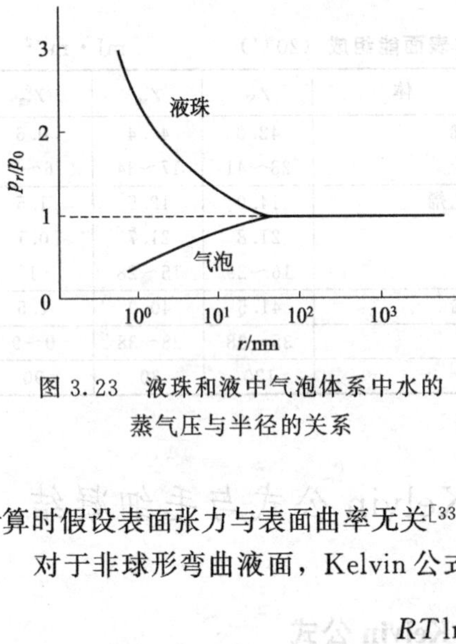

图3.23　液珠和液中气泡体系中水的蒸气压与半径的关系

② 当液面为凹液面时，$r<0$，如玻璃毛细管中水气液面和水中气泡，$p_r<p_0$，即蒸气压较平液面的减小。

③ 当液面为平液面时，$r=\infty$，$p_r=p_0$。

由这些说明可明显看出，空气中的小液珠的蒸气压升高，而液体中小气泡中的蒸气压降低。因此小液珠和液中气泡体系液体的蒸气压与液面曲率半径的关系在r小时起的作用不同：前者，r越小，p_r/p_0越大；后者，r越小，p_r/p_0越小。图3.23是水的蒸气压与液珠和液中气泡半径的关系，进行计算时假设表面张力与表面曲率无关[33]。

对于非球形弯曲液面，Kelvin公式的一般形式是：

$$RT\ln\left(\frac{p_r}{p_0}\right) = \gamma V\left(\frac{1}{r_1}+\frac{1}{r_2}\right) \tag{3.62}$$

Kelvin公式也可用于固液界面，从而给出溶解度与固体粒子大小的关系：

$$\ln\left(\frac{a_r}{c_0}\right) = \frac{2\gamma_{sl}V_s}{RTr} \tag{3.63}$$

式中，a_r为半径为r的固体在溶液中的活度；c_0为饱和溶液浓度；γ_{sl}为固液界面张力；V_s为固体的摩尔体积。由式(3.63)可知随粒子变小，其溶解度增大。有时也可用小粒子溶解度的变化，利用上式推算固液界面张力，以弥补界面张力测量的困难。用这种方法曾测出NaCl-EtOH界面张力为171mN·m^{-1}，$SrSO_4$-H_2O界面张力为85mN·m^{-1}。

二、毛细凝结

Kelvin公式比Laplace公式应用更方便在于可得到小粒子的蒸气压，而不只是内外压力

差。并且直接说明，曲率半径小的凸液面蒸气压增大，凹液面则蒸气压下降。Kelvin 公式可直接解释许多实验现象（例如多种过饱和现象）。汞在 20℃时蒸气压仅为 0.0012mmHg（1mmHg=133.322Pa），如将其分散成 10nm 的小液珠，蒸气压可提高 300 多倍，而且小汞珠极难回收。这正是在实验室和居室中要特别小心有汞仪器的使用，不使汞溅落。

曲率半径极小的凹液面蒸气压降低能很好地说明孔性材料中的毛细凝结现象（capillary condensation），这一现象表示，气体在低于其正常饱和蒸气压时可以在孔性固体毛细孔中的凹液面上凝结，随着气体压力的增加，能发生毛细凝结现象的毛细孔径越来越大。在孔性固体中的毛细凝结已是吸附作用的重要内容（将在吸附作用一章中继续讨论）。

被毛细凝结液体若能在孔隙壁上完全润湿（即 $\theta=0°$）时，形成的凹液面曲率半径即为孔半径，若不能完全润湿（即有一定的接触角 θ）时，凹液面曲率半径增大，比孔半径略大，曲率半径 $r=r_c/\cos\theta$（r_c 为孔半径），如图 3.24 所示。

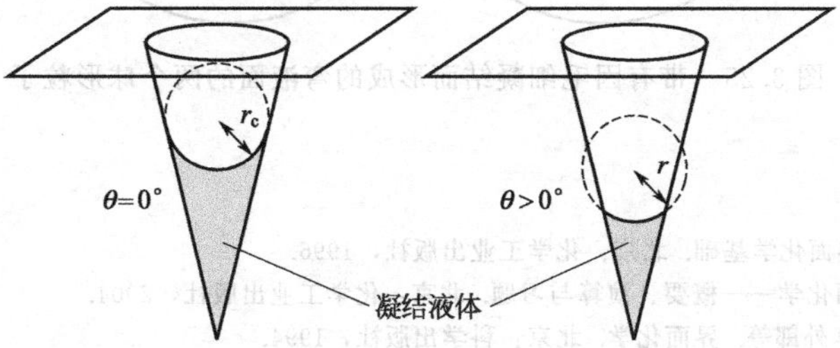

图 3.24　在完全润湿和部分润湿的锥形孔中的毛细凝结

【例 4】 若孔性固体含多种大小的孔。将此固体与 20℃湿度为 90%水蒸气接触求能发生水毛细凝结的孔的大小。已知，水表面张力为 $70\text{mJ}\cdot\text{m}^{-2}$。

解： 根据 Kelvin 公式，在题设条件下能发生毛细凝结的孔的半径 r 为：

$$r=\frac{2\gamma V}{RT\ln(p_r/p_0)}=\frac{2\times0.070\text{J}\cdot\text{m}^{-2}\times18\times10^{-6}\text{m}^3}{8.31\text{J}\cdot\text{K}^{-1}\times293\text{K}\times\ln0.9}=-10\ (\text{nm})$$

r 应为孔中凹液面的曲率半径，在接触角为 0°时，与孔半径相等，故孔半径是 10nm。

毛细凝结的重要作用还在于在毛细管中凝结液体为平衡表面张力所受到的应力（毛细力，毛细压力）。在这种力作用下小粒子间黏附作用增强。例如，两粒子接触，水凝结于接触区域的间隙中形成凹液面。根据 Laplace 公式，液体内压力小于外相的，使粒子产生吸引作用。设两个半径均为 R_p 的球形粒子接触（图 3.25），并设液体能润湿粒子表面（如黏土及许多矿粉和水体系即是），液体凹液面的主曲率半径 R_1 和 R_2 倒数之和应为（多数粒子假设 $x\gg r$）：

$$1/R_1+1/R_2=\frac{1}{x}-\frac{1}{r}\approx-\frac{1}{r}$$

代入 Laplace 公式，$\Delta p=\gamma/r$，即液体中的压力低于气相中的压力。作用于截面积 πx^2 上的吸引力为 $\pi x^2\Delta p$。根据勾股定理，用 r 取代 x^2：

$$(R_p+r)^2=(x+r)^2+R_p^2$$

$$R_p^2+2rR_p+r^2=x^2+2xr+r^2+R_p^2$$

$$2rR_p=x^2+2xr$$

假设 $x\gg 2r$，则

$$2rR_p\cong x^2$$

因而因毛细力而引起的吸引力为

$$F=\pi x^2\Delta p=2\pi rR_p\gamma/r=2\pi\gamma R_p \tag{3.64}$$

根据上式可知，因毛细凝结而产生的粒子间吸引力只与粒子半径和液体表面张力有关，与液体表面实际曲率半径及蒸气压无关。这一结果是由于随着弯液面曲率半径和蒸气压减小，x 也减小。同时，Laplace 压力 Δp 随着 $1/r$ 增加而增大。

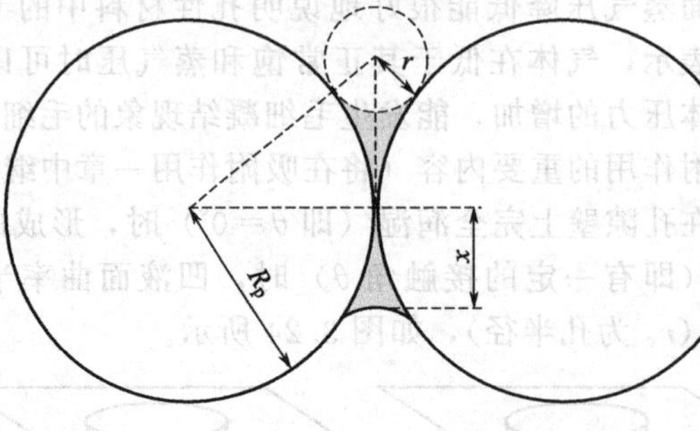

图 3.25 带有因毛细凝结而形成的弯液面的两个球形粒子

参考文献

[1] 朱珑瑶，赵振国. 界面化学基础. 北京：化学工业出版社，1996.

[2] 赵振国. 胶体与界面化学——概要、演算与习题. 北京：化学工业出版社，2004.

[3] 顾惕人，朱珑瑶，李外郎等. 界面化学. 北京：科学出版社，1994.

[4] Adamson A W，Gast A P. Physical Chemistry of Surfaces，6th ed. New York；John Wiley & Sons Inc，1997.

[5] Pashley R M，Karaman M E. Applied Colloid and Surface Chemistry. New York：John Wiley & Sons Ltd，2004.

[6] 周祖康，顾惕人，马季铭. 胶体化学基础. 北京：北京大学出版社，1987.

[7] 赵振国. 化学研究与应用，2000，12（4）：370.

[8] Onda T，Shibuichi S，Satoch N T，Sujii K，Langmuir，1996，12：2125.

[9] 北京大学化学系胶化教研室. 胶体与界面化学实验. 北京：北京大学出版社，1993.

[10] 拉甫罗夫 И С. 胶体化学实验. 赵振国译. 北京：高等教育出版社，1992.

[11] Bruil H G，van Aar J. J Colloid Polym Sci，1974，252：32.

[12] Baguall R D，Annis J A D，Sheolike S. J Biomed Met Res，1980，14：1.

[13] Neumann A W. Adv Colloid Interface Sci，1974，4：105.

[14] 朱珑瑶，赵国玺. 物理化学学报，1986，2：328.

[15] 卢寿慈，翁达. 界面分选原理及应用. 北京：冶金工业出版社，1992.

[16] 格雷格 S J. 固体表面化学. 胡为柏译. 上海：上海科学技术出版社，1966.

[17] Schulze H J. Physico-Chemical Elementary Process in Flotation. Elsevier，1984.

[18] Butt H-J，Graf K，Kappl M. Physics and Chemistry of Interfaces. 2nd ed. Weinheim：Wiley-VCH，2006.

[19] Girifalco L A，Good R J. J Phys Chem，1957，61：904.

[20] Fowkes F M. Ind Eng Chem，1964，56（12）：40.

[21] Padday J F Matijevic E ed. Surface and Colloid Science，Vol. 1. New York：Wiley-Interscience，1969.

[22] 赵国玺，朱珑瑶. 表面活性剂作用原理. 北京：中国轻工业出版社，2003：79-80.

[23] Freitas A A，Quina F H，Caroll F A. J Phys Chem B，1997，3：7488.

[24] Alakoc U，Megaridis C M，McNallan M，et al. J Colloid Interface Sci，2004，276：379.

[25] Zhang L H，Zhao G X. J Colloid Interface Sci，1989，127：353.

[26] Macleod C A，Badke C J. J Colloid Interface Sci，1993，160：435.

[27] Butt H-J，Raiteri R Miling A J ed. Surface Characterization Methods. New York：Marcel Dekker，1999.

[28] Bondi A. Chem Rev，1953，52：429.

[29] Greenhill E B，Mc Donald S R. Nature，1953，171：37.

[30] Alexander B H，Dawson M H，Kling H P. J Appl Phys，1951，22：439.

[31] Gillis P P，Gilman J J. J Appl Phys，1964，35：647.

[32] Fowkes F M. Chemistry and Physics of Interfaces：Ⅱ. Washington：ACS，1971.

[33] Aveyard R，Haydon D A. An introduction to the principles of surface chemistry，Cambridge：Cambridge University press，1973.

习题

1. 计算将直径 1cm 的油珠分散于水中形成 O/W 乳状液。若在乳状液中油珠的半径为 0.1mm，求分散过程所需做的可逆功 W。设过程中界面张力始终为 $30mN \cdot m^{-1}$（答：$W=3.78J$）

2. 根据液体在两支不同半径毛细管中液面毛细升高的差值推导求算液体表面张力的公式。

3. 用一注射针头（针头截面为圆形，半径为 r）在溶液表面下形成球形气泡（溶液表面张力为 γ）。导出形成气泡的最大压力 P 与溶液表面张力 γ 的关系。

4. 用滴重法测定一液体的表面张力。已知滴头外径为 0.6012cm，滴头的孔直径为 0.0254cm，液体密度为 $0.9499g \cdot cm^{-3}$。若该液体能完全润湿滴头，求算液体的表面张力。（$\gamma=33.18mN \cdot m^{-1}$）

5. 用 Kelvin 公式计算在两端开口的毛细管中，氮气的相对压力为 0.75 时发生毛细凝结的毛细管半径 r（77K）。设氮气在管壁上先形成 0.9nm 的吸附层，77K 时液氮的表面张力为 $8.85mN \cdot m^{-1}$，液氮的摩尔体积为 $34.7cm^3 \cdot mol^{-1}$（答：$r=2.57nm$）

6. 为什么溅落于地面的水银比整装水银对人体更有害？

7. 为什么拉伸经喷灯烧软化的两端开口的玻璃管时，玻璃管中部会变细？

8. 试用表面化学原理讨论松软土壤雨后下陷的道理。

9. 若固体粒子含有墨水瓶状的孔结构。设孔腔半径为 41nm，孔腔间以半径为 16nm 的圆柱状管道连接。计算 77K（大气压下氮的沸点）氮发生毛细凝结的压力。（答：柱状管内，$P^c/p^\infty=0.0726$。腔体内，$P^c/p^\infty=0.926$）

10. 水在石蜡上的接触角 20℃时为 105°，计算其黏附功和铺展系数。水的表面张力为 $73mN \cdot m^{-1}$。（答：黏附功$=54.1mN \cdot m^{-1}$；铺展系数$=-91.1mN \cdot m^{-1}$）

11. 欲测水在某粉体上的接触角，将粉体装入一玻璃管中，下端管口用半透性材料堵住。水在粉体柱中液面因毛细作用而上升。测出水面上升 3.0cm 需时 3.5min。若用标准液体硅油在同样填充条件和实验条件的粉体柱中硅油液面升高 3.0cm 需时 4.7min。若设硅油可完全润湿粉体，计算水在粉体上的接触角和水面升高 5.0cm 所需时间。已知，水的表面张力为 $72.4mN \cdot m^{-1}$，黏度为 1.0cP，硅油的表面张力为 $16mN \cdot m^{-1}$，黏度为 15cP。

12. 20℃时汞的表面张力为 $485mN \cdot m^{-1}$，其 $\gamma_{Hg}^{d}=200mN \cdot m^{-1}$；水的表面张力为 $72.8mN \cdot m^{-1}$，其 $\gamma_{H_2O}^{d}=21.1mN \cdot m^{-1}$。用安东诺夫规则和 Fowkes 定理计算汞-水的界面张力，并与实测值 $427mN \cdot m^{-1}$ 比较。

第四章　表面活性剂溶液

第一节　表面活性剂分子结构及其分类

在很低的浓度就能显著降低溶剂（主要是水）的表面张力，且有实用价值的天然或合成的两亲性有机物质称为表面活性剂（surface active agent，surfactant）。表面活性剂在工、农业生产和高科技领域、日常生活中均有广泛的应用，可以毫不夸张地说，表面活性剂是人类生产活动中最重要的工业助剂，在各个部门应用量不一定很大，但常可起到提高效率、降低成本、节省能源、并能有效地改进生产工艺的作用。因表面活性剂实际用途不同，常冠以不同的名称，诸如润湿剂、渗透剂、分散剂、柔软剂、乳化剂、破乳剂、起泡剂、消泡剂、抑蚀剂等。表面活性剂发挥重要作用的主要原因在于：①在表（界）面上有强烈的吸附作用，改变这些界面的物理化学甚至机械和力学的性质以满足实际应用的要求；②表面活性剂的溶液性质与纯溶剂的性质不同，特别是由于表面活性剂各种形式的分子有序组合体的形成，大大开拓了其应用领域。

一、表面活性剂分子结构特点及其分类[1~4]

表面活性剂分子具有两亲性，即分子中既有亲油性的疏水基团（hydrophobic group）也有疏油性的亲水基团（hydrophilic group），故这类分子称为两亲分子（amphiphilic molecules，amphiphiles）。表面活性剂在水中或油中的溶解度受这两类基团相对强弱的影响。如含长碳氢链（碳原子数在18个以上）的表面活性剂在水中的溶解度小。表面活性剂的亲水基种类很多，常用的有羧基、磺酸基、硫酸酯基、聚氧乙烯基、季铵基，吡啶基、多元醇基等。常用的疏水基有碳氢烷链，碳氟烷链，聚硅氧烷链，聚氧丙烯基，烷基苯基等。

表面活性剂的分类方法有很多种，如按分子量大小、实际用途分类等。应用最广泛的分类方法是根据表面活性剂在水中是否电离和电离时形成的具有表面活性的离子带电符号分类。据此可将表面活性剂分为非离子型、阴离子型、阳离子型、两性型等。表4.1中列出上述类型表面活性剂典型的分子结构及实例。

除了以碳氢链为疏水基的普通表面活性剂外，现在有将碳氢链中的氢原子部分或全部用氟取代的氟表面活性剂，以Si—O—Si、Si—C—Si或Si—Si链为疏水基的硅表面活性剂和由氧乙烯基与氧丙烯基嵌段共聚的聚醚类高分子表面活性剂。这些表面活性剂各有其特点，如氟表面活性剂有高表面活性（既憎水又憎油），高热稳定性和化学稳定性；硅表面活性剂有耐高温，耐腐蚀，无毒性等特点。

普通的表面活性剂分子多只有一个极性基和一个非极性基，近些年来学术界和工业领域对二聚和齐聚表面活性剂有越来越大的兴趣[5]。二聚表面活性剂又称为Gemini表面活性剂，是由桥连（隔离）基团连接两个或多个相同的两亲分子而成的，分子中有两个或多个相同的亲水和疏水基（图4.1）。Bola型表面活性剂是两个两亲分子的碳链中部相互连接而成。这两种表面活性剂都是由长疏水链连接两个极性基团。Gemini表面活性剂有高表面活性，

表 4.1 普通表面活性剂的分类、结构和实例

类 型	名 称	结 构①	实 例
阴离子型	烷基硫酸钠	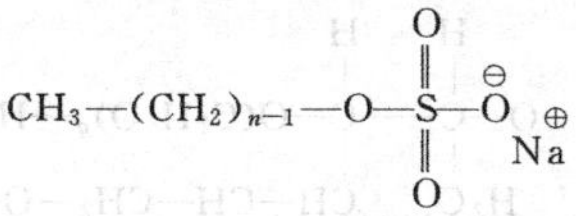	十二烷基硫酸钠 (SDS)
	烷基苯磺酸钠	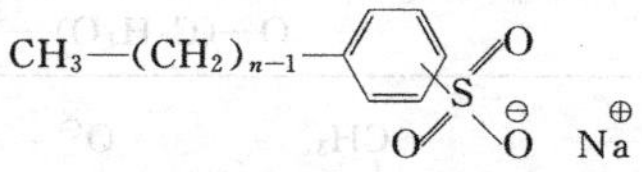	十二烷基苯磺酸钠 (SDBS)
	烷基聚氧乙烯醚磺酸钠	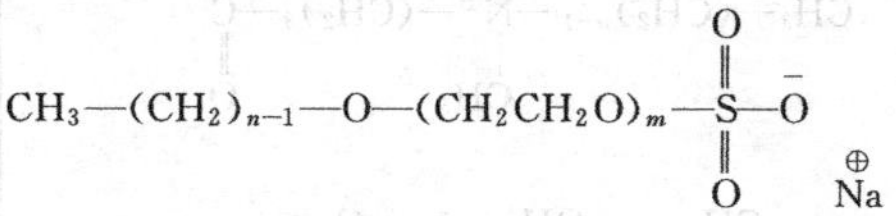	$n=12\sim14, m=2\sim4$ (AES)
	烷基羧酸钠	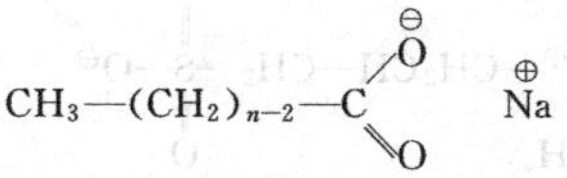	十二酸钠 (月桂酸钠)
	琥珀酸二异辛酯磺酸钠	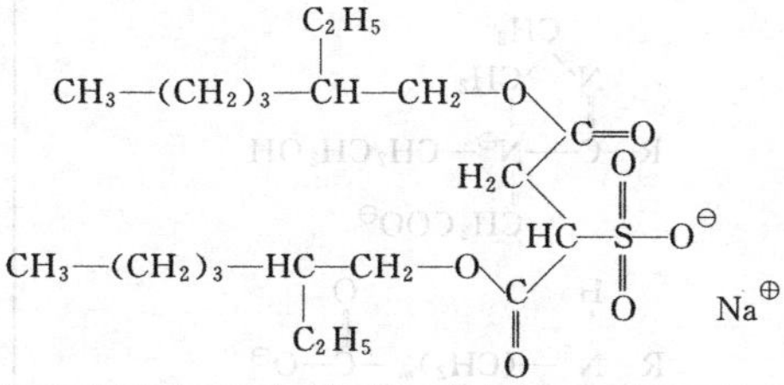	Aerosol OT (AOT)
阳离子型	烷基三甲基溴化铵	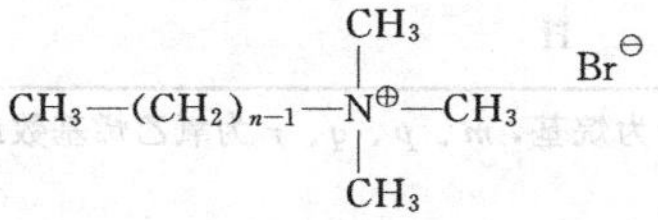	十四烷基三甲基溴化铵 (TTAB) 十六烷基三甲基溴化铵 (CTAB)
	烷基三甲基氯化铵	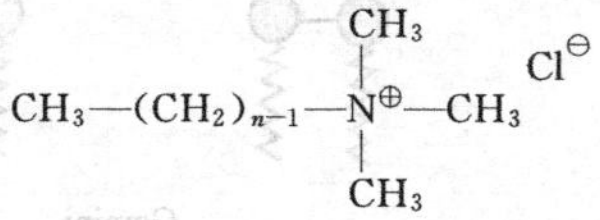	十六烷基三甲基氯化铵 (CTAC)
	二烷基二甲基溴化铵	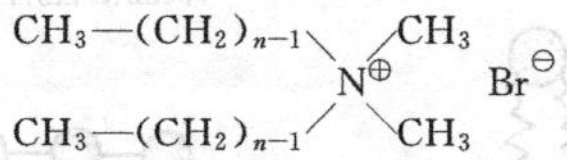	二十二烷基二甲基溴化铵
非离子型	脂肪醇聚氧乙烯醚	$C_nH_{n+1}(OC_2H_4)_mOH$	$n=8\sim18, m=1\sim45$ 平平加(Peregal)
	烷基酚聚氧乙烯醚	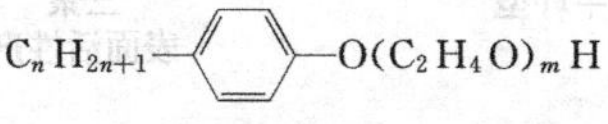	$n=8, m=10$ Triton X-100 $n=8\sim12, m=1\sim15$ OP 型表面活性剂
	烷基葡糖苷	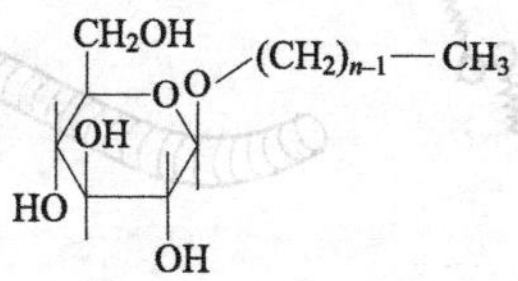	十二烷基-β-D 葡糖苷
	失水山梨醇脂肪酸酯	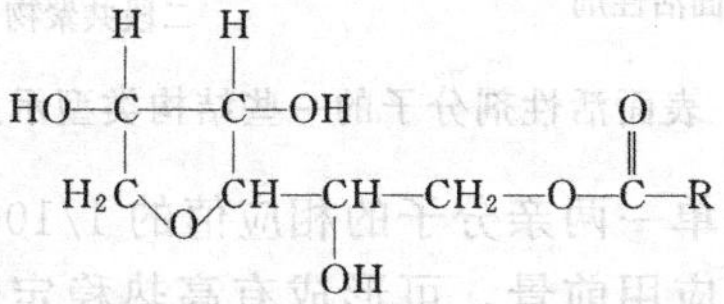	$R=C_{17}H_{33}$ 失水山梨醇油酸酯 (Span-80)

续表

类型	名称	结构①	实例
非离子型	聚氧乙烯失水山梨醇脂肪酸酯	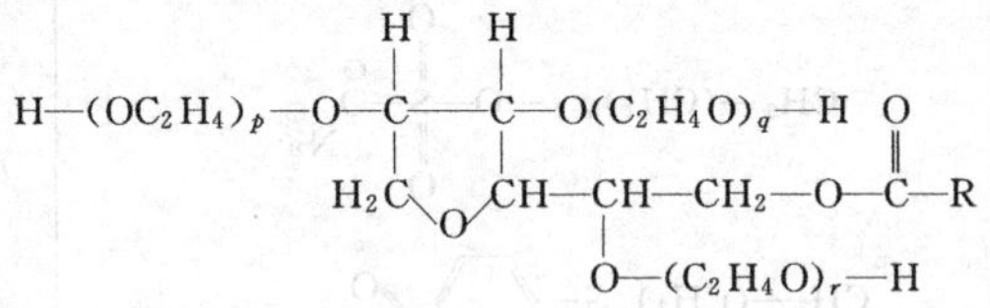	$R=C_{17}H_{33}$ $p+q+r=20$ 聚氧乙烯失水山梨醇油酸单酯 （Tween-80）
两性型	烷基甜菜碱	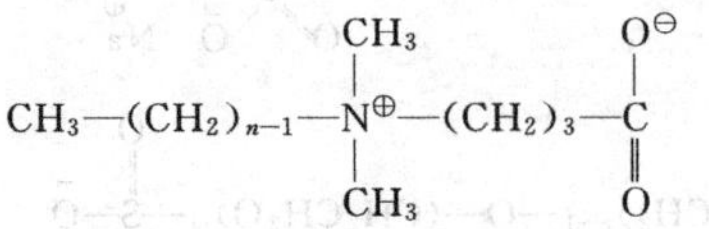	$n=12$ 十二烷基甜菜碱
	磺基甜菜碱	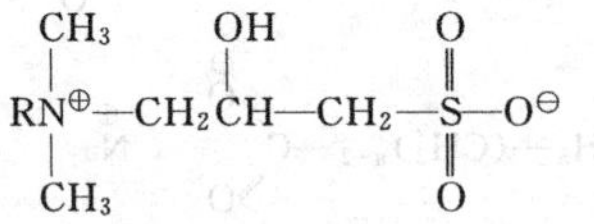	羟基磺丙基甜菜碱
	羧基咪唑啉	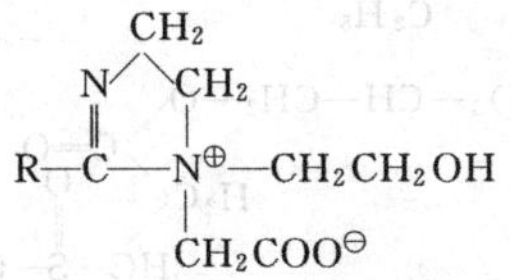	
	氨基羧酸	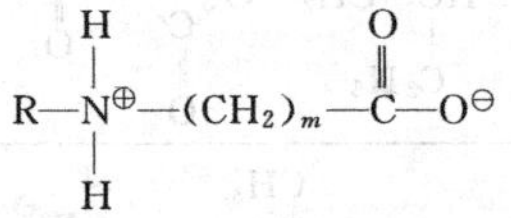	$m=2$ *β*-氨基丙酸

① 结构式中 n 为主碳氢链碳原子数，R 为烷基，m、p、q、r 为氧乙烯基数或亚甲基数。

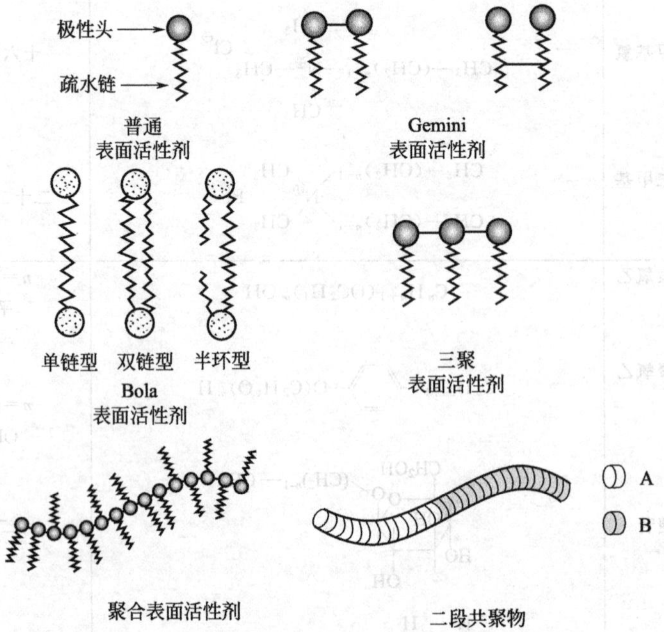

图 4.1　表面活性剂分子的一些结构类型示意图

其临界胶束浓度常约为构成它的单一两亲分子的相应值的 1/100。Bola 型表面活性剂表面活性不高，但在生物膜模拟方面有应用前景，可形成有高热稳定性的模拟类脂膜，并在催化、纳米材料合成、药物缓释等方面有应用[6,7]。除 Gemini 和 Bola 型二聚表面活性剂外，还有三聚、四聚或多聚表面活性剂，这些表面活性剂有的表面活性比单个的表面活性剂好。它们也可能是普通表面活性剂和聚合表面活性剂的中间体。在聚合表面活性剂分子中，每一个结构单元都是两亲性的。嵌段共聚物是另一种类型的聚合表面活性剂，其组成至少含 A 和 B 两类极性不同的单体。聚氧乙烯-聚氧丙烯-聚氧乙烯形成的三嵌段共聚物（PEO-PPO-PEO）即为 Pluronic 系列聚醚型表面活性剂，此类表面活性剂的性质与 PPO 部分相对分子质量及 PEO 部分质量分数有关。上述不同构型的表面活性剂示意于图 4.1 中。

二、表面活性剂溶液的性质

两亲性表面活性剂分子的极性基团对水有强烈亲和能力，有使其溶解于水的本能；而其非极性基团周围的水分子间原有的缔合结构受到破坏，使体系无序性增加，熵增大。但是这些水分子在疏水基周围又形成某种有序结构（“冰山结构”）使体系熵减小。疏水基的存在，对溶剂水的排斥作用使其有逃离水的自发趋势，这种作用称为疏水效应。疏水效应可能有三种结果：①表面活性剂浓度超过其溶解度时，以单相析出；②在与水接触的各种界面上吸附，形成极性基留在水相非极性基指向另一相的单层（气液界面）或多层（某些固液界面）吸附；③当浓度达一定值后，在水中形成表面活性剂多个分子（或离子）的有序组合体。以上这些结果都导致表面活性剂溶液的性质与纯水（或其他纯溶剂）的不同，许多性质在一个不大的浓度区间发生明显的变化（图 4.2），此窄小的浓度范围称为临界胶束浓度（critical micelle concentration，CMC、cmc）。

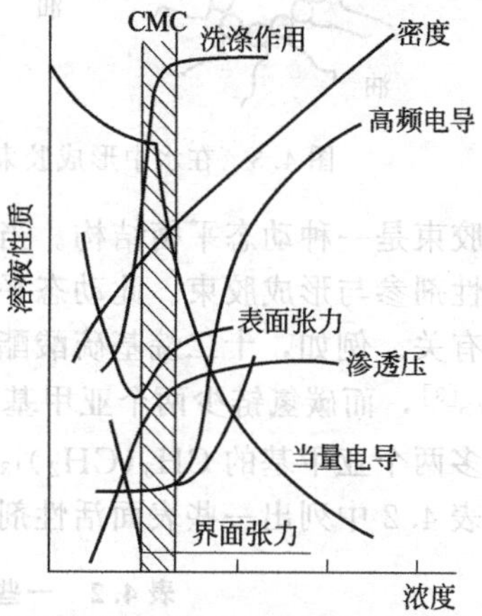

图 4.2　表面活性剂溶液性质与浓度的关系

在表面活性剂溶液的诸多性质中表面张力随浓度的变化至关重要。这是因为，一方面表面活性剂使溶剂表面张力降低的能力是其实际应用的重要依据；另一方面表面张力降至最低值（γ_{min}）时之浓度即该表面活性剂之 CMC。CMC 越小越有利于实际应用。因此，γ_{min} 和 CMC 是表征表面活性剂表面活性大小的最重要参数。

第二节　胶束和临界胶束浓度

一、胶束的形成

在水中，当表面活性剂浓度大到一定值后，多个表面活性剂分子的疏水基相互缔合形成胶束（micelle），因胶束的大小约在胶体粒子大小范围内，故表面活性剂形成的有序组合体结构也称为缔合胶体（association colloids）。胶束的大小和形状与表面活性剂浓度有关。开始大量形成胶束的浓度称为临界胶束浓度（CMC）。在 CMC 附近形成的胶束为球形的。这种胶束最简单，了解得最清楚。在水溶液中形成的胶束，表面活性剂碳氢链（疏水基）聚集成胶束内核，极性端基朝向水相，构成胶束的外层。典型的胶束约含 30～100 个表面活性剂分子，多种方法测得胶束直径约为 3～6nm，胶束内核为液态烃的性质。每个胶束含有表面活性剂分子的平均数目称为胶束聚集数（micellar aggregation number）。胶束聚集数并非严格一定的，而是有明显的分散性。在表面活性剂浓度低于 CMC 时，多数表面活性剂以单体或聚集数很小的聚集体（预胶束，premicelle）形式存在。在CMC时，单体浓度几乎保持恒定，继续增加表面活性剂将形成新的胶束。聚集数分布类似于高斯分布。应当说明，聚集数并非严格的恒定值，随浓度增大也略有增加。

在非极性有机溶剂（统称为“油”）中，油溶性表面活性剂也可以形成聚集数不大的反胶束（reverse micelle，inverted micelle）。反胶束依靠极性基间的氢键或偶极子的相互作用形成，表面活性剂亲水基结合构成反胶束内核，疏水基构成反胶束外层，一般有大的疏水基和小的亲水基才能形成反胶束。

在水中形成的胶束和在油中形成的反胶束结构如图 4.3 所示。

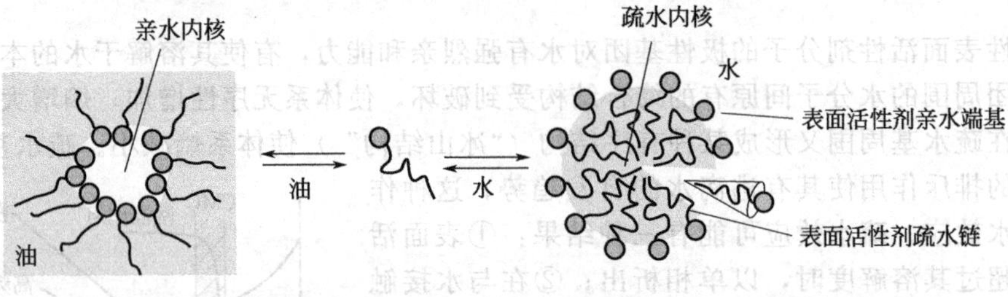

图 4.3　在水中形成胶束（右）和在油中形成反胶束（左）及其结构示意图

胶束是一种动态平衡结构。当表面活性剂分子脱离胶束溶入溶液的同时，有溶液中的表面活性剂参与形成胶束。此动态平衡的时间与表面活性剂特征结构有关，特别是与其碳氢链长度有关。例如，十二烷基硫酸酯基［$CH_3(CH_2)_{11}OSO_3^-$］在胶束中（25℃）的停留时间为 6μs[8]，而碳氢链少两个亚甲基的 $CH_3(CH_2)_9OSO_3$ 在胶束中停留时间减少约 0.5μs，碳氢链多两个亚甲基的 $CH_3(CH_2)_{13}OSO_3^-$ 在胶束中的停留时间长达 83μs。

表 4.2 中列出一些表面活性剂的 CMC 值。

表 4.2　一些表面活性剂的临界胶束浓度（CMC）值

表面活性剂	温度/℃	CMC/mol·L^{-1}
阴离子型		
$C_{11}H_{23}COONa$	25	2.6×10^{-2}
$C_{12}H_{25}COOK$	25	1.25×10^{-2}
$C_{17}H_{33}COOK$（油酸钾）	50	1.2×10^{-3}
$C_8H_{17}SO_4Na$	40	1.4×10^{-1}
$C_{10}H_{21}SO_4Na$	40	3.3×10^{-2}
$C_{12}H_{25}SO_4Na$	40	8.7×10^{-3}
$C_{14}H_{29}SO_4Na$	40	2.4×10^{-3}
$C_{16}H_{33}SO_4Na$	40	5.8×10^{-4}
$C_{12}H_{25}SO_3Na$	40	9.7×10^{-3}
$C_{14}H_{29}SO_3Na$	40	2.5×10^{-3}
$C_{16}H_{33}SO_3Na$	50	7×10^{-4}
$C_{12}H_{25}SO_4Li$	25	8.8×10^{-3}
$C_{12}H_{25}SO_4Ag$	35	7.3×10^{-3}
$C_{10}H_{21}C_6H_4SO_3Na$	50	3.1×10^{-3}
$C_{12}H_{25}C_6H_4SO_3Na$	60	1.2×10^{-3}
$C_{14}H_{29}C_6H_4SO_3Na$	75	6.6×10^{-4}
阳离子型		
$C_{12}H_{25}NH_2\cdot HCl$	30	1.4×10^{-2}
$C_8H_{17}N(CH_3)_3Br$	25	2.6×10^{-1}
$C_{10}H_{21}N(CH_3)_3Br$	25	6.8×10^{-2}
$C_{12}H_{25}N(CH_3)_3Br$	25	1.6×10^{-2}

续表

表面活性剂	温度/℃	CMC/mol·L^{-1}
$C_{14}H_{29}N(CH_3)_3Br$	30	2.1×10^{-3}
$C_{16}H_{33}N(CH_3)_3Br$	25	9.2×10^{-4}
$C_{12}H_{25}(NC_5H_5)Cl$	25	1.5×10^{-2}
$C_{14}H_{29}(NC_5H_5)Br$	30	2.6×10^{-3}
$C_{16}H_{33}(NC_5H_5)Cl$	25	9.0×10^{-4}
$C_{12}H_{25}(NC_5H_5)Br$	25	1.1×10^{-2}
$C_{12}H_{25}(NC_5H_5)I$	25	5.6×10^{-3}
两性型		
$C_8H_{17}N^+(CH_3)_2CH_2COO^-$	27	2.5×10^{-1}
$C_8H_{17}CH(COO^-)N^+(CH_3)_3$	27	9.7×10^{-2}
非离子型		
$C_{12}H_{25}(OC_2H_4)_{12}OH$	—	1.4×10^{-4}
$C_{12}H_{25}(OC_2H_4)_{31}OH$	25	8.0×10^{-5}
$C_{16}H_{33}(OC_2H_4)_{12}OH$	25	2.3×10^{-6}
$C_8H_{17}C_6H_4O(C_2H_4O)_8H$	25	2.8×10^{-4}
$C_8H_{17}C_6H_4O(C_2H_4O)_{10}H$	25	3.3×10^{-4}
$C_9H_{19}C_6H_4O(C_2H_4O)_{10}H$	25	7.5×10^{-5}
$C_9H_{19}C_6H_4O(C_2H_4O)_{31}H$	25	1.8×10^{-4}

表 4.3 中列出一些表面活性剂胶束聚集数。

表 4.3　一些表面活性剂在水溶液中的胶束聚集数 *n*

表面活性剂	介质	温度/℃	*n*
$C_8H_{17}SO_4Na$	H_2O	室温	20
$C_{10}H_{21}SO_4Na$	H_2O	室温	50
$C_{12}H_{25}SO_4Na$	H_2O	23	71
$C_{12}H_{25}SO_4Na$	H_2O	25	80
$C_{12}H_{25}SO_4Na$	0.01mol·L^{-1}NaCl	25	89
$C_{12}H_{25}SO_4Na$	0.05mol·L^{-1}NaCl	25	105
$C_{12}H_{25}N(CH_3)_3Br$	H_2O	—	50
$C_{12}H_{25}NH_2\cdot HCl$	H_2O	—	55.5
$C_{12}H_{25}NH_2\cdot HCl$	0.0157mol·L^{-1}NaCl	—	92
$C_{11}H_{23}COOK$	H_2O	室温	50
$C_{11}H_{23}COOK$	1.6mol·L^{-1}KBr	—	360
$C_{11}H_{23}COOK$	0.05mol·L$^{-1}K_2CO_3$	—	110
$C_{12}H_{25}O(C_2H_4O)_6H$	H_2O	15	140
$C_{12}H_{25}O(C_2H_4O)_6H$	H_2O	25	400
$C_{12}H_{25}O(C_2H_4O)_6H$	H_2O	35	1400
$C_{12}H_{25}O(C_2H_4O)_6H$	H_2O	45	4000
$C_{14}H_{29}O(C_2H_4O)_6H$	H_2O	35	7500
$C_{16}H_{33}O(C_2H_4O)_6H$	H_2O	34	16600
$C_{16}H_{33}O(C_2H_4O)_6H$	H_2O	25	2430
$C_{16}H_{33}O(C_2H_4O)_7H$	H_2O	25	594
$C_{16}H_{33}O(C_2H_4O)_9H$	H_2O	25	219
$C_{16}H_{33}O(C_2H_4O)_{12}H$	H_2O	25	152
$C_{16}H_{33}O(C_2H_4O)_{21}H$	H_2O	25	70
$C_9H_{19}C_6H_4O(C_2H_4O)_{10}H$	H_2O	25	276
$C_9H_{19}C_6H_4O(C_2H_4O)_{20}H$	H_2O	25	62
$C_{12}H_{25}SO_4Na$	0.1mol·L^{-1}NaCl	17	106
$C_{12}H_{25}SO_4Na$	0.1mol·L^{-1}NaCl	18	105
$C_{12}H_{25}SO_4Na$	0.1mol·L^{-1}NaCl	20	101
$C_{12}H_{25}SO_4Na$	0.1mol·L^{-1}NaCl	30	88
$C_{12}H_{25}SO_4Na$	0.1mol·L^{-1}NaCl	50.2	78

由表 4.2 数据可以看出，CMC 主要受表面活性剂亲水基、疏水基的性质与大小、添加物和温度的影响。在其他条件一定时，同系列表面活性剂碳氢链长者 CMC 值大；离子型表面活性剂疏水基相同时，CMC 受亲水基影响很小；无机电解质的加入可显著降低离子型表面活性剂的 CMC 值，而对非离子型表面活性剂的 CMC 影响较小；极性有机物对 CMC 影响复杂，较长碳链的极性有机物常可显著降低 CMC 值。

二、Krafft 点与浊点

温度对离子型和非离子型表面活性剂的 CMC 影响不同。离子型表面活性剂的 CMC 在 10～40℃范围内较少受温度影响，而温度升高能显著降低非离子型表面活性剂的 CMC[9]。在较大温度范围内，CMC 是随温度升高先降后升的，有最低点。图 4.4 是十二烷基硫酸钠（SDS）水溶液的相图。其中虚线是 SDS 溶解度-温度曲线，实线是 CMC-温度曲线。两线相交点之温度称为 Krafft 点，或称 Krafft 温度。在 Krafft 点以下 CMC 大于溶解度，无胶束形成。当体系温度高于 Krafft 点时，CMC 小于相应的溶解度，可以形成胶束。此时溶液中表面活性剂单体浓度一直保持 CMC 水平，溶解度随温度升高急剧增加。换言之，Krafft 点温度是离子型表面活性剂形成胶束的下限温度，Krafft 点是离子型表面活性剂在水中溶解度急剧增大时的温度，是离子型表面活性剂的特征。当体系温度低于 Krafft 点且浓度大于溶解度时可以形成表面活性剂的水合晶体或液晶相。

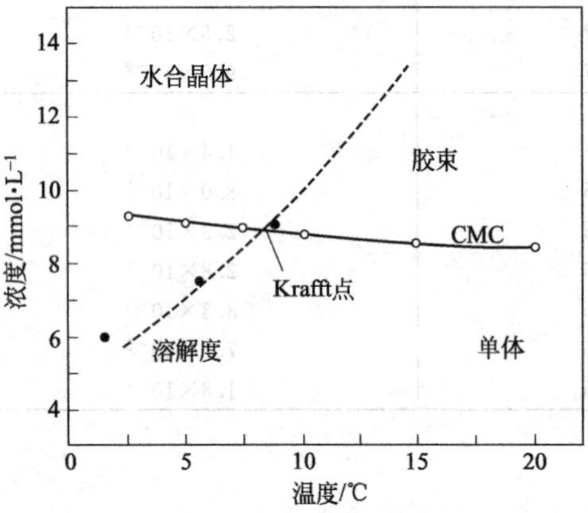

图 4.4 在水中 SDS 的溶解度、CMC 与温度关系图

对于非离子型表面活性剂常有同以上现象相反的情况，即温度升高至某一温度，澄清溶液变浑浊，有大的聚集体沉淀物析出。这一温度称为浊点（cloud point）。提高温度使非离子型表面活性剂溶解度减小的现象在讨论乳状液相性质时有重要意义。

Krafft 点现象与胶束化作用紧密相关。一切有利于胶束形成和溶解度增大的因素都可导致 Krafft 点降低。如亲水基亲水性越强，疏水基越小均使 Krafft 点降低。浊点与非离子型

表 4.4 一些离子型表面活性剂的 Krafft 点

表面活性剂	Krafft 点/℃	表面活性剂	Krafft 点/℃
$C_{12}H_{25}SO_3^- Na^+$	38	$C_{10}H_{21}COOC(CH_2)_2SO_3^- Na^+$	8
$C_{14}H_{29}SO_3^- Na^+$	48	$C_{12}H_{25}COOC(CH_2)_2SO_3^- Na^+$	24
$C_{16}H_{33}SO_3^- Na^+$	57	$C_{14}H_{29}COOC(CH_2)_2SO_3^- Na^+$	36
$C_{12}H_{25}OSO_3^- Na^+$	16	$C_{10}H_{21}OOC(CH_2)_2SO_3^- Na^+$	12
$C_{14}H_{29}OSO_3^- Na^+$	30	$C_{12}H_{25}OOC(CH_2)_2SO_3^- Na^+$	26
$C_{16}H_{33}OSO_3^- Na^+$	45	$C_{14}H_{29}OOC(CH_2)_2SO_3^- Na^+$	39
$C_{10}H_{21}CH(CH_3)C_6H_4SO_3^- Na^+$	32	n-$C_7F_{15}SO_3^- Na^+$	56
$C_{12}H_{25}CH(CH_3)C_6H_4SO_3^- Na^+$	46	n-$C_8F_{17}SO_3^- Li^+$	<0
$C_{14}H_{29}CH(CH_3)C_6H_4SO_3^- Na^+$	54	n-$C_8F_{17}SO_3^- Na^+$	75
$C_{16}H_{33}CH(CH_3)C_6H_4SO_3^- Na^+$	61	n-$C_8F_{17}SO_3^- K^+$	80
$C_{16}H_{33}OCH_2CH_2OSO_3^- Na^+$	36	n-$C_8H_{17}SO_3^- NH_4^+$	41
$C_{16}H_{33}(OC_2H_4)_2OSO_3^- Na^+$	24	n-$C_7F_{15}COO^- Li^+$	<0
$C_{16}H_{33}(OC_2H_4)_3OSO_3^- Na^+$	19	n-$C_7F_{15}COO^- Na^+$	8

表面活性剂与溶剂水的结合能力有关，亲水性越强浊点越高。如聚氧乙烯醚类型的表面活性剂含氧乙烯基越多浊点越高。表 4.4 和表 4.5 中分别列出一些表面活性剂的 Krafft 点和浊点。表面活性剂的 Krafft 点越低、浊点越高对实际应用越有利，因为在各种实际用途中多是用表面活性剂的胶束溶液。

表 4.5　一些非离子表面活性剂的浊点

表面活性剂	浊点/℃	表面活性剂	浊点/℃
$C_{12}H_{25}(OC_2H_4)_3OH$	25	$C_8H_{17}(OC_2H_4)_6OH$	68
$C_{12}H_{25}(OC_2H_4)_6OH$	52	$C_8H_{17}C_6H_4(OC_2H_4)_{10}OH$	75
$C_{10}H_{21}(OC_2H_4)_6OH$	60		

三、临界胶束浓度的实验测定

实验室中测定 CMC 都是根据图 4.2 所示各种表面活性剂溶液的物理化学性质在 CMC 时有突变而设计的。最常用的简便方法介绍如下[10,11]。

1. 表面张力法

表面活性剂溶液表面张力在 CMC 处有转折，即表面张力 γ 随浓度 c 增大先急剧减小，在 CMC 处达 γ_{min}，并且此后再增大浓度 γ 几乎不再变化。以 γ 对 $\ln c$ 作图（图 4.5）折点处浓度即为 CMC。表面张力法适用于各种类型表面活性剂，但要求试剂纯净，当样品中含有极性有机物时 γ-$\ln c$ 图上曲线可能出现最低点，使 CMC 难以确定。

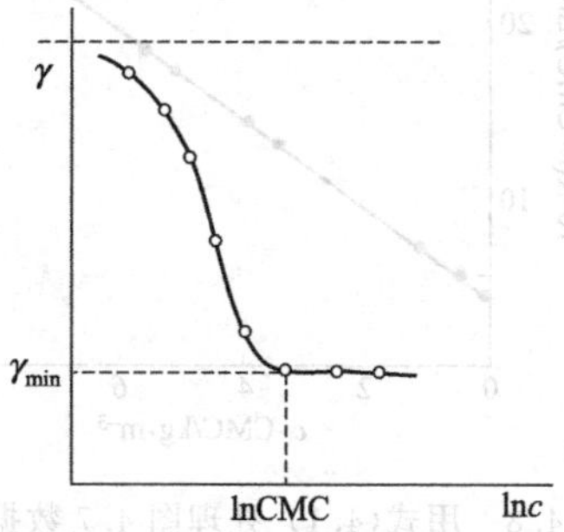

图 4.5　表面张力法测定 CMC 的 γ-$\ln c$ 图

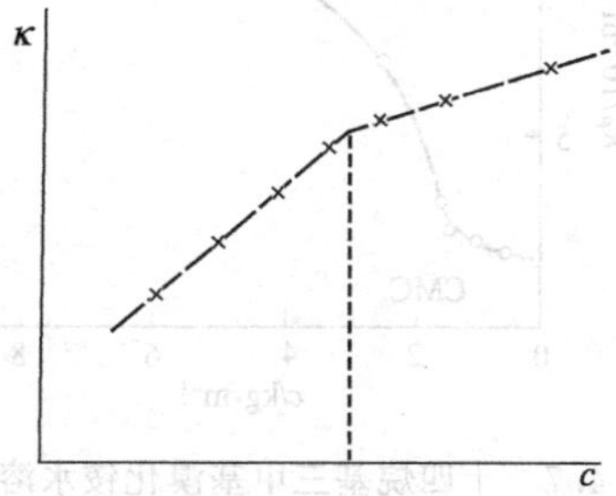

图 4.6　电导法测定 CMC 的电导率 κ 与浓度 c 关系图

2. 电导法

离子型表面活性剂溶液的电导率在极稀溶液中与小分子无机电解质差别不大，当浓度达 CMC 后由于胶束的形成，电导率变化率减小，电导率与浓度关系图上成折线状（图 4.6），折点处浓度即为 CMC。此法只适用于离子型表面活性剂，且不能加入其他电解质。

3. 增溶法

当表面活性剂浓度达 CMC 时胶束大量形成，某些难溶或不溶的有机物可增溶于胶束中，使这些物质的溶解能力大大增大，故测出增溶量与表面活性剂浓度的关系线，转折点处之表面活性剂浓度即为 CMC。某些染料被增溶于胶束中，由于染料分子从溶剂水到胶束中的非极性介质微环境发生变化，颜色也有改变，故用光谱法可测出染料颜色变化时表面活性剂之浓度即为 CMC。增溶法可应用体系浊度、吸收光谱，荧光探针等方法为手段进行测定，但由于加入被增溶物或探针物质可能会对 CMC 值产生影响。

4. 光散射法

由于胶束大小在胶体大小范围内，因而有光散射现象。测定体系光散射某些参数（如散射光强度，瑞利比等）随表面活性剂浓度的变化，转折点处浓度应为 CMC。图 4.7 是十四烷基三甲基溴化铵水溶液的瑞利比 R_θ 与其浓度关系图。由图可见，在 CMC 以下 R_θ 几乎是定值，在 CMC 以上 R_θ 随浓度增加而增大。在 CMC 以下的 R_θ 的少许变化是由于溶剂中少量的大分子量的杂质造成的，除去这些杂质在实验上常是困难的。

利用光散射数据还可以求出胶束量和胶束聚集数。胶束量等于胶束聚集数与表面活性剂分子量之乘积。即将胶束量当作一个大个分子的分子量。

考虑到溶剂中杂质的影响，胶束存在时光散射的瑞利比应为：

$$\Delta R_\theta = R_\theta(\text{表面活性剂溶液}) - R_\theta(\text{溶剂})$$

若设体系中表面活性剂总浓度为 c，形成胶束的表面活性剂浓度应为 $c-\text{CMC}$，将胶束视为大个分子，由式(2.41) 可得

$$\frac{K(c-\text{CMC})}{\Delta R_\theta} = \frac{1}{M_\text{m}} + 2A_2(c-\text{CMC}) \tag{4.1}$$

式中，M_m 为胶束量，显然，胶束聚集数 $n=M_\text{m}/M$，M 为表面活性剂分子量。将图 4.7数据用式(4.1) 处理，得图 4.8。由直线在纵轴上的截距（$4.3\times10^{-5}\text{kg}^{-1}$）可得胶束量 $M_\text{m}=2.3\times10^4$。根据十四烷基三甲基溴化铵的相对分子质量($M=336$)，胶束聚集数 $n=M_\text{m}/M=70$。图中直线的斜率 $=2.2\times10^{-5}\ \text{m}^3\cdot\text{kg}^{-2}$，式(4.1) 中之 $A_2=5.4\text{m}^3\cdot\text{mol}^{-1}$。[12]

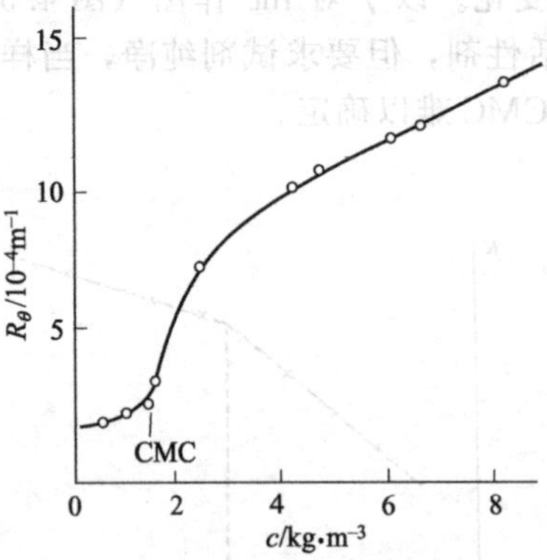

图 4.7 十四烷基三甲基溴化铵水溶液光散射瑞利比与浓度关系图

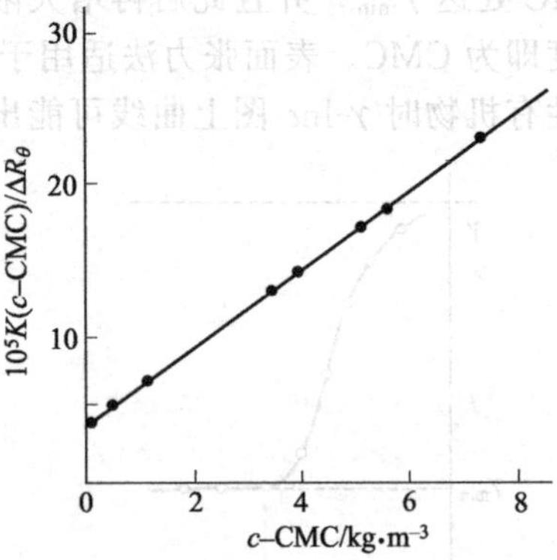

图 4.8 用式(4.1) 处理图 4.7 数据图

第三节 表面活性剂在液体表面的吸附

一、表面超额❶

无论纯液体或多组分溶液，表（界）面上的分子受到构成界面的两相体相分子作用力的不平衡，故有表（界）面张力的存在，或者说有表（界）面自由能。同时也导致表（界）面区域物质的密度与体相中的不同。对于溶液，表（界）面层的浓度与体相中的也不相同，这种现象称为吸附（adsorption），气液、液液、固气、固液等各种界面都有吸附作用发生。表面活性剂能降低表（界）面张力就是其在这些界面吸附的结果。

在两相接触形成的界面层区域中，不同组分的浓度变化规律可能不同。如在含单一溶质

❶ 根据化学术语修订方案，表面超额又称表面过剩、表面过剩浓度、表面吸附量。目前许多书中并未统一。

的水溶液表面层中，溶质浓度可能高于或低于体相溶液中之浓度，但肯定高于其在气相中之浓度。图 4.9(a) 即为在实际体系的界面相中溶质浓度的变化（溶剂也可有类似的变化)。图 4.9(a) 中实线表示界面相中溶质浓度低于体相溶液中的，虚线为高于体相中的。若在界面相中溶质浓度低于体相溶液中的，从体相溶液经界面相区域至气相，溶质浓度是逐渐减小的，没有明显、严格的分界线（如图 4.10 中墨色深浅变化)。而吸附量又定义为在界面相中和在体相溶液中溶质浓度之差，故确定界面的位置至关重要。为热力学研究方便考虑，将体系分为两个体相 α、β 和一个界面相 σ。对界面相的界定主要有两种方法：Gibbs 划面法 (Gibbs dividing phase) 和 Guggenheim 的界面相法。后者是将浓度不同于 α 和 β 相中的全部过渡区域统界定为界面相（因而界面相有一定体积)。Gibbs 认定的界面是没有厚度的理想几何面，各组分浓度在此几何面突然发生变化，此面两侧的体相物质浓度都是均匀的[图 4.9(b) 和图 4.10(a)]。

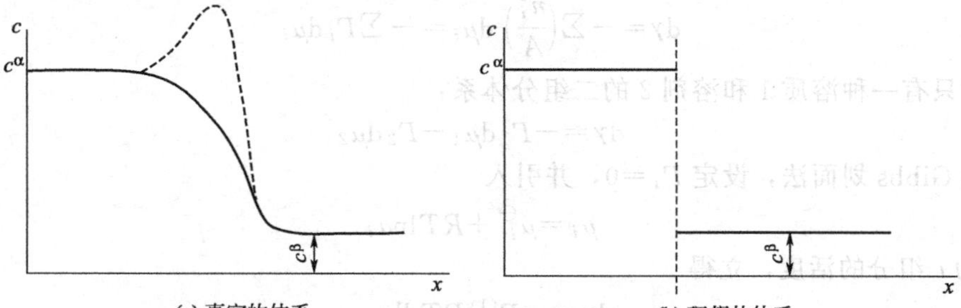

图 4.9 在真实的和理想的体系中物质浓度与距界面距离的变化

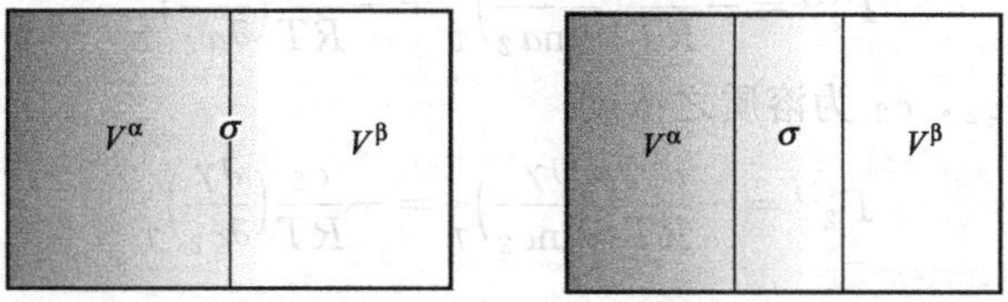

图 4.10 界面相的界定

若体系中第 i 种组分的总量为 n_i，在 α 和 β 相中的量分别为 n_i^α 和 n_i^β，实际总量 n_i 与其在 α、β 相中含量 $n_i^\alpha+n_i^\beta$ 之差完全集中在人为划定的几何面上

$$n_i^s=n_i-(n_i^\alpha+n_i^\beta) \tag{4.2}$$

n_i^s 称为表面超额 (surface excess)，或表面过剩、表面超量。表面超量表征的是，某组分在一定体积表面相内实际存在的量与同体积的体相内所含该组分量的差值。通常以单位表面上物质的量（摩尔）表示。

若界面面积为 A，单位表面上的超量称为比表面超量 (specific surface excess)

$$\Gamma_i=n_i^s/A \tag{4.3}$$

Gibbs 将表征 α、β 相界面的几何面划在组分 1(溶剂) 的比表面过剩 Γ_1 为零处，再考查组分 2(溶质) 的超量。此时溶质 2 的比表面超量（吸附量）表示为 $\Gamma_2^{(1)}$。换言之，$\Gamma_2^{(1)}$ 表示当溶剂 1 的比表面超量为零时，溶质 2 的比表面超量。

二、Gibbs 吸附公式

Gibbs 吸附公式是表征比表面过剩量与表面张力的关系式。若将表面作为一相处理，根据热力学基本公式知，表面相 σ 的内能 U^σ 为：

$$U^\sigma = TS^\sigma - pV^\sigma + \gamma A + \sum \mu_i n_i^\sigma \tag{4.4}$$

式中，T、p、μ 为强度性质，不加角标 σ，在平衡的非均相体系中，它们在各相中的数值相等。

对上式取微分，得

$$dU^\sigma = TdS^\sigma + S^\sigma dT - pdV^\sigma - V^\sigma dp + \gamma dA + Ad\gamma \tag{4.5}$$

而恒温，恒压条件下，表面相内能变化应为

$$dU^\sigma = TdS^\sigma - pdV^\sigma + \gamma dA + \sum \mu_i dn_i^\sigma \tag{4.6}$$

比较式(4.5) 和式(4.6)，得

$$SdT - V^\sigma dp + Ad\gamma + \sum n_i d\mu_i = 0 \tag{4.7}$$

恒温、恒压条件下，上式变为

$$d\gamma = -\sum\left(\frac{n_i^\sigma}{A}\right)d\mu_i = -\sum \Gamma_i d\mu_i \tag{4.8}$$

对于只有一种溶质 1 和溶剂 2 的二组分体系：

$$d\gamma = -\Gamma_1 d\mu_1 - \Gamma_2 d\mu_2 \tag{4.9}$$

按照 Gibbs 划面法，设定 $\Gamma_1=0$，并引入

$$\mu_i = \mu_i^\ominus + RT\ln a_i \tag{4.10}$$

a_i 为 i 组分的活度，立得

$$d\gamma = -\Gamma_2^{(1)} RT d\ln a_2$$

或

$$\Gamma_2^{(1)} = -\frac{1}{RT}\left(\frac{\partial\gamma}{\partial\ln a_2}\right)_T = -\frac{a_2}{RT}\left(\frac{\partial\gamma}{\partial a_2}\right)_T \tag{4.11}$$

对于稀溶液 $a_2 \approx c_2$，c_2 为溶质之浓度

$$\Gamma_2^{(1)} = -\frac{1}{RT}\left(\frac{\partial\gamma}{\partial\ln c_2}\right)_T = -\frac{c_2}{RT}\left(\frac{\partial\gamma}{\partial c_2}\right)_T \tag{4.12}$$

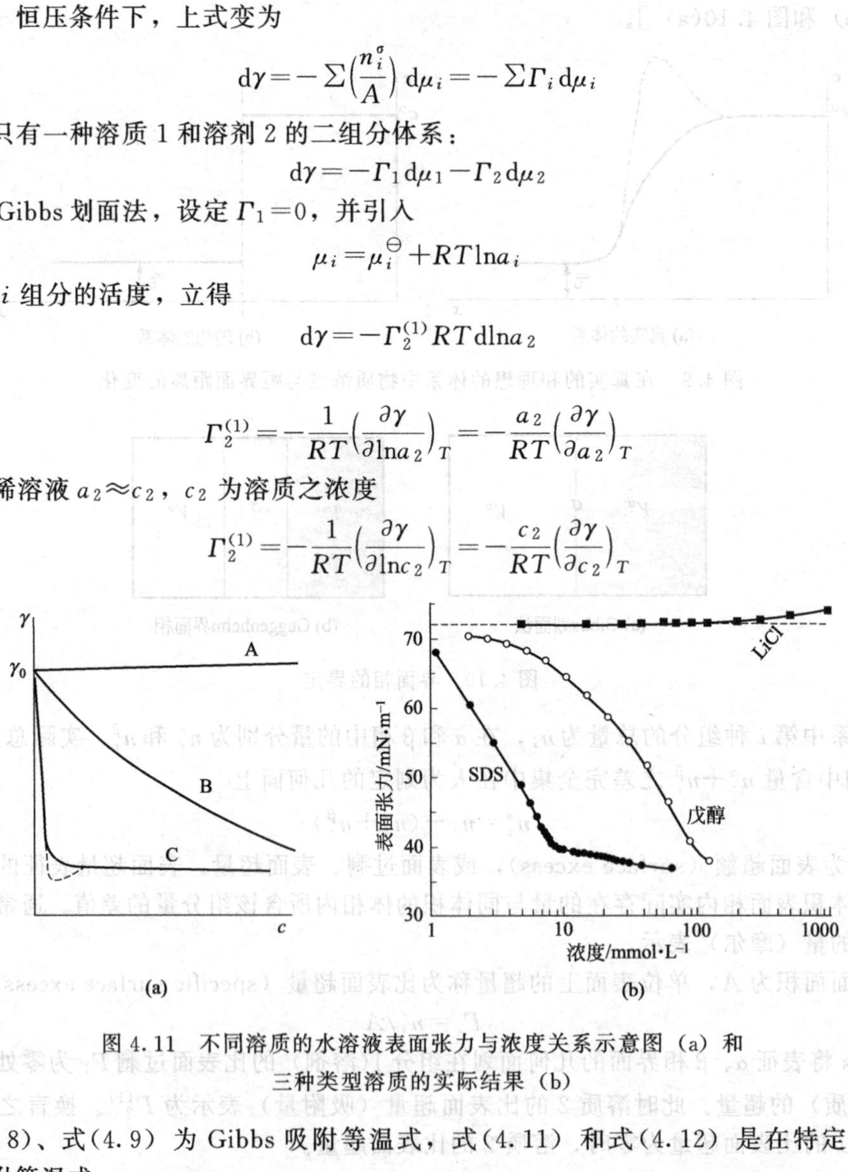

图 4.11 不同溶质的水溶液表面张力与浓度关系示意图 (a) 和三种类型溶质的实际结果 (b)

式(4.8)、式(4.9) 为 Gibbs 吸附等温式，式(4.11) 和式(4.12) 是在特定条件下的 Gibbs 吸附等温式。

由式(4.11) 和式(4.12) 可知，溶质在溶液表面上的表面过剩量（吸附量）$\Gamma_2^{(1)}$ 的大小及符号由 $(\partial\gamma/\partial c_2)_T$ 的符号和大小决定。

$(\partial\gamma/\partial c_2)_T<0$，即随溶质浓度增加 γ 减小，$\Gamma_2^{(1)}>0$，溶质在表面层中浓度大于其在体相溶液中的，为正吸附。

$(\partial\gamma/\partial c_2)_T>0$，即随溶质浓度增加 γ 增大，$\Gamma_2^{(1)}<0$，溶质在表面层中浓度小于其在体相溶液中的，为负吸附。

无机物和有机物水溶液的表面张力与溶质性质和浓度的关系曲线如图 4.11 所示。其中 A 线是无机盐和多羟基有机物等的结果，随溶质浓度增大，表面张力略有增大，显然，这类物质在溶液表面为负吸附。B 线是低分子量极性有机物的结果，C 线是表面活性剂的结果。B、C 两类物质均在溶液表面为正吸附。它们都能使水的表面张力降低，只是表面活性剂降低得更剧烈。这种能降低溶剂表面张力的物质称为表面活性物质，或者称其有表面活性。

Gibbs 吸附公式是由热力学方法导出的适用于一切界面吸附的基本公式。在气液和液液界面吸附时，可以通过测定表（界）面张力随浓度的变化计算吸附量。在固气和固液吸附研究中易测定吸附量，从而根据 Gibbs 吸附公式了解吸附前后表（界）面张力的变化，并且还可以此式为基础导出其他有应用价值的吸附等温式。

三、表面活性剂在溶液表面的吸附量

由于表面活性剂类型不同在水中存在的分子、离子组分不同，受外加物质（主要指电解质）的影响不同，而 Gibbs 吸附公式中涉及物种成分，故不同类型表面活性剂适用的 Gibbs 吸附公式形式也有差别。

对于非离子型表面活性剂，因其在水中不解离，可作为单一溶质处理，应用式(4.11)或式(4.12) 就可计算 $\Gamma_2^{(1)}$。

离子型表面活性剂电离形成表面活性阳离子（R^+）或阴离子（R^-），同时生成它们的反离子（A^- 或 M^+）。如果再有其他物质将使成分更为复杂。

实际应用的离子型表面活性剂多是 1-1 价型的，如十二烷基硫酸钠 $C_{12}H_{25}OSO_3^-Na^+$、十二烷基苯磺酸钠 $C_{12}H_{25}C_6H_4SO_3^-Na^+$、十六烷基三甲基溴化铵 $C_{16}H_{33}N^+(CH_3)_3Br^-$ 等均是。这类表面活性剂在水中均解离出表面活性阴（或阳）离子和其反离子 Na^+（或 Br^-）等。

因而式(4.8) 应写为

$$-d\gamma=\sum\Gamma_i d\mu_i=\Gamma_{R^-}d\mu_{R^-}+\Gamma_{M^+}d\mu_{M^+}$$

根据界面相是电中性的，$\Gamma_{R^-}=\Gamma_{M^+}$，故

$$-d\gamma=2\Gamma_{R^-}d\mu_{R^-}$$

$$\Gamma_{R^-}=-\frac{1}{2RT}\frac{d\gamma}{d\ln a}=-\frac{c}{2RT}\frac{d\gamma}{dc} \tag{4.13}$$

式(4.11) 和式(4.12) 常习惯地称为吸附公式的 RT 形式，适用于非离子型表面活性剂及其他在水中不电离的极性有机物在气液界面上吸附，式(4.13) 称为 $2RT$ 形式，适用于不外加无机盐时离子型表面活性剂的吸附。

根据 Gibbs 吸附公式计算表面活性剂吸附量 $\Gamma_2^{(1)}$ 的最完善的方法是实验测定溶液表面张力与浓度的关系，再用图解积分、数值微分或解析微分的方法求出不同浓度点的 $d\gamma/dc$，再用相应公式计算 $\Gamma_2^{(1)}$。

已知，当表面活性剂浓度很低时，γ 与 c 的关系近似为直线（图 4.11）其斜率即为 $d\gamma/dc$（或 $\Delta\gamma/\Delta c$），从而计算 $\Gamma_2^{(1)}$ 更为方便。

【例 1】 今测得 0.5×10^{-3} mol·L^{-1}十二烷基苯磺酸钠（SDBS）水溶液的表面张力为 69.09 mN·m^{-1}（25℃），纯水的表面张力为 71.99mN·m^{-1}（25℃），计算 0.5×10^{-3} mol·L^{-1}SDS 水溶液的比表面吸附量 $\Gamma_2^{(1)}$。

解：题中未给出外加无机盐，故适用式(4.13)，因为是稀溶液，可以浓度代替活度。

$$\frac{\partial\gamma}{\partial c}\approx\frac{\Delta\gamma}{\Delta c}=\frac{0.06909-0.07199}{0.0005}=-5.80\ (\mathrm{N\cdot L\cdot mol^{-1}\cdot m^{-1}})$$

$$\Gamma_2^{(1)}=-\frac{c}{2RT}\frac{\partial\gamma}{\partial c}=\frac{0.0005}{2\times8.31\times298}(-5.80)=0.585\times10^{-6}(\mathrm{mol\cdot m^{-2}})$$

【例 2】 20℃时测得 $C_{12}H_{25}SO_4Na$(SDS) 不同浓度水溶液的表面张力 γ 值如下：

c/mmol·L^{-1}	0	1.0	2.0	3.0	4.0	5.0	6.0	7.0	8.0	9.0	10.0	12.0
γ/mN·m^{-2}	72.7	67.9	62.3	56.7	52.5	48.8	45.2	42.8	40.0	39.8	39.6	39.5

求：(1) 25℃时 SDS 的 CMC 值；(2) $c=2.0$mmol·L^{-1}，4.0mmol·L^{-1}，6.0mmol·L^{-1}，7.0mmol·L^{-1}时各自的吸附量 $\Gamma_2^{(1)}$；(3) 在 (2) 中所列浓度吸附分子占据的面积 A。

解：题中未设有中性无机盐加入，故应用式(4.13) 处理。

计算出不同浓度之 ln$c$（浓度以 mmol·L^{-1}为单位）结果列于下表

c/mmol·L^{-1}	1.0	2.0	3.0	4.0	5.0	6.0	7.0	8.0	9.0	10.0	12.0
ln$c$	0	0.693	1.099	1.386	1.609	1.792	1.946	2.079	2.197	2.302	2.485
γ/mN·m^{-1}	67.8	62.3	56.7	52.5	48.8	45.2	42.8	40.0	39.8	39.6	39.5

(1) 作 γ-ln$c$ 图（图 4.12），由图中曲线拐点处之浓度知 SDS 之 CMC$=7.8\times10^{-3}$ mol·L^{-1}。

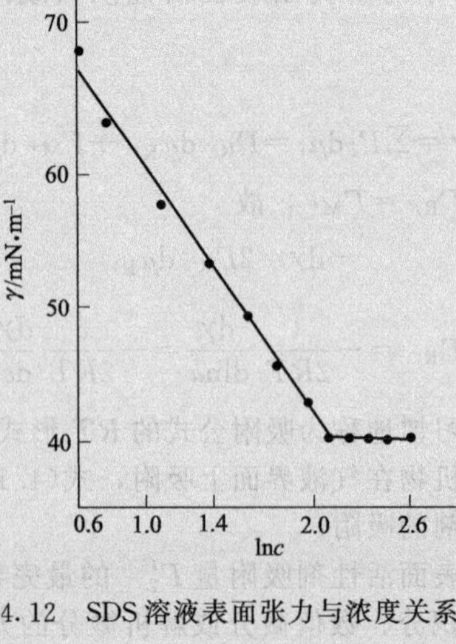

图 4.12 SDS 溶液表面张力与浓度关系图

(2) 在 $c=2.0$mmol·L^{-1}，4.0mmol·L^{-1}，6.0mmol·L^{-1}，7.0mmol·L^{-1}点处作曲线之切线，切线斜率为 dγ/d ln$c$，代入式(4.13) 求出 $\Gamma_2^{(1)}$。吸附分子占据面积 $A=1/\Gamma_2^{(1)}N_A$，N_A 为 Avogadro 常数，计算结果一并列于下表。

c/mmol·L^{-1}	2.0	4.0	6.0	7.0
dγ/d ln$c$	−10.75	−16.5	−17.5	−17.5
$\Gamma_2^{(1)}$/mol·cm^{-2}	2.17×10^{-10}	3.93×10^{-10}	3.53×10^{-10}	3.53×10^{-10}
A/nm^2·mol^{-1}	0.765	0.498	0.470	0.470

图 4.12 是典型的表面活性剂在气液界面吸附引起表面张力变化的结果。由图可见拐点以后 γ 不再变化，此拐点浓度即为 CMC 值。在浓度尚未达 CMC 时，图中约为 4mmol·L^{-1}处开始 γ-ln$c$ 即成直线，这一结果表示，SDS 在气液界面吸附已达饱和值，即 SDS 分子以其极性基插入水相，疏水基近似指向气相的垂直紧密排列。当然，在极性基周围有水分子，使得定向分子不可能与碳氢链截面积相等。从分子面积结果可以看出其值大于脂肪酸或脂肪醇在水面上形成紧密不溶物单层膜时分子占据面积。当 $c>$ CMC 后，继续增大浓度，溶液中表面活性剂单体浓度维持不变（CMC 值），但增大胶束的浓度。

第四节 增溶作用

一、增溶作用[13~16]

在表面活性剂水溶液，当其浓度达到 CMC 以后，不溶或难溶于水的有机物的溶解度急剧增大的现象称为增溶（或加溶）作用（solubilization）。例如，乙基苯在水中的溶解度为 0.014g·100mL^{-1}(15℃)，而在 0.3mol·L^{-1}的十六酸钾中溶解度达 5g·100mL^{-1}，十六酸钾的 CMC 约为 2.2×10^{-3}mol·L^{-1}(50℃)。

增溶作用是与表面活性剂分子有序组合体的形成有关的现象，在胶束、囊泡、脂质体、吸附胶束中均可发生增溶作用，只是在胶束中的增溶研究得更深入而已。胶束中发生增溶作用的基本原理是，胶束内核为非极性微区，其表面与水相接触，为极性微区，各种不溶或难溶于水的有机物，在胶束中均可有其适宜存在（溶解）的微环境。增溶作用与助溶作用（水溶助长作用）不同，后者是因助溶物的加入改变溶剂的性质，难溶物溶解度与溶剂组成有关，而增溶作用与胶束的形成有关。图 4.13是难溶有机物橙 OT 在十二烷基磺酸钠水溶液和萘在乙醇水溶液中溶解度与溶液组成关系。由图可见，橙 OT 在十二烷基磺酸钠的 CMC 处溶解度急剧增大，而萘在乙醇水溶液中的溶解度随溶剂中乙醇量的增大逐渐增大。

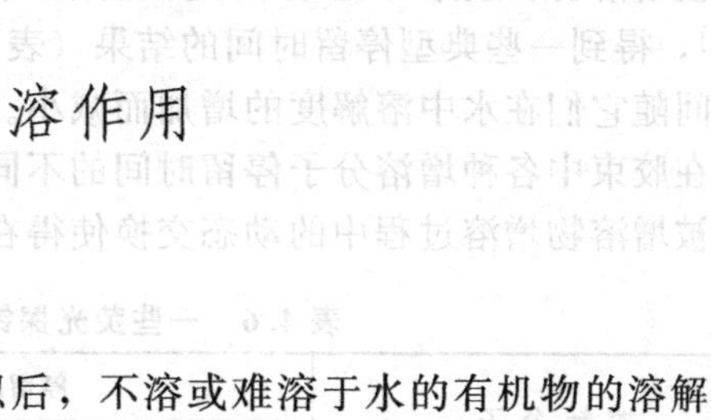

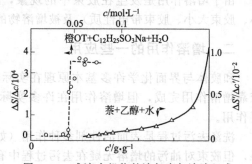

图 4.13 难溶有机物的溶解度与溶液组成

增溶作用是自发过程，形成的体系是热力学稳定体系。在增溶作用中增溶能力的大小以每摩尔表面活性剂可增溶物质的量（摩尔、质量）表示，称为增溶量，有时也用 1L 某浓度的表面活性剂溶液可增溶物质的量表示。

实验结果表明，增溶作用发生于胶束的 4 个区域：①非极性被增溶物主要增溶于胶束内核；②长链两亲有机物多增溶于胶束内核/栅栏层；③含极性基的小分子芳香化合物等增溶于非离子型表面活性剂胶束表面层（栅栏层）；④小极性分子可吸附于胶束表面（参见

图 4.14）。因胶束增溶区容积大小不同，增溶量大小顺序为图 4.14 的(c)＞(b)＞(a)＞(d)。

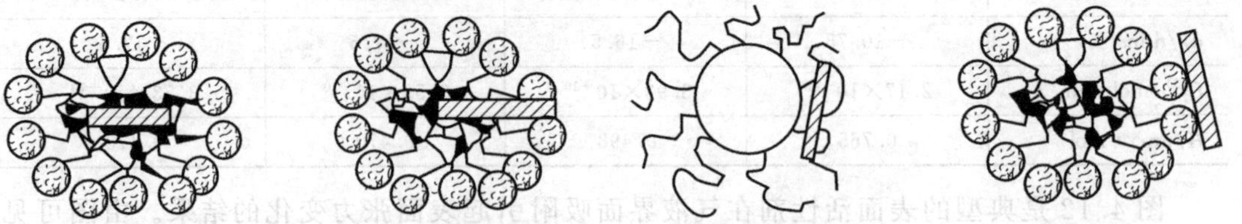

图 4.14　被增溶物（图中带有斜线的棒状物）在胶束中增溶位置示意图

被增溶物与胶束中表面活性剂的疏水作用和静电作用决定增溶位置；被增溶物和表面活性剂的分子结构对增溶量有影响。例如，用多种研究方法证明，2-萘酸根阴离子在十四烷基三甲基溴化铵（TTAB）胶束中的增溶位置在胶束表层带有正电荷的 TTA^+ 极性端基周围，而萘环部分靠近栅栏区。与构成胶束的表面活性剂和体相溶液中表面活性剂成动态平衡一样，被增溶物在胶束中也有一定的停留时间。Almgren 等以蒽、芘等为荧光探针研究胶束[17]，得到一些典型停留时间的结果（表 4.6）。由表中数据可见，探针分子在胶束中的停留时间随它们在水中溶解度的增加而减小。实际上被增溶物与胶束的缔合速率受扩散作用控制。在胶束中各种增溶分子停留时间的不同是由于这些分子在水相和胶束相的分配系数的差异。被增溶物增溶过程中的动态交换使得在许多实际应用中可使它们得以均匀分布。

表 4.6　一些荧光探针化合物在胶束中的停留时间

探针分子	停留时间/μs		在水中的溶解度/mol·L⁻¹
	SDS 胶束	CTAB 胶束	
蒽	59	303	2.2×10^{-7}
芘	243	588	6×10^{-7}
二联苯	10	62	4.1×10^{-5}
萘	4	13	2.2×10^{-4}
苯	0.23	1.3	2.3×10^{-2}

由于增溶作用是发生在胶束中的现象，故一切影响胶束化作用的因素（包括 CMC 大小、胶束大小、胶束带电性质）及被增溶物的性质都会对增溶量和增溶位置产生影响[2,13]。

二、增溶作用的一些应用

和胶体与界面化学许多基本原理在实际应用的作用一样，虽然没有一种实际用途完全依靠增溶作用完成，但增溶作用在许多实际用途（从工农业生产到日常生活）中起着重要作用。

洗涤去污过程是表面活性剂多种作用（如润湿、吸附、增溶、渗透、分散等）的综合结果，但胶束对油污的增溶无疑在去污过程中有重要意义。洗涤作用将在后面专节介绍。

应用表面活性剂驱和微乳驱油体系提高原油采收率（三次采油）也是集降低界面张力，提高对砂石缝隙的润湿能力，降低驱油体系水相黏度等效应的综合结果[18]。

高分子乳液聚合是增溶作用应用的典型实例[19]。高分子单体少量溶于水相，大部分被乳化剂作用形成 O/W 型乳状液液珠，另一部分增溶于胶束中。反应在水相中引发。产生的单体自由基扩散入胶束，并使在胶束中的单体发生聚合反应。当胶束单体因聚合而减少时，由乳状液液珠中单体补充，故乳状液液珠只起单体储器作用，聚合反应一直在胶束中进行。随反应进行，胶束增大，乳状液液珠缩小。最后聚合产物脱离胶束分散于水相中并为表面活性剂所稳定。乳液聚合法的优点是反应器（胶束）体积小，易控制反应热释放，并能提高生产效率。

在药剂学中常利用 Tween、SDS、胆盐等表面活性剂胶束的增溶作用控制难溶药物的溶解或释放。如难溶的中草药有效成分在胶束存在下能增加主药浓度，改善中药液体制剂的澄明度和稳定性，Tween 80（聚氧乙烯失水山梨醇单油酸酯）是最常用的增溶剂。表 4.7 中列出常用增溶剂和药物[20]。在药剂学中选择增溶剂主要从增溶剂亲水亲油性的相对大小与被增溶药物匹配、毒性大小，给药途径等方面考虑。例如，对极性小的苯巴比妥

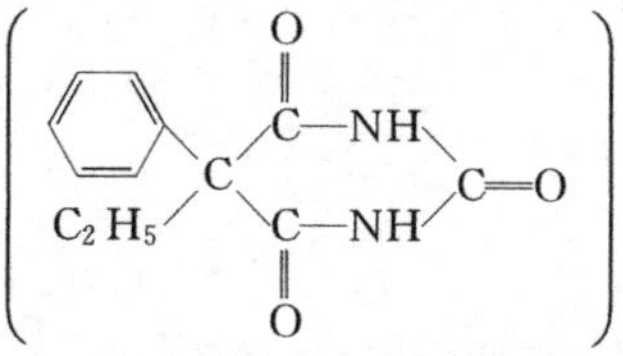

，Tween 60（聚氧乙烯失水山梨醇单硬脂酸酯）和 Tween 80 的增溶性好，这是因为这两种非离子型表面活性剂所含疏水基碳氢链较长。毒性大的阳离子型表面活性剂和毒性小些的阴离子型表面活性剂一般用于外用制剂，而毒性小的非离子型和两性型表面活性剂可广泛用于内服制剂和注射剂。如 Tween、磷脂、聚醚、聚乙二醇等无毒性非离子型表面活性剂可用于静脉注射剂的增溶剂[21]。

表 4.7　常用增溶剂及被增溶药物

增溶剂(表面活性剂)	被增溶药物
十二烷基硫酸钠(SDS)	黄体酮(孕酮)
胆酸钠	强的松，地塞米松
土耳其红油(主要成分：硫酸化蓖麻酸盐)[19]	外用制剂
AOT(琥珀酸二异辛酯磺酸钠)	外用制剂
油酸钠	睾丸素，丙酸睾丸素
Tween 20(聚氧乙烯失水山梨醇单月桂酸酯)	睾丸素，维生素 E，维生素 K_2，各种挥发油
Tween 60(聚氧乙烯失水山梨醇单硬脂酸酯)	雌酮，维生素 A 醇
Tween 80(聚氧乙烯失水山梨醇单油酸酯)	苯巴比妥，中草药注射液，各种挥发油维生素 A、D_2、E、K_1，尼泊金酯类，丙酸睾丸素
Brij(聚氧乙烯月桂醚)	维生素 A 醇
Myrj(聚氧乙烯单硬脂酸酯)	维生素 A、D、E，尼泊金酯类

在生理过程中增溶作用也有重要作用。例如胆盐（bile salt）胶束可增溶脂肪，有助于脂肪的消化与吸收等。

在生命过程中脂肪的消化与吸收提供了代谢过程的主要能源。图 4.15 是在胃、肠中脂肪的增溶与消化吸收过程示意图。由图可知胶束增溶和胶束溶液动态性质的重要作用。由胆固醇合成的胆（汁）盐进入胆管形成含卵磷脂和胆固醇的混合胶束。在禁食期间，胆汁可浓缩成 10%～30%的固溶体储存于胆囊中。胆汁的主要成分甘氨胆酸及牛磺胆酸的盐，称为胆（汁）盐。胆盐分子是两亲分子，对食物中的脂类有增溶作用。使脂类表面积增大，从而促进其水解作用，利于脂类的吸收[22]。

图 4.15 将消化吸收过程分为 7 步：

① 由胃中进入的脂肪形成带有长碳氢链（$n=16\sim18$）的甘油三酯，再进入十二指肠（位于小肠上部）并被乳化。

② 在十二指肠中脂肪的存在促进胰酶的释放，使甘油三酯水解为脂肪酸和 2-单甘油酯。同时胆囊中的胆汁进入肠道。

③ 在低 pH（酸性）环境中脂肪酸不溶于水，但能与胆盐结合形成混合胶束，在这种混合胶束中含脂肪酸、2-单甘油酯和胆盐。没有胆盐人体就不能消化和吸收含碳氢链大于 8 个

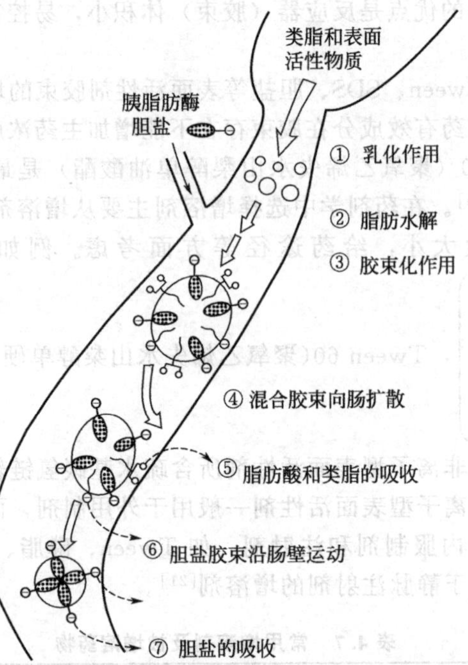

图 4.15　胃、肠中脂肪的增溶与消化过程示意图

碳原子的脂肪。

④ 混合胶束向肠壁扩散。

⑤ 脂肪酸和类脂通过上皮细胞的双层膜吸收并穿过肠壁扩散。在此过程中经酶催化使脂肪酸和 2-单甘油酯再酯化成三甘油酯。而胆盐极性大，不被吸收。

⑥ 食物在肠道中向下运动时，胆盐胶束连续不断地使类脂水解。

⑦ 在回肠（小肠的最后一段）中，胆盐被有效吸收并通过门静脉流入肝脏。在肝脏中，胆盐从血液中分离，并输回胆管。若残留食物被消化吸收，胆盐可流回肠道。胆盐是储存于胆囊中的。

在一天之中约 3g 胆盐在人体肝肠体系中循环 10 次。损耗约 0.5g，胆盐总储量约 30g。

Chan 等用放射活性标记的脂肪酸为增溶物，研究了其在胶束溶液中的增溶机理，提出了 5 步机理[23]（图 4.16）：第 1 和第 5 步包括表面活性剂或表面活性剂加增溶的脂肪酸后的扩散，

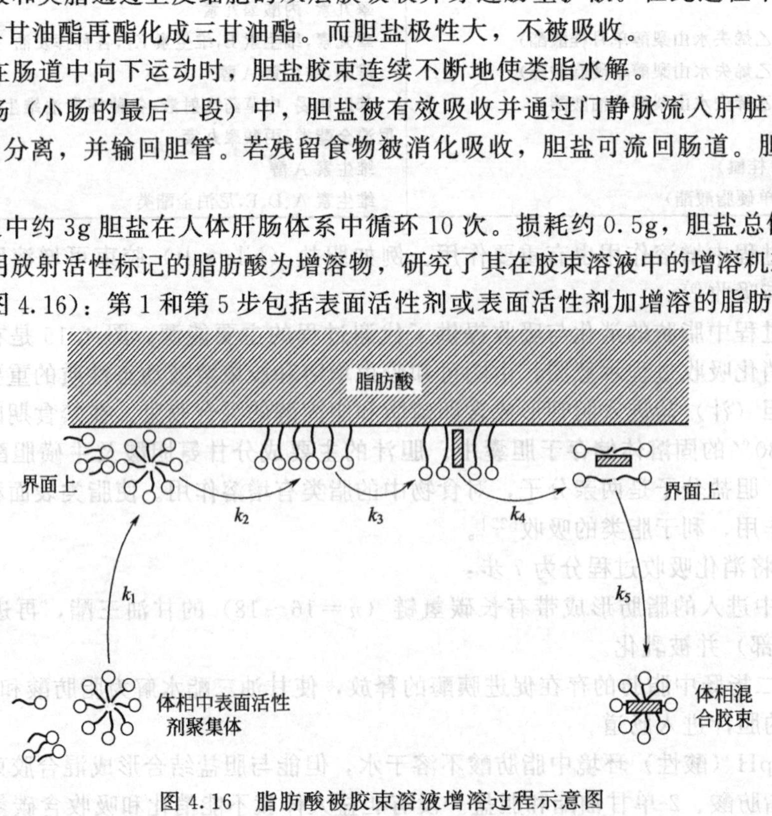

图 4.16　脂肪酸被胶束溶液增溶过程示意图

速率常数 k_1 和 k_5 与表面活性剂流速有关。步骤 2 是表面活性剂在脂肪酸上吸附，形成吸附胶束。步骤 3 是脂肪酸的吸附增溶。步骤 4 是带有被增溶的脂肪酸的混合胶束从表面脱附。显然，步骤 2、3、4 与表面活性剂溶液流速无关，不涉及扩散作用。吸附增溶将在以后介绍。

第五节　表面活性剂在固液界面的吸附[24]

实际应用的表面活性剂水溶液都是稀溶液，固液界面上的吸附规律大多与自稀溶液中吸附小分子化合物的类似。只是因表面活性剂有不同类型之分，且疏水基、亲水基结构多有变化，故使表面活性剂吸附常又有其特点。这些特点与吸附剂、表面活性剂结构特点和添加剂的性质有关。

一、吸附等温线与吸附等温式

表面活性剂在固液界面上的吸附等温线形状多种多样，最常见的有三种：Langmuir 型（L 型）、S 型和 LS 复合型（双平台型），见图 4.17。L 和 LS 型等温线表示在低浓度时表面活性剂就有较强烈的吸附能力，如离子型表面活性剂在带反号电荷的固体表面上吸附常有这类等温线［CTAB 和十四烷基三甲基溴化铵等阳离子表面活性剂在中性水中在硅胶（表面带负电）上的吸附为 LS 型的］，有较长碳氢链的表面活性剂在碳质吸附剂（如活性炭、炭黑、石墨等）上的吸附也常是 L 型的。S 型等温线的形成比较复杂：①固体与溶剂亲和力强（如表面活性剂溶解度大，非极性固体自非极性溶剂中吸附等）使低浓度时表面活性剂在与溶剂的竞争吸附中占劣势，难以吸附；②表面活性离子在带同号电荷固体表面上吸附多为 S 型等温线；③表面活性离子在表面电荷密度不大的带反号电荷表面上吸附可能出现 S 型等温线。这是因为吸附极少量带反号电荷的表面活性离子后，固体表面电荷符号改变成表面活性离子同号电荷，故成 S 型等温线，或者说这是当 LS 型等温线第一平台吸附量极小时的特殊情况。图 4.18 是 ZrO_2 自中性水中（ZrO_2 带负电荷）吸附十四烷基溴化吡啶正离子（TP^+）的等温线，同时给出 ZrO_2 粒子 ζ 电势变化曲线。由图可见在 TPB 浓度很低时 ZrO_2 粒子 ζ 电势即由负号变为正号。

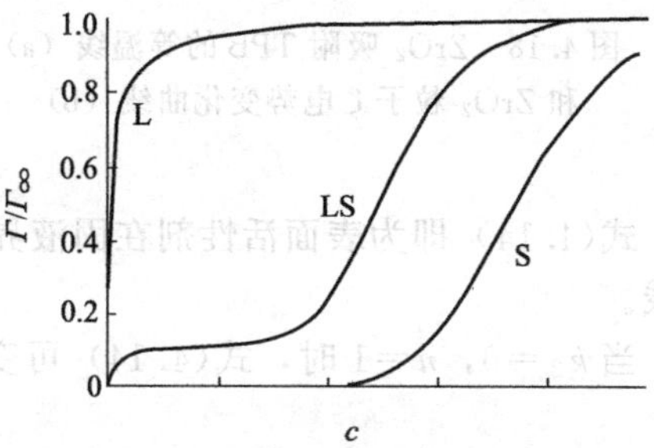

图 4.17　表面活性剂在固液界面吸附的 L、S、LS 型等温线示意图

除上述三类等温线外还有台阶状和有最高点的等温线（图 4.19）。形成台阶状等温线的可能原因有：表面活性剂不纯引起的“分级”吸附；固体表面不均匀引起的“分阶段吸附”；表面活性剂聚集体形状的变化等。等温线上出现最高点的可能原因有：固体表面不均匀；表面活性剂杂质的影响；离子型表面活性剂与带反号电荷固体表面的静电作用与参与形成胶束间的竞争等[24]。

L 型等温线可用稀溶液吸附的 Langmuir 等温式表述。S 型等温线可用 BET 二常数公式描述。在应用这些等温式时所得到的有关参数的意义常与这些公式导出时的设定不同，故应特别注意。

朱珖瑶和顾惕人等在大量实验工作和总结前人研究成果的基础上，提出表面活性剂在固液界面吸附的通用等温式。表述如下[25,26]：

$$\Gamma=\frac{\Gamma_\infty k_1 c[(1/n)+k_2 c^{n-1}]}{1+k_1 c(1+k_2 c^{n-1})} \tag{4.14}$$

式中，Γ 为平衡浓度为 c 时的吸附量；Γ_∞ 为极限吸附量；n 为胶束聚集数；k_1 和 k_2 为常数。

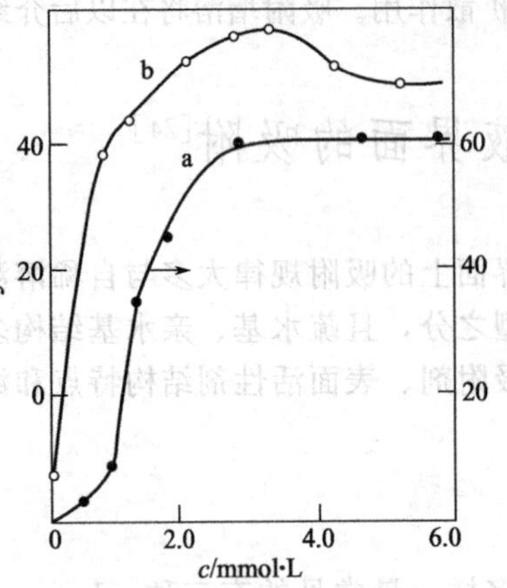

图 4.18　ZrO_2 吸附 TPB 的等温线（a）和 ZrO_2 粒子 ζ 电势变化曲线（b）

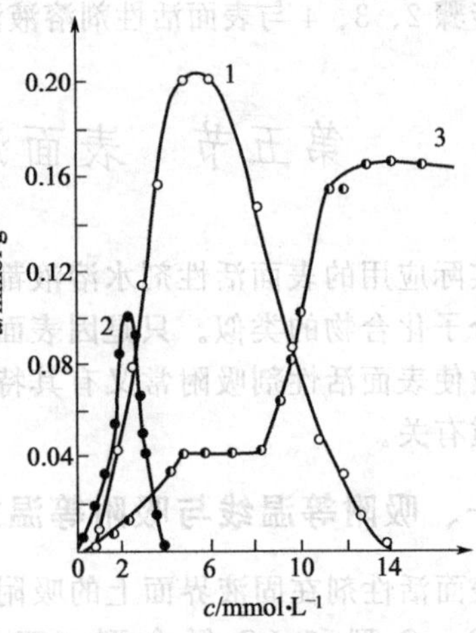

图 4.19　硅胶自 pH=8.5 的水溶液中吸附 SDS（1）、四甲基辛基苯磺酸钠（2）和辛基磺酸钠（3）的等温线

式(4.14) 即为表面活性剂在固液界面吸附的通用等温式，该式可表征图 4.17 的三种等温线。

当 $k_2=0$，$n=1$ 时，式(4.14) 可变化为

$$\Gamma=\frac{\Gamma_\infty k_1 c}{1+k_1 c} \tag{4.15}$$

此式与 Langmuir 等温式相同，可描述 L 型等温线。

当 $k_2 \neq 0$，$n>1$，且 $k_2 c^{n-1} \gg 1$ 时，式(4.14) 变为

$$\Gamma=\frac{\Gamma_\infty k_1 k_2 c^{n-1}}{1+k_1 k_2 c^n} \tag{4.16}$$

此式可描述 S 型等温线。

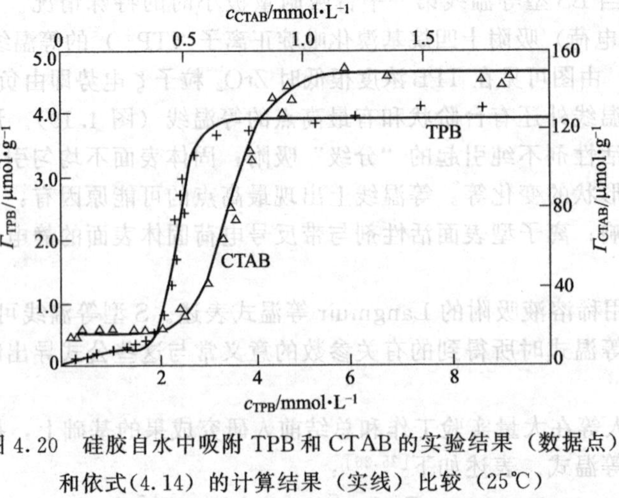

图 4.20　硅胶自水中吸附 TPB 和 CTAB 的实验结果（数据点）和依式(4.14) 的计算结果（实线）比较（25℃）

式(4.14) 可描述 LS 型等温线。式中各常数可用下述方法求出：Γ_∞ 可用高浓度时测出

之单点吸附量表示；k_1 可根据低浓度时数据用式(4.15)处理求出；k_2 和 n 用尝试法求得。图 4.20 是硅胶自水中吸附十四烷基溴化吡啶（TPB）和 CTAB 的实验结果（图中数据点）和依式(4.14)的计算结果（实线）比较。

二、表面活性剂在固液界面的吸附机制

表面活性剂在固液界面的吸附机制主要是离子型表面活性剂以电性作用吸附于带电表面，在非极性表面可以表面活性剂的疏水部分以色散力吸附，非离子型表面活性剂（主要指聚氧乙烯类及含苯环的分子）可与极性固体表面某些原子或基团形成氢键吸附，已吸附的表面活性剂分子与溶液中的表面活性剂分子的疏水基团因疏水效应而吸附。以上几种机制如图 4.21 所示。

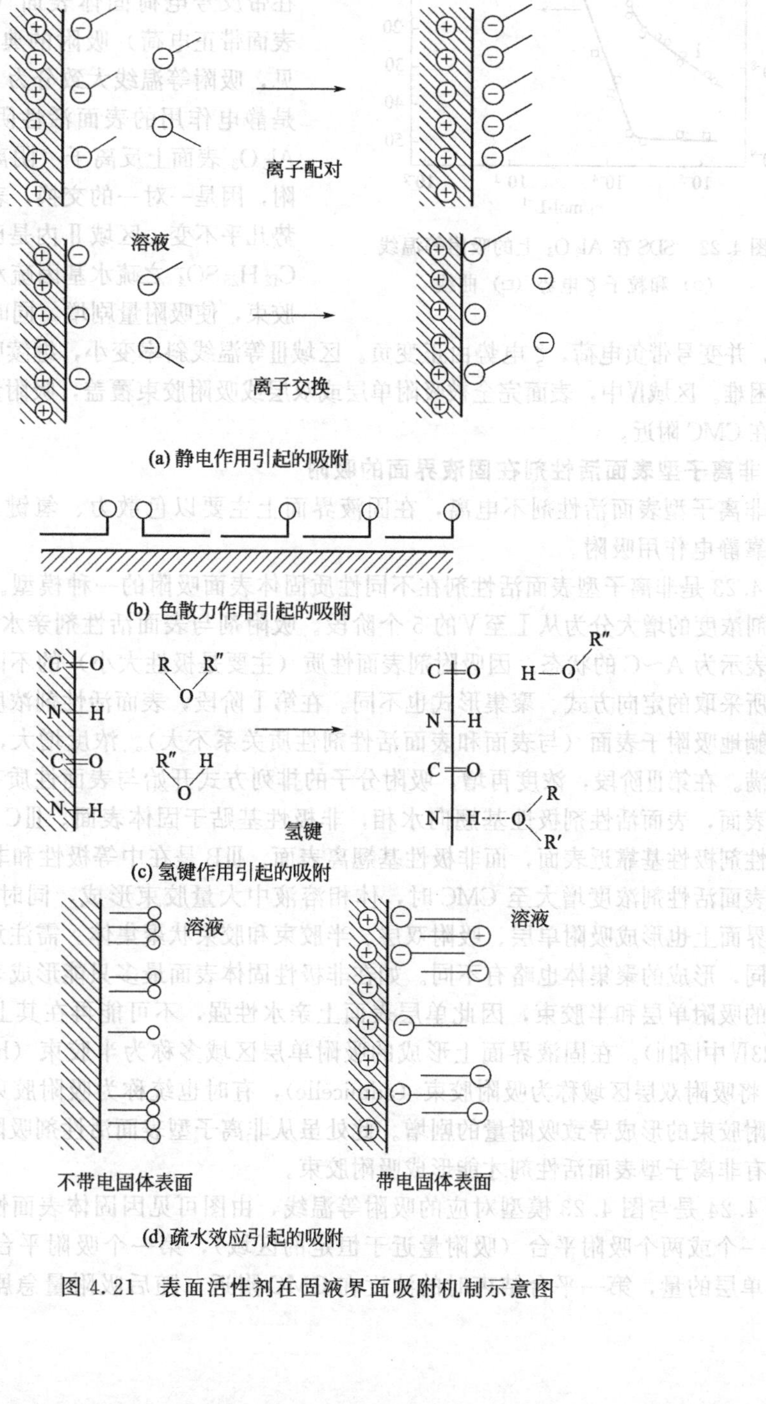

图 4.21 表面活性剂在固液界面吸附机制示意图

1. 离子型表面活性剂在带电固体表面的吸附

表面活性离子在固体表面吸附与二者带电符号及表面电荷密度有关，也与表面活性离子疏水基大小和性质有关。一般来说，表面活性离子易在带反号电荷固体表面吸附，在不带电的和带同号电荷的固体表面也可以色散力和其他作用（如氢键、疏水效应等）而吸附。

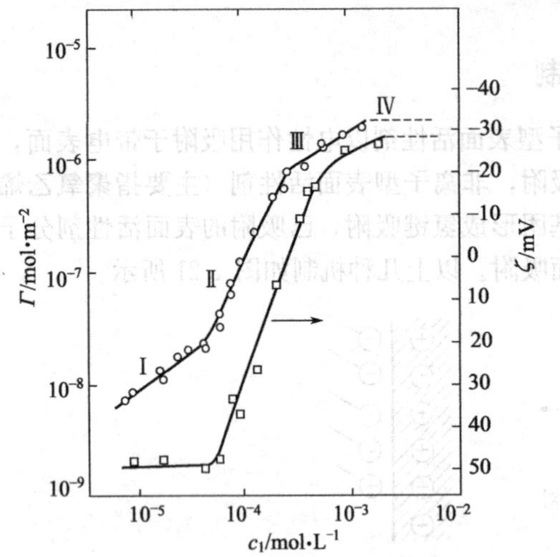

图 4.22　SDS 在 Al_2O_3 上的吸附等温线（○）和粒子 ζ 电势（□）曲线

图 4.22 是氧化铝自 pH＝7.2 水中吸附 SDS 阴离子的等温线和氧化铝粒子吸附 SDS 时 ζ 电势的变化曲线。这是离子型表面活性剂在带反号电荷固体表面（在中性水中 Al_2O_3 表面带正电荷）吸附的典型实例[27]。由图可见，吸附等温线大致分为 4 个区域。区域Ⅰ内是静电作用的表面活性阴离子与在带正电的 Al_2O_3 表面上反离子（阴离子）间离子交换吸附，因是一对一的交换，表面带电符号和 ζ 电势几乎不变。区域Ⅱ内是已吸附的和溶液中的 $C_{12}H_{25}SO_4^-$ 之疏水基因疏水效应而聚集成吸附胶束，使吸附量剧增，同时 Al_2O_3 表面正电荷被中和，并变号带负电荷，ζ 电势由正变负。区域Ⅲ等温线斜率变小，继续吸附因电性排斥作用而变得困难。区域Ⅳ中，表面完全被吸附单层或双层或吸附胶束覆盖，吸附量不再增加，此区之浓度应在 CMC 附近。

2. 非离子型表面活性剂在固液界面的吸附

因非离子型表面活性剂不电离，在固液界面上主要以色散力、氢键、疏水效应等作用，而不是靠静电作用吸附。

图 4.23 是非离子型表面活性剂在不同性质固体表面吸附的一种模型。该模型将吸附随表面活性剂浓度的增大分为从Ⅰ至Ⅴ的 5 个阶段。吸附剂与表面活性剂亲水部分相互作用的弱、中、强表示为 A～C 的状态。因吸附剂表面性质（主要是极性大小）的不同，表面活性剂在表面吸附所采取的定向方式、聚集形式也不同。在第Ⅰ阶段，表面活性剂浓度很低，分子无规地近似平躺地吸附于表面（与表面和表面活性剂性质关系不大）。浓度增大，表面上的吸附分子几乎铺满。在第Ⅲ阶段，浓度再增，吸附分子的排列方式开始与表面性质有关。ⅢA 是在非极性固体表面，表面活性剂极性基翘向水相，非极性基贴于固体表面。ⅢC 是在极性固体表面，表面活性剂极性基靠近表面，而非极性基翘离表面。ⅢB 是在中等极性和非极性表面上的排列状态。表面活性剂浓度增大至 CMC 时，体相溶液中大量胶束形成，同时吸附进入第Ⅳ阶段，在固液界面上也形成吸附单层、吸附双层、半胶束和胶束状聚集体。需注意的是，因固体表面极性不同，形成的聚集体也略有不同。如在非极性固体表面最多只能形成表面活性剂极性基朝向水相的吸附单层和半胶束，因此单层表面上亲水性强，不可能再在其上形成第二单层吸附（图 4.23Ⅳ中ⅰ和ⅱ）。在固液界面上形成的吸附单层区域多称为半胶束（hemimicelle，half-micelle），将吸附双层区域称为吸附胶束（admicelle），有时也统称为吸附胶束或表面胶束。固液界面吸附胶束的形成导致吸附量的剧增。此处虽从非离子型表面活性剂吸附介绍吸附胶束，但并非只有非离子型表面活性剂才能形成吸附胶束。

图 4.24 是与图 4.23 模型对应的吸附等温线，由图可见因固体表面性质不同，等温线可能出现一个或两个吸附平台（吸附量近于恒定的区域），第一个吸附平台的吸附量大多相当于吸附单层的量，第一平台结束时的浓度在 CMC 附近，随后吸附量急剧增加，各种结构吸

附胶束形成，第二平台的吸附量在不同固体上差别较大，可能是因吸附胶束结构不同。

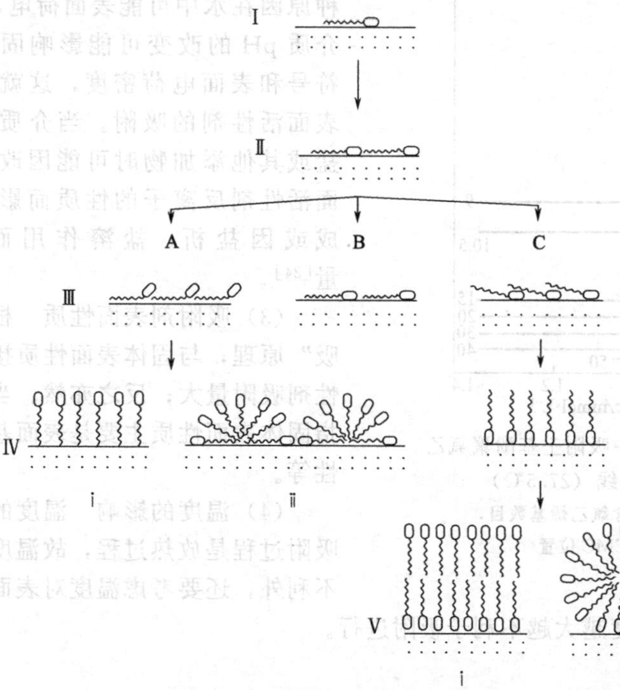

图 4.23 非离子型表面活性剂在不同性质固体表面的吸附模型

Ⅰ～Ⅴ，随表面活性剂浓度增加，其在固液界面定向排列方式和聚集体形态变化；

A—非极性固体；B—介于极性与非极性间固体；C—极性固体

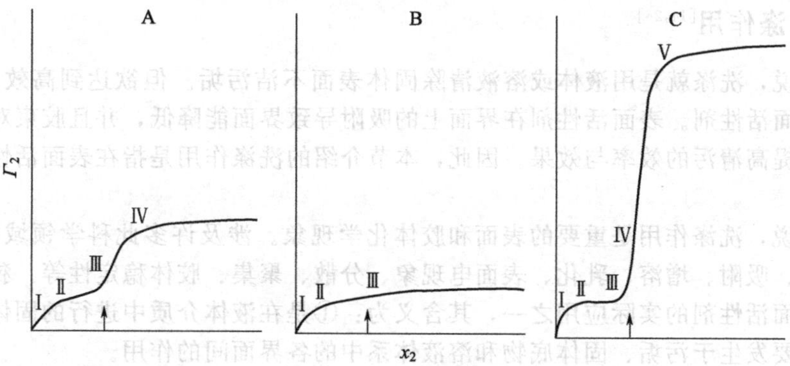

图 4.24 与图 4.23 模型相对应的吸附等温线

图中箭头所指为表面活性剂 CMC 的大致位置

三、影响表面活性剂在固液界面吸附的一些因素

（1）表面活性剂的性质 同系列表面活性剂在同一种固体上吸附，随疏水基碳原子数增大吸附量增大，这是因为一方面碳原子数增加，其与固体表面的色散力增大，而色散力作用是表面活性剂吸附普遍存在的基本作用力；另一方面，碳原子数增大导致表面活性剂在水中溶解度减小。含聚氧乙烯基的非离子型表面活性剂，当疏水基相同时，亲水基氧乙烯数目越多吸附量越小，这显然是由于其在水中溶解度随氧乙烯基数目增多而增大。图 4.25 是 $CaCO_3$ 自水中吸附壬基酚聚氧乙烯醚的吸附等温线，可见氧乙烯基数目越多，吸附量越小。

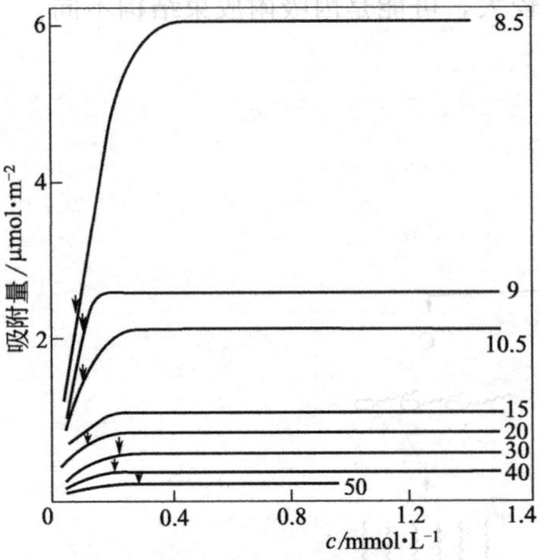

图 4.25 碳酸钙自水中吸附壬基酚聚氧乙烯醚的吸附等温线（27.5℃）
图中数字为分子中含氧乙烯基数目，箭头所指为 CMC 位置

(2) 介质的性质　大多数固体因多种原因在水中可能表面荷电，有等电点，介质 pH 的改变可能影响固体表面带电符号和表面电荷密度，这就影响离子型表面活性剂的吸附。当介质中加有无机盐或其他添加物时可能因改变离子型表面活性剂反离子的性质而影响胶束的形成或因盐析、盐溶作用而影响吸附量[24]。

(3) 吸附剂表面性质　根据“相似相吸”原理，与固体表面性质接近的表面活性剂吸附量大；反之亦然。当然，这里所指固体表面性质主要是表面基团、表面极性等。

(4) 温度的影响　温度的影响除考虑吸附过程是放热过程，故温度升高对吸附不利外，还要考虑温度对表面活性剂在介质中溶解度的影响。溶解度越大越不利于吸附进行。

第六节　洗涤作用与洗涤剂

一、洗涤作用[14,28]

一般来说，洗涤就是用液体或溶液清除固体表面不洁污垢。但欲达到高效、完美清污，常需应用表面活性剂。表面活性剂在界面上的吸附导致界面能降低，并且胶束对油污的增溶作用有助于提高清污的效率与效果。因此，本节介绍的洗涤作用是指在表面活性剂存在下的去圬过程。

广义地说，洗涤作用是重要的表面和胶体化学现象。涉及许多此科学领域的基本原理，例如：润湿、吸附、增溶、乳化、表面电现象、分散、聚集、胶体稳定性等。狭义地说，洗涤作用是表面活性剂的实际应用之一，其含义为：①是在液体介质中进行的固体表面净化过程；②是主要发生于污垢、固体底物和溶液体系中的各界面间的作用。

表面活性剂分子的两亲性结构使其在不同类型物质上的吸附机制和吸附层结构不完全相同，但这类吸附可以改变各种界面的物理、化学、力学性质。例如，阴离子型表面活性剂用于洗涤纺织品时，因其吸附可提高织物表面负电性，使污垢与织物间电性排斥作用增强，应用非离子型表面活性剂时，吸附层的空间阻碍作用和吸附层的增溶作用在洗涤作用中可能起更重要的作用。

总之，洗涤作用是复杂的涉及胶体化学及其他边缘学科的问题，其机理可能因具体体系不同而异。用现有的胶体与界面化学知识尚难给出十分圆满的解释和分析。本节简要介绍现已公认的洗涤作用的基本概念、理论和表面活性剂的作用。

二、污垢的类型

有人将污垢定义为处于错误位置的固态或液态物质。污垢可分为两类：油性液态物质和固体微粒。

常见的液态污垢有皮脂，脂肪酸，醇，植物和动物油脂，合成油脂，乳制品和化妆品的某些组分。皮脂主要成分是脂肪酸甘油酯（包括单、双、三酯）和游离脂肪酸，脂肪醇为胆固醇等。含长碳氢链的甘油酯、脂肪酸、醇等在温度低时可成固态或半固态，其洗涤除去机制与除去液态污垢不同。

固体污垢主要有蛋白质，黏土矿粉，碳质粉粒（炭黑等），以及各种金属氧化物（如铁锈等）等无机物。

三、固体污垢的去除

固体污垢都是以固体小粒子形式黏附于固体基底上的，它们之间的作用力主要是 van der Waals 力，有时也有静电作用力。从基底物上除去固体污垢至少包括两个过程：一是使污垢脱离基底；二是使脱下的污垢稳定地分散于洗涤用液体中，不使其发生再沉积。

首先要了解污垢粒子何以能附着于固体基底上。在第三章第三节润湿作用中介绍的液体在固体上的沾湿，式(3.11) 定义之黏附功也可用于固体在固体上的黏附：

$$W_A = -\Delta G_A = \gamma_P + \gamma_S - \gamma_{PS} \tag{4.17}$$

式中，各表（界）面张力之下角标 P、S、PS 分别表示污垢粒子、基底物及二者间作用，故 γ_P、γ_S、γ_{PS} 表示污垢粒子、基底物的表面张力和二者形成的界面张力。根据式(4.17)，$W_A>0$，黏附可以进行。W_A 越大，污垢在基底上之黏附越易于进行。换言之，γ_P、γ_S 越大越有利于黏附。大多数无机物污垢都有大的表面能。降低污垢粒子和基底物的表面能，显然将不利于黏附的自发进行。

用水或洗涤液除去污垢粒子首先要求这些液体能在污垢粒子和基底物上铺展，若液体以 B 表示，则其在污垢上的铺展系数 $S_{B/P}$ 为：

$$S_{B/P} = \gamma_{PA} - \gamma_{PB} - \gamma_{AB} = \gamma_{AB}(\cos\theta - 1) \tag{4.18}$$

B 在基底物上的铺展系数 $\gamma_{B/S}$ 为

$$S_{B/S} = \gamma_{SA} - \gamma_{SB} - \gamma_{AB} = \gamma_{AB}(\cos\theta - 1) \tag{4.19}$$

上面两式中角标 PA、SA、AB 分别表示污垢粒子、基底物及洗涤液与空气间的界面。

根据铺展进行的条件，只有当 $S>0$ 时方可自发进行。洗涤液中加入表面活性剂能显著降低 γ_{PB}、γ_{SB} 和 γ_{AB}，故可增大液体在二固体表面铺展的趋势。当然，表面活性剂的存在也可减小 γ_{PA} 和 γ_{SA}，这当然对铺展不利。因而要权衡利弊。式(4.18) 和式(4.19) 中 θ 为液体在污垢和基底物上的接触角，显然 θ 的降低有利于铺展。如果洗涤液能在污垢和基底物上完全铺展（即 $\theta=0°$），污垢将脱离基底物进入洗涤液。

当洗涤液中含离子型表面活性剂或多价无机离子时，污垢和基底物对这些离子的吸附可增大它们之间的电性斥力，利于污垢的去除。非离子型表面活性剂虽不影响表面电性质，但其吸附层的空间阻碍作用也能对污垢的去除起到良好作用。

由上述介绍可知，洗涤法去除固体污垢，洗涤液在固体表面的润湿作用，污垢与基底物间因各种原因产生的静电作用（可沿用胶体稳定性的 DLVO 理论予以说明）等都是重要的理论基础，在洗涤作用中还有其他因素的影响。如洗涤中机械功的不可或缺，并且污垢粒子的大小有时有很大影响。理论和实验证明，污垢越小，越难以去除，当污垢半径小于 0.1μm 时，由于其表面电势很大，去除这种粒子实际上很困难[29]。

去除固体污垢过程中表面活性剂的润湿作用可见图 4.26。

固体污垢从基底物上脱下后的稳定性是洗涤作用的重要方面，对污垢再沉积稳定性的量度有多种方法，如 Lange 的污垢与基底物 ζ 电势的几何平均值法，Durham 的 ζ 电势乘积法

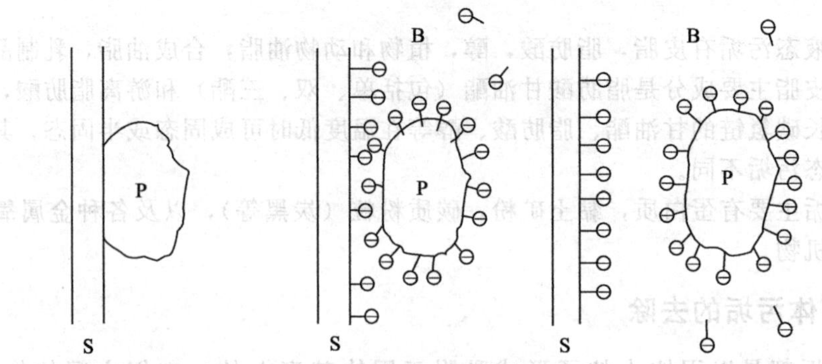

(a) 固体污垢(P)在基底物(S)上的黏附　(b) 阴离子型表面活性剂水溶液(B)在P和S上的铺展　(c) P从S上去除

图 4.26　表面活性剂在固体污垢去除中的润湿作用

等。Imamura 等提出下面的公式表征稳定性常数 θ[30]：

$$\theta=\frac{\zeta_1\zeta_2}{kA_{123}}f\left(\frac{\zeta_2}{\zeta_1}\right) \tag{4.20}$$

式中，ζ_1 和 ζ_2 分别表示污垢和基底物（纤维）的电动电势，A_{123} 为在介质 3 中基底物 1 和污垢 2 间的 Hamaker 常数。已知 $A_{123}=(A_{113}\cdot A_{223})^{1/2}$。$f(\zeta_2/\zeta_1)=a\exp[b(\zeta_2/\zeta_1)]$，$a$，$b$ 为常数。由式(4.20) 可知，稳定性常与 ζ 有密切关系，ζ_1、ζ_2 和 ζ_2/ζ_1 越大 θ 越大，而 θ 越大洗净力也越大。图 4.27 是炭黑污布和泥污布污垢再沉积稳定性常数 θ 与洗净力的关系，由图可知当 $\theta<1.5\times10^{-2}$ 时，洗净力随 θ 线性增长，当 $\theta>2\times10^{-2}$ 时，洗净力趋于恒定值。

四、液态油污的去除

液态油污一般以铺展状态黏附于基底物表面，接触角近于 0°。用洗涤液去除液态油污的多用“滚落”机制（rollback mechanism），即表面活性剂吸附于油污-水或基底物-水界面，降低相应界面的界面张力。根据 Young 方程（式 3.14 并参见图 4.28），应有

$$\cos\theta_O=\frac{\gamma_{SW}-\gamma_{SO}}{\gamma_{WO}}$$

由于洗涤剂降低了 γ_{SW}，故使 θ_O（油污的接触角）增大，θ_W（洗涤液的接触角）减小，而 $\theta_O+\theta_W=180°$。当然，洗涤剂也降低 γ_{WO} 和 γ_{SO}，这将阻碍 θ_O 的增大。

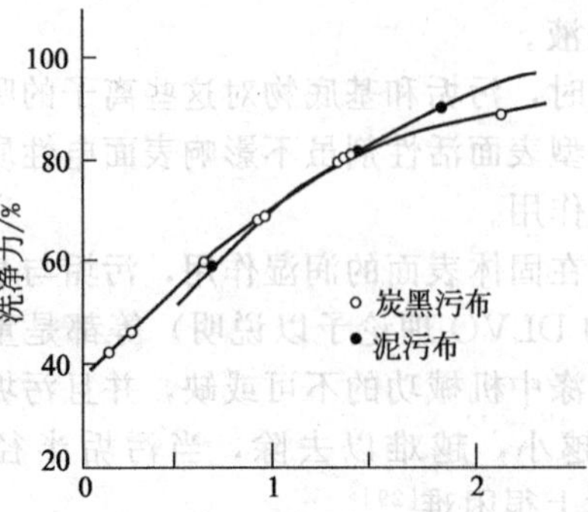

图 4.27　稳定性常数 θ 与污布洗净力的关系

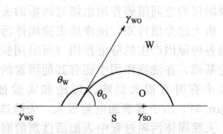

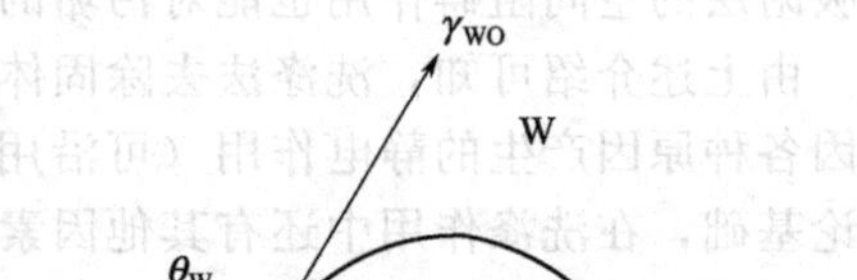

图 4.28　在水（洗涤液 W)-油污-(O)-基底物（S）交界处的接触角

如果 θ_O 增大至180°，油污将自动从基底物上脱落。在实际洗涤过程中，只要 $\theta_O>90°$，在洗涤液流体动力和被洗物摩擦等外力作用下，油污会收缩成油滴而从基底物上脱落，如图 4.29所示，此即为滚落机理。

若基底物与油污作用强烈，在 $\theta_O<90°$，即使有强烈外力作用，也难以使油污完全除去（图 4.30），只能使部分油污脱落。

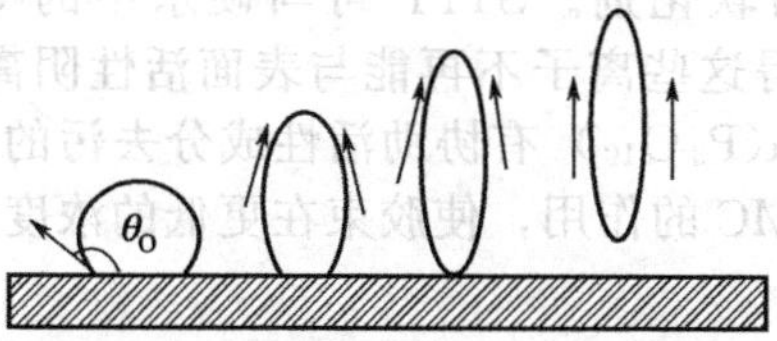

图 4.29 $\theta_O>90°$，在有外力作用下油污以油滴状从基底物上去除

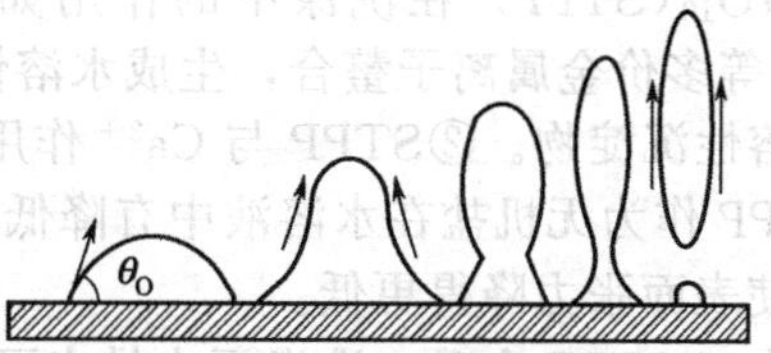

图 4.30 $\theta_O<90°$，在强烈外力作用下大部分油污的去除

油污以油滴形式“滚落”，只是油污去除机理之一。当油污较厚，在机械搅动作用下洗涤剂中表面活性组分与油污的 HLB 匹配合适时，形成有一定稳定性的 O/W 型乳状液也是去除油污的重要途径。关于乳化机理和乳化剂的选择见本章乳化作用一节。

油污在胶束中的增溶作用也是去除液态油污的重要因素之一。需注意的是只有当表面活性剂浓度远大于 CMC 时才能表现出可观的油污增溶效果。油污的增溶效果还与表面活性剂分子结构及其分子有序组合体的结构有关。

五、洗涤剂

能有效去除各类污垢的多组分物质称为洗涤剂或去垢剂（detergent，washing agent）。表 4.8 给出一种典型洗衣粉的组成。

表 4.8 一种洗衣粉的组成

组　成	含量/%	组　成	含量/%
烷基苯磺酸钠	15	碳酸钠	10
无水皂	3	硫酸钠	18
三聚磷酸钠或沸石粉	30	羧甲基纤维素钠	1
硅酸钠	14	增白剂、香料、水分	约 0

洗涤剂的主要活性组分是天然或合成的表面活性剂，次要组分为各种助洗剂。由表 4.8 可知，表面活性剂虽在洗涤作用中起主要去污作用，但其在洗涤剂中的含量并不是最多的，个中原因当然不仅是从商品成本、价格方面的考量。

洗涤剂中所用多为阴离子型表面活性剂，主要有：脂肪酸盐（皂）、烷基苯磺酸盐（ABS）、脂肪酸硫酸盐（AS）、脂肪醇聚氧乙烯羧酸盐（AEC）等。近年来，随着石油化工的发展，合成非离子型表面活性剂在洗衣粉配方中也得到应用。表 4.9 列出一种低泡洗衣粉的配方。

表 4.9 一种低泡洗衣粉配方

组　分	含量(质量分数)/%	组　分	含量(质量分数)/%
Triton X-114①	5	纯碱	38.8
三聚磷酸钠	40	羧甲基纤维素	1
硅酸钠	15	荧光增白剂	0.2

① $C_8H_{17}C_6H_4O(C_2H_4O)_{7\sim8}H$，低泡非离子型表面活性剂。

在洗涤剂中应用的非离子型表面活性剂有：烷基酚聚氧乙烯醚、脂肪醇聚氧乙烯醚、烷基糖苷（APG）等；两性型的有：氨基酸型（如 *N*-酰基谷氨酸）、甜菜碱型（如十二烷基二甲基甜菜碱）、咪唑啉型（如磺酸盐型咪唑啉）。一般来说，两性型和部分非离子型表面活性剂毒性小、生物降解性好。多用于与人体清洁有关的洗涤剂制造。

在洗涤剂中还有大量的次要组分——助洗剂（无机盐、有机添加剂等）。助洗剂的各成分在洗涤中各有其特殊作用。

在表4.8和表4.9中均含有的三聚磷酸钠是一般洗涤剂中最常用的助洗剂。三聚磷酸钠 $Na_3P_3O_{10}$（STPP）在洗涤中的作用如下。①硬水的软化剂。STPP可与硬水中的 Ca^{2+}、Mg^{2+} 等多价金属离子螯合，生成水溶性配合物，使得这些离子不再能与表面活性阴离子生成不溶性沉淀物。②STPP与 Ca^{2+} 作用生成的 $Na_2Ca(P_3O_{10})$ 有协助活性成分去污的作用。③STPP作为无机盐在水溶液中有降低表面活性剂CMC的作用，使胶束在更低的浓度形成，并能使表面张力降得更低。

由于STPP含磷，洗涤污水排出可能导致湖、河水富营养化，因而从20世纪末起，有用4A沸石取代STPP的趋势。日本已禁止生产含磷洗衣粉，我国也有无磷洗衣粉生产。4A沸石对 Ca^{2+}、Mg^{2+} 有强烈的交换能力。在表面活性剂浓度适当时，4A沸石的水悬浮体也有一定的稳定性，不致在基底物上沉积[31]。

硅酸钠和碳酸钠可将多价阳离子沉淀为不溶性盐。硅酸钠还可抑制洗涤机械的腐蚀（生成硅酸盐保护层）。碳酸钠可提高洗涤液pH达10以上，在低pH的溶液中，阴离子型表面活性剂（如脂肪酸盐）可能形成不溶性的脂肪酸。硫酸钠的加入可预防粒子间烧结以得到良好的粉体。羧甲基纤维素钠在低浓度时应用可选择性地在污垢和基底物上吸附形成亲水层，并形成空间障碍，避免污垢的聚集和沉积。

六、干洗

干洗（dry-cleaning）是在非水液体中进行洗涤。通常以四氯乙烯（C_2Cl_4）等极性小的有机物为溶剂。其优点是避免水洗时某些基底物变形和提高去油污能力。

以洗涤织物为例。织物上的污垢有油溶性的（非极性的）和水溶性的（极性的）之分。油溶性污垢可直接被 C_2Cl_4、癸烷、$CHCl_3$、CCl_4、C_2HCl_3 等溶解。为使极性污垢也能去除，必须在上述溶剂中加入表面活性剂和少量水，以形成反胶束。极性污垢增溶于反胶束内核的“水池”中。显然这一过程并非完全的“干”洗。在干洗过程中表面活性剂的作用是：①表面活性剂极性基团吸附于固体污垢和基底物表面，阻碍污垢的再沉积；②利用反胶束内核保持的水，增溶极性污垢。在此两种作用中，表面活性剂极性基团均有重要作用。

用于干洗的表面活性剂必须能溶于作为洗涤液的有机溶剂中，这种表面活性剂有：石油磺酸盐、烷基苯磺酸盐（或铵盐）、脂肪醇聚氧乙烯醚、烷基酚聚氧乙烯醚等。表4.10给出一种干洗液的配方。

表4.10 一种干洗液配方

组 分	质量分数/%
琥珀酸二辛酯磺酸钠	3.2
四氯乙烯	95.8
水	1.0

第七节 胶束催化与吸附胶束催化

一、胶束催化

在表面活性剂胶束存在下进行的催化反应称为胶束催化（micellar catalysis）。1959年

Duynestee 等首先发现 OH^- 和取代的三苯甲基阳离子的反应在阳离子表面活性剂胶束体系中被加速，而在阴离子表面活性剂胶束体系中被减速[32]。胶束催化的研究几十年来方兴未艾，在有机合成、石油化工及生命科学等领域有广泛的应用前景[13,33]。

1. 胶束催化反应的速率常数

在胶束催化反应中，反应底物 S 首先必须能增溶于胶束 M 中，其增溶位置须有利于与反应试剂接触。在体相溶液中反应底物也可能有生成产物 P 的反应进行。此反应可表述为

$$\begin{array}{ccc} \text{M(胶束)}+\text{S(反应底物)} & \overset{K_S}{\rightleftharpoons} & \text{MS} \\ \downarrow k_0 & & \downarrow k_m \\ \text{P(产物)} & & \text{P(产物)} \end{array} \tag{4.21}$$

式中，MS 为胶束-底物复合物；K_S 是底物与胶束的结合常数；k_0 是在体相溶液（溶剂）中的速率常数；k_m 是在胶束相（胶束溶液）中的速率常数。

设在 t 时间时体系中反应底物总浓度为 $[S]_t$，$[S]_t=[S]+[MS]$，$[S]$ 为在体相溶液中 S 的浓度，$[MS]$ 为底物-胶束复合物浓度。

式(4.21) 速率方程为：

$$-\frac{d([S]+[MS])}{dt}=-\frac{d[S]_t}{dt}=\frac{d[P]}{dt} \tag{4.22a}$$

$$\frac{d[P]}{dt}=k_0[S]+k_m[MS] \tag{4.22b}$$

实验观测得到的形成产物的总速率常数（即表观速率常数）k_ψ 为

$$k_\psi=\frac{-d[S]_t/dt}{[S]_t}=k_0F_0+k_mF_m \tag{4.23}$$

式中，F_0 和 F_m 分别为未与胶束复合和已复合的反应底物的化学计量分数。对于准一级反应，$[M]\gg[MS]$，故 F_m 为常数。底物与胶束的结合常数 K_S 可用复合和未复合的底物分数表示：

$$K_S=\frac{[MS]}{([S]_t-[MS])[M]}=\frac{F_m}{[M](1-F_m)} \tag{4.24}$$

当表面活性剂浓度大于 CMC 时，其单体浓度保持不变（CMC 值），故胶束浓度 $[M]$ 应为

$$[M]=([D]-CMC)/n \tag{4.25}$$

式中，$[D]$ 为表面活性剂总浓度；n 为胶束聚集数。由式(4.23) 和式(4.24) 可得

$$k_\psi=\frac{k_0+k_mK_S[M]}{1+K_S[M]} \tag{4.26}$$

由式(4.25) 和式(4.26) 可得出

$$\frac{1}{k_0-k_\psi}=\frac{1}{k_0-k_m}+\left(\frac{1}{k_0-k_m}\right)\left\{\frac{n}{K_S([D]-CMC)}\right\} \tag{4.27}$$

或

$$\frac{k_\psi-k_0}{k_m-k_\psi}=\frac{K_S-([D]-CMC)}{n} \tag{4.28}$$

在纯溶剂中的和在胶束存在下的反应速率常数 k_0 和 k_ψ 可用常规动力学研究方法测出。根据式(4.27)，以 $1/(k_0-k_\psi)$ 对 $1/([D]-CMC)$ 作图，作图所得直线，由直线的斜率与截距可求出结合常数 K_S 和胶束聚集数 n。

胶束催化反应速率常数原则上可应用任何测定不同时间反应物或产物浓度的变化来求得。对于含芳环的反应物，用紫外-可见分光光度计测定十分方便。图 4.31 是 2,4-二硝基氯

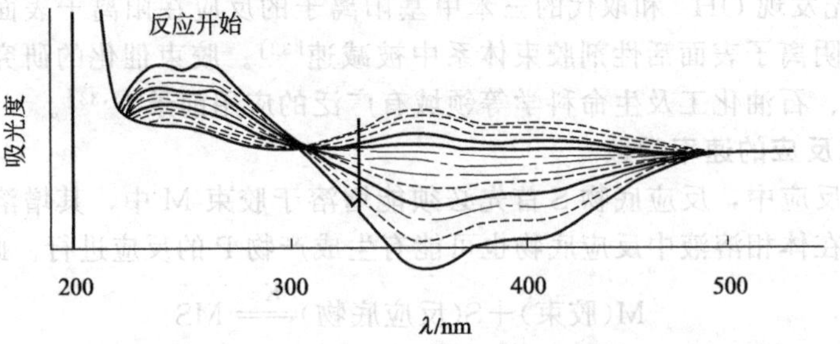

图 4.31 在 CTAB 胶束溶液中 DNCB 碱性水解反应的吸收光谱图

苯（DNCB）在十六烷基三甲基溴化铵（CTAB）胶束溶液中碱性水解生成 2,4-二硝基苯酚体系的吸收光谱随时间变化图。由图可见，随反应时间延长，DNCB 在 $\lambda_{max}=250$nm 吸收峰逐渐减小，而 2,4-二硝基苯酚的 $\lambda_{max}=358$nm 吸收峰逐渐增大。因此，在恒定温度和不同浓度的 CTAB 时使一定浓度的 DNCB 与过量 NaOH 反应，用紫外-可见分光光度计在 $\lambda=358$nm 处检测不同反应时间生成的 2,4-二硝基苯酚浓度。设 DNCB 起始浓度为 c_0，t 时产物浓度为 c_t，此时 DNCB 浓度为 c_0-c_t，以 $\ln c_{DNCB}$ 对 t 作图可得表观速率常数 k_ψ。由于 OH^- 过量，故此二级反应速率常数 $k_z=k_1/c_{OH^-}$，而 $k_1=k_\psi$。图 4.32 为在 CTAB 和十六烷基溴化吡啶（CPB）胶束溶液中 DNCB 碱性水解反应的准一级反应速率常数（即表观速率常数）k_1 与表面活性剂浓度关系图。酯水解反应是胶束催化研究最多、机理最清楚的反应。酯的酸性水解反应式为

$$\mathrm{R\overset{\overset{\displaystyle O}{\|}}{C}{-}O{-}R' + H_2O \xrightarrow{H^+} R\overset{\overset{\displaystyle O}{\|}}{C}{-}OH + R'OH}$$

对此反应有催化作用的应是阴离子型表面活性剂胶束，在此荷负电的胶束可以浓集反应底物酯和反应离子 H^+。酯增溶于胶束中，且反应的极性酯基接近胶束表面，而 H^+ 被负电性胶束表面所吸引。

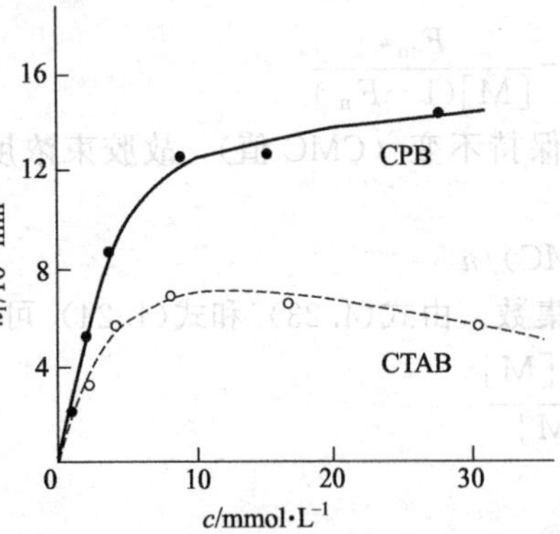

图 4.32 在 CTAB 和 CPB 胶束溶液中 DNCB 碱性水解反应速率常数 k_1 与表面活性剂浓度关系图
$c_{NaOH}=0.05\text{mol}\cdot\text{L}^{-1}$，$c_{0,DNCB}=9.5\times10^{-5}\text{mol}\cdot\text{L}^{-1}$

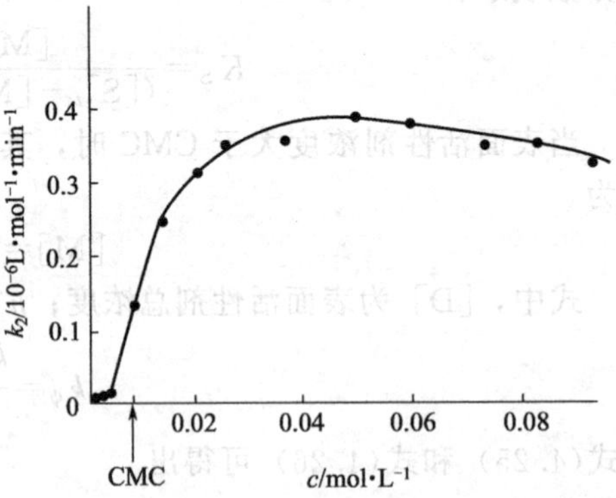

图 4.33 原苯甲酸甲酯在 SDS 胶束溶液中酸性水解反应的二级速率常数 k_2 与 SDS 浓度的关系
25℃，SDS 的 CMC＝8mmol·L^{-1}

图 4.33 是原苯甲酸甲酯酸性水解二级速率常数 k_2 与 SDS 浓度关系图。由图可知，在 CMC 时速率常数增大约 50 倍，并且在 CMC 附近速率常数有最大值，随后速率常数减小。这种现象在图 4.32 也有。这可能是由于在 CMC(8mmol·L^{-1}) 和 pH＝6 时（H^+ 浓度为 1×10^{-6}mol·L^{-1}），SDS 的反离子 Na^+ 浓度与 H^+ 浓度之比为 8×10^3，即 Na^+ 强烈地存在于胶束表面，导致胶束表面 H^+ 浓度减少所致[34]。

2. 胶束在胶束催化中的作用

在胶束催化反应中胶束的作用主要有浓集效应、介质效应、降低反应活化能等。

（1）浓集效应　反应底物通过疏水效应和静电作用可在胶束中增溶从而使反应物浓度大增，也使反应速率增大。文献［35］报道，胶束相反应区域体积约为 0.14～0.37L·mol^{-1}，实验测出 DNCB 在 CTAB 胶束中之增溶量达 0.23mol·mol^{-1}（CTAB），故在此胶束中 DNCB 浓度高达 0.62～1.64mol·L^{-1}，是体相溶液中之浓度 8.11×10^{-3} mol·L^{-1}的 76～202 倍[16]。

对于双分子反应，反应底物还需与另一反应活性物作用。如 DNCB 碱性水解反应，增溶的 DNCB 须与胶束表面的 OH^- 反应。在 CTA^+ 胶束表面活性反离子 OH^- 的浓集直接影响速率常数。

（2）介质效应　胶束作为微反应器和反应介质对催化反应产生很大影响，这些影响包括胶束极性、胶束微黏度、胶束的电性质等的效应。例如，已知胶束从表面到内核极性从大到小，介电常数从几十至几。这就决定了不同极性大小的反应底物的增溶位置，特别对于介质敏感的化学反应有很大影响。例如，2,4-二硝基氯苯，2-氯-3,5-二硝基苯甲酸阴离子，4-氯-3,5-二硝基苯甲酸阴离子在阳离子型表面活性剂 $C_{16}H_{33}NR_3Br$（R＝Me、Et、*n*-Pr、*n*-Bu 基）胶束溶液中进行亲核取代去氯羟化反应。随 R 基增大，2,4-二硝基氯苯反应速率增大，然后两反应物反应速率减小。原因是，R 增大胶束表面区域极性减小，两反应物反应的中间体中带两个负电荷，对介质极性更敏感。

离子型表面活性剂胶束带有电荷，能使反应过渡态电荷分散，使过渡态能量降低，反应速率增大。例如 DNCB 碱性水解反应机理如下：

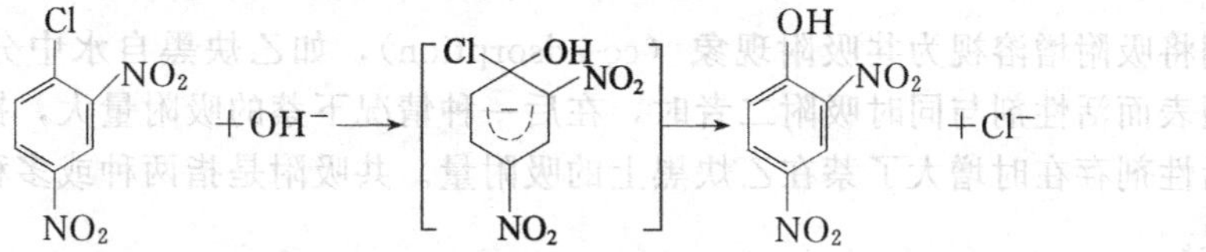

(4.29)

负电性 σ 配合物

CTA^+ 胶束带正电荷能分散上述反应的过渡态负电性 σ 配合物的负电荷，形成的胶束 σ 配合物比原负电性 σ 配合物势能低，因而使反应速率增加。

（3）胶束使反应活化能变化　根据化学动力学过渡态理论可知，在反应物生成产物之前先形成活化配合物，活化配合物与反应物零点能之差即为活化能。实验测得在纯水和不同表面活性剂胶束溶液中 DNCB 碱性水解反应的活化能列于表 4.11 中。由表中数据可知：①在 CPC 和 CTAC 胶束溶液中 DNCB 碱性水解反应活化能比在纯水中的降低近一半；②在 CPC 和 CTAC 胶束溶液中（浓度均大于其各自的 CMC）活化能基本相同[16]。这些结果说明，阳离子型表面活性剂胶束存在时 DNCB 水解的过渡态为胶束 σ 配合物，其势能比原在水中形成的负电性 σ 配合物更底，稳定性提高，因而使反应活化能降低。

表 4.11　在不同表面活性剂体系中 DNCB 碱性水解反应的活化能 E_a

体　　系	E_a/kJ·mol^{-1}
H_2O	91.0
0.003mol·L^{-1}CPC	49.2
0.005mol·L^{-1}CPC	49.0
0.00064mol·L^{-1}CTAC	49.8
0.0022mol·L^{-1}CTAC	49.0

注：CPC 为十六烷基氯化吡啶，CMC＝10.5×10^{-4} mol·L^{-1}；CTAC 为十六烷基三甲基氯化铵，CMC＝9×10^{-4} mol·L^{-1}。

二、吸附胶束催化

1. 吸附增溶

有机物溶入表面活性剂在固液界面形成的吸附胶束中的现象称为吸附增溶（adsolubilization），显然增溶作用是在胶束溶液中的行为，而吸附增溶是在固液界面吸附胶束中的行为（图 4.34）。

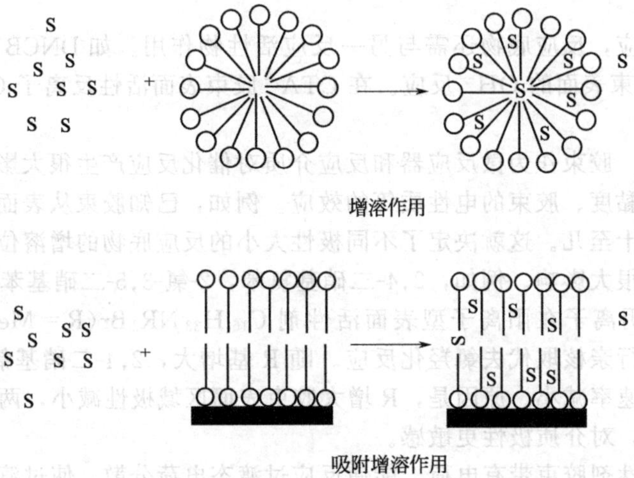

图 4.34 增溶作用与吸附增溶作用比较（S 为增溶有机物）

早期将吸附增溶视为共吸附现象（co-adsorption），如乙炔黑自水中分别单独吸附萘和非离子型表面活性剂与同时吸附二者时，在后一种情况下萘的吸附量大，换言之，在非离子型表面活性剂存在时增大了萘在乙炔黑上的吸附量。共吸附是指两种或多种物质同时发生的吸附现象。

Nunn 研究发现，Al_2O_3 吸附 *p*-(1-丙基壬基）苯磺酸钠后频哪氰醇氯化物能增溶于前者的吸附胶束中，而 Al_2O_3 对频哪氰醇在其单独存在时不吸附。[36] Nunn 等的工作是一篇很短的定性结果的论文，但对吸附增溶的研究有开创性意义。随后 Levitz，Chander，朱珖瑶等用不同的手段对吸附增溶现象进行了研究。

现今吸附增溶研究的应用主要在以下几方面。①通过吸附增溶研究吸附胶束的性质。例如，Levitz 用荧光衰变光谱法研究芘探针在 SiO_2 上的 Triton X-100 吸附胶束中的增溶证明该吸附胶束为双层结构。Esumi 等应用电子自旋共振谱（ESR）和荧光光谱研究了 SiO_2 上形成的阳离子型表面活性剂吸附胶束的微极性和微黏度以及不同磷脂化合物的吸附胶束增溶能力的规律[37]。②低温下根据对不同物质增溶能力大小予以分离的作用。Barton 研究 3 种庚醇异构体用吸附胶束色谱分离与富集[38]。③表面改性与聚合物薄膜的形成。Wu 等将苯乙烯单体增溶于 Al_2O_3 上的 SDS 吸附胶束中，然后进行原位聚合，形成聚苯乙烯超薄膜[39]。④吸附胶束催化。

2. 吸附胶束催化的速率常数

由于表面活性剂在固液界面吸附形成的吸附胶束的量不仅与体相溶液浓度有关，而且与固体量有关。因此，考察吸附胶束催化速率常数不仅要了解其与表面活性剂浓度的关系，而且更要知道其与表面活性剂在固体上吸附量的关系。因此，研究吸附胶束催化，多用每摩尔形成吸附胶束的表面活性剂的速率常数（比速率常数）与形成吸附胶束的表面活性剂浓度的关系。吸附胶束催化的一级反应速率常数单位为 $L \cdot min^{-1}$(mol 吸附胶束)$^{-1}$。

3. 影响吸附胶束催化的一些因素

至今，关于吸附胶束催化的研究报道极少，全面总结尚不成熟。以下仅以在氧化铝表面形成的吸附胶束对原苯甲酸三甲酯酸性水解反应的结果予以说明。

酯的酸性水解反应机理是形成带正电荷的过渡态，因而SDS负电活性离子缔合成的胶束不仅可使原苯甲酸三甲酯（TMOB）在吸附胶束中增溶，而且可使反应活性离子H^+在吸附胶束表面富集，负电性吸附胶束也对正电性过渡态有稳定作用，故对TMOB酸性水解反应起催化作用。

（1）反应速率常数与表面活性剂吸附量的关系　图4.35是TMOB在SDS吸附胶束存在下酸性水解反应一级反应速率常数k_1与SDS吸附量的关系。根据SDS在Al_2O_3上吸附等温线［图4.35(b)］的测定可知吸附量达544 $\mu mol \cdot g^{-1}$时Al_2O_3表面才能有约40%表面形成吸附双层，吸附量也达最大值。由图4.35(a)可知，SDS吸附量大于300$\mu mol \cdot g^{-1}$后k_1才快速增大。这就是说只有当形成足够量的吸附胶束和吸附胶束中有足够量的反应底物时吸附胶束催化速率常数才有明显增大[40]。

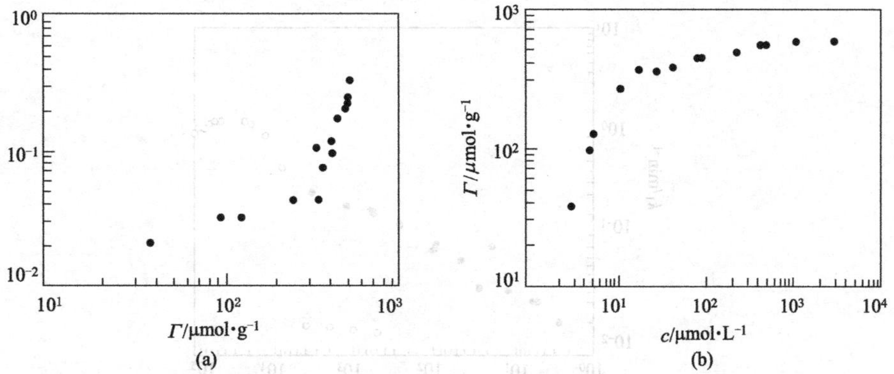

图4.35　TMOB在SDS吸附胶束中酸性水解反应速率常数k_1与SDS吸附量的关系

(a) 0.01mol·L^{-1}乙酸盐缓冲液，pH=5.4；(b) SDS在Al_2O_3上的吸附等温线

（2）介质pH的影响　对酸性水解反应（或碱性水解反应）介质pH直接与反应活性离子H^+（或OH^-）有关，因而必影响反应速率。此外，对于电势决定离子为H^+和OH^-的金属和氧化物类固体，介质pH对固体表面带电性质（电荷符号和电荷密度）有很大影响，从而影响其离子型表面活性剂的吸附性质（吸附量、吸附胶束的结构等）。图4.36是介质pH对在SDS吸附胶束存在下TMOB酸性水解反应速率常数k_1的影响。由图可见，介质pH减小，k_1增大，这种影响只有在吸附量大于380$\mu mol \cdot L^{-1}$才变得明显。

（3）无机盐的影响　无机盐的加入实际上加入了胶束的反离子，必对反应活性离子产生竞争作用，从而使反应速率常数减小。图4.37是介质pH对TMOB在SDS吸附胶束存在下水解反应速率常数k_1与介质缓冲溶液浓度的关系。由图可见，缓冲液浓度增大，其中与H^+有强烈竞争与SDS吸附胶束结合的Na^+浓度增大，使k_1降低。当缓冲液（乙酸盐溶液）浓度为0.15mol·L^{-1}时k_1随SDS吸附量增加变得缓慢，若缓冲液浓度继续增大，k_1很可能会减小，即对反应有抑制作用。

三、胶束催化与吸附胶束催化比较

图4.38是TMOB在SDS胶束溶液中和在SDS吸附胶束存在下酸性水解反应的k_1与SDS浓度关系图[16]。

由图4.38可知，在SDS浓度很低时TMOB均无明显水解反应发生。在SDS浓度升高

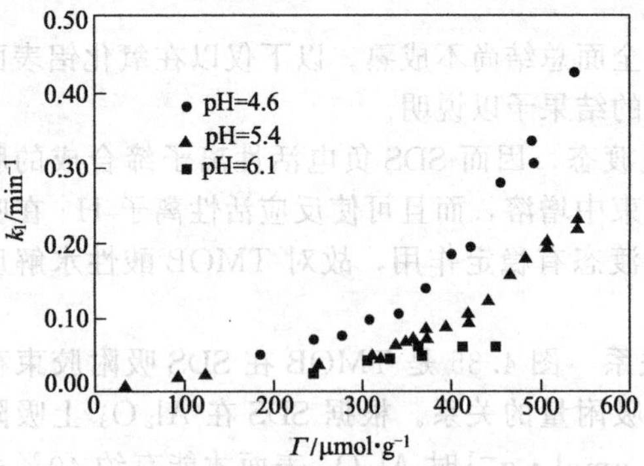

图 4.36 在 0.01mol·L⁻¹乙酸盐缓冲溶液中 pH 对酸性水解反应表观一级速率常数 k_1 的影响

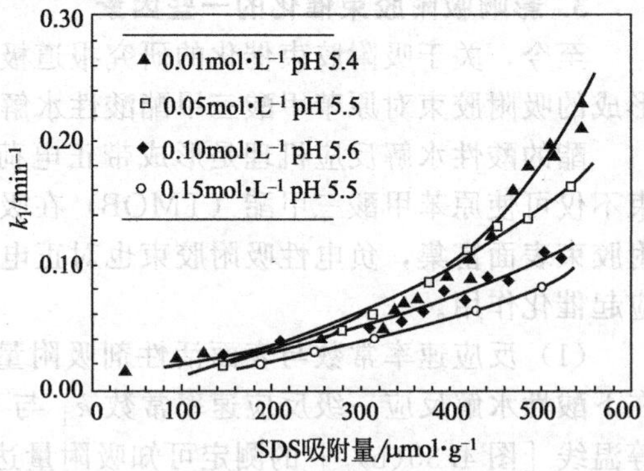

图 4.37 缓冲液浓度对 TMOB 在 SDS 吸附胶束存在下酸性水解反应表观一级反应速率常数 k_1 的影响

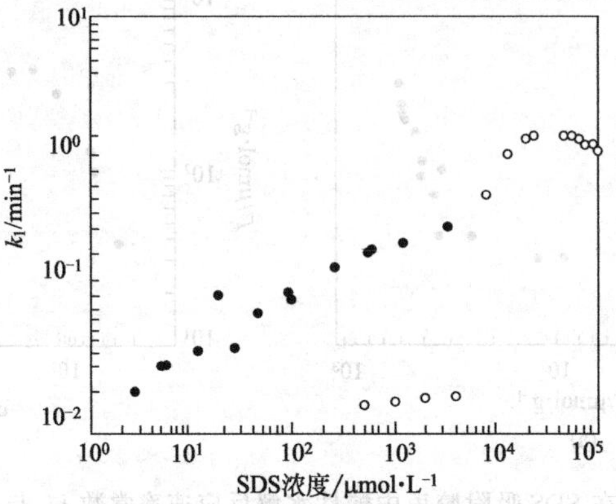

图 4.38 TMOB 的胶束催化（空心点）和吸附胶束催化（实心点）水解反应的速率常数 k_1 与 SDS 浓度关系比较[34,40]

并加入 Al_2O_3，吸附胶束催化活性提高，SDS 浓度至 $3\times10^3\mu mol\cdot L^{-1}$（未达 CMC 值）时 k_1 约提高 20 倍。胶束催化活性只有在 SDS 浓度大于 CMC（约 $8\times10^3\mu mol\cdot L^{-1}$）时才显现出来。为避免二者干扰，吸附胶束催化反应需在小于 CMC 浓度下进行；而胶束催化则在 CMC 以上进行。

参考文献

[1] 赵国玺，朱玻瑶. 表面活性剂作用原理. 北京：中国轻工业出版社，2003.
[2] 肖进新，赵振国. 表面活性剂应用原理. 北京：化学工业出版社，2003.
[3] Butt H-J，Craf K，Kappl M. Physical Chemistry of Interfaces. 2nd ed. Weinheim：Wiley-VCH.
[4] 徐燕莉. 表面活性剂的功能. 北京：化学工业出版社，2000.
[5] Zana R. Adv Colloid Interface Sci，2002，97：205.
[6] 赵剑曦. 化学进展，1999，(11)：348.
[7] 吕庆，贡浩飞，刘鸣华. 化学进展，2001，13：161.
[8] Aniansson E A G，Wall S N，Almgren M，et al. J Phys Chem，1976，80：905.
[9] 朱玻瑶，赵振国. 界面化学基础. 北京：化学工业出版社，1996.
[10] 北京大学化学系胶体化学教研室. 胶体与界面化学实验. 北京：北京大学出版社，1993.
[11] 拉甫罗夫 И С. 胶体化学实验. 赵振国译. 北京：高等教育出版社，1992.
[12] Evans D F，Wennerstrom H. The Colloid Domain. New York：Wiley-VCH.

[13] 麦克贝因 M E L，休钦生 E. 增溶作用及有关现象. 柳正辉译. 北京：科学出版社，1965.
[14] Myers D. Surfactant，Science and Technology. 2nd ed. New York：Academic Press，1975.
[15] Christain S D，Scameborn J F.eds. Solubilization in Surfactant Aggregation. New York：Marcel Dekker Inc.，1995.
[16] 赵振国. 胶束催化与微乳催化. 北京：化学工业出版社，2006.
[17] Almgren M，Grieser F，Thomas J K. J Am Chem Soc，1979，101：279.
[18] 韩冬，沈平平. 表面活性剂驱油原理及应用. 北京：石油工业出版社，2001.
[19] 贝歇尔 P. 乳状液——理论与实践（修订本）. 北京大学胶体化学教研室译. 北京：科学出版社，1978.
[20] 侯新朴，武风兰，刘艳. 药学中的胶体化学. 北京：化学工业出版社，2006.
[21] 徐静芬主编. 表面活性剂在药学中的应用. 北京：人民卫生出版社，1996.
[22] Stryer L. 生物化学. 唐有祺等译. 北京：北京大学出版社，1990.
[23] Chan A F，Evans D F，Oussler E L. AIChE J，1976，22：1106.
[24] 赵振国. 吸附作用应用原理. 北京：化学工业出版社，2006.
[25] 朱玻瑶，顾惕人. 化学通报，1990，(9)：1.
[26] Zhu B Y（朱玻瑶），Gu T R（顾惕人）. Adv Colloid Interface Sci，1991，37：1.
[27] Hough D B，Rendall H M//Parfiff G D，Rochester C H，eds. Adsorption from Solution at Solid/Liquid Interfaces. London：Academic Press，1983.
[28] Rosen M J. Surfactants and Interfacial phenomena. New York：Wieley，1978.
[29] Durham K. J Appl Chem，1956，6：153.
[30] Kitahara A. 界面电现象——原理、测量和应用. 邓彤等译. 北京：北京大学出版社，1992.
[31] 赵振国. 精细化工，1992，9 (5～6)：76.
[32] Duynestee E F，Grunuwald E. J Am Chem Soc，1959，81：4540.
[33] Fendler J H，Feadler E J. Catalysis in Micellar and Macromolecular Systems. New York：Academic Press，1975.
[34] Dunlap R B，Cordes E H. J Am Chem Soc，1968，90：4395.
[35] Bunton C A//Rubingh D N，Holland P M，eds. Cationic Surfactants Physical Chemistry. New York：Marcell Dekker，1991.
[36] Nunn C C，Schechter R S，Wade W H. J Phys Chem，1982，86：3271.
[37] Esumi K，Nagahama T，Meguro K. Colloids Surf，1991，57：149.
[38] Barfon J W，Fitrwell T P，Lee，C，et al. Sep Sci Tech，1988，23：637.
[39] Wu J，Harwell J H，O'Rear E A. J Phys Chem，1987，91：623.
[40] Yu C-C，Wong D W，Lobban I L. Laugmuir，1992，8：2582.

习题

1. 用 McBain 刮皮法从 310cm^2 的苯基丙酸水溶液的表面刮取 1.7cm^3 的样品，测得样品中苯基丙酸浓度为 0.0724mol·m^{-3}，体相溶液的浓度为 10mmol·L^{-1}。计算表面吸附量。（答：6.03μmol·m^{-2}）

2. 用刮皮法从十二烷基苯磺酸钠（浓度为 0.0055mmol·L^{-1}）溶液表面刮取表皮（厚度为 0.0005cm）溶液，测得此液浓度为 0.0075mmol·L^{-1}。又测得该体系的 $d\gamma/dc=-4200$mN·L/(mol·m)。试用上述实验结果验证 Gibbs 公式。（答：由实验数据计算得表面吸附量＝1.0×10^{-12}mol·cm^{-2}，由 Gibbs 公式计算的表面吸附量＝9.48×10^{-13}mol·cm^{-2}）

3. 下表列出不同浓度的十六烷基三甲基溴化铵（CTAB）水溶液在 298K 时的表面张力数据，用 Gibbs 公式处理数据。计算极限吸附量和极限吸附时分子面积，并确定 CTAB 的 CMC。

CTAB浓度 c/(mmol·L^{-1})	0.0517	0.103	0.414	0.690
表面张力 γ/(mN·m^{-1})	70.82	67.57	51.79	41.48

（答：极限吸附量＝2.76×10^{-10}mol·cm^{-2}，，分子面积＝0.6nm^2，CMC＝7.8×10^{-4}mol·L^{-1}）

4、测出不同浓度的丁醇水溶液的表面张力，发现在体相浓度大于 6.4mmol·L^{-1}时表面张力与浓度关系图的斜率为－0.156mN·m^2·mol^{-1}。计算该浓度时的吸附量。（答：0.403μmol·m^{-2}）

5. 已知丁醇水溶液表面张力 γ 与浓度 c 关系可用下式描述：

$\gamma=42.5+30.6\exp(-c/139)$

利用 Gibbs 公式表述吸附量与浓度的关系并计算浓度为 100mmol·L^{-1}时的吸附量。（答：吸附量＝4.31×10^{-6}mol·m^{-2}）

6. 25℃时测出十二烷基硫酸钠不同浓度水溶液的表面张力：

浓度 $c/(mmol \cdot L^{-1})$	0	1.0	2.0	3.0	4.0	5.0	6.0	7.0	8.0
表面张力 $\gamma/(mN \cdot m^{-1})$	72.7	67.9	62.3	56.7	52.5	48.8	45.6	42.6	40.5

计算浓度为2.0，4.0，6.0mmol·L^{-1}时的吸附量和每个吸附分子所占的面积。

（答：2.0、4.0、6.0mmol·L^{-1}浓度时的吸附量依次为2.17×10^{-10}、3.33×10^{-10}、3.53×10^{-10} mol·m^{-2}，分子面积依次为0.765、0.498、0.470nm^2）

7. 在水中，小于0.3μm的氟化钙粒子溶解度可增大18%。计算其固液界面张力。实验温度为25℃，氟化钙的分子量为78.08，密度为3.18g·cm^{-3}（答：界面张力＝4.02mN·m^{-1}）

8. 比较和讨论表面张力法、电导法、增溶法测定表面活性剂临界胶束浓度的特点和应用条件。

9. 用电导法测定不同浓度的十二烷基硫酸钠的电导数据如下。求算其临界胶束浓度。

浓度 $c/(mmol \cdot L^{-1})$	2.17	4.23	5.42	6.50	7.58
电导率 $\kappa/(\Omega \cdot cm)^{-1}$	1.85×10^{-4}	3.35×10^{-4}	4.15×10^{-4}	4.81×10^{-4}	5.43×10^{-4}
浓度 $c/(mmol \cdot L^{-1})$	8.46	10.8	15.2	19.5	2701
电导率 $\kappa/(\Omega \cdot cm)^{-1}$	6.01×10^{-4}	7.06×10^{-4}	9.24×10^{-4}	1.11×10^{-3}	1.44×10^{-3}

10. 用表面张力法测定十二烷基硫酸钠水溶液的表面张力与浓度的关系数据如下。求算其临界胶束浓度，并解释表面张力γ-浓度c关系曲线出现拐点的原因。

浓度 $c/(mmol \cdot L^{-1})$	0	2.0	4.0	5.0	6.0
表面张力 $\gamma/(mN \cdot m^{-1})$	72.0	62.3	52.4	48.5	45.2
浓度 $c/(mmol \cdot L^{-1})$	7.0	8.0	9.0	10.0	12.0
表面张力 $\gamma/(mN \cdot m^{-1})$	42.0	40.0	39.8	39.6	39.5

11. 举出几种胶束增溶作用应用实例。

12. 说明洗涤剂的主要组成和作用。

13. 表面活性剂的krafft点和浊点是什么意思？对表面活性剂的实际应用有何意义？

14. 一般来说，固体与表面活性剂离子带电符号相同时易形成S形吸附等温线，在什么情况下可能得到L形吸附等温线？为什么？

15. 分析非离子型表面活性剂在固体表面吸附的多阶段吸附模型，说明固体表面性质在非离子型表面活性剂吸附中的重要作用。

16. 胶束和吸附胶束在催化中的主要作用。讨论胶束催化在催化化学研究中的意义和局限性。

17. 极性有机添加物对表面活性剂的增溶作用一般会有何影响？

18. 为什么通常阳离子表面活性剂胶束对酯的碱性水解反应有加速作用，而阴离子表面活性剂有抑制作用，非离子表面活性剂无明显作用？

第五章　乳状液及微乳状液

第一节　乳化作用及乳状液的类型[1~3]

乳化作用（emulsification）是在一定条件下使不相混溶的两种液体形成有一定稳定性的液液分散体系的作用。在此体系中，被分散的液体（分散相）以小液珠的形式分散于另一连续的液体介质（分散介质）中，这种一种液体以小液珠形式分散于与其不相混溶的另一种液体中所构成的热力学不稳定体系称为乳状液（又称乳浊液，emulsion）。在一般乳状液中的两种液体，一种为水（或水溶液），另一种为与水不混溶的有机液体，此液体通称为“油”。

制备有一定稳定性的乳状液的最基本条件是加入（或自然形成）乳化剂（emulsifying agent，emulsifler）。乳化剂大多为各种类型的天然或人工合成的表面活性剂，有时高分散的固体粉末也可作为乳化剂。

乳状液的基本类型有两种：分散相为油、分散介质为水的水包油型，常以 O/W 表示；反之，为油包水型，以 W/O 表示。

第二节　决定和影响乳状液类型的因素[1,2]

决定和影响乳状液类型的因素主要有：油、水相的性质和体积比，乳化剂和添加剂的性质，温度，形成乳状液时的器壁性质等。

一、能量因素说

Bancroft 认为乳化剂溶解度大的一相构成乳状液的连续相，形成相应类型乳状液。如水溶性乳化剂易形成 O/W 型乳状液。这种看法有丰富的实验证据，并且是基于乳化剂在油水界面形成有两个界面的界面膜，该界面膜也就有两个界面张力，界面张力小的一侧界面易扩大，易构成外相（连续相），界面张力大的一侧就成为内相（分散相）。因而，水溶性好的乳化剂在亲水端界面有较小界面张力，易扩大该界面，形成 O/W 型乳状液，较高界面张力的油相一侧成为内相。

二、几何因素说

若在油水界面上乳化剂成单层紧密排列，乳化剂亲水基和疏水基截面积大小可能会对其类型产生影响。显然，截面积大的一端亲和的液体将构成乳状液的外相，另一相成内相。例如，一价金属的脂肪酸盐和二价金属的脂肪酸盐比较，后者亲水端基比前者的大得多，因而前者易形成 O/W 型，后者易形成 W/O 型乳状液（图 5.1）。这种乳化剂结构的几何因素对乳状液类型的影响，只有在界面层中乳化剂吸附层排列紧密时才突现出来。这种看法早期称为“定向楔”理论，该理论形象、直观，有事实根据，但也有不足之处，例如银皂似乎应得

O/W 型，但实际得 W/O 型。

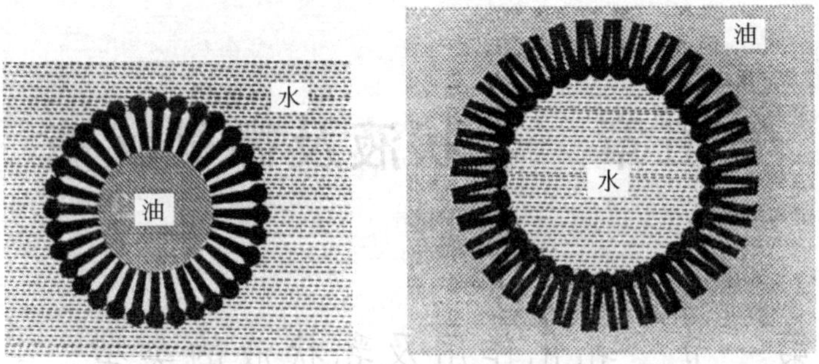

(a) (b)

图 5.1 乳化剂几何因素对乳状液类型影响示意图
(a) 一元皂形成的 O/W 型乳状液；(b) 二元皂形成的 W/O 型乳状液

三、液滴聚结动力学因素说

在乳化剂、水、油共存下搅拌，既可形成水滴，也可形成油滴，水滴与油滴各自聚结速度大的一类构成乳状液外相。从乳化剂的两亲性质来说，与亲水、亲油性占优势的一侧基团亲和力强的液相将成为乳状液的连续相（外相）。如乳化剂分子中亲水性基团占优势，则易形成 O/W 型乳状液。

四、相体积说

从立体几何知，将相同半径的圆球紧密堆积，圆球最多能占总体积的 74%，其余 26% 是空的，因而可以认为乳状液分散相体积分数最多为 74%。换言之，在相体积分数在 26%～74%间 W/O 和 O/W 型乳状液均可能形成，而在 26%以下和 74%以上只能形成一种类型乳状液。这一说法虽古老，但不乏实验证据。但有人制出了含 90%～99%分散相的乳状液，很大的可能是这类高分散相体积分数乳状液中，分散相粒子已不是球形而是多面体形状（如图 5.2 所示）。

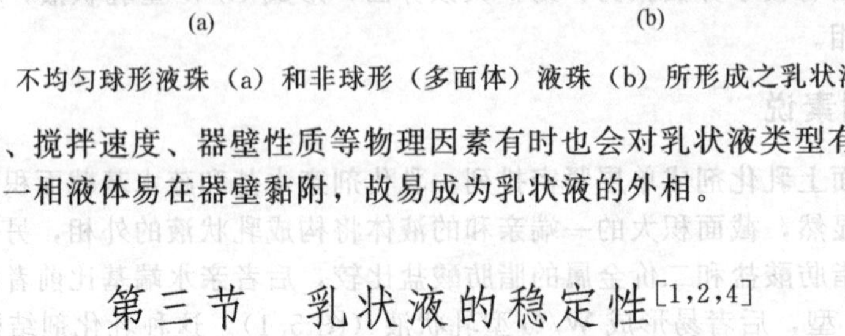

(a) (b)

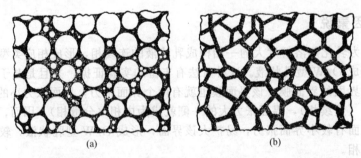

图 5.2 不均匀球形液珠（a）和非球形（多面体）液珠（b）所形成之乳状液示意图

此外，温度、搅拌速度、器壁性质等物理因素有时也会对乳状液类型有影响。例如，对器壁润湿性好的一相液体易在器壁黏附，故易成为乳状液的外相。

第三节 乳状液的稳定性[1,2,4]

乳状液是多相粗分散体系，分散相粒子是约在 0.1～10μm 之间的多分散体系，这种体系在热力学意义上是不稳定的，有自发聚结、分离成两相的趋势。乳化剂的加入只能适当提高其稳定性（在油水界面形成有一定强度的界面膜，或者提高粒子表面电势）。

一、乳状液的不稳定性

乳状液的不稳定性表现为分层、聚结与絮凝（聚集）、变型和破乳。图 5.3 是乳状液从最初的较稳定状态变化至两相分离状态的几个中间阶段。

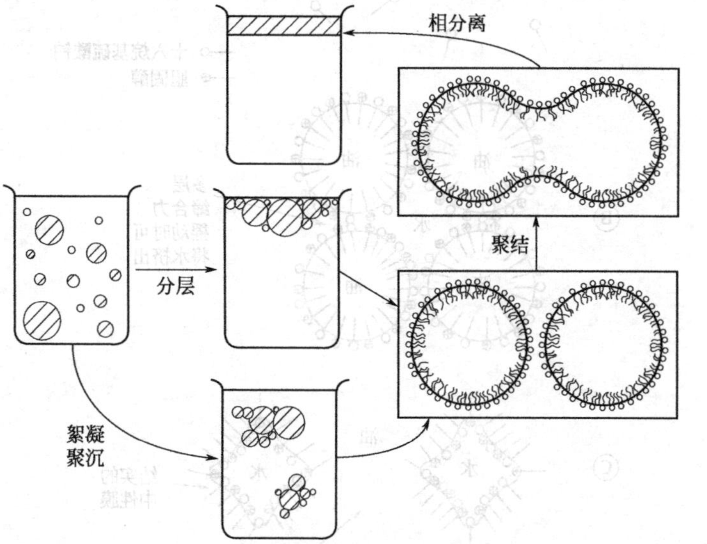

图 5.3 乳状液不稳定性变化的几种中间状态

絮凝和聚沉在表征分散体系稳定性时常可通用，都是指在某些条件下分散相粒子相互聚集，形成聚集体。一般认为若聚集体较紧密、易于与分散介质分离，则称为聚沉；若聚集体较松散，常可经搅动后再分散，称为絮凝。絮凝作用在稀乳状液体系中比在浓乳状液体系中更明显。

在重力场中，无论是否有絮凝作用发生，因分散相与分散介质的密度不同，分散相液滴可以上浮（或下沉），使得分散相液珠不再成均匀分布，这种现象称为分层（creaming）。

聚结（coalescence）是两个小液滴合并成一个较大液滴的作用。在聚结作用发生时，乳状液分散相液珠表面的表面活性剂稳定的表面层发生重组，表面活性剂膜变为其拓扑学结构。聚结是不可逆过程。

有时在某种特定条件下，乳状液可从一种类型转变为另一种类型，此现象称为变型（inversion）。对变型的最简单和直观的解释是在几何因素说中一价皂为乳化剂形成的 O/W 乳状液中加入二价金属离子，使一价皂变为二价皂，从而使 O/W 型变为 W/O 型。图 5.4 是一种由胆固醇和十六烷基硫酸钠混合膜所稳定的 O/W 型乳状液在加入高价阳离子后，表面电荷中和，油珠聚集，将水相包围于油珠中，形成不规则水珠，油珠结合成连续相。最终成为 W/O 型乳状液的过程。此图一目了然，不需更多解释。

破乳（breaking，deemulsification）是乳状液经絮凝、分层、聚结，最终达到两相分离（phase separation）。常用的破乳方法有化学法和物理法。化学法是加入某些能破坏原有乳化剂的稳定性或将其顶替而又不能形成稳定界面膜的化学试剂（称为破乳剂）。物理法是用加热、加压、施加电压、离子分离等方法使乳状液两相分离。

二、乳状液的稳定[5]

虽然乳状液是具有大的界面能的高度分散的热力学不稳定体系，但有三种原因可使其有

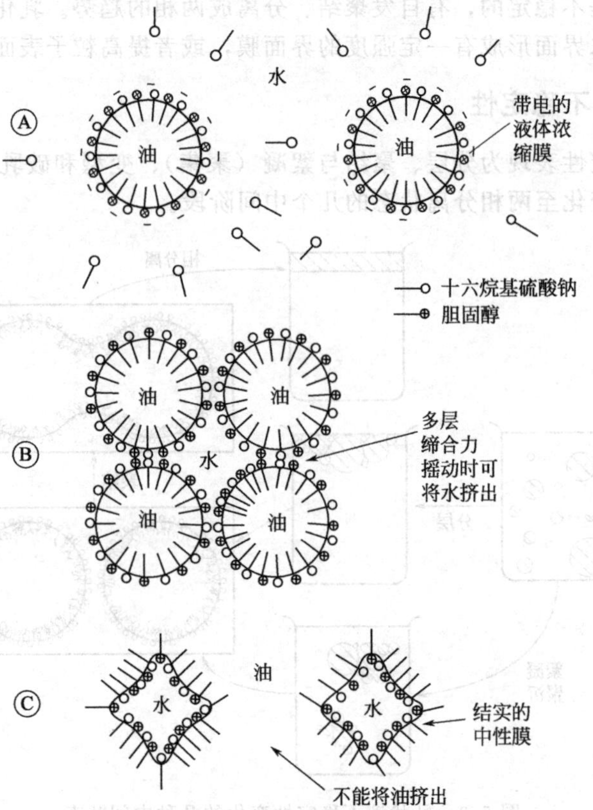

图 5.4 O/W 型乳状液变型机理示意图

Ⓐ 由胆固醇和十六烷基硫酸钠混合膜稳定的 O/W 型乳状液，液滴表面带负电荷；Ⓑ 加入高价阳离子，表面电荷被中和，界面膜重新组合，形成不规则水珠；Ⓒ 油珠聚结或连续相，变为 W/O 型乳状液

一定的相对稳定性。

① 表面活性剂或两亲分子在分散相与分散介质的界面上形成分子排列紧密，分子侧向作用强烈的有相当大界面黏度和有一定厚度的界面膜，这种膜能使两个分散相液滴不能直接接触。Friberg 等认为[6]，若被乳化体系是由油、水和表面活性剂的层状液晶构成的三相体系可以很容易地制出稳定的乳状液（图 5.5）。

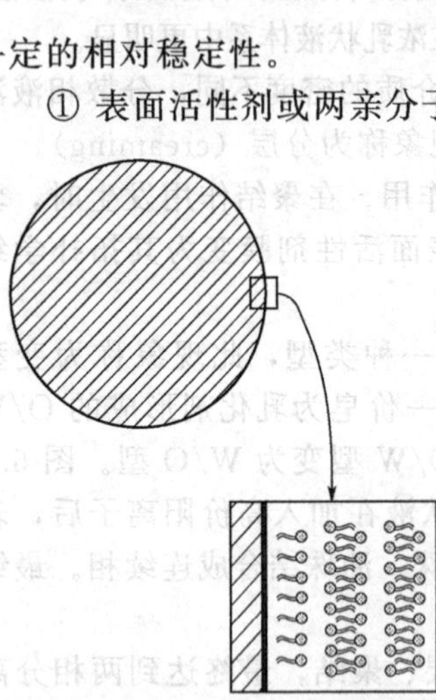

图 5.5 由油、水、层状液晶三相体系制备的乳状液液珠，在单层膜上有几层双分子层

② 聚合物的空间稳定作用。聚合物分子有长链，亲水和亲油基团可以分散在链上，聚合物分子吸附于极性-非极性界面，其部分链节可以伸入两相中（图 5.6）形成有效的液珠保护层。聚合物分子的亲液性保护层是液珠接触的空间障碍，同时这种亲液性也使得在保护层中夹杂有一定量的连续相液体，形成类似凝胶的状态，从而增大界面黏度，对阻止液滴合并有利。

③ 固体粉末的稳定作用。高分散的固体粉末有大的表面能，故有一定的表面活性并能在油水界面上吸附。一般来说，与固体表面亲和性大的一相构成乳状液连续相，亲和性小的一相成分散相。若固体更易被水润湿（即水在其上的接触角小于油在其上的接触角），易得 O/W 型乳状液。当然，若固体能完全被一相液体润湿，则将不能起乳化作用

(完全浸湿于该液体中)。因此，作为乳化剂的固体粉末对油或水相的亲和能力不能差太多。图 5.7 是以固体粉末为乳化剂的乳状液液滴界面示意图。

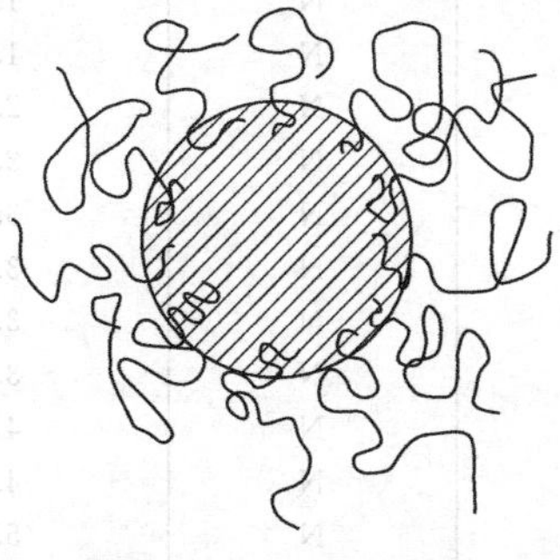

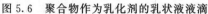

图 5.6 聚合物作为乳化剂的乳状液液滴

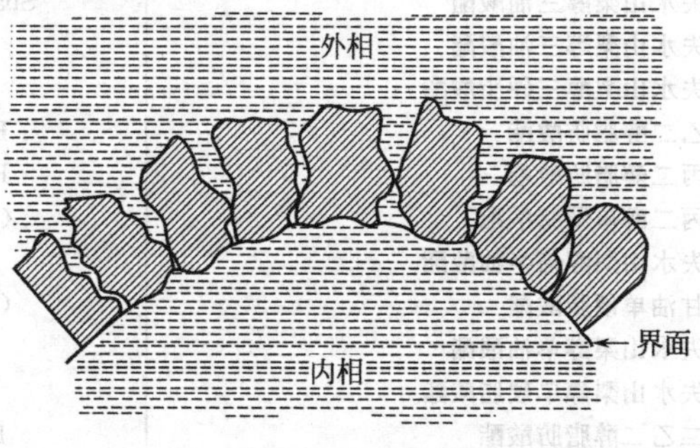

图 5.7 固体粉末稳定的乳状液示意图

此外，若乳状液液滴表面带有电荷，可因静电排斥作用而使乳状液稳定。液滴大小分布均一的比平均大小相等但粒子大小分布宽的稳定性好。这是因为前者体系黏度较大。黏度大使液滴扩散系数小，液滴相互碰撞频率和聚集速度变小，体系更稳定[2]。通常温度升高，界面张力降低，界面层黏度降低，乳化剂在两相溶解度增大，这些因素都使乳状液稳定性降低。

第四节 乳化剂的选择

一、乳化剂分类

常用的一种乳化剂分类方法是：表面活性剂，天然产物和固体粉末。

表面活性剂是最常用的工业乳化剂。非离子型表面活性剂是目前发展最快的一种乳化剂。

天然乳化剂主要包括磷脂、固醇类、水溶性胶类（如阿拉伯胶、黄蓍胶、瓜胶等）、纤维衍生物等。

固体粉末乳化剂包括金属碱性盐、炭黑、二氧化硅、黏土等。

二、选择乳化剂的一般原则

① 有良好表面活性：能显著降低油水界面张力并能在界面上吸附。

② 乳化剂在界面上能形成紧密排列的凝聚态膜，使界面膜有较高黏度和力学性能。

③ 根据欲得乳状液类型选择：油溶性乳化剂易得 W/O 型乳状液，水溶性乳化剂易得 O/W 型的乳状液。

④ 根据乳状液用途选择：食品、化妆品和药剂等乳状液宜用天然产物类或无毒合成表面活性剂为乳化剂。

三、乳化剂选择方法

1. HLB 法

HLB(hydrophilic-lipophile balance，亲水亲油平衡）值是人为对各种两亲性表面活性剂亲水和亲油性质相对强弱所规定的数值。HLB 值越大，亲水性越强；反之，则亲油性强。表 5.1 中列出多种表面活性剂的 HLB 值。HLB 值不同，其用途和在水中的外观也不相同（表 5.2)。

表 5.1 某些表面活性剂的 HLB 值

表面活性剂	商品名称	类型	HLB
失水山梨醇三油酸酯	Span 85(斯班 85)	N	1.8
失水山梨醇三油酸酯	Arlacel 85	N	1.8
失水山梨醇三硬脂酸酯	Span 65	N	2.1
乙二醇脂肪酸酯	Emcol EO-50	N	2.7
丙二醇脂肪酸酯	Emcol PO-50	N	3.4
丙二醇单硬脂酸酯	(“纯”化合物)	N	3.4
失水山梨醇倍半油酸酯	Arlacel 83	N	3.7
甘油单硬脂酸酯	(“纯”化合物)	N	3.8
失水山梨醇单油酸酯	Span 80	N	4.3
失水山梨醇单硬脂酸酯	Span 60	N	4.7
二乙二醇脂肪酸酯	Emcol DP-50	N	5.1
二乙二醇单月桂酸酯	Atlas G-2124	N	6.1
失水山梨醇单棕榈酸酯	Span 40	N	6.7
四乙二醇单硬脂酸酯	Atlas G-2147	N	7.7
聚氧丙烯硬脂酸酯	Atlas G-3608	N	8
失水山梨醇单月桂酸酯	Span 20	N	8.6
聚氧乙烯脂肪酸酯	Emulphor VN-430	N	9
聚氧乙烯月桂醚	Brij 30	N	9.5
聚氧乙烯失水山梨醇单硬脂酸酯	Tween 61(吐温 61)	N	9.6
聚氧乙烯失水山梨醇单油酸酯	Tween 81	N	10.0
聚氧乙烯失水山梨醇三硬脂酸酯	Tween 65	N	10.5
聚氧乙烯失水山梨醇三油酸酯	Tween 85	N	11
聚氧乙烯单油酸酯	PEG 400 单油酸酯	N	11.4
烷基芳基磺酸盐	Atlas G-3300	A	11.7
三乙醇胺油酸盐		A	12
烷基酚聚氧乙烯醚	Igepal CA-630	N	12.8
聚氧乙烯单月桂酸酯	PEG 400 单月桂酸酯	N	13.1
聚氧乙烯蓖麻油	Atlas G-1794	N	13.3
聚氧乙烯失水山梨醇单月桂酸酯	Tween 21	N	13.3
琥珀酸二异辛酯磺酸钠	AOT	A	14
聚氧乙烯失水山梨醇单硬脂酸酯	Tween 60	N	14.9
聚氧乙烯失水山梨醇单油酸酯	Tween 80	N	15
聚氧乙烯失水山梨醇单棕榈酸酯	Tween 40	N	15.6
聚氧乙烯失水山梨醇单月桂酸酯	Tween 20	N	16.7
油酸钠		A	18
油酸钾		A	20
N-十六烷基-*N*-乙基吗啉基乙基硫酸盐	Atlas G-263	C	25～30
月桂基硫酸钠(十二烷基硫酸钠)	(纯化合物)	A	40
聚醚 L31	Pluronic L31	N	3.5
聚醚 L61	Pluronic L61	N	3
聚醚 L81	Pluronic L81	N	2
聚醚 L42	Pluronic L42	N	8
聚醚 L62	Pluronic L62	N	7
聚醚 L72	Pluronic L72	N	6.5
聚醚 L63	Pluronic L63	N	11
聚醚 L64	Pluronic L64	N	15
聚醚 F68	Pluronic F68	N	29
聚醚 F88	Pluronic F88	N	24
聚醚 F108	Pluronic F108	N	27
聚醚 L35	Pluronic L35	N	18.5

注：1. N—非离子；A—阴离子；C—阳离子。

2. 本表主要选自赵国玺编著《表面活性剂物理化学》，北京大学出版社，1984。

表 5.2　不同 HLB 值表面活性剂水溶液外观及应用类型

HLB	水溶液外观	HLB	用　途
1～4	不分散	3～6	W/O 型乳化剂
3～6	不良分散	7～9	润湿剂
6～8	搅拌后成乳状液分散	8～18	O/W 型乳化剂
8～10	稳定乳状液分散	13～15	洗涤剂
10～13	半透明至透明	15～18	增溶剂
13～20	透明溶液		

表面活性剂的 HLB 值可以实验测定[1,7,8]。但在实际应用中主要是根据表面活性剂分子结构特点进行计算。

(1) 完全为环氧乙烷加合的非离子型表面活性剂

$$\mathrm{HLB}=\frac{\text{分子中亲水部分的摩尔质量}}{\text{乳化剂摩尔质量}}\times 20=\frac{M_{\mathrm{H}}}{M}\times 20 \quad (5.1)$$

$$\mathrm{HLB}=E/S \quad (5.2)$$

E 为分子中乙氧基的质量分数。

(2) 聚乙二醇和离子型乳化剂

$$\mathrm{HLB}=20\times\frac{M_{\mathrm{H}}}{M}+C \quad (5.3)$$

相关系数 C 列于表 5.3 中。

表 5.3　相关系数 C[9]

乳化剂	C	乳化剂	C
脂肪族聚乙二醇醚	−1.2	*n*-十二烷基苯磺酸乙醇胺盐	+2.1
带有一个烷基的芳香族聚乙二醇醚	−1.9	烷基磺酸钠	+5.5
带有两个烷基的芳香族聚乙二醇醚	−4.4	烷基硫酸钠	+6.0

(3) 更复杂的离子型及非离子型表面活性剂的 HLB 值可用基团 HLB 值加和法求得将表面活性剂分子分解为不同的基团，根据各基团的 HLB 值求得分子的 HLB 值：

$$\mathrm{HLB}=7+\sum\text{亲水基团的 HLB}-\sum\text{疏水基团的 HLB} \quad (5.4)$$

多种基团的 HLB 值列于表 5.4 中。

表 5.4　多种基团的 HLB 值

亲水基团		疏水基团	
基　团	HLB	基　团	HLB
$-SO_4Na$	38.7	苯环	1.66
—COOK	21.1	$-CH_2-$	0.475
—COONa	19.1	$-CH_3$	0.475
—N(叔胺)	9.4	$=CH-$	0.475
—COO(失水山梨醇环)	6.8	$-(C_3H_7O)-$	0.15
—COO(自由)	2.4	$-CF_2-$	0.87
—COOH	2.1	$-CF_3$	0.87
—OH(自由)	1.9		
—OH(失水山梨醇环)	0.5		
—O—(醚)	1.3		
$-(C_2H_4O)-$	0.33		

【例 1】 计算下列各表面活性物质之 HLB 值：油酸，油酸钠，失水山梨醇单油酸酯，十二烷基硫酸钠，丙二醇单月桂酸酯。

解： 油酸：HLB＝7＋2.1－(17×0.47)＝1.1

油酸钠：HLB＝7＋19.1－(17×0.47)＝18.1

失水山梨醇单油酸酯：HLB＝7＋(5×1.9)－(17×0.47)＝8.5

十二烷基硫酸钠：HLB＝7＋39－(12×0.47)＝40

丙二醇单月桂酸酯：HLB＝7＋1.9－(12×0.47)＝3.3

2. PIT 法

PIT 是相转变温度（phase inversion temperature），是表面活性剂的亲水亲油性质处于平衡时的温度，当温度变化经过该温度时，由该表面活性剂稳定的乳状液会从一种类型转变为另一种类型。非离子型表面活性剂的 HLB 值随温度而变化，在 PIT 时其亲水亲油性质恰好平衡，在此温度以上亲水性强于亲油性，易生成 O/W 型乳状液；在 PIT 以下，易生成 W/O 型的。

应用 PIT 法选择乳化剂的具体方法是，取等量油和水，加 3%～5% 的乳化剂水溶液，振荡，加热，观察由 O/W 型变为 W/O 型之温度（PIT），欲制备 O/W 型乳状液需选择 PIT 比保存温度高 20～60℃之表面活性剂为乳化剂。欲制备 W/O 型的应选择 PIT 比保存温度低 10～40℃之表面活性剂为乳化剂。

Donaald 得到了烷基聚乙二醇醚的 HLB 值与溶解度参数间的关系[10]。Laughlin 由热力学出发得到了 HLB 值[11]。对几种非离子型表面活性剂 HLB 值与 PIT 有线性关系(图 5.8)[12]。

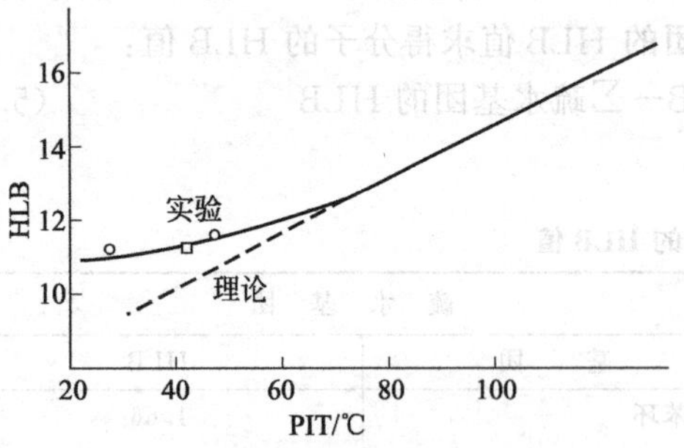

图 5.8 几种非离子型表面活性剂的 HLB 与 PIT 关系

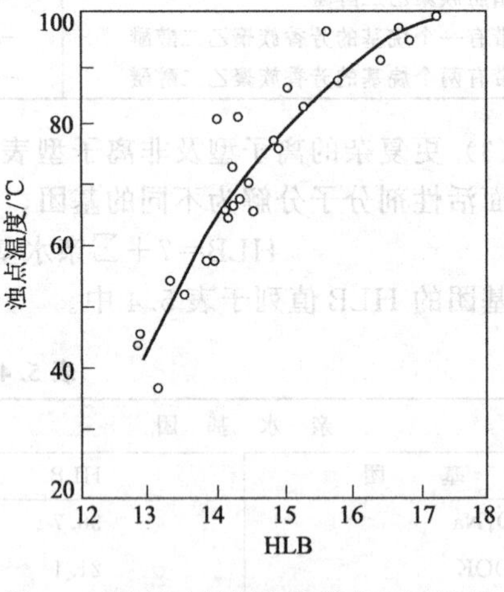

图 5.9 聚氧乙烯衍生物类表面活性剂的浊点与 HLB 值关系图

3. 浊点法

聚氧乙烯衍生物类非离子型表面活性剂的浊点与其 HLB 值有相关性[13]。图 5.9 是 5% 的此类表面活性剂水溶液的浊点与 HLB 值的关系。此外，还发现临界胶束浓度、气相色谱保留时间、介电常数、偏摩尔体积等均与 HLB 值有相关性[14]。这样，可根据各种物理化学常数及其与 HLB 的关系求出 HLB。应当说明的是，油相性质对形成不同类型乳状液的乳化剂有不同要求。表 5.5 中列出几种油相液体形成不同类型乳状液所需乳化剂之 HLB 值。

表 5.5 几种油相液体形成不同类型乳状液所需乳化剂之 HLB 值

油	W/O 乳状液	O/W 乳状液	油	W/O 乳状液	O/W 乳状液
石蜡油	4	10	蓖麻油	—	14
蜂蜡	5	9	无水羊毛脂	8	12
无水甘油三亚油酸酯	8	12	芳烃矿物油	4	12
环己烷	—	15	烷烃矿物油	4	10
甲苯	—	15	松油	—	16
月桂酸	—	14	微晶蜡	—	10
油酸	—	17	石油	4	7～8
亚油酸	—	16	棉籽油	—	5～6
C_{10}～C_{13}醇	—	14	凡士林	4	10.5
C_{16}醇	—	15	硅油	—	10.5
CCl_4	—	16	椰子油	—	10

4. 临界堆积参数法

临界堆积参数（critical packing parameter，CPP，又称临界堆积因子）是由表面活性剂碳氢链体积 V_c，临界长度 L_c 和端基面积 A_0 所决定的[15]：

$$CPP=V_c/(L_cA_0) \tag{5.5}$$

V_c 和 L_c 可根据表面活性剂碳氢链碳原子数 n 计算：

$$V_c=(27.4+26.9n)\times10^{-3}(nm^3) \tag{5.6}$$

$$L_c=(0.15+0.1265n)(nm) \tag{5.7}$$

A_0 可根据表面活性剂在溶液表面之极限吸附量 Γ_m 计算：

$$A_0=1/(N_A\Gamma_m) \tag{5.8}$$

N_A 为 Avogadro 常数。

CPP 是用表面活性剂分子几何形状表征当这些分子排列（堆积）成聚集体时可能形成的形状。故 CPP 也称为几何排列参数。若是由 n 个表面活性剂分子形成球形胶束，胶束面积为 A，疏水内核体积为 V，则

$$A=4\pi L_c^2=nA_0$$

$$V=(4/3)\pi L_c^3=nV_c$$

将以上两式相除，立得 $V_c/L_cA_0=1/3=$CPP，即 CPP$=1/3$ 时形成球形胶束，同理可得 CPP$=1/2$ 时得棒状胶束，CPP$=1$ 时为层状胶束，CPP>1 时为反胶束。图 5.10 中给出与 CPP 不同值对应之临界堆积分子形状和聚集体形状。显然，具有能形成球形胶束的 CPP 值的表面活性剂易形成 O/W 型乳状液；CPP>1，能形成反胶束的表面活性剂易形成 W/O 型乳状液。

四、常用乳化剂[16,17]

1. 宜制备 O/W 型乳状液的亲水性、低分子量乳化剂

（1）离子型乳化剂　脂肪酸的 Na、K、NH_4 盐，十二烷基硫酸钠，十六烷基硫酸钠，石油磺酸钠，2-乙基己基硫酸钠，二甲苯磺酸钠，萘磺酸钠，磺基琥珀酸钠，$R-COOC_2H_4SO_3Na$，$R-CONHC_2H_4SO_3Na$（$R=C_{17}H_{33}$），土耳其红油，天然磺化油，二烷基琥珀酸磺酸钠，胆汁盐，树脂皂。

（2）阳离子型乳化剂　十二烷基氯化吡啶，十二烷基三甲基氯化铵，十二胆胺，甲酰甲基氯化吡啶。

（3）非离子型乳化剂　脂肪醇聚氧乙烯醚，脂肪酸聚氧乙烯酯。

类脂(表面活性剂)	CPP	临界堆积形状	聚集体
端基面积大的单链类脂(或表面活性剂) 例:低盐浓度的 SDS	$<\frac{1}{3}$	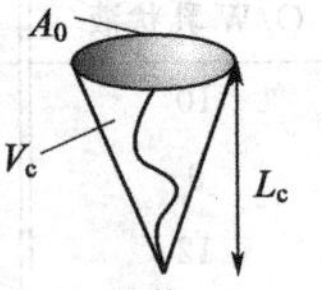 锥体	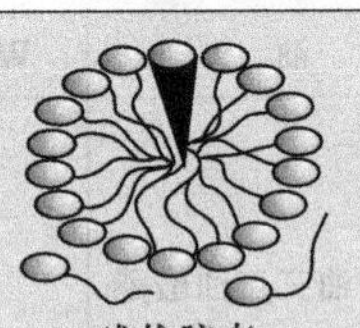 球状胶束
端基面积小的单链类脂(或表面活性剂) 例:高盐浓度时的 SDS	$\frac{1}{3}\sim\frac{1}{2}$	 截头锥或楔形	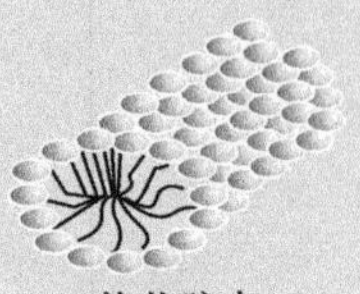 棒状胶束
大端基和活动链的双链类脂(或表面活性剂) 例:卵磷脂,磷脂酰肌醇	$\frac{1}{2}\sim1$	 截头锥	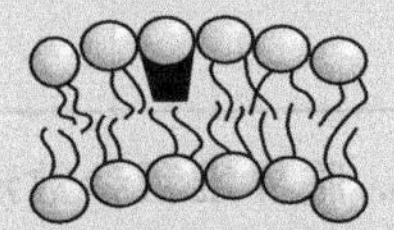 柔性双层或囊泡
带小端基面积的双链类脂;高盐浓度的离子型类脂 例:磷脂酰丝氨酸钙	约 1	 圆柱	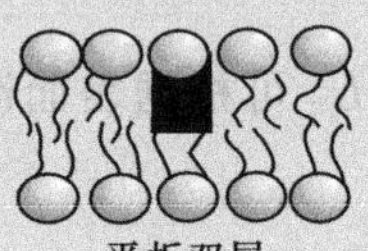 平板双层
有小端基的双链类脂 例:非离子型类脂	>1	 反截头锥	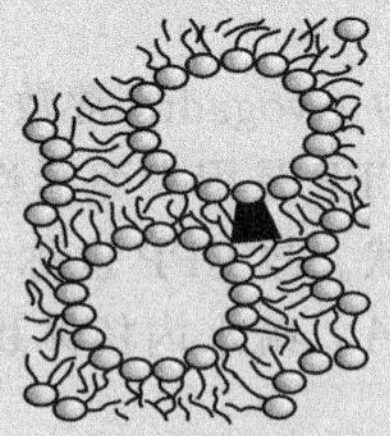 反胶束

图 5.10 临界堆积参数（CPP）与分子有序聚集体形状关系示意图

2. 宜制备 W/O 型乳状液的疏水性低分子量乳化剂

硬脂酸镁，油酸镁，硬脂酸铝，油酸钙，硬脂酸钙，硬脂酸锂，多元醇，胆固醇，羊毛脂，氧化脂肪和油的二、三脂肪酸酯。

3. 其他低分子量乳化剂

多元醇脂肪酸酯，聚氧乙烯、聚氧丙烯脂肪醇醚，聚氧丙烯脂肪酸酯，卵磷脂，多元醇的脂肪酸单酯，月桂酸十二烷基吡啶，氯硝基烷烃。

4. 高分子量乳化剂

白蛋白，酪蛋白，明胶，蛋白质降解产物，阿拉伯胶，黄蓍胶，角叉胶，皂角苷，纤维素酯和醚，聚乙烯醇，聚乙酸乙烯酯，聚乙烯吡咯烷酮。

第五节 乳状液的一些应用[1,17]

乳状液的应用十分广泛，在人们的衣、食、住、行各领域无不可举出数不胜数的实例，正如胶体科学的实际意义一样。这里举几个例子予以简单说明。

一、化妆品乳状液[1,17,18]

化妆品（cosmetic）是用于清洁和美化人类肌肤及毛发等的日常生活用品。化妆品的种类很多，主要有乳剂类产品（如润肤霜、冷霜、雪花膏等），美容类化妆品（如胭脂、唇膏、眉笔、面膜等），染发、护发类化妆品（如发蜡、发乳、发胶等），香波类产品（如去头屑香波、液体香波等，香波 shampoo 即洗发膏），香水等。其中乳状液类化妆品占有重要地位。

乳状液类化妆品分为无载色剂（vehicle）和有载色剂的两类。前者是一种简单的乳状液，如冷霜、雪花膏等。后者所加载色剂实际上除 TiO_2、ZnO 等外还包括某些药物。表 5.6给出一种增湿乳状液的基础配方。增湿乳状液可有 W/O 或 O/W 型的（如冷霜、润肤霜、日霜、夜霜、雪花膏等），其作用在于在皮肤上能形成可保持一定时间的湿润层。现也应用高水含量的增湿洗剂。要使乳剂应用时感到舒适，易铺展，不觉得沾黏是不容易的，特别对 W/O 型乳剂更是如此。因此，近来正在研究能使皮肤产生有对 O/W 型乳剂感觉的W/O型乳剂。蜡通常会给人皮肤以不舒服的感觉，必须谨慎选用。在表 5.6 中可选用多种活性物质，如骨胶原，动物蛋白质衍生物，水解了的胶乳蛋白，各种氨基酸，尿素，山梨糖醇，蜂王胶等。

表 5.6　增湿乳液的基础配方

组　分	含　量/%	组　分	含　量/%
水	20～90	乳化剂	2～5
多元醇	1～5	润湿剂	0～5
各种油，稠度调节剂，脂肪	10～80	防腐剂和香味剂	适量

洗涤用乳状液比增湿乳剂中含有更多的乳化剂和油，这是因为乳化剂不仅要与被清洗的污垢起作用，而且还与水化类脂的外层作用。典型的洗涤用乳液含 2%～8%乳化剂，20%～50%油，5%～10%多元醇，其余为防护剂及水。表 5.7 是一种 O/W 型洗涤用乳液的配方。表 5.7 中的水相物与油相物在 75℃时乳化和混合。再搅拌 5min，冷却至 40℃，加入香味剂，30℃时用均化器处理得产物（洗涤用乳液）。

表 5.7　一种洗涤用乳液配方

组　分	含　量/%	组　分	含　量/%
水	88	十六醇	1
硼砂	1	胶	1
油（矿物或植物油）	1	保湿剂	5
硬脂酸	3		

实际上乳液化妆品还涉及流变学、稳定性、制备与保存方法等多种问题，含药物的乳液还有药物扩散等问题[1]。

香波与护发素是毛发的化妆品。香波是对洗头膏和洗发香波的习惯性称谓。香波的主要作用一是去污（洗涤作用），二是改善头发的梳理性和头发（及头部皮肤）的生理功能。

常用洗发香波的物理性状有膏状、粉状、透明液状和乳液状、冻胶状等。其中尤以乳液状最为多见。根据头发和皮肤的油性、干性和中性的分类，香波也有对应的类型。供油性头发用的香波配方中，洗涤剂比例较干性头发用香波的高。

在香波配方中洗涤剂多用阴离子型表面活性剂（如烷基硫酸钠，烷基醚硫酸盐）。一种香波的配方是：烷基硫酸钠（70%），20%；脂肪醇酰胺，4%；NaCl，1%～2%；香味剂，防腐剂等，适量；用柠檬酸将 pH 调为 7～7.5；补加水至 100%。由于在水中头发表面带负电，用香波洗发后，负电荷密度更大，易产生静电，梳理不便。护发素的主要活性组分是阳离子型表面活性剂，既可中和头发表面负电荷，又可形成疏水基朝外的吸附层，疏水的碳氢链使头发柔软、有光泽、抗静电、易梳理。护发素多为乳剂。常用的阳离子型表面活性剂有：烷基二甲基苯基氯化铵，烷基三甲基氯化铵，双烷基二甲基氯化铵等，一种护发素的配方见表5.8。

表5.8 一种护发素的配方[18]

组分	实例	作用	含量/%
阳离子型表面活性剂	烷基三甲基氯化铵	柔软，抗静电	0.5～5.0
增脂剂	白油、植物油、羊毛脂	护发，增稠，改善梳理性	1.0～10.0
保湿剂	丙三醇、丙二醇	保湿，调黏	1.0～10.0
乳化剂	Tween，Span	乳化，稳定乳液	1.0～5.0
添加剂	水解蛋白	护发	适量
防腐剂	尼泊金酯	防腐	适量

二、食品乳状液

食品乳状液是乳状液最重要的应用领域。牛奶、蛋黄酱是O/W型乳状液，人造奶油是W/O型乳状液。

人造奶油是植物油等油脂、奶、水在乳化剂等助剂作用下形成的W/O型乳状液。一种人造奶油中油的成分是：牛油，15%；椰子油，15%；棕榈仁油，50%；花生油，10%；棉籽油，10%。显然这是动植物油脂的混合物。制备方法是将约占80%的上述油脂加热熔化，与约占20%的牛奶均匀搅拌，冷却后加工。以山梨糖醇酯、聚甘油酯等为乳化剂。食品乳状液的乳化剂选择至关重要[19]。联合国粮农组织（FAO）和世界卫生组织（WHO）批准使用的表面活性剂有：甘油脂肪酸酯，丙二醇脂肪酸酯，失水山梨糖醇脂肪酸酯，蔗糖脂肪酸酯，大豆磷脂，乙酸及酒石酸的一及二甘油酯，二乙酰酒石酸二甘油酯，柠檬酸一及二甘油酯，甘油酯磷酸铵，甘油及丙二醇乳酸和柠檬酸酯，聚甘油脂肪酸及蓖麻酸酯，硬脂酸柠檬酸及油石酸酯，硬脂酰乳酸钙（钠），硬脂酰富马酸钠，聚氧乙烯（20）失水山梨醇脂肪酸酯，聚氧乙烯（20）及（40）硬脂酸酯等。显然，这些乳化剂多为与天然产物有关的多元醇类非离子型表面活性剂。

蛋白质是常用的食品乳化剂，主要是以牛奶为原料的α_{s1}-，α_{s2}-，β-，κ-酶蛋白和以小麦为原料的α-乳白蛋白和β-乳球蛋白，酶蛋白类的柔性蛋白可以像杂聚物一样吸附于O/W型乳状液的油滴表面。应用蛋白质作为乳化剂的优点在于，大的蛋白质分子在液珠表面吸附可以起到空间阻碍作用。但是也因为蛋白质分子较大，扩散慢，在乳化工艺方法上要求变化。如用均化器时，液珠形成很快，在以毫秒数量级的范围内许多液珠表面不能被蛋白质包覆，不能形成良好的乳状液。因此在以蛋白质为乳化剂时用胶体磨、涡轮式搅拌器效果更好。在以蛋白质为乳化剂时若加入第二种表面活性剂有可能将原乳化剂置换出来，引起乳状液稳定性变化。如当以明胶为乳化剂制备O/W型乳状液，在加入低分子量乳化剂或疏水性更强的蛋白质时，液珠可能发生聚集，并使液珠变大。

冰淇淋（icecream）是一种复杂的胶体分散体，是含有冰的小粒子、气泡、半固态脂肪乳状液、蛋白质聚集体、蔗糖和多糖的黏稠物体。冰淇淋的制法是先用均化器制成由蛋白质所稳定的O/W型乳状液（液珠大小约在0.5～1μm间）。然后快速冷却，使油凝固，成半固态液珠。在高切力作用下，向冷却的混合物通入气体，同时发生冷冻结霜。在结霜之前脂肪已被分散于混合物中。混合物的絮凝和聚结取决于液珠间的作用。一般来说，脂肪的油珠因其表面有蛋白质吸附而稳定（静电的和空间阻碍作用）。

虽然在上述混合物中乳状液是相对稳定的，但制造冰淇淋时还要求这种乳状液有可控的不稳定性。这是因为在通气和冷冻阶段脂肪油珠还要能与空气泡作用。由于脂肪液珠是半固态的，它们形成的聚结粒子不同于完全聚结时所形成的O/W型乳状液的液态。亦即两个或多个脂肪液珠聚结后仍保留各自一些结构特点，而不是形成一个大的球形液珠。此过程导致一些重要的后果：气泡稳定性增加，冰淇淋熔化慢，冰淇淋含有更多奶油，味觉和质地更柔和，均匀。

三、药用乳状液

药用乳状液主要有口服乳剂和注射用乳剂两类。前者有利于校正药物的口味，使患者易于接受；后者的作用在于便于给药，使某些易氧化、水解药物得以保护，控制药物释放以提高疗效。

在医用乳剂的性质和制备方面需特别注意乳化剂的选择（无毒、无臭、无味、化学稳定性好等），乳液的防腐及乳液的流变及表面性质（如注射用乳液应具备通针性，外用乳液要有良好铺展性等）。

乳油农药是农药中最常用的剂型。乳油由原药、溶剂、乳化剂及其他助剂（助溶剂、稳定剂等）组成。

将有机农药溶于有机溶剂中，加入适量表面活性剂等即成。实际应用时将乳油加大量水稀释即可形成O/W型乳状液。一般乳油加入水中时因含有乳化剂故可自动乳化。加入的乳化剂之HLB值要与原药和溶剂要求之HLB值匹配。

四、沥青乳状液

沥青是一种稠环芳烃混合物的无定形黑色固体，有良好的粘接性、抗水性、防腐性，可用于防腐，铺路，制炸药、炭黑、石墨、油毛毡等材料。由于其常温下为固态，故实际应用时需加热熔化，若配制成乳状液，应用于铺路、建筑施工或制备绝缘、防水材料更为方便。

常用的沥青乳状液为O/W型的，大致组成为：沥青，50%～70%；水，50%～30%；乳化剂，0.1%～3%。由于应用乳状沥青施工对象（如铺路时的石块，涂渍用的布、纸，建筑材料，黏合的木、水泥制品等）在水存在下表面均带负电荷，故乳化沥青所用乳化剂大多为阳离子型表面活性剂，形成带正电荷的沥青液珠，易于在施工对象物上吸附，并使乳状液破坏形成沥青膜，起到黏合、防水等作用。对特殊的施工对象和条件有时也以阴离子型或非离子型表面活性剂为乳化剂。常用的乳化沥青的乳化剂有：烷基胺，烷基季铵盐，木质素胺，木质素磺酸盐，脂肪醇聚氧乙烯醚，烷基酚聚氧乙烯醚，聚氧乙烯脂肪酸酯，聚氧乙烯烷基胺，聚氧乙烯烷基酰醇胺等。

第六节 多重乳状液与液膜分离

一、多重乳状液

将由分散相和分散介质形成的某种类型的乳状液再分散到以原分散相为介质的液体中形成的液液分散体系称为多重乳状液（multiple emulsion）。如将O/W型乳状液，再分散到油相中形成O/W/O型多重乳状液；同理也有W/O/W型多重乳状液。在多重乳状液中，介于被包封内相和连续外相间的中间相称为液膜（liquid membrane）。

为了得到有一定稳定性的多重乳状液，在制备时要应用两种乳化剂：HLB低、亲油性强的和HLB高、亲水性强的乳化剂。现以制备W/O/W型多重乳状液予以说明（图5.11）：

先用低 HLB 的乳化剂 1 制备稳定的 W/O 乳状液 1（初级乳状液），这种初级乳状液的油、水相体积分数约在 0.4～0.6 间。再用高 HLB 值的乳化剂 2 在低切力作用下将上述 W/O 初级乳状液加入电解质水溶液中得到 W/O/W 型多重乳状液。应当说明得是：①为了使多重乳状液稳定，在外相中常加入增稠剂（如聚甲基丙烯酸）和某些能有胶凝作用的物质（如黄单孢菌多糖胶、藻酸盐等）以提高多重乳状液的稳定性；②在制备初级乳状液时选用高切力机械，在最后制备多重乳状液时选用低切力机械。混合时间和搅拌速度均应控制在最佳条件。图 5.12 是多重乳状液的一个液滴的示意图。由图可知，乳化剂 1 和 2 的作用是使初级乳状液和多重乳状液能够生成和稳定，在多重乳状液外相中添加的聚合物等可使体系避免聚结，有助于液膜的稳定。

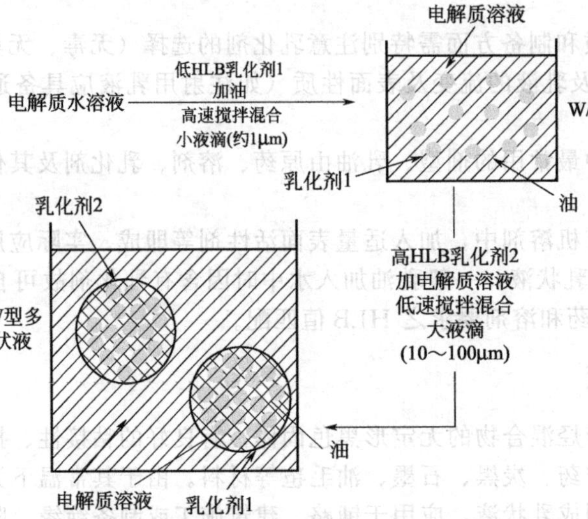

图 5.11　W/O/W 型多重乳状液制备过程示意图

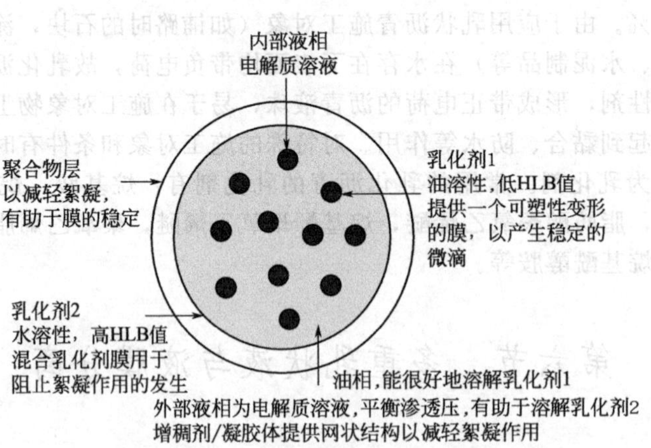

图 5.12　W/O/W 型多重乳状液的液滴结构和各组分的作用

根据多重乳状液分散相内部微液滴的多少，多重乳状液可分为三种类型（图 5.13）：以 W/O/W 型多重乳状液为例。A 型是在多重乳状液的油滴中含有一个大水滴；B 型为油滴中含少量小水滴；C 型为油滴中充满小水滴。乳化剂不同，可得不同类型的多重乳状液。例如，当以十四酸异丙酯作为油相，5%的 Span 80 制备初级 W/O 型乳状液时，用 2%的十二醇聚氧乙烯醚（Brij 30）为乳化剂 2 可制出 A 型多重乳状液；以壬基酚聚氧乙烯醚（Triton X-165）为乳化剂 2 可制备出 B 型多重乳状液；以 3：1 的 Span 80 和 Tween 80 混合物为乳化剂 2 可制备 C 型多重乳状液[20]。

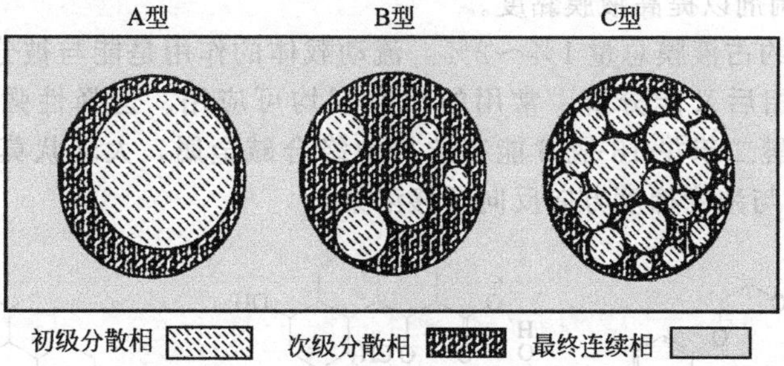

图 5.13　多重乳状液的三种类型

多重乳状液也是热力学不稳定体系，初级乳状液的小液滴及多重乳状液外相中的大液滴都有聚结、界面减小的趋势。

多重乳状液聚结的途径有三（见图 5.14），以 W/O/W 型多重乳状液为例：(a) 初级乳状液的油包水滴聚结成大的油包水滴；(b) W/O 型初级乳状液中之小水滴聚结成大水滴；(c) 初级乳状液中之小水滴通过油膜向外水相扩散，使初级乳状液中之小水滴数目减少。

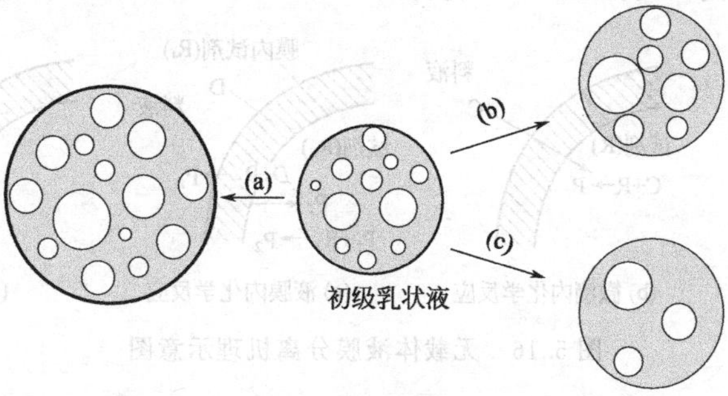

图 5.14　多重乳状液的破坏

对于 W/O/W 型多重乳状液，当外水相中电解质浓度很大时，内相水和外相水的渗透压不同也可使多重乳状液破坏。

至今，多重乳状液的应用主要是液膜分离技术。用于药物载体成功的不多，偶有用 W/O/W 型多重乳状液包载水溶性药物的[21]。

二、液膜分离

液膜分离 (liquid membrane separation)[22,23] 技术是 20 世纪 60 年代由美国黎念之博士提出的一种结合萃取和渗透的分离技术。

有实用价值的液膜有两种：多重乳状液型和固体支撑型。

1. 多重乳状液型液膜

在多重乳状液中，介于被封闭的内相液滴和连续外相间之液相称为液膜（相），如 W/O/W 型多重乳状液中的油相和 O/W/O 型多重乳状液中之水相即分别称为油膜和水膜。

(1) 液膜的结构与组成　在多重乳状液中初级乳状液分散相微滴直径约为 1μm，多重乳状液中液滴直径约为 10～100μm，液膜厚度约为 1～10μm，比大多数人工合成膜薄。

液膜的基本组成是水、油和表面活性剂，为提高分离效果，在内相和外相中还常需加入可与被分离物发生反应的物质或有助于分离物迁移的物质。

① 表面活性剂。在液膜中含量约为 1%～3%，其作用是使液膜稳定。

② 溶剂。液膜的主要成分（约占 90%）。油膜中有机溶剂多用煤油、中性油、柴油等。有时还适当加入增稠剂以提高液膜黏度。

③ 流动载体。约占液膜总量 1%～2%。流动载体的作用是能与被分离物形成溶于膜相的配合物，通过膜相后又能分解。常用的萃取剂均可应用。选择性强的三种流动载体见图 5.15。大环状聚醚二苯并-18-冠-6 能有选择地络合碱金属，大环状莫能菌素能使 Na^+ 比 K^+ 以快 4 倍的速率与浓度梯度方向反向迁移浓集。

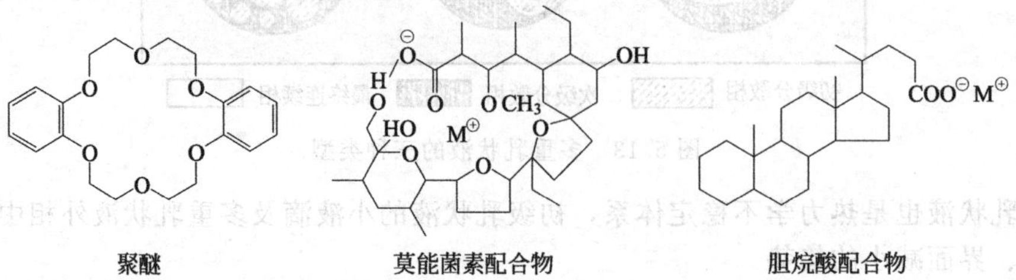

图 5.15　液膜分离的三种流动载体

(2) 液膜分离原理

① 无载体液膜分离（对照图 5.16 说明）：

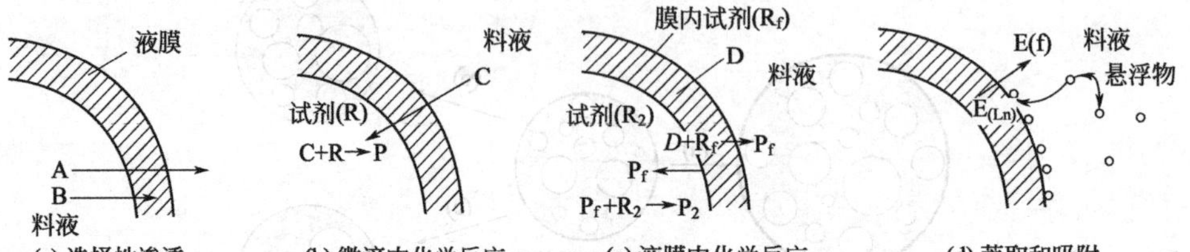

图 5.16　无载体液膜分离机理示意图

选择性渗透：若 A 可溶于液膜相，B 不溶，A 将透过液膜进入膜外相。A、B 得以分离。

微滴内化学反应：外相中有欲分离的 C。在初乳状液制备时分散相液滴内加入可与 C 发生反应的 R。料液中 C 透过液膜与 R 反应生成不能透过液膜的产物 P。C 由料液富集于微滴内。

液膜内发生反应：外相中 D 为欲分离物。膜相内有可与其反应的 R_1，D 进入膜相，与 R_1 反应生成产物 P_1，P_1 进入微滴内相与 R_2 反应，得 P_2。P_1 不能回渗入料液，P_2 不能溶于液膜。故 D 得以分离。

萃取和吸附：料液中被分离物 E(f) 若能溶于膜相或某些物质可在膜表面吸附，得以分离。

② 有流动载体之液膜分离。现用以莫能菌素为流动载体液膜分离 Na^+ 为例说明工作原理。液膜两侧分别为 0.1mol·L^{-1} NaOH 和 0.1mol·L^{-1} NaCl＋0.1mol·L^{-1} HCl。膜相溶剂为辛烷。分离步骤如图 5.17 所示：a. 在碱性液（左侧）一侧，流动载体莫能菌素与 Na^+ 结合，成配合物；b. 配合物向另一侧移动；c. 在液膜与酸性液接触一侧，H^+ 取代 Na^+，Na^+ 转移至外相中，流动载体复原；d. 流动载体向液膜另一侧移动；e. 重复步骤 a. 整个过程使 Na^+ 从膜的左侧转移至右侧，H^+ 做反向转移。

(3) 多重乳状液液膜分离的应用

① 废水处理。用液膜分离法处理废水多用无流动载体过程。以处理含酚废水为例，所用液膜组成实例为：Span 80，脱蜡石油中间馏分，NaOH 水溶液。图 5.18 是除酚原理示意图。多重乳状液为 W/O/W 型的，外相为含酚废水。苯酚溶于液膜油相中，并透过液膜与

微滴（水＋NaOH）中之 NaOH 反应，生成水溶性的苯酚钠，苯酚钠不能透过油膜再回到废水中。处理废水中的有机酸或碱采用类似的原理。

除去废水中的金属离子和负离子要应用流动载体，选用的流动载体多为萃取剂。如除 Cu^{2+} 可用羟基肟类萃取剂，除磷酸根可用胺或季铵盐为萃取剂。

液膜法分离 Cu^{2+} 的过程如图 5.19 所示。料液中的 Cu^{2+} 向液膜面（1）扩散，与膜上的萃取剂（如 2-羟基-5-壬基乙酰苯肟）络合，得配合物 CuR_2

$$Cu^{2+}+2RH \longrightarrow CuR_2+2H^+$$

配合物 CuR_2 在膜内扩散，当扩散至液面（2）时与膜右侧的反萃取液（硫酸溶液）作用：

$$CuR_2+2H^+ \longrightarrow Cu^{2+}+2RH$$

释放出 Cu^{2+}。整个过程使 Cu^{2+} 从左侧料液向右侧液迁移，从而使 Cu^{2+} 从料液中分离。

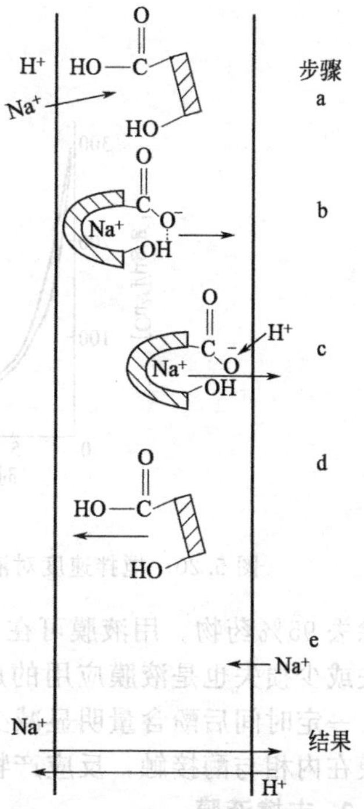

图 5.17 以莫能菌素为流动载体液膜分离 Na^+ 的工作原理

用液膜分离法处理废水时液膜组成、外界条件（搅拌强度等）对处理效果有直接影响。其中尤以乳化剂的选择和搅拌方式有大的影响。表面活性剂的类型和浓度直接影响液膜的稳定性。稳定性好，效率才能高。液膜法除酚时，以 2% Span 80 为乳化剂所得液膜效果最好。一般来说，随着搅拌速度提高常会因增大乳状液液滴与水溶液接触的机会，可提高效率，但剪切力太大，也增加了乳状液液珠接触聚结破坏的机会，使得分离效率减小。由图 5.20 可见，搅拌速度对液膜除 Cu^{2+} 的影响。在两条曲线交叉后，转速加快乳状液破坏加重。由图 5.20(a) 可知，搅拌速度为 $400r \cdot min^{-1}$ 时接触时间 10min 后余液中 Cu^{2+} 浓度开始比搅拌速度 $300r \cdot min^{-1}$ 时的高，这是由于乳状液破裂成为主要因素。图 5.20(b) 是乳状液破裂率与接触时间的关系（为直线关系），直线斜率除与搅拌速度有关外，还与乳化剂和乳状液制备方法、加料方式、搅拌方式等有关。

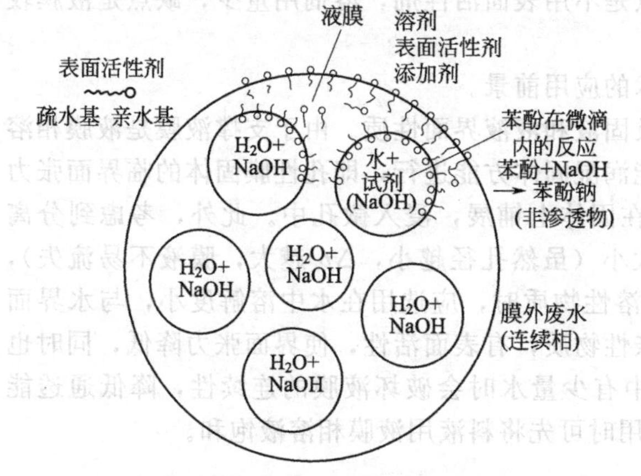

图 5.18 液膜除酚原理示意图

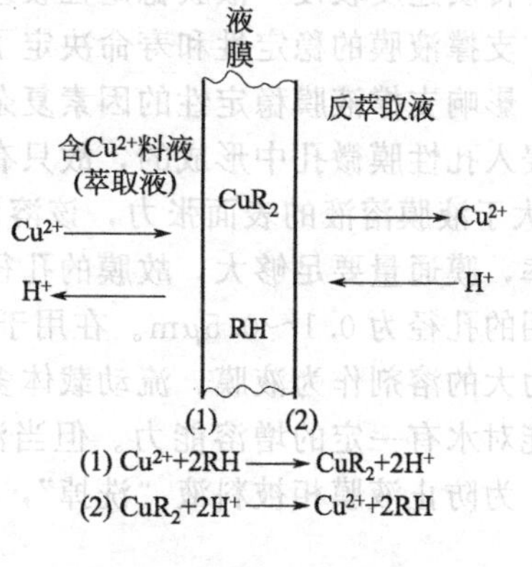

图 5.19 液膜法分离 Cu^{2+} 的示意图

② 生化和医药分离。用液膜分离技术除去人体肠胃中的过量药物。如苯巴比妥（鲁米那）是一种用于治疗失眠、惊厥、高血压等病症的镇静剂，此药为酸性药物，易溶于碱，不电离时有较大油溶性。用包封 NaOH 溶液的液膜可捕集苯巴比妥，在最好的条件下，5min

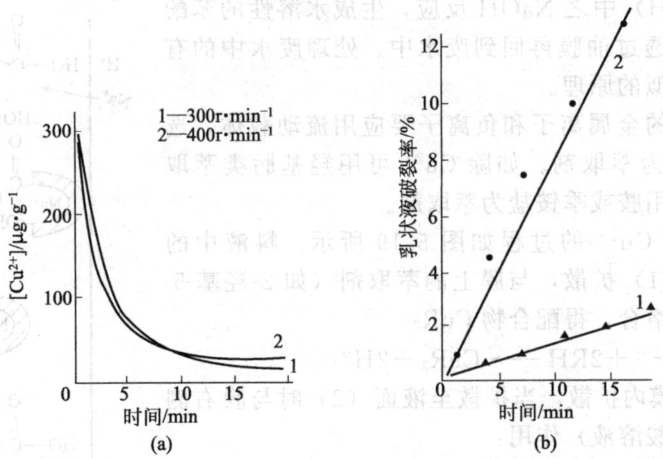

图 5.20　搅拌速度对液膜分离 Cu^{2+} 的效果（a）和对乳状液破裂率（b）的影响

可除去 95％药物。用液膜可在 9min 内完全除去阿司匹林。用液膜包封酶以保护酶的活性不损失或少损失也是液膜应用的成功实例。黎念之等将酚酶用液膜包封后再分散于含酚的水中，一定时间后酚含量明显减少，而酚氧化产物在外相溶液中并无明显增加，这说明酚透过液膜在内相与酶接触，反应产物集聚在内相。

2. 支撑液膜

支撑液膜（supported liquid membrane）是将溶解有流动载体的溶液浸入多孔固体小孔中形成的。将这种膜片置于料液与反萃取液间，也可使被分离物质转移至反萃取液相，达到分离目的。

液膜由溶剂和流动载体组成，支撑液膜都应用流动载体以提高选择性和效率。溶剂应与膜两侧液体不混溶。用支撑液膜分离的多为水溶性物质，故都用油膜，常用溶剂有煤油、芳烃等。

孔性固体多为聚合物（如聚乙烯、聚丙烯、聚砜、聚四氟乙烯等）薄膜（片），孔径常在 0.02～1μm，膜厚约 10～150μm。

支撑液膜与多重乳状液液膜比较，优点是不用表面活性剂，溶剂用量少，缺点是液膜较厚，传质速度较慢，液膜稳定性较差等。

支撑液膜的稳定性和寿命决定了该技术的应用前景。

影响支撑液膜稳定性的因素复杂。涉及固液和液液界面性质。由于支撑液膜是液膜相溶液浸入孔性膜微孔中形成的，故只有液体能润湿固体方能进行，即孔性膜固体的临界面张力 γ_c 大于液膜溶液的表面张力，该溶液才能在固体上铺展，浸入微孔中。此外，考虑到分离效率，膜通量要足够大，故膜的孔径不宜太小（虽然孔径越小，Δp 越大，膜液不易流失），常用的孔径为 0.1～0.5μm。在用于分离水溶性物质时，应选用在水中溶解度小，与水界面张力大的溶剂作为液膜。流动载体多为两亲性物质，有表面活性，使界面张力降低，同时也可能对水有一定的增溶能力。但当液膜相中有少量水时会破坏液膜的连续性，降低通透能力。为防止液膜相被料液“洗掉”，实际应用时可先将料液用液膜相溶液饱和。

第七节　微乳状液

一种液体在另一种液体中分散而形成的分散体系除前述的乳状液外还可以有其他的状

态。微乳状液即为其中的一种。在液液分散体系中按分散相粒子（液滴）的大小区分，依次有：粗乳状液（coarse emulsion 或 coarse macroemulsion)、细小乳状液（fine emulsion)、微乳（状）液（microemulsion)。它们的外观、液珠大小及与胶束及分子溶液的比较见图 5.20。

一、微乳状液的形成

微乳状液是一类特殊的透明或半透明的分散体系，这种体系与乳状液很不相同，更像是膨胀的胶束。微乳状液（microemulsion）这一术语最早由 Hoar 和 Schulman 于 1943 年提出[24]。他们发现，将当含有大量的离子型表面活性剂和非离子型助表面活性剂的体积比为 1∶1 的水与油混合时得到透明的混合物。例如将等体积的甲苯和水在离子型表面活性剂油酸钾加入时可以得到乳状液，用已醇滴加入上述乳状液中可得透明混合物。Shinoda 用表 5.9配方也得到微乳状液[24]。

表 5.9 一种微乳状液配方

油	水	表面活性剂	助表面活性剂
60%苯	27%	6.5%油酸钾	6.5%丁醇

这些研究表明，微乳状液是在较大量的一种或一种以上两亲性有机物（其中一种为表面活性剂，另一种通常为中等碳链长度的极性有机物，如已醇等，称为助表面活性剂）存在下，水与非极性有机物可自发形成的透明的液液分散体系。

微乳状液简称微乳液或微乳，既具有烃也具有水的性质。例如，油溶性染料在苯中与在苯、水、表面活性剂、助表面活性剂形成的微乳中有相同的颜色；水溶性染料在水中与在微乳中也有相同颜色。这种性质使微乳液有广阔的应用前景。

微乳液与常规乳状液的基本差异在于分散相液滴的大小和外观的浑浊程度(图 5.21)。但实际上更重要的区别是微乳液是自发形成的，而且是热力学稳定体系。和胶束比较，球形胶束的大小（半径）通常小于 5nm，溶液是完全透明的，而微乳液滴半径≥50nm。分散相粒子大小在 5～10nm 时溶液外观是透明或半透明的，而在 10～50nm 时为半透明的。与胶束溶液相同的是，它们都是热力学稳定体系。

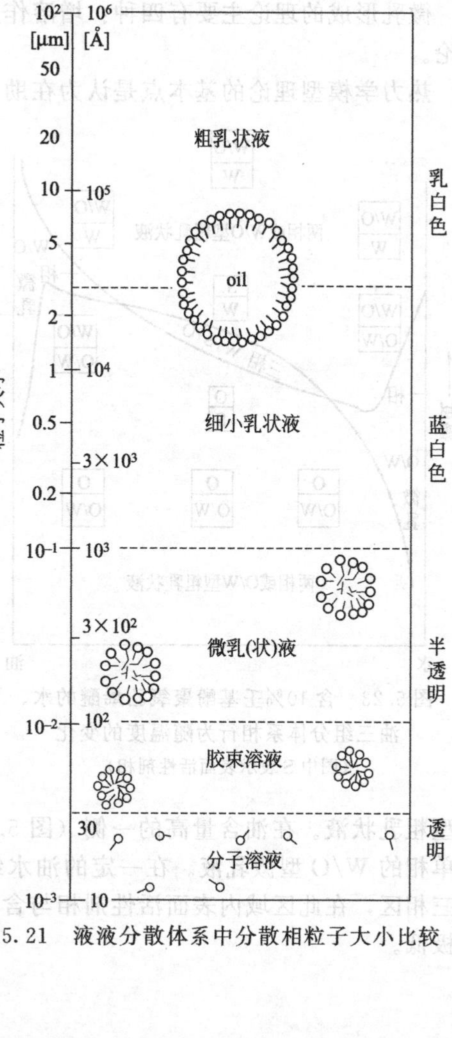

图 5.21 液液分散体系中分散相粒子大小比较

微乳液有 O/W、W/O 和双连续相（bicontinuous system）三种类型（图 5.22)。双连续相型也称微乳中相，其中水和油相都是连续的。这种类型在乳状液中是没有的。与在水中的胶束和在非极性溶剂中的反胶束比较，O/W微乳可以看做是胶束增溶大量非极性有机物的结果；W/O 型微乳是反胶束

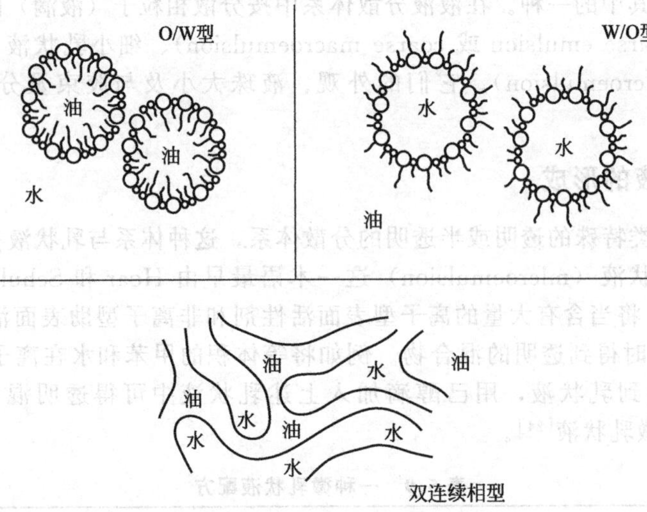

图 5.22 微乳液的类型

增溶水而形成的。

二、微乳液形成和稳定性理论

微乳形成的理论主要有四种：增溶作用理论，混合膜理论，热力学模型理论，几何排列理论。

热力学模型理论的基本点是认为在助表面活性剂和表面活性剂共同作用下使界面张力可以降到负值，因而可以补偿因形成微乳产生的大界面和高分散液滴而引起的体系熵的增加。

几何排列理论是从应用的表面活性剂和助表面活性剂的临界堆积参数预示形成微乳液的类型，其应用与前面乳状液一节中表述相同。

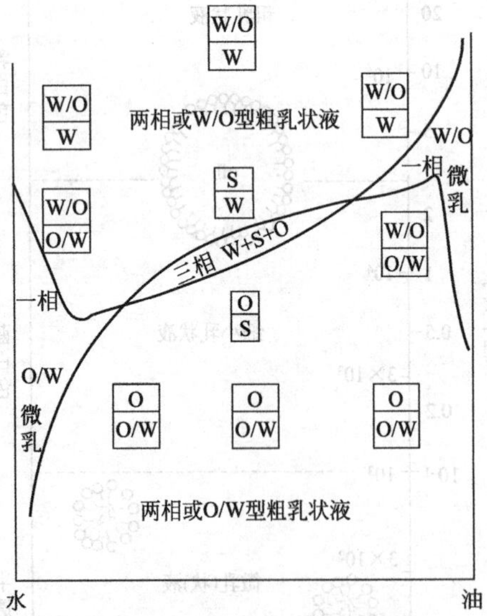

图 5.23 含 10%壬基酚聚氧乙烯醚的水、油三组分体系相行为随温度的变化（图中 S 表示表面活性剂相）

1. 增溶作用理论

Shinoda、Friberg 等人认为微乳液是胶束或反胶束增溶油或水后膨胀的结果[25]。

图 5.23 是在含 10%壬基酚聚氧乙烯醚的水、油三组分体系，油、水组成与温度关系图（当用非离子型表面活性剂时常不需加入助表面活性剂也可形成微乳液）。在水量高的一侧（图 5.23 左侧），温度最低时，表面活性剂胶束可增溶少量油，过量油被乳化，形成 O/W 型粗乳状液。温度升高，油的增溶量增加，在一定温度范围内形成 O/W 型微乳液。温度再升高，超过浊点时，将出现油、水两相分离或形成 W/O 型粗乳状液。在油含量高的一侧（图 5.23 右侧）有相反的过程：即在一定温度范围内形成单相的 W/O 型微乳液。在一定的油水组成区域和窄小的温度范围内有水-油-表面活性剂的三相区，在此区域内表面活性剂相与含少量表面活性剂的油、水相共存。三相区中界面张力极低。

2. 混合膜理论

Schulman 和 Prince 等人认为表面活性剂和助表面活性剂在油水界面形成混合吸附膜，使界面张力降至负值，从而使体系自发形成有巨大界面的微乳[26]。表面活性剂和助表面活性剂在油水界面上形成单层混合膜，此膜可视为与油、水两相成平衡的液态二维第三相。亦即此相有与水和油不同的性质。刚开始时平的混合膜与油和与水接触的界面有不同的界面张力。这是由于疏水基和亲水基有不同的大小和截面积，排列也不相同。

根据二维表面压的定义（形成界面膜前后，界面张力之差）：

$$\pi=\gamma_0-\gamma \tag{5.9}$$

γ_0 是无吸附层时油水界面张力，γ 是有吸附层后的界面张力。

当有混合二维吸附膜相时 π 有两个值：吸附膜与油和与水成界面上的 π_O 和 π_W，对于平的吸附膜，π'_O 与 π'_W 不相等，即 $\pi'_O \neq \pi'_W$。当 $\pi'_O > \pi'_W$ 时，油一侧的界面面积将扩展（从而使 π'_O 减小），直至弯曲界面形成 W/O 型微乳，此时弯曲的微乳界面两侧 $\pi_O=\pi_W$。当 $\pi'_O < \pi'_W$ 时，水一侧面积扩展，直至弯曲的 O/W 型微乳界面形成，$\pi_O=\pi_W$。图 5.24 表示因两侧表面压不同的混合膜形成导致膜弯曲形成 W/O 或 O/W 型微乳液的基本原理。

根据混合膜理论，界面张力 γ_T 由下式决定

$$\gamma_T=\gamma_{(O/W)_a}-\pi \tag{5.10}$$

式中，$\gamma_{(O/W)_a}$ 是在助表面活性剂存在时的界面张力，此值明显低于助表面活性剂不存在时之 $\gamma_{(O/W)}$ 值，即从 $50mN \cdot m^{-1}$ 降至 $5\sim20mN \cdot m^{-1}$。

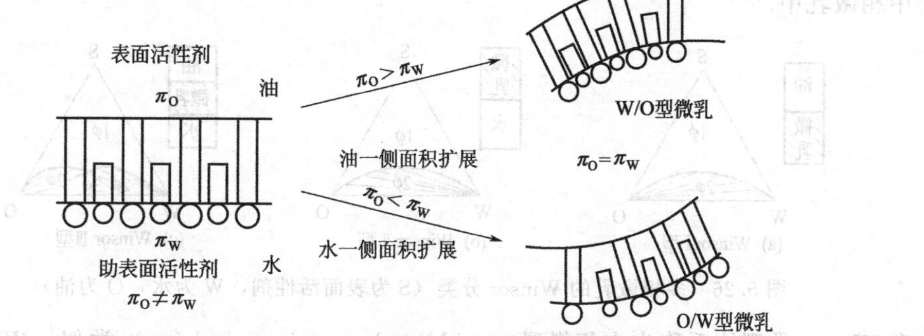

图 5.24　表面活性剂与助表面活性剂混合膜的弯曲

根据式(5.10)，若 $\pi>\gamma_{(O/W)_a}$，γ_T 将为负值，使界面急剧增大，直至 γ_T 成为小的正值。

但是，界面张力和表面压都是表征宏观物质的表面性质，硬要从微观的分子水平上进行推论有难以理解之处，且负表面张力之说至今没有实验依据。

3. 热力学理论

本理论是从微乳液形成的表面能与熵变讨论。如图 5.25 所示，将油或水作为分散相形成 O/W 或 W/O 型微乳。设原分散相表面积为 A_1，所有微乳液滴总表面积为 A_2，O/W 界面张力为 γ_{12}。

从图 5.25 的状态Ⅰ变为状态Ⅱ，表面积变化为 $\Delta A=A_2-A_1$，表面能的增加等于 $\Delta A\gamma_{12}$。熵的改变是 $T\Delta S$（状态Ⅰ只有一个液滴，而状态Ⅱ有大量液滴，可以有更多方式排布，故状态Ⅰ→Ⅱ是熵增加过程）。

根据热力学第二定律，微乳形成的自由能变化 ΔG_m 是

$$\Delta G_m=\Delta A\gamma_{12}-T\Delta S \tag{5.11}$$

当 $\Delta A\gamma_{12}\gg -T\Delta S$ 时 $\Delta G_m>0$，微乳体系不能自发生成。但是，当 $\Delta A\gamma_{12}<-T\Delta S$ 时

$\Delta G_m<0$。由于在形成微乳时有超低界面张力，故这种情况是可能的。故微乳可自发形成。

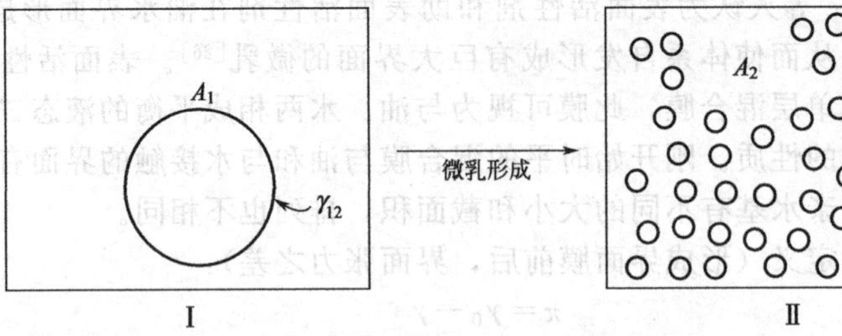

图 5.25　微乳形成时体系状态变化

三、微乳液的相性质

将表面活性剂、助表面活性剂、油、水（溶液）混合，一般可形成含微乳液的单相或多相体系。常用三元相图表征微乳体系的相性质。三元相图的三个顶点分别表示纯的水、油和表面活性剂（和助表面活性剂）。这种相图称为拟三元相图。多相微乳液的相图有三种，WinsorⅠ、WinsorⅡ和WinsorⅢ型。图 5.26(a) 表示第Ⅰ类型。在两相区（2ϕ）中 O/W 型微乳与油相平衡。在油相中分散有浓度很稀的表面活性剂。图 5.26(b) 是 WinsorⅡ型体系。两相区为 W/O 型微乳和过剩的水，单相区为 W/O 型微乳液。图 5.26(c) 为Ⅲ型体系。三相区中为微乳与油及水相平衡共存，微乳液处于中相（故称为中相微乳），表面活性剂集中于中相微乳中。

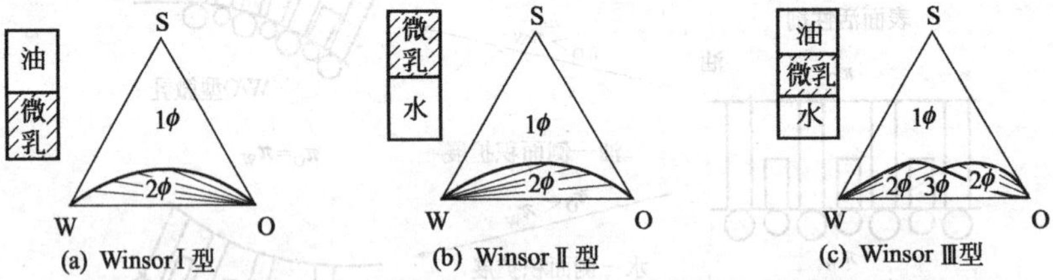

图 5.26　多相微乳的 Winsor 分类（S 为表面活性剂，W 为水，O 为油）

和 WinsorⅢ型体系称为中相微乳（middle-phase microemulsion）类似，WinsorⅠ型称为下相微乳（lower-phase microemulsion），WinsorⅡ型体系称为上相微乳（upper-phase microemulsion）。

上述三种类型微乳体系随含盐量增加，可从Ⅰ型经Ⅲ型变为Ⅱ型。在此变化过程中体系的各相体积分数，油、水的增溶量，界面张力，黏度，电导等物理化学性质也将显著变化。其中以界面张力和对油、水增溶量的变化对微乳体系的实际应用最有意义。单位体积表面活性剂增溶水或油的体积称为增溶参数，以 SP_W 或 SP_O 表示。$SP_W=V_W/V_S$，$SP_O=V_O/V_S$，下标 W、O、S 分别表示水、油、表面活性剂，V 为相应物质体积。实验证明，体系中盐量（盐度）增加，SP_O 增大，SP_W 减小，在 WinsorⅢ型区域内 SP_W、SP_O 及 γ_{OM}、γ_{OW} 线相交，说明Ⅲ型微乳体系对水和油有大的增溶能力，有极低的界面张力。图 5.27 是在微乳体系中盐度变化引起的 Winsor 类型变化以及与增溶参数、界面张力变化的关系。

四、微乳液的一般应用

微乳液的应用主要基于其体系在以下几方面的特性：①微乳液有高度分散的小液滴；②有大的界面面积和特殊的间隔化（液滴）的微环境；③有低的界面张力和对水和油的大的增溶能力。

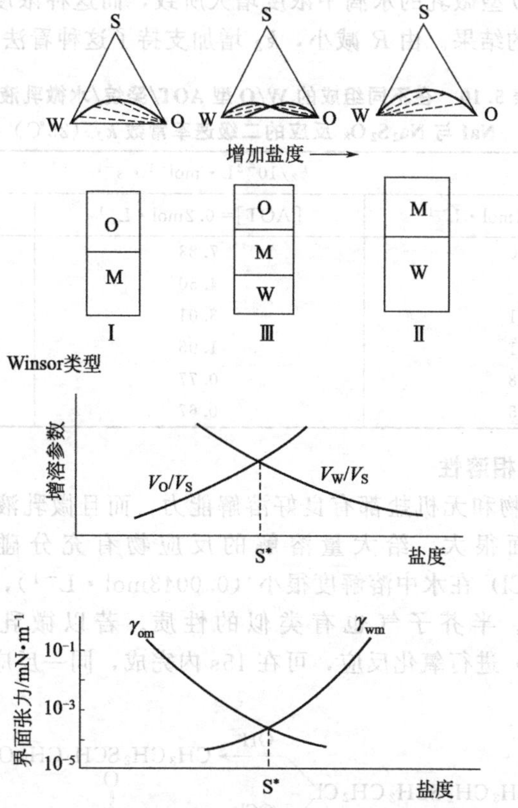

图 5.27 微乳体系中盐度变化引起 Winsor 类型变化以及与增溶参数、界面张力变化的关系

基于上述的特性可以使燃料油与水制成 W/O 型微乳掺水燃料，提高燃料利用率、降低成本，减少污染。利用形成微乳技术，制备化妆品、上光剂、干洗剂等。

利用微乳体系中液滴的微环境进行多种化学反应，提高反应速率。

利用该体系对油、水的大增溶能力和低界面张力提高原油采收率（三次采油）等。

五、微乳催化的基本依据[27,28]

以微乳液为介质或微反应器可以进行各类化学反应，如在 W/O 型微乳中进行无机化学反应制备金属和无机盐纳米粒子（参见第二章），制备大分子超细粒子，在双连续相微乳中进行单体聚合制备，在生物化学中用于对蛋白质的保护和酶催化性能的改变等。

在微乳体系中进行化学反应的机理与胶束催化有许多相似之处。基本依据如下。

1. 反应物的浓集

在微乳液中，油相、水相和界面相极性各不相同，介电常数可在 2～78 间变化，任何反应物均可有其适宜存在的微环境，有比胶束中更大的增溶量和浓度。

在 W/O 型微乳液中碘化物与过硫酸盐氧化反应：

$$2I^- + S_2O_8^{2-} \longrightarrow I_2 + 2SO_4^{2-} \tag{5.12}$$

表面活性剂浓度对反应速率常数的影响从一个侧面说明了反应物浓度的影响[29]。

表 5.10 中列出在 AOT/癸烷/水不同组成的微乳液中 NaI 与 $Na_2S_2O_8$ 反应的二级速率常数 k_2。由表中数据可知，水与表面活性剂比（R）恒定时，k_2 与 AOT 浓度无关。在上述微乳中 k_2 明显比在纯水中的增大，但 R 增大，k_2 减小。k_2 在 AOT 的微乳中增大是由

于反应物阴离子在 W/O 型微乳的水滴中浓度增大所致，而这种浓度的增加是由于受到界面上 AOT 阴离子的排斥的结果。由 R 减小，k_2 增加支持了这种看法。

表 5.10　在不同组成的 W/O 型 AOT/癸烷/水微乳液中 NaI 与 $Na_2S_2O_8$ 反应的二级速率常数 k_2（25℃）

R	$k_2/10^{-2}L \cdot mol^{-1} \cdot s^{-1}$		
	[AOT]＝0.1mol·L^{-1}	[AOT]＝0.2mol·L^{-1}	[AOT]＝0.4mol·L^{-1}
6	7.50	7.83	7.45
8	—	4.50	—
10	3.01	3.01	3.10
20	1.11	1.05	1.05
30	0.78	0.77	0.77
40	0.65	0.67	0.66

2. 改善反应物的不相溶性

微乳液对疏水有机物和无机盐都有良好溶解能力，而且微乳液中分散相体积分数可达 20%～80%，相接触面很大，给大量溶解的反应物有充分碰撞接触机会。芥子气（$ClCH_2CH_2SCH_2CH_2Cl$）在水中溶解度很小（0.0043mol·L^{-1}），在水面上芥子气在空气中氧化反应极难进行。半芥子气也有类似的性质。若以微乳为介质可使半芥子气（$CH_3CH_2SCH_2CH_2Cl$）进行氧化反应，可在 15s 内完成，同一反应应用相转移催化剂完成需要 20min[30]。

$$CH_3CH_2SCH_2CH_2Cl \xrightarrow{OH^-} CH_3CH_2SCH_2CH_2OH$$
$$CH_3CH_2SCH_2CH_2Cl \xrightarrow{OCl^-} CH_3CH_2S(=O)CH_2CH_2Cl \tag{5.13}$$

常见的亲核取代、酯水解、氧化还原、缩合等反应都存在疏水有机试剂与无机盐的不相溶问题，应用微乳为反应介质常可得到好的结果。例如，Cu^{2+}与卟吩反应生成金属卟啉的反应：

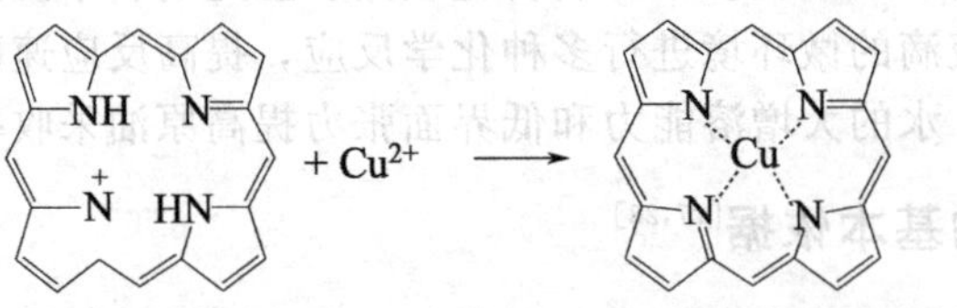

卟吩($TPPH_2$)　　金属卟啉(CuTPP)　　(5.14)

$TPPH_2$ 只溶于有机相，Cu^{2+} 只溶于水相，故反应只能在油水界面上进行，一般条件下无法完成。在苯-水-异丙醇（和表面活性剂）形成的 O/W 型微乳液中，当用阳离子型表面活性剂（如 CTAB）时反应速率最大。这是因为虽然微乳液油水界面的表面活性阳离子阻碍 Cu^{2+} 与 $TPPH_2$ 接近，但反离子 X^-（如 CTAB 的 Br^-）可与 Cu^{2+} 形成配合物 CuX_4^{2-}，该配位负离子可与表面活性阳离子静电吸引而进入油相并与 $TPPH_2$ 反应。

图 5.28 是以溴癸烷和亚硫酸钠为原料制备癸基磺酸钠在不同介质中进行反应的产率比较。反应介质分别是：W/O 型微乳液，双连续相微乳液，含冠醚相转移试剂的两相体系，含季铵盐（Q 盐）的两相体系，油水两相体系。由图 5.28 可见，在两种微乳液中反应产率都较高，在油水两相体系中加入 Q 盐和冠醚相转移试剂均使产率提高，但均远小于在微乳液中的。显然微乳液体系对克服反应物的不可溶性有效。

3. 改变反应的区域选择性

有些反应可以有几个方向，微乳介质中可能使反应有按某一方向进行的选择性。例如，在水溶液中苯酚的硝化可以得到邻位与对位硝基苯酚的比例为1∶2，而在AOT形成的O/W型微乳中进行反应可得到80%的邻位产物，这是由于苯酚在油水界面定向作用使水相中的NO_2^+主要进攻苯酚邻位位置（图5.29）。

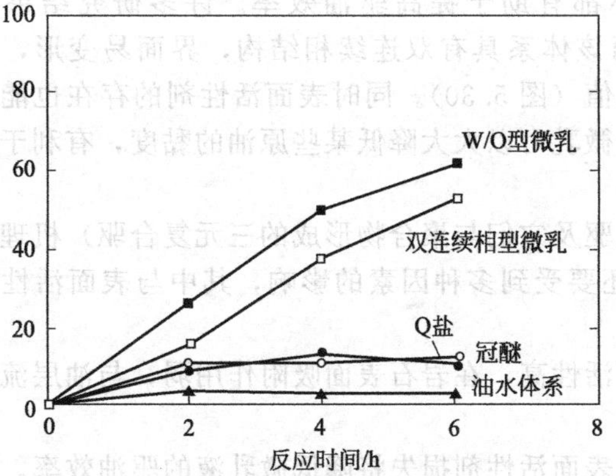

图5.28 在不同反应介质中癸基磺酸钠合成反应产率比较

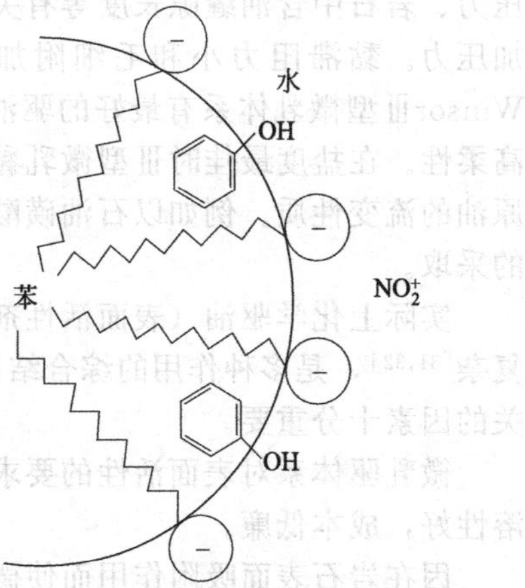

图5.29 在O/W型微乳的油水界面上苯酚的定向方式

4. 对过渡态稳定性的影响

有机反应的过渡态常有一定的电荷分布，由离子型表面活性剂制备的微乳，表面活性离子的电荷常可使反应过渡态稳定性与水溶液中反应时的不同。例如苯甲酸乙酯水解反应的过渡态带负电荷：

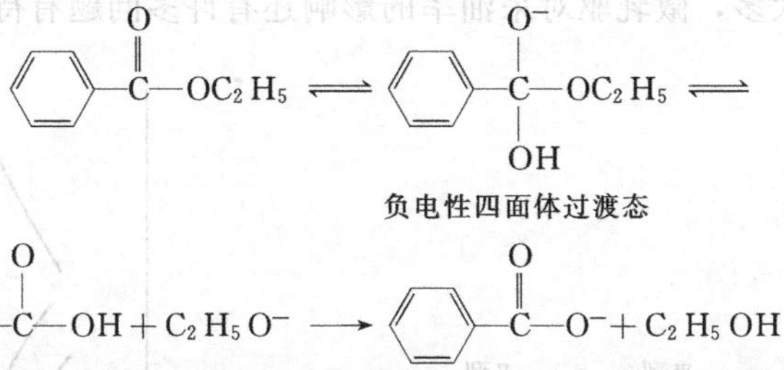

(5.15)

因此，低介电常数和带正电荷的微环境对过渡态稳定性有利。实验证明，在阳离子表面活性剂CTAB形成的微乳中上述反应明显加速，反应活化能明显降低。

六、微乳液在三次采油中的应用

一般油田靠自喷、注水、注蒸气等方法只能采取约30%原油，利用化学驱油（表面活性剂驱、微乳驱等）可将采油率提高到80%～85%。依靠化学驱采油常称为三次采油。

利用微乳液提高采油率是非常复杂的课题。但至少要能解决好改善附着油的岩石表面的润湿性质，使滞留于岩石缝隙中的油能被驱赶出来。这些都要求驱油体系有低的界面张力，对油有高的增溶能力。

应用微乳体系驱油的主要作用还是由于体系中含有大量的表面活性剂并从而引起多种作用，主要包括以下几点。

① 降低界面张力，使油滴在低界面张力下易变形，减少油通过孔隙时做的功。此外，岩石孔隙极不均匀，在孔隙中的油被水顶替出来时，根据Laplace公式，总是大孔隙中的油易被顶出，而小孔隙中的油因毛细附加压力难以析出。微乳液在盐度最佳时，界面张力可降至$10^{-3}mN\cdot m^{-1}$以下，从而降低毛细附加压力，使油在加压下易被水挤出。微乳液体系的

低界面张力，有利于降低水在岩石上的接触角，提高其润湿能力，减小油在岩石上的黏附功，易于将油“洗”出来。

② 驱替液黏度变化。用液体驱油要处理的是两方面的问题：与液体黏度、液体受到的压力、岩石中含油缝隙长度等有关的液体黏滞阻力及在毛细孔隙中不润湿的油受到的毛细附加压力。黏滞阻力小和毛细附加压力减小都有助于提高驱油效率。许多研究结果证明 WinsorⅢ型微乳体系有最好的驱油效果，而该体系具有双连续相结构，界面易变形，有较高柔性。在盐度最佳时Ⅲ型微乳黏度有最低值（图 5.30）。同时表面活性剂的存在也能改变原油的流变性质。例如以石油磺酸盐制备的微乳可以大大降低某些原油的黏度，有利于原油的采取。

实际上化学驱油（表面活性剂驱、微乳驱及它们与聚合物形成的三元复合驱）机理十分复杂[31,32]，是多种作用的综合结果，并且还要受到多种因素的影响，其中与表面活性剂有关的因素十分重要。

微乳驱体系对表面活性的要求是：界面活性高，在岩石表面吸附作用弱，与油层流体混溶性好，成本低廉。

因在岩石表面吸附作用而使微乳体系中表面活性剂损失将降低微乳液的驱油效率。为了减少表面活性剂的损耗一方面可选用宽摩尔质量分布的石油磺酸盐配制微乳液，高摩尔质量的组分降低界面张力的能力最强，而低、中摩尔质量的组分吸附能力较强（起牺牲剂的作用），另一方面可加入木质素磺酸盐、碳酸钠、三聚磷酸钠、磷酸钠、磷酸氢二钠等以参与与表面活性剂的竞争吸附，使后者吸附量减少。有时也可调节介质 pH，使岩石表面负电荷密度增大，减少对表面活性阴离子的吸附。

最佳盐度时与微乳液提高原油采收率有关的多种性质的示意图如图 5.31 所示。由于成分复杂和影响因素太多，微乳驱对采油率的影响还有许多问题有待探讨[31]。

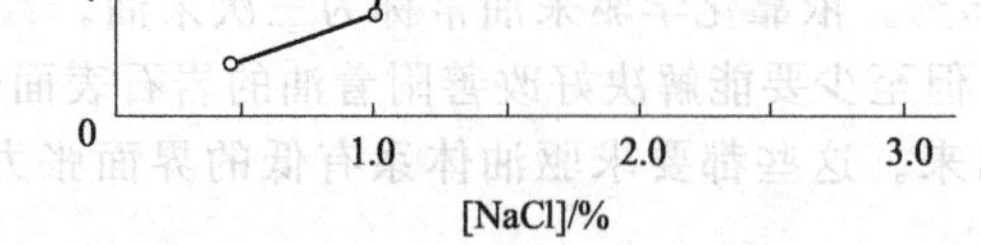

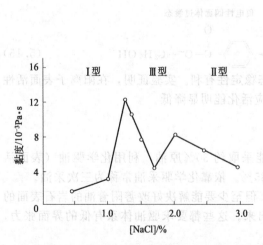

图 5.30　十二烷基邻二甲苯磺酸钠/季戊醇/重芳烃/NaCl 水溶液微乳液黏度与 NaCl 含量关系

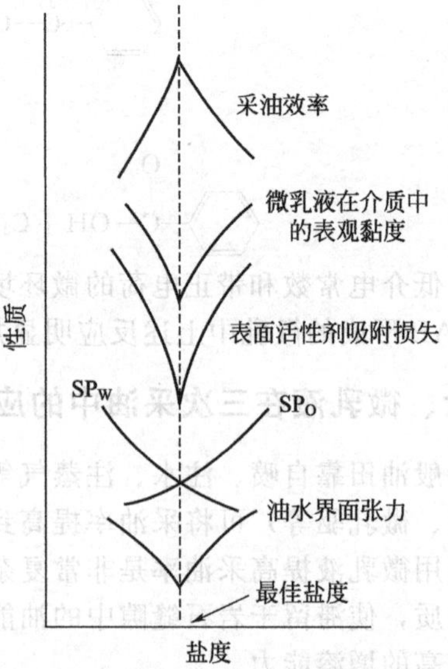

图 5.31　最佳盐度时与提高采油率有关的一些性质的变化示意图

参考文献

[1]　贝歇尔 P. 乳状液——理论与实践. 北京大学化学系胶体化学教研室译. 北京：科学出版社，1978.
[2]　肖进新，赵振国. 表面活性剂应用原理.（第二版）北京：化学工业出版社，2015.
[3]　赵振国. 胶体与界面化学——概要、演算与习题. 北京：化学工业出版社，2004.

[4] Evans D F，Wennerstrom H. The Colloidal Domain，New York：Wiley-VCH，1999.
[5] Myers D. Surfactant Science and Technology. 2nd ed. New York：VCH，1992.
[6] Friberg S，Jansson P O. J Colloid Interface Sci，1976，55：614.
[7] Griffin W C. J Soc Cosmetic Chemists，1949，1：311.
[8] Becher P，Birkmeier R L. J Am Oil Chemists' Soc，1964，41：169.
[9] Griffin W C. J Soc Cosmet Chem，1954，5：249.
[10] Donaald C M. Can J Pharm Sci，1970，5(3)：81.
[11] Laughlin R G. J Soc Cosmet Chem，1981，32：371.
[12] Shinoda K，Takeda H，Ardi H. J Colloid Interface Sci，1970，32：642.
[13] 梁文平. 乳状液科学与技术基础. 北京：科学出版社，2001.
[14] Rosen M J. Surfactants and Interfacial Phenamena. 2nd ed. New York：John Wiley & Sons，1989.
[15] Israelachvili J N，Mrrcheli J N，Ninham B W. J Chem Soc Faraday Trans，Ⅱ，1976，72：1525.
[16] McCutcheon's Detergents and Emulsifiers，New York：Int Ed，Ridgewood.
[17] Mollet H，Grubenmann A. Formulation Technology. Weinheim：Wiley-VCH，2001.
[18] 化妆品生产工艺. 北京：轻工业出版社，1987.
[19] Friberg S. Food Emulsion. New York：Marcel Dekker，1976.
[20] Attwood D，Udeala O K. J Pham Pharmacol，1975，27：395.
[21] 侯新朴，武凤兰，刘艳. 药学中的胶体化学. 北京：化学工业出版社，2006.
[22] 液膜分离技术. 张颖等译. 北京：原子能出版社，1983.
[23] 朱长乐，刘荣娥等. 膜科学技术. 杭州：浙江大学出版社，1992.
[24] Hoar T P，Schulman J H. Nature，1943，152：102.
[25] Shinoda K，Friberg S. Adv Colloid Interface Sci，1975，4：281.
[26] Schulman J H，Stoeckenius W，Prince I M. J Phys Chem，1959，63：1677.
[27] 赵振国. 胶束催化与微乳催化. 北京：化学工业出版社，2006.
[28] Holmberg K. Curr Opin. Colloid Interface Sci，2003，8：187.
[29] Moya M L，Izquido M C，Casado J. J Phys Chem，1991，95：5010.
[30] Lefts L，Mackay R A. Inorg Chem，1975，14：2993.
[31] 韩冬，沈平平. 表面活性剂驱油原理及应用. 北京：石油工业出版社，2001.
[32] 李干佐，郭荣等. 微乳液理论及其应用. 北京：石油工业出版社，1995.

习题

1. 举出几种日常生活中常见的乳状液，说明它们的类型。

2. 在氢氧化钠的稀水溶液中加入几滴椰子油，稍加摇动，可得 O/W 型乳状液。推测该乳状液的乳化剂是什么？

3. 在上述的乳状液中加入少量短碳链的脂肪醇可引起乳状液破坏。为什么？

4. 已知将甲苯乳化成 O/W 型乳状液，要求乳化剂的 HLB 值约为 12.5。今有 4%的油酸钠和 4%的 Span 20 水溶液。问（1）配制 10mL HLB=12.5 的混合乳化剂需取上二液各多少 mL？（2）取 5mL 甲苯分别与 10mL 4%油酸钠、10mL 4%Span20 和按（1）计算的 4%油酸钠与 4% Span20 的混合液 10mL 在乳化器上乳化 2min。用离心法比较乳化效果，结果如下：

乳化剂	乳化后静置 5min	乳化后离心 5min	乳化后离心 10min
4%油酸钠	分层	分层	分层
4% Span20	不分层	略有清液析出	分层
混合乳化剂	不分层	不分层	不分层

已知油酸钠的 HLB=18，Span20 HLB=8.6. 说明效果不同的原因。

5. 说出几种简易鉴别乳状液类型的方法。

6. 欲将某矿物油乳化成 O/W 型乳状液，并指定用 Span80（HLB=4.3）和 Tween20（HLB=16.7）组成混合乳化剂。如何确定乳化该油所需之 HLB 值？

7. 10mL 甲苯中加入 10mL 2%油酸钠水溶液，剧烈摇动（或用其他方法乳化）可得 O/W 型乳状液，加入 0.1g NaCl 摇动溶解。插入电导管，测其电流值（可达上百毫安），再加入 1 粒三氯化铝，摇动后再测电流值（可能突变为 0）。解释这一现象。

8. 从润湿作用原理说明固体粉末做乳化剂的条件。

9. 0.1g Span 20 溶于 2mL 石油醚中，加入 0.5mL 2.5%的 Tween 20 水溶液，乳化成乳状液。再加入 8～10mL 正己醇，剧烈摇动后可得透明的微乳状液。说明原理。

10. 什么是表面活性剂的临界堆积参数？在实际应用中有何意义？

11. 说明用液膜分离技术分离废水中苯酚的原理。

第六章　界　面　膜

第一节　膜的定义

给膜以全面的、精确的定义是困难的。一种看法是将膜视为两相间的不连续区域，即分隔两相的界面，因而也常将两相间的吸附层称为吸附膜、界面膜等。从构成膜的物质的分子排列规律来说，膜是二维伸展的分子结构体，有一定宏观厚度和强度的称为薄膜（film），常见的有各种化学组成的隔膜、孔性膜、油膜、液膜等，甚至薄片状物也可称为膜。在相界面上以不同方法形成的具有一定特别功能和厚度约为不大于几个分子层的两亲分子有序结构也称为膜（membrane），如细胞膜、半透膜、不溶物单层膜、LB 膜等。许多情况下，membrane 与 film 难以区分。

膜的主要作用有：①物质分离，如超滤膜、半透膜、离子交换膜等；②透过功能，如生物膜、半透膜；③能量转化，如用于太阳能电池的有机薄膜，用做电子器件的 LB 膜；④生物功能，如各种生物膜等。

本章只涉及在相界面上用不同方法形成的两亲分子有序结构膜的形成及性质，不讨论各种膜分离过程中实用薄膜材料的制备与膜分离技术问题。

第二节　气液和固液界面膜

一、液体表面的不溶物单层膜[1~4]

（一）表面压及其测量

将不溶于水的有机两亲物质溶于适宜的有机溶剂，将此溶液滴加到水的表面上，起始时的铺展系数是正值，溶剂挥发后形成两亲物单层。由于两亲物不溶于水，且挥发性极低，故其可稳定地存在于水面上。由于水面上铺有两亲物分子层而使表面张力改变 π：

$$\pi=\gamma_0-\gamma \tag{6.1}$$

γ_0 和 γ 分别为铺膜前后的表面张力。π 称为表面压（surface presure）。若在干净的水面上放一轻质小棒，在其一侧滴加两亲物有机物溶液，小棒将急剧向另一方向运动，这可视为两亲物铺展时对小棒施加力的结果。因此，表面压也可定义为铺展的膜对单位长度浮片施加的力，数值上等于铺膜前后液体表面张力之差。表面压是二维压力，表征表面上因有外来物质而引起表面能的变化。

表面压的测量方法有两种。一种是直接测量铺展的膜施加于液面上浮片的力。图 6.1(a) 是这种方法的装置图，这种装置称为 Langmuir 膜天平。图中 4 为用铜、不锈钢或四氟乙烯制成的浅盘，为了使浅盘中水面干净，须使水面高出盘边［如图 6.1(b) 所示］。因此，常在金属制浅盘表面涂以石蜡。膜天平主架位于浅盘一端 1/3 处，主架上有扭力丝10、镜子 7 及悬挂浮片 6 的系统。浮片可用薄的涂有石蜡的云母、塑料或金属片制成，能漂浮于水面。浮片两端与浅盘边间隙用薄金箔或塑料片封闭，既要不使铺展膜外逸，又不能妨碍浮片的活动。浮片与扭力丝 10 连接，浮片还与镜子连接，浮片移动时带动镜子转动，利用镜子反射光点之位移，测量浮片移动距离。清洁浅盘中液体表面利用图 6.1(c) 所示的架有可移动滑片的装置进行。通过螺旋推进杆带动滑片移动（前进或后退）。

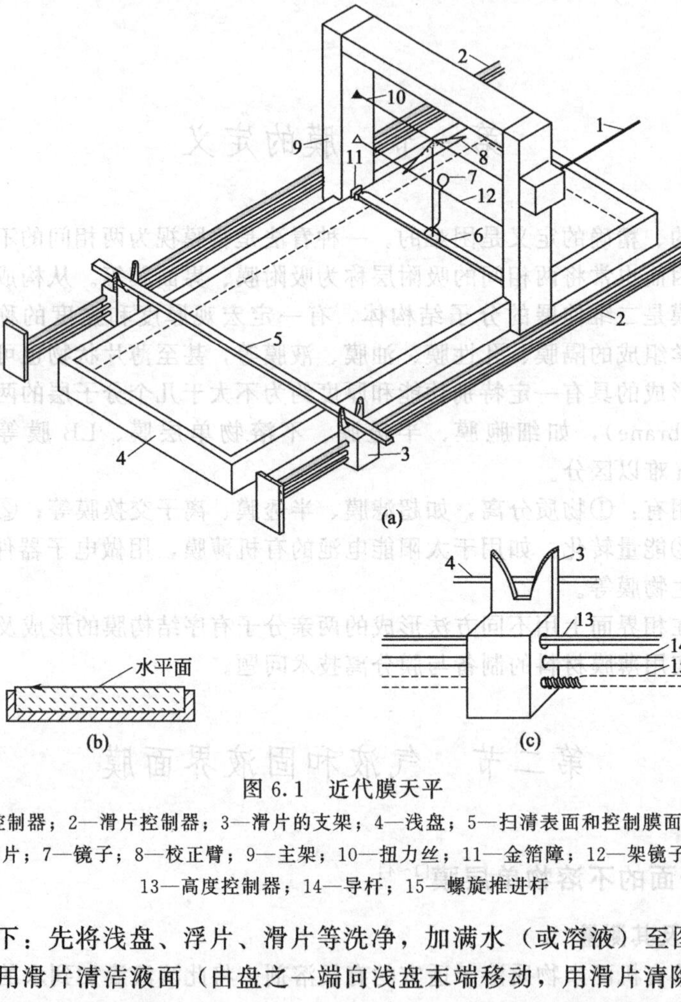

图 6.1 近代膜天平

1—扭力丝控制器；2—滑片控制器；3—滑片的支架；4—浅盘；5—扫清表面和控制膜面积用的滑片；6—浮片；7—镜子；8—校正臂；9—主架；10—扭力丝；11—金箔障；12—架镜子的丝；13—高度控制器；14—导杆；15—螺旋推进杆

具体操作如下：先将浅盘、浮片、滑片等洗净，加满水（或溶液）至图 6.1(b) 状，调节螺旋推进杆，用滑片清洁液面（由盘之一端向浅盘末端移动，用滑片清除表面杂质，重复多次，每次都要清洗滑片）。核定滑片起点。将一定量两亲物有机溶液均匀滴加于干净的液面上。待溶剂挥发后，转动扭力丝使浮片保持原位。不断移动滑片位置，依次测定扭力丝转动度数（每次均使浮片保持原位），根据扭力丝转动度数与施加力关系线求得膜对浮片施加的力，再根据实测浮片长度可求出 π。由加入的成膜物的数量及分子量以及膜的面积（实际成膜物占据的液面面积）可计算出每份成膜分子在一定 π 值时占据的面积 A。

第二种测量表面压的方法是用吊片法（或其他适宜的测定液体表面张力的方法）测定纯液体的和加入成膜物后液体的表面张力 γ_0 和 γ，依 $\pi=\gamma_0-\gamma$ 计算表面压。图 6.2 是一种用吊片法测定表面压的膜天平装置示意图。

（二）单层膜的状态与结构

在恒定温度条件下，测出的不溶物单层膜的表面压 π 与成膜分子占据面积 A 的关系曲线称为 π-A 等温线。图 6.3 是多种不溶两亲物 π-A 图的综合结果，即表现了 π-A 等温线的各种特征。实际上并非任一种不溶两亲物都有图中等温线的全部特征。图中等温线的各段名

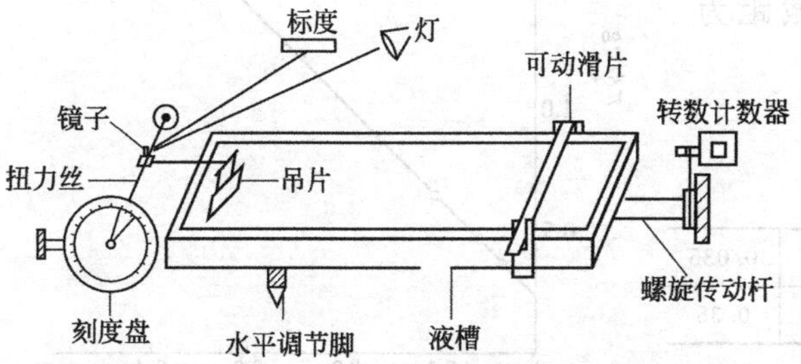

图 6.2 用吊片法测定表面压的膜天平装置示意图

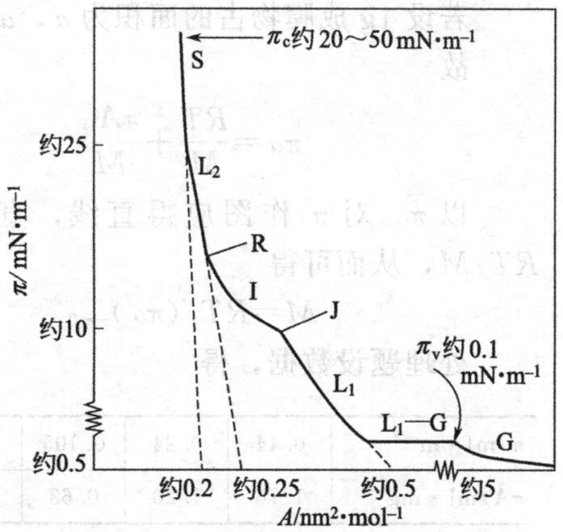

图 6.3 典型的二维单层膜的 π-A 图

称如下。G：气态膜；L_1—G：气液平衡膜；L_1：液态扩张膜（也简称为 L_e 膜）；I：转变膜；L_2：液态凝聚膜（也称为 L_c 膜）；S：固态膜。L_2 和 S 也统称为凝聚膜。L_1、I 和 L_2 也统称为液态膜。这里应用气、液、固态膜的称谓显然是从三维物质存在状态套用的，在膜存在的二维状态应有特殊的意义，然而在一定温度和二维压力下，膜的状态也可以如三维物质一样有类似的变化。图中 J 为 L_1-I 膜转变点，R 为 I-L_2 膜转变点，π_c 是膜的崩溃压（破裂压），π_v 是气态膜的最大表面压（约小于 $0.1\text{mN}\cdot\text{m}^{-1}$）。

1. 气态膜

当成膜分子在表面距离很远，即拥有的面积很大（如＞100nm^2）时，表面压 π 很小（如＜$0.5\text{mN}\cdot\text{m}^{-1}$）。在这种条件下，两亲分子类似于处于理想气体状态，服从类似于理想气体状态方程 $pV=nRT$ 的二维理想气体方程

$$\pi A=kT \tag{6.2}$$

若考虑到成膜分子的协面积 a_0，则有

$$\pi(A-A_0)=kT \tag{6.3}$$

式中，k 为 Boltzmann 常数。当用 A 和 A_0 分别表示相应每个成膜物分子所占据的和分子本身所有的面积时，只需将上两式中之 k 换为 R（气体常数）即可。

气态膜研究的重要应用是估算大分子的摩尔质量，应用这种方法所需样品量少，操作和数据处理也很简便。

【例 1】 25℃时测得 1mg 某种蛋白质在 $0.01\text{mol}\cdot\text{L}^{-1}$ 盐酸水溶液上成膜时的表面压数据如下。求蛋白质的摩尔质量。

比表面积/$\text{m}^2\cdot\text{mg}^{-1}$	4.0	5.0	6.0	7.5	10.0
$\pi/\text{mN}\cdot\text{m}^{-1}$	0.44	0.24	0.105	0.06	0.035

解：题设表面压很小，应属气态膜范围

若设 A 和 A_0 为相应之摩尔面积，式(6.3) 可变为

$$\pi A=RT+\pi A_0$$

对于 1g 成膜物

$$\frac{\pi A}{M}=\frac{RT}{M}+\frac{\pi A_0}{M}$$

若设 1g 成膜物占的面积为 a，$a=A/M$

故

$$\pi a=\frac{RT}{M}+\frac{\pi A_0}{M} \qquad (6.4)$$

以 πa 对 π 作图应得直线，直线截距为 RT/M，从而可得

$$M=RT/(\pi a)_{\to 0}$$

处理题设数据，得

π/mJ·m^{-2}	0.44	0.24	0.105	0.06	0.035
πA/mJ·mg^{-1}	1.76	1.20	0.63	0.45	0.35

作 πA-π 图（图 6.4），由图中直线求出截距为 0.23J·g^{-1}

$$M=8.31\times 298\text{J}\cdot\text{mol}^{-1}/0.23\text{J}\cdot\text{g}^{-1}$$

$$=10766\text{g/mol}$$

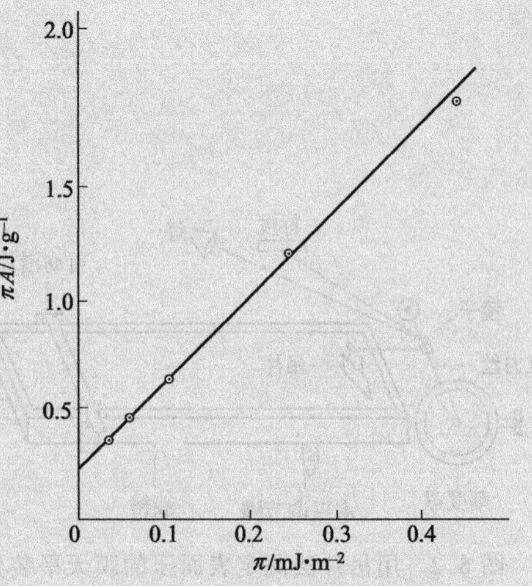

图 6.4 某蛋白质表面膜的 πA-π 图

2. 气液平衡膜

从气态膜向液态膜的转变状态。类似于三维状态中的气液平衡状态。从微观角度看在气液平衡膜中很可能是富集的两亲不溶物相与纯溶剂相间的转变。此时之 π_v 相当于在三维状态时成膜物的饱和蒸气压，一般 π_v 均小于0.1mN·m^{-1}。表 6.1 中列出一些两亲物在 15℃ 时气态膜的饱和蒸气压 π_v。显然 π_v 与分子结构有关，同系物则随碳原子数增加 π_v 减小。

3. 液态扩张膜

关于此种膜的物理图像有多种设想。其中有两种值得介绍，因为这两种模型都给出了表征液态扩张膜的相应方程。Langmuir 认为在这种膜的状态中，成膜分子碳氢链部分相互拉扯，类似于液态烃（“似油”），而极性基部分互不干涉，类似于气态。从而得到状态方程为

$$(\pi-\pi_0)(\sigma-\sigma_0)=kT \qquad (6.5)$$

式中，$\pi_0=\gamma_{水}-\gamma_{水\text{-}油}-\gamma_{油}$。此处之油指两亲物之碳氢链。

表 6.1 一些两亲物气态膜的饱和蒸气压 π_v（15℃）

两 亲 物	π_v/mN·m^{-1}	两 亲 物	π_v/mN·m^{-1}
十三酸	0.31	十七酸乙酯	0.10
十四酸	0.20	十八酸乙酯	0.033
十五酸	0.11	十四醇	0.11
十六酸	0.039	十七烷腈	0.11

Smith 研究脂肪酸在水面上的单层液态扩张膜，认为在这种膜中可将脂肪酸分子视为由“硬圆盘”（—CH$_2$—基团）构成的圆筒，分子的极性基锚接于水面，圆筒彼此有 van der Waals 力作用。根据这种模型得出液态扩张膜的状态方程[5]：

$$\left(\pi+\frac{\pi emd^2}{4A^2}\right)\left[A\left(1-\frac{\pi d^2}{4A}\right)^2\right]=kT \qquad (6.6)$$

$$\left(\pi+\frac{m\varepsilon A_0}{A^2}\right)\left[A\left(1-\frac{A_0}{A}\right)^2\right]=kT \qquad (6.7)$$

式中，d 是圆筒（即分子）直径；A_0 是分子截面积；A 是分子占有面积；m 是分子中碳原子数；ε 是相邻—CH$_2$—间作用能。

4. 转变膜

这是从液态扩张膜向液态凝聚膜转变的中间状态。一种模型认为，一些成膜分子聚集成小的二维聚集体，小聚集体间相距甚远，又表现出有二维气态的特点。也有人认为转变膜状态中随 π 的增大，成膜分子转动自由度减小。

5. 液态凝聚膜

在液态凝聚膜中，成膜分子倾向于紧密定向排列成半固态，只是在极性基间有少量溶剂水的存在，极性基与水形成氢键的程度决定了这种膜可压缩性的大小。该类膜的 π-A 关系近似为直线方程：

$$\pi = b - aA \tag{6.8}$$

6. 固态膜

在固态膜中难溶两亲物分子以极性基朝水相，非极性基指向气相垂直定向紧密排列，成压缩性极小的固态。状态方程为：

$$\pi = c - qA \tag{6.9}$$

式(6.8) 和式(6.9) 形式上相同，常数各不相同。因而，应用此二式将 π-A 等温线外延至 $\pi=0$ 时所求出的分子面积不同，由同一成膜物，形成液态凝聚膜求出的分子面积大于由固态膜求出的。表 6.2列出三种成膜物不同温度的 π-A 等温线的液态凝聚膜和固态膜外延至 $\pi=0$ 求出的分子面积[1]，图 6.5 即为实例[6]。

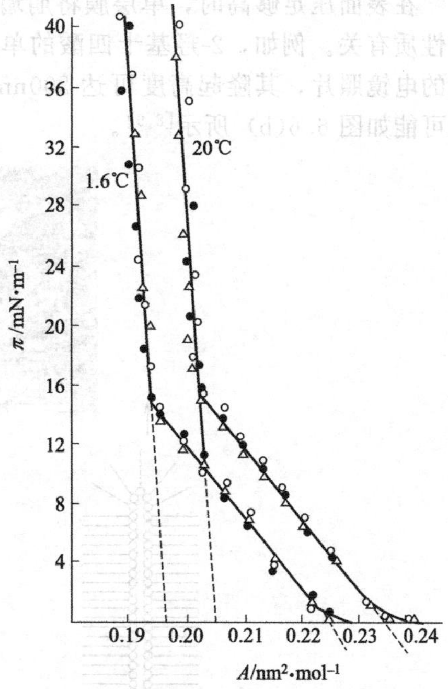

图 6.5 十八酸在 0.01mol·L^{-1} H_2SO_4 溶液表面上的 π-A 等温线

表 6.2 由液态凝聚膜和固态膜外延求出的分子面积比较 nm^2

成膜物	液态凝聚膜			固态膜		
	5℃	20℃	40℃	5℃	20℃	40℃
十四(碳)醇	0.2065	0.2185	—	0.1995	0.207	—
十六(碳)醇	0.2075	0.2135	0.234	0.1965	0.2025	0.218
十八(碳)醇	0.213	0.217	0.2325	0.1975	0.2025	0.217

由表 6.2、图 6.5 及其他许多实验结果[7]可知以下几点。①液态凝聚膜和固态膜的 π-A 等温线虽均为直线，但斜率不同。直链脂肪酸 π-A 等温线液态凝聚膜和固态膜区域直线外延至 $\pi=0$ 时分子面积分别为 0.25nm^2 和 0.2～0.22nm^2，即前者大于后者。固态膜时分子排列已接近结晶态，与直链脂肪酸三维晶体结构之值 0.185nm^2 接近。②同系列两亲长链有机物形成固态膜外推分子面积接近（如脂肪酸为 0.2～0.22nm^2，醇、酯略大一些），与碳氢链长短关系不大，说明成膜分子取垂直定向方式排列。③利用固态膜外推至 $\pi=0$ 时之分子面积代表分子截面积实际上是忽略了成膜分子侧向间的作用及外力的挤压作用对分子排列的影响，即可视为是一个成膜分子单独定向直立于液面上占据之面积。④除用外推至 $\pi=0$ 时之分子面积表征凝聚膜之性质外，还可用膜的压缩系数 C_m (compressibility) 作为凝聚膜的重要参数：

$$C_m = -\frac{1}{A}(\partial A/\partial \pi)_T \tag{6.10}$$

式中，A 是在膜中的分子面积，可由 π-A 等温线求出压缩系数。十八碳醇在 5℃、20℃

和 40℃时固态膜的 C_m 依次为 $0.85\times10^{-3}\text{mN}\cdot\text{m}^{-1}$、$0.91\times10^{-3}\text{mN}\cdot\text{m}^{-1}$和 $1.5\times10^{-3}\text{mN}\cdot\text{m}^{-1}$。这一数据说明随温度升高 C_m 增大。

7. 单层膜的崩溃

在表面压足够高时，单层膜将崩塌并形成三维多层膜。发生崩塌的表面压大小与成膜物的性质有关。例如，2-羟基十四酸的单层膜在 $68\text{mN}\cdot\text{m}^{-1}$时发生崩塌。图 6.6(a) 是崩塌膜的电镜照片，其隆起高度可达 200nm。硬脂酸钙的崩塌膜是晶状薄片。单层膜崩塌的过程可能如图 6.6(b) 所示[8,9]。

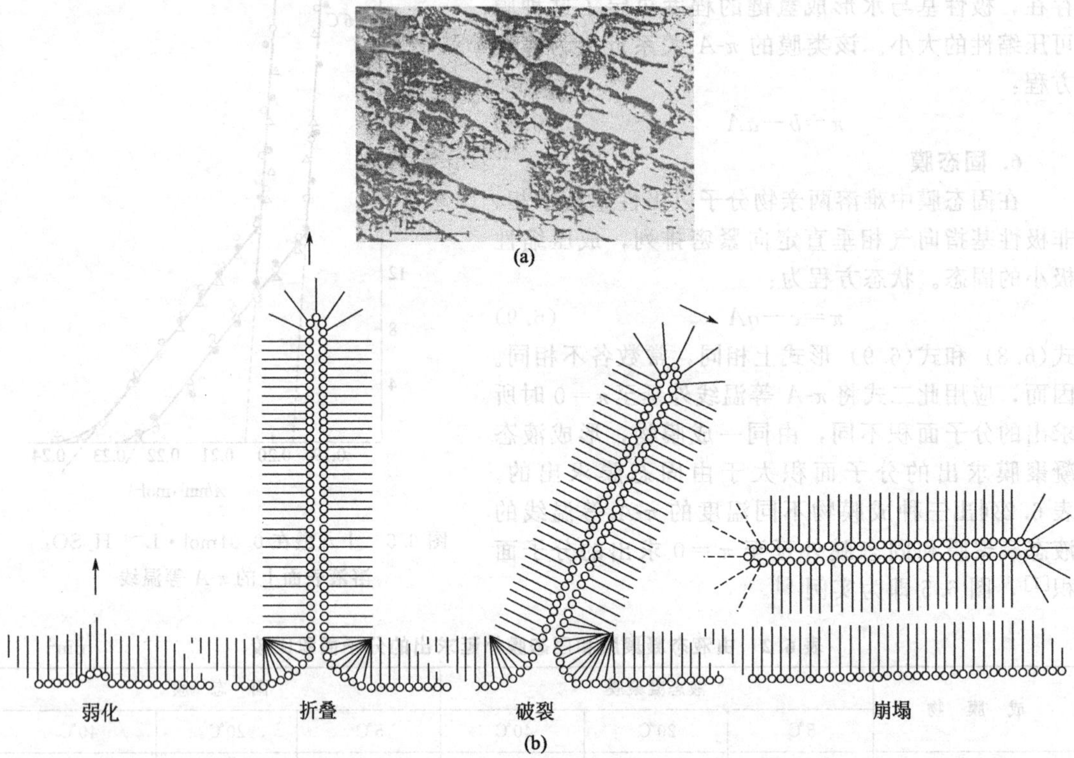

图 6.6 2-羟基十四酸崩塌膜的电镜图（a）和可能的崩塌机理（从膜的弱化到崩塌）(b)

（三）单层膜的其他研究方法

在单层膜研究中首先要测定表面压，其方法在前面已介绍。下面主要介绍表面电势、表面黏度的测定及光学方法等。

1. 表面电势

当液体表面有成膜物的膜形成时，表面有电势差，铺膜前后的电势差 ΔV 显然是膜的贡献。ΔV 与单位表面上成膜物的分子数 n，成膜分子的有效偶极矩 μ，偶极子实际方向与垂直方向的夹角 θ 有关：

$$\Delta V=4\pi n\mu\cos\theta \tag{6.11}$$

通常可用两种方法测量表面电势[1]。

(1) 离子化电极法 此法多用于空气/水界面。此法是测量在水相中的和在空气中的两个电极间的电势差。空气中的电极装在离表面几毫米处，电极上有少量放射性物质，能使电极与表面间空隙的气体电离，常用的放射源是能发出 α 射线的 Po-210 和 Pu-234。这种射线半衰期短。水相中有 Ag-AgCl 电极的半电池，用静电计或高阻抗伏特计测量电势差。总是先测量干净表面，然后测定铺膜后的电势，它们之差值即为 ΔV。早期实验装置如图 6.7 所示。

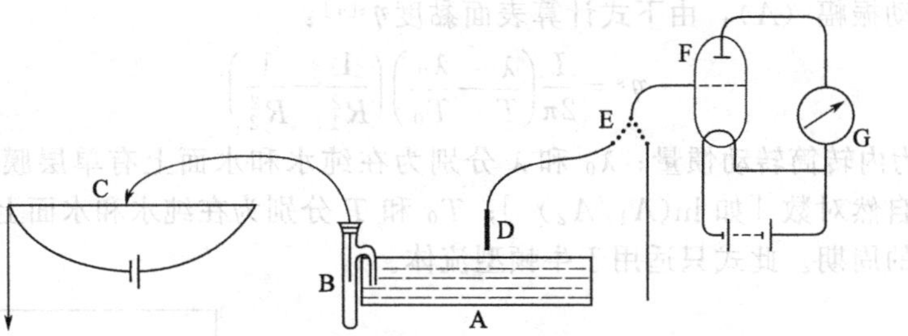

图 6.7　离子化电极法测定表面电势装置示意图

A—膜天平液槽；B—Ag-AgCl 电极；C—电位计；D—离子化电极；
E—转换开关；F—电子管；G—电流计

(2) 振动电极法　此法实际上是一种电容测定法。实验装置如图 6.8 所示。将音频电流引到一块四水酒石酸钾钠盐或扩音器磁铁上，从而引起距表面 0.5mm 的平板电极振动，电极与表面间电容变化，在第二线路中产生交流电，电流大小与间隙电势差有关。调节电位计使电流最小。成膜前后及膜中分子密度及状态影响表面电势大小。

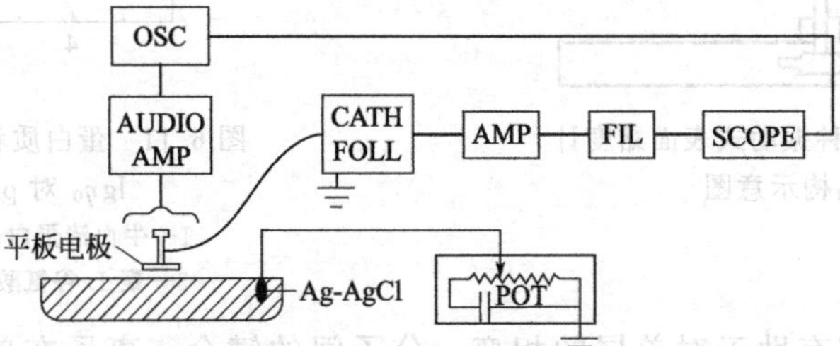

图 6.8　振动电极法测定表面电势装置示意图

OSC—音频振荡器；AUDIO AMP—音频放大器；CATH FOLL—阴极输出器；
AMP—放大器；FIL—滤波器；SCOPE—示波器；POT—电位计

2. 表面黏度

单层膜的表面黏度与成膜分子的结构和排列紧密程度有关。表面黏度分为表面膨胀黏度和表面切变黏度两种。前者是表面扩大或压缩时表面张力变化对膜形变的影响。后者是膜发生切变时受到的阻力大小的衡量。表面切变黏度常用狭缝式、扭摆式、振荡盘式黏度计测量。图 6.9 是狭缝式黏度计示意图，其测定原理是在恒定的二维压差 $\Delta\gamma$ 作用下使表面膜通过狭缝，测量单位时间流过狭缝的膜的面积 $Q(Q=\Delta A/\Delta t)$，依下式计算表面黏度 η^s：

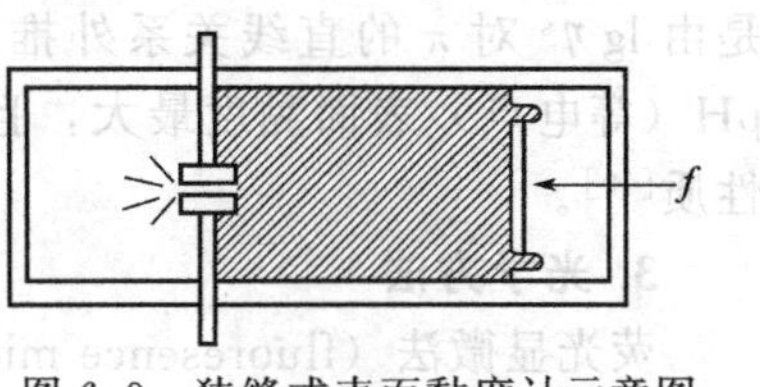

图 6.9　狭缝式表面黏度计示意图

$$\eta^s=\left(\frac{\Delta\gamma d^3}{12lQ}\right)-\left(\frac{d\eta}{\pi}\right) \tag{6.12}$$

式中，d 为狭缝宽度；l 为狭缝长度；η 为底液黏度。膜表面黏度数量级一般在 10^{-4}～10^{-2} g・s^{-1} 或表面泊间。例如，当 $\Delta\gamma=10$mN・m^{-1} 时，0.01 表面泊的膜，流过 0.1cm 宽、5cm 长的狭缝时流速约为 0.02cm^2・s^{-1}。式(6.12) 中最后一项为底液对膜的拖曳作用的校正。显然，狭缝式黏度计需在有表面压差下进行测定。

振动式表面黏度计用于测定界面黏度十分方便。这种方法是测定在表（界）面的扭力摆、振动盘或环的阻尼。图 6.10 是一种振动式黏度计的示意图。利用这种仪器测定表面黏度的一种方法（自由衰减振动法）是在内筒与表面膜（或与水面）接触后，先将内筒转至一定角度，然后任其自由衰减振动，测量内筒的摆动周期和内筒上反射镜指针的旋转角度，由偏转角计算摆动振幅（A），由下式计算表面黏度η^{s}[4]：

$$\eta^{s}=\frac{I}{2\pi}\left(\frac{\lambda}{T}-\frac{\lambda_0}{T_0}\right)\left(\frac{1}{R_1^2}-\frac{1}{R_2^2}\right) \tag{6.13}$$

式中，I为内转筒转动惯量；λ_0和λ分别为在纯水和水面上有单层膜时内筒相邻两次转动振幅比的自然对数［如$\ln(A_1/A_2)$］；T_0和T分别为在纯水和水面上有单层膜对内筒自由衰减摆动的周期。此式只适用于牛顿型流体。

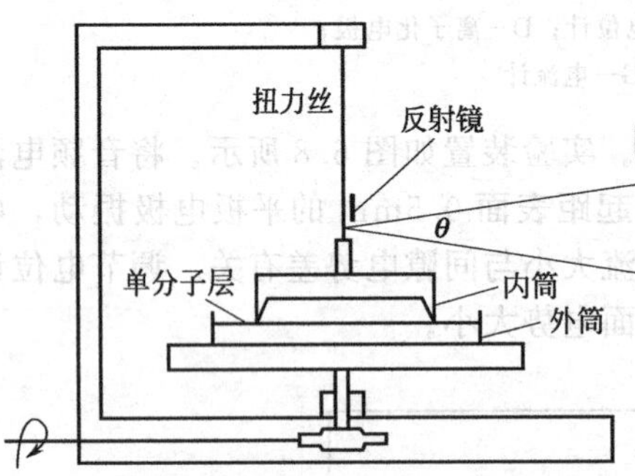

图 6.10　一种振动式表面黏度计结构示意图

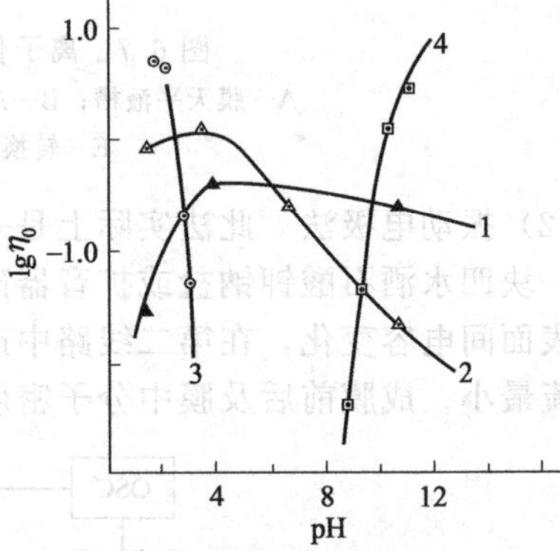

图 6.11　蛋白质和聚氨基酸单层的$\lg\eta_0$对 pH 关系图

1—牛血清蛋白；2—胃蛋白酶；3—聚-L-谷氨酸；4—聚赖氨酸

表面黏度的研究有助于对单层的相变、分子间的键合、离子在单层上的吸附、单层膜上进行的某些反应深入了解。例如，聚合物单层通常比相应的单体单层的黏度大，因而在界面上的聚合物反应必在表面黏度上有反映。表面黏度有助于理解蛋白质单层中分子间的相互作用。图 6.11 是蛋白质和聚氨基酸单层的表面黏度与 pH 关系图。图中$\lg\eta_0$是由$\lg\eta^{s}$对π的直线关系外推至$\pi=0$时的值。由图可见，牛血清蛋白（BSA）在某一 pH（等电点）表面黏度最大，且随电荷增大而减小。聚-L-赖氨酸和聚-L-谷氨酸有相似的性质[10]。

3. 光学方法

荧光显微法（fluoresence microscopy，FM）将少量两亲性荧光染料引入单层中，用光照射膜，用光学显微镜观察荧光分子的横向分布。由于单层膜的状态不同，荧光分子分布也不均匀。但通常荧光染料总是不易在液态凝聚膜和固态膜中存在。用此技术首次证明水面上的单层膜有不同相态的共存[11]。

【例 2】 荧光光谱法观察单层膜。以 4-硝基苯并-2-氧杂-1,3-重氮盐（NBD）为荧光染料，加入二棕榈基磷脂酰胆碱（L-α-DPPC）在水上的单层膜中（22℃），该膜的临界压力（液态扩张膜向液态凝聚膜转变的表面压π_c）为 $12\text{mN}\cdot\text{m}^{-1}$。荧光染料 NBD 易于从较为有序的液态凝聚的 DPPC 区域（图 6.12 中黑色区域）进入液态扩张区域（图 6.12 中白色区域）。这可从图 6.12 的荧光光谱照片上清楚地看到。表面压继续增大，单层膜完全变为液态凝聚膜状态，荧光照片黑色区域越来越大，最后达全黑。上述荧光显微镜对单层膜的研究说明，在液体表面上磷脂酰胆碱可以形成不同二维状态的区域。已经发现二维区域形态与单分子层化学组成以及温度、pH、离子浓度等条件有关。荧光显微法的缺点是荧光染料在单层结构中可能会有变化。

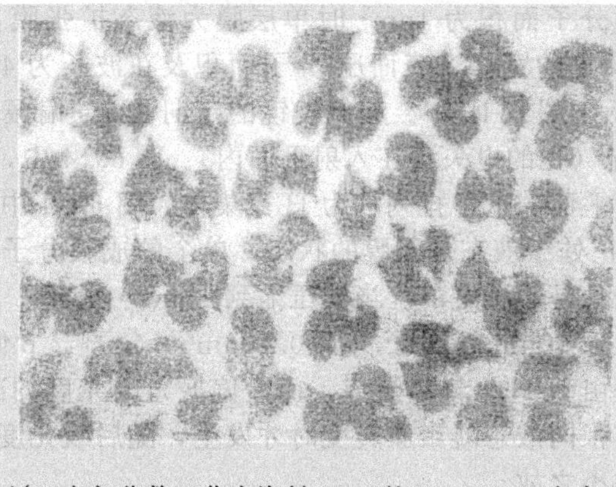

图 6.12　含 0.5%（摩尔分数）荧光染料 NBD 的 L-α-DPPC 在水面上的膜荧光照片
22℃，表面压 = 12mN·m⁻¹

单层膜吸收光谱。适于在可见和红外应用的一种光谱仪简图如图 6.13 所示，光路大致如下。钨灯光源发出的光线经单色器和短焦距透镜成平行光，进入装有膜天平的密封盒 H。光线在此分为两路，一路经可调节的镜子 M′和 M″为参考光束，另一路经精密可调镜 M 折射入铺膜体系。F 是一对平行镜，上面一块在水面上，另一块在水面下。光束在此两镜间多次反射（均经过水面 I），最后经透镜 L′聚焦进入积分球 S，S 的出口有光电倍增管 P。

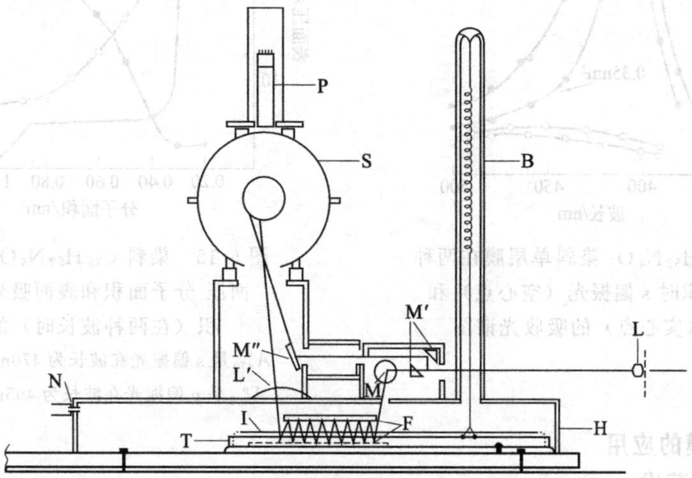

图 6.13　单层膜测量用光谱仪简图
L—短焦距透镜；H—内装膜天平的密封（不透光）盒；T—膜天平液槽；B—膜压测量装置；
M—精密可调节反光镜；I—水面（上有单层膜）；L′—透镜；S—积分球；P—光电倍增管；
M′,M″—可动反光镜；F—一对平行的在单层膜上下的反光镜

在水面上的两亲物单层可用图 6.13 所示光谱仪进行研究。图 6.14 即为两亲性染料 $C_{35}H_{52}N_4O_7$

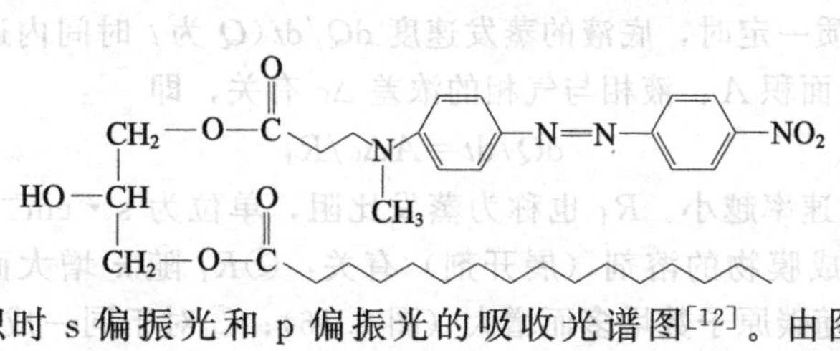

在两种不同分子面积时 s 偏振光和 p 偏振光的吸收光谱图[12]。由图可见，分子面积为 0.22nm² 和 0.35nm² 时单层膜的 p 偏振光吸收光谱在波长 405nm 时有强且窄的吸收峰。此

时的膜为液态凝聚膜。而分子面积为 $1nm^2$ 时单层膜为液态扩张膜，对 p 偏振光无明显吸收，只在 470nm 处有不明显的宽峰。表面压-分子面积及在波长为 405nm 和 470nm 的表面吸收-分子面积图一并表示于图 6.15 中。起偏棱镜的定向是，s 偏振光（光的电矢量与光的入射平面垂直），p 偏振光（光的电矢量在入射平面内）。图 6.14 中，p 偏振光谱的窄峰是由于成膜分子偶极矩垂直于平面。这种排列称为 H 聚集体。图 6.14 中的 s 偏振光谱的宽峰是因为 $1nm^2\cdot$分子$^{-1}$的膜正处于液态扩张膜的状态，单个的成膜分子平躺于表面。这种状态的膜不均匀，吸光度的变化是不稳定的。当膜压缩到 $1nm^2\cdot$分子$^{-1}$时，膜吸光度开始变得稳定，膜也变得均匀。从 $1.10nm^2\cdot$分子$^{-1}$至 $0.70nm^2\cdot$分子$^{-1}$ p 偏振光吸光度略有增加，随后增加变快，这可能是由于 H 聚集体形成，而 s 偏振光吸光度的减小是直到 π-A 线上第一个转折点，即从液态扩张向液态凝聚膜转变时才发生，随后吸光度快速减小。这是由于平躺的单个分子密度快速减小之故。

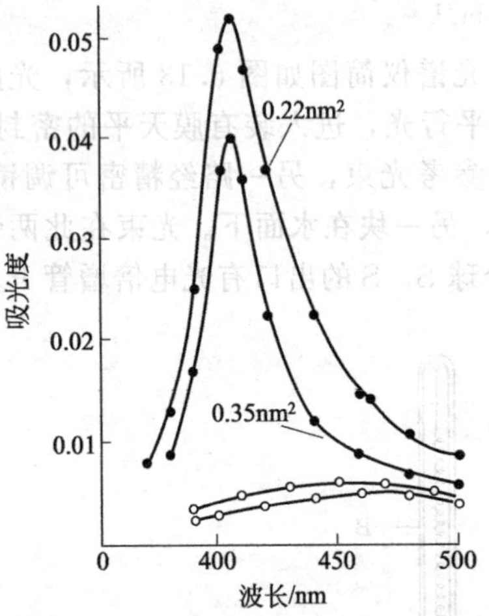

图 6.14 $C_{35}H_{52}N_4O_7$ 染料单层膜在两种不同分子面积时 s 偏振光（空心点）和 p 偏振光（实心点）的吸收光谱图

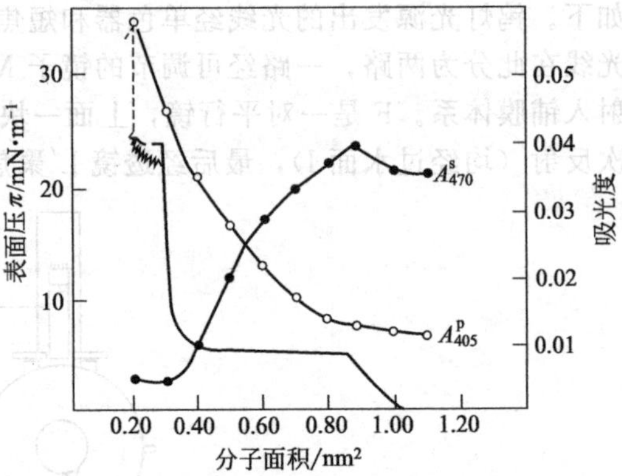

图 6.15 染料 $C_{35}H_{52}N_4O_7$ 单层膜的表面压-分子面积和表面吸光度分子-面积（在两种波长时）的关系图

A_{470}^{s}是 s 偏振光在波长为 470nm 膜的吸光度，A_{405}^{p}是 p 偏振光在波长为 405nm 膜的吸光度

（四）单层膜的应用

1. 抑制底液蒸发

在液体上形成单层膜后可以降低底液的蒸发速度。单层膜的这一作用对于水资源紧缺的现在有极重要意义。

底液的蒸发是底液分子从底液中逃离至蒸气相的过程。当底液上铺有膜时，底液分子逃离液相受到阻力有三：液相分子的阻滞力（碰撞及分子间的各种作用力），气相分子碰撞阻滞力，单层膜分子的阻滞力。当有表面膜存在时，上述三种阻滞力中膜的阻力 R_f 最大。

当温度、底液性质一定时，底液的蒸发速度 dQ/dt（Q 为 t 时间内通过 A 面积的膜的物质的量）与 R_f、表面面积 A、液相与气相的浓差 Δc 有关，即

$$dQ/dt = A\Delta c/R_f \tag{6.14}$$

显然，R_f 越大，蒸发速率越小。R_f 也称为蒸发比阻，单位为 $s\cdot cm^{-1}$。R_f 与成膜物的性质、表面压 π 大小、成膜物的溶剂（展开剂）有关：①R_f 随 π 增大而增大；②当 π 相同时，同系列成膜分子随碳原子数增多而增大（图 6.16）；③对于同一成膜物，展开剂非极性大的 R_f 大（图 6.17）。

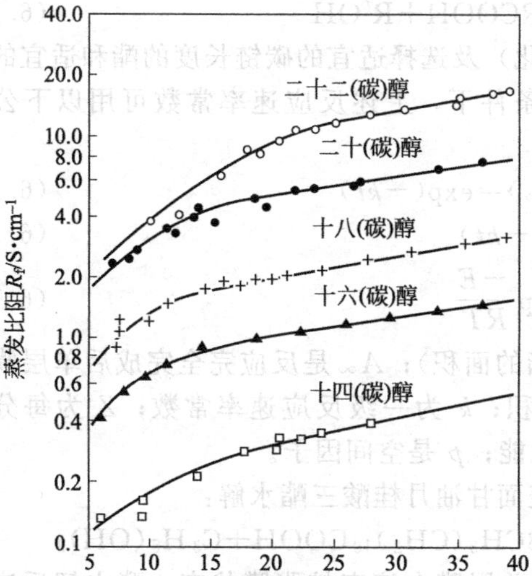

图 6.16 正构脂肪醇碳链长短对水的蒸发比阻 R_f 的影响

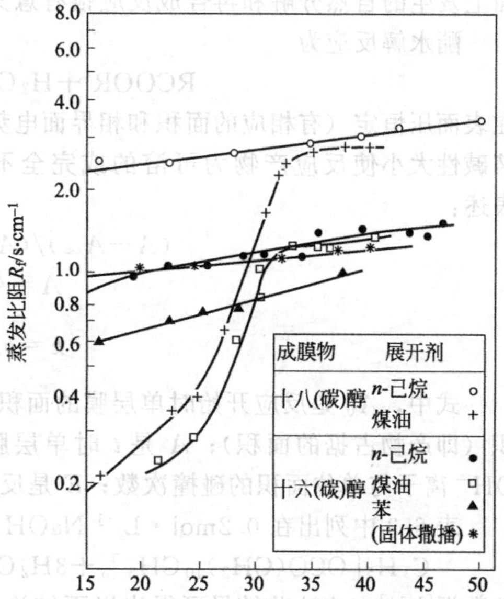

图 6.17 展开剂对 R_f 的影响

虽然蒸发比阻 R_f 对底液的蒸发有很大影响，但也并非 R_f 越大越有利于实际应用，这是因为抑制底液蒸发对单层膜有多种要求：①形成的单层膜表面压高；②膜有扩张性，成膜分子间的作用力既不能太大也不能太小，膜在受外力作用下的破损易恢复；③底液为水时，膜有良好的空气通透性，不影响水质和水生动植物生存；④无毒，无害，不破坏环境，价格适宜等。几十年来在抑制水蒸发的研究中广泛应用的成膜物为十六（碳）醇，这不仅是因为十六醇是易于制备的工业用表面活性物质，而且其蒸发比阻 R_f 和展开速率间有较好的协调关系，且其单层膜有抗风能力等。不溶性单层膜抑制水蒸发的研究早已在室外实际水面进行[13]。Roberts 在美国伊利诺斯州两个相邻小湖进行对比实验，结果表明，铺有十六醇单层膜的可减少水蒸发 40%，平均 1kg 十六醇可减少 64000m^3 水的蒸发。我国吴燕等研究了十六醇与脂肪醇聚氧乙烯醚 AEO-3 混合单分子膜抑制水蒸发，结果表明，当成膜物浓度为 $8.0\times10^{-2}g\cdot m^{-2}$时，十六醇抑制水蒸发率最高为 35%，而十六醇与 AEO-3 比为 7∶3 的混合膜水蒸发抑制率高达 60%。并且在较高温度（如 40℃）混合膜仍有良好效率，且 AFM 图像表明混合膜有更好的凝聚性[3]。我国水资源贫乏，人均水占有量仅有 2300m^3，约为世界人均水平的 1/4，全国 600 多个城市中，400 多个缺水，开发大西北的首要困难就是水资源的开发和科学利用及保护。利用不溶性单层膜抑制水蒸发无疑是一种可行的方法，有待更广泛地深入研究。

2. 单层膜中的化学反应

单层膜中的化学反应包括成膜物分子间的化学反应（如表面聚合反应），也包括成膜分子与底液中物质及气相中物质的反应（如酯水解反应，不饱和有机物的氧化反应，脂肪酸盐与溶液中某些物质形成不溶性纳米微粒的反应等）。

在单层膜中的化学反应之重要意义不仅在于探索在准二维微环境进行化学反应的各种特殊因素，实现有别于三维空间反应的特殊效应，而且有助于模拟和研究许多在膜中进行的生物过程。

(1) 长链酯水解反应　在碱性底液上的长链酯的水解反应对于研究生物体系的脂肪在界

面上发生的自然分解和再合成反应很有意义。

酯水解反应为

$$RCOOR'+H_2O \longrightarrow RCOOH+R'OH \tag{6.15}$$

在表面压恒定（有相应的面积和相界面电势的变化）及选择适宜的碳链长度的酯和适宜的底液碱性大小使反应产物为可溶的或完全不溶的条件下，上述反应速率常数可用以下公式表述：

$$(A-A_\infty)/(A_0-A_\infty)=\exp(-kt) \tag{6.16}$$

$$A=A_0\exp(-kt) \tag{6.17}$$

$$k=pZA_0\exp\frac{-E}{RT} \tag{6.18}$$

式中，A_0 是反应开始时单层膜的面积（即酯的面积）；A_∞ 是反应完全完成后单层膜面积（即产物占据的面积）；A 是 t 时单层膜的面积；k 为一级反应速率常数；Z 为每分钟 OH^- 离子与单位面积的碰撞次数；E 是反应活化能；p 是空间因子。

表 6.3 中列出在 0.2mol·L^{-1} NaOH 溶液表面甘油月桂酸三酯水解：

$$C_3H_5[OCO(CH_2)_{10}CH_3]_3+3H_2O \longrightarrow 3CH_3(CH_2)_{10}COOH+C_3H_5(OH)_3$$

的数据[1,14]。由这些结果可得出以下结论。①若单层膜在液态扩张膜状态，酯水解反应速率和活化能与在体相溶液中进行时的接近。如表面压为 3mN·m^{-1}（分子面积约为 0.6nm^2）时活化能 E_a=50kJ，体相溶液中反应的 E_a=47kJ。②表面压增加，活化能也增大，空间指数也增加，但速率常数并无明显增加。③长链酯水解时，不溶于水的产物留在膜中，将明显降低反应速率。酸性水解反应速率可降至很低。④在一定表面压时，速率常数与 OH^- 浓度有直线关系。

表 6.3 在三个表面压条件下甘油月桂酸三酯在 0.2mol·L^{-1} NaOH 表面水解反应的动力学结果

π/mN·m^{-1}	A/nm^2·mol^{-1}	k/10^{-3}s^{-1}	E_a/kJ·mol^{-1}	v/10^{-11}s^{-1}	空间指数 p
5.4	0.936	0.745	41.8	0.797	1.1×10^{-6}
10.8	0.832	0.787	55.2	0.946	3.1×10^{-4}
16.2	0.767	0.671	67.3	0.874	4.1×10^{-2}

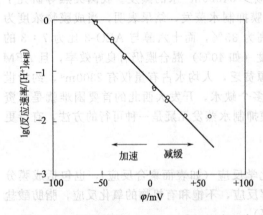

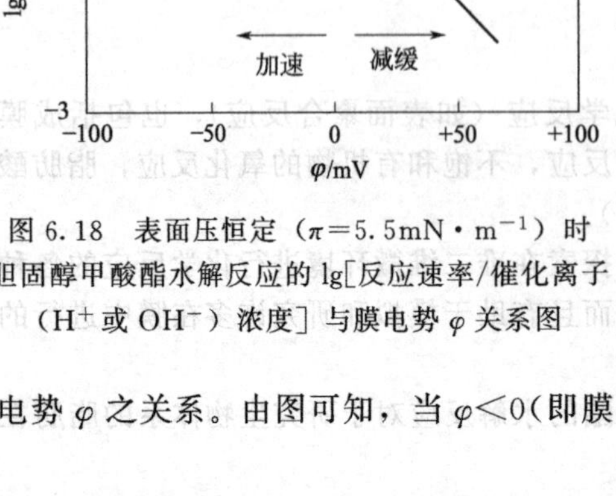

图 6.18 表面压恒定（π=5.5mN·m^{-1}）时胆固醇甲酸酯水解反应的 lg[反应速率/催化离子（H^+ 或 OH^-）浓度] 与膜电势 φ 关系图

Alexander 等研究 RCOOR′水解反应时发现当 R′较小，π 很大时（固态膜）反应速率慢；π 小时反应速率快。定性解释是由于 R′很小，π 大时可能将 R′基挤到水面以下，屏蔽酯基，不易受 OH^- 攻击。若 R、R′均很长时，它们都只能在水面以上，酯基留在水面，水解反应易进行。

Llopis 等研究了表面电势对胆固醇甲酸酯酸性水解反应的影响[1]。单层电势的不同是由于在单层中掺入的长链硫酸酯盐 $C_{22}H_{45}SO_4^-$ 或长链季铵盐 $C_{18}H_{37}N^+(CH_3)_3$ 的量不同所致。结果表明，在表面压恒定时，水解速率与 H^+ 浓度成正比。图 6.18 是在 π=5.5mN·m^{-1} 时反应速率与体相溶液中 H^+ 浓度比值之对数与膜电势 φ 之关系。由图可知，当 φ<0（即膜中有 $C_{22}H_{45}SO_4^-$）时反应速率增大，且 φ 负值

越大，反应速率/[H^+] 越大。由于体相中 [H^+] 在反应进行中可认为变化不大，故 φ 越大，反应速率越大。在研究琥珀酸单十六烷基酯单层膜碱性水解时[15]计算出表面区域碱的浓度很大。因此可以认为前述胆固醇甲酸酯在膜电势负值大时速率的增大是因表面区域 [H^+] 浓度增大的结果。当 $\varphi>0$ 时对反应有抑制作用。

(2) 界面聚合反应 界面聚合反应是在不相混溶的两相（通常为水和油相）间进行的，每相都含有一种反应物单体。在常温常压下，用界面聚合反应可以快速制备大分子量、窄分子量分布的聚合物。虽然反应机理尚有争议，但一般认为反应发生在靠近界面的油相的薄层中。界面的作用是控制水溶性单体向油相的扩散和从聚合区域除去副产物。这种图像虽不能解释界面聚合各种现象，但能发生比体相溶液中更快的聚合反应，并能得到大分子量、窄分子量分布的产物，说明进行了二维化学反应。为了说明界面聚合机理，MacRichie 研究了在油相中的癸二酰氯（SC）与在水相中的己二胺（HD）的界面缩聚过程[16]，此反应生成尼龙 610：

$$nNH_2—(CH_2)_6—NH_2+nCOCl—(CH_2)_8—COCl \longrightarrow [NH_2(CH_2)_6NH—CO—(CH_2)_8—CO—Cl]_n+(2n-1)HCl \quad (6.19)$$

这一研究包括以下几方面 。①SC 铺在空气/水界面上形成单层，HD 加于底液水中，发生界面聚合反应，压缩表面膜，测定 π-A 关系及表面黏度 η^s 与 A 的关系。②在含有两种反应物单体的水和苯溶液界面上和体相溶液中同时进行聚合反应。在界面上的反应快得多，且生成的聚合物能很快除去。如果两种反应物单体都溶于油相中，界面就没有特别的作用了。③在界面上聚合反应在单层中发生，然后在界面上的产物聚结形成厚膜，只有当表面压 π 达到临界值时厚膜才能形成。当单体浓度很低时，π 达不到临界值，只能形成聚合物单层。这也就是说，只有当油/水界面张力低于某一值时（即 π 高于某一值，$\pi=\gamma_0-\gamma$）才能形成聚合物厚膜。

由以上实验结果可以看出，界面聚合反应的可能过程是：反应物单体吸附到界面上，聚合反应在单层中进行。单体浓度越大，单体才能有特殊的定向方式使反应速率越快。当因界面吸附单体使界面压大于界面聚合反应进行生成的聚合物的临界聚结压时，聚合物单层将转变成厚膜。聚合反应消耗单体，液相中的单体又不断地吸附到界面上（保持吸附平衡），因而吸附、界面聚合反应和厚膜的形成这些过程不断地进行。但是，虽然这些过程开始时速度都很快，但当厚膜形成后就会慢下来，这是由于厚膜形成使得有效界面减小并阻碍单体向界面的扩散。一定时间以后，达到平衡状态。上述过程得以继续进行，只是最后速度取决于单体浓度减小的速度。

3. 界面反应的共性

(1) 反应物浓度的影响 在界面压恒定时，速率常数与反应物浓度成正比。这是因为界面压、界面电势恒定时，体相浓度与界面浓度成正比。

(2) 界面压的影响 反应速率常数随界面压增大而增大。在忽略界面电性质的作用时，体相浓度 c_b、界面浓度 c_s 与界面压 π 间有如下关系[1]：

$$c_s/c_b=K_0\exp\frac{-\pi A}{kT} \quad (6.20)$$

式中，K_0 是在 $\pi=0$ 时反应物在界面和体相溶液间的分配系数；A 为分子占据的面积；k 为 Boltzmann 常数；T 为热力学温度。根据式(6.20) 可知 π 的增加引起 c_s 增加，故速率常数也增大。图 6.19 是甘油三油酸酯单层和油酸单层被高锰酸盐氧化反应的结果[17,18]。

(3) 界面电势的影响 恒定表面压，界面反应速率常数随界面电势变化而变化。由图 6.18可知，当长链阳离子（季铵盐）存在时，界面电势为正值，且其浓度越大，界面电势的正值也越大，反应速率越小；若长链阴离子（硫酸酯根）存在，界面负电荷增多，电势

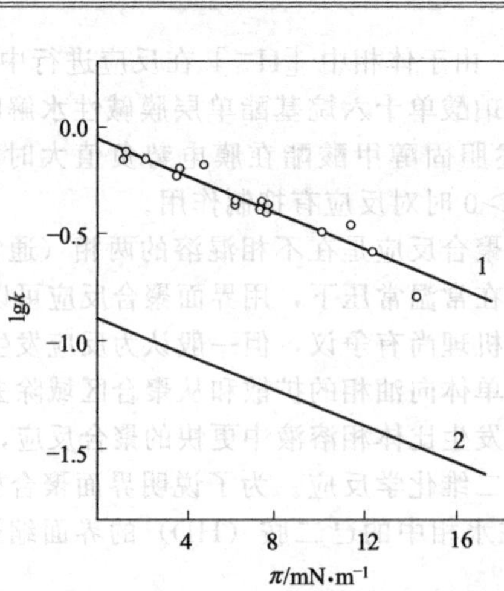

图 6.19 甘油三油酸酯单层（1）和油酸单层（2）被高锰酸盐氧化反应的速率常数 k 的对数（lg$k$）与表面压 π 关系图

为负值，且随其浓度增加，反应速率也增大。这是因为图 6.18 是胆固醇甲酸酯的酸性水解反应的结果，其有催化作用的离子是带正电荷的 H^+。

（4）界面反应的活化能 与在体相中反应的接近，这表明界面膜可能处于液态扩张状态。由表 6.3 数据知，活化能随界面压增加而增大，γ-羟基硬脂酸的单层膜内酯化反应的结果表明，当 π 从 $11mN\cdot m^{-1}$ 起升高时，摩尔活化能可从 $48.5kJ\cdot mol^{-1}$ 增至 $72.7kJ\cdot mol^{-1}$[19]。这种作用的原因尚不能完满解释，但从界面酯水解反应的研究已知可能与反应前后界面上留存物质的不同引起界面电势的变化，从而导致反应速率及活化能的改变有关[1,14]。

4. 复杂分子结构的推测

这是不溶物单层膜的早期应用，现今各种现代科学仪器的开发和应用对物质分子结构的测定已不需用这种简易、间接推测的方法了。但这种方法给人以启迪的是，有时用简单的实验方法（甚至是定性的方法）也能解决大问题，最重要的是研究者要有见解，能活学活用现有的知识和现有的实验条件。

应用形成单层膜测定分子结构是将未知物形成固态膜，将 π-A 线外推至 $\pi=0$ 时求出分子面积与根据分子模型计算出的面积做比较，若截面积相同或相近，则这种模型结构可能是正确的。这种方法仪器设备简单，只需微量试样，用于研究天然产物分子结构推测实为方便。

早期，推测胆固醇之结构是该方法的成功实例。开始时，人们推测胆固醇的结构有多种，根据这些结构模型计算之分子截面积多大于 $0.54nm^2$。将胆固醇展开于水面，测出分子面积约为 $0.35\sim0.40nm^2$。符合这一面积之分子结构应为：

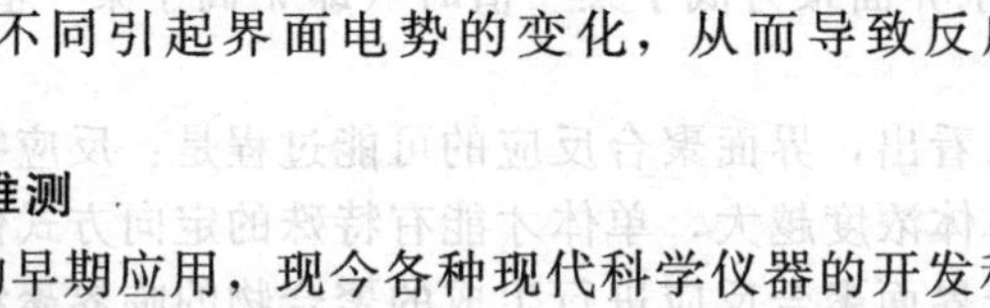

形成固态膜时以分子之末端羟基立于水面，成紧密单层排列，实测分子截面积为 $0.39nm^2$。

【例 3】 今将含量为 0.1673g/100g 苯的胆固醇溶液 7 滴滴加在干净水面上，用带吊片装置的膜天平测出表面压 π 与铺膜面积 A 的关系如下

$\pi/mN \cdot m^{-1}$	0.350	0.546	2.26	4.07	6.95	10.2	15.8	23.0	30.4
A/cm^2	480	360	300	290	280	270	260	250	240

已知每滴溶液为 0.00391g，求胆固醇垂直定向时分子面积。

解： 作 π-A 图（图 6.20），由图中高表面压区（固态膜）之直线外延至 $\pi=0$ 处胆固醇占据之表面面积为 $282cm^2$。

7 滴胆固醇之苯溶液含胆固醇量$=0.1673\times7\times0.00391/100=4.58\times10^{-5}(g)$

胆固醇分子在成垂直定向时之分子面积 σ 为（胆固醇相对分子质量=386.7）：

$$\sigma=\frac{282\times386.7\times10^{14}}{4.58\times10^{-5}\times6.023\times10^{23}}=0.396(nm^2)$$

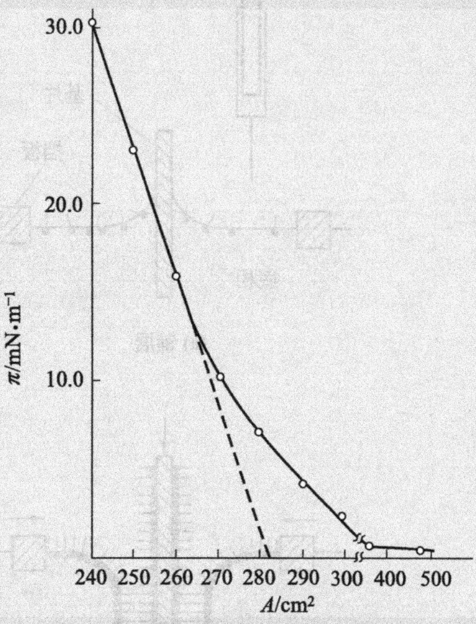

图 6.20 4.58×10^{-5}g 胆固醇在水面上之 π-A 图

二、LB 膜[20,21]

LB 膜是 Langmuir 和 Blodgett 首先制备的一种超薄有序膜。这种膜是用特殊的方法将在水面上形成的两亲性不溶有机物的单层膜（也称 Langmuir 膜）按一定的排列顺序转移沉积到固体基底上的。虽然早在 20 世纪初 Langmuir 已实现了脂肪酸单层向固体表面的转移[22]，但直至 1934 年 Blodgett 才第一次完成了将单层连续转移形成多层组合膜（LB 膜）的工作[23]。

（一）LB 膜的制备

将两亲性不溶有机物在底液（也称底相或亚相，subphase）上形成的固态膜转移沉积到固体基底（或称基片）上常称为 Langmuir-Blodgett 技术。其基本原理是在保持底液上不溶物单层表面压的条件下，使基片（如玻璃片、硅片、云母片等）以适宜的速率和方式通过单层与底液界面，使膜逐层转移至基片上。制备 LB 膜的装置如图 6.21 所示。

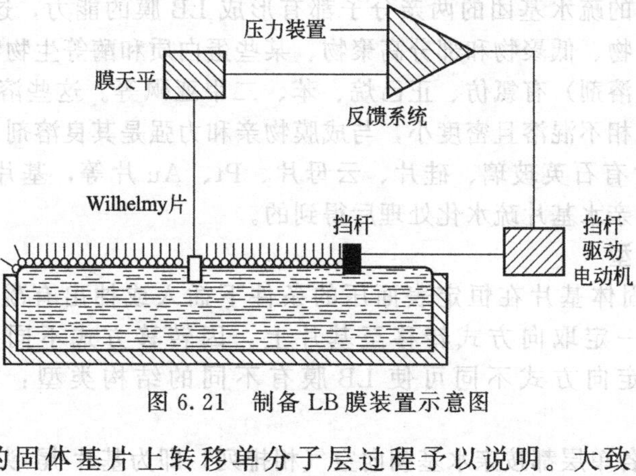

图 6.21 制备 LB 膜装置示意图

现以在亲水性的固体基片上转移单分子层过程予以说明。大致步骤如下[24]（参见图 6.22）。

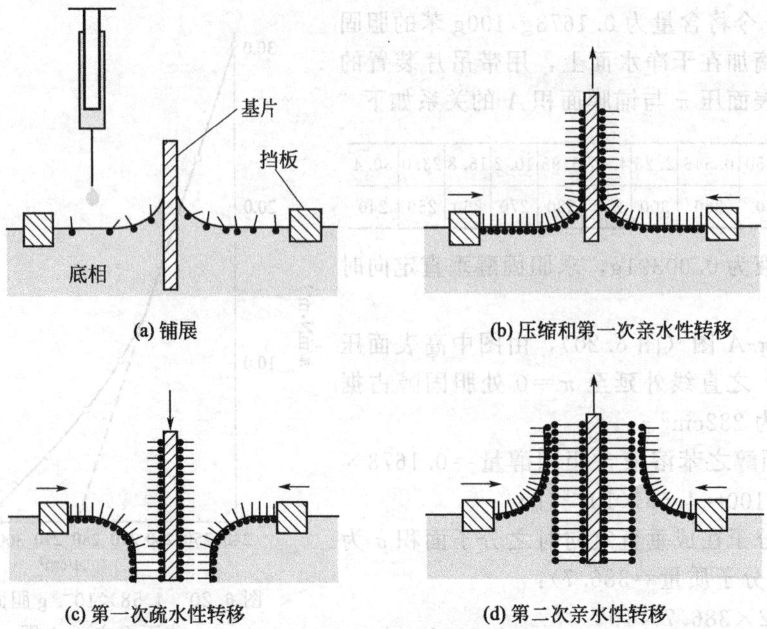

图 6.22　LB 膜形成，有机单分子层从水面向固体基片表面的转移

① 将两亲性成膜有机物溶解于易挥发又不与水混溶的有机溶剂（通常用氯仿 $CHCl_3$）。将亲水性固体基片浸入纯水底液中，用针筒将成膜物溶液逐滴加到可移动挡板之间的水面上，待溶剂挥发后，移动调节挡板，对单层膜施压（通常使表面压达 20～40mN·m^{-1}，使单层膜处于液态凝聚状态）[图 6.22(a)]。

② 在恒定表面压条件下，将亲水基片从水底液中抽出，在基片上抽时水面上的单层以其亲水基朝向固体基片，疏水基暴露于空气中的定向方式转移至基片上。这种单层膜的转移可使高表面能（约 50mN·m^{-1}）的固体表面转变为相对较低表面能（约 20～30mN·m^{-1}）的固体表面 [图 6.22(b)]。

③ 将已载有一单层的基片插入底相（仍需保持恒定表面压），发生第二层转移，只是此时是成膜物碳氢链朝向固体基片，形成尾-尾排列图像 [图 6.22(c)]。

④ 将已转移有两层成膜物的基片从底相中抽出，发生第三层转移，形成头-头相对的图像，碳氢链暴露在空气相中 [图 6.22(d)]。

原则上有足够长的疏水基团的两亲分子都有形成 LB 膜的能力，这些物质有长链脂肪酸、染料、荧光化合物、低聚物和部分高聚物、某些蛋白质和酶等生物物质等。

常用的铺展剂（溶剂）有氯仿、正己烷、苯、二甲亚砜等。这些溶剂都是化学惰性的，挥发速度适中、与底相不混溶且密度小，与成膜物亲和力强是其良溶剂。

常用的固体基片有石英玻璃、硅片、云母片、Pt、Au 片等，基片事先都要经严格处理。疏水基片常是将亲水基片疏水化处理后得到的。

(二) LB 膜的类型

如上所述，将固体基片在恒定表面压的条件下插入或抽出有凝聚态单层膜的底液表面可将成膜物以一定取向方式转移至基片上。因转移方式不同，在基片上转移的各单层间成膜分子定向方式不同可使 LB 膜有不同的结构类型：X 型，Y 型和 Z 型（图 6.23）。

X 型的 LB 膜中各单层都按亲水基朝向空气相排列，即为基片-尾-头-尾-头排列。此处之头、尾系成膜物分子的亲水端基（图 6.23 中之圆圈）和疏水基（图 6.23 中之波纹线）。

Z 型中成膜分子以基片-头-尾-头-尾排列。

Y 型中两层分子以头对头、尾对尾排列，即基片-尾-头-头-尾排列。

LB膜也称为层积膜。若改变各层的化学组成可得到复合层积膜。利用 LB 膜技术在一定条件下可以制备出有特定电学、光学性能的超薄膜，使其有望作为非线性光学材料及用于大规模集成电路元器件和分子水平电子器件的研制。

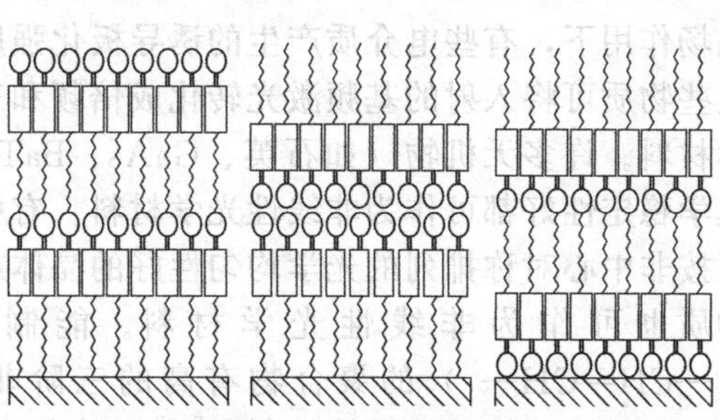

(a) X型　　(b) Y型　　(c) Z型

图 6.23　LB 膜的类型

图中与矩形连接之圆圈代表亲水端基，波纹线代表疏水链

（三）LB 膜应用举例[1,23]

1. 光电化学研究

应用 LB 膜技术可以将不同性质的分子组装到 LB 膜上；也可以对组装分子进行修饰，使特定功能的基团组装在一个分子中，再制成 LB 膜。天然生物分子、有机染料分子或经过修饰的这些分子组装成 LB 膜，可以进行光电转化的研究。

Kim 等利用 LB 膜技术研究了由不同结构的方酸衍生物的 LB 膜在 SnO_2 电极上的光电转换性质[20,25]。黄春辉等在方酸衍生物 SQ1（见图 6.24）发色团中两个苯环的邻位上引入羟基得 SQ2，研究和比较了 SQ1 和 SQ2 氧化铟锡（ITO）电极上的光电转换性质，发现 SQ2 有良好的光电转换能力，在 $0.5mol\cdot L^{-1}$ KCl 溶液中，其单层 LB 膜光电转换效率达 0.58%[26]。SQ1、SQ2 在 ITO 电极上光电流响应曲线见图 6.25 和图 6.26。

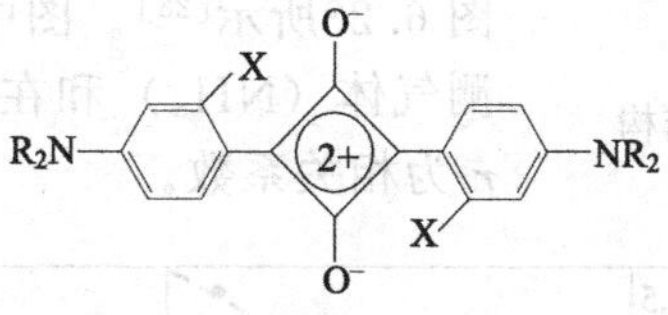

图 6.24　squaraine 衍生物 SQ1 和 SQ2 的结构式

SQ1：$R=R'=C_4H_9$，X=H；SQ2：$R=R'=C_4H_9$，X=OH

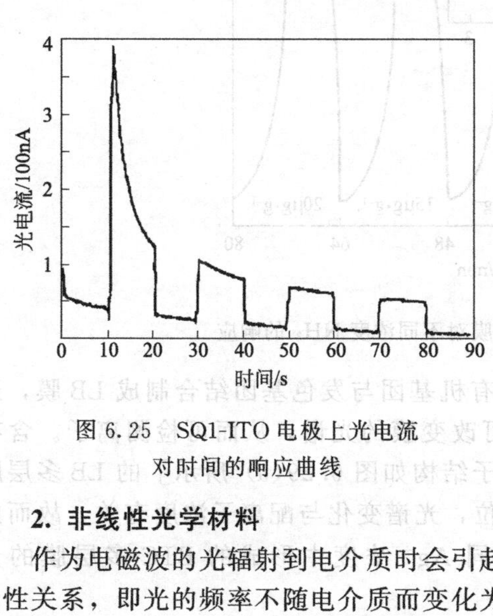

图 6.25　SQ1-ITO 电极上光电流对时间的响应曲线

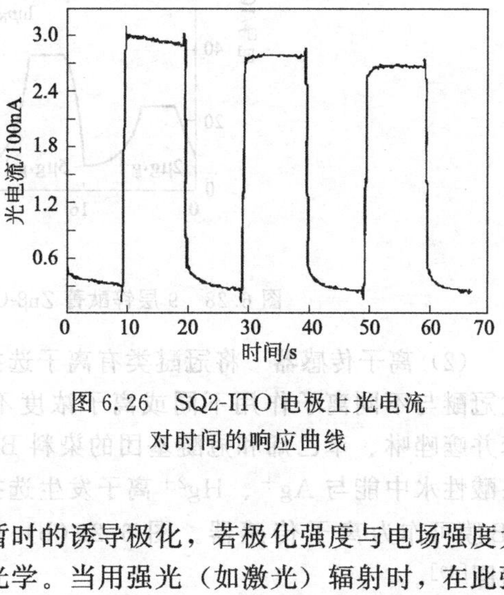

图 6.26　SQ2-ITO 电极上光电流对时间的响应曲线

2. 非线性光学材料

作为电磁波的光辐射到电介质时会引起产生暂时的诱导极化，若极化强度与电场强度为线性关系，即光的频率不随电介质而变化为线性光学。当用强光（如激光）辐射时，在此强

电场作用下，有些电介质产生的诱导极化强度与电场强度间不是简单的线性关系。也就是说这些物质可将入射的基频激光转化成倍频和三倍频出射光。有这种性质的物质称为非线性光学材料。许多无机物（如石英、GaAs、$BaTiO_3$ 等）只要透光性良好，易成晶体，熔点高，化学稳定性好都可作为非线性光学材料。有机物中那些分子结构非中心对称或虽中心对称但可按非中心对称排列的光学均匀性好的晶体或可制成二维或三维宏观材料（如 LB 膜等）的物质也可作为非线性光学材料。能制成 LB 膜的多是有机物。含聚二亚乙基（—CH═CH—）的聚合物有高的三阶非线性灵敏度，可用于制作极性光学波导管。Ulrich 报道了这种波导管的制备[27]。其方法是先在膜天平上形成单体的单层，经聚合反应成聚合单层，用紫外灯照射此膜。将此膜转移至石英或硅晶片的银网上，多层沉积至厚度达 500nm。这种波导管可吸收入射光能量。

广义地讲，非线性性质是指物质的性质随施予物质的信号强度变化而变化。因此具有非线性性质的 LB 膜有望用于制作吸收声、光、电波的器件，红外检测及光电子学器件等。

3. 特殊功能性应用

(1) 气敏传感膜　酞菁 LB 膜可用于气敏传感膜。已知不对称取代的酞菁及其锌配合物（图 6.27）的气敏性质与中心金属离子性质有关。若无金属离子，酞菁对 NO_2 响应很强，对 NH_3 响应很弱。9 层锌酞菁 Znβ-C5Pc 的 LB 膜对 NO_2 响应弱，对 NH_3 响应很强。这可能是由于氨分子与酞菁中心金属锌发生轴向配位作用。不同浓度 NH_3 的响应曲线如图 6.28所示[28]。图中 δ_{gas} 和 δ_{air} 分别表示 LB 膜在被测气体（NH_3）和在空气中的电导，β 为直线斜率，r 为相关系数。

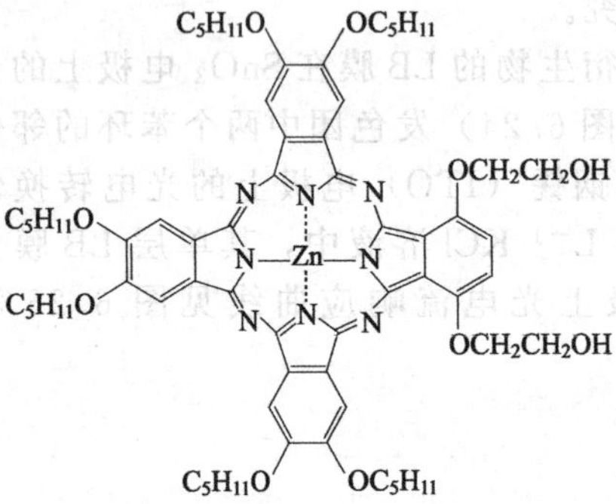

图 6.27　锌酞菁 Znβ-C5Pc 的结构

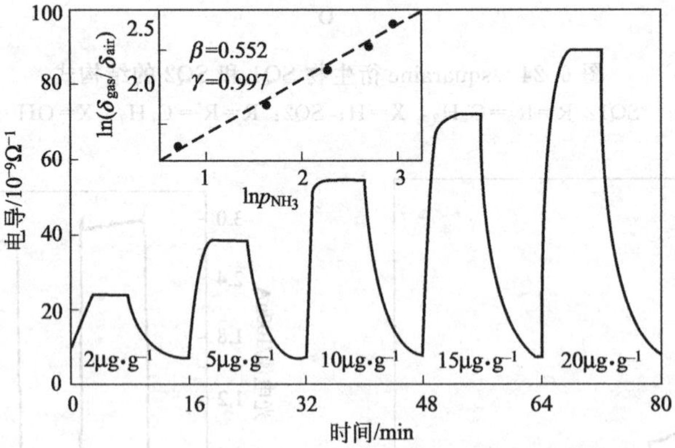

图 6.28　9 层锌酞菁 Znβ-C5Pc LB 膜对不同浓度 NH_3 的响应

(2) 离子传感器　将冠醚类有离子选择性的有机基团与发色基团结合制成 LB 膜，通过冠醚与不同离子作用不同或离子浓度不同，可改变膜的光谱，从而可检测离子。含有苯并噻唑啉、苯乙烯和冠醚基团的染料 BTC[分子结构如图 6.29(a) 所示] 的 LB 多层膜在酸性水中能与 Ag^+、Hg^{2+} 离子发生选择性配位，光谱变化与配离子浓度有关，故而此 LB 膜可作为离子传感器。图 6.29(b) 是在不同 Ag^+ 浓度中形成的 BTC 多层膜的光谱图[29]。

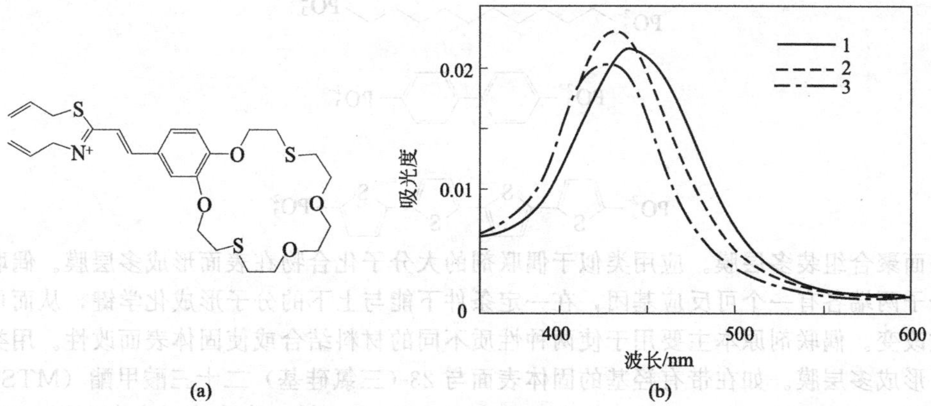

图 6.29 冠醚与发色团结合的染料 BTC 的分子结构 (a) 和在不同 Ag^+ 浓度的底相中制备的 BTC 多层膜的光谱图 (b)

Ag^+ 浓度：3>2>1

三、自组装膜[20,30]

最初将利用固体表面自溶液中吸附和吸附层接枝技术在表面形成的有一定取向和紧密排列的单分子层或多分子层的超薄膜称为自组装膜（self-assembly membranes）。尽管自组装膜早期是由吸附方法形成的，但随着科学技术的发展，现在将以价键或非价键相互作用在一定表面上形成的具有某种特定结构和性能的单层或多层薄膜均称为自组装膜。其中尤以分子、离子、粒子间弱相互作用形成的自组装膜更受到关注。

1. 单层自组装膜的制备

形成化学键的自组装单层：有机硫化物在金及其他多种金属、半导体表面上可形成共价键，如烷基硫醇在金表面上发生如下反应：

$$RSH + Au_n^0 \longrightarrow RS^- Au^+ \cdot Au_{n-1}^0 + 1/2H_2$$

形成硫醇的紧密排列的吸附单层。

最简单氯硅烷是三甲基氯硅烷，其与硅、铝、钛氧化物及多种金属和非金属固体表面羟基在室温下即可发生反应：

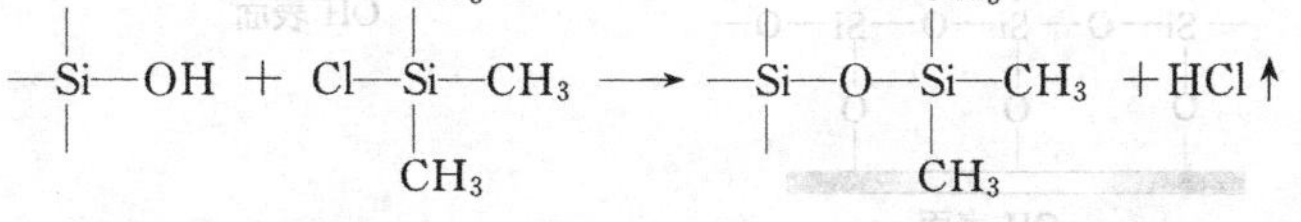

使表面亲水羟基转变为疏水的三甲基硅氧基，这也就是亲水固体表面改性的最简单方法之一。最长链硅氧烷也可发生类似反应，只是反应温度较高。

长链脂肪酸（如硬脂酸）阴离子与金属表面阳离子成盐（或可能形成氢键）形成定向紧密排列的自组装单层。

2. 多层自组装膜的制备

组装多层膜总是从单层膜开始，而单层膜的缺陷是不可避免的，且随层数的增加缺陷也会加剧。这种影响对小分子多层膜组装的影响尤其明显。大分子多层膜因其分子大和分子的柔性可能会使某些缺陷得以修复。故大分子化合物多层膜有时可达数百层。

双磷酸盐沉淀法组装多层膜。使双磷酸盐与 Zr^{4+} 简单地交替吸附在表面发生反应，生成不溶盐而逐层沉淀形成多层膜。可使用的双磷酸盐如下：

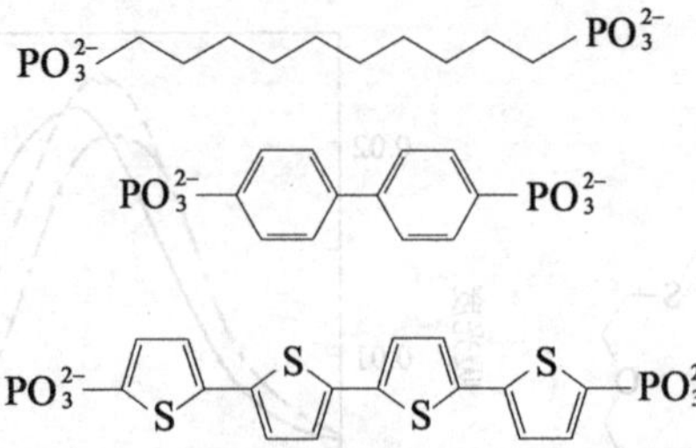

表面聚合组装多层膜。应用类似于偶联剂的大分子化合物在表面形成多层膜。偶联剂是在大分子两端各有一个可反应基团，在一定条件下能与上下的分子形成化学键，从而可使表面性质改变。偶联剂原本主要用于使两种性质不同的材料结合或使固体表面改性。用类似原理也可形成多层膜。如在带有羟基的固体表面与23-(三氯硅基）二十三酸甲酯（MTST）反应，表面—OH基与一个Cl—Si—反应形成表面—O—Si—键，在有痕量水存在下MTST中其余Si—Cl基先水解生成Si—OH再相互因脱H_2O而形成Si—O—Si键。这样就形成了第一层。该层表面的酯基在四氢呋喃溶液中用$LiAlH_4$活化成羟基，再重复上面的步骤，即可形成第二层，如此反复，即得多层膜（图6.30）。

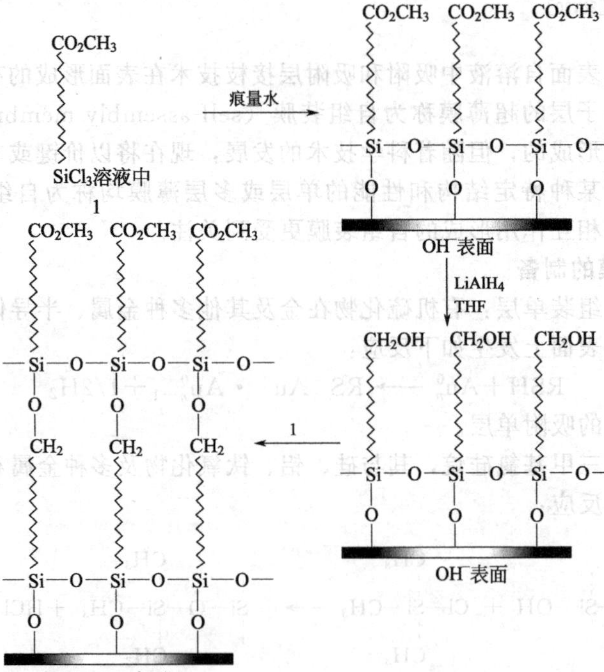

图6.30 MTST在带羟基固体表面形成多层膜的示意图

依靠静电作用也可组装多层膜。如在带电表面先吸附反号电荷的聚离子，然后在此聚离子表面层上吸附反号聚离子。这样交替沉积可得多层膜。显然这种方法组装的驱动力是静电作用。

3. 自组装膜的性质及应用

自组装膜的性质由自组装膜主体分子性质、各层间化学键的特点及后处理条件等因素决定。如由荧光物质分子组装成的膜具有相应的荧光性质，可用于电致发光器件。并且后处理还会对发光效率产生影响。将聚苯乙烯前体（PPV-precursor）与聚苯乙烯磺酸盐（PSS）、聚甲基丙烯酸盐（PMA）等阴离子通过静电作用组装成的多层膜，在真空和210℃下干燥

11h，制成电致发光器件，PMA/PPV 发光亮度为 10～50cd·m^{-2}，整流比为 10^5～10^6。C_{60}马来酸衍生物在 ITO 电极表面形成的自组装单层膜有很好的光电效应，优于相应的 LB 膜。

虽然用固体表面吸附法形成分子的有序自组装排列的研究和探讨已有多年的历史，但明确提出“自组装”的术语及从分子水平上深入研究自组装技术、自组装膜的结构却是近十几年的事。这是因为早期的吸附研究只能从宏观实验结果推测吸附层的微观结构，只有在新的现代化实验手段开发和应用以后自组装膜的研究才获得高速发展。现在自组装及相关技术已应用于医学、生物化学、材料科学、有机合成等领域，并有望作为分子器件用于微电子学、分子光学等领域。

第三节　生物界面膜及生物膜模拟

一、生物膜及其基本组成[1,31]

生物体的细胞都是由细胞膜将其内含物和环境隔开。细胞的外周膜（质膜）和内膜系统统称生物膜。生物膜具有高度的选择性和半透性。膜上有特殊专一性的分子泵和门使某些物质、能量、信息得以转换和传递。

生物膜主要由脂质（主要是磷脂）、蛋白质（包括酶）和糖组成。各组分间以非共价键结合。生物膜的组成因膜的种类不同而有差异，通常功能复杂的膜蛋白质含量较大，且品种较多。

生物膜的功能主要有：物质传送、能量转换、信息传递、细胞识别、神经传导、代谢调控等各种生命过程。此外，疾病发生、药物作用等也都与生物膜有直接关系。

生物膜的基本组成简述如下。

1. 脂质

组成生物膜的脂质主要有三种：磷脂、胆固醇和糖脂。这些物质的分子都是不大的两亲分子，即都是表面活性物质，在水中能自发形成胶束或双层结构的脂质体。

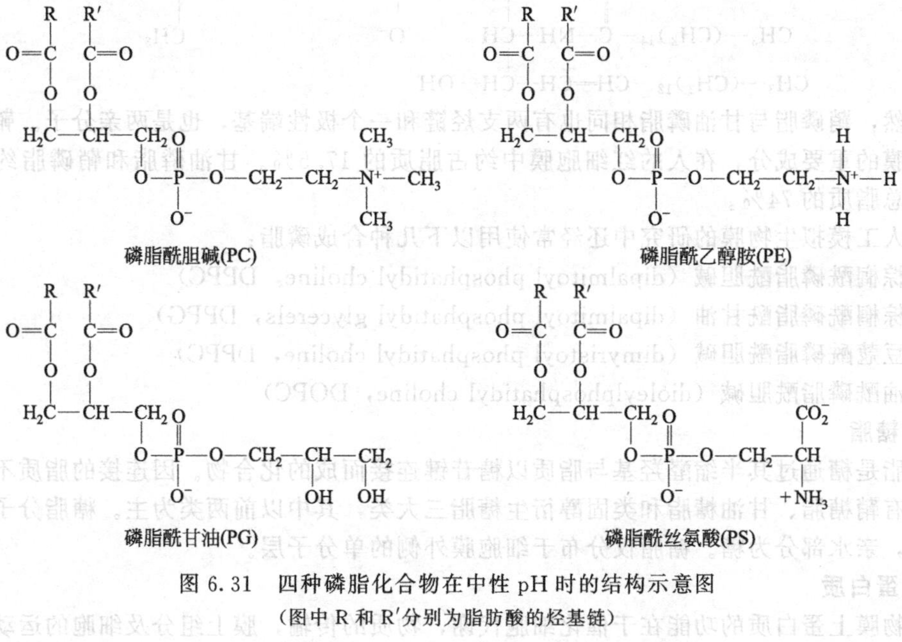

图 6.31　四种磷脂化合物在中性 pH 时的结构示意图

（图中 R 和 R′分别为脂肪酸的烃基链）

常见的几种磷脂如图 6.31 所示。这些磷脂都有甘油参与其中，故也称甘油磷脂。它们的名称、分子组成、生物学作用见表 6.4。

表 6.4　四种磷脂的名称、分子组成、生物学作用简表

中文名称 （习惯名称）	英文名称 （略语）	分子中相同部分， 分子/分子			分子中不 同部分， 分子/分子	生物学作用
		甘油	脂肪酸	磷酸	氨基酸	
磷脂酰胆碱（卵磷脂）	phosphatidyl cholines (PC)	1	2	1	胆碱	控制肝脂代谢，防止脂肝 形成
磷脂酰乙醇胺（脑磷脂）	phosphatidyl ethanol- amines(PE)	1	2	1	乙醇胺	血凝，可能是凝血酶致活酶 的辅基
磷脂酰甘油（心磷脂）	phosphatidyl glycerols (PG)	1	2	1	—	存在于细菌细胞膜和真核 细胞线粒体内膜中
磷脂酰丝氨酸（丝氨酸 磷脂）	phosphatidyl serines (PS)	1	2	1	丝氨酸	以 K^+、Na^+、Ca^{2+}、Mg^{2+} 盐类形式存在于组织中

在图 6.31 中的磷脂结构中 R 和 R′ 表示脂肪酸的烃基链。其中一支是饱和的，一支可能包含多达 6 个双键的不饱和链。通常，天然膜中的脂肪酸链碳原子数为 14～24 个，其中 C_{16}、C_{18}、C_{20} 占 80% 以上，奇数碳原子链不到 2%，不饱和脂肪酸中双键常为顺式结构，不饱和脂肪酸中有一个双键几乎总是处于 C_9-C_{10} 之间。不饱和脂肪酸的顺式结构可引起结构上的弯曲，不易折叠成晶体结构，熔点低于同样长度的饱和脂肪酸。多不饱和链的双链通常不共轭，使其熔点更低。

磷脂分为两大类：甘油磷脂和鞘磷脂（sphingolipid）。

图 6.31 中的四种磷脂均为甘油磷脂。甘油磷脂为两亲性分子，为成膜分子，在水中能自发形成双分子层的脂质体结构。

鞘磷脂又称磷酸鞘脂。胆碱鞘磷脂的结构如下：

$$CH_3-(CH_2)_{14}-\overset{\overset{\displaystyle O}{\|}}{C}-NH-CH-CH_2-O-\overset{\overset{\displaystyle O}{\|}}{\underset{\underset{\displaystyle O^-}{|}}{P}}-O-CH_2-CH_2-\overset{\overset{\displaystyle CH_3}{|}}{\underset{\underset{\displaystyle CH_3}{|}}{N^+}}-CH_3$$
$$CH_3-(CH_2)_{12}-CH=CH-CH-OH$$

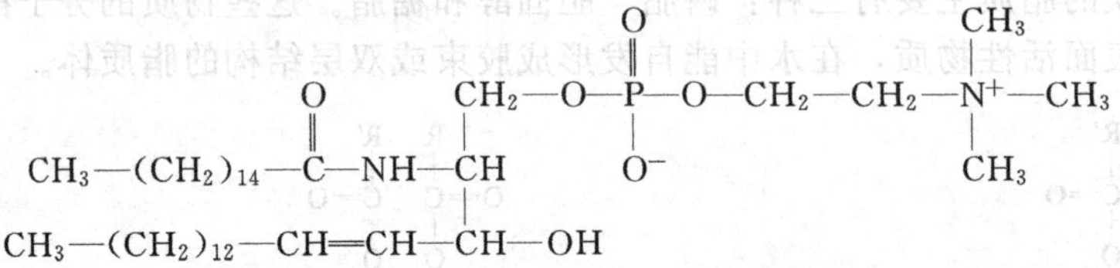

显然，鞘磷脂与甘油磷脂相同也有两支烃链和一个极性端基，也是两亲分子。鞘磷脂也是细胞膜的重要成分，在人的红细胞膜中约占脂质的 17.5%。甘油磷脂和鞘磷脂约占人红细胞膜总脂质的 74%。

在人工模拟生物膜的研究中还经常使用以下几种合成磷脂：

二棕榈酰磷脂酰胆碱（dipalmitoyl phosphatidyl choline，DPPC）

二棕榈酰磷脂酰甘油（dipalmitoyl phosphatidyl glycerels，DPPG）

二豆蔻酰磷脂酰胆碱（dimyristoyl phosphatidyl choline，DPPC）

二油酰磷脂酰胆碱（dioleylphosphatidyl choline，DOPC）

2. 糖脂

糖脂是糖通过其半缩醛羟基与脂质以糖苷键连接而成的化合物。因连接的脂质不同，糖脂主要有鞘糖脂、甘油糖脂和类固醇衍生糖脂三大类，其中以前两类为主。糖脂分子也是两亲性的，亲水部分为糖。糖脂仅分布于细胞膜外侧的单分子层。

3. 蛋白质

生物膜上蛋白质的功能在于催化细胞代谢，物质的传输，膜上组分及细胞的运动，细胞

对外界信息的接受与传递及维持细胞结构等。

脂质与蛋白质以非共价键结合成的复合物称为脂蛋白（lipoprotein），脂蛋白中的蛋白质部分称为载脂蛋白，其主要作用是增大疏水脂质的溶解度和作为脂蛋白受体的识别部位。脂蛋白广泛存在于血浆中，称为血浆脂蛋白。血浆脂蛋白按密度不同可分为五种。其中有高密度脂蛋白（HDL）和低密度脂蛋白（LDL）。HDL含50%蛋白质和27%的磷脂，HDL有助于胆固醇酯化。LDL是血液中胆固醇的主要载体，并能将胆固醇转运到外围组织。医学临床研究证明，脂蛋白代谢不正常是造成动脉粥状硬化的主要原因，血浆中LDL水平高，HDL水平低的人易患心血管疾病。

4. 胆固醇

胆固醇是类固醇（或甾类）化合物中重要的一种。胆固醇在脑、肝、肾中含量很高，是脊椎动物细胞的重要成分，在人的红细胞膜中占脂质的1/4。胆固醇对维持细胞膜的通透性和流动性起重要作用，是生理必需的。但胆固醇过多又可能引起动脉硬化、心血管类疾病（近来对胆固醇的生理作用研究证明，胆固醇有助于增长人的肌肉，并可向人体传送信号，警告身体有问题发生）。

胆固醇过高对人体健康不利，为此研究证明每天吃115g豆类制品（特别是含水量较低的豆类制品，如豆干、豆皮等）对降低胆固醇有利，特别对降低LDL有明显效果。

胆固醇是人体组织细胞膜不可缺少的组分，而且是胆汁酸、维生素D合成的原料。同时，胆固醇也是大多数胆结石的主要成分。胆固醇难溶于水，而胆汁内的胆固醇能以胆盐-磷脂微粒和磷脂脂质体的形式溶于水。但是胆汁中胆固醇过度饱和乃是生成胆结石的条件，胆结石几乎全部由胆固醇构成。机体内胆固醇来源于食物及生物合成。成人除脑组织外各种组织都能合成胆固醇，其中以肝和肠黏膜最为主要。体内胆固醇近80%由肝脏合成，10%由小肠合成。

在体内胆固醇除作为细胞膜的重要成分外，还可以转化为多种生理功能的物质。如在肾上腺皮质可转化成肾上腺皮质激素；在性腺可转化为性激素；在肝脏可转化为胆汁酸，以促进脂类的消化吸收，因此，胆固醇在人体生理功能中有重要作用，不可或缺。研究胆固醇已使多位科学家荣获诺贝尔化学奖。

二、磷脂的单层膜

含磷的脂类称为磷脂（phospholipid）。磷脂是两亲化合物，有一个含磷的极性端基和脂肪酸链的酯基（通常为两个脂肪酸链，也有只有一个脂肪酸链的），含磷的极性基通常是胆碱[$-P-OCH_2CH_2N^+(CH_3)_3$]和乙醇胺[$-P-OCH_2CH_2\overset{+}{N}H_3$]。如前所述磷脂有磷脂酰胆碱（卵磷脂）和磷脂酰乙醇胺（脑磷脂）等。图6.32是一些磷脂的单层膜的π-A图，这些磷脂都带有饱和的烃基链。选择适宜的铺展溶剂有时会有些困难。图6.32中对磷脂酰胆碱选用9∶1的正己烷-乙醇混合溶剂，而对磷脂酰乙醇胺则选用4∶1为铺展溶剂，并且欲使磷脂酰乙醇胺完全溶解还要加热到35℃。

图6.32表明，饱和烃链的磷脂同系物可能存在一般的单层膜状态。如果碳氢链足够长就可以形成凝聚态单层膜，而短碳氢链的磷脂可能形成扩张单层膜。当然，对于某一个同系物，随着温度的升高单层膜的状态可从凝聚态向扩张态转变。磷脂酰胆碱的单层膜比磷脂酰乙醇胺的单层膜有更大的扩张性。在22℃时，带有二棕榈酸基（两个C_{16}链）的磷脂酰胆碱的单层膜出现扩张态向凝聚态的转变。在此温度，带有两个豆蔻酸基（两个C_{14}链）的磷脂酰乙醇胺有类似的转变。根据π-A曲线凝聚膜外推求出的每个磷脂酰胆碱分子的极限面积是$0.44nm^2$，每个磷脂酰乙醇胺分子的极限面积是$0.40nm^2$。这种差异表示胆碱基水合能力更强，从而占据更大的面积。

磷脂单层膜的相性质与其在生物膜中的作用有关。以二棕榈基磷脂酰胆碱（DPPC）的凝聚-扩张膜转变的潜热❶与熵变计算结果来检验单层膜的相性质与其在生物膜中作用的相关性是有意义的。当DPPC的凝聚膜向扩张膜转变时，分子面积每增加0.11nm^2，相应熵增大11.3J·K^{-1}·mol^{-1}。扩大同样大的面积，肉豆蔻酸单层膜从凝聚膜向扩张膜转变，分子面积同样增大时，相应熵的增大为75J·K^{-1}·mol^{-1}。这一结果不难解释：一方面DPPC分子的碳氢链比肉豆蔻酸分子的碳氢链多一倍多；另一方面，DPPC的扩张膜中碳氢链的空间自由度更比相同条件下的肉豆蔻酸的小一倍多。图6.33是不同温度时肉豆蔻酸（十四酸）在0.01mol·L^{-1} HCl底相上的单分子层膜的π-A图。由图可见，34.4℃时单层膜只有液态扩张膜的特点。34.4℃是十四酸的临界温度，在此温度以下，单层膜出现由液态扩张膜向转变膜和液态凝聚膜的转变，在转变膜阶段π-A曲线较为平缓，在液态凝聚膜阶段，π-A线近为斜率较大的直线。室温下长碳链有机物液态扩张膜π-A线外延至$\pi=0$时之

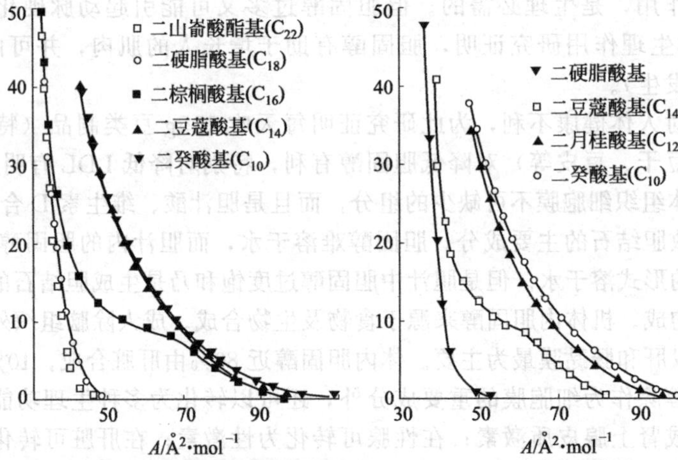

(a) 不同饱和脂肪酸酯基的磷脂酰胆碱　(b) 磷脂酰乙醇胺

图6.32　22℃底液为0.1mol·L^{-1} NaCl时饱和磷脂酰胆碱的π-A关系图（1Å=0.1nm）

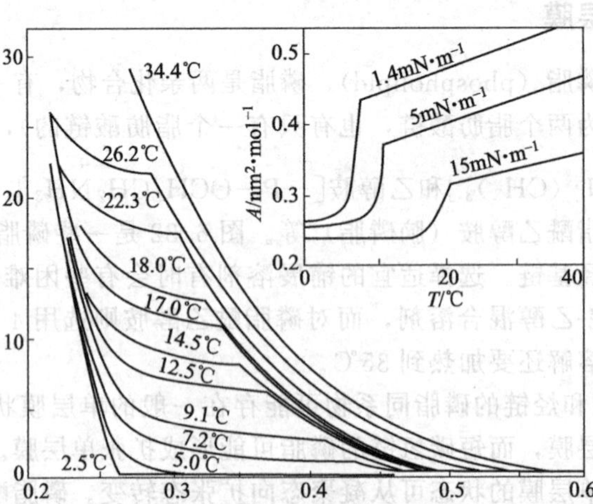

图6.33　不同温度时肉豆蔻酸（十四酸）在0.01mol·L^{-1} HCl底液表面单分子层膜的π-A图

❶ 潜热（latent heat）是指单位质量物质在一定温度下从一相变为另一相（如从液相变为气相）所吸收或放出的热量。潜热可根据克拉贝龙-克劳修斯公式计算得出。

极性端基面积约在 0.4～0.7nm^2/分子。直链脂肪酸液态凝聚膜之 π-A 线外延至 $\pi=0$ 时之分子面积在 0.22～0.24nm^2 之间（参见图 6.5）。

三、人工双层脂质膜（BLM）、脂质体与囊泡

（一）人工双层脂质膜[32,33]

1963 年 Mueller、田心棣等首次在水相中制备出人工双分子脂质膜[34]（artificial bilayer lipid membrane，BLM）。

1. BLM 的制备

能形成稳定双层脂膜之关键在于成膜溶液的配方。成膜物有合成及天然类脂（如胆固醇、卵磷脂、十二烷酸磷酸酯、单油酸甘油酯等）、表面活性剂、类胡萝卜素、染料以及多种生物抽提物。溶剂有液态烷烃、氯仿、低碳醇等。

最早应用的制备平面 BLM 的主要装置如图 6.34 所示。液槽分为两室，隔板（四氟乙烯材料）中间有一小孔（面积小于 1cm^2），液槽内装入某种无机盐（如 NaCl、KCl、$CaCl_2$ 等）的稀水溶液，将隔板小孔浸没于液中。再将类脂液用滴管或小刷加到隔板小孔上。由于聚四氟乙烯有疏水亲油性，类脂液易附着于小孔周围。类脂液在小孔中自发地变薄，最终孔中间形成 BLM，而孔四周边有较厚的类脂液区域，此区域称为 Plateau-Gibbs 边界（P-G 边界）。这一变化如图 6.35 所示。当 BLM 膜薄到比光的波长还短得多时，反射光的干涉使 BLM 显黑色。故 BLM 也称为黑脂膜（black lipid membrane，BLM）。后来，也有人先在水面上形成类脂单层，再将带孔的聚四氟乙烯板压入水中使在小孔上形成脂质双层等。在小孔中类脂膜变薄，形成平面双层脂质膜的机制很复杂，深入了解和研究很困难，但至少有几种因素值得注意：①溶剂和溶质的扩散，这涉及在介质中的溶解度及各组分的黏度等；②类脂相对于 P-G 边界的重力流动；③热运动、机械振动、杂质、界面张力的不均衡等偶然因素[32]。

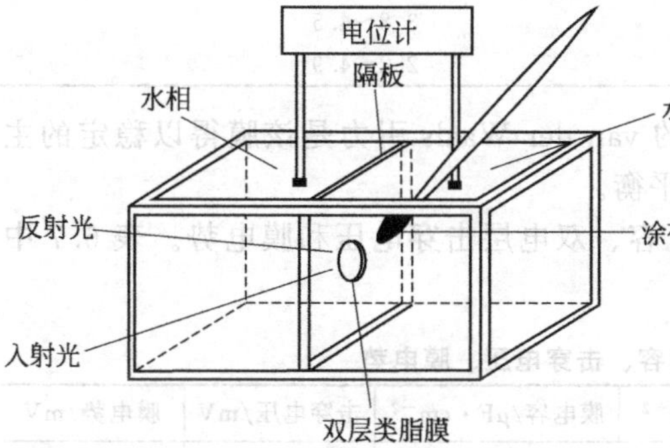

图 6.34　制备 BLM 的一种装置示意图

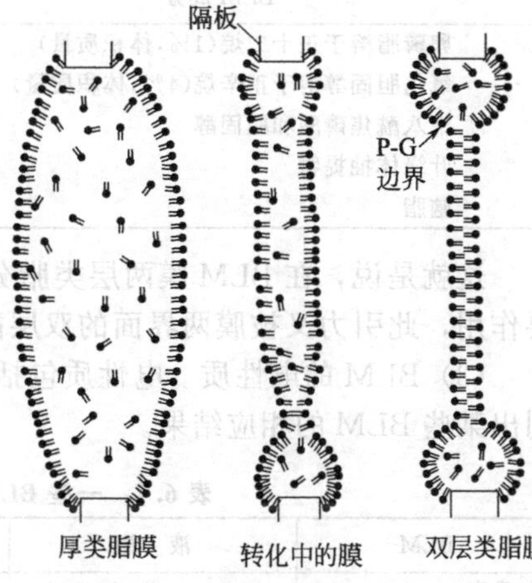

图 6.35　制备 BLM 时液膜在小孔中变薄的过程

2. BLM 的一些性质

（1）膜的厚度　应用光学衍射、电学、电镜等方法可以测定 BLM 的厚度。BLM 的厚度理论上应是两个类脂分子的长度及液态碳氢化合物的夹心层厚度之和，表 6.5 中列出几种用光学衍射法测出的 BLM 的厚度。由表中数据可知，BLM 膜厚远小于可见光波长，厚度与成膜物及溶剂性质，成膜时水相成分性质及浓度等因素有关。

膜的颜色与膜的厚度有关，从而也可根据膜的颜色估测膜的厚度。如 0～50nm 为黑色，50～100nm 为银色，100～200nm 为棕色，200～280nm、360～400nm、550～600nm 为红色，280～300nm、400～430nm 为蓝色，300～360nm、500～550nm 为黄色，430～500nm 为绿色。

表 6.5 几种 BLM 的厚度

膜　质	溶剂/液相	膜厚/nm
卵磷脂	n-癸烷/10^{-1}mol·L^{-1} NaCl	4.8
卵磷脂/胆固醇(<0.8)	n-癸烷/NaCl 溶液	4.8
卵磷脂/胆固醇(约 4)	n-癸烷/NaCl 溶液	3.1
山梨糖醇单月桂酸酯	n-癸烷/0.1mol·L^{-1} NaCl	3.1
山梨糖醇单棕榈酸酯	n-癸烷/0.1mol·L^{-1} NaCl	4.26
甘油单油酸酯	n-癸烷/饱和 NaCl	4.4
甘油单油酸酯	n-庚烷/饱和 NaCl	4.6
甘油双油酸酯	n-辛烷/10^{-2}mol·L^{-1} NaCl	5.3
甘油双油酸酯	n-辛烷/10^{-1}mol·L^{-1} NaCl	5.1
甘油双油酸酯	n-辛烷/1.0mol·L^{-1} NaCl	5.1
甘油双油酸酯	n-辛烷/10^{-1}mol·L^{-1} $CaCl_2$	5.2

(2) BLM 的界面张力 类脂分子的结构特点是两亲性的，形成 BLM 时暴露于水相的是类脂的亲水基，而两层类脂分子的疏水基依靠 van der Waals 力相对聚集。因而在水相中，BLM 有两个相界面（双界面），这种双界面张力可用最大气泡压力法测定[35]。表 6.6 中列出一些 BLM 的双界面张力值。已经证明，当双界面张力在 0～8×10^{-7}J·cm^{-2}间时，类脂薄层会自发形成 BLM，而且 BLM 的稳定性主要取决于类脂分子间色散力的作用，而类脂分子亲水基间和疏水基间的排斥作用相对较小。

表 6.6 一些 BLM 的双界面张力 γ

BLM 成分	$\gamma/10^{-5}$N·cm^{-1}
卵磷脂溶于正十二烷(1%,体积质量)	0.9±0.1
氧化胆固醇溶于正辛烷(4%,体积质量)	1.9±0.5
十八酰焦磷酸和胆固醇	5.7±0.2
叶绿体抽提物	3.8～4.5
脑脂	2.2～4.9

这就是说，在 BLM 膜两层类脂分子碳氢链的 van der Waals 引力是该膜得以稳定的主要作用，此引力又被膜两界面的双层静电斥力所平衡。

(3) BLM 的电性质 电性质包括导电性、电容、双电层击穿电压和膜电势。表 6.7 中列出某些 BLM 的相应结果。

表 6.7 一些 BLM 的电阻、电容、击穿电压、膜电势

BLM	液 相	膜电阻/Ω·cm^{-2}	膜电容/μF·cm^{-2}	击穿电压/mV	膜电势/mV
卵磷脂	0.1mol·L^{-1} NaCl	10^8	0.57	200	10～50①
	0.001mol·L^{-1} NaCl	10^6～10^8			
氧化胆固醇	0.1mol·L^{-1} NaCl	10^8～10^9	0.57	310	
脑磷脂+α-生育酚	0.1mol·L^{-1} NaCl	10^7～10^8	0.7～1.3	150～400	

① 当 pH 由 0.25 增至 1.25 时。

事实上，BLM 的各种电性质都受到膜的成分、水相溶液成分及浓度、局部条件（如局部加热等）等因素的影响。有意义的是，BLM 的电性质与生物膜的电性质很接近。

(4) BLM 的通透性 BLM 的通透性是指水、非电解质（主要是非极性和小极性有机分

子）和无机离子（如 Na^+、K^+、Cl^- 等）通过该膜的能力。由于 BLM 的主体部分是类脂分子的疏水基团层，故多数极性分子不能透过。各种物质通过 BLM 的能力可用其在饱和烃中的溶解度大小比较。但当时间很长时，任何分子仍可能按浓度梯度扩散过 BLM。一般来说，分子越小，在饱和烃中溶解度越大，越易透过脂双层，不带电荷的小极性分子也能较快扩散通过脂双层。

设 BLM 膜面积为 A（cm^2），膜两边浓度梯度为 dc/dx，单位时间透过量 J（$mol \cdot s^{-1}$）$=-AD\dfrac{dc}{dx}$。或

$$J=-AD\frac{\Delta c}{\Delta x}$$

物质沿 x 方向通过膜，D 为扩散系数。此式成立的条件是浓度梯度均匀，扩散沿垂直于膜平面方向，故通过膜的长度应等于膜厚度 t_m，故当 $\Delta x=t_m$ 时，设 $D/t_m=P$，P 称为通透系数（渗透系数），可得

$$J=-AP\Delta c$$

式中负号表示是从浓向稀扩散（渗透）。离子等带电荷物质易水化，故都难以透过 BLM。渗透系数与渗透物性质和 BLM 成分有关。

（二）脂质体与囊泡

由天然或人工合成的磷脂所形成的球形或椭球形的、单室或多室的封闭双层结构称为脂质体（liposome）。由人工合成的表面活性剂形成的类似结构称为囊泡（vesicle）。有时将以上二者统称为囊泡（或译泡囊）。图 6.36 是一种层状多层脂质体的电镜图。

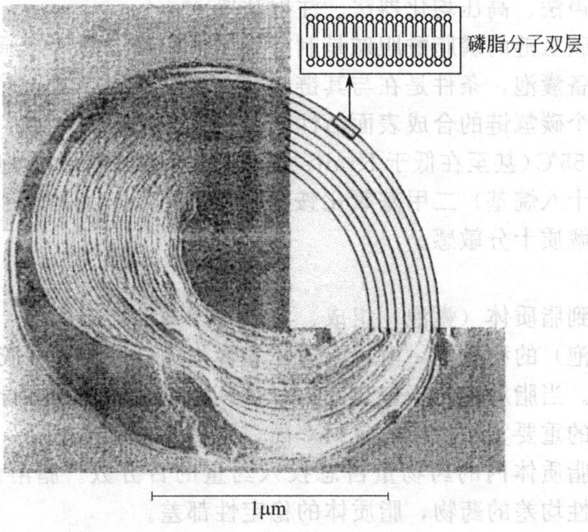

图 6.36 一种多层囊泡断面的电镜图（图右上为磷脂双层示意图）

1. 脂质体

研究较多的是三种类型的囊泡：直径约为 0.5～50μm 的多层囊泡（multilamellar vesicle），直径约为 0.1～2μm 的单层大囊泡（large unilamellar vesicle）和直径约为 0.02～0.1μm 的单层小囊泡（small unilamellar vesicle）。一些文献应用的缩写依次为 MLV、LUV 和 SUV。这三种脂质体的结构和大小如图 6.37 所示。

囊泡是两亲性的表面活性剂在高浓度时的一种聚集体。已知当表面活性剂浓度达到和超过临界胶束浓度时先形成球形胶束，浓度继续增大，亲水端基的电离和相互的排斥减弱，使

表面活性剂聚集形式重新排布成圆柱形以至层状结构。在层状结构中两亲分子是以其疏水链相互接触，亲水基朝向水相的双层形式排布的。显然，形成何种形式的聚集体与表面活性分子的空间排布有关。当然，某些油溶或水溶性添加物对聚集体中分子排列产生影响。当两亲分子的疏水部分有大的表面积（如分子中有两个碳氢链）亲水基又较大时易形成囊泡和脂质体，即两亲分子的临界堆积参数 P 略小于 1 是形成囊泡的几何条件（参见图 5.10）。

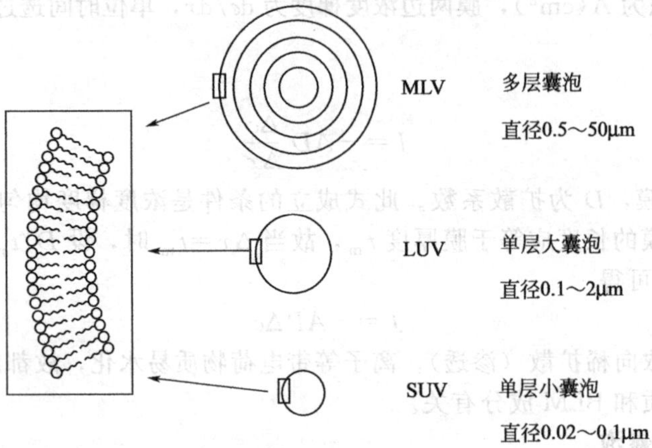

图 6.37　囊泡的类型

2. 脂质体（囊泡）的制备

脂质体与囊泡可用多种方法制备，其中有类脂膜或亲液泡沫扰动法、过滤挤压大小分级法、反相蒸发法、超声法、高压均化器法、注射法等[36,37]。

虽然，带有两个碳氢链的磷脂酰胆碱是制备脂质体和囊泡的最好原料，但用不饱和和饱和的脂肪酸也可以制备囊泡，条件是在与其链长有一定对应要求的 pH 范围内和其 Krafft 点温度以上，用带有两个碳氢链的合成表面活性剂也可制备囊泡。例如，Mortara 以二十六烷基磷酸酯用超声法在 55℃（甚至在低于 Krafft 点的 35℃）时制备出囊泡[38]。Mino 等以阳离子型表面活性剂二（十八烷基）二甲基氧化铵制备出囊泡[39]，只是用以上两种合成表面活性剂制备囊泡都对电解质十分敏感。

3. 脂质体的性质

脂质体的性质受到脂质体（囊泡）组成、温度等因素的影响。

（1）脂质体（囊泡）的稳定性　由于脂质体和囊泡的分散相多在胶体大小范围内，故均有一定的相对稳定性。当脂质体用于包封药物时，其稳定性受药物本身性质的影响。包封率是表征脂质体稳定性的重要实用指标，包封率高，脂质体稳定性好。

包封率是指包入脂质体内的药物量占总投入药量的百分数。脂溶性好的药物包封率较高。对水溶性和脂溶性均差的药物，脂质体的稳定性都差。

（2）脂质体的相变性质[36]　相变是指因温度、压力、浓度等条件的改变而引起的相平衡体系状态的变化，这种变化反映体系微观结构的变化。当脂质体与水相互作用时，水量的不同（即磷脂浓度不同）时，脂质体可有不同的结构组织。磷脂浓度高时，主要是晶体和热熔液晶以比较均匀的形式存在。磷脂浓度降低、水浓度至中等水平时形成多分散的多层囊泡，磷脂含量很低（如<1%）时以单分散的多层脂质体为主。

加热或冷却单层或多层脂质体时在某一温度有相的转变。在相转变温度有明显结构变化。低于相转变温度，双层中类脂处于高度有序的凝胶状态（gel state），它们的碳氢链成反式构象，高于相转变温度，类脂的碳氢链逐渐失去全反式结构，链节旋转更自由，凝胶态向液晶态转变。脂质体的相变有时对添加物特别敏感。离子型脂质体的相变常受外部电荷的影响，这可能是由于外加电解质影响脂质电离，并有时可能引发脂质体表面出现类脂分离，从而导致相转变温度变化。脂质体从凝胶态向液晶态的转变提高了其流动性，也使被包容物进出脂质体的速度增大。这种性质对于生物膜极有意义。

4. 脂质体、囊泡的一些应用

(1) 药物载体[40] 由于脂质体既能包容脂溶性药物又能包容水溶性药物，且脂质体有导向性、选择性、通透性、缓释性、降毒性和保护性等，故脂质体是优良的定向给药载体。定向给药（也称靶向给药）是指药物能在病变部位浓集，起到最佳疗效，并不使药物对其他正常组织产生毒副作用。

由于脂质体是类似于细胞膜的双层类脂膜结构，在一定温度下处于流动液晶态，其表面有比其他载体更易接纳导向分子的性质，即脂质体有独特的靶向能力，这种靶向性分为自然靶向、物理靶向和主动靶向。

自然靶向是指脂质体静脉给药后易被网状内皮组织（如肝、脾、肺等组织）吸收，表现为脏器性定向特性。物理靶向是指在靶位由 pH、温度、光、磁等物理因素控制的靶向释放。主动靶向是针对不同病原细胞表面受体、抗原，将有识别能力的配体、抗体嵌插于脂质体磷脂层，主动寻靶，达到配体-受体、抗体-抗原间的相互识别，从而使药能在病灶处释放。

(2) 化学反应的微反应器[41] 与表面活性剂胶束相同，表面活性剂形成的具有多层或单层结构的囊泡也可使某些反应物浓集，从而使反应加速。研究证明若反应物能在囊泡的表面活性剂对分子层/水界面上浓集，可使反应加速。并且，囊泡的催化能力比胶束的大。

Garcia-Rio 等研究了在阳离子型表面活性剂十二烷基三甲基溴化铵（LTAB）胶束溶液和在阳离子型表面活性剂二氧杂癸基三甲基氯化铵（DODAC）囊泡体系中 *N*-甲基-*N*-亚硝基-*p*-甲苯磺酰胺（MNTS）分子中亚硝基向仲胺（R_2NH）转化反应。结果表明，当 LTAB 浓度超过其 CMC 以后上述反应的表观速率常数随 LTAB 浓度增大而减小，即胶束对反应起抑制作用。而在囊泡体系中却有相反的结果，即囊泡体系有催化作用[42]。

Fendler 测定了在水、十六烷基三甲基溴化铵（CTAB）胶束溶液和 DODAC 囊泡体系中 S,S′-二硫代双-(2-硝基苯甲酸)（DTNB）碱性水解反应二级速率常数依次为：$0.54L \cdot mol^{-1} \cdot s^{-1}$，$8.4L \cdot mol^{-1} \cdot s^{-1}$，$840L \cdot mol^{-1} \cdot s^{-1}$。即囊泡体系催化活性最大。对于许多反应囊泡体系的催化活性高于胶束溶液的显然与前者的结构特点有关。图 6.38 是 DODAC囊泡结构示意图。由图可知，囊泡由多个区域构成：外水相、内水相、亲脂相、内外水相间的荷电区，这种结构比胶束复杂得多。在电场中，大部分电离的极性端基周围是定向排布的水层，在水相中还有反离子氛存在。在囊泡体系中疏水有机反应物可增溶和浓集于囊泡双层中，带有极性基的有机物也可能夹插于构成双层的 DODAC 离子之间。反应活性离子（如 OH^-）可浓集于囊泡表面。Fendler 测定了 OH^- 与 CTAB 胶束和 DODAC 囊泡的结合常数分别为 $(1\sim2)\times10^2 L \cdot mol^{-1}$ 和 $(3\sim8)L \cdot mol^{-1}$。这就是说囊泡上的 OH^- 浓度比 CTAB 胶束上的更大，因此在囊泡体进行的碱性催化反应活性更高[43]。

四、双层脂质膜与生物膜模拟

植物和动物的细胞膜由脂质（约占 25%～75%）、蛋白质（25%～75%）和少量碳氢化合物构成。脂质和蛋白质的类型及相互间比例可有很大变化。脂类和蛋白质的种类十分复杂。生物膜中含有的脂类主要有磷脂、糖脂和胆固醇。脂类和蛋白质在细胞膜中的排列分布模型是液态镶嵌模型，即脂类构成双分子层，为细胞膜的基质，在膜中脂质分子可横向自由运动，也可转动和链节活动。蛋白质附着于脂双层的表面或镶嵌于脂双层之中（插入、横贯、包埋等）。脂质双层中脂类分子的活动性使细胞膜具有柔韧性、流动性、高电阻性，并能阻碍离子、高极性分子的穿透。脂质双层对某些蛋白质（膜蛋白）是溶剂，并且与其发生的专一作用使膜蛋白有特殊功能。镶嵌于脂质双层中的膜蛋白可以自由侧向扩散，但不能从膜的一侧向另一侧转移。流动镶嵌模型所表示的生物膜如图 6.39 所示。该图是简化示意图。实际上类脂端基直径仅有 0.6nm，比蛋白质的直径（约 3～5nm）小得多，并且脂质双层是柔性弯曲的，不是平面的。

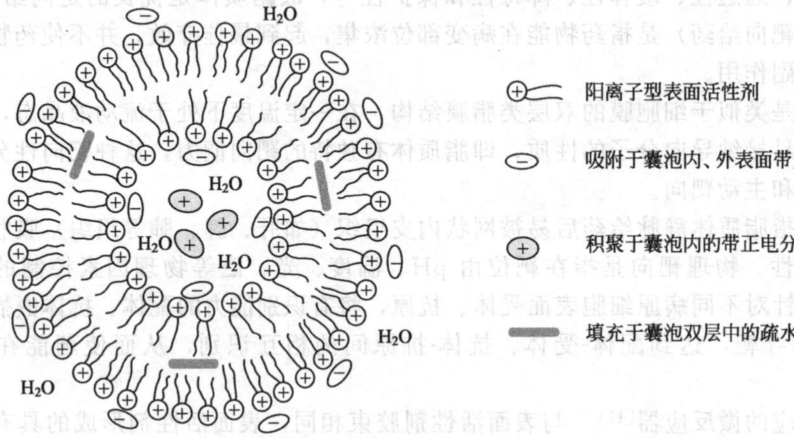

图 6.38 DODAC 囊泡结构示意图（略去反离子）

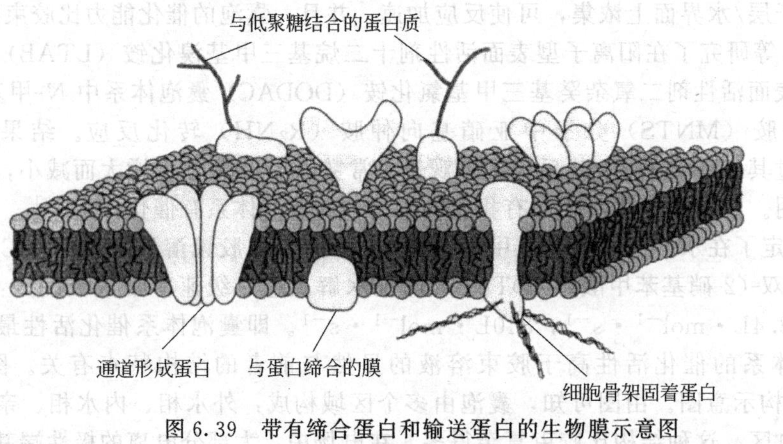

图 6.39 带有缔合蛋白和输送蛋白的生物膜示意图

在生物膜中，运输、能量转换和信息传送的功能都是由特定的蛋白质完成的。如越膜蛋白起离子通道作用。

生物膜是动态的。膜的流动性取决于类脂分子脂肪酰链的长度和不饱和度。

1. BLM 与生物膜物理性质比较

BLM 和生物膜的基础都是脂质双层膜，经多种理化测试手段的研究，它们的物理性质十分近似（表 6.8）。由表中数据可见 BLM 有可能用做生物膜模拟的基础。

表 6.8 BLM 与生物膜一些物理性质的比较[33]

性　质	生物膜	BLM	性　质	生物膜	BLM
厚度/10^{-10}m	40～130	40～90	界面张力/10^{-7}J·cm^{-2}	0.03～3.0	0.2～6.0
膜电容/μF·cm^{-2}	0.5～1.3	0.3～1.3	透水性/10^{-4}cm·s^{-1}	0.25～400	8.50
膜电阻/Ω·cm^2	10^2～10^5	10^3～10^9	离子选择性	有	可观察到
击穿电压/mV	100	100～550	光激发	有	可观察到
静息电位差/mV	10～88	0～140	兴奋性	有	可观察到
折射率	约 1.6	1.37～1.66			

2. 生物膜模拟

BLM和囊泡均为两亲分子的双分子层有序结构，特别是BLM与生物膜的基础脂质双层结构基本相同。因而可以设想在这些双层结构中嵌入活性物质可能使其具有生物膜的某些特性。

视觉过程是复杂的生理过程。现完全人工模拟此过程尚不可能，但从生理和生化研究上已发现光子能激发人的视杆细胞，而视杆细胞中的光敏分子是视紫红质。视紫红质由视蛋白和11-顺视黄醛组成。光可使视紫红质中的11-顺视黄醛异构化成全反视黄醛[44]：

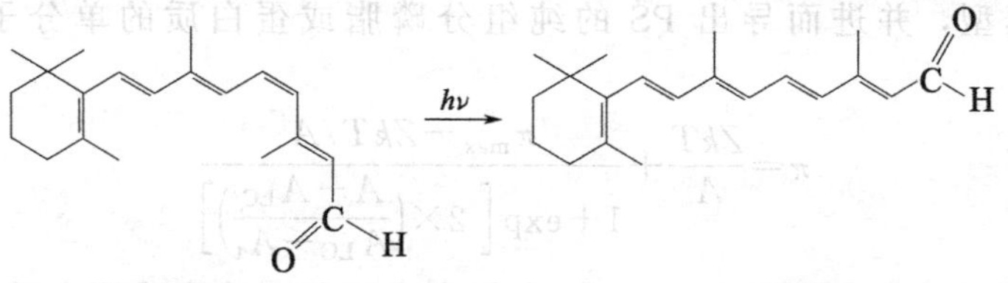

在上述视黄醛的顺、反异构化过程中视紫红质的构象也发生变化。视紫红质的曝光使发色基团发生一系列变化，这种变化导致脂质膜的超极化，并使视杆细胞超极化，进而传送至视网膜的其他神经元。

从1963年起就有人将视紫红质嵌入BLM以重组人工光感受器。田心棣等应用的方法是除去可溶性蛋白的牛视杆外片段（ROS）或纯化视紫红质与水悬浮液中的磷脂一起进行膜重组，将视紫红质等嵌入BLM的一侧，测定重组后膜对白色闪光的电响应，以及此膜对光的响应与pH、温度及视紫红质浓度的关系。研究结果表明，BLM上有ROS的光电压作用谱与视紫红质的吸收谱相当。光电压值随温度增加而增大，当温度高于50℃或近于0℃时逐渐消失，这与对眼的视网膜的实验结果一致。还有一些在BLM上嵌有嗜盐菌细胞膜中的紫膜蛋白及这种膜蛋白所含有的细菌视紫红质测定了光响应，得到了有意义的结果[30]。

在BLM上嵌入从细胞膜中抽提出的某些有效生物活性物质研究相应的电学性质、离子传输性质、光合作用等都有不少成果[32~36]。

BLM作为研究生物膜的模型是有意义的，但是其更重要的应用应是以胶束、单分子层、脂质体、囊泡等为微环境，研究在这些微反应器中的化学反应、光化学太阳能的转换和储存、分子识别和输送、药物的胶囊、酶的模拟等。这就是膜模拟化学的研究内容了[14]。

五、肺表面活性剂的界面膜

1. 肺表面活性剂的组成与功能[31]

肺表面活性剂（pulmonary surfactant，PS）是肺泡Ⅱ型上皮细胞分泌出的复杂的磷脂蛋白复合物，分布于肺泡表面的液体薄膜、肺泡是肺的主要组成部分，是由上皮细胞构成的蜂窝状、半球形囊泡，周围有丰富的毛细血管网围绕，血液在肺泡内进行气体交换。肺表面活性剂有降低肺泡表面张力的作用，以维持大小肺泡的相对稳定。PS是以单分子膜的形式排列在肺泡表面。

PS的主要组成：约90%脂类，其中又以卵磷脂为主，在卵磷脂中又以二棕榈酰卵磷脂（dipalmitoylphospha tidylcholine，DPPC）为最多。PS中蛋白质约占5%～10%，其中与表面活性物质相关的称表面活性蛋白（surfactant protein，SP）。SP分为四种，SP-B、SP-C为疏水性蛋白，SP-A和SP-D为亲水性蛋白。

PS的生理功能有：降低肺泡表面张力，利于肺泡扩张；使肺泡大小相对稳定，不萎缩；维持肺泡、毛细血管间的正常流体压力，防止肺水肿；保护肺泡上皮细胞；防止肺泡内形成组织液，使肺泡保持相对“干燥”。结合有亲水性蛋白的SP-A和SP-D的PS可提高呼吸道的抗病能力；而与疏水性蛋白 SP-B、SP-C 复合，有助于促进磷脂分子在肺泡表面铺展，有利于呼吸过程的进行。

2. PS 的纯组分的单分子膜

(1) 纯组分单分子膜的状态方程　单分子膜的状态方程是指表征表面膜的表面压 π 与分子面积 A 间的函数关系。对于 PS 纯组分的单分子膜的状态方程主要是描述这些纯组分的单分子膜中液态扩张膜到液态凝聚膜转变过程的 π-A 间的函数关系。

我国学者曾作祥等从 PS 的纯组分的 SP-C，SP-B 分子结构出发，提出此二纯组分的单分子膜的结构模型，并进而导出 PS 的纯组分磷脂或蛋白质的单分子膜的表面状态方程[45~47]：

$$\pi=\frac{ZkT}{A}+\frac{\pi_{\max}-ZkT/A}{1+\exp\left[2\times\left(\frac{A-A_{LC}}{A_{LC}-A_t}\right)\right]}$$

式中，Z 为修正系数，$Z=1/N_r$，N_r 为每个成膜物（磷脂或蛋白质）分子的残基个数，对于磷脂分子，$N_r=1$，故 $Z=1$；对于 SP-C 分子，$N_r=35$，故 $Z=0.029$，对于 SP-B 分子，$N_r=158$，故 $Z=0.0063$。$\pi_{\max}$ 为膜的崩溃压，即膜在崩溃前所能承受的最大表面压。A_{LC} 为液态凝聚膜中成膜物的平均分子面积，此值可根据成膜模型及分子结构参数计算（如，SP-C 的 $A_{LC}=0.0954\text{nm}^2$，SP-B 的 $A_{LC}=0.150\text{nm}^2$）。A_t 为液态凝聚膜崩溃时的分子面积，称为转变面积。

(2) PS 纯组分单分子膜状态方程的回归模拟　利用上述状态方程，对 PS 纯组分 DPPC、SP-B 和 SP-C 的 π-A 等温线实验数据进行计算模拟，可得到相关参数（$\pi_{\max}$、A_{LC}、A_t）的回归值和各组分的单分子膜 π-A 等温线的回归曲线。

图 6.40 和图 6.41 分别是磷脂 DPPC、DPPG，蛋白质 SP-C、SP-B 在 22℃时的 π-A 等温线。图中实心数据点为实验值，曲线为根据上述状态方程模拟计算结果。由图可知，由状态方程回归计算出的纯 DPPC、DPPG、SP-B、SP-C 的 π-A 等温线与实验曲线很好吻合。

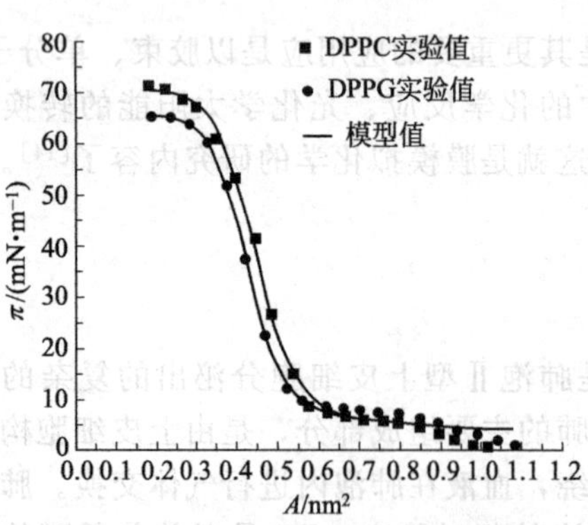

图 6.40　单分子膜在 22℃的 π-A 等温线

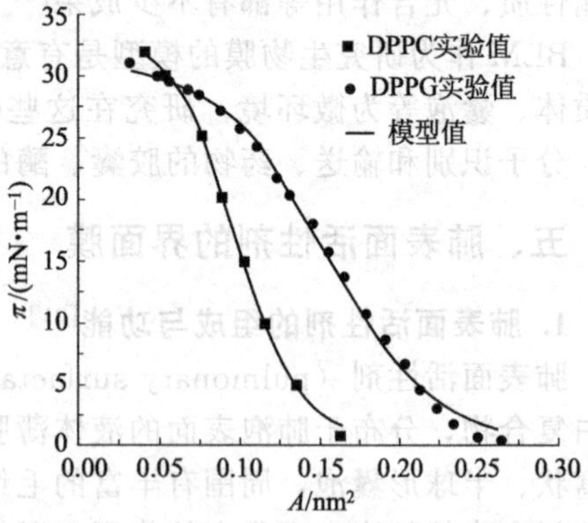

图 6.41　单分子膜在 22℃的 π-A 等温线

表 6.9　列出方程回归所得 PS 纯组分的参数

组分	$\pi_{\max}$/(mN/m)	A_{LC}/nm²	A_t/nm²
DPPC	70.5	0.447	0.353
DPPG	65.5	0.427	0.343
SP-B	31.0	0.156	0.0893
SP-C	33.1	0.0987	0.060

由表 6.9 中数据可知，纯蛋白质单分子膜的崩溃压比纯磷脂的低得多。这是由于蛋白质

分子比磷脂分子大得多，且结构复杂。对蛋白质单分子膜施压，膜分子很难排列紧密，故而在较低表面下就可达崩溃状态。磷脂多带单一或双碳氢长链，可形成分子紧密排列的凝聚态膜（甚至是固态凝聚膜），这类膜可经得起大的表面压，崩溃压极高。

PS纯组分的单分子膜研究有助于了解PS在呼吸过程中的作用。PS中DPPC是降低表面张力的主要成分。在肺泡液中，DPPC吸附于液面，其极性端基插于水相中，非极性基向外，从而降低液面的表面张力，并可防止肺泡萎缩。疏水性蛋白SP-B和SP-C可促进磷脂在肺泡气液界面的吸附和铺展，有助于磷脂（或PS）单分子膜的形成和稳定。亲水性蛋白SP-A和SP-D可激活肺泡巨噬细胞，而肺泡巨噬细胞有吞噬、免疫和分泌功能，可吞噬微小粒子，细菌、衰老红细胞的功能，有助于恶性肺损伤的治疗。并且，亲水性蛋白有保护肺泡上皮细胞，增强呼吸道的防病能力的作用。总之，PS在促进肺的多种疾病的治疗（如窒息、肺水肿、毛细支气管梗阻性肺炎等）和呼吸道保健等方面有重要作用。

参考文献

[1] MacRitchie F. Chemistry at Interfaces. San Diego：Academic Press，1990.
[2] Adamson A W. 表面的物理化学. 第三版. 顾惕人译. 北京：科学出版社，1984.
[3] 赵振国. 界面膜原理与应用. 北京：化学工业出版社，2012.
[4] 北京大学化学系胶体化学教研室. 胶体与界面化学实验. 北京：北京大学出版社，1993.
[5] Smith T. J Colloid Interface Sci，1967，7：453.
[6] Casilla，R，Cooper W D，Eley D D. J Chem Soc Faraday Trans 1，1973，69：257.
[7] Adamson A W，Gast A P. Physical Chemistry of Surfaces. 6th ed. New York：John Wiley & Sous，Inc，1997.
[8] Ries H E. Nature，1979，281：287.
[9] Ries H E. Swift H. Langmuir，1987，3：853.
[10] MacRitchie F. J Macromol Sci Chem，1970，A4：1169.
[11] Weis R M，McConnell H M. Nature，1984，310：47.
[12] Heeseman J. J Am Chem Soc，1980，102：2167.
[13] LaMer V K(ed). Retardation of Evaporation by Monolayers. New York：Academic Press，1962.
[14] Alexander A E，Rideal E K. Proc R Soc London，1937，A163：70.
[15] Davis J T，Rideal E K. Proc Chem Soc(London)，1948，A：194：417.
[16] MacRitchie F. Trans Faraday Soc，1969，65：2503.
[17] Hughes A H，Rideal E K. Proc Chem Soc(London)，1933，A140：253.
[18] MacRitchie F Millich F，Carraber C E，eds. Interfacial Synthesis：Vol 1. New York：Dekker，1977.
[19] Davies J T. Trans Faraday Soc，1949，45：448.
[20] 黄春辉，李富友，黄岩谊. 光电功能超薄膜. 北京：北京大学出版社，2001.
[21] Roberts G. Langmuir-Blodgett-Films，New York：Plenum Press，1990.
[22] Langmuir I. Trans Faraday Soc，1920，15：62.
[23] Blodgett K B. J Am Chem Soc，1934，56：495.
[24] Butt H-J，Graf K，Kappl M. Physics and Chemistry of Interfaces，Weinbeim：Wiley-VCH，2006.
[25] Kim Y S，Liang K，Law K Y，Whitten D G. J Phys Chem，1994，98：984.
[26] Lang A D，Huang C H，Gan L B，Zhou D J，Aswell G J. Phys Chem Chem Phys，1999，1：2487.
[27] Ulrich H. Opto Elec News，1986，Feb，4.
[28] Ding X M，Xu H J，Zhang L G，et al. Mol Cryst Liq Cryst，1999，337：481.
[29] Lednev I K，Pentty C. J Phys Chem，1995，99：4176.
[30] 辛颢，黄春辉. 大学化学，2002，(6)：2.
[31] Barnes G，Gentle I. Interfacil Science An Introduction（2nd ed.）New York：Oxford Univ. Press，2011.
[32] 田心棣. 人造双分子层膜. 肖科译. 北京：高等教育出版社，1987.
[33] 张志鸿，刘文龙. 膜生物物理学. 北京：高等教育出版社，1987.
[34] Mueller P，Rudin D O，Tien H T，et al. J Phys Chem，1963，67：534.
[35] Tien H T. Bilayer Lipid Membrane（BLM）：Theory and Practice. New York：Marcel Dekker，Inc，1974.
[36] 芬德勒 J H. 膜模拟化学. 程虎民，高月英译. 北京：科学出版社，1991.
[37] Mollet H，Grubenmann A. Formulation Technology. Weinheim：Wiley-VCH，2001.
[38] Mortara R A，Quiana F H. Chaimovich，Biochim Biophys Res Comm，1978：81：1080.
[39] Deguchi K，Mino J. J Colloid Interface Sci，1978，65：155.
[40] 候新朴，武凤兰，刘艳. 药学中的胶体化学. 北京：化学工业出版社，2006.
[41] 赵振国. 胶束催化与微乳催化. 北京：化学工业出版社，2006.

[42] Garcia-Rao L，Heves P，Mejuto J C，et al. New J Chem，2003，27：372.
[43] Fendler J H，Hinze W L. J Am Chem Soc，1981，103：5439.
[44] Stryer L. 生物化学. 唐有祺等译. 北京：北京大学出版社，1990.
[45] Zeng Z X，Chen Q，Xue W L，et al. Chinese J. Chem. Eng. 2004，12：261.
[46] Gao X C，Zeng Z X，Xue W L，et al. Canadian J. Chem. Eng. 2010，88：1108.
[47] 曾作祥，孙莉，界面现象. 上海：华东理工大学出版社，2016.

习题

1. 今测出 25℃卵清蛋白在水面上铺展成单层膜的表面压与铺展面积的数据如下。

表面压/mN·m^{-1}	0.07	0.11	0.18	0.20	9.26	0.33	0.3
铺展面积/m^2·mg^{-1}	2.00	1.64	1.54	1.45	1.38	1.36	1.32

计算卵清蛋白的平均分子量和分子面积。（答：M=45kg·mol^{-1}；A=89nm^2·mg^{-1}）

2. 18℃测得胰岛素单层膜的表面浓度与表面压的关系。

表面浓度/mg·m^{-2}	0.07	0.13	0.16	0.20	0.23	0.30	0.32	0.34
表面压/mN·m^{-2}	5	10	15	20	28	50	52	60

求该不溶物的分子量。（答：分子量=42000kg·mol^{-1}）

3. 在长、宽、深为 60cm×14cm×1.8cm 的水槽装满水，按一定操作将水面净化。用一干净挡片使水面分为两部分。在一边的水面上滴加浓度为 800mg·kg^{-1}的棕榈酸苯溶液 5 滴，每滴平均质量 18.7mg。苯蒸发后形成单层膜。移动分隔水面的挡片，至铺膜的面积为 (26.3×14)cm^2 时，表面压急剧增大。表示达到固态单层膜状态，棕榈酸的密度为 0.90g·cm^{-3}。求算棕榈酸的分子面积和分子长度。（答：分子面积=0.209nm^2，分子长度=2.26nm）

4. 二棕榈基磷脂酰胆碱（DPPC）的表面压与面积等温线的高表面压部分的结果列于下表中。利用二维液态凝聚膜状态方程计算分子协面积（co-area），并讨论此值与期望的分子截面积的关系。

分子面积/nm^2·分子$^{-1}$	表面压/mN·m^{-1}	1/(表面压，mN·m^{-1})
0.651	7.14	0.14
0.655	6.67	0.15
0.675	5.41	0.185
0.691	5.00	0.20
0.696	4.44	0.225
0.701	4.17	0.24
0.713	3.83	0.26

（答：分子协面积=0.58nm^2·分子$^{-1}$）

5. 在宽为 14cm 的水面上加 5.2 mg 十六碳醇形成不溶物单层膜，测表面压。测得铺膜水面长和施加于可动浮片的力（下表）。十六碳醇的分子量为 242g·mol^{-1}。求十六碳醇成固态膜时的分子面积。

铺膜水面长/cm	20.7	20.1	19.6	19.1	18.6	18.3	18.
表面压/mN·m^{-1}	0.6	1.9	5.0	7.6	17.0	23.6	28.5

（答：0.206nm^2）

6. 25℃时将某种蛋白铺展于 pH=2.6 的硫酸铵水溶液表面上。测得表面压与每克蛋白占据面积的关系如下。计算该蛋白的分子量。

表面压/mN·m^{-1}	0.135	0.210	0.290	0.360	0.595
占据面积/m^2·g^{-1}	1890	1740	1670	1640	158

（答：41200g·mol^{-1}）

7. 讨论用形成不溶物单层膜的方法抑制水蒸发时，对不溶物有哪些要求。

8. 已知在水面上加 10 滴浓度为 0.2324g·(100g 苯)$^{-1}$的十六碳醇-苯溶液，测得表面压和成膜面积关系如下：

表面压/$mN \cdot m^{-1}$	0.273	0.252	0.371	8.06	14.0	21.1	28.7	36.5
成膜面积/cm^2	500	540	480	440	430	420	410	400

计算在 100000m^2 水面上铺展十六碳醇抑制水蒸发，需用多少十六碳醇。

9. 简述生物膜的基本组成。

10. 什么是人工双层脂质膜？为什么说人工双层脂质膜在模拟生物膜研究上有特别重要意义？

11. 脂质体与囊泡的区别是什么？脂质体有何应用前景？

第七章　固气界面上的吸附作用

第一节　吸附作用

一、吸附、吸收与吸着

吸附作用（adsorption）是一种最为重要的界面现象，当互不混溶的两相接触时，两体相内的某种或几种组分的浓度与其在两相界面上的浓度不同的现象称为吸附。通常有实用价值的吸附作用都是界面浓度高于体相浓度，称为正吸附（positive adsorption）；反之，称为负吸附（negative adsorption）。对于不同的界面体系，有时也可对吸附以更具体化的定义。Brunauer 将固气界面上的吸附定义为[1]，当气体或蒸气与干净固体表面接触时，一部分气体被固体捕获，若气体体积恒定，则压力下降；若压力恒定，则气体体积减小。气相中消失的气体若进入固体内部称为吸收（absorption），若附着于固体表面称为吸附。在难以区分吸收和吸附时可笼统地应用吸着（sorption）术语。在界面上已被吸附的物质称为吸附质（adsorbate），在体相中可以被吸附的物质称为吸附物（adsorptive），在中文文献中二者多不加区分，统称为吸附质。能有效吸附吸附质的物质（基本上均为固体）称为吸附剂（adsorbent）。

二、物理吸附与化学吸附

吸附作用可分为物理吸附和化学吸附两大类。这两类吸附的本质区别是吸附分子与固体表面作用力的性质。物理吸附（physical adsorption，physisorption）的作用力是物理性的（如 van der Waals 力的色散力和氢键等），而化学吸附（chemical adsorption，chemisorption）的作用力是化学键的形成，即吸附分子与表面原子间有电子的转移、交换或共有。

物理吸附最主要特点是：

① 吸附热约在 20～40kJ · mol^{-1}。

② 在固体表面上，吸附质可以相当自由地扩散和转动。

③ 发生物理吸附时固体的分子结构无变化，分子固体（如冰、石蜡、聚合物等）除外。

④ 可很快达到吸附平衡（孔性固体的扩散因素除外），降低压力，被吸附气体发生无结构变化的可逆脱附。

化学吸附的特点是：

① 吸附热与化学键能大小相当，典型的化学吸附热为 100～400kJ · mol^{-1}。

② 由于在特定位置发生化学吸附（吸附有选择性），形成化学键，吸附质在表面不可动，也不能扩散。

③ 即使是共价键固体或金属键的固体，发生化学吸附后表面也难以再生。

④ 由于形成化学键，在超高真空的条件下，吸附分子也难以可逆脱附。若强制脱附，被脱附的气体与吸附前比较，常有分子结构变化。

气体在固体表面发生物理吸附最常见的实例是作为干燥剂的硅胶对水汽的吸附。在食品、药品及有些实验仪器（如天平）中常用各种规格硅胶作为吸湿的干燥剂应用，其原理就是水汽在亲水性的硅胶表面有强烈的吸附能力，吸附达饱和后，经加热处理，水汽脱附，硅胶再生。化学吸附的实例是镍、硅等在一定环境条件下形成热力学稳定的氧气的化学吸附层。氧气在铝表面化学吸附形成的氧化铝（Al_2O_3）薄层虽仅 100nm 厚，但坚实，比铝的稳定性还好，是化学惰性的。

三、吸附剂

能有效地从气相或液相中吸附某些成分的固体物质称为吸附剂（adsorbent）。吸附剂大多是多孔性大比表面的固体。固体表面有以下特点[2~5]。

(1) 固体表面原子的活动性小　与液体表面不同，在常温下固体的蒸气压很低，表面原子与气态原子难以发生可觉察的交换，沿表面作二维移动也十分困难，这就是说固体表面原子基本上是处于表面形成时的位置。那些处于表面结构边、角、棱等位置的原子具有较高的能量。

(2) 表面势能的不均匀性　由于固体表面结构的不均匀，气体分子即使在距表面相同距离，在不同的表面位置作用能也可能不同，沿某一方向运动，作用能与运动距离关系曲线成周期性变化的表面称为均匀表面，反之为不均匀表面。该曲线波谷部分为吸附中心（也常是催化中心）。

在固体外表面上若有固体微粒，则可能与吸附分子发生化学反应。固体体相内的杂原子、原子和分子也可向表面缓慢扩散，在表面聚集形成更稳定的状态，表面杂质浓度高于体相中的（也是吸附作用）。这些杂原子可能成为吸附中心。

固体表面许多基团（如 M—OH、M—NH_2、M—COOH 等）可以成为某些气体的吸附中心。

四、吸附剂与吸附质间的作用力

1. van der Waals 力

在各种分子间普遍存在的作用力是 van der Waals 力，这也是物理吸附的作用力。此种作用力包括：永久偶极矩的极性分子（偶极子）间产生的静电吸引作用；极性分子诱导邻近分子发生电荷转移，产生诱导偶极子，偶极子与诱导偶极子间的吸引作用；非极性分子存在的瞬间偶极矩，使邻近分子诱导产生偶极矩，两诱导偶极矩间的相互作用（这种作用力称为色散力）。这样，van der Waals 力分为静电力、诱导力、色散力三种，其中色散力在极性或非极性分子间普遍存在，并且可存在于同一分子的不同原子或基团之间，而静电力和诱导力则必须有极性分子参与才存在。

固体表面原子和吸附质分子间或吸附质分子间相互接近时都有色散力产生，当吸附质分子或固体表面原子具有极性或有极性基团时，它们间可以有静电力或诱导力的作用。但是，色散力比静电力、诱导力都大。

2. 电性作用力

固体表面可因多种原因而带有某种电荷[6]。主要原因如下。①固体表面的某些晶格离子的选择性溶解或表面组分的选择性解离。例如金属或非金属氧化物在水中进行水解反应生成的表面羟基随水溶液的 pH 不同而使表面带有正电荷或负电荷：

$$\mathrm{M{-}O^-} \xleftarrow{\mathrm{OH^-}} \mathrm{M{-}OH} \xrightarrow{\mathrm{H^+}} \mathrm{M{-}OH_2^+}$$

②表面对溶液中同种离子或离子团的选择性吸附。如 AgI 可从 $AgNO_3$ 溶液中选择性吸附 Ag^+ 而使表面带正电荷，或从 KI 溶液中吸附 I^-，而带负电荷。③固体晶格缺陷引起表面带电。如黏土矿物硅酸盐结构中 SiO_2 四面体中 Si 被 Al 原子同晶置换，使表面带负电荷。

固体表面带电有时会对吸附产生影响（这些影响在自溶液中吸附时表现更为明显），如带电有机小离子因静电吸引作用吸附于固体表面一般是可逆的，但带电的大离子（如高分子、蛋白质大离子）吸附时可因吸附分子结构的变化而使吸附不可逆。当电势决定离子(poteatial determining ion) 是 H^+ 和 OH^- 时，与 pH 有关的表面电荷密度常对各种带电吸附质在固体表面的吸附量产生影响。

当固体表面有以离子键结合的原子或基团时，它们可与某些溶质（吸附质）发生交换作用——离子交换。离子交换也包含于广义的吸附作用中。用离子交换法可除去水中微量离子，用于海水中稀有元素和贵金属的提取、稀土元素混合物的分离与精制等。

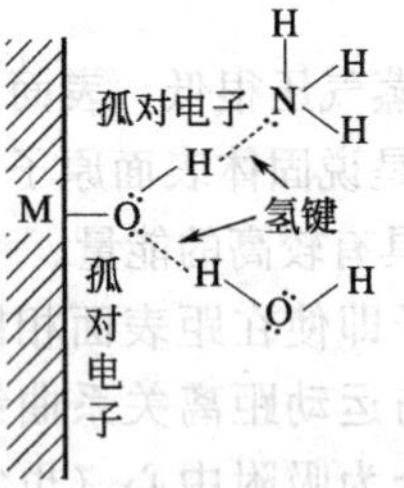

图 7.1 H_2O 和 NH_3 与表面羟基形成氢键的吸附模型

3. 氢键作用

当固体表面有含氢原子的基团（如羟基、巯基、羧基、氨基等），其中氢原子可与吸附分子中电负性大的原子（如 O、S、N、F 等）的孤对电子作用，形成直线型氢键；固体表面基团中与 H 连接的 O、N、F 等原子的孤对电子也可与吸附分子中的氢原子形成氢键，从而使吸附质吸附。水在氧化物固体表面吸附形成氢键是最重要的方式（图 7.1）。

氢键的强度比 van der Waals 作用大 5～10 倍。故依靠氢键吸附的水分子在室温下难以脱附，虽然这种吸附也属于物理吸附。

4. 电荷转移作用

当固体表面有 Lewis 酸性中心（给电子体）或 Bronsted 酸性中心（受电子体）时，表面有给电子或受电子性质，吸附质分子中某种电子轨道电荷分布发生变化，可能有接受电子或供给电子的能力时就可与固体表面的给电子体或受电子体发生作用生成电荷转移型配合物。

当苯环连接有硝基、氰根等吸电子基团时，使 π 轨道负电荷不足，能接受电子；反之，若有烷基等推电子基团取代，使 π 轨道负电荷过剩，能供给电子。这样，带苯环的化合物可能与固体表面的给电子或吸电子体形成芳香氢键而吸附。图 7.2 是表面羟基接受 π 轨道电子形成芳香氢键的示意图。这也是苯衍生物在固体表面吸附多采取苯环平躺方式的原因。例如，Low 认为苯甲醚中的氧原子和苯环均可与孔性玻璃表面羟基形成氢键[7]，Kagiya 等认为硅胶从环己烷中吸附芳香化合物时，它们多采取平躺方式[8]。

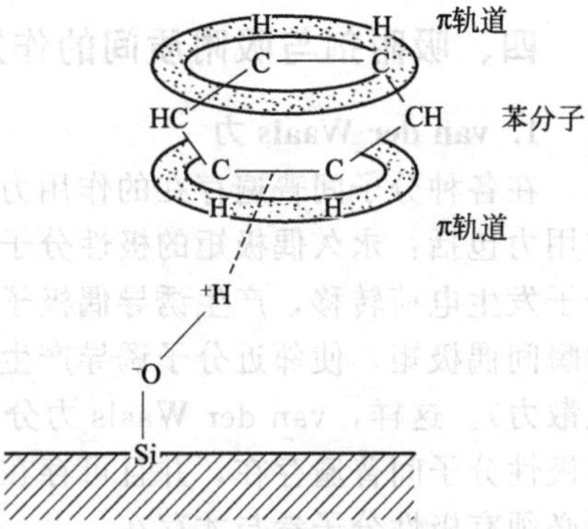

图 7.2 固体表面羟基与 π 轨道形成芳香氢键示意图

在上述几种物理吸附的主要作用力中，van der Waals 力是普遍存在的，特别是当以碳质材料（如活性炭、碳分子筛、石墨等）为吸附剂时更是如此。其他几种作用力由吸附剂和吸附质的表面结构和分子结构决定。还应指出，孔性固体上的吸附还与毛细作用有关。

第二节 吸附量、吸附曲线与吸附热

一、吸附量的测定

吸附量是吸附研究中最重要的物理量。吸附量通常以在达到吸附平衡时（平衡压力或平衡浓度）单位质量（1g 或 1kg）或单位表面吸附剂上吸附的吸附质的量（质量、物质的量、体积等）表示。用于表示吸附量的符号尚不统一，常用的有 V、a、n、x、n^s、x/m、Γ 等。

气体吸附量的测定方法有动态法和静态法两大类。动态法有常压流动法和色谱法等。静态法有容量法和重量法等。在这些方法中重量法和常压流动法都是直接称量吸附平衡前后吸附剂的增量。容量法是根据在一定吸附空间内吸附平衡前后气体平衡压力的变化计算吸附量。容量法至今仍为气体吸附研究的标准方法，这种方法已有成套仪器生产，可以完全自动处理数据[9,10]。

二、吸附曲线

吸附剂、吸附质确定后，吸附量、温度、气体平衡压力间有一定的函数关系，在恒定三参数中的一个，其余两参数间的关系曲线称为吸附曲线。

恒定温度，吸附量与平衡压力的关系曲线称为吸附等温线（adsorption isotherm）。

压力恒定，吸附量与温度的关系曲线称为吸附等压线（adsorption isobar）。

吸附量恒定，吸附温度与平衡压力的关系曲线称为吸附等量线（adsorption isostere）。

图 7.3(a) 和 (b) 是氨在炭上的吸附等压线和等量线。

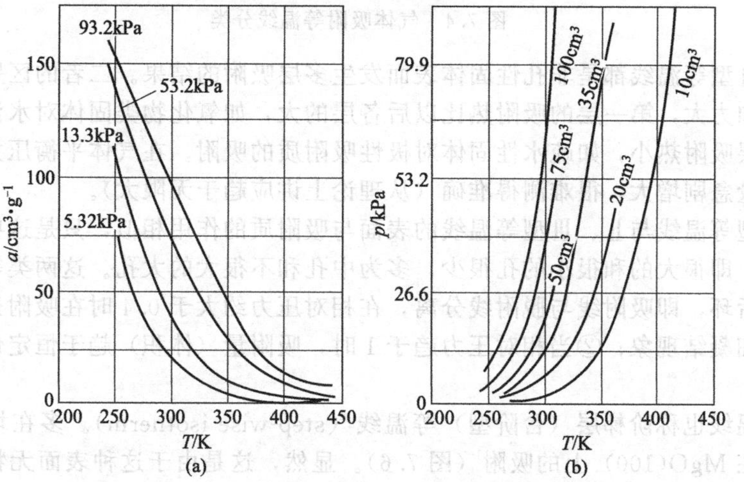

图 7.3 氨在炭上的吸附等压线 (a) 和吸附等量线 (b)

吸附等压线常用于化学吸附和化工研究，因为在那些领域的过程常是在恒压条件下完成的。吸附等量线可用于计算等量微分吸附热。三种吸附曲线可以互相换算得出。

三、吸附等温线

由于气体和固体的性质千变万化，吸附等温线也多种多样。Brunauer 等将气体吸附的等温线分为五种类型（图 7.4 中Ⅰ～Ⅴ），这种分类方法称为 BDDT 分类[11]。后来，Sing 又增加了一种阶梯型等温线（图 7.4 中Ⅵ线）。在气体压力很低时吸附等温线常是通过原点的直线（直线型等温线）。图 7.5 是 O_2 和 N_2 在硅胶上的直线型等温线。图 7.4 中前五种等温线的编号及编号方法已被大家所公认。由吸附等温线的形状和对等温线数据的处理可以获得吸附剂与吸附分子相互作用的大小、吸附剂表面积和孔径分布等信息。表征各类吸附等温线的方程式称为吸附等温式。

Ⅰ型等温线也称 Langmuir(L) 型等温线。表征单分子层物理吸附和化学吸附。此类等温线特点是低压部分为很陡的直线，表示吸附剂与吸附质亲和力很强（吸附热大），高压接近饱和蒸气压时，对微孔类吸附剂，吸附量达一恒定值（相当于孔体积大小）；大孔或无孔微粒类吸附剂在蒸气压近饱和蒸气压时，吸附量又有明显增加，这是在大孔或微粒间缝隙吸附的结果。L型等温线是最简单和最易处理的等温线。

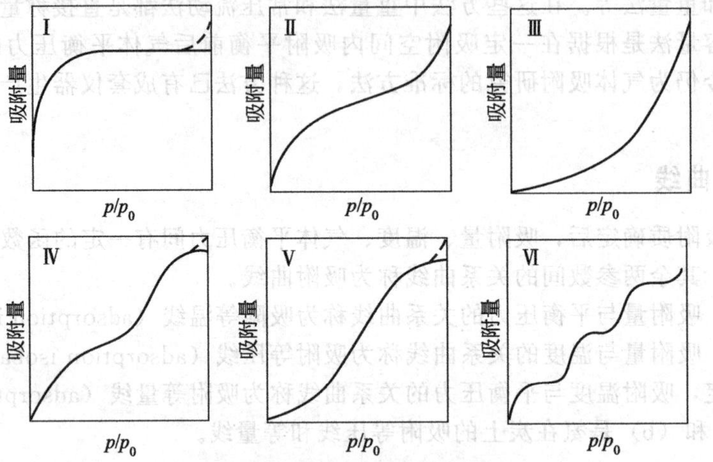

图 7.4　气体吸附等温线分类

Ⅱ型和Ⅲ型等温线都是非孔性固体表面发生多层吸附的结果。二者的区别是前者吸附质与吸附剂亲和力大，第一层的吸附热比以后各层的大，如氧化物类固体对水汽的吸附；后者相反，第一层吸附热小，如疏水性固体对极性吸附质的吸附。在气体平衡压力近于饱和蒸气压时，吸附量急剧增大，很难测得准确（从理论上讲应趋于无限大）。

Ⅳ和Ⅴ型等温线与Ⅱ、Ⅲ型等温线的表面与吸附质的作用相似，只是这些固体具有分布不很宽的孔，即很大的和很小的孔很少，多为中孔和不很大的大孔。这两类等温线的特点有二：①有滞后环，即吸附线与脱附线分离，在相对压力约大于0.4时在吸附剂孔中发生液态吸附质的毛细凝结现象；②当相对压力趋于1时，吸附量（体积）趋于恒定值（约与孔体积相等）。

Ⅵ型等温线也称阶梯层（台阶型）等温线（step-wise isotherm）。多在均匀固体表面形成。如甲烷在MgO(100)上的吸附（图7.6）。显然，这是由于这种表面无特别能量大的吸

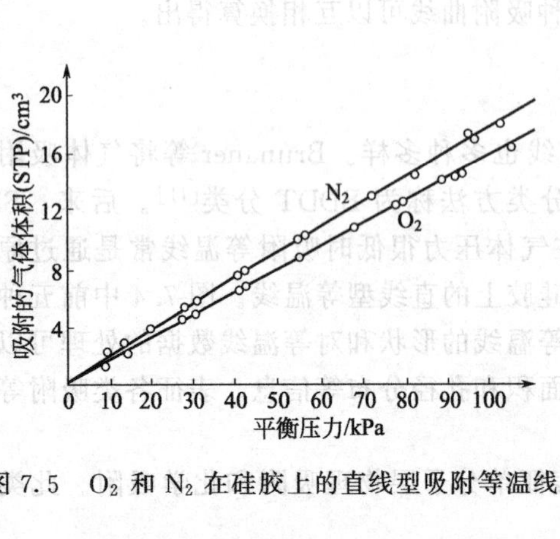

图 7.5　O_2 和 N_2 在硅胶上的直线型吸附等温线

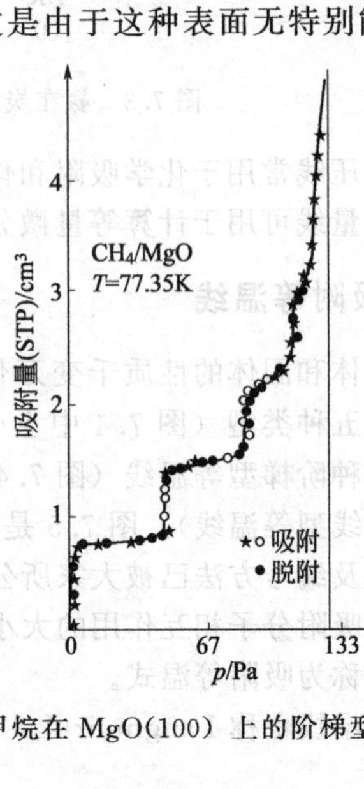

图 7.6　甲烷在 MgO(100) 上的阶梯型吸附等温线

附位，吸附先形成有序单层后再吸附第二层……脱附时也是逐层进行，无明显滞后现象。

四、吸附热

吸附过程进行的热效应笼统地称为吸附热。吸附热有许多种，名称混乱[12]。但大致可分为两类：积分吸附热和微分吸附热。积分吸附热 q_i 是在恒温、恒容和恒定吸附剂表面积时发生一较长时间过程，平均吸附 1mol 吸附质放出的热量。微分吸附热 q_d 是在相同条件下，保持恒定吸附量，再吸附微量吸附质放出的热量。两种吸附热的常用单位均为 $J \cdot mol^{-1}$。这两种吸附热均是表示吸附过程体系内能的变化。在恒温、恒压和恒定吸附剂表面积条件下之微分吸附热称为等量吸附热 q_{st}：

$$q_{st}=(\partial\Delta H/\partial n)_{T\cdot p\cdot A} \tag{7.1}$$

$$q_i=(\Delta U/n)_{T\cdot V\cdot A} \tag{7.2}$$

$$q_d=(\partial\Delta U/\partial n)_{T\cdot V\cdot A} \tag{7.3}$$

一般吸附热可用量热法直接测定[9]。等量吸附热 q_{st} 可根据吸附等量线数据，应用 Clapeyron-Clausius 公式计算：

$$q_{st}=RT^2(\partial\ln p/\partial T)_\Gamma \tag{7.4}$$

$$\ln p=(q_{st}/RT)+\text{常数} \tag{7.5}$$

以 $\ln p$ 对 $1/T$ 作图，可求得 q_{st}。

第三节 物理吸附的几种理论模型

气体在固体表面的吸附研究已有多年的历史，也提出了多种有实验证据的理论模型，其中有些理论模型虽有明显的不足之处，但其假设清楚，有广泛的实验基础和应用，至今仍有生命力。一种理论总是从某些假设和模型出发，对一种或几种吸附等温线给出合理的或能自圆其说的解释，并最终导出吸附等温式。最重要的是这种理论有大量的实验数据验证。由于影响吸附的因素很多，欲寻求一种包罗各种因素的吸附理论几乎是不可能的。因此，每种理论都有其应用条件。有时，虽然明显不符合理论的假设条件，但却能用这种理论解释和处理相关的实验结果。这可能是由于几种因素相互抵消的综合结果非常巧合地符合了理论假设条件。实践证明，一种简单的但假设条件有明显缺陷的吸附理论比引入过多参数的理论应用更为方便。

一、Gibbs 吸附公式与 Henry 定律

Gibbs 吸附公式是适用于各种界面吸附的最基本的热力学公式，由 Gibbs 吸附公式 $-d\gamma=RT\Gamma d\ln p$ 和假设被吸附气体是在固体上的二维理想气体，因吸附而引起固体表面能的变化即为吸附膜的表面压 π，即

$$\pi=\gamma_0-\gamma$$

因而

$$d\pi=-d\gamma$$

将此式与 Gibbs 公式结合，立得

$$d\pi=RT\Gamma d\ln p \tag{7.6}$$

已知二维理想气体状态方程为

$$\pi A=RT \tag{7.7}$$

式中 A 为 1mol 吸附气体占据的面积，积分上式

$$-\pi dA=A d\pi=-RT d\ln A \tag{7.8}$$

由于 Γ 是在平衡压力为 p 时 $1cm^2$ 表面上气体吸附量 ($mol \cdot cm^{-2}$)，故

$$A=1/\Gamma \tag{7.9}$$

将式(7.8)和式(7.9)代入式(7.6)，得

$$A\mathrm{d}\pi=RT\mathrm{dln}p \tag{7.10}$$

$$-RT\mathrm{dln}A=RT\mathrm{dln}p$$

积分上式，得

$$\ln A=\ln p+常数$$

即 $$1/A=H'p$$

或 $$\Gamma=H'p \tag{7.11}$$

由于气体吸附之表面覆盖度 $\theta=\Gamma/\Gamma_{\mathrm{m}}$（$\Gamma_{\mathrm{m}}$ 为单层饱和吸附量），故

$$\theta=Hp \tag{7.12}$$

式(7.11)和式(7.12)即为气体吸附的 Henry 定律或 Henry 吸附等温式。

根据式(7.11)和式(7.12)可知，在气体压力低时吸附量与气体平衡压力成正比，等温线为通过原点的直线，图7.5即为例证。

当假设吸附气体为二维非理想气体时还可结合 Gibbs 公式得出其他的吸附等温式[3,13]。

二、Langmuir 单分子层吸附模型及吸附等温式

1. Langmuir 吸附等温式

Langmuir 单层吸附模型的基本假设是：①吸附是单分子层的，只有与固体表面直接碰撞的气体分子才可能被吸附；②吸附热是常数，与表面覆盖度无关，这一假设暗示，固体表面是均匀的，被吸附的分子间无相互作用。这就是说 Langmuir 的理论只适用于均匀表面。

设单位表面上有 a_{m} 吸附位置［亦即单位表面（或单位质量）固体上最大吸附量，$\mathrm{mol\cdot m^{-2}}$，$\mathrm{mol\cdot g^{-1}}$］已被吸附占据的位置数为 a（即吸附量），则空余位置数 $a_0=a_{\mathrm{m}}-a$。在单位面积上每秒的吸附速度与 a_0 和压力 p 的乘积成正比 $v_{吸}=k_{吸}pa_0$。脱附速度正比于已吸附的分子数 a，即 $v_{脱}=k_{脱}a$。达到吸附平衡时 $v_{吸}=v_{脱}$。

即 $$k_{脱}a=k_{吸}pa_0=k_{吸}p(a_{\mathrm{m}}-a)$$

$$a/a_{\mathrm{m}}=k_{吸}p/(k_{脱}+k_{吸}p)$$

式中，$k_{吸}$、$k_{脱}$ 分别为吸附和脱附速度常数。$a/a_{\mathrm{m}}=\theta$（覆盖度）。设 $b=k_{吸}/k_{脱}$，可得 Langmuir 等温式：

$$\theta=bp/(1+bp) \tag{7.13}$$

或 $$a=\frac{a_{\mathrm{m}}bp}{1+bp}或\frac{p}{a}=\frac{1}{a_{\mathrm{m}}b}+\frac{p}{a_{\mathrm{m}}} \tag{7.14}$$

a_{m} 为单层饱和吸附量，b 为吸附常数，与吸附热 Q、吸附温度 T 有关：

$$b=b_0\exp\frac{Q}{RT} \tag{7.15}$$

2. 吸附常数 b 与吸附时间 τ

吸附平衡是动态平衡。达到吸附平衡时固体表面有一定的吸附量，说明吸附质在表面有滞留。从气体分子碰到表面到其离开表面又返回气相所经历的时间称为吸附（停留）时间。吸附时间 τ 是常用的吸附特性参数。吸附时间 τ 与吸附热 Q 和温度 T 有下述关系：

$$\tau=\tau_0\mathrm{e}^{Q/(RT)}$$

τ_0 是吸附分子振动时间，与固体表面原子的振动时间有相同数量级。已知各类固体表面原子的 τ_0 约在 $10^{-14}\sim10^{-13}\mathrm{s}$ 间。故常令 $\tau_0=10^{-13}\ \mathrm{s}$。

Langmuir 吸附等温式中吸附常数 b 与吸附热和 b_0 有关［式(7.12)］，而 b_0 与 τ 有关：

$$b_0=\frac{N_{\mathrm{A}}\sigma\tau_0}{(2\pi MRT)^{1/2}} \tag{7.16}$$

式中，N_A 为 Avogadro 常数；σ 是每个吸附分子占据面积；M 为分子量。

若设气体的 $\tau_0=10^{-13}$s，即可求出 b_0，进而若有吸附热 Q 数据，即可求出吸附常数 b。

【例 1】 求某种气体在固体表面吸附的 Langmuir 吸附常数 b。设 $T=120$K，$\tau_0=10^{-13}$s，$\sigma=0.1\text{nm}^2$，$Q=20\text{kJ}\cdot\text{mol}^{-1}$，$M=0.028\text{kg}\cdot\text{mol}^{-1}$。

解：将题设数值代入式(7.15) 得

$$b_0=4.55\times10^{-10}\text{Pa}^{-1}$$

应用式(7.14)，得

$$b=0.23\text{Pa}^{-1}$$

由式(7.14) 知，吸附热越大，b 越大。b 越大在等温线上的直接反映是越凸向吸附量轴，即等温线起始段斜率越大。图 7.7 是三种 b 值时的覆盖度 θ 与相对压力 p/p_0 图。压力和 b 的单位均用 p_0 的单位。

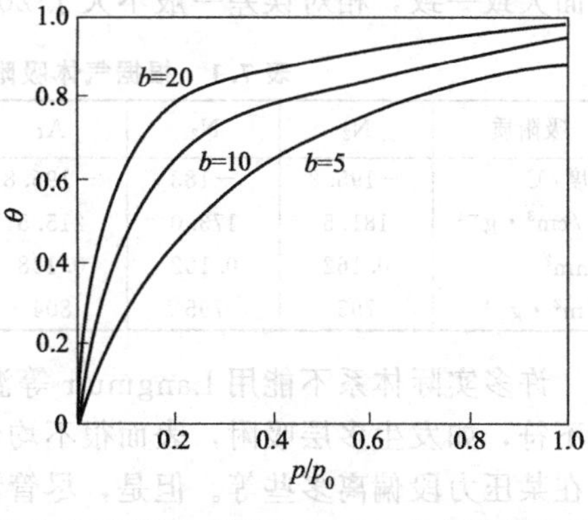

图 7.7　不同 b 值时之 Langmuir 吸附等温线

3. 单层饱和吸附量 a_m 与固体比表面

b 和 a_m 是 Langmuir 等温式中两个重要的参数，前者可给出吸附热，后者可了解固体的表面积大小。根据式(7.14)，以 p/a 对 p 作图所得直线的斜率和截距可求出 b 和 a_m。a_m 可以吸附气体体积计，也可以吸附气体的物质的量（mol）计，由等温线吸附量的单位决定。当以气体体积计时应换算成标准状态的体积，再除以标准状态气体摩尔体积可得物质的量（mol）。物理吸附态的气体为液态或固态（凝聚态，一般认为是液态），根据不同气体或液态密堆积模型和液态时的密度可求这种吸附态分子截面 σ[14]。得到 σ 和每克固体上的 a_m，即可计算出该固体比表面（比表面是 1g 固体的表面积）。

【例 2】 20.5℃时戊烷蒸气在炭黑上的吸附数据如下：

p/mmHg	9.9	15.9	62.9	90.4	155.2
$a/\text{g}\cdot\text{g}^{-1}$	0.2262	0.2469	0.3002	0.3109	0.3204

注：1mmHg=133.322Pa。

用 Langmuir 方程处理数据，计算炭黑比表面。设戊烷分子截面积 $\sigma=0.365\text{nm}^2$。

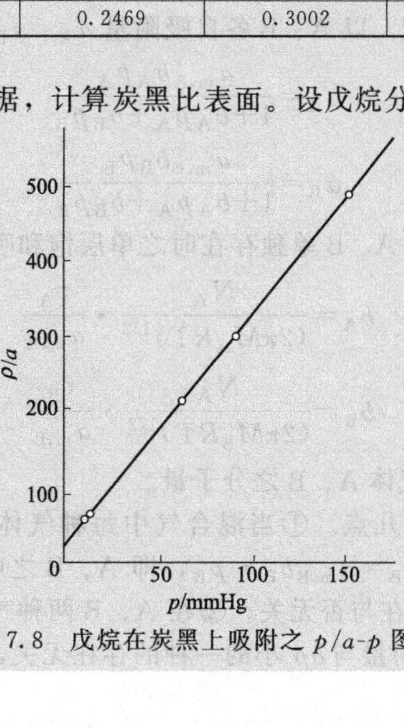

图 7.8　戊烷在炭黑上吸附之 p/a-p 图

解：用式(7.14) 处理，作 p/a 对 p 之图，得图 7.8。由直线斜率求出

$$a_m = 0.333\text{g} \cdot \text{g}^{-1}$$

$$比表面\ S = a_m N_A \sigma / M = \frac{0.333 \times 6.02 \times 10^{23} \times 0.365}{72.14 \times 10^{18}} = 1014\ (\text{m}^2 \cdot \text{g}^{-1})$$

显然，如果 Langmuir 等温式正确，可以合理地推测，用同一固体样吸附不同吸附质气体的吸附数据求出的 a_m 计算固体比表面应当相同。表 7.1 列出用几种气体在一种炭吸附剂上吸附所求出的比表面的比较。实际上，现在用吸附法测定比表面应用的等温式是 BET 公式（见后），而不是 Langmuir 等温式。由表中数据可见，每种固体用不同吸附质求出的比表面大致一致，相对误差一般不大于 20%（比 BET 法差）。

表 7.1 根据气体吸附数据求出的 a_m 计算出的比表面值 S $\text{m}^2 \cdot \text{g}^{-1}$

吸附质	N_2	N_2	Ar	Ar	O_2	CO	CO_2	n-C_4H_{10}
温度/℃	−195.8	−183	−195.8	−183	−183	−183	−78	0
$a_m/\text{cm}^3 \cdot \text{g}^{-1}$	181.5	173.0	215.5	215.5	234.6	179.5	185.5	63.0
σ/nm^2	0.162	0.162	0.138	0.138	0.147	0.168	0.170	0.320
$S/\text{m}^2 \cdot \text{g}^{-1}$	795	795	804	839	894	820	853	546

许多实际体系不能用 Langmuir 等温式表征，可能的原因是严重地与 Langmuir 理论假设不符，如发生多层吸附，表面很不均匀等。即使大致可用 Langmuir 公式处理的，也常出现在某压力段偏离多些等。但是，尽管该理论模型简单，却有十分重要的意义和地位，该式不仅可表征Ⅰ型等温线，而且是多分子层吸附理论——BET 理论的基础。

4. 混合气体吸附的 Langmuir 公式

设 A、B 两种气体混合物与固体表面达到吸附平衡，各自平衡气体分压为 p_A 和 p_B，与一种气体吸附的 Langmuir 公式推导方法相同，混合气体吸附的 Langmuir 公式为

$$\theta_A = \frac{b_A p_A}{1 + b_A p_A + b_B p_B}$$
$$\theta_B = \frac{b_B p_B}{1 + b_A p_A + b_B p_B} \tag{7.17}$$

θ_A、θ_B 为 A、B 各自的覆盖度，以 A、B 各自吸附量 a_A、a_B 表示，则为

$$a_A = \frac{a_{m,A} b_A p_A}{1 + b_A p_A + b_B p_B} \tag{7.18}$$
$$a_B = \frac{a_{m,B} b_B p_B}{1 + b_A p_A + b_B p_B}$$

式中，$a_{m,A}$、$a_{m,B}$分别为 A、B 单独存在时之单层饱和吸附量。

$$b_A = \frac{N_A}{(2\pi M_A RT)^{1/2}} \cdot \frac{\tau_A}{a_{m,A}}$$
$$b_B = \frac{N_A}{(2\pi M_B RT)^{1/2}} \cdot \frac{\tau_B}{a_{m,B}} \tag{7.19}$$

式中，M_A、M_B 分别为气体 A、B 之分子量。

由上述三式可以看出以下几点。①当混合气中每种气体的分压都很小时，即 $b_A p_A + b_B p_B \ll 1$，$a_A = a_{m,A} b_A p_A$，$a_B = a_{m,B} b_B \cdot p_B$，即 A、B 之吸附服从 Henry 定律，每种气体的吸附量与另一种气体的存在与否无关。②在 A、B 两种气体中，若一种的 bp 远小于另一种的，则 bp 大的一种的吸附量与 bp 小的一种的存在无关，但 bp 小的一种气体的吸附量

却要随 bp 大的一种压力的增大而减小。③更普遍的情况是，若两种气体的 bp 都不太小（或接近）时，一种气体压力的增大将减小另一种气体的吸附量。

Langmuir 混合气体吸附公式是混合气吸附研究中最为简单和应用最为方便的公式，该公式常能推广到自混合溶液的吸附研究中。

三、BET 多分子层吸附模型及吸附等温式

1. BET 吸附公式

BET 吸附公式是 Brunauer、Emmett、Teller 从 Langmuir 单分子层模型出发，设每一层吸附均服从 Langmuir 模型而导出的。该模型保留了 Langmuir 模型中一些假设，修改和补充如下。

① 吸附可以是多分子层的，并且不一定铺满一层再铺上一层，即在不同吸附位置上可有不同层次的吸附发生。

② 第一层的吸附热（E_1）与以后各层的不同（第二层以上各层吸附热为吸附质的液化热，E_L），即吸附剂的 van der Waals 力的作用仅涉及吸附第一层。

③ 只有相邻两层的吸附分子处于动态平衡，即 n 层上的脱附速度等于 $n-1$ 层上的吸附速度。

若在自由表面可吸附无限多层，可导出 BET 两常数公式：

$$V=\frac{V_m Cp}{(p_0-p)[1+(C-1)p/p_0]} \tag{7.20}$$

或

$$\frac{p}{V(p_0-p)}=\frac{1}{V_m C}+\frac{(C-1)p}{V_m C p_0} \tag{7.21}$$

式中，V 是平衡压力 p 时之吸附量（体积）；V_m 是单分子层饱和吸附量；p_0 是吸附质的饱和蒸气压；C 是与第一层吸附热 E_1 和吸附质液化热 E_L 有关的常数。式(7.21) 为直线

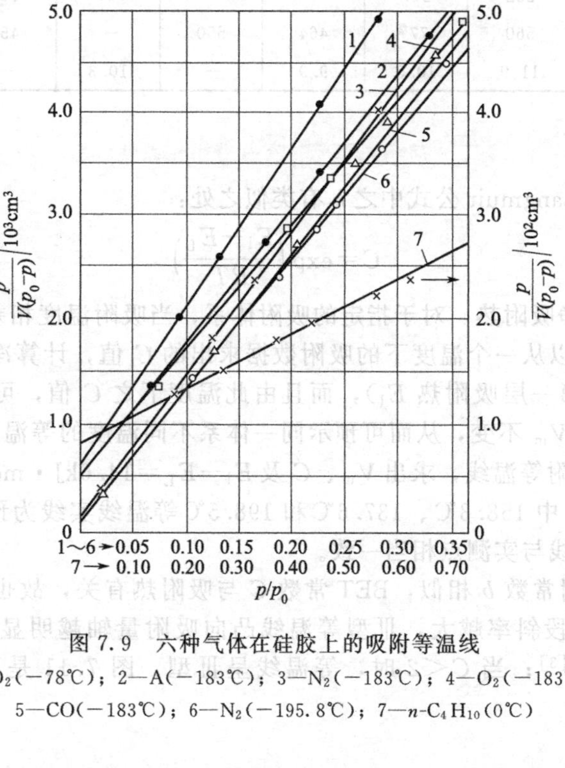

图 7.9　六种气体在硅胶上的吸附等温线

1—CO_2(−78℃)；2—A(−183℃)；3—N_2(−183℃)；4—O_2(−183℃)；5—CO(−183℃)；6—N_2(−195.8℃)；7—n-C_4H_{10}(0℃)

式，以等号左侧项对 p/p_0 作图所得直线的截距和斜率可以方便地求出 V_m 和 C。

BET 两常数公式可以说明Ⅰ、Ⅱ、Ⅲ型等温线。在 p/p_0 小、C 值很大时式(7.20)可变化为 Langmuir 公式。式(7.21) 直线式的适用范围是 p/p_0 约在 0.05～0.35 间，但可因具体体系不同而有差异。图 7.9 是六种气体在同一种硅胶上的吸附等温线数据依式(7.21)处理的结果。由图可见，其中有五种气体直线式适用范围为 p/p_0 在 0.05～0.35 间，而正丁烷吸附数据对式(7.21) 直线部分适用范围 p/p_0 在 0.05～0.6 间。

若吸附是在小孔中进行的，即吸附层数受到孔径大小限制，可得 BET 三常数公式：

$$V=\frac{V_m C p/p_0}{1-p/p_0}\frac{1-(n+1)(p/p_0)^n+n(p/p_0)^{n+1}}{1+(C-1)p/p_0-C(p/p_0)^{n+1}} \tag{7.22}$$

式中，n 为吸附层数。

当 $n=\infty$ 时，式(7.22) 变化为 BET 两常数公式；当 $n=1$ 时，可简化成 Langmuir 式。

2. BET 公式的常数 V_m 和 C

式(7.21) 的最重要应用之一是可求出两个常数 V_m 和 C。

V_m 是单层饱和吸附体积，与 Langmuir 式中的 a_m 相似，可应用 V_m 及液态吸附质分子截面积方便地计算固体的比表面。对于同一固体，用不同吸附质气体吸附数据处理所得 V_m 求出的比表面有满意的相符程度（表 7.2）。

表 7.2 应用 BET 两常数公式处理数据求出的固体比表面 $m^2 \cdot g^{-1}$

固 体	N_2	Ar	O_2	CO	CH_4	CO_2	C_2H_2	NH_3
	−195℃	−195℃	−183℃	−183℃	−161℃	−78℃	−78℃	−33℃
标准锐钛矿，TiO_2	13.8	11.6	—	14.3	—	9.6	—	—
Spheron6	116	—	—	—	—	—	110	116①
未还原铝粉	0.35	0.46	0.48	—	—	—	—	—
载钴催化剂	217	—	—	—	—	—	—	238
孔性玻璃	232	217	—	—	—	164	159	207
硅胶	560	477②	464	550	—	455	—	—
卵清蛋白	11.9	10.5	9.9	—	10.3	—	—	—

① −46℃。
② −183℃。

BET 常数 C 与 Langmuir 公式中之 b 有类似之处：

$$C=\exp\left(\frac{E_1-E_L}{RT}\right) \tag{7.23}$$

E_1-E_L 常称为净吸附热。对于指定的吸附体系，当吸附温度相差不大时，净吸附热为常数。这样，不仅可以从一个温度下的吸附数据求出的 C 值，计算净吸附热（若查得液化热 E_L，也就可求出第一层吸附热 E_1），而且由此温度下之 C 值，可求出其他温度下之 C 值。若设温度不同时 V_m 不变，从而可预示同一体系不同温度的等温线。如已知 178.4℃时 I_2 蒸气在硅胶上的吸附等温线，求出 V_m、C 及 $E_1-E_L=14.6kJ \cdot mol^{-1}$，可预示出其他温度的等温线。图 7.10 中 158.3℃、137.6℃和 198.5℃等温线实线为预测线，数据点为实验点，由图可知，预测线与实测点相当一致。

与 Langmuir 吸附常数 b 相似，BET 常数 C 与吸附热有关，故也反映等温线起始段的斜率；C 越大，起始段斜率越大，Ⅲ型等温线凸向吸附量轴越明显，可以证明 $C=2$ 时，等温线起始段为直线[3]；当 $C<2$ 时，等温线呈Ⅲ型。图 7.11 是不同 C 值时的吸附等温线。

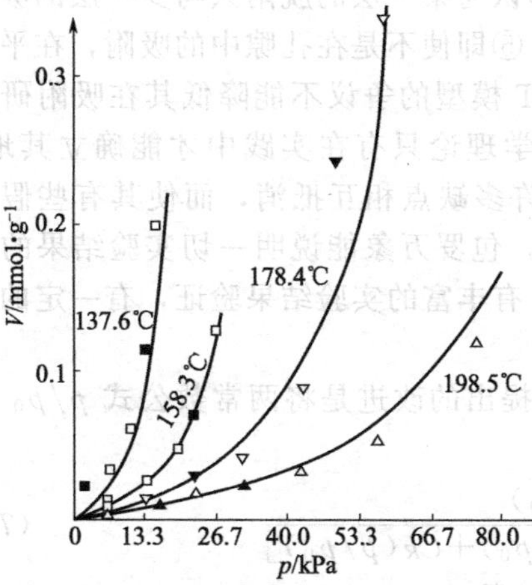

图 7.10 I_2 在硅胶上吸附等温线的预测和实测结果比较

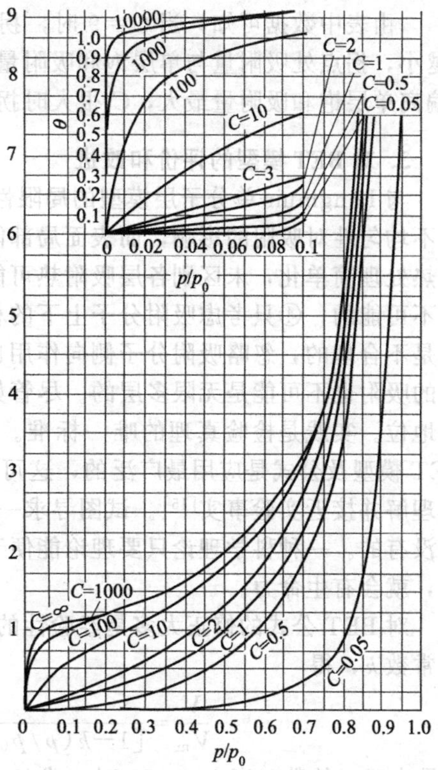

图 7.11 不同 C 值时的吸附等温线

【例 3】 由图 7.11 知，Ⅱ型等温线在低 p/p_0 时有拐点，此点接近单层饱和量的点。拐点位置与 C 值大小有关。试导出拐点处覆盖度 θ 与 C 值的关系。

解： 由式(7.20) 知

$$\theta=\frac{V}{V_m}=\frac{C(p/p_0)}{(1-p/p_0)(1-p/p_0+Cp/p_0)}$$

在拐点处，$d^2\theta/d(p/p_0)^2=0$。将上式对 p/p_0 取二级微商，求得

$$\left(\frac{p}{p_0}\right)_{\text{拐}}=\frac{(C-1)^{2/3}-1}{(C-1)+(C-1)^{2/3}}$$

将此值代入式(7.20)，求出拐点处覆盖度 $\theta_{\text{拐}}$：

$$\theta_{\text{拐}}=\left(\frac{V}{V_m}\right)_{\text{拐}}=\frac{1}{C}[(C-1)^{1/3}+1][(C-1)^{2/3}-1] \tag{7.24}$$

将不同 C 值代入此式，求出拐点处之 $\theta_{\text{拐}}\left[\theta_{\text{拐}}=\left(\frac{V}{V_m}\right)_{\text{拐}}\right]$ 列于表 7.3 中。

表 7.3 BET 常数 C 与Ⅱ型等温线拐点处之覆盖度 $\theta_{\text{拐}}$ 关系

C	2	3	4	5	9	10	20	50	10^2	10^3	10^4	10^8
$\theta_{\text{拐}}=\left(\frac{V}{V_m}\right)_{\text{拐}}$	0	0.442	0.659	0.786	1.00	1.025	1.122	1.155	1.148	1.088	1.044	1.002

由表中数据可知，当 $C=9$ 时，拐点处之吸附量恰为单层饱和吸附量。$C<9$ 时，C 越小，拐点处吸附量与单层饱和吸附量偏离越大。当 $C>9$ 时，以 $C=50$ 时拐点处吸附量偏离单层饱和吸附量最大，C 很大时拐点处吸附量与单层饱和吸附量又渐接近。

3. 对 BET 模型的评价和改进

与 Langmuir 单分子层模型的局限性类似，BET 模型也有明显的不足：①忽视了固体表面不均匀性对吸附的影响，而表面局部能量偏高使得低压区域吸附量较理论值偏大；②对吸附热处理简单化，未区别各层吸附热可能存在的差异；③认为可以同时形成不同层数的吸附是不可能的；④只考虑吸附分子上下的相互作用，即认为某一层的脱附只与少一层的吸附有关是不合理的，忽略吸附分子侧向作用也是不对的；⑤即使不是在孔隙中的吸附，在平表面上的吸附也不可能是无限多层的。尽管如此，对 BET 模型的争议不能降低其在吸附研究中的地位。实践是检验真理的唯一标准。任何一种科学理论只有在实践中才能确立其地位。BET 模型及公式是应用最广泛的，这可能是由于其许多缺点相互抵消，而使其有些假设可以理解并接近实验事实[15]。试图寻求一种十全十美，包罗万象能说明一切实验结果的理论是没有的。一种科学理论只要理论能便于实际应用，有丰富的实验结果验证，有一定的预见性，就会有生命力。

对 BET 公式的修正大多是经验性的。Brunauer 提出的改进是将两常数公式 p/p_0 乘以一常数 k，得

$$\frac{V}{V_m}=\frac{Ck(p/p_0)}{[1-k(p/p_0)][1-k(p/p_0)+Ck(p/p_0)]} \tag{7.25}$$

k 是小于 1 的数，当 $k=0.79$ 时，式(7.25) 在 p/p_0 高达 0.8 时也有直线关系。

Hutting 假设，i 层分子的蒸发与 $i+1$ 层的分子存在与否无关，而 BET 模型认为 $i+1$ 层上的分子能保护其以下各层分子不蒸发。

Hutting 导出的公式是

$$\frac{V}{V_m}=\left(\frac{C\,p/p_0}{1+C\,p/p_0}\right)(1+p/p_0) \tag{7.26}$$

该式的直线式为

$$\frac{p}{V}\left(1+\frac{p}{p_0}\right)=\frac{p_0}{CV_m}+\frac{p}{V_m} \tag{7.27}$$

根据此式，以 $(p/V)(1+p/p_0)$ 对 p 作图可得直线，图 7.12 是乙烷在 NaCl 粉体上吸附数据依式(7.27) 处理的结果，由图可见，对于这一体系 Hutting 公式适用范围达 p/p_0 为 0.8。

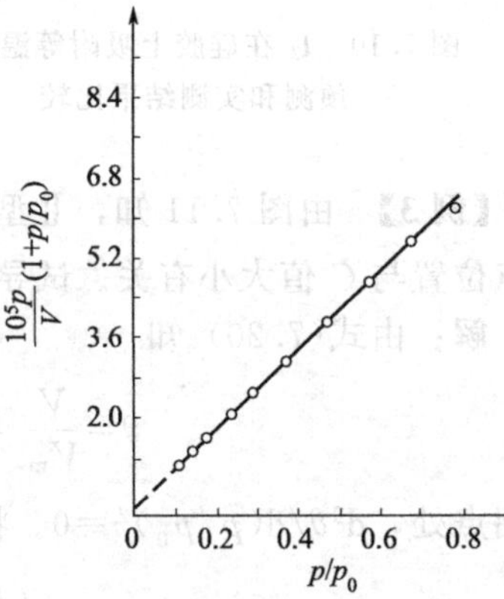

图 7.12　用式(7.27) 处理乙烷在 NaCl 粉体上的吸附等温线

对 Hutting 等温式[式(7.26)] 有两点要注意。①与 BET 公式不同，由式(7.26) 知，在 $p/p_0=1$ 时吸附量不是无穷大，而是 $2CV_m/(1+C)$。当 C 大时 $V=2V_m$。②式(7.26) 可还原为 Langmuir 公式，或者说将 Langmuir 公式乘以 $(1+p/p_0)$ 即为式(7.26)。

由于在较大压力时，根据 BET 公式预示的吸附量比实测的高，而根据 Hutting 公式预示的又低，Lopez-Gonzalez 和 Deitz 提出一个两常数公式[16]：

$$\frac{p}{2Vp_0}\left[\frac{p_0}{p_0-p}+\frac{p_0+p}{p_0}\right]=\frac{1}{CV_m}+\left(\frac{C-0.5}{CV_m}\right)\frac{p}{p_0} \tag{7.28}$$

N_2 在多种膨润土样品上的吸附数据应用上式适用范围直至 $p/p_0=0.8$。由斜率和截距

求出的 V_m 值在由 BET 和 Hutting 公式求出的 V_m 之间。

四、Polanyi 吸附势能理论和 D-R 公式

1. 吸附势能理论

Polanyi 的吸附势能理论不涉及吸附的具体物理图像，即对固体表面是否均匀、吸附层数均未做任何假设。认为：

① 固体表面附近的空间内有吸引力场，气体分子一旦落入此空间内即被吸附，这一空间称为吸附空间。

② 在吸附空间内任一位置均存在吸附势，此吸附势即为吸附自由能。吸附势的定义是将 1mol 气体从无限远处（即吸附空间外）吸引到吸附空间中某一位置所做的等温可逆功，吸附势常用 ε 表示。距表面为 x 点处之吸附势 ε_x 为：

$$\varepsilon_x = -\Delta G = \int_p^{p_0} V\mathrm{d}p = RT\ln\frac{p_0}{p} \tag{7.29}$$

式中，p 为气体的平衡压力；p_0 为实验温度 T 时的饱和蒸气压；V 为吸附质摩尔体积。在吸附空间内，吸附势相等点连成的面称为等势面，各等势面与固体表面所夹体积为吸附体积（即为吸附量），若设距表面 x 处等势面与表面所夹体积为 V_x（吸附体积），其与实测吸附量 a(mol) 关系为：

$$V_x = aM/\rho = a\overline{V} \tag{7.30}$$

式中，M 为吸附质分子量；ρ 为实验温度下液态吸附质密度；$\overline{V}$为液态吸附质摩尔体积。

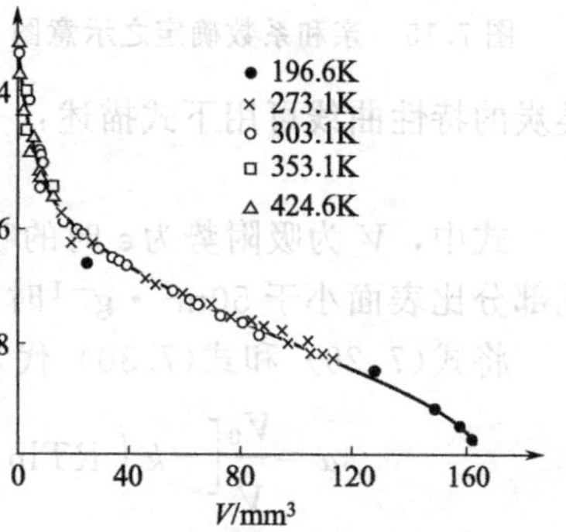

图 7.13 CO_2 在炭上吸附的特性曲线

式(7.29) 和式(7.30) 是吸附势理论的基本公式。

③ 吸附势与温度无关。不同温度的吸附势 ε 与吸附体积 V 的关系都是相同的。因而 ε 与 V 的关系曲线称为该吸附质-吸附剂体系的特性曲线（characteristic curve）。图 7.13 是五个温度下 CO_2 在炭上吸附的特性曲线。其实特性曲线就是吸附等温线，因为 ε 是 p 的函数，而 V_x 与吸附量 a 有关[见式(7.29) 和式(7.30)]。特性曲线与温度无关这一特点使得可以由一个温度下的等温线数据给出的特性曲线出发，改变温度求出相应温度的平衡压力和吸附量。图 7.14 中的 CO_2 吸附等温线数据点为实测点，实线为根据 273.1K 实测等温线数据得出的特性曲线（图 7.13）计算出的。由图可知，由特性曲线预测等温线得到验证。

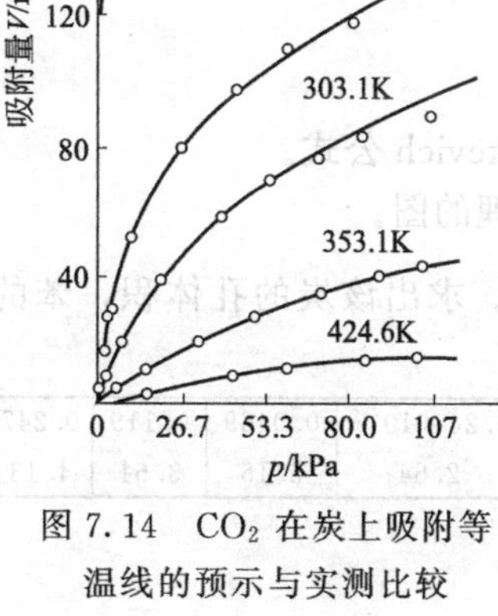

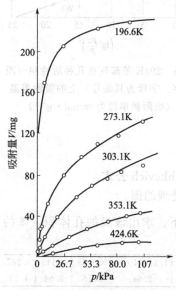

图 7.14 CO_2 在炭上吸附等温线的预示与实测比较

可以证明，在同一吸附剂上，不同吸附质的特性曲线在吸附体积 V_x 相同时吸附势之比为一定值，此值称为亲和系数（coefficent of affinity），常以 β 表示，如图 7.15 所示。

$$\frac{\varepsilon_1}{\varepsilon_2} = \frac{\varepsilon_3}{\varepsilon_4} = \cdots = \beta$$

β 可由吸附质的多种物理化学常数求出。对于一定的吸附剂，若以某一种吸附质气体为参考物，即可求出其他吸附质的 β 值。表 7.4 列出以苯的 β 为 1 时，其他气体在活性

炭上吸附的 β 值。

表 7.4 以苯为参考物时多种气体在活性炭上吸附的 β 值

气体	苯	C_5H_{12}	C_6H_{12}	C_7H_{16}	CH_3Cl	$CHCl_3$	CCl_4	CH_3OH	C_2H_5OH	HCOOH	CH_3COOH	$(C_2H_5)_2O$	CS_2	NH_3
β	1	1.12	1.04	1.50	0.56	0.88	1.07	0.40	0.61	0.60	0.97	1.09	0.70	0.28

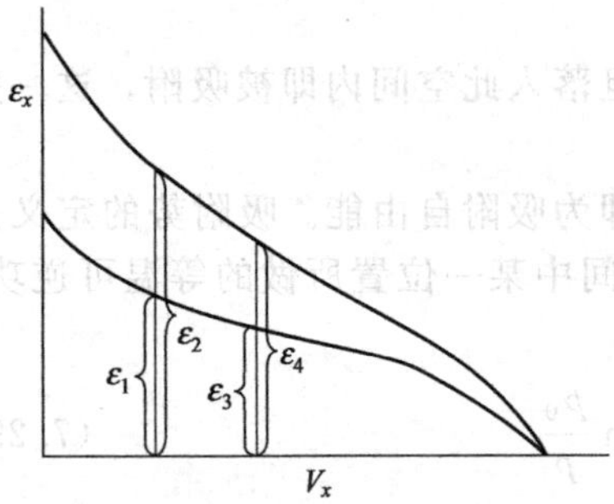

图 7.15 亲和系数确定之示意图

在吸附剂一定后，只要测出一个温度下的一种气体在其上的吸附等温线数据，即可作出这种气体吸附的特性曲线，由此特性曲线不仅可以预示这种气体在其他温度的吸附等温线，而且若能求得其他吸附质气体的亲和系数，原则上就可预示其他吸附质的特性曲线和任何温度的吸附等温线。

2. D-R 公式

前苏联科学家 Dubinin 等将活性炭分为主要含微孔的和含有较大孔隙的两大类。对第一种（主要含微孔的）活性炭的特性曲线进行了细致的分析。他们认为这类炭的特性曲线可用下式描述：

$$V=V_0\exp(-k\varepsilon^2) \tag{7.31}$$

式中，V 为吸附势为 ε 时的吸附体积；V_0 为该类型活性炭的微孔体积，当活性炭的中孔部分比表面小于 $50\text{m}^2\cdot\text{g}^{-1}$ 时 V_0 可视为总孔体积；k 为与微孔大小等有关的常数。

将式(7.29) 和式(7.30) 代入式(7.31)，得

$$a=\frac{V_0}{V}\left[-k\left(RT\ln\frac{p_0}{p}\right)^2\right] \tag{7.32}$$

将上式取自然对数

$$\ln a=\ln\frac{V_0}{V}-kR^2T^2\left(\ln\frac{p_0}{p}\right)^2 \tag{7.33}$$

根据上式，以 $\ln a$ 对 $\left(\ln\frac{p_0}{p}\right)^2$ 作图，应得直线，由该直线斜率和截距可求出微孔体积 V_0 和常数 k。

将式(7.32) 取以 10 为底的对数，并将各常数合并，得

$$\lg a=C-D(\lg p_0/p)^2 \tag{7.34}$$

式中 $c=\lg(V_0/V)$

$$D=KkR^2T^2$$

式中，K 为常数。

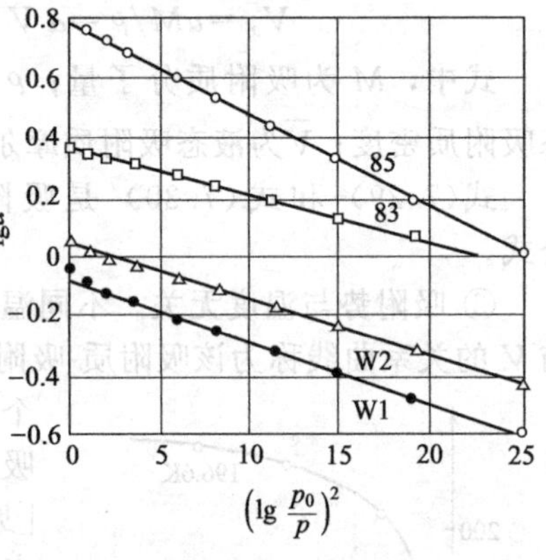

图 7.16 293K 苯蒸气在几种活性炭（图中数字、字母为其编号）上的吸附等温线（吸附量单位为 $\text{mmol}\cdot\text{g}^{-1}$）

式(7.32) 和式(7.33)、式(7.34) 均称为 Dubinin-Radushkevich 公式。

图 7.16 是苯蒸气在几种活性炭上吸附结果用式(7.34) 处理的图。

【例 4】 已知苯 323K 时在某种活性炭上的吸附数据如下。求出该炭的孔体积，苯的摩尔体积为 $89\times10^{-6}\text{m}^3\cdot\text{mol}^{-1}$。

p/p_0	1.33×10^{-6}	8.93×10^{-6}	1.03×10^{-4}	4.53×10^{-4}	4.13×10^{-3}	1.24×10^{-2}	0.0469	0.119	0.247
$a/\text{mmol}\cdot\text{g}^{-1}$	0.32	0.45	1.01	1.45	2.10	2.54	3.15	3.61	4.13

解： 因欲应用式(7.34)，将题设数据做如下处理，得

$(\lg p_0/p)^2$	34.52	25.49	15.90	11.18	5.684	3.635	1.766	0.855	0.369
$\lg a$	−0.495	−0.347	4.32×10^{-3}	0.161	0.322	0.405	0.498	0.558	0.616

作 $\lg a$ 对 $(\lg p_0/p)^2$ 图（图 7.17）。

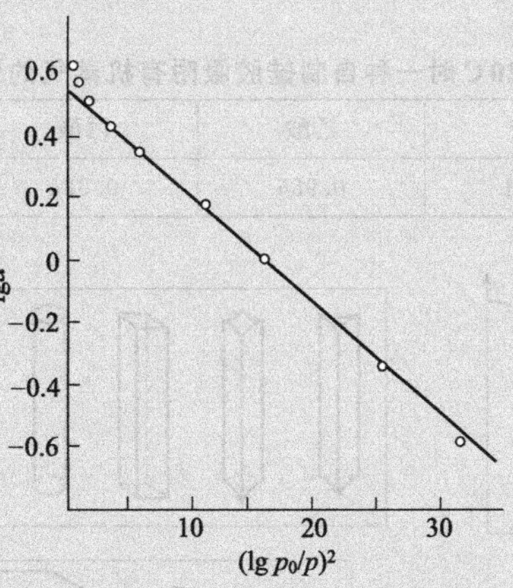

图 7.17 323K 时苯在一种活性炭上吸附的 $\lg a$-$(\lg p_0/p)^2$ 关系图

由图上直线在 $\lg a$ 轴上截距得 $\lg a_0=0.53$，$V_0=a_0\bar{V}=0.30\text{cm}^3\cdot\text{g}^{-1}$

在 $(\lg p_0/p)^2$ 小时（即 p/p_0 大时）$\lg a$-$(\lg p_0/p)^2$ 图出现折曲是常见的现象。这是由于在吸附剂上除有微孔外还可能有中孔和大孔，在这些孔中的吸附不服从式(7.31) 和式(7.34)。

五、孔性固体的毛细凝结

微孔固体（如一部分活性炭、沸石分子筛等）的吸附等温线多为Ⅰ型的，而主要含中孔的固体或粒子缝隙的吸附等温线多为Ⅳ和Ⅴ型的，这两类等温线的特点是在一定相对压力时吸附线（分支）和脱附线（分支）发生分离形成滞后环（圈）(hysteresis loop)。这种现象称为吸附滞后（adsorption hysteresis)。并且在相对压力趋于 1 时吸附量有饱和值，此值相当于充满吸附剂孔的液态吸附质体积。由此，不同吸附质在同一中孔类吸附剂上的最大吸附量，在以标准状态下的液态吸附质体积计算时是相同的，并与吸附剂的孔体积相等。这一规则称为 Gurvitsch 规则。表 7.5 中列出一种自制硅胶对几种有机蒸气的饱和吸附量（$\text{mL}\cdot\text{g}^{-1}$）即为例证。图 7.18 是乙酸蒸气在硅胶上吸附的等温线，空心点为吸附线，实心点为脱附线，由图可明显看出滞后环的形成，而且在中等相对压力时吸附量明显升高。这种现象可用 Kelvin 公式解释。在孔中形成蒸气的液态吸附膜，若这种液态吸附质在孔壁上可以润湿，则将形成凹液面，根据 Kelvin 公式凹液面上的蒸气压小于平液面的，因而当蒸气压力大于由凹液面曲率半径、液体表面张力等决定的与凹液面或平衡的饱和蒸气压时将在凹液面上发生蒸气凝结，从而导致吸附量快速增大。这种发生于毛细孔中凹液面上的蒸气凝结称为毛细凝结（参见第三章第八节）。

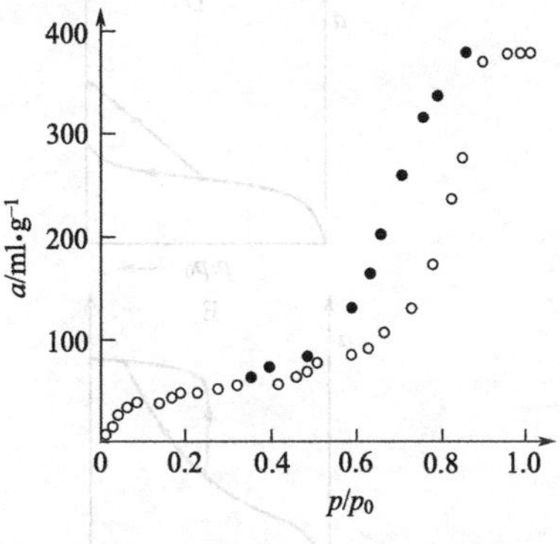

图 7.18 乙酸蒸气在硅胶上的吸附等温线（空心点为吸附线，实心点为脱附线）

Zigmondy 对吸附滞后（即滞后环的存在）的解释是：吸附是液态吸附质润湿孔壁的过程，接触角是前进角；脱附是液体从已润湿的表面上退出的过程，接触角是后退角。而前进角一般总是大于后退角。因而脱附时平衡相对压力小于吸附时的（图 7.18 中脱附线总是在吸附线的左侧）。

表 7.5　20℃时一种自制硅胶吸附有机蒸气的饱和吸附量

吸附质	甲酸	乙酸	丙酸	CCl_4	乙醇
饱和吸附量/$mL \cdot g^{-1}$	0.961	0.956	0.984	0.963	0.958

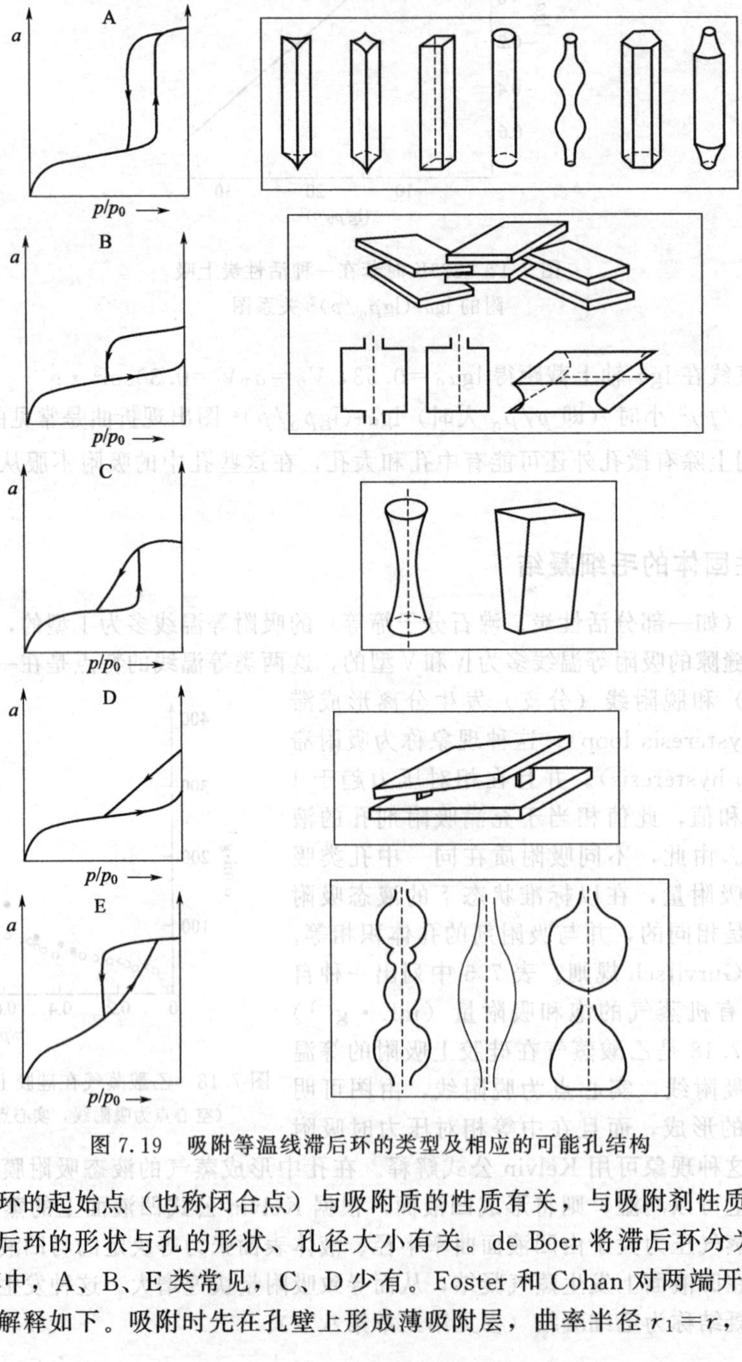

图 7.19　吸附等温线滞后环的类型及相应的可能孔结构

吸附滞后环的起始点（也称闭合点）与吸附质的性质有关，与吸附剂性质关系不大。吸附等温线、滞后环的形状与孔的形状、孔径大小有关。de Boer 将滞后环分为五种类型[17]（图 7.19）。其中，A、B、E 类常见，C、D 少有。Foster 和 Cohan 对两端开口的圆筒形孔的吸附滞后的解释如下。吸附时先在孔壁上形成薄吸附层，曲率半径 $r_1 = r$，$r_2 = \infty$。随气体压力增大，吸附层变厚，局部成凸透镜状液层，并最终相对液层相接触。若接触角为 0°时，弯液面曲率半径与孔半径相等［图 7.20(a)→(b)→(c)→(d)］。脱附时，沿图 7.20(d)→(e)→(b)→(a)变化，形成吸附滞后。MeBain 对口小腔大的细口瓶状孔的吸附滞后解释是：吸附时是从孔内半径大的部分开始逐渐填充至细口部分，脱附时是从曲率半径小的孔口部分弯液面开始，因而脱附时需要比吸附时更低的平衡压力才能进行。故脱附线与吸附线分离。对于特殊孔形的孔（如一端开口的半径均匀的毛细孔，圆锥形孔）无滞后环形成。

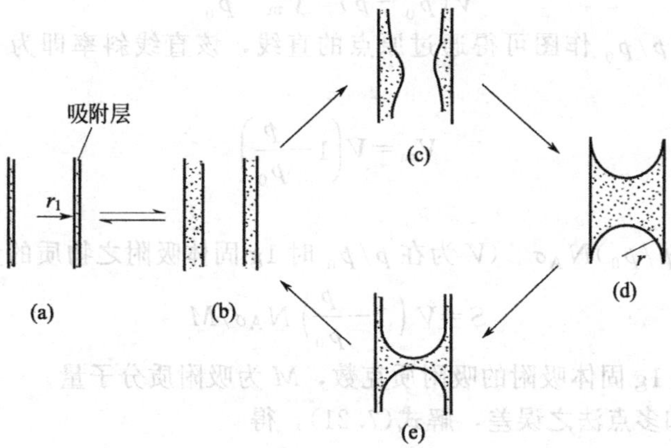

图 7.20 对两端开口孔中吸附滞后的一种解释示意图

在比分子大不了多少的微孔中吸附凝聚的液态吸附质的性质与宏观液态物质不同，表面张力的物理意义也不明确，经典的描述宏观弯曲液面蒸气压与表面张力及液面曲率半径关系的 Kelvin 公式不再适用，吸附滞后现象消失。

第四节 物理吸附法测定固体比表面、孔径分布及表面分维值

一、固体比表面的测定

单位质量固体的总表面积称为比表面（specific surface area）。比表面是吸附剂、催化剂的重要物化参数，常直接与吸附能力和催化性能的优劣有关。有应用价值的吸附剂都有大的比表面。测定比表面的方法很多[18~20]，其中以气体吸附法应用最广泛。

吸附法测定比表面都是用各种具体的实验方法[3,10,18]测出吸附等温线或测出某种条件下之吸附量，大多根据吸附等温式处理得出单层饱和吸附量，辅以其他数据计算出固体比表面。

1. BET 两常数法

根据式(7.21) BET 两常数公式直线式以 $p/V(p_0-p)$ 对 p/p_0 作图，由所得直线的斜率和截距可求出 V_m（此法也称多点法）：

$$V_m = 1/(\text{斜率}+\text{截距}) \tag{7.35}$$

将 V_m 换算为 1g 吸附剂吸附的气体体积（或物质的量），并校正至标准状态，比表面 S 即可求得：

$$S = \frac{V_m}{22400} N_A \sigma \quad (V_m\text{ 为 1g 吸附剂吸附的毫升数}) \tag{7.36a}$$

$$S=V_mN_A\sigma \quad (V_m 为 1g 吸附剂吸附的物质的量 mol) \tag{7.36b}$$

应用BET两常数公式求算比表面需注意其适用范围为 p/p_0 在 0.05～0.35 间，对不同体系这一范围可能有变化。N_A 为 Avogadro 数，σ 为吸附分子截面积。

2. BET一点法

由BET两常数公式可知，当 $C \gg 1$ 时，式(7.21) 可简化为

$$\frac{p}{V(p_0-p)}=\frac{1}{V_m}\cdot\frac{p}{p_0} \tag{7.37}$$

以 $p/V(p_0-p)$ 对 p/p_0 作图可得通过原点的直线，该直线斜率即为 $1/V_m$。或者上式可写为

$$V_m=V\left(1-\frac{p}{p_0}\right) \tag{7.38}$$

因而比表面 S 即为

$$S=V(1-p/p_0)N_A\sigma \quad (V 为在 p/p_0 时 1g 固体吸附之物质的量 mol 计) \tag{7.39}$$

$$S=V\left(1-\frac{p}{p_0}\right)N_A\sigma/M \tag{7.40}$$

在式(7.40) 中 V 是 1g 固体吸附的吸附质克数，M 为吸附质分子量。

为比较一点法和多点法之误差，解式(7.21)，得

$$V_m=V\left(\frac{p_0}{p}-1\right)\left[\frac{1}{C}+\frac{C-1}{C}(p/p_0)\right] \tag{7.41}$$

用式(7.41) 减去式(7.38)，除以式(7.41) 得出两方法的相对误差：

$$\frac{(V_m)_{多点法}-(V_m)_{一点法}}{(V_m)_{多点法}}=\frac{1-\frac{p}{p_0}}{1+(C-1)\frac{p}{p_0}} \tag{7.42}$$

由上式知，两种方法之相对误差是 p/p_0 和 C 值的函数。表7.6中列出不同相对压力时一点法的相对误差。

表7.6 在不同 p/p_0 时一点法的相对误差

C	$p/p_0=0.1$	$p/p_0=0.2$	$p/p_0=0.3$	$p/p_0=(p/p_0)_m^a$
1	0.90	0.80	0.70	0.50
10	0.47	0.29	0.19	0.24
50	0.17	0.07	0.04	0.12
100	0.08	0.04	0.02	0.09
1000	0.009	0.004	0.002	0.03

注：$(p/p_0)_m^a$ 是由多点法测出的在单分子层覆盖时的相对压力。

3. 层厚法（标准等温线法）

性质接近，比表面不同的固体对同一吸附质气体的吸附等温线相似，若覆盖度 $\theta=V/V_m=t/t_m$（t 和 t_m 分别是吸附量为 V 和单层饱和吸附量 V_m 时吸附层厚度）表示吸附量，θ（或 t）与 p/p_0 的等温线重合。图7.21是氮气在多种固体上的这种等温线，由于这种等温线表示多种固体上的等温线，具有标准化（以 θ 表示吸附量使多条等温线重合）意义，故称为标准等温线（standard isotherm）。标准等温线的存在表明 θ（或 t，或 V/V_m）与 p/p_0 有函数关系：

$$V/V_m=f(p/p_0) \tag{7.43}$$

若 V 和 V_m 表示 1g 吸附剂吸附的 N_2 的体积（mL），现已知 1mL 液态 N_2 铺成单分子层可占据 $4.36m^2$，因而比表面 $S=4.36V_m$。

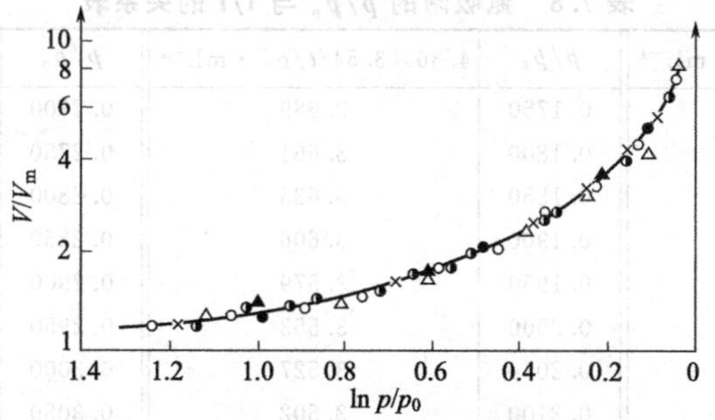

图 7.21 氮在多种固体上的吸附等温线（78K）

○RCl-1；△卵清蛋白 61；◐牛蛋白 68；×二氧化钛；◑石墨化炭黑；▲卵清蛋白 59；●聚乙烯

结合式(7.43)，得

$$V/S=f'(p/p_0)\text{或}S/V=1/f'(p/p_0) \tag{7.44}$$

根据大量实验数据，制出氮气吸附的 p/p_0 与 S/V 关系表（表 7.7）。根据式(7.44)，只要测出某一平衡压力 p 时 1g 未知固体样品吸附的氮气的体积 V，即可由表中查出相应 p/p_0 时的 S/V，代入测出的 V，即可算出比表面 S。

表 7.7 氮吸附的 p/p_0 与 S/V 关系表（−195℃）

p/p_0	$S/V/m^2\cdot mL^{-1}$	p/p_0	$S/V/m^2\cdot mL^{-1}$	p/p_0	$S/V/m^2\cdot mL^{-1}$	p/p_0	$S/V/m^2\cdot mL^{-1}$
0.0800	4.412	0.1650	3.748	0.2500	3.313	0.3350	2.958
0.0850	4.361	0.1700	3.718	0.2550	3.291	0.3400	2.939
0.0900	4.313	0.1750	3.689	0.2600	3.269	0.3450	2.920
0.0950	4.266	0.1800	3.661	0.2650	3.247	0.3500	2.900
0.1000	4.221	0.1850	3.633	0.2700	3.225	0.3550	2.881
0.1050	4.177	0.1900	3.606	0.2750	3.204	0.3600	2.862
0.1100	4.134	0.1950	3.579	0.2800	3.182	0.3650	2.843
0.1150	4.094	0.2000	3.553	0.2850	3.161	0.3700	2.825
0.1200	5.055	0.2050	3.527	0.2900	3.140	0.3750	2.806
0.1250	4.016	0.2100	3.502	0.2950	3.119	0.3800	2.788
0.1300	3.979	0.2150	3.477	0.3000	3.099	0.3850	2.769
0.1350	3.943	0.2200	3.456	0.3050	3.078	0.3900	2.751
0.1400	3.098	0.2250	3.429	0.3100	3.058	0.3950	2.733
0.1450	3.875	0.2300	3.405	0.3150	3.038	0.4000	2.715
0.1500	3.842	0.2350	3.382	0.3200	3.018		
0.1550	3.809	0.2400	3.358	0.3250	2.998		
0.1600	3.778	0.2450	3.336	0.3300	2.978		

当然，也可由吸附层厚度 t 与 p/p_0 的关系求算比表面。

由于

$$\theta=\frac{V}{V_m}=\frac{t}{t_m} \tag{7.45}$$

对于以氮为吸附质的 $t_m=3.54\times10^{-10}$ m（即液态密堆积氮的单分子层平均厚度）。因而

$$t=3.54V/V_m\text{ 或 }V_m=3.54V/t$$

$$S=4.36V_m=4.36\times3.54V/t \tag{7.46}$$

表 7.8 是 $1/t$ 与 p/p_0 关系。由某一相对压力下之实测吸附量值，由表中查出相应之 $4.36\times3.54/t$ 值，代入式(7.46) 即可求出 S。

表 7.8　氮吸附的 p/p_0 与 $1/t$ 的关系表

p/p_0	$4.36\times3.54/t/\mathrm{m^2\cdot mL^{-1}}$	p/p_0	$4.36\times3.54/t/\mathrm{m^2\cdot mL^{-1}}$	p/p_0	$4.36\times3.54/t/\mathrm{m^2\cdot mL^{-1}}$
0.0800	4.412	0.1750	3.689	0.2700	3.225
0.0850	4.361	0.1800	3.661	0.2750	3.204
0.0900	4.313	0.1850	3.633	0.2800	3.182
0.0950	4.266	0.1900	3.606	0.2850	3.161
0.1000	4.221	0.1950	3.579	0.2900	3.140
0.1050	4.177	0.2000	3.553	0.2950	3.119
0.1100	4.134	0.2050	3.527	0.3000	3.099
0.1150	4.094	0.2100	3.502	0.3050	3.078
0.1200	4.055	0.2150	3.477	0.3100	3.058
0.1250	4.016	0.2200	3.456	0.3150	3.038
0.1300	3.979	0.2250	3.429	0.3200	3.018
0.1350	3.943	0.2300	3.405	0.3250	2.998
0.1400	3.908	0.2350	3.382	0.3300	2.978
0.1450	3.875	0.2400	3.358	0.3350	2.958
0.1500	3.842	0.2450	3.336	0.3400	2.939
0.1550	3.809	0.2500	3.313	0.3450	2.920
0.1600	3.778	0.2550	3.291	0.3500	2.900
0.1650	3.748	0.2600	3.269		
0.1700	3.718	0.2650	3.247		

实际上标准等温线因 BET 常数 C 的大小还有差别，根据 C 值大小标准等温线分为五类：$C\geqslant300$；$300>C\geqslant100$；$100>C\geqslant40$；$40>C\geqslant30$；$30>C\geqslant20$[21]。表 7.8 是氮吸附时的不同 C 值大小与标准等温线的关系。若已知氮吸附的 C 值和某一个 p/p_0 时的 1g 固体上之吸附量 V，即可由表 7.9 中相应 p/p_0 和 C 值大小的 V/V_m，从而求出 V_m，并计算出比表面。

表 7.9　氮吸附标准等温线随 BET 常数 C 的变化（$n=V/V_\mathrm{m}$）

p/p_0	n_1	n_2	n_3	n_4	n_5
0.02	0.972	0.805	0.593	0.503	0.401
0.03	0.992	0.853	0.669	0.575	0.489
0.04	1.017	0.893	0.718	0.635	0.545
0.05	1.034	0.920	0.763	0.686	0.602
0.06	1.048	0.946	0.802	0.730	0.647
0.07	1.062	0.966	0.839	0.768	0.692
0.08	1.076	0.992	0.870	0.804	0.729
0.09	1.090	1.011	0.901	0.838	0.768
0.10	1.102	1.037	0.929	0.868	0.808
0.12	1.127	1.068	0.983	0.924	0.872
0.14	1.155	1.105	1.028	0.976	0.932
0.16	1.184	1.136	1.071	1.022	0.983
0.18	1.209	1.167	1.113	1.066	1.034
0.20	1.234	1.203	1.153	1.110	1.082
0.22	1.260	1.234	1.192	1.154	1.127
0.24	1.285	1.263	1.232	1.195	1.175
0.26	1.311	1.297	1.266	1.235	1.218
0.28	1.339	1.325	1.305	1.275	1.257
0.30	1.367	1.356	1.339	1.320	1.299

续表

p/p_0	n_1	n_2	n_3	n_4	n_5
0.32	1.395	1.384	1.373	1.370	1.342
0.34	1.427	1.415	1.407	1.407	1.384
0.36	1.452	1.452	1.444	1.444	1.424
0.38	1.480	1.480	1.472	1.472	1.460
0.40	1.511	1.511	1.508	1.508	1.497
0.42			1.536		
0.44			1.565		
0.46			1.596		
0.48			1.630		
0.50			1.667		
0.55			1.757		
0.60			1.864		
0.65			1.983		
0.70			2.127		
0.75			2.280		
0.80			2.528		
0.85			2.853		
0.90			3.588		
0.95			5.621		

注：1. n_1：$C \geqslant 300$；n_2：$300 > C \geqslant 100$；n_3：$100 > C \geqslant 40$；n_4：$40 > C \geqslant 30$；n_5：$30 > C \geqslant 20$。

2. A Lecloux，J P Pirard. J Colloid Interface Sci，1979，70：265.

【例 5】 77K 时测定某催化剂对 N_2 的吸附，得以下结果。用BET多点法、一点法和层厚法计算比表面。已经 N_2 的分子截面积为 $0.162nm^2$。

p/p_0	0.06	0.10	0.20	0.30	0.40	0.50
$V(STP)/mL \cdot g^{-1}$	48.6	52.9	61.2	67.7	74.1	81.7

解：(1) BET多点法求算

根据式(7.21)，处理题设数据，得下表

p/p_0	0.06	0.10	0.20	0.30	0.40	0.50
$(p/p_0)/V(1-p/p_0)$	0.00131	0.00210	0.00408	0.00633	0.00900	0.0122

作 $(p/p_0)/V(1-p/p_0)$ 对 p/p_0 图，得图 7.22。由图中直线的斜率和截距求出 V_m 和 C。

$$截距 = 1/V_mC = 0.0004mL^{-1}$$

$$斜率 = (C-1)/V_mC = 0.0185mL^{-1}$$

$$C = 47.25$$

$$V_m = 52.91mL$$

代入式(7.36)，得比表面

$$S = N_AV_m\sigma/22400 = 6.023\times10^{23}\times52.91\times0.162\times10^{-18}/22400 = 230.5\ (m^2 \cdot g^{-1})$$

由图 7.22 可以看出，若一定要选 p/p_0 在 0.05～0.35 范围作直线，很可能得到截距为负值。而本体系 p/p_0 在 0.06～0.20 间直线更恰当，截距为正值。这就是说，BET直线式 p/p_0。适用范围要具体分析，不易确定时应参照其他方法求出的 V_m[22]。

(2) 一点法求算

将题设 $p/p_0=0.20$ 之吸附量 $V=61.2\text{mL}\cdot\text{g}^{-1}$ 代入式(7.38)，得

$$V_m=61.2(1-0.20)=48.96\ (\text{mL}\cdot\text{g}^{-1})$$

$$S=6.023\times10^{23}\times48.96\times0.162\times10^{-18}/22400=213.2\ (\text{m}^2\cdot\text{g}^{-1})$$

(3) 层厚法（标准等温线法）

利用表 7.7，查出 $p/p_0=0.20$ 时之 $S/V=3.553$，故

$$S=3.553\times61.2=217.4\ (\text{m}^2\cdot\text{g}^{-1})$$

或利用表 7.8，查出 $p/p_0=0.20$ 时之 $4.36\times3.54/t=3.553$，代入式(7.46)，得

$$S=3.553\times61.2=217.4\ (\text{m}^2\cdot\text{g}^{-1})$$

或利用表 7.9，查出 $p/p_0=0.20$ 和 $100>C\geqslant40$ 时之 $V/V_m=1.153$

$$V_m=61.2/1.153=53.08\ (\text{mL}\cdot\text{g}^{-1})$$

将 V_m 代入式(7.36a)，可得

$$S=6.023\times10^{23}\times53.08\times0.162\times10^{-18}/22400=231.2\ (\text{m}^2\cdot\text{g}^{-1})$$

以上三法所得比表面之误差均小于 7%。

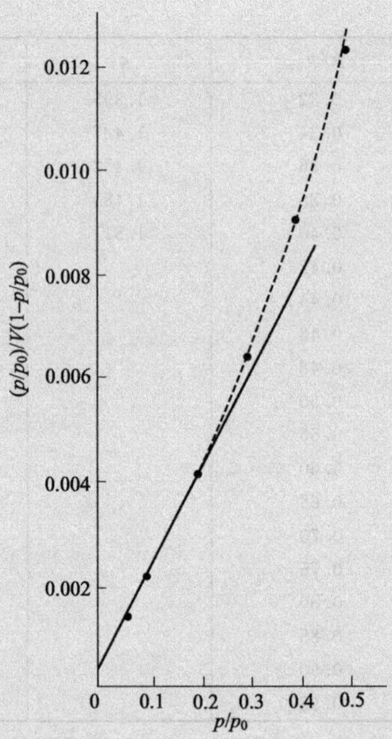

图 7.22 氮在某催化剂上吸附的 BET 两常数公式直线图

4. 分子截面积的计算

此处分子截面积是指单层饱和吸附时每个分子占有的面积 σ。最常用的求算 σ 的方法有两种。

(1) 相对计算法　用显微镜法、沉降法等绝对方法测出无孔均匀固体粒子的大小，计算出其比表面。用这种已知比表面的样品吸附某种气体，实测出单层饱和吸附量，反算气体分子的截面积；或用已知截面积的气体和未知截面积的气体在同一种固体上吸附，显然测出的单层饱和吸附量之比即为它们分子截面积之比。

(2) 液体密度法　假设吸附层的吸附质为液态六方密堆积结构，每个分子为球形，分子面积 σ 为[23,24]：

$$\sigma=1.091\left(\frac{M}{\rho N_A}\right)^{2/3} \tag{7.47}$$

式中，M 为吸附质分子量；ρ 为液态吸附质密度，在 77K 时液氮密度 $\rho=0.808\text{g}\cdot\text{cm}^{-3}$，可得 $\sigma=0.162\text{nm}^2$。表 7.10 中列出几种常用气体依式(7.46) 求出的分子面积。

表 7.10　几种气体分子的面积 σ

气　体	温度/℃	分子面积/nm²	气　体	温度/℃	分子面积/nm²
N_2	−183	0.170	CO_2	−56.6	0.170
	−195.8	0.162	CH_4	−140	0.181
O_2	−183	0.141	$n\text{-}C_4H_{10}$	0	0.321
Ar	−183	0.144	NO	−150	0.125
	−195.8	0.138	N_2O	−80	0.168
CO	−183	0.168	SO_2	0	0.190

液态密度法求算分子面积也有不足之处。如吸附态可能与常规液态不同；设分子为球形对

许多各向异性分子是不恰当的；对于不均匀表面吸附分子占有面积和分子面积是不相同的等。

用于测定比表面的气体主要有氮、氩、氪、正丁烷和苯。

二、孔径和孔径分布的测定

1. 平均孔半径 $\bar{r}$

当已测出孔性固体的比孔容 V_p（1g 固体的孔体积）和比表面 S 时，设孔为均匀圆柱形孔，不难得出：

$$\bar{r}=2V_p/S \tag{7.48}$$

平均孔半径反映孔大小的大致状况，在无条件或没有必要详细了解孔性固体孔大小分布时，平均孔半径有重要的参考价值，许多实验结果证明，平均孔半径常与孔径微分分布曲线最大峰处之半径值相符或接近。

2. 孔径分布的简单计算原理

孔径分布的计算原理是利用 Kelvin 公式。在第Ⅳ和Ⅴ类等温线滞后环部分的脱附分支上以适当的间距选点。根据所选点的 p/p_0，用 Kelvin 公式计算相应的孔半径 r 值，此 r 即在相应 p/p_0 时发生毛细凝结的孔半径，称为 Kelvin 半径或临界半径，以 r_K 表示。由于在发生毛细凝结前孔壁上有吸附层，其厚度为 t，故真实孔半径 r_p 应为 r_K 与 t 之和，即 $r_p=r_K+t$。

在各选择点相应于其各自的 p/p_0 有一定吸附量。将吸附量换算为吸附体积，即为根据 Kelvin 公式计算出的 r_K 孔的吸附体积 V_r（即所有孔半径小于 r_p 的总孔体积）。V_r 对 r 的关系曲线称为孔径分布的积分分布曲线。在积分分布曲线上选择合适的 r 间距，求出相应点处曲线切线斜率（dV_r/dr 或 $\Delta V_r/\Delta r$），dV_r/dr（或 $\Delta V_r/\Delta r$）对 r 作图即为孔径分布的微分分布曲线。图 7.23 和图 7.24 是一种细孔硅胶孔径的积分和微分分布曲线图。

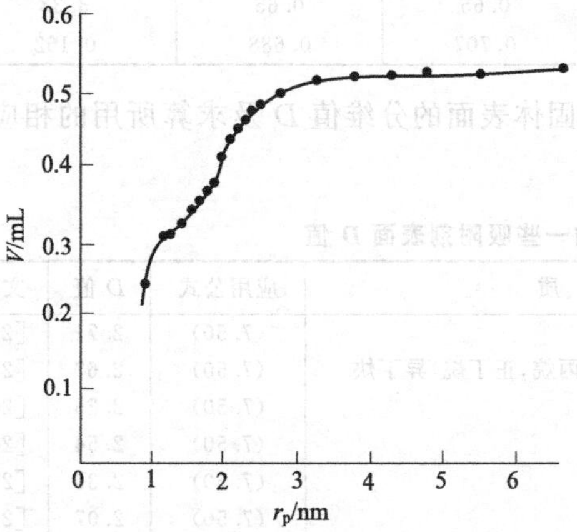

图 7.23 一种细孔硅胶的孔径积分分布曲线

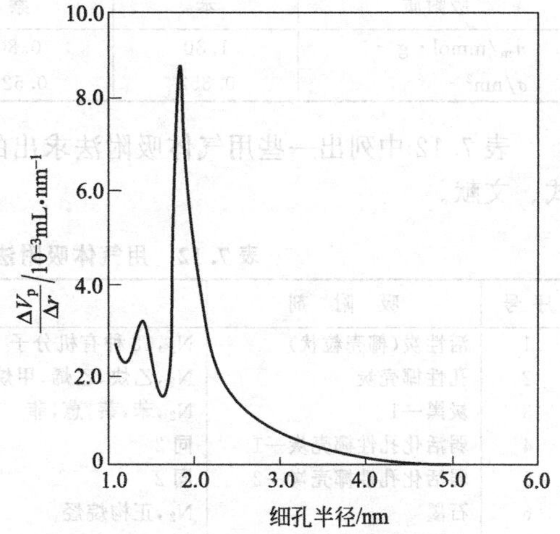

图 7.24 根据图 7.23 数据绘制的硅胶孔径微分分布曲线

还应说明两点：①计算孔径分布是用吸附线还是脱附线尚无定论，大多数人认为用脱附线好，原因是在脱附等温线的相对压力下吸附状态更稳定，且所得结果与其他方法所得的孔径分布相同；②未发生毛细凝结的孔中吸附层厚度 t 与 p/p_0 有关。Halsey 经验公式是：

$$t=-\left[\frac{5}{\ln(p/p_0)}\right]^{1/3}t_m \tag{7.49}$$

式中，t_m 是单分子吸附层平均厚度。对于 N_2，$t_m=0.43nm$。

三、气体吸附法测定固体表面分维值[3,25,26]

由分形几何知，粗糙平面可用介于 2～3 间的分维描述。对于固体表面，分维是表面粗糙性的参数。测定固体表面分维 D 的方法有多种：吸附法、热力学法、电化学法等，其中以吸附法应用较多。吸附法中又有气相吸附法和液相吸附法[26,27]。现介绍气体单层饱和吸附量法。

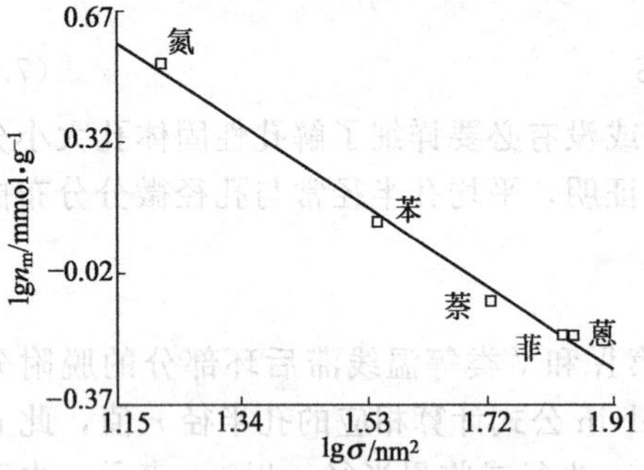

图 7.25 氮气和苯、萘、蒽、菲在炭黑上的 n_m 和 σ 对数关系图

若吸附分子半径为 r，截面积为 σ，对于完全平滑表面，单层饱和吸附量 $n_m \propto r^{-2}$。对于分维为 D 的粗糙表面，$n_m \propto r^{-D}$ 或 $n_m \propto \sigma^{D/2}$。即

$$\lg n_m = (-D/2)\lg\sigma + 常数 \tag{7.50}$$

由于表面积 $A=n_m\sigma$，故可得

$$\lg A = (1-D/2)\lg\sigma + 常数 \tag{7.51}$$

只要测出不同气体在同一固体上的吸附等温线，应用适当的等温方程处理，求出单层饱和吸附量，并求出 σ，用式(7.50)或式(7.51)处理，即可求出该固体表面的分维值 D。

表 7.11 中列出氮气和几种芳香化合物蒸气在一种炭黑上的单层饱和吸附量 n_m 和由式(7.47)求出的分子面积 σ。图 7.25 是相应的 $\lg n_m$-$\lg\sigma$ 图，由图中直线斜率和根据式(7.50)求得该炭黑的 $D=2.25\pm0.90$[28]。

表 7.11 氮气和苯、萘、蒽、菲蒸气在炭黑上的 n_m 和分子面积 σ

吸附质	苯	萘	蒽	菲	氮
n_m/mmol·g^{-1}	1.30	0.80	0.65	0.65	3.33
σ/nm²	0.352	0.529	0.707	0.688	0.162

表 7.12 中列出一些用气体吸附法求出的常见固体表面的分维值 D 及求算所用的相应公式、文献。

表 7.12 用气体吸附法测出的一些吸附剂表面 D 值

序号	吸附剂	吸附质	应用公式	D 值	文献
1	活性炭(椰壳粒状)	N_2,12 种有机分子	(7.50)	2.71	[28]
2	孔性椰壳炭	N_2,乙炔,乙烯,甲烷,乙烷,丙烷,正丁烷,异丁炔	(7.50)	2.67	[28]
3	炭黑—1	N_2,苯,萘,蒽,菲	(7.50)	2.25	[28]
4	弱活化孔性椰壳炭—1	同 2	(7.50)	2.54	[28]
5	弱活化孔性椰壳炭—2	同 2	(7.50)	2.30	[28]
6	石墨	N_2,正构烷烃	(7.50)	2.07	[28]
7	非孔性椰壳炭—1	同 2	(7.50)	2.04	[28]
8	非孔性椰壳炭—2	同 2	(7.50)	1.97	[28]
9	炭黑—2	N_2	(7.51)	2.12	[26]
10	炭黑—3	N_2	(7.51)	2.04	[26]
11	活性炭—1	N_2	(7.51)	2.96	[26]
12	SiO_2-ZrO_2 气凝胶—1	N_2	(7.51)	2.15	[26]
13	SiO_2-ZrO_2 气凝胶—2	N_2	(7.51)	2.52	[26]
14	硅胶—1	N_2	(7.51)	2.44	[26]
15	硅胶—2	甲酸,乙酸,丙酸,CCl_4	(7.50)	2.06	[27]
16	硅胶—2	同 15	(7.51)	2.06	[27]

第五节 气体分离的吸附方法

气体分离是将混合气体用物理或化学方法分离成单一组成气体的过程。空气分离制氧和氮，石油化工产品的干燥、净化与分离等均为气体分离的应用。气相色谱法分析混合物成分，分离和制备纯态物质是仪器分析重要组成部分。

一、沸石分子筛的选择性气体分离[29]

1. 沸石分子筛孔径大小与选择性气体分离

天然的和合成的沸石分子筛有严格的晶体结构，窗口尺寸均匀，孔腔大小一致。因而可将吸附质分子按其大小进行分离。这种方法特别适用于那些用常规方法（如蒸馏、结晶、升华等）难以分离的化合物（如同分异物体等）进行分离。图 7.26 中列出根据沸石分子筛孔大小进行的分类和各类沸石分子筛中能进入或不能进入孔中的常见化合物。例如 3A 分子筛孔径约 0.3nm，只能有效地吸附水，5A 分子筛孔直径为 0.5nm，而正戊烷和异戊烷的临界直径为 0.49nm 和 0.56nm，因此 5A 分子筛可将二者分离。

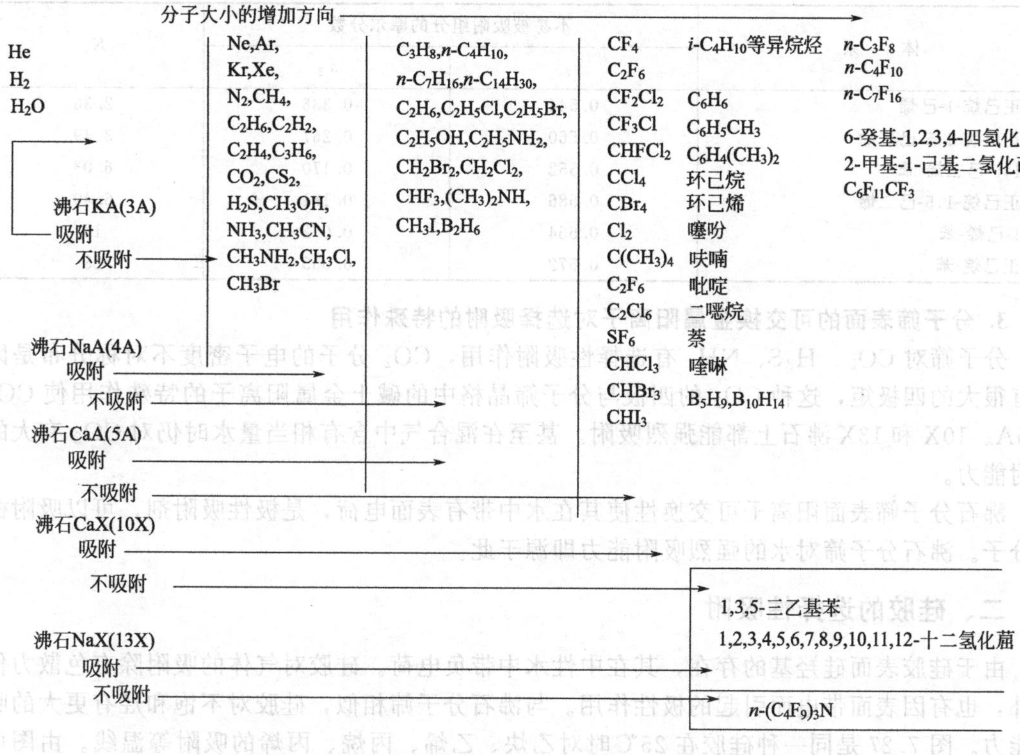

图 7.26 沸石分子筛类型与吸附质分子大小的关系

注：吸附的箭头指示可进入沸石孔中的物质组，同时位于左边组内的物质也可进入该沸石孔中；不吸附的箭头指示不能进入沸石孔中的物质组，同时位于右边组内的物质也不能进入该沸石孔中。

2. 沸石分子筛对不饱和烃的选择性吸附分离

沸石分子筛从气态烃混合物中吸附的选择性吸附顺序是炔烃＞烯烃＞烷烃。这是由于各种烃类在沸石分子筛上的吸附除有色散力作用外，还与烃的 π 键与沸石中杂原子晶格间的特殊相互作用能力有关。这种吸附能力的差异明显地反映到吸附热的大小上。表 7.13 是丙烯、丙烷在几种吸附剂上的吸附热比较。由表中数据可见，在石墨化炭黑上，二者吸附热接近，甚至丙烷的吸附热还略大于丙烯的，这是因为石墨化炭黑是完全非极性表面，其与有机物的作用只有色散力作用。5A 的 13X 分子筛对丙烯的吸附热远大于对丙烷的，则是其对不饱和烃选择性吸附的结果。分子筛对不饱和烃的选择性吸附能力与分子中不饱和键的数目有关：不饱和键数目增多，选择性吸附能力增强。

表 7.13　几种吸附剂对丙烷、丙烯吸附热比较　　kJ · mol^{-1}

吸附剂	石墨化炭黑①	硅胶①	5A①	5A②	13X②
丙烯	26.0	31.0	50.8	57.6	45.2
丙烷	27.2	21.0	42.3	39.5	32.7

① 覆盖度 $\theta=0.5$ 的数据。

② 气相色谱法测定结果。

混合物中不同组分的吸附选择性可用分离系数表征。两组混合气达到吸附平衡后气相中组分 1 和 2 的摩尔分数 y_1、y_2 和在吸附相中相应组分的摩尔分数 x_1、x_2，分离系数 $K_p=y_2x_1/y_1x_2$。八面沸石对几种 C_6 烃的吸附分离系数列于表 7.14。由表可见，在二烯烃和芳烃混合物中，烯烃为不易被吸附组分，而芳烃有大的分离系数。

表 7.14　八面沸石对 C_6 烃的吸附选择性

体　系	不易被吸附组分的摩尔分数		K_p
	y_2	x_2	
正己烷-1-己烯	0.544	0.336	2.36
正己烷-1,5-己二烯	0.560	0.267	3.49
1,5-己二烯-苯	0.552	0.170	6.03
正己烷-1,5-己二烯	0.586	0.181	6.40
1-己烯-苯	0.554	0.072	16
正己烷-苯	0.572	0.055	23

3. 分子筛表面的可交换金属阳离子对选择吸附的特殊作用

分子筛对 CO_2、H_2S、NH_3 有选择性吸附作用，CO_2 分子的电子密度不对称分布是因其有很大的四极矩，这种 CO_2 的四极与分子筛晶格中的碱土金属阳离子的特殊作用使 CO_2 在 5A、10X 和 13X 沸石上都能强烈吸附。甚至在混合气中含有相当量水时仍对 CO_2 有大的吸附能力。

沸石分子筛表面阳离子可交换性使其在水中带有表面电荷，是极性吸附剂，可以吸附极性分子。沸石分子筛对水的强烈吸附能力即源于此。

二、硅胶的选择性吸附

由于硅胶表面硅羟基的存在，其在中性水中带负电荷。硅胶对气体的吸附除有色散力作用外，也有因表面带电而引起的极性作用。与沸石分子筛相似，硅胶对不饱和烃有更大的吸附能力。图 7.27 是同一种硅胶在 25℃时对乙炔、乙烯、丙烷、丙烯的吸附等温线。由图可见，对相同碳原子数的烃，吸附量的顺序是：炔烃＞烯烃＞烷烃。此规律与沸石吸附的相同。

三、变温吸附

变温吸附（temperature swing adsorption，TSA）是最早实现的气体分离的循环工艺过程。其基本原理是，在温度较低时进行吸附（低温吸附量大），混合气体中固吸附能力不同吸附有先后，吸附平衡后，升高温度开始时吸附弱的先脱附，吸附强的后脱附，从而使混合物分离。脱附完成吸附剂也得以再生。变温吸附工艺分为固定床和移动床两大类。图 7.28 是固定床双床变温吸附流程示意图。当吸附床流出气体与进料气体成分接近时，说明吸附已完成。切换阀门，吸附床变为再生床，吸附床与再生床交替应用完成吸附-脱附过程。图 7.28 中的三种流程之区别是脱附与吸附剂再生方法不同：用进料气再生和脱附（a）、用吸附床流出气再生和脱附（b）、减压处理（c）。固定 TSA 设备简单，吸附剂装填后不再移动，但能耗高，效率低。

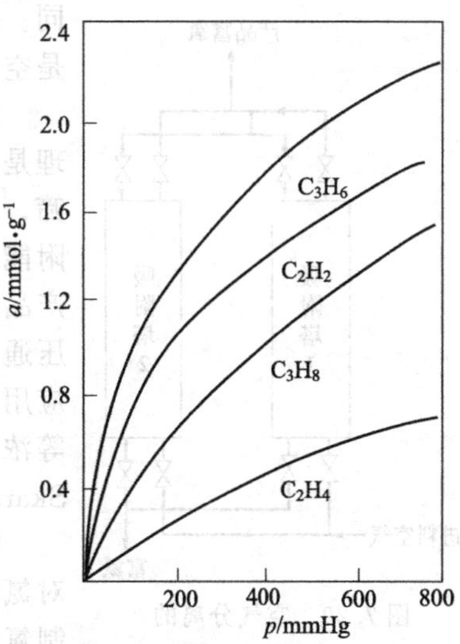

图 7.27 乙烯、乙炔、丙烷、丙烯在硅胶上的吸附等温线（25℃）

移动床 TSA 的基本原理类似于顶替色谱分离，即在吸附床层内发生连续吸附-脱附过程，混合气中依其各组分在吸附剂上的吸附能力不同沿床层高度规律分布（吸附能力强的先吸附，弱的后吸附；脱附时则顺序相反）。脱附时分段回收。这种工艺可在不太高的温度和压力下进行，省时省能耗。缺点是吸附剂损耗大。

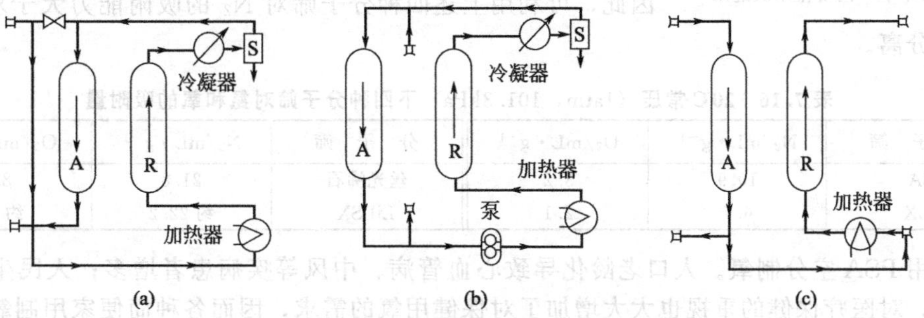

图 7.28 固定床双床变温吸附流程

A—吸附床；R—再生（脱附）床；S—分离器

四、变压吸附[30,31,3]

变压吸附（Pressure swing adsorption，PSA）是一种固定床分离技术，原理是在恒定温度下周期性改变体系压力，增大压力时吸附，减压时脱附，混合气各组分在吸附剂上吸附能力和分离系数不同而使其在脱附时完成分离。

表 7.15 PSA 的主要应用领域

过程	产物	吸附剂	体系类型
由可燃气分离 H_2	超纯 H_2	活性炭或沸石	多床体系
无热干燥	干燥空气	活性 Al_2O_3	双床 Skarstom 循环
空气分离	O_2(+Ar)	SA 沸石	双床 Skarstom 循环
空气分离	N_2(+Ar)	碳分子筛(CMS)	双床自吹扫循环
空气分离	N_2 和 O_2	5A 沸石或 CaX	真空变压
烃分离	直链烃，异构烃	5A 沸石	真空变压
垃圾废气分离	CO_2 和 CH_4	碳分子筛(CMS)	真空变压

PSA 的核心技术是高选择性吸附剂。因而研制新型高效适用于特定待分离体系和 PSA 工艺的吸附剂是掌控 PSA 技术地位最重要的内容。对应于不同的体系应用的吸附剂不尽相

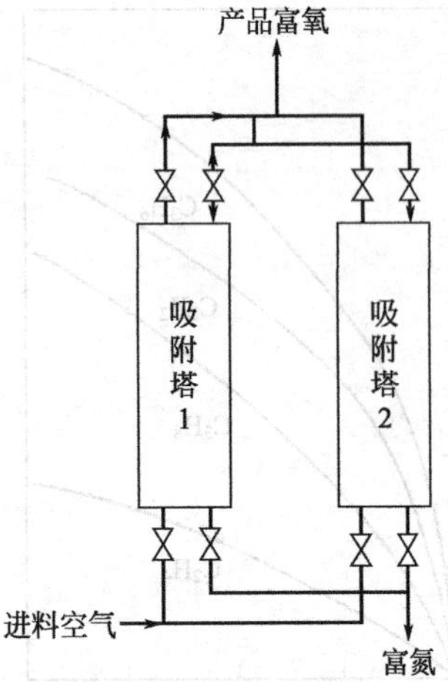

图 7.29 空气分离的Skarstom循环示意图

在每个循环中都有两个阶段：当排出富氧时，塔1进料加压；当排出富氮时，用塔1中富氧吹扫塔2。在下一循环中，两塔作用反过来

同。表7.15中列出PSA的主要应用领域。PSA最重要的应用是空气的变压吸附分离制 O_2 和 N_2。

PSA空分Skarstom循环。这是一种最早的空分技术。原理是在加压下吸附，减压下脱附。在两个吸附塔中装5A分子筛。室温下加压空气进入两塔，N_2 比 O_2 在SA分子筛上的吸附能力强，富氧从两塔上排出。使塔2减压，并导入部分富氧产品清洗塔2，氮气脱附，富氮气从塔下导出。再从塔2下加压通入空气，使塔1中氮脱附，从塔下导出。如此，两塔循环应用，塔上出富氧，塔下出富氮。显然，这种方法只能得到中等浓度的 O_2（或 N_2）。这种方法尤适用于空气干燥。Skarstom循环如图7.29所示。

PSA空分制氧的吸附剂。在PSA空分制氧中关键是选择对氮的吸附能力优于对氧吸附能力的吸附剂。目前PSA空分制氧应用的吸附剂有四种：5A分子筛，13X分子筛，丝光沸石，Li^+ 交换的低硅铝比X型分子筛（LiLSX)。这四种分子筛对 O_2 和 N_2 的吸附量见表7.16。由表中数据可知，对 N_2 的吸附量顺序为LiLSX＞丝光沸石＞5A分子筛＞13X分子筛。因此，可利用上述四种分子筛对 N_2 的吸附能力大于对 O_2 的将空气分离。

表 7.16 20℃常压（1atm，101.3kPa）下四种分子筛对氮和氧的吸附量

分子筛	N_2/mL·g^{-1}	O_2/mL·g^{-1}	分子筛	N_2/mL·g^{-1}	O_2/mL·g^{-1}
SA	10.9	3.2	丝光沸石	21.8	8.6
13X	6.7	2.1	LiLSX	约22.2	约3.1

家用PSA空分制氧。人口老龄化导致心血管病、中风等疾病患者增多；人民生活水平的提高，对医疗保健的重视也大大增加了对保健用氧的需求，因而各种简便家用制氧方法应运而生。

图7.30是一种家用PSA空分制氧流程图[32]。如图所示，空气经过滤器净化后进入无

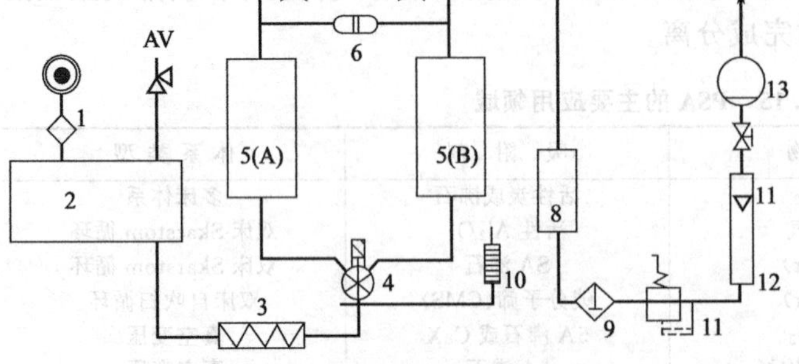

图 7.30 家用PSA空分制氧流程

1—空气净化器；2—无油空压机；3—冷却器；4—五位电磁阀；5—吸附塔；6—节流孔；7—单向阀；8—缓冲罐；9—粉尘过滤器；10—消音器；11—调压阀；12—流量计；13—加湿器

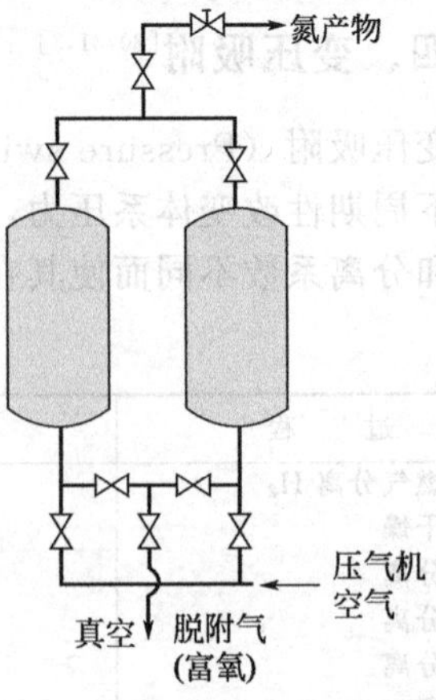

图 7.31 碳分子筛PSA空分制氮流程

油空气压缩机，升压后进入冷却器冷却，再进入吸附塔（塔内装沸石分子筛）进行吸附分离。分离后产品气一部分进入储气罐，经流量计流出，一部分对另一吸附塔进行反吹清洗。一般在制氧机中装有湿化瓶（甚至有雾化装置）可使空气加湿。

PSA 空分制氮。空分制氮的吸附剂主要是碳分子筛（Carbon molecular sieve，CMS）。碳分子筛为无定形结构，其分离氮与氧的主要原因是二者分子大小不同，扩散速率差别大，氧达到最大平衡吸附量少于 30min，而氮却需大于 100min；扩散常数方面，O_2 为 $1.7\times10^{-4}s^{-1}$，N_2 为 $7.0\times10^{-6}s^{-1}$。扩散常数$=D/r^2$，D 为扩散系数，r 为分子半径，用碳分子筛 PSA 空分制氮工艺如图 7.31 所示。流程为简单的吸附和逆流真空脱附两步循环。每步持续 1min，吸附压力为 300～500kPa，脱附压力为 9kPa。产品 N_2 纯度达 95%～99.9%，脱附气中含 35% O_2 和 65% N_2 及 CO_2、H_2O 等。

第六节 化学吸附与多相催化

一、气固表面催化反应

许多化学反应的速率受外加物质的影响。当这种外加物质不参与化学反应（即不出现在化学反应的计量方程式中）时，这种物质称为催化剂。换言之，催化剂是能提高反应速率，且在反应过程中不被消耗的物质。在催化剂的作用下发生的现象称为催化作用。催化剂与反应物同处一相的化学反应称为均相催化反应，这种现象称为均相催化。当催化剂与反应物有相界面存在，即不是同一相的多相体系发生的化学反应称为多相催化反应，这种现象称为多相催化。多相催化反应可发生在气态或液态反应物之间，也可发生在溶液中的某些组分之间，其中以气态反应研究的最多。多相催化反应的催化剂都是固体物质。催化剂可以由一种物质或多种物质组成。常用的多相催化剂的活性组分有金属、金属氧化物、硫化物、硅铝酸盐等。为提高这些催化活性组分的分散度、抑制活性组分晶粒增长、提高活性组分的稳定性和催化活性，常将活性组分载持于有大的比表面和适宜孔结构、不参与化学反应的固体物质（载体）上，构成实际应用的催化剂。本节只对多相催化做简单的点滴介绍。

1. 化学吸附在多相催化中的作用

气体分子在催化剂表面发生催化反应的首要条件是气体在表面上被化学吸附，即气体分子与表面形成化学键（有电子的转移、交换或共有）。化学吸附相当于将分子提升到激发态，这种激发态的分子与其将转化成的产物分子，和未化学吸附的自由态的气体分子与产物分子比较有更大的相似性。

反应物分子在催化剂表面某些活性位上化学吸附，形成活化的表面中间化合物（活化络合物），使反应活化能大大降低，有利于反应的进行，表 7.17 列出几种化学反应的催化反应和非催化反应的活化能 E_a 值比较。

表 7.17 催化反应和非催化反应活化能 E_a（$kJ\cdot mol^{-1}$）比较

反应	催化剂	E_a(非催化)	E_a(催化)
$2HI \longrightarrow H_2+I_2$	—	184	
	Au		105
	Pt		99
$2N_2O \longrightarrow 2N_2+O_2$	—	245	
	Au		121
	Pt		134
$(C_2H_5)_2O$ 热解	—	224	
	I_2(蒸气)		144

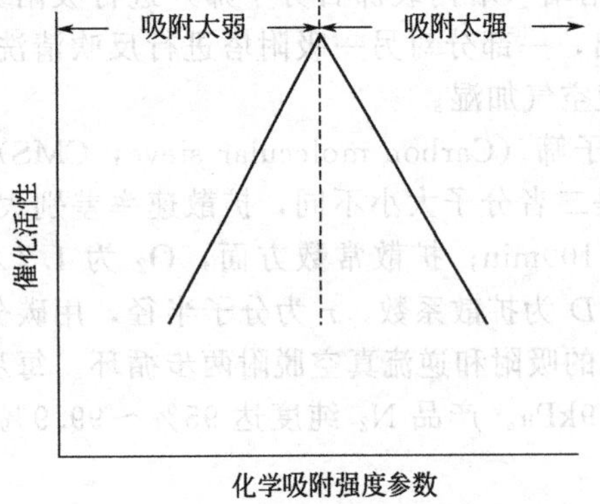

图 7.32　化学吸附强度与催化活性
关系的"火山形曲线"示意图

化学吸附的强弱与催化剂的活性有密切关系。例如，在合成氨反应中是通过吸附的氮原子与氢反应而生成氨，如果氮原子在催化剂活性位上的吸附很弱，在表面上所吸附的氮原子数目很少，反应速率就会很慢；但是如果氮原子在某种金属催化剂上吸附太强，它反而变得不活泼而不能与氢反应，就会成为催化剂的毒物，对反应不利。所以，只有在化学吸附具有适当强度时，其催化活性才最大。催化活性与化学吸附强度间的关系曲线见图 7.32。此线常称为"火山形曲线"。

气固相催化反应中，至少有一种反应气体在催化剂表面要发生化学吸附，这是实现该催化反应的至关重要的条件。

例如，乙烯在 Ni 催化剂上的加氢反应。研究证明，该反应的机理是乙烯分子打开双键在 Ni 上发生化学吸附，然后与物理吸附的 H_2 或化学吸附的 H 发生反应：

$$
\begin{array}{ccc}
H_2C—CH_2 & + & H_2 \longrightarrow CH_3 + H + Ni \\
\vert\quad\vert & & \vdots \qquad\quad \vert \quad\ \vert \\
Ni\ Ni & & Ni \qquad CH_2 \quad Ni \\
& & \qquad\qquad \vert \\
& & \qquad\qquad Ni
\end{array}
$$

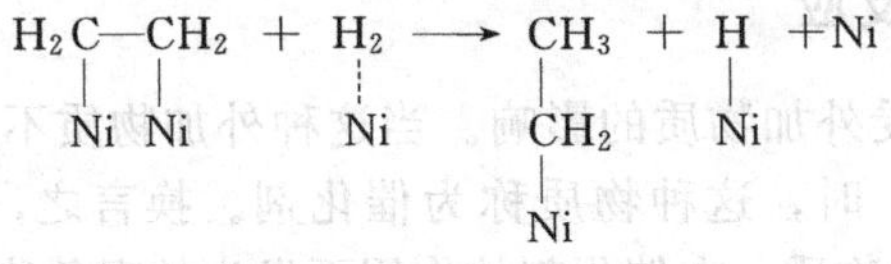

或

$$
\begin{array}{ccc}
H_2C—CH_2 & + & H \longrightarrow CH_3 + Ni \\
\vert\quad\ \vert & & \vert \qquad \vert \\
Ni\ Ni & & Ni \qquad CH_2 \\
& & \qquad\quad \vert \\
& & \qquad\quad Ni
\end{array}
$$

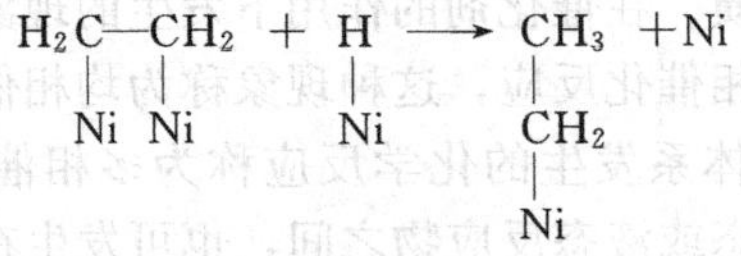

（图中----表示物理吸附）

化学吸附的乙烷基与化学吸附的 H 反应生成乙烷

$$
\begin{array}{ccc}
CH_3 & + & H \longrightarrow CH_3 + 2Ni \\
\vert & & \vert \qquad\quad \vert \\
CH_2 & & Ni \qquad CH_3 \\
\vert \\
Ni
\end{array}
$$

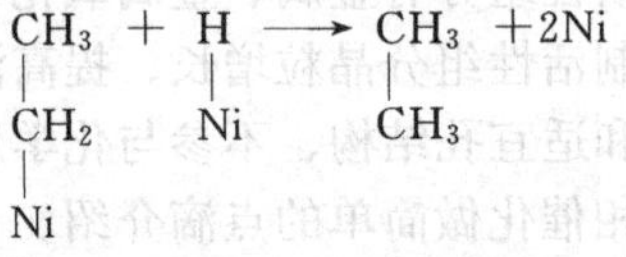

这一简单机理说明反应物在催化剂表面的化学吸附至关重要。但有时某一反应物在表面上的物理吸附也有一定作用，其可能发生解离的化学吸附作用。更进一步可以认为吸附的反应物与催化剂表面原子形成活化络合物，并且有时表面上吸附的其他原子和离子也可参加活化络合物的形成。例如在金属 M 上化学吸附的 A 原子，与物理吸附的 BC 分子形成活化络合物后，分解成物理吸附的 AB 分子和化学吸附的 C，AB 分可脱附。反应如下：

$$
\begin{array}{ccccc}
A & BC & \longrightarrow & A—B—C & \longrightarrow & AB + C \\
\vert & \vdots & & \vert\quad\vdots\quad\vdots & & \vdots\qquad\vert \\
M & M & & M \quad M \quad M & & M\qquad M
\end{array}
$$

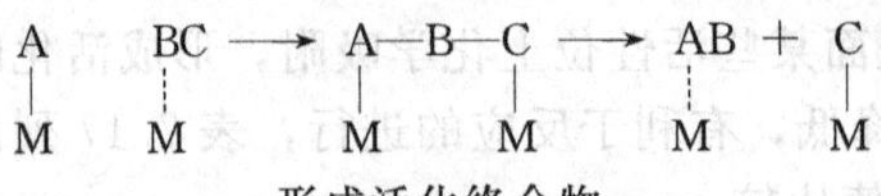

形成活化络合物

多相催化广泛应用于无机和有机化学工业、石油工业、制药业等多种工业部门。多相催化理论的发展落后于技术的发展，但多相催化已成为独立的化学分支[33]。

2. 兰格缪尔化学吸附等温式

由于化学吸附只能发生在固体表面那些能与气体分子反应的原子上，通常把这类原子称为活性中心，用符号"σ"表示。在吸附过程中，气体分子不断撞击到催化剂表面上而有一部分被吸附住，但由于分子的各种动能，也有一些吸附的分子脱附下去，最后达到动态的平衡。设固体表面被吸附分子所覆盖的活性中心分率（覆盖度或吸附率）为 θ，则尚未被气体分子覆盖的活性中心分率为 θ_V，设 θ_I 为 I 组分的覆盖率，可得：

$$\sum\theta_I+\theta_V=1 \tag{7.52}$$

反应物要在固体催化剂表面吸附后才能进行化学反应。通过对吸附的研究，可以进一步了解反应机理，因而研究学者提出了一些简化的吸附模型，其中最为著名的是 Langmuir 吸附模型。该模型假设吸附过程满足下列条件：①催化剂表面的活性中心是均匀分布的；②吸附活化能与脱附活化能和表面吸附的程度无关；③每个活性中心仅能吸附一个气相分子（单层吸附）；④被吸附分子间互不影响（吸附分子之间无作用力）。

(1) 兰格缪尔模型实际上是一种理想状态，如果固体吸附剂仅吸附 A 组分，此时吸附式为：

$$A+\sigma \underset{k_d}{\overset{k_a}{\rightleftharpoons}} A\sigma$$

气体分子的吸附速率 r_a 应与活性位裸露面积的大小及气相分压（即代表气体分子与表面的碰撞次数）成正比，因此 A 组分的吸附速率 r_a 为：

$$r_a=k_a p_A \theta_v=k_a p_A(1-\theta_A)$$

脱附速率 r_d 为： $r_d=k_d\theta_A$

当达到吸附平衡时，则 $r_a=r_d$，可得 A 组分的吸附率 θ_A：

$$\theta_A=\frac{K_A p_A}{1+K_A p_A} \tag{7.53}$$

上式即为 Langmuir 吸附等温式，其中 $K_A=\dfrac{k_a}{k_d}$称为吸附平衡常数。

(2) 若 A 组分在吸附时发生解离，如 $O_2=2O$，此时吸附式为：

$$A_2+2\sigma \underset{k_d}{\overset{k_a}{\rightleftharpoons}} 2A\sigma$$

吸附速率： $r_a=k_a p_A(1-\theta_A)^2$

脱附速率： $r_d=k_d\theta_A^2$

在吸附平衡时，$r_a=r_d$，故可得：

$$\theta_A=\frac{\sqrt{K_A p_A}}{1+\sqrt{K_A p_A}} \tag{7.54}$$

可见如果 A 发生解离吸附时，则（$K_A p_A$）项为 1/2 次方。

(3) 对于 N 个组分在同一吸附剂上被吸附时，则裸露活性点所占的分率为：

$$\theta_V=1-\sum_I\theta_I=\frac{1}{1+\sum_I K_I p_I}$$

此时吸附等温式为：

$$\theta_I=\frac{K_I p_I}{1+\sum_{I=1}^{n} K_I p_I} \tag{7.55}$$

基于不同的化学吸附模型和假设条件还可以得多种化学吸附等温式，有兴趣的读者可参阅相关文献［33，34］。

3. 气固相催化反应的过程[35]

气体在催化剂表面进行的化学反应（多相催化反应）是多步骤过程（图 7.33）：

① 气体向催化剂外表面的传递（外扩散过程）；

② 气体从催化剂外表面向催化剂内表面的传递（内扩散过程）；

③ 气体在催化剂表面上吸附（化学吸附过程）；

④ 气体在催化剂表面进行化学反应（表面反应过程）；

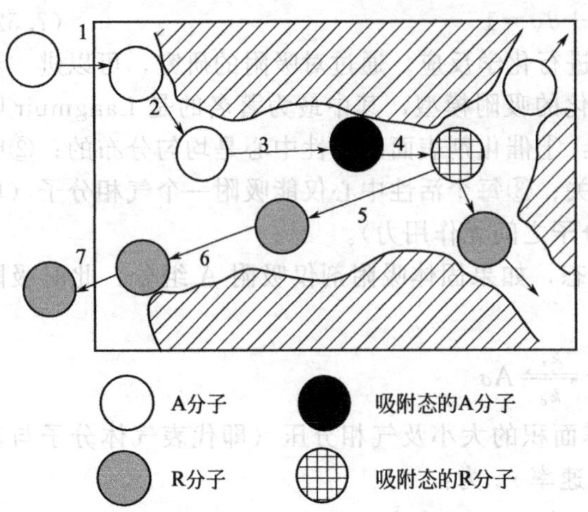

图 7.33　气固相催化反应过程

（A 为反应物，R 为产物）

⑤ 反应产物自催化剂表面脱附（产物脱附过程）；

⑥ 反应的产物从催化剂内表面向外表面传递（内扩散过程）；

⑦ 反应产物从外表面向外界气流传递（外扩散过程）。

外扩散过程（步骤）都是快步骤，内扩散多是慢步骤，但对于非孔性催化剂，内扩散过程不存在。化学吸附过程、表面化学反应过程和产物脱附过程常是决定催化反应速率的决定步骤。多孔性催化剂，内扩散步骤也可以是反应速率的决定步骤。除上述七步骤外，有时还要考虑（若是定位吸附时）反应物向活性位的扩散步骤。

在上述七步骤中，化学吸附、表面化学反应和产物脱附过程统称为化学动力学过程，此三过程的反应速率称为表面反应速率或本征反应速率，研究本征反应速率及其影响因素称为本征动力学研究。上述七过程的综合速率称为宏观反应速率，相应的研究称为宏观动力学研究。

4. 气固相催化反应本征动力学

气固相催化反应本征动力学是在排除了流体在固体表面处的外扩散影响及流体在固体孔隙内的内扩散影响外，研究固体催化剂及与其接触的气体之间的化学反应动力学。反应本征动力学方程是基于豪根-瓦森（Hougen-Watson）模型演算而得的，该模型的基本假设是：①在吸附-反应-脱附三个步骤中必然存在一个控制步骤，该控制步骤的速率便是本征反应速率；②除了控制步骤外，其他步骤均处于平衡状态；③吸附和脱附过程属于理想过程，即吸附和脱附过程可用兰格缪尔吸附方程加以描述。

对于某一反应过程，其反应式为：

$$A \rightleftharpoons R$$

可设想其机理步骤如下：

反应物 A 的吸附过程：

$$A+\sigma \rightleftharpoons A\sigma$$

表面反应过程：

$$A\sigma \rightleftharpoons R\sigma$$

产物 R 的脱附过程：

$$R\sigma \rightleftharpoons R+\sigma$$

此时，各步骤的表观速率方程为：

吸附过程速率 r_A：　　$r_A=k_A p_A \theta_V - k'_A \theta_A$

表面反应速率 r_s：　　$r_S=k_S \theta_A - k'_S \theta_R$

脱附过程速率 r_R：　　$r_R=k_R \theta_R - k'_R p_R \theta_V$

其中　　$\theta_A+\theta_R+\theta_V=1$

（1）如果采用足够大的气体流速以及足够小的催化剂颗粒粒度时，则扩散作用的影响基本上可以忽略不计。如果反应物的吸附和产物的解吸又都进行得非常快，使得反应的每一瞬间都建立了吸附和解吸的平衡，则表面反应过程为控制步骤，也就是说表面反应速率即是本征反应速率：

$$r=r_s=k_s\theta_A-k'_s\theta_R$$

此时 A 组分的吸附已经达到平衡：

$$\theta_A=K_Ap_A\theta_V$$

R 组分的脱附也已平衡： $\theta_R=K_Rp_R\theta_V$

又由 $\theta_A+\theta_R+\theta_V=1$，联立以上两式，可得：

$$\theta_V=\frac{1}{1+K_Ap_A+K_Rp_R}$$

$$\theta_A=\frac{K_Ap_A}{1+K_Ap_A+K_Rp_R}$$

$$\theta_R=\frac{K_Rp_R}{1+K_Ap_A+K_Rp_R}$$

所以由表面反应控制的本征反应速率 r：

$$r=r_S=k_S\frac{K_Ap_A-\dfrac{K_R}{K_S}p_R}{1+K_Ap_A+K_Rp_R} \tag{7.56}$$

(2) 吸附过程控制：若 A 组分的吸附过程是控制步骤，则吸附速率即是本征反应速率：

$$r=r_A=k_Ap_A\theta_V-k'_A\theta_A$$

此时表面反应过程已经平衡：$r_s=k_s\theta_A-k'_s\theta_R=0$，即：

$$K_S=\frac{k_s}{k'_s}=\frac{\theta_R}{\theta_A}$$

R 的脱附过程也已达到平衡，即 $\theta_R=K_Rp_R\theta_V$。

由上述两式联立 $\theta_A+\theta_R+\theta_V=1$，可得：

$$\theta_V=\frac{1}{1+\left(\dfrac{1}{K_s}+1\right)K_Rp_R}$$

$$\theta_A=\frac{\dfrac{K_R}{K_S}p_R}{1+\left(\dfrac{1}{K_s}+1\right)K_Rp_R}$$

则该过程的本征动力学方程为：

$$r=r_A=k_A\frac{p_A-\dfrac{K_R}{K_SK_A}p_R}{\left(\dfrac{1}{K_S}+1\right)K_Rp_R+1} \tag{7.57}$$

(3) 脱附过程控制：若 R 的脱附过程为控制步骤，则

$$r=r_R=k_R\theta_R-k'_Rp_R\theta_V$$

此时 A 的吸附过程和表面反应过程已经达到平衡，由此可得：

$$\theta_V=\frac{1}{1+K_Ap_A+K_SK_Ap_A}$$

$$\theta_A=\frac{K_Ap_A}{1+K_Ap_A+K_SK_Ap_A}$$

$$\theta_R=\frac{K_S K_A p_A}{1+K_A p_A+K_S K_A p_A}$$

由此可得脱附过程控制的本征动力学方程为：

$$r=r_R=k_R\frac{K_S K_A p_A}{1+K_A p_A+K_S K_A p_A}-k'_R\frac{p_R}{1+K_A p_A+K_S K_A p_A}=k_R\frac{K_S K_A p_A-\frac{p_R}{K_R}}{1+K_A p_A+K_S K_A p_A} \tag{7.58}$$

前面反应速率的推导方程可归纳为如下几点：①假定反应机理，确定反应所经历的步骤；②确定速率控制步骤，即该步骤的速率即为反应过程的速率，然后写出该步骤的速率方程；③非速率控制步骤均达到平衡。若为吸附或脱附步骤，列出兰格缪尔吸附等温式；若为化学反应，则写出化学平衡式；④利用所列平衡式与$\sum\theta_I+\theta_V=1$，将速率方程中各种表面浓度变换为气相组分分压的函数，即得所求的反应速率方程。

二、液固界面的催化反应

液-固界面的吸附现象是自然界中普遍存在、最为重要的现象之一，在环境科学研究中占有非常重要的地位。水的净化，污染物的吸附脱离，化学、医药、食品工业产品的生产、精制和脱色，纺织物的匀染、整理等方面都用到液体吸附的知识，可以说，液体吸附已经渗透到工农业生产、环境处理和日常生活的每一个领域。

液相吸附比较复杂，处理困难。在气相吸附中只有固体与气体两种物质，溶液至少有二组分构成，故液相吸附至少涉及溶质-吸附剂、溶剂-吸附剂、溶质-溶剂间的相互作用。当比表面积较大的固体在溶液中吸附任一溶质或溶剂时，存在着竞争性地优先吸附或顶替吸附现象。若溶液吸附层浓度大于其在体相的浓度，则对溶质是正吸附，对溶剂为负吸附；反之，对溶质为负吸附，对溶剂为正吸附。

1. 影响稀溶液吸附的一些因素

参见本书第八章第一节。

2. 液-固催化反应

液相反应物要在固体催化剂表面进行反应，首先也要吸附，然后才能进行催化反应。Takahara 等[36]在对乙醇脱水反应进行研究后发现，固体酸碱催化剂上的强 B 酸中心与催化活性紧密相关。研究学者普遍认为乙醇在固体酸碱催化剂上的脱水反应包括如图 7.34 所示的两个过程：①乙醇在催化剂表面的酸碱活性中心上发生吸附，形成吸附态的化合物；②吸附态化合物脱水生成产物，同时催化剂表面的活性中心位得到恢复，具体如下所示：

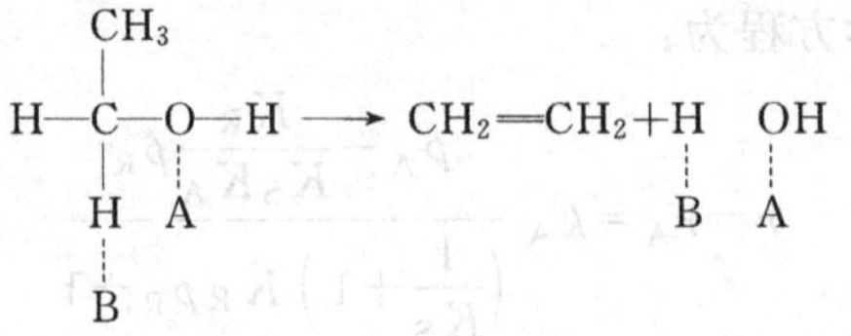

(a)

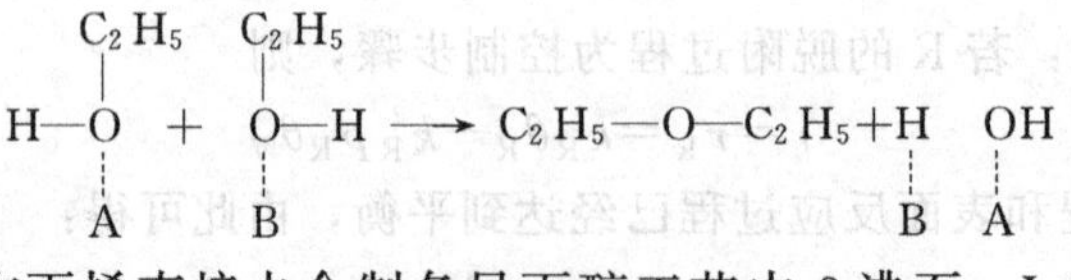

(b)

王延吉等[37]发现在丙烯直接水合制备异丙醇工艺中 β 沸石、L 沸石、ZSM-5、Md-Y、MCM-41 等沸石分子筛都具有一定的催化活性与应用前景。丙烯与异丙醇等分子筛均可在催化剂的孔道中进行自由扩散，分子筛的孔道直径对反应的影响不大，但由于反应中水的存在，分子筛的亲水性与疏水性对反应有着较大的影响，其中 Si/Al 比对催化剂的活性尤为重要，沸石分子筛催化剂在丙烯直接水合制异丙醇中的活性为β沸石＞ZSM-5＞Md-Y＞MCM-41。Ferri等[38]研究发现，苯甲醇在Pd/Al_2O_3催化剂的不同活性位上可以生成不同物质，在Pd(100)面上可以发生氧化脱氢反应生成苯甲醛，但是苯甲醇在Pd(111)面上却发生了降解（裂构）反应（图7.34）。

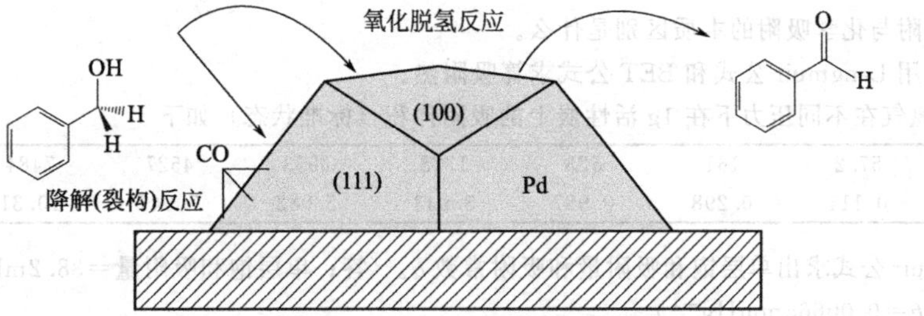

图7.34 苯甲醇在Pd/Al_2O_3催化剂上的反应机理

参考文献

[1] Brunauer S. The Physical Adsorption of Gases and Vapors，London：Oxford Univ. Press，1945.

[2] Adamson A W，Gast A P. Physical Chemistry of Surfaces，6th ed. New York：John Wiley & Sons Inc，1997.

[3] 赵振国. 吸附作用应用原理. 北京：化学工业出版社，2006.

[4] 格雷格 S J. 固体表面化学. 胡为柏译. 上海：上海科技出版社，1965.

[5] Yang R T. 吸附剂原理与应用（马丽萍等译）. 北京：高等教育出版社，2010.

[6] 卢寿慈，翁达. 界面分选原理及应用. 北京：冶金工业出版社，1992.

[7] Low M J D，Cusumano J A. Canad J Chem，1969，47：3906.

[8] Kagiya T，Sumida Y，Tachi T. Bull Chem Soc Japan，1971，44：1219.

[9] Young D M，Crowell A D. Physical Adsorption of Gases. Loudon：Butterworths，1962.

[10] 北京大学化学系胶体化学教研室. 胶体与界面化学实验. 北京：北京大学出版社，1993.

[11] Brunauer S，Deming I S，Deming W E，Teller E. J Am Chem Soc，1940，62：1723.

[12] 傅鹰. 化学热力学导论. 北京：科学出版社，1963.

[13] 德博尔 J H. 吸附的动力学特性. 柳正辉等译. 北京：科学出版社，1964.

[14] Emmett P H，Brunauer S. J Am Chem Soc，1937，59：1553.

[15] Kemball C，Schreiner G D L. J Am Chem Soc，1950，72：5605.

[16] Rausch W. Z Phys Chem，1952，201：32.

[17] de Boer J H//Everett D H，Stone F H，eds. The Structure and Properties of Porous Materials. Loudon：Butterworths，1958.

[18] 童祐嵩. 颗粒粒度与比表面测量原理. 上海：上海科学技术文献出版社，1989.

[19] Gregg S J，Sing K S W. Adsorption，Surface Area，and Porosity. 2nd ed. New York：Academic Press，1982. 中译本：格雷格 S J，辛 K S W. 吸附，比表面与孔隙率. 高敬琮等译. 北京：化学工业出版社，1989.

[20] Emmett P H//Emmett P H ed.Catalysis vol I. New York：Reinhold，1954. 中译本：催化：第一卷，爱梅特 P H 主编. 南京大学化学系物化教研室译. 上海：上海科学技术出版社，1965.

[21] Lecloux A，Pirard J P. J Colloid Interface Sci，1979，70：265.

[22] Kantro D L，Brunauer S，Copeland L E. The Solid-Gas Interface. vol I (Flood E A ed.)，New York：Dekker，1967.

[23] 戴闽光. 化学通报，1981，(7)：46.

[24] Emmett P H，Brunauer S. J Am Chem Soc，1937，59：1553.

[25] 赵振国. 大学化学，2005，20(4)：22.

[26] 赵振国. 高等学校化学学报，2003，24：2051.

[27] 赵振国. 化学学报，2004，62：219.

[28] Avnir D，Janoniec M. Langmair，1989，5：1431，Avnir D，Erain D，Pieifer P. Nature，1984，308：261.

[29] КеЛьцев Н В. Основы адсорóционной технцкц. Москва：Химця，1976.

[30] 杨 T M. 吸附法气体分离. 王树森等译. 北京：化学工业出版社，1991.

[31] Ruthren D M，Farooq S，Kanebel K S. Pressure Swing Adsorption，New York：VCH，1994.

[32] 贺明星，曹博博. 瑞气报，2007. 4. 30（第30期）3版.

[33] 顾惕人等. 表面化学，北京：科学出版社，1994.

[34] Hayward. DO，Trapnell，BMW. Chemisorption，2nd ed. London：Butterwords，1964.

[35] 吴越. 催化化学. 北京：科学出版社，1998.

[36] Takahara I，Satio M，et al. Catal Lett，2005，105 (3-4)：249.
[37] 王延吉，唐靖. 石油化工，1995，24 (7)：507.
[38] Ferri D，Mendelli C，et al. J phys Chem B，2006，110 (46)：22982.

习题

1. 物理吸附与化学吸附的本质区别是什么。

2. 如何应用 Langmuir 公式和 BET 公式求算吸附热。

3. 0℃时氮气在不同压力下在 1g 活性炭上的吸附体积（标准状态）如下

压力/Pa	57.2	161	523	1728	3053	4527	7484	10310
吸附体积/mL	0.111	0.298	0.987	3.043	5.082	7.047	10.31	13.45

用 Langmuir 公式求出单层饱和吸附量和吸附常数 b。（答：单层饱和吸附量＝38.2mL。吸附常数 b＝0.00665mmHg^{-1}）

4. 0℃时丁烷在 6.602g 二氧化钛粉末上的吸附数据如下

压力/mmHg	53	85	137	200	328	570
吸附体积/mL	2.94	3.82	4.85	5.89	8.07	12.65

设 0℃时丁烷的饱和蒸气压为 777mmHg，每个丁烷分子截面积为 0.321nm^2。计算

(1) 在二氧化钛粉末上形成饱和单层的丁烷体积。

(2) 用 BET 二常数公式求出二氧化钛粉末的比表面和吸附常数 C。

(3) 若已知二氧化钛密度为 4.26g・cm^{-3}，且粉末为均匀球形粒子，求粒子平均直径。

[答：(1) 5.05mL；(2) 6.58m^2・g^{-1}；(3) 214dm]

5. 二氧化碳在活性炭上的吸附数据如下

压力×10^{-2}/N・m^{-2}	9.9	49.7	99.8	200.0	299.0	398.5
吸附量×10^3/g・g^{-1}	32.0	70.0	91.0	102.0	107.3	108.1

作吸附等温线，并用 Langmuir 公式表征等温线。

6. 在液氮温度，测得不同相对压力时、氮气在硅胶上的吸附体积（标准状态）列于下表

相对压力 p/p_0	0.008	0.025	0.034	0.067	0.075	0.083
吸附体积/mL・g^{-1}	44	52	57	61	64	65

相对压力 p/p_0	0.142	0.183	0.208	0.275	0.333	0.375	0.425	0.505
吸附体积/mL・g^{-1}	70	77	73	85	90	96	100	109

相对压力 p/p_0	0.558	0.592	0.633	0.692	0.733	0.775	0.792	0.852	0.850
吸附体积/mL・g^{-1}	117	122	130	143	165	194	204	248	2.96

用 BET 公式处理数据，求单层饱和吸附量、吸附常数 C、硅胶的比表面。已知氮的分子截面积为 0.162nm^2。（答：单层饱和吸附量＝60.6mL；吸附常数 C＝165；比表面＝264m^2・g^{-1}）

7. 用 BET 二常数公式处理 77K 氮在某固体上的吸附数据。得到截距为 0.005 和斜率为 1.5（单位均为 g・cm^{-3}）。设氮分子的截面积为 0.162nm^2。求算单层饱和吸附量、固体的比表面，第一层的吸附热（氮的凝聚热为 1.3kcal・mol^{-1}）。若设截距为 0，斜率不变，问单层饱和吸附量有多大变化？说明所得结果的意义。

8. 273K 时二氧化碳在 1g 活性炭上的吸附势和吸附体积列于下表

吸附势 ε/J	26192	20585	18326	15502	12343	8597	4415	0
吸附体积×10^9/m^3	0	5	10	25	50	100	150	183

作吸附特性曲线。用此特性曲线计算 196K 压力为 92125、22531、5466、267N・m^{-2}时的吸附量。已知液态二氧化碳的密度为 1.25g・cm^{-3}饱和蒸气压为 119180N・m^{-2}。（答：吸附量依次为 226、225、206、175、82mg・g^{-1}）。

9. 根据 293K 时甲醇在硅胶上的吸附数据（下表），计算并绘出硅胶孔半径的积分和微分分布曲线。甲醇的摩尔体积为 40.6cm^3・mol^{-1}，饱和蒸气压＝12760Pa，表面张力为 22.6mN・m^{-1}。

平衡压力 p/Pa		1585	3190	6381	7876	9570	10966	12760
吸附量 a/(mmol·g^{-1})	吸附分支	2.5	3.5	4.8	6.3	13.0	19.0	22.5
	脱附分支	2.5	3.5	4.8	6.5	17.5	21.2	22.5

(答：孔半径的微分分布曲线表明，孔半径大小为单峰分布，约在2nm处一最高峰)

10. 0℃时氙吸附于汞面上，使其表面张力降低。结果如下

氙压力/mmHg	69	93	146	227	278
表面张力降低/(mN·m^{-1})	0.80	1.10	1.75	5.75	3.35

已知汞的分子量＝200.6，汞的密度＝13.6g·cm^{-3}，汞的摩尔体积＝14.75cm^3·mol^{-1}.求压力＝278mmHg时1cm^2表面上的吸附量及其在汞表面上的覆盖度。

(答：吸附量＝1.47×10^{-10}mol·cm^{-2}；覆盖度＝7.5%)

11. 不同温度时一氧化氮在氟化钡上的吸附数据列于下表中

23.7℃		0℃		－13℃		－22.85℃		－40℃	
压力 mmHg	吸附量 mL	压力 mmHg	吸附量 mL,	压力 mmHg	吸附量 mL	压力 mmHg	吸附量 mL	压力 mmHg	吸附量 mL
52.0	0.82	83.9	2.40	99.1	3.51	33.1	2.83	35.9	3.70
74.6	1.02	56.3	1.81	37.1	1.98	81.9	4.45	25.6	3.17
130	1.62	182	3.73	176	4.74	85.7	4.56	64.5	5.09
148	1.79	131	3.01	78.7	3.07	186	6.43	50.6	4.49
226	2.33	234	4.24	139	4.17	322	7.99	94.9	6.14
305	2.93	331	5.30	323	6.46	250	7.35	120	5.70
377	3.44	405	3.86	216	5.23			142	9.33
440	3.85	456	6.24	437	7.58	405	8.93	232	8.48
640	4.49	617	7.30	586	8.60	—	—	357	9.92
527	4.20	444	6.16	392	7.06			266	9.07
				502	7.72				

根据上述不同温度的数据应用Langmuir公式，计算吸附热。(答：14.1kJ·mol^{-1})

12. 77K三氧化二铝粉体吸附氮的结果如下。计算样品的比表面。已知样品质量2.00g，大气压181.3kPa，每个氮分子在表面上占据的面积为0.162nm^2。

平衡压力/kPa	吸附量/mol	相对压力 p/p_0	平衡压力/kPa	吸附量/mol	相对压力 p/p_0
0	—	—	18.12	2.89	0.179
0.13	0.900	0.001	21.13	3.01	0.209
2.13	1.88	0.021	22.53	3.08	0.222
7.99	2.37	0.078	25.99	3.24	0.257
14.26	2.71	0.141			

(答：单层饱和吸附量＝2.37mmol，总面积＝231m^2，比表面＝115.5m^2·g^{-1})

第八章　固液界面的吸附作用

当固体与不能使其溶解的溶液接触后，溶液组成可能发生变化：某组分在体相溶液中浓度减小，则其在固液界面上有正吸附发生；反之，为负吸附；浓度不变为不吸附。固液界面发生吸附的根本原因是固液界面能有自动减小的趋势。对于二组分溶液，一个组分为正吸附，必意味着另一组分为负吸附。因为固液界面不能如固气界面那样有空白表面存在。

固液界面上的吸附作用（adsorption at solid-liguid interface）也称为固体自溶液中的吸附（adsorption from solutions）或简称溶液吸附、液相吸附等。液相吸附的研究不如固气界面吸附研究成熟，有些理论（或公式）套用气相吸附的结果，缺乏明确的物理意义，这是因为溶液成分复杂。液相吸附涉及固、液（各种组分）间的复杂的相互作用。

液相吸附的应用常比气体吸附更为广泛，渗透到各种工农业生产和日常生活领域，特别是在化学工业、医药、食品工业的精制和脱色，纺织工业中的匀染、整理等，环境科学中的水的净化，日常生活中的润湿、洗涤等方面都用到液相吸附的知识[1,2]。

第一节　液相吸附的特点及研究方法

一、液相吸附的特点

(1) 关系复杂，处理困难　在气相吸附中只有固体与气体两种物质，溶液至少由二组分构成，故液相吸附至少涉及溶质-吸附剂、溶剂-吸附剂、溶质-溶剂间的相互作用。

当溶质-吸附剂间亲和力大，而溶质-溶剂和溶剂-吸附剂间亲和力小时，溶质易被吸附。如疏水性的活性炭与溶剂水（极性分子）亲和力小，与非极性大的有机分子亲和力大，故宜用做从水溶液中除去有机物的水质净化剂，而硅胶、氧化铝等表面为亲水性表面，与水的亲和力大，不宜用做水质处理剂而用做空气干燥剂。也就是说，在考虑某种溶质是否易被某种吸附剂吸附时，既要考虑溶质与吸附剂亲和力的强弱，也要考虑溶剂与溶质的亲和性和溶剂与吸附剂的亲和性。例如，在水中，疏水性物质在疏水性表面上的吸附能力强除与溶质与表面性质接近有关外，也与其受到水的排斥作用有关。

(2) 杂质和吸附平衡时间的影响　溶质、溶剂和吸附剂中可溶性杂质对液相吸附常产生重大影响，特别是稀溶液中的吸附，这些杂质的浓度可能与溶质浓度同数量级，从而极大地影响吸附结果，如硅胶自干燥的苯中吸附硝基苯的等温线为 L 型的，而自含微量水的苯中吸附则为 S 型的。因此进行精细的液相研究要求对溶质、溶剂、吸附剂进行严格的杂质去除。但有时实际课题体系不能变动，不宜进行相应的纯化，在分析实验结果时要考虑到可能存在的杂质的影响。

对有些体系，特别是孔性吸附剂，液相吸附达到吸附平衡的时间因扩散速率（如大分子向孔中的扩散很慢）决定需很长时间（几天，甚至几十天方能基本达吸附平衡）。因此，在进行液相吸附时，需保证获得的数据是吸附平衡时的结果。

(3) 液相吸附的吸附量　气相吸附的吸附量可以直接测量吸附前后吸附剂的增量而得

出，液相吸附的吸附量常要根据吸附前后体相溶液浓度的变化而计算，即

$$n_i^s = V(c_{0,i} - c_i)/m \tag{8.1}$$

式中，n_i^s 为平衡浓度为 c_i 时 i 组分的吸附量；$c_{0,i}$ 是 i 组分的初始浓度，m 为与体积为 V 的溶液成平衡的吸附剂质量。式(8.1) 中未考虑溶剂吸附对溶质浓度变化的影响。因而根据溶液浓度变化得出之吸附量为表观吸附量，而非真实吸附量。在浓溶液中，如组分 1 和 2 构成的二组分溶液，若组分 1 比组分 2 的吸附量大，吸附平衡时组分 2 在体相溶液中的浓度可能比初始浓度还大，组分 2 的表观吸附量为负值。当然，真实吸附量（单位质量或单位表面上某组分的量）是不能为负值的。因此，在浓溶液中吸附时要注意表观吸附量与真实吸附量的关系。自稀溶液中吸附时，可以不考虑溶剂吸附对溶液浓度变化的影响。表观吸附量与真实吸附量之区别可以忽略。本章主要介绍自稀溶液中的吸附。

二、液相吸附研究方法

进行液相吸附研究时，首先要求吸附体系必须达到吸附平衡。最常用的达到吸附平衡的方法是密封振荡平衡法。即将吸附体系密封振荡足够长时间至达吸附平衡后，分析溶液浓度变化，计算表观吸附量。

在测定溶液浓度时，如果固体完全沉于容器底部，无明显细小粒子悬浮，可以不用将固体分离，只是取样时若用滴管可在尖端堵少量玻璃毛以防少量悬浮固体粒子吸入试样。若固体样品悬浮明显，则应进行固液分离后再测定溶液浓度。固液分离以离心法为好。若用过滤分离法，要考虑过滤材料对吸附的影响（包括过滤材料的吸附和过滤材料杂质脱落的影响）。

尽管液相吸附时温度的影响不如气相吸附剧烈，但当温度变化大时也是不容忽视的。因此，液相吸附后续各步骤的温度应与吸附平衡温度相同。

溶液浓度的分析可用各种分析手段，视检测物的性质而定。在用高灵敏度检测手段时，

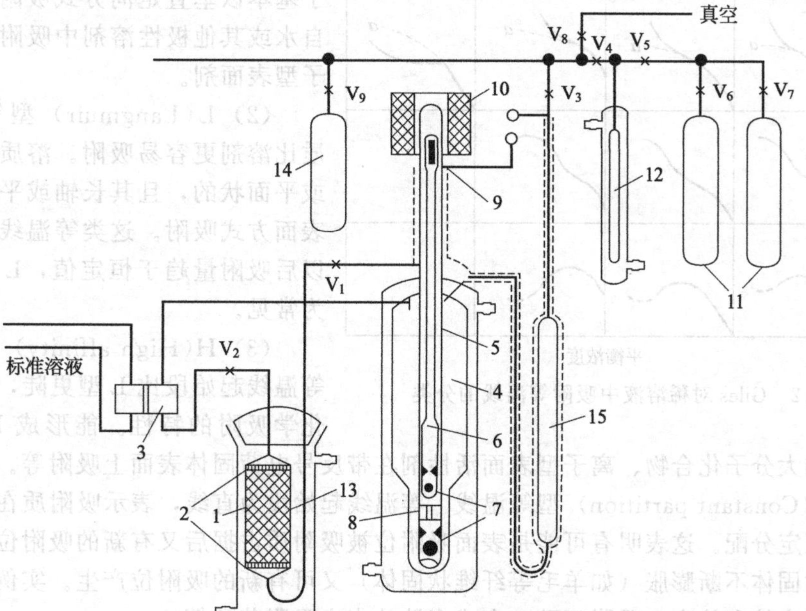

图 8.1 一种循环法研究液相吸附装置的示意

1—吸附剂柱；2—多孔玻璃隔板；3—带流动池的干涉仪；4—溶液容器；5—泵；6—柱塞；7—玻璃开关；8—聚四氟乙烯密封垫圈；9—熔入玻璃的铁棒；10—泵的操纵线圈；11—装溶液组分的玻瓶；12—配制溶液的量管；13—装填吸附剂柱的密封口；14—装溶剂的玻瓶；15—吸收装置；V—活塞

若需对试样冲释分析，需考虑容量仪器的校正和误差的叠加。

液相吸附的动力学研究可用在封闭体系中使溶液循环通一定量吸附剂柱的循环法进行。该法可连续监测，不涉及固液分离，并可预先使吸附剂、溶液脱气，减少杂质影响，并能方便地改变温度和进行脱附研究。图 8.1 是一种循环法吸附装置示意图[1,3,4]。

第二节 自稀溶液中吸附的一般规律

液相吸附可分为自稀溶液和自浓溶液（二组分溶液）中的吸附两大类。在实际液相吸附应用的体系多为稀溶液。

一、自稀溶液中吸附的等温线[5]

自稀溶液中吸附的等温线千变万化，多种多样。Giles 研究和总结了这些等温线将它们分为四大类，18 种（图 8.2）。四大类分别称为 S、L、H 和 C 型等温线，主要区别是等温线起始段斜率。

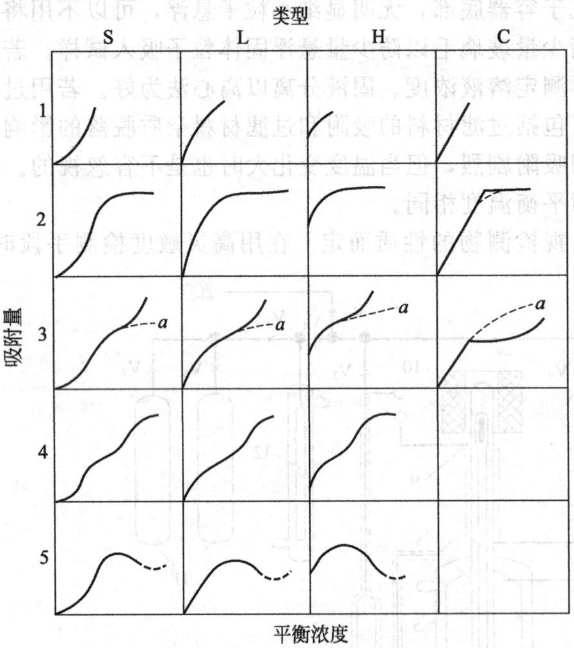

图 8.2 Giles 对稀溶液中吸附等温线的分类

（1）S 型等温线 等温线起始段斜率较小，溶剂有强烈竞争吸附能力，随平衡浓度加大，吸附量有快速增大阶段，这表明已吸附的吸附质有促进本体相中吸附质吸附的能力（协同吸附）。一般认为出现这类等温线的原因有：吸附质有单一与表面作用的基团，吸附分子基本以垂直定向方式吸附。例如硅胶自水或其他极性溶剂中吸附苯酚和阴离子型表面剂。

（2）L（Langmuir）型等温线 溶质比溶剂更容易吸附。溶质多是线型的或平面状的，且其长轴或平面以平行于表面方式吸附。这类等温线在中等浓度以后吸附量趋于恒定值，L 型等温线最为常见。

（3）H（High affinity）型等温线 等温线起始段比 L 型更陡，即有类似于化学吸附的特性。能形成 H 型等温线的吸附质如大分子化合物、离子型表面活性剂在带反号电荷固体表面上吸附等。

（4）C（Constant partition）型等温线 等温线起始段为直线，表示吸附质在液体体相和吸附相间恒定分配。这表明有可能是表面吸附位被吸附质占据后又有新的吸附位产生，如在吸附进行时固体不断膨胀（如羊毛等纤维状固体）又可有新的吸附位产生。实例有干燥羊毛从苯中吸附庚烷和从水中吸附丁醇，合成多肽从水中吸附苯酚等。

在上述四类等温线中都有吸附量相对恒定的区域，通常表示单层极限吸附层的形成，但是这与气体吸附的单层饱和和吸附量不同。因为在自稀溶液吸附中即使在极限吸附单层中也有溶剂存在。随着浓度增加，吸附量继续增大，等温线可能出现各种形状，原因十分复杂，最一般的解释是吸附多层的形成和吸附单层中分子排列方式的改变。

二、影响稀溶液吸附的一些因素

正如在讨论液相吸附特点时所指出的，液相吸附实际上是溶质、溶剂、吸附剂三者间两两相互作用的综合结果，一切增大溶质与吸附剂相互作用的各种因素都将有利于提高溶质的吸附量。

(1) 吸附质（溶质）性质的影响　吸附质与吸附剂表面的性质越接近越易被吸附，可谓“相似相吸”。吸附质与溶剂性质越接近越易在液相，越不易被吸附。Traube 规则是上述规律的半定量描述：炭自水溶液中吸附有机同系物，随有机物碳链增长吸附量增大[5]。图 8.3(a) 即为该规则的实例。若极性吸附剂（如硅胶）从非极性溶剂（如四氯化碳）中吸附时应有相反的顺序。图 8.3(b) 即为例证（亦称为反 Traube 规则）。当然，实际情况可能更复杂，如非极性吸附剂可能因后处理而变成极性的，极性吸附剂也可以非极性化，有时还可以有孔隙的屏蔽作用等而使得吸附规律变得复杂[1,6]。吸附质分子结构（如分子中含有性质不同的基团）可以影响其吸附能力。如在脂肪酸中引入极性基团将减小其从水溶液中在炭上的吸附量。这是因为这些基团可与溶剂水形成氢键，提高它们的溶解度，在文献［7］中总结了许多这方面的实例。

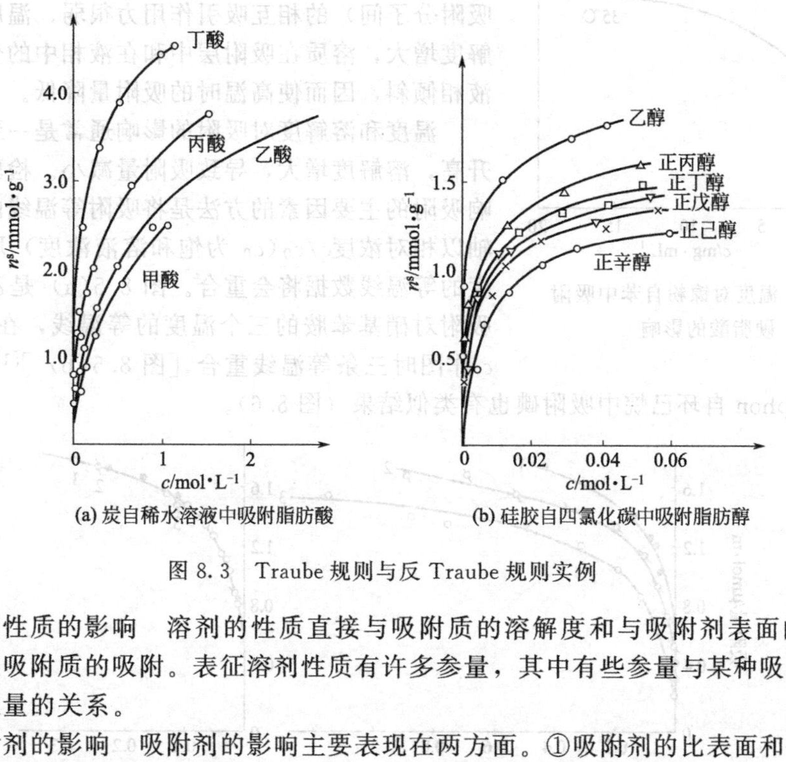

(a) 炭自稀水溶液中吸附脂肪酸　(b) 硅胶自四氯化碳中吸附脂肪醇

图 8.3　Traube 规则与反 Traube 规则实例

(2) 溶剂性质的影响　溶剂的性质直接与吸附质的溶解度和与吸附剂表面的亲和性有关，从而影响吸附质的吸附。表征溶剂性质有许多参量，其中有些参量与某种吸附质的吸附有定量，半定量的关系。

(3) 吸附剂的影响　吸附剂的影响主要表现在两方面。①吸附剂的比表面和孔结构的影响。比表面越大越有利于提高吸附量，孔的大小和结构要有利于吸附质分子的扩散。②表面性质的影响。吸附剂主要分为极性的和非极性的两大类，前者如硅胶、氧化铝等，后者如石墨化炭黑及其他碳质吸附剂等。吸附剂的这种分类反映了其表面性质的区别。极性吸附剂都有极性的表面基团，非极性吸附剂多为含碳 90%以上的碳质物质，非经特殊氧化处理一般都有一定的疏水性。吸附剂表面基团常在吸附作用中起重要作用，有时甚至起决定性作用。如研究结果证明，硅胶表面的自由羟基在气相和液相吸附中都起决定性作用，自由羟基浓度与吸附量的大小有一定的对应关系[8]。而且氧化物类吸附剂羟基的吸附性质还与骨架原子的性质有关。羟基化的 MgO、Al_2O_3、SiO_2、TiO_2 从正庚烷中吸附苯甲酸时，在 MgO 上发生强烈化学吸附，在 Al_2O_3 上可形成表面化合物，在 TiO_2 上部分形成表面化合物，也有物理吸附，在 SiO_2 上是完全形成氢键的物理吸附[9]。活性炭表面虽主要为碳的六元环结构和微晶区，但也有不同类型的含氧基团。研究证明，活性炭经 H_2O_2，HNO_3 氧化处理后自非极性溶剂中吸附极性有机物的能力大大增强[10]。

（4）温度和吸附质溶解度的影响　由于吸附是自发过程，$\Delta G<0$；吸附是熵减少的过程，$\Delta S<0$。由于 $\Delta H=\Delta G+T\Delta S$，故 $\Delta H<0$，即吸附必是放热过程。因而温度升高对吸附不利，一般情况下会使吸附量减小。这种讨论对于气体在固体表面的物理吸附是正确的，化学吸附则不尽然，如氢在玻璃、铜、银、金、镉表面的解离化学吸附即为吸热过程[11]。这是由于化学吸附涉及化学键的破坏与形成，类似于化学反应，故可以是吸热的。液相吸附更为复杂。溶质吸附时伴随溶剂的脱附，而且可能不是一对一的，熵变不一定是负值，并且还可能有溶解热、冲淡热等效应，因而液相吸附是吸热是放热要具体情况具体分析。但大多数液相吸附还是放热过程。

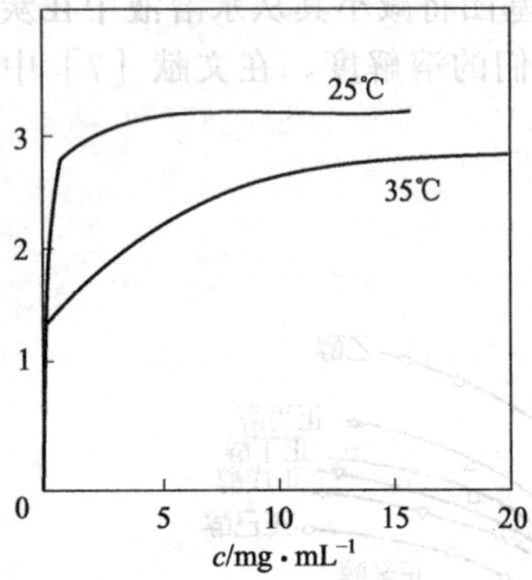

图 8.4　温度对镍粉自苯中吸附硬脂酸的影响

虽然温度高时吸附量也有达到低温时吸附量的趋势（图 8.4）[12]，但一般随温度升高吸附量总是减小的［图 8.5(a)］。这是因为若吸附质与固体表面（及与被吸附分子间）的相互吸引作用力很弱，温度升高溶质溶解度增大，溶质在吸附层中和在液相中的分配平衡将向液相倾斜，因而使高温时的吸附量降低。

温度和溶解度对吸附的影响通常是一致的，即温度升高，溶解度增大，导致吸附量减小。检验溶解度是影响吸附的主要因素的方法是将吸附等温线的浓度 c 坐标轴以相对浓度 c/c_0（c_0 为饱和溶液浓度）取代，不同温度的等温线数据将会重合。图 8.5(a) 是乙炔黑自水中吸附对硝基苯胺的三个温度的等温线，在以 c/c_0 代替 c 作图时三条等温线重合［图 8.5(b)］[13]。一种石墨化炭黑 Graphon 自环己烷中吸附碘也有类似结果（图 8.6）。

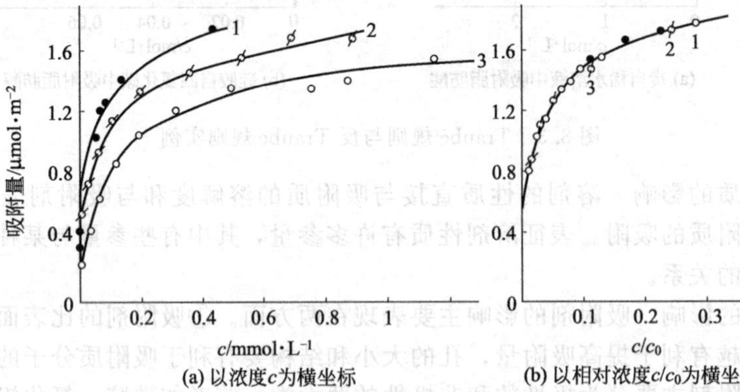

图 8.5　乙炔墨自水中吸附对硝基苯胺的等温线

1—5℃；2—25℃；3—45℃

温度对液相吸附更有意思的例子是石墨自水中吸附正丁醇（图 8.7）。由图可见，当浓度较低时，吸附量随温度升高而减小；浓度高时温度升高吸附量增大[14]。他们认为这是由于正丁醇在水中的溶解度随温度升高而降低。浓度大时这一效应表现明显。

（5）外加物质的影响　加入强电解质时通常可增大碳质吸附剂自水溶液中对有机物的吸

附量，这些有机物应是单功能团化合物（如苯酚、脂肪酸、苯胺等）。图 8.8 是炭自含 KCl、NaCl 的水中吸附苯酚的结果，无机盐的存在明显增加有机物的吸附量。这是由于电解质电离形成的离子强烈的水合作用，使有效水量减少。

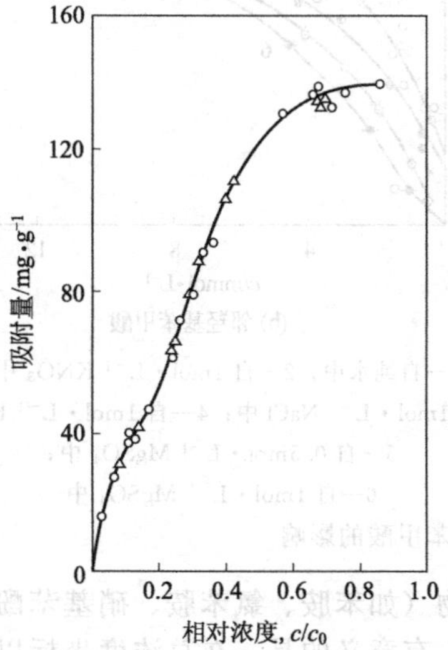

图 8.6 Graphon 自环己烷中吸附碘的等温线

○ 20℃；△ 40℃

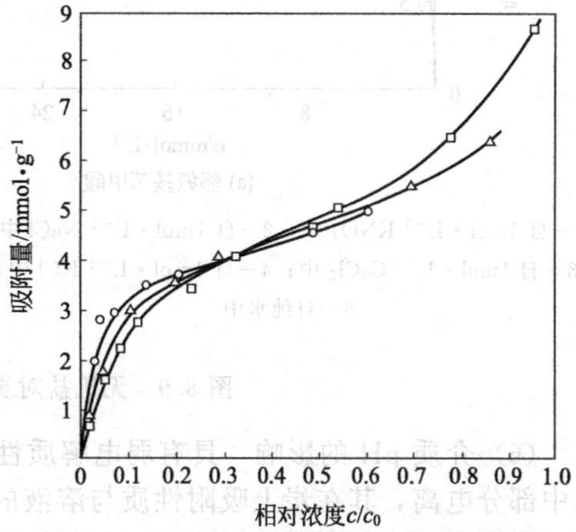

图 8.7 石墨自水中吸附正丁醇的等温线

○ 0℃；△ 25℃；□ 45℃

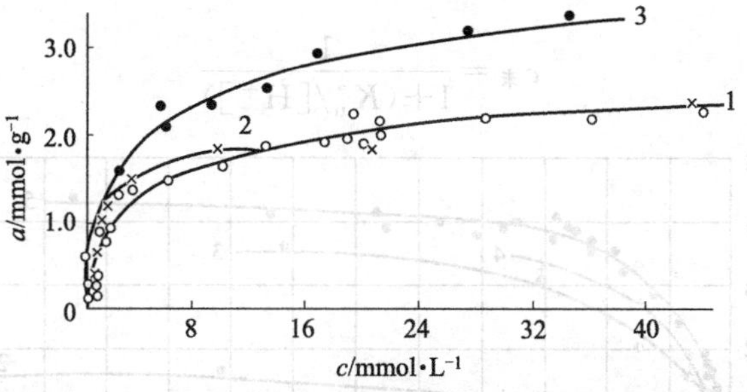

图 8.8 无机盐的加入对炭自水中吸附苯酚的影响

1—自纯水中；2—自 1mol·L^{-1}KCl 中；3—自 2mol·L^{-1} NaCl 中

若有机物含有可形成分子内氢键的双官能团（如邻氨基苯甲酸、邻羟基苯甲酸等），其溶解度可能与电解质有关，有机物的溶解度受外加电解质对溶剂水的结构的加强或破坏的影响。有的无机盐可以破坏水分子间的氢键，而对有机分子的分子内氢键影响较小，使得这类化合物在无机盐存在时在水中的溶解度增大，从而吸附量减小。邻羟基苯甲酸的吸附即属于此种情况［图 8.9(b)］。而邻氨基苯甲酸在水中溶解度随无机盐的增加溶解度没有明显变化，或者说 KNO_3、NaCl、$CaCl_2$、$MgSO_4$ 的水合作用效果完全相同，故吸附等温线完全重合［图 8.9(a)］。在不同盐溶液中苯胺、邻氨基苯甲酸和邻羟基苯甲酸的溶解度列于表 8.1 中[13]。

表 8.1 几种有机物在水中和在无机盐溶液中的溶解度（25℃） mmol·L^{-1}

有机物	水	1mol·L^{-1} KNO_3	1mol·L^{-1} NaCl	0.5mol·L^{-1} $MgSO_4$	1mol·L^{-1} $MgSO_4$
苯胺	388	310	260	230	85
邻羟基苯甲酸	38.1	30.7	24.8	34.6	22.4
邻氨基苯甲酸	15.9	17.72	—	15.56	19.6

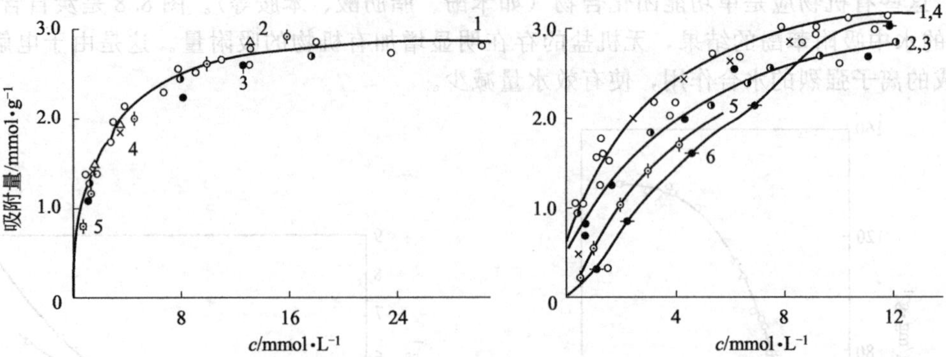

(a) 邻氨基苯甲酸　　　　(b) 邻羟基苯甲酸

1—自 1mol·L⁻¹ KNO_3 中；2—自 1mol·L⁻¹ NaCl 中；3—自 1mol·L⁻¹ $CaCl_2$ 中；4—自 1mol·L⁻¹ KCl 中；5—自纯水中

1—自纯水中；2—自 1mol·L⁻¹ KNO_3 中；3—自 1mol·L⁻¹ NaCl 中；4—自 1mol·L⁻¹ KCl 中；5—自 0.5mol·L⁻¹ $MgSO_4$ 中；6—自 1mol·L⁻¹ $MgSO_4$ 中

图 8.9　无机盐对炭自水中吸附苯甲酸的影响

（6）介质 pH 的影响　具有弱电解质性质的有机物（如苯胺、氯苯胺、硝基苯酚等）在水中部分电离，其在炭上吸附性质与溶液的 pH 有关。有意义的是，在总浓度坐标以未电离分子的浓度 $c_{未}$ 代替时，不同 pH 时分离的吸附等温线会重合。图 8.10 为炭自不同浓度不同 pH 的水中的吸附等温线和以 $c_{未}$ 作图的等温线。$c_{未}$ 依下式计算：
在酸性介质中

$$c_{未}=\frac{1}{1+(K_u^a/[H^+])} \tag{8.2}$$

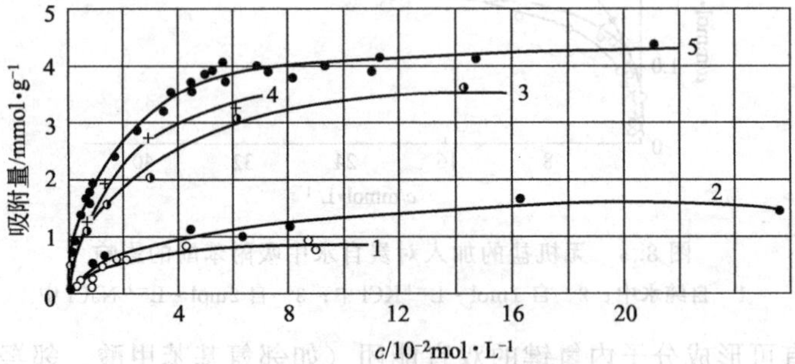

(a) 吸附量与总浓度关系

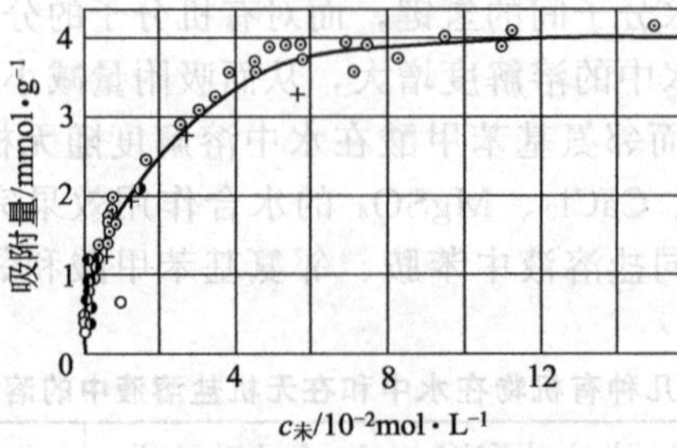

(b) 吸附量与未电离分子浓度关系

图 8.10　炭自不同 pH 水溶液中吸附苯胺

pH：1—0；2—2.75～2.8；3—4.6；4—5.75；5—7.2～8.0

在弱碱性介质中

$$c_{未}=\frac{1}{1+(K_u^b[H^+]/10^{-14})} \tag{8.3}$$

式中，K_u^a 和 K_u^b 分别为在一定 pH 的水中弱电解质的相应官能团的电离常数。这一结果说明在炭表面上只吸附未电离的分子。phelps 在研究炭自水中吸附烷基胺[15]和 Kipling 研究炭自水中吸附乙酸和丁胺时有类似的结论[16]。赵振国在研究活性炭自水中吸附苯丙氨酸时也认为氨基酸主要以两性离子形式吸附[17]。

三、自稀溶液中吸附等温式

最常用的有 Langmuir 等温式，Freundlich 等温式，BET 等温式，化学吸附的 Temkin 等温式等。这些等温式在液相吸附中应用大多有经验性质，有些常数的物理意义不如气体吸附中的清楚。

1. Langmuir 等温式[1]

Langmuir 对液相吸附的基本假设源自气相吸附的 Langmuir 单层吸附模型，即吸附是单分子层的，吸附是一种动态平衡。体相溶液和吸附层均视为理想溶液。溶质和溶剂分子体积相等或有相同的吸附位。吸附质的吸附是体相溶液中的吸附质（2）与吸附相中溶剂（1）的交换过程：

$$2^l+1^s \rightleftharpoons 2^s+1^l$$

式中，上角标 l、s 分别表示液相和表面（吸附）相。达到吸附平衡时，平衡常数 K 为

$$K=\frac{x_2^s a_1}{x_1^s a_2} \tag{8.4}$$

式中，x_1^s、x_2^s 分别表示吸附平衡时表面相中溶剂和溶质的摩尔分数；a_1 和 a_2 分别为体相溶液中溶剂和溶质的活度。由于是稀溶液，a_1 近似为常数。令 $b=K/a_1$，得

$$b=x_2^s/x_1^s a_2$$

由于 $x_1^s+x_2^s=1$，故

$$x_2^s=ba_2/1+ba_2 \tag{8.5}$$

在稀溶液中，溶质之活度 a_2 可视为其浓度 c。

若表面总吸附中心数为 n^s（对于均匀表面 n^s 即为紧密排列之单层饱和吸附量），设 n_2^s 为浓度为 c 时溶质之吸附量，$\theta=n_2^s/n^s$，θ 为覆盖度，且 $n_2^s=n^s x_2^s$，式(8.4) 变换为

$$\theta=\frac{n_2^s}{n^s}=\frac{bc}{1+bc} \tag{8.6}$$

对于非均匀表面，每个吸附中只能吸附 1 个溶质或溶剂分子，n^s 为极限吸附量（对均匀表面即单层饱和吸附量），以 n_m^s 表示，故上式可写为

$$n_2^s=\frac{n_m^s bc}{1+bc} \tag{8.7}$$

式(8.7) 即为 Langmuir 等温式。其直线式为

$$c/n_2^s=1/n_m^s b+c/n_m^s \tag{8.8}$$

讨论 Laugmuir 等温式最需要关注的是 n_m^s 和 b 两个参数。由实验测出的不同浓度之吸附量和式(8.8) 不难求出这两个参数。由极限吸附量 n_m^s 的大小通常可以了解吸附层中分子排列状况，只有对均匀表面或相对比较均匀的表面（吸附剂表面任何位置均能发生吸附）n_m^s 的大小与比表面大小才有一定关系。利用液相吸附数据求出的 n_m^s 值计算比表面只有在相同条件下测定性质相近的系列材料相对面积时才有意义。在发生化学吸附或在特殊活性中

心上的定位吸附时，n_m^s 由吸附位的表面浓度决定，如由于硅胶表面自由羟基在吸附中起主要作用，故吸附分子与表面自由羟基最多是 1∶1 的。

b 是与吸附热有关的常数，当吸附温度间隔不大，对吸附熵的影响不大时可以得出

$$\ln b = \ln b' + Q/RT \tag{8.9}$$

从而可方便地求出吸附热 Q。

根据 n_m^s 和 b 还可以计算吸附过程标准热力学函数变化，以了解吸附过程的驱动力[18]。

【例 1】 炭从水溶液中吸附某溶质的结果服从 Langmuir 等温式，已知极限吸附量 $n_m^s = 4.2\text{mmol}\cdot\text{g}^{-1}$，$b = 2.8\text{mL}\cdot\text{mmol}^{-1}$。求将 5g 炭加入 $0.2\text{mol}\cdot\text{L}^{-1}$ 的 200mL 该溶质溶液中，达吸附平衡时溶液浓度。

解： 根据 Langmuir 式(8.7) 和式(8.1) 得

$$n^s = n_m^s bc/(1+bc) = V(c_0 - c)/m$$

将题设数据代入，得

$$4.2\times10^{-3}\times2.8c/(1+2.8c) = 0.2(0.2-c)/5$$

得 $c = 0.1665\text{mol}\cdot\text{L}^{-1}$

2. Freundlich 等温线

此式是比 Langmuir 等温式提出还要早的半经验公式，后来在设 b 与覆盖度有关时可以从理论上导出。等温式表述为：

$$\theta = n_2^s/n^s = a'c^{1/n} \tag{8.10}$$

或

$$n_2^s = ac^{1/n} \tag{8.11}$$

式中，a 和 $1/n$ 为常数。从物理意义来说，a 与吸附容量有关，类似于 Langmuir 公式之 n_m^s，n 与吸附质与吸附剂作用强度有关，类似于 Langmuir 式中之 b。n 一般是大于 1 的数值。将式(8.11) 两边取对数，得其直线形式：

$$\ln n_2^s = \ln a + \frac{1}{n}\ln c \tag{8.12}$$

Freundlich 等温式一般适用于中等浓度的吸附数据处理。

3. Temkin 等温式

此式本是从吸附热随覆盖度 θ 增加而直线降低的关系而导出的化学吸附等温式，只适用于中等覆盖度的化学吸附或单层物理吸附。Temkin 式为

$$\theta = n_2^s/n_m^s = \frac{1}{a}\ln Ac$$

$$n_2^s = k_1 + k_2\ln c \tag{8.13}$$

若服从 Temkin 式以吸附量 n_2^s 对 $\ln c$ 作图应得直线。常数 k_1、k_2 与初始吸附热有关。

4. BET 等温式

有些非孔性或大孔类吸附剂自溶液中吸附有限溶解物质时，在溶质浓度接近饱和溶液浓度时吸附量会陡增，等温线为 S 型的。对这类等温线可用 BET 两常数公式处理。略加改进的 BET 等温式为

$$\frac{kc/c_0}{n_2^s(1-kc/c_0)} = \frac{1}{n_m^s b} + \frac{b-1}{n_m^s b}\cdot kc/c_0 \tag{8.14}$$

式中，b 相当于气相吸附的 BET 两常数公式中之常数 C，k 为与吸附剂性质有关的常数。

5. Henry 定律式

在溶液浓度很低时，溶质吸附量常与其浓度成正比：

$$n_2^s = kc_2 \tag{8.15}$$

等温线为通过原点的直线。

6. D-R 公式

将气体吸附的 D-R 公式用于自稀溶液中吸附，可写为：

$$\lg a = \lg \frac{V_0}{\overline{V}} - 0.43\frac{BT^2}{\beta^2}\left[\lg\left(\frac{c_0}{c}\right)\right]^2 \tag{8.16}$$

式中，a 为吸附量，mol·g^{-1}；V_0 为极限吸附体积；$\overline{V}$ 为液态吸附质摩尔体积；β 为亲和系数；B 为与吸附剂孔结构有关的常数；c_0 和 c 分别为吸附质饱和溶液和吸附平衡时溶液浓度。

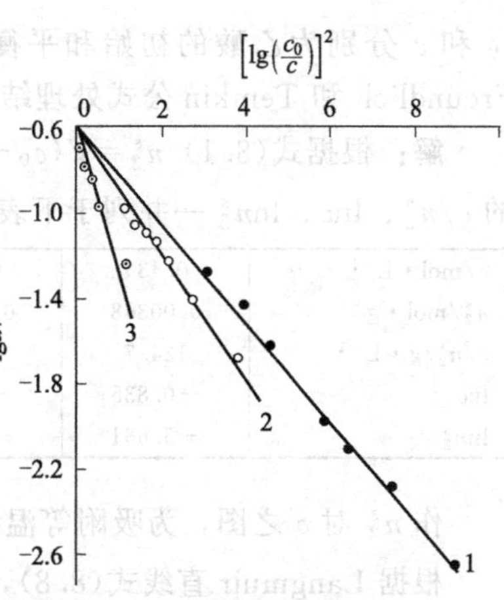

图 8.11 活性炭自水溶液中吸附丙醇（1）、丁醇（2）、己醇（3）的等温线数据用 D-R 公式处理的结果图

图 8.11 是 25℃一种活性炭自水溶液中吸附三种脂肪醇的数据依式(8.16) 处理的结果。由图可见，同一种活性炭的 $\lg a\overline{V}$ 当然应为同一数值（即为每克炭吸附的最大吸附质体积）。硅胶自四氯化碳中吸附苯甲酸的结果如图 8.12 所示[19]。由图可见，lg$a$ 对 $[\lg(c_0/c)]^2$ 图为两条斜率不同的直线，折点处相应体积为 0.23cm^3·g^{-1}，相当于硅胶的中孔和大孔体积，高相对浓度区直线之截短相应极限孔体积为 0.96cm^3·g^{-1}，此值与由脂肪酸等有机物蒸气吸附法测出之值（0.97cm^3·g^{-1}）基本相同。这就是说用式(8.16) 有可能分别求出微孔和中、大孔体积。

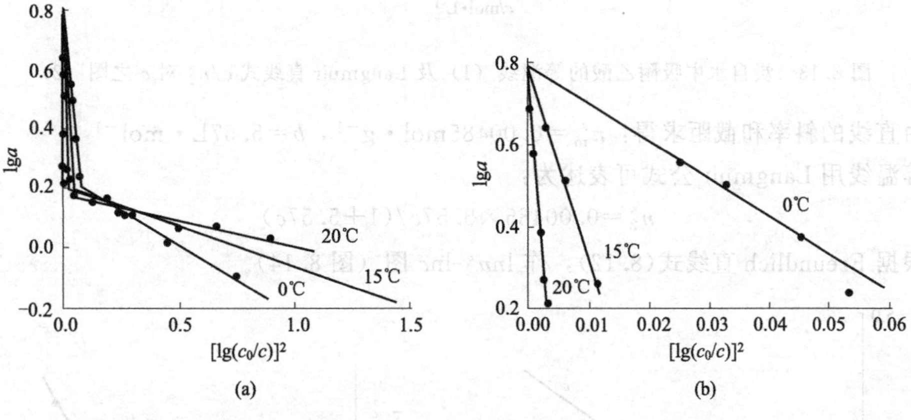

图 8.12 硅胶自四氯化碳溶液中吸附苯甲酸的等温线数据（0℃，15℃，20℃）用 D-R 公式处理图

在上述六个等温式中，以 Langmuir 和 Freundlich 公式最为常用。前者可以给出吸附常数 b(与吸附热有关) 和极限吸附量 n_m^s(可了解吸附方式等信息)。该式的缺点是在低浓度时因表面不均匀性而使吸附量数据可能偏高以及溶剂吸附的不可避免使得在讨论时要十分小心地下结论。Freundlich 公式是经验式，处理炭自水溶液中吸附有机物常可得到良好结果，缺点是所得公式常数物理意义不太明确，且根据此式在浓度很大时也无极限吸附量不好理解。

【例 2】 炭自水溶液中吸附乙酸的结果如下（室温）：

c_0/mol·L^{-1}	0.503	0.252	0.125	0.0628	0.0314	0.0157
c/mol·L^{-1}	0.434	0.202	0.0899	0.0347	0.0113	0.00333
吸附剂质量 m/g	3.96	3.94	4.00	4.12	4.04	4.00

c_0 和 c 分别为乙酸的初始和平衡浓度。使用的溶液体积 $V=200\text{mL}$。应用 Langmuir、Freundlich 和 Temkin 公式处理结果，并讨论之。

解：根据式(8.1) $n_2^s=V(c_0-c)/m$ 计算出吸附量，并按上述三公式要求计算出相应的 c/n_2^s、$\ln c$、$\ln n_2^s$ 一并列于下表：

$c/\text{mol}\cdot\text{L}^{-1}$	0.434	0.202	0.0899	0.0347	0.0113	0.00333
$n_2^s/\text{mol}\cdot\text{g}^{-1}$	0.00348	0.00254	0.00176	0.00136	0.000995	0.000619
$c/n_2^s/\text{g}\cdot\text{L}^{-1}$	124.7	79.5	51.1	25.5	11.4	5.38
$\ln c$	−0.835	−1.599	−2.409	−3.361	−4.320	−5.705
$\ln n_2^s$	−5.661	−5.976	−6.342	−6.600	−6.913	−7.387

作 n_2^s 对 c 之图，为吸附等温线（图 8.13 曲线 1）。

根据 Langmuir 直线式(8.8)，作 c/n_2^s-c 图（图 8.13 直线 2）。

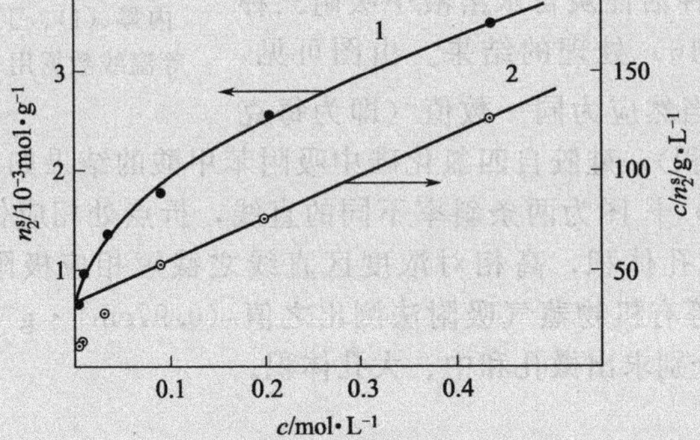

图 8.13 炭自水中吸附乙酸的等温线（1）及 Langmuir 直线式 c/n_2^s 对 c 之图（2）

由直线的斜率和截距求得：$n_m^s=0.00485\text{mol}\cdot\text{g}^{-1}$，$b=5.57\text{L}\cdot\text{mol}^{-1}$

等温线用 Langmuir 公式可表述为：

$$n_2^s=0.00485\times5.57c/(1+5.57c)$$

根据 Freundlich 直线式(8.12)，作 $\ln n_2^s$-$\ln c$ 图（图 8.14）。

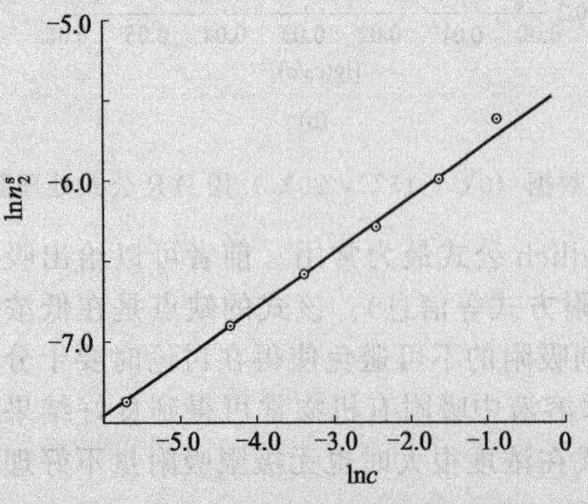

图 8.14 炭自水溶液中吸附乙酸的 $\ln n_2^s$-$\ln c$ 图

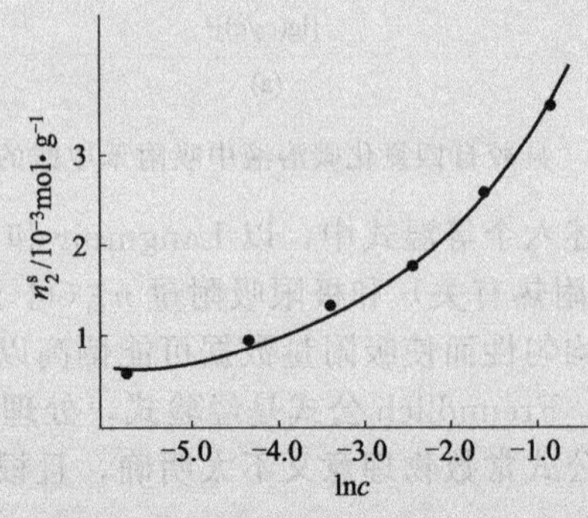

图 8.15 炭自水溶液中吸附乙酸的 n_2^s-$\ln c$ 图

由直线的斜率和截距求得：$a=5.81\times10^{-4}$，$n=3.23$。

等温线用 Freundlich 公式可表述为

$$n_2^s=5.81\times10^{-4}c^{1/3.23}$$

根据 Temkin 公式(8.13)，作 n_2^s-ln$c$ 图（图 8.15），不得直线，等温线不能用 Temkin 公式表征。

讨论如下：① Langmuir 等温式和 Freundlich 等温式都可较好地表征题给体系的实验结果。在低浓度时有三个数据点偏离 Langmuir 的理论直线，这可能是因表面不均匀性引起的实测吸附量偏大所致，这也是在用 L 式表征自稀溶液吸附（以及自气相中吸附）常见的现象。用 F 式时，最大浓度点偏离理论线可能是因应用 F 式要求在中等覆盖度。②Temkin 式完全不能表征实验结果，其原因可能是乙酸在炭表面的吸附是范德华力引起的物理吸附。文献报道在带电粒子表面双电层内层发生的定位离子吸附可用 Temkin 式表征。

【例 3】 下表列出 T＝293K 时活性炭自水溶液中吸附几种有机物的实验结果，按照 D-R 公式处理有关数据，验证该公式的适用性。并求出吸附剂的比孔容。气相吸附法求得比孔容 $V_0=0.433\text{cm}^3\cdot\text{g}^{-1}$。

对氯苯酚	c/c_0	0.0036	0.0058	0.0100	0.0185	0.0385	0.100	
	$V/\text{mL}\cdot\text{g}^{-1}$	0.123	0.148	0.178	0.214	0.251	0.309	
对氯苯胺	c/c_0	0.0058	0.010	0.0185	0.0385	0.100		
	$V/\text{mL}\cdot\text{g}^{-1}$	0.0562	0.0813	0.120	0.174	0.257		
硝基苯	c/c_0	0.01	0.0185	0.0262	0.0385	0.0595	0.100	0.196
	$V/\text{mL}\cdot\text{g}^{-1}$	0.0589	0.0933	0.117	0.148	0.186	0.235	0.295
氯仿	c/c_0	0.01	0.0185	0.0262	0.0385	0.0595	0.100	0.196
	$V/\text{mL}\cdot\text{g}^{-1}$	0.0204	0.0417	0.0589	0.0851	0.123	0.178	0.251

解：将式(8.16)中吸附量（$\text{mol}\cdot\text{g}^{-1}$）换为吸附体积 $V(\text{mL}\cdot\text{g}^{-1})$，即 $V=a\bar{V}$，故式(8.16)改写为

$$\lg V=\lg V_0-0.43\frac{BT^2}{\beta^2}[\lg(c_0/c)]^2 \tag{8.17}$$

以 $\lg V$ 对 $[\lg(c_0/c)]^2$ 作图应得直线，直线之截距即为 $\lg V_0$。

将题设数据做简单处理，得下表

对氯苯酚	$\lg V$	−0.910	−0.830	−0.750	−0.670	−0.600	−0.510	
	$[\lg(c_0/c)]^2$	5.97	5.00	4.00	3.00	2.00	1.00	
对氯苯胺	$\lg V$	−1.25	−1.09	−0.921	−0.759	−0.590		
	$[\lg(c_0/c)]^2$	5.00	4.00	3.00	2.00	1.00		
硝基苯	$\lg V$	−1.23	−1.03	−0.932	−0.830	−0.730	−0.629	−0.530
	$[\lg(c_0/c)]^2$	4.00	3.00	2.50	2.00	1.50	1.00	0.50
氯仿	$\lg V$	−1.69	−1.38	−1.23	−1.07	−0.910	−0.750	−0.600
	$[\lg(c_0/c)]^2$	4.00	3.00	2.50	2.00	1.50	1.00	0.50

作 $\lg V$-$[\lg(c_0/c)]^2$ 图（图 8.16），四种有机物吸附之 D-R 公式处理图确为直线，由直线截距求出吸附剂孔体积 $V_0=0.36\text{mL}\cdot\text{g}^{-1}$，与气体吸附所得之 $0.433\text{mL}\cdot\text{g}^{-1}$ 不完全相同。可能的原因如下：①液相吸附可能有部分溶剂水分子同时被吸附，占据了一定的孔体积；②活性炭一般微孔较多，题设中未给出测比孔容之气体为何物，若用氮气等比液相吸附之几种有机物分子小的物质测定，所得数据就缺乏可比性，可能因微孔对较大有机分子的屏蔽作用而使部分微孔无法进入；③题中所列有机物的浓度再大可能会在 $\lg V$-$[\lg(c_0/c)]^2$ 直线上发生转折（参见图 8.12），可能得到更好的结果。

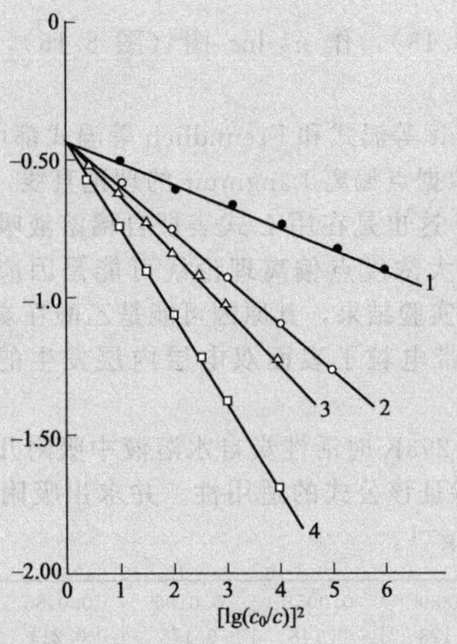

图 8.16 活性炭自水溶液中吸附对氯苯酚（1）、对氯苯胺（2）、硝基苯（3）、氯仿（4）等温线数据用 D-R 公式处理所得 $\lg V$-$[\lg(c_0/c)]^2$ 图

四、自电解质溶液中的吸附[1,21]

1. 固体表面带电的原因及双电层结构

参见第二章第三节。

2. 电解质离子在固液界面的吸附

（1）离子晶体的选择性吸附　离子晶体总是选择性地吸附与其晶格离子相同或相似的离子，并形成难溶盐。当 Na_2SO_4 与过量的 $BaCl_2$ 在溶液中形成 $BaSO_4$ 沉淀时，由于 $BaCl_2$ 过量，生成的 $BaSO_4$ 沉淀物总是优先吸附溶液中的 Ba^{2+} 使表面带正电荷，Cl^- 以扩散状分布于粒子附近。

（2）静电物理吸附　带电固体表面对溶液中带电符号相反离子有库仑引力作用而使其浓集于表面周围的扩散层中，并最终使表面电荷中和。静电作用引起的吸附重要实例是使胶体体系的聚沉作用。使胶体体系发生明显聚沉所需外加电解质的最小浓度称为聚沉值（flocculation value）。聚沉值与反离子价数的 6 次方成反比之规律称为 Schulze-Hardy 规则。聚沉值现也常称为临界聚沉浓度（critical coagulation concentration，CCC）。表 8.2 中列出一些带电胶体的 CCC[22]。表中圆括号内的数字是所指反离子电解质的 CCC（$mol \cdot L^{-1}$）。不带括号的数字是以同组实验中以一价电解质为基准时的相对数值。理论值是依 Schulze-Hardy 规则计算的。

表 8.2　一～四价离子对带正电和带负电胶体的 CCC　　$mol \cdot L^{-1}$

反离子价数	带负电胶体			带正电胶体		理论值
	As_2S_3	Au	AgI	Fe_2O_3	Al_2O_3	
1	(5.5×10^{-2})	(2.4×10^{-2})	(1.42×10^{-1})	(1.18×10^{-2})	(5.2×10^{-2})	
	1	1	1	1	1	1
2	(6.9×10^{-4})	(3.8×10^{-4})	(2.43×10^{-3})	(2.1×10^{-4})	(6.3×10^{-4})	
	1.3×10^{-2}	1.6×10^{-2}	1.7×10^{-2}	1.8×10^{-2}	1.2×10^{-2}	1.56×10^{-2}
3	(9.1×10^{-5})	(5.0×10^{-6})	(6.8×10^{-5})	—	(8×10^{-5})	
	1.7×10^{-3}	0.3×10^{-3}	0.5×10^{-3}	—	1.5×10^{-3}	1.37×10^{-3}

续表

反离子价数	带负电胶体			带正电胶体		理论值
	As_2S_3	Au	AgI	Fe_2O_3	Al_2O_3	
4	(9.0×10^{-5})	(9.0×10^{-7})	(1.3×10^{-5})	—	(5.3×10^{-5})	
	17×10^{-4}	0.4×10^{-4}	1×10^{-4}	—	10×10^{-4}	2.44×10^{-4}
电势决定离子	S^{2-}	Cl^-	I^-	H^+	H^+	

CCC 的大小与胶体吸附反离子的多少有直接关系：吸附量越大，CCC 越小。表 8.3 即为带正电 Al_2O_3 胶体体系的实例[23]。

表 8.3 带正电 Al_2O_3 胶体对反离子的吸附量及相应 CCC 大小

反离子	离子价数	CCC/mmol·L^{-1}	吸附量/mmol·$(gAl_2O_3)^{-1}$
苦味酸根，$(NO_3)_3C_6H_2O^-$	1	8.7	0.28
草酸根，$C_2O_4^{2-}$	2	0.69	2.26
铁氰根，$[Fe(CN)_6)]^{3-}$	3	0.08	5.04
亚铁氰根，$[Fe(CN)_6]^{4-}$	4	0.05	7.00

(3) 离子交换吸附　因各种原因固体表面束缚的离子可与溶液中的某些离子发生交换，这种作用称为离子交换（ion exchange）。具有离子交换能力的固体称为离子交换剂（ion exchanger）。带有可交换离子 M_2 的离子交换剂 RM_2 与溶液中的离子 M_1 若发生交换反应：

$$RM_2+M_1 \rightleftharpoons RM_1+M_2$$

达交换平衡时，该过程的平衡常数 K 为：

$$K=\frac{a_{RM_1}a_{M_2}}{a_{RM_2}a_{M_1}} \tag{8.18}$$

式中，a_{M_1}、a_{M_2}、a_{RM_1}、a_{RM_2} 为相应物质的活度。当 RM_2 对 M_1 的亲和力大于对 M_2 的，$K>1$，过程向右进行；反之 RM_2 与 M_1 不能发生交换反应。由于 $\Delta G^{\ominus}=-RT\ln K$，故 K 由离子交换过程标准自由能变化 $\Delta G^{\ominus}$ 决定，$\Delta G^{\ominus}$ 越大交换过程越易进行。

离子交换能力取决于离子水化作用和离子的价数。根据离子水化能力的大小[24]，可将同价离子排列成离子交换能力的顺序：

$$Cs^+>Rb^+>K^+>NH_4^+>Na^+>H^+>Li^+$$

$$Ba^{2+}>Pb^{2+}>Sr^{2+}>Ca^{2+}>Cd^{2+}>Mg^{2+}>Be^{2+}$$

柠檬酸根$>SO_4^{2+}>$草酸根$>I^->NO_3^->Br^->SCN^->Cl^->H_2PO_4^->$

$$HCOO^->OH^->F^-$$

(4) 有机高分子电解质的吸附　有机高分子电解质在水中除有电离形成的带电基团外，还有不电离的部分。因而它们在固体表面的吸附既有静电作用，也可能有形成氢键的作用、共价键作用和疏水作用的贡献。如聚丙烯酰胺的—NH_2 和═O 基团可与固体表面相应元素形成氢键，磺化聚丙烯酰胺的阴离子活性基团甚至可与黏土表面的钙离子成化学键。有机高分子的疏水部分也可在固体表面因色散力的作用而吸附。

五、自高分子溶液中的吸附

高分子的吸附与小分子吸附有同有异，相同处有：同有物理吸附与化学吸附之分，吸附作用也是吸附剂、吸附质、溶液综合相互作用的结果，受到这三者性质及温度等因素的影响。

1. 高分子吸附的特点

(1) 吸附平衡时间长　高分子的分子量大，且多是多分散的，在液相中扩散慢，达吸附平衡需时长，有时需几天，几十天，当溶液浓度较大时，在有限时间内甚至达不到吸附平衡。图 8.17 是铬片自苯溶液中吸附聚乙酸乙烯酯的动力学曲线，由图可知，十几分钟即可达吸附量近于不大变化的平缓区域，实际上并未达平衡，在几十小时后吸附量又继续升高。这就使得对高分子吸附结果难以给出恰当的讨论。在孔性吸附剂上，孔的屏蔽效应和吸附中多分散高分子的分级效应使达到吸附平衡更为困难。

（2）吸附剂表面结构对吸附影响很大　如上所述，无孔的和有孔的，平滑的和粗糙的固体上大分子的吸附速率可有很大差别。

（3）高分子比低分子化合物的吸附有更大的不可逆性[25]　高分子吸附的可逆性与溶剂、高分子的分子量，吸附剂表面性质有关。在高分子能与表面形成稳定性强的类似于化学吸附键时吸附是不可逆的，如聚酯的甲苯或氯仿溶液在玻璃粉上的吸附是不可逆的，而在 SiO_2 上的是可逆的。良溶剂常可使吸附的高分子脱附，如聚苯乙烯在不良溶剂甲乙酯中被活性炭吸附后不能用甲乙酯使其脱附，但在良溶剂四氢化萘中完全脱附。脱附速率与脱附程度还与高分子的分子量有关。图 8.18 是不同分子量的聚氧乙烯在尼龙粉上的吸附-脱附曲线。由图可见脱附有滞后现象，随分子量增大，滞后更加明显。

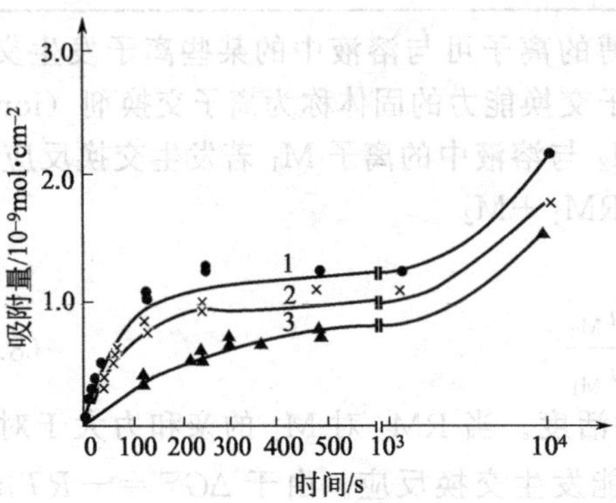

图 8.17　铬片自苯溶液中吸附聚乙酸乙烯酯的动力学曲线

1—1.15×10^{-4} mol · L^{-1}；2—5.75×10^{-5} mol · L^{-1}；3—2.30×10^{-5} mol · L^{-1}

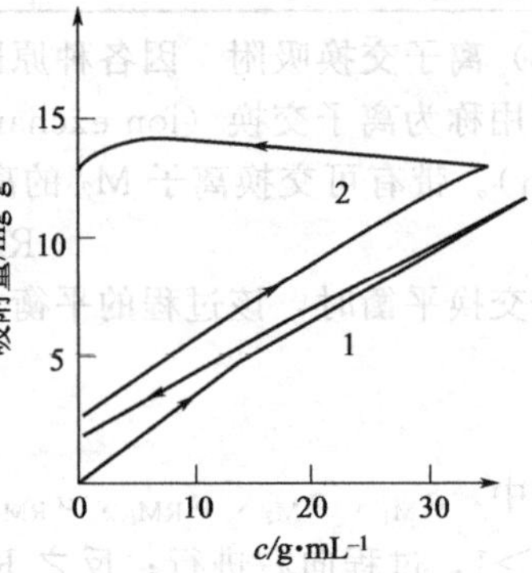

图 8.18　聚氧乙烯苯溶液在尼龙粉上的吸附-脱附曲线（20℃）

1—分子量 390；2—分子量 2980

2. 高分子吸附等温线和等温式

高分子化合物，特别是低分子量高分子化合物在固液界面吸附等温线多为 Langmuir 或 Freundlich 型的，故可用相应等温式描述。

高分子每个分子都有多个链节，若吸附时有 ν 个链节直接与固体接触，同时假设 1 个大分子吸附就有 ν 个溶剂分子脱附，可以导出

$$\frac{\theta}{\nu(1-\theta)^{\nu}}=Kc \tag{8.19}$$

当 $\nu=1$ 时（即高分子吸附时与固体表面只有 1 个接触点）上式还原为一般的 Langmuir 等温式［式(8.7) 和式(8.8)］。

图 8.19 为炭自甲苯中吸附聚苯乙烯的等温线[26]，图中实线为依式（8.19）(设 $\nu=50$) 所得理论线，虚线为根据 $\nu=1$ 时之一般 Langmuir 公式所得理论线，数据点为实测点。有趣的是，用 Langmuir 一般式之直线式［式(8.8)］处理也得良好的结果（图中虚线直线）。这就是说虽然式（8.19）有时有一定优越性，但许多实际体系（如设 $\nu=470$，$\nu=1660$）用一般的 Langmuir 式处理也得满意的结果[27]。

台阶形等温线多认为是发生多层吸附的结果，但细节并不清楚。因每个台阶的高度（即每层吸附量）常并不相等。而且还与温度有关（图 8.20）[28]。

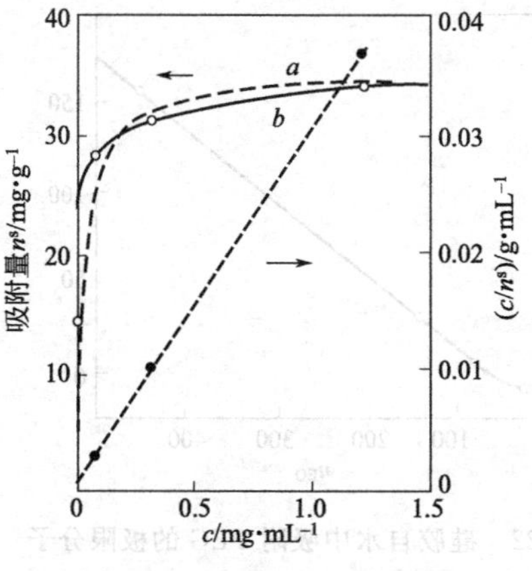

图 8.19　炭自甲苯溶液中吸附聚苯乙烯的等温线（25℃）

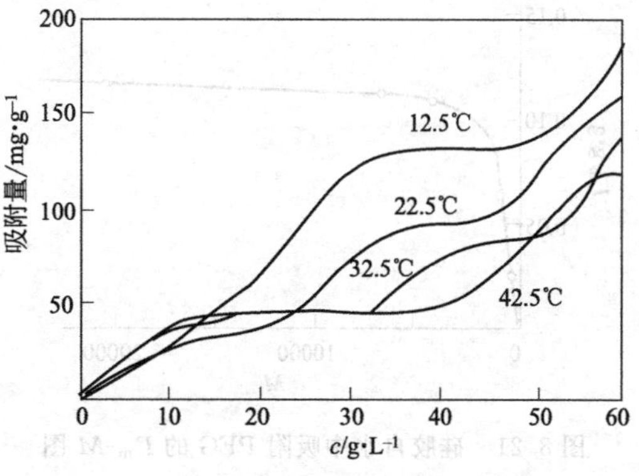

图 8.20　铝箔自苯中吸附聚乙二醇（分子量6000）的台阶状等温线及温度的影响

许多高分子的吸附等温线有 H 型特征，即浓度很低时就有很大的吸附量（图 8.21）。

3. 影响大分子吸附的一些因素

（1）高分子化合物的性质及分子量的影响　非极性高分子易被碳质固体吸附，极性高分子易被氧化物及金属类固体吸附。多分散的高分子，较小分子量的扩散速率快，易先被吸附，随后可被更大的分子取代。

在无孔或大孔吸附剂上，若吸附量以 g·g^{-1} 表示，极限吸附量 Γ_m 与高分子分子量常有下述关系

$$\Gamma_m = KM^{\alpha} \tag{8.20}$$

式中，K 为常数；α 为 0～1 之数。

当 $\alpha=0$ 时，大分子平躺于表面上吸附，Γ_m 与 M 无关：

$$\Gamma_m = K \tag{8.21}$$

当 $\alpha=1$ 时，大分子以 1 个吸附点与表面接触吸附，Γ_m 与 M 成正比：

$$\Gamma_m = KM \tag{8.22}$$

因此，可由 α 的大小判断吸附的大分子取向方式。

【例 4】 实验测得硅胶自水中吸附不同分子量的聚乙二醇（PEG）的等温线用 Langmuir 公式处理，求得极限吸附量 Γ_m，并进而根据硅胶的比表面值（417m^2·g^{-1}）求出极限吸附时每个分子占据面积 A，一并列于下表，讨论聚乙二醇的吸附方式。

PEG 分子量	400	1000	4000	6000	20000
Γ_m/mmol·g^{-1}	0.062	0.0588	0.0343	0.0193	0.0056
含氧乙烯基数目/n_{EO}	9.1	22.7	76.1	136.4	455
A/nm^2·(分子)$^{-1}$	12.15	12.82	21.50	36.4	123.6

解： 将 Γ_m 换算为 g·g^{-1} 单位，作 Γ_m 对 M 图（图 8.21）

由图 8.21 可知，在 PEG 相对分子质量大于 3000 后极限吸附量 Γ_m 与 M 无关。如式（8.21）所示，PEG 分子是平躺于硅胶表面上的。

极限吸附时分子面积 A 与分子中 EO 基数目 n_{EO} 的关系如图 8.22 所示。此图表示，在 PEG M 大到一定值后 A 与 n_{EO} 为直线关系（即 A 与 M 为直线关系）。由该直线斜率求出每个 EO 基占据面积约为 0.27nm^2，此值与高岭土吸附 PEG 所得之 0.29nm^2 很接近[29]。

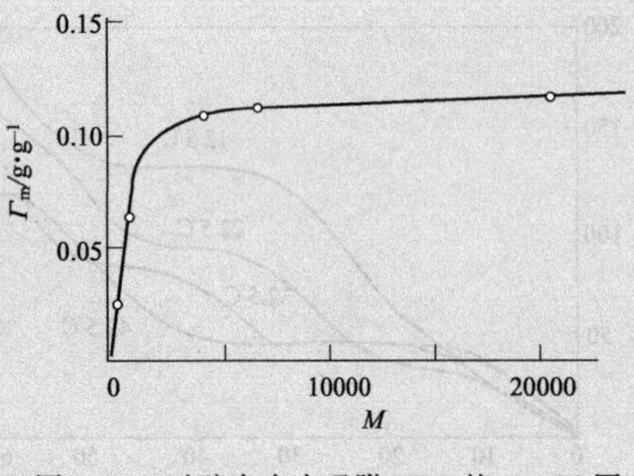

图 8.21 硅胶自水中吸附 PEG 的 Γ_m-M 图

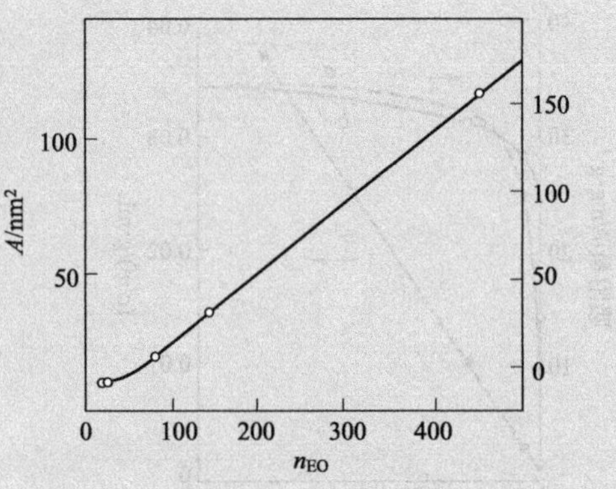

图 8.22 硅胶自水中吸附 PEG 的极限分子面积 A 与 n_{EO} 关系图

(2) 溶剂性质的影响 一般来说在良溶剂中吸附量与分子量关系不大，而在不良溶剂中随大分子分子量增大吸附量增加。同一大分子化合物在不良溶剂中比在良溶剂中吸附量大，这是必然的结果。讨论溶剂影响时也要考虑其对表面的竞争吸附作用，如硅胶从 CCl_4 中吸附聚乙酸乙烯酯的量比从 $CHCl_3$ 中吸附要大些，这是因为硅胶吸附 $CHCl_3$ 比吸附 CCl_4 量大。

(3) 温度的影响 许多情况下温度升高吸附量减小的一般规律在高分子吸附时也适用。但有两种例外。①当因一个大分子吸附导致多个溶剂小分子脱附而使体系 $\Delta S>0$，从而使吸附过程成为吸热过程时，温度升高将使吸附量增加。玻璃纤维从 $CHCl_3$ 中吸附聚甲基丙烯酸甲酯，温度从 19℃升至 40℃，吸附量可增加 2 倍多。②温度改变可引起大分子构象变化。温度对大分子吸附的影响十分复杂，要具体体系具体分析。有时甚至不能给出明确的解释，就要多方面探索，或立此存案，有待将来了。

第三节 二组分溶液的吸附

当溶液中溶质浓度很大时溶质与溶剂难以从量的差别上区分。若只由两种组分（组分 1 和组分 2），这种溶液称为二组分溶液。例如水和乙醇可无限混溶，其二元溶液可以从百分之百的乙醇直至百分之百的水的任何比例。二元溶液的浓度可用含量、摩尔分数等表示。

一、复合吸附等温线

设二组分溶液中有组分 1n_1^0mol，组分 2n_2^0mol，总物质的量 $n^0=n_1^0+n_2^0$。向此溶液中加入 m 克吸附剂，达吸附平衡后，以 n_1^b 和 n_2^b 表示体相溶液中组分 1 和组分 2 的物质的量，在 1g 吸附剂表面上组分 1 和组分 2 的物质的量以 n_1^s、n_2^s 表示。上角标 b 和 s 分别表示体相溶液和固液界面相。

吸附前后物质的总量没有变化，故

$$n_1^0=n_1^b+mn_1^s \tag{8.23}$$

$$n_2^0=n_2^b+mn_2^s \tag{8.24}$$

以 x_1 和 x_2 表示吸附平衡后体相溶液中组分 1 和 2 的摩尔分数，则有

$$n_1^bx_2=n_2^bx_1 \tag{8.25}$$

将式(8.25) 代入式(8.23) 和式(8.24)，得

$$mn_1^s x_2 + n_2^b x_1 = n_1^0 x_2 \tag{8.26}$$

$$mn_2^s x_1 + n_1^b x_2 = n_2^0 x_1 \tag{8.27}$$

已知 $x_1 + x_2 = 1$，$x_1^0 + x_2^0 = 1$，$n_1^0 = n^0 x_1^0$，$n_2^0 = n^0 x_2^0$

x_1^0、x_2^0 表示初始溶液中组分 1 和 2 的摩尔分数。

式(8.27) 减式(8.26)，得

$$m(n_2^s x_1 - n_1^s x_2) = n_2^0 x_1 - n_1^0 x_2 \tag{8.28}$$

变换后得

$$n^0 \Delta x_2 / m = n_2^s x_1 - n_1^s x_2 \tag{8.29}$$

式中，$\Delta x_2 = x_2^0 - x_2$。$n^0 \Delta x_2 / m$ 称为表观吸附量，以 $n^0 \Delta x_2 / m$ 对 x_2 作图得复合吸附等温线（composite adsorption isotherm）。表观吸附量是表面过剩量，显然，表观吸附量 $n^0 \Delta x_2 / m$ 与真正 1g 吸附剂上组分 2 的物质的量（真正的吸附量）并不相等。只有当 $x_2 \to 0$（即稀溶液中），$x_1 \to 1$ 时，$n^0 \Delta x_2 / m$ 才与 n_2^s 相等。这也是在研究稀溶液吸附时将表观吸附量视为真正吸附量的根据。

式(8.29) 是二组分溶液吸附的最基本公式。

Schay 和 Nagy 将二元溶液的吸附等温线也分为五类（图 8.23）。前三类表观吸附量均为正值，后两类有正有负。Ⅰ型线在中等浓度区吸附量有最大值。Ⅱ型线在低浓度区吸附量有极大值，高浓度区为直线，有时由于极大值处于极低浓度，故似一根直线。Ⅲ型线极大值后有一段直线，高浓度时有弯曲。Ⅳ型线中等浓度为直线，低浓度有极大值，高浓度区有极小负值。Ⅴ型线与Ⅳ型线相似，只是无直线部分。

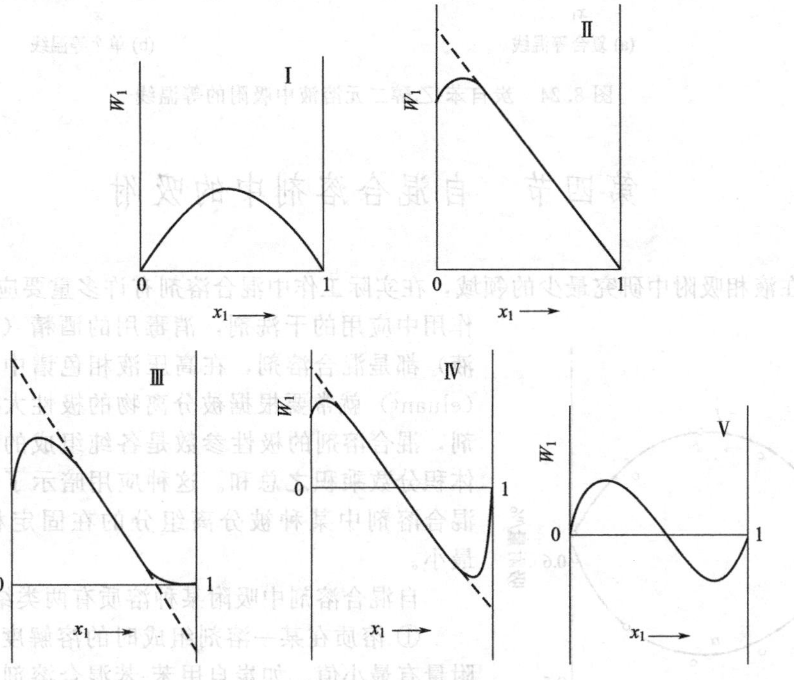

图 8.23　二元溶液吸附等温线的分类

x_1—溶液中组分 1 的摩尔分数；W_1—组分 1 的吸附量

在五种等温线中Ⅰ、Ⅱ和Ⅲ型最为常见，有的书上将它们称为 U 型、S 型和直线型等温线。

二、单个吸附等温线

由表观吸附量 $n^0\Delta x/m$ 和其他与真实吸附量 n_1^s、n_2^s 有关的可直接测量的实验结果联立解出 n_1^s 和 n_2^s，得到真实吸附量与溶液平衡浓度的关系图，即为单个吸附等温线（individual adsorption isotherm）[1]。

一种最简单的方法是测定 1g 吸附剂分别在纯组分 1 和 2 的蒸气中吸附，测出单层饱和吸附量 $n_{1,m}^s$ 和 $n_{2,m}^s$。它们与 n_1^s、n_2^s 有下述关系

$$\frac{n_1^s}{n_{1,m}^s}+\frac{n_2^s}{n_{2,m}^s}=1 \tag{8.30}$$

将此式与式(8.29) 联立，由于 $n^0\Delta x_2/m$、x_1、x_2、$n_{1,m}^s$、$n_{2,m}^s$ 由实验测出，故可求解得出 n_1^s 和 n_2^s。从而作出单个吸附等温线。

图 8.24(a) 为炭自苯-乙醇二元溶液中吸附得出的复合等温线。图 8.24(b) 是根据复合等温线数据和由纯组分蒸气吸附方法求出的单个吸附等温线。

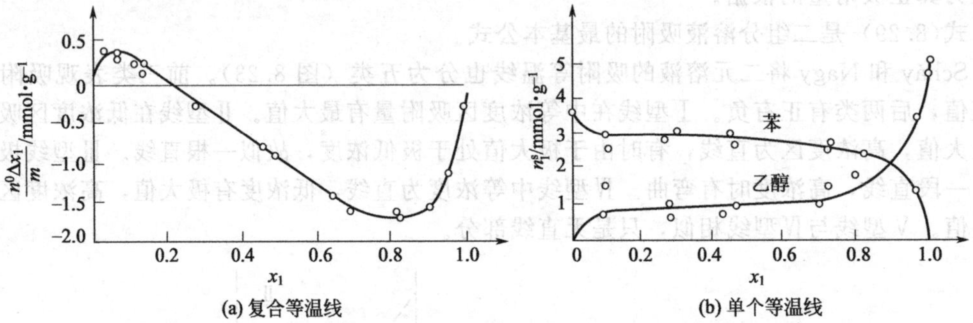

图 8.24　炭自苯-乙醇二元溶液中吸附的等温线

第四节　自混合溶剂中的吸附

这是在液相吸附中研究最少的领域，在实际工作中混合溶剂有许多重要应用，如在洗涤作用中应用的干洗剂，消毒用的酒精（75%乙醇水溶液）都是混合溶剂，在高压液相色谱中应用的洗脱剂(eluant）就常要根据被分离物的极性大小选择混合溶剂，混合溶剂的极性参数是各纯组成的极性参数与其体积分数乘积之总和。这种应用暗示了在一定组成的混合溶剂中某种被分离组分的在固定相上的吸附量最小。

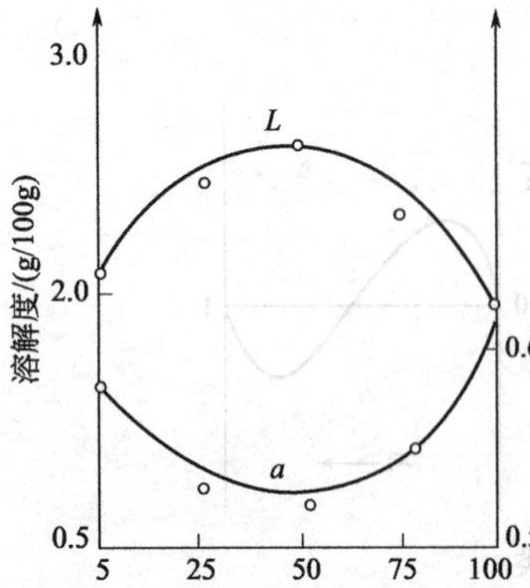

图 8.25　炭自甲苯-苯混合溶剂中吸附苏丹Ⅱ的吸附量（a）及苏丹Ⅱ的溶解度（L）与溶剂组成的关系图

自混合溶剂中吸附某种溶质有两类结果：

① 溶质在某一溶剂组成时的溶解度有最大值，吸附量有最小值。如炭自甲苯-苯混合溶剂中吸附苏丹Ⅱ即是（图 8.25）。这种结果表示溶解度是决定吸附量大小的主要因素[30]。

② 在某一混合溶剂组成时溶质吸附量有最小值，但与溶解度大小无明显关系。也有在某一溶剂组成时

溶质吸附量增大。图 8.26 可能的原因是溶剂组成竞争吸附的结果，或溶剂中不同组分分子间的作用强于相同分子间的作用（常有最高恒沸点），使得混合溶剂竞争吸附能力降低，导致溶质吸附量增大[31]。

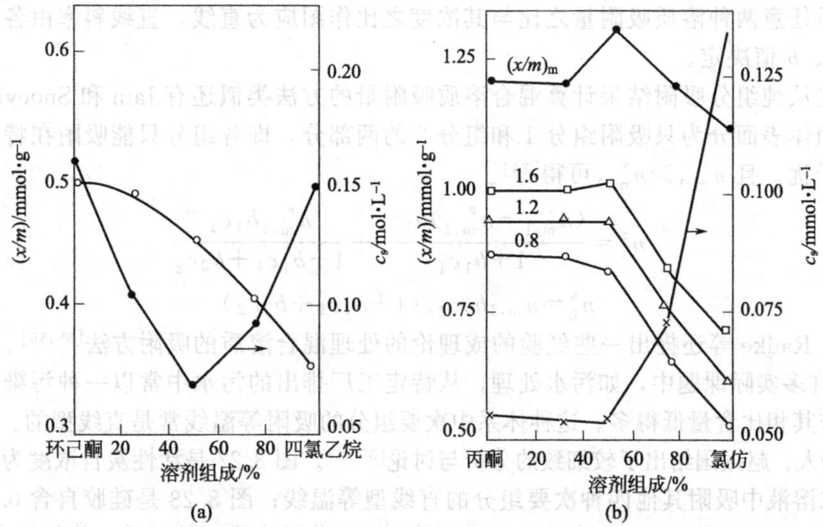

图 8.26 活性炭自环已酮-四氯乙烷中（a）和自丙酮-氯仿中吸附蒽的吸附量与溶剂组成（体积分数）的关系图

（图中同时给出蒽在溶剂中饱和溶液浓度 c_s 的关系曲线）

第五节 混合溶质的吸附

在液相吸附的实际应用体系中多是在一种溶剂中有多种溶质的吸附如自然水和污水中都含有不止一种溶质，在前面的章节中介绍过无机盐、有机添加物对各种有机物（如表面活性剂和有机小分子）吸附的影响，实际上就是混合溶质的吸附，只是当时是着眼于某种感兴趣的主要物质吸附量的变化，而未注意添加物等物质的吸附。

性质差别很大的混合溶质的吸附与性质相近的混合溶质的吸附常有不同的规律。如向小分子有机物水溶液中加入无机盐常可提高有机物的吸附量，这是由于无机离子强烈水合作用影响水的结构、活度。

本节主要介绍性质相近的有机物混合溶质的吸附一般规律。

① 一种溶质的加入会减少另一种溶质的吸附量。Freundlich 发现炭自水中吸附丁二酸与草酸时，两者的吸附量均较单独存在时的低。Dubinin 研究炭自两种酸的水溶液中吸附得出结论：两种酸相互直接顶替[32]。傅鹰研究糖类对混合酸的吸附，认为各酸吸附量的减少是由于彼此是先顶替固体表面溶剂而引起吸附量的降低（间接顶替）[33]。

② 混合溶质的吸附可用 Langmuir 混合气体吸附公式的类似形式表征：

$$n_i^s = (n_{m,i}^s b_i c_i)/(1+\sum b_i c_i) \tag{8.31}$$

式中，n_i^s 为 i 组分在平衡浓度为 c_i 时的吸附量；$n_{m,i}^s$ 和 b_i 分别为 i 组分单独存在时用 Langmuir 等温式求出的单层极限吸附量和吸附常数。

当溶液中含有多种溶质，任意两种溶质 1、2 之吸附量 n_1^s 和 n_2^s 之比应为

$$\frac{n_1^s}{n_2^s}=\frac{n_{m,1}^s b_1 c_1}{n_{m,2}^s b_2 c_2}=K\frac{c_1}{c_2} \tag{8.32}$$

由于 $n_{m,1}^s$、$n_{m,2}^s$、b_1、b_2 是 1、2 组分单独存在时求出之值，故 K 为定值。换言之，多组分溶质任意两种溶质吸附量之比与其浓度之比作图应为直线，直线斜率由各溶质单独存在时之 n_m^s、b 值决定。

与上述从纯组分吸附结果计算混合溶质吸附量的方法类似还有 Jain 和 Snoeyink 的方法。该法假设固体表面分为只吸附组分 1 和组分 2 的两部分，即各组分只能吸附在特定的表面部分，互不干扰。且 $n_{m,1}^s > n_{m,2}^s$ 可得[34]。

$$n_1^s=\frac{(n_{m,1}^s-n_{m,2}^s)b_1c_1}{1+b_1c_1}+\frac{n_{m,2}^s b_1 c_1}{1+b_1c_1+b_2c_2} \tag{8.33}$$

$$n_2^s=n_{m,2}b_2c_2/(1+b_1c_1+b_2c_2) \tag{8.34}$$

Fritz、Radke 等还提出一些经验的或理论的处理混合溶质的吸附方法[35,36]。

③ 在许多实际课题中，如污水处理，从特定工厂排出的污水中常以一种污染物为主，其他污染物与其相比含量低得多。这种体系中次要组分的吸附等温线常是直线型的。对这种体系的吸附顾惕人、赵振国给出了较细致的分析与讨论[37,38]。图 8.27 是活性炭自浓度为12g·L^{-1}对硝基苯酚水溶液中吸附其他四种次要组分的直线型等温线；图 8.28 是硅胶自含 0.1mol·L^{-1}和 0.3mol·L^{-1}甲乙酮的 CCl_4 溶液中吸附三种次要组分的直线型等温线。他们的主要结论是：在一主要组分存在下，其他次要组分的吸附等温线为直线型的，直线的斜率由次要组分单独存在之 Langmuir 参数 n_m^s、b 和主要组分的 b 及浓度 c 决定，各次要组分的吸附等温线互不干扰。

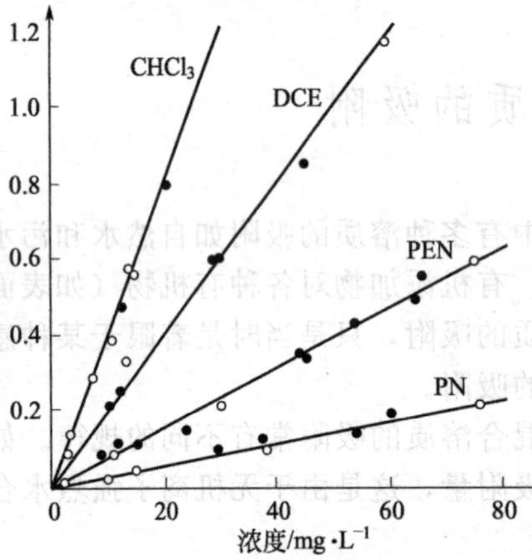

图 8.27　活性炭自浓度为 12g·L^{-1}的对硝基苯酚水溶液中吸附三氯甲烷（$CHCl_3$）、1,2-二氯乙烷（DCE）、正戊醇（PEN）和丙腈（PN）的等温线

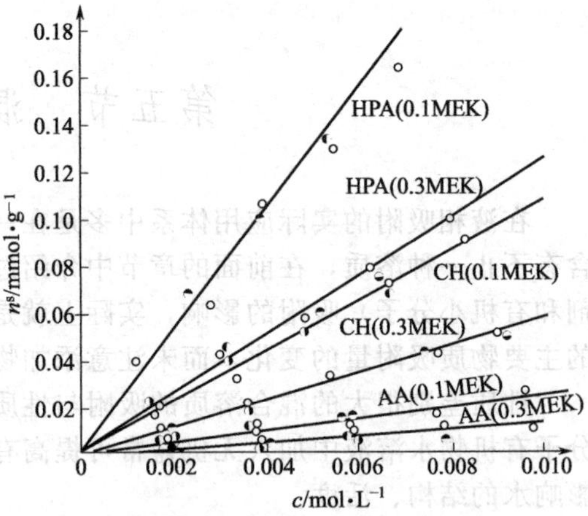

图 8.28　硅胶自含 0.1mol·L^{-1}和 0.3mol·L^{-1}甲乙酮（MEK）的四氯化碳中吸附正庚醇（HPA）、环己酮（CH）和乙酸正戊酯（AA）的等温线

○含单一次要组分的结果；●含两种次要组分的结果

第六节　水处理与吸附作用

一、水和水质

水是构成宇宙万物的最基本物质，是生物体的重要组成物质（人体的 60% 由水组成），

是一切动植物生存、繁衍、生长所必需的化合物。人类社会为满足人们生活、生产和社会发展的需要，无时无刻不在从天然水体中取用大量的水。可以毫不夸张地说，没有可以应用的水，生命就将消亡，地球就会像许多天体那样成为死寂的星球。

在地球表面、大气层、岩石圈和生物体内有各种形态的水，在全球形成一完整的水圈体系。在此体系中约有水 $1.386\times10^{18}m^3$。全球水总储量的96.5%在海洋中，只有约3.5%的水储于陆地上的各种体系中。在陆地的水储量中73%是淡水，在这些淡水中约30%（$1.065\times10^{16}m^3$）分布在江、湖、河和地下含水层中，其余（约70%）在两极冰川、雪盖、高山冰川和冻土层中。

由于自然条件的不同，各大洲降水不均匀。世界各国拥有水资源不同，巴西、俄罗斯、加拿大、美国、印尼和中国排在前6位，人均拥有水量以大洋洲为最多（$2.3\times10^6m^3$），亚洲最少（$5031m^3$），我国人均拥有水量为 $2474m^3$，仅为全世界人均拥有量的1/4。

水在自然界的循环包括自然循环和社会循环两部分。水的自然循环如图8.29所示，社会循环是指人类生活、生产和社会活动中取用的天然水遭不可避免的污染后又排入天然水系。在自然循环和社会循环中由于自然界的各种化学和生物过程的产物及人类活动的废弃物都会使水质发生变化，有些变化完全依靠自然循环不能使其完全恢复良好水质，满足自然界的和人类社会活动的需要，这就要人们用一定的方法和技术使水净化。

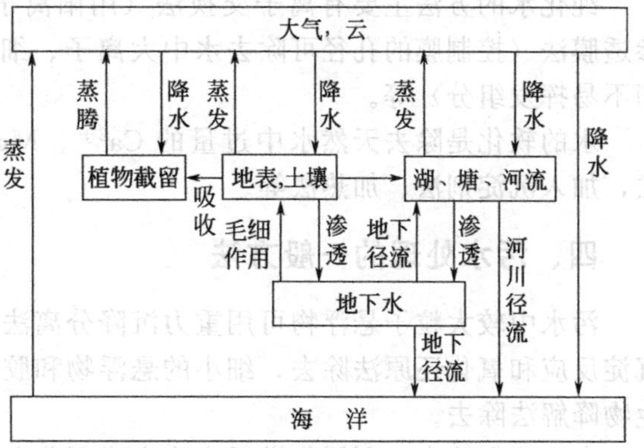

图 8.29　水的自然循环示意图

水质是表征水中杂质的综合特性。水质指标是衡量水质好坏的量化指标，即表示水中杂质的种类和数量。水质质量标准是根据各种实际需要（如食用、农用、养殖用、工业用水）对各种具体污染物和杂质的最低浓度或数量的限制性要求。

水质指标有物理指标、化学指标、生物指标三类。

物理指标有水中固体悬浮物和溶解物含量，浊度，温度，臭和味，色度和色泽，电导率等。

化学指标有pH，硬度，总含盐量（矿化度），有机污染物综合指标（总需氧量TOD，化学需氧量COD，生物化学需氧量BOD，总有机碳TOC等），有毒物质指标（酚等有机毒物和汞、砷、钢、铅、Cr^{6+}化合物等指标）。

生物指标主要有细菌总数，大肠菌数等。

我国制定有多种水质要求标准（生活用水、工业用水和农业用水标准）。以生活饮用水标准为例：挥发酚类 $<0.002mg\cdot L^{-1}$，CN^-、砷、铬、铅浓度 $<0.05mg\cdot L^{-1}$，汞 $<0.001mg\cdot L^{-1}$，铜 $<0.01mg\cdot L^{-1}$，氟浓度在 $0.5\sim1.0mg\cdot L^{-1}$ 间，饮用矿泉水碘含量为 $0.05\sim0.5mg\cdot L^{-1}$，细菌总数 <100 个 $\cdot mL^{-1}$，大肠菌数 <3 个 $\cdot mL^{-1}$ 等。

二、水的污染

当因各种原因排入水体中的污染物超过水体本身的净化能力引起水质恶化，达不到一定需要的标准，称为水质污染。

主要污染物有生活污水、养殖污水，各种化工、制药、食品、石化、造纸、印染等行业工厂排出的含大量有机物及各种有机毒物。其中较简单的碳氢化合物、蛋白、脂肪等在水中需消耗氧降解，导致水中的氧含量降低，有的有机化合物难以自然降解成为有机毒物。

由采矿、冶炼、电池、电镀、电解、合金制造、电子产品生产等部门排放的重金属物质可以在生物体中富集造成慢性疾病。煤矿和其他矿山酸性废水不仅会腐蚀船舶和建筑物，而且能改变生物生活条件，增加水的硬度，增加工业用水处理费用。

肥料、洗涤污水中含氮化合物废水排放，可引起水质富营养化，导致某些水生植物的异常生长、繁殖，破坏水生生态平衡。

因此，水体污染将使地球大环境的生态平衡遭到破坏，水的纯化和污水处理是治理环境、保护环境的重要课题。

三、水的纯化与软化[39,40]

水的纯化是将天然水中的有机物、无机物和细菌通过物理的或化学的方法除净或大部分除去以满足生活和生产需要。

纯化水的方法主要有离子交换法（用阳离子交换树脂将水中金属离子交换到树脂上），渗透膜法（控制膜的孔径可除去水中大离子、细菌和大的有机分子），蒸馏法（除去水中一切不易挥发组分）等。

水的软化是除去天然水中过量的 Ca^{2+}、Mg^{2+} 等高价金属离子。主要方法有离子交换法，加入沉淀剂法、加热法等。

四、污水处理的一般方法

污水中较大粒子悬浮物可用重力沉降分离法、过滤法分离。可溶性无机污染物可用中和沉淀反应和氧化还原法除去，细小的悬浮物和胶态物质可用絮凝法除去。某些有机物也可用生物降解法除去。

在这些方法中，利用化学反应法生成可分离物质以及絮凝法除去悬浮小粒子等方法都涉及应用特殊的化学试剂，使原来难以分离的小粒子聚集，丧失原有的稳定性，形成大粒子或絮状沉淀物而分离。一般来说，加入某种电解质，使小粒子的 ζ 电势减小，相互聚集成大颗粒的过程称为聚结；加入有机或无机大分子，破坏悬浮粒子的稳定性形成沉淀物称为絮凝。聚结与絮凝常不好区分时，统称混凝。所用的外加试剂称为混凝剂或絮凝剂。在混凝过程中吸附作用起着重要作用。

五、絮凝法用于水处理

（一）常用絮凝剂

用于水处理的絮凝剂（flocculant）主要有两大类：无机絮凝剂和有机高分子絮凝剂。

（1）无机絮凝剂 常用无机絮凝剂见表 8.4。主要为铁系、铝系和聚硅酸盐系几大类。铁系比铝系絮凝剂适用的 pH 范围大，受水温影响小，形成絮体快，沉降快，净水效果好，价格便宜，应用广泛。无机高分子絮凝剂效能优异、价格低廉。

表 8.4 常用无机絮凝剂

絮凝剂		分子式[缩略语]	适用 pH
低分子量无机絮凝剂	硫酸铝	$Al_2(SO_4)_3 \cdot 18H_2O$[AS]	6.0～8.5
	硫酸铝钾	$Al_2(SO_4)_3 \cdot K_2SO_4 \cdot 24H_2O$[KA]	6.0～8.5
	氯化铝	$AlCl_3 \cdot nH_2O$[AC]	6.0～8.5
	铝酸钠	$Na_2Al_2O_4$[SA]	6.0～8.5
	硫酸亚铁	$FeSO_4 \cdot 7H_2O$[FSS]	4.0～11
	硫酸铁	$Fe_2(SO_4)_3 \cdot 2H_2O$[FS]	8.0～11
	三氯化铁	$FeCl_3 \cdot 6H_2O$[FC]	4.0～11
	消石灰	$Ca(OH)_2$[CC]	9.5～14
	碳酸镁	$MgCO_3$[MC]	9.5～14
	硫酸铝铵	$(NH_4)_2SO_4 \cdot Al_2(SO_4)_3 \cdot 24H_2O$[AAS]	8.0～11

续表

絮凝剂		分子式[缩略语]	适用pH
高分子量无机絮凝剂	聚氯化铝	$[Al_2(OH)_nCl_{6-n}]_m$[PAC]	6.0～8.5
	聚硫酸铝	$[Al_2(OH)_n(SO_4)_{3-n/2}]_m$[PAS]	6.0～8.5
	聚硫酸铁	$[Fe_2(OH)_n(SO_4)_{3-n/2}]_m$[PFS]	4.0～11
	聚氯化铁	$[Fe_2(OH)_nCl_{6-n}]_m$[PFC]	4.0～11
	聚硅氯化铝	$[Al_A(OH)_BCl_C(SiO_x)_D(H_2O)_E]$[PASC]	4.0～11
	聚硅硫酸铝	$[Al_A(OH)_B(SO_4)_C(SiO_x)_D(H_2O)_E]$[PASS]	4.0～11
	聚硅硫酸铁	$[Fe_A(OH)_B(SO_4)_C(SiO_x)_D(H_2O)_E]$[PFSS]	
	聚硅硫酸铁铝	$[Al_A(OH)_BFe_C(OH)_D(SO_4)_E(SiO_x)_F(H_2O)_G]$[PAFSS]	4.0～11

(2) 有机高分子絮凝剂 这类絮凝剂分子量大，多有带电的或中性的极性基团，在水中能电离，有阳、阴和非离子型、两性型四大类（表 8.5）。有机高分子絮凝剂有人工合成的也有天然的。后者主要有淀粉类、半乳甘露聚糖类、纤维素类、微生物多糖类、动物骨胶类以及甲壳质、海藻酸钠、单宁等。此类絮凝剂分子量小，多不带电，应用效果不如人工合成的。

表 8.5 有机高分子絮凝剂的实例及应用

类型	实例	分子量范围	适用污染物及 pH 范围
阳离子型	聚乙烯亚胺，乙烯吡咯共聚物	10^4～10^5	带负电荷胶体粒子，pH 中性至酸性
阴离子型	水解聚丙烯酰胺，羧甲基纤维素钠，磺化聚丙烯酰胺	10^6～10^7	带正电的贵金属盐及其水合氧化物，pH 中性至碱性
非离子型	聚丙烯酰胺，氯化聚乙烯，淀粉	10^6～10^7	无机类粒子或无机有机混合粒子，pH 弱酸性至弱碱性
两性型	两性聚丙烯酰胺		无机粒子，有机物，pH 范围宽

(二) 吸附在絮凝中的作用

絮凝是非常复杂的过程，受体系物理、化学及动力学多方面作用的影响，同时也受介质性质和絮凝剂的性质及物理条件等因素的影响。换言之，絮凝是被絮凝物质、絮凝剂、介质及实际应用时的各种工艺条件综合作用的结果。但是，无疑絮凝剂在被絮凝物质粒子（有机或无机物）表面吸附是先决条件。

(1) 压缩带电粒子表面双电层，降低 ζ 电势 无机絮凝剂和离子型有机高分子絮凝剂在水中电离生成的带电粒子的反离子可以压缩粒小表面双电层降低 ζ 电势，从而使带电粒子间电性斥力减小，当 van der Waals 引力大于静电斥力时粒子聚结而失稳。反离子浓度增大对双电层厚度 r_i 及 ζ 电势的影响如图 2.15 所示。由表 2.2 已知电解质浓度对双电层厚度 $1/\kappa$ 的影响，表 8.6 是又一实例。

表 8.6 不同介质中双电层厚度 κ^{-1} nm

蒸馏水	$10^{-4}mol\cdot L^{-1}NaCl$	$10^{-4}mol\cdot L^{-1}MgSO_4$	泰晤士河水	海水
900	31	15	4	0.4

(2) 电性中和作用 当絮凝剂解离形成的带电粒子的反离子能与粒子表面发生特性作用（形成化学键、表面络合、疏水缔合、氢键等）时会使粒子表面电荷中和，ζ 电势降低，电性排斥作用消失，粒子失稳聚结。这种作用常称为特性吸附作用。

特性吸附的最大特点是当絮凝剂浓度很大或为高价反离子时可能会使表面电性中和后带上反号电荷而使失稳的体系重新获得稳定。此时稳定的粒子带的电荷符号与原先粒子带电符号相反，继续加入絮凝剂再次获得稳定的粒子的反离子又可以使其失稳而聚沉。这种现象称为不规则聚沉（图 2.38），在图 2.38 中 c_1 为临界聚沉浓度 CCC，c_2 为因特性吸附引起体系重新稳定所需的反离子浓度，称为临界稳定浓度。c_3 为因特性吸附引起絮凝所需要的反离子浓度也称为 CCC。注意 c_3 与 c_1 不同。

(3) 吸附卷扫（网捕）作用　无机絮凝剂是 Al^{3+}、Fe^{3+} 的盐，在水中这些盐水解产生大量的水解金属氢氧化物或其他沉淀物，如 $Al(OH)_3$、$Fe(OH)_3$、$Mg(OH)_2$、$CaCO_3$ 等。这些高聚合度的沉淀物可吸附卷带水中胶体粒子而沉淀。这种作用称为吸附卷扫（网捕）作用。

(4) 桥连作用　高分子絮凝剂的长链可以以不同部位吸附在多个悬浮粒子上，这些粒子间像架桥一样连接起来，这种作用称为桥连（或架桥）作用。桥连作用使粒子间形成絮凝体而沉降。只有在浓度很低时高分子絮凝剂才能起到桥连作用，因为此时絮凝剂在胶体粒子上吸附得不紧密，有足够的链节自周围伸出，粒子表面也有足够的空位吸附絮凝剂。当絮凝剂浓度很大时，可能将粒子包裹起来，不能再吸附于其他粒子上，并且粒子上的高分子吸附膜的空间位阻作用使粒子间排斥力占优势，使体系稳定。高分子絮凝剂在极低浓度时的絮凝作用早期称为敏化作用（sensitization）；高浓度时的稳定作用称为保护作用（protective action）（图 8.30）。由此可知，高分子絮凝剂的作用原理与高分子在固液界面吸附机制有紧密关系。

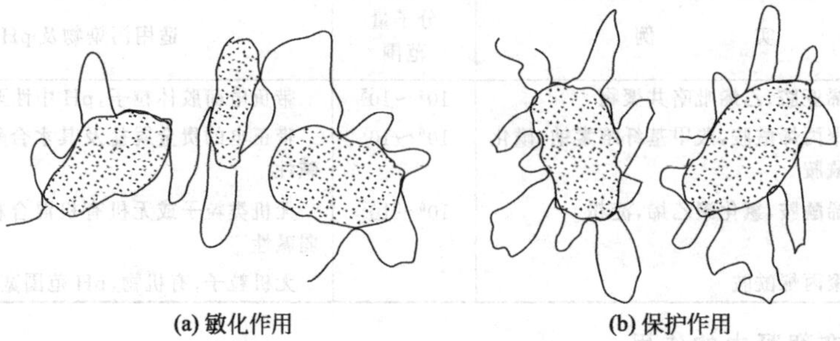

图 8.30　敏化作用与保护作用

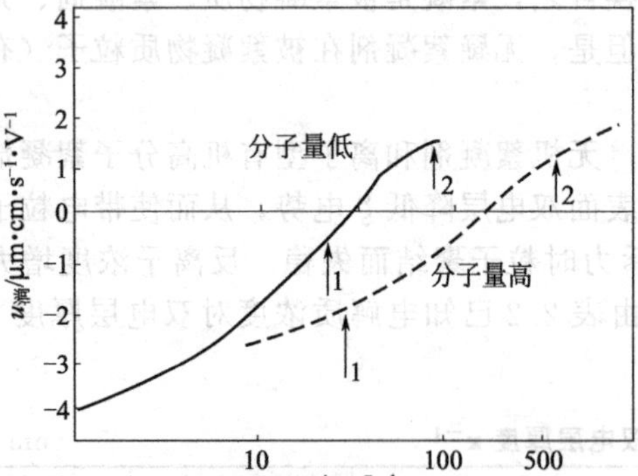

图 8.31　阳离子型高分子絮凝剂对负电胶体的电泳淌度的影响

（三）影响絮凝的一些因素

1. 温度

无机盐类（包括低分子和高分子无机絮凝剂）在水中发生水解为吸热反应，水温不宜太低，同时水温太低使水黏度、水的流动阻力增大，不利于悬浮粒子及絮凝剂分子的运动，减低它们的碰撞机会，不利于絮凝作用的进行。

2. 介质的 pH

(1) 介质 pH 对悬浮粒子表面电性质的影响　实验和 DLVO 理论均可证明，氧化物类粒子（Al_2O_3、SiO_2、TiO_2、ZnO_2、ZrO_2、Fe_2O_3 等）明显聚结都发生在粒子 ζ 电势绝对值小于 14mV 时。降低 ζ 值可采用加入无机盐或改变介质 pH 的方法。图 8.31 是在电解质 $NaNO_3$ 浓度为 $1mmol \cdot L^{-1}$ 时两种阳离子型高分子絮凝剂对负电胶体电泳淌度的影响。电泳淌度 $u_{淌}$ 与 ζ 电势的关系见式(2.54)。由图可知开始发生絮凝时的浓度（图中箭头 1 所指位置）和胶体粒子重新带上正电荷而稳定的絮凝剂浓度（图中箭头 2 所指）时电泳淌度 $u_{淌}$ 约为 $1 \sim 2\mu m \cdot cm \cdot s^{-1} \cdot V^{-1}$。相当于 $\zeta = \pm 14mV$。此图显示在 $\zeta = \pm 14mV$ 范围内粒子易絮凝，加入絮凝剂可满足此要求。这一结果也表明，絮凝剂使带电粒子表面电性中和是絮凝进行的主要原因。由于许多氧化物类表面电势决定离子是 H^+ 或 OH^-，故改变介质 pH 也能改变 ζ 电势，从而使体系失稳。图 8.32 和图 8.33 是在不同离子强度时介质 pH 对带正电的 Al_2O_3 和带负电的 TiO_2 粒子稳定性的影响。ζ 电势测定的结果表明，在不同离子强度的溶液中，各类胶体粒子絮凝聚结时的介质 pH 与粒子零电点有对应关系，即在零电点的 pH 体系最易发生聚结。表 8.7 即为实证。

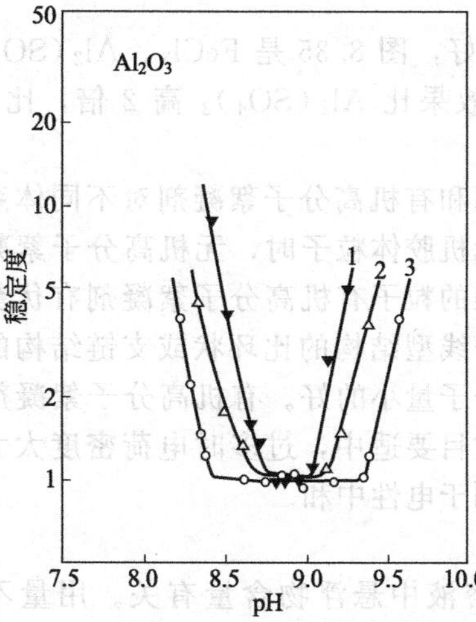

图 8.32 KNO_3 溶液中 Al_2O_3 胶粒的稳定度与介质 pH 的关系（25℃）

1—Al_2O_3 0.15g·L^{-1}、KNO_3 10^{-4}mol·L^{-1}；
2—Al_2O_3 0.30g·L^{-1}、KNO_3 10^{-4}mol·L^{-1}；
3—Al_2O_3 0.30g·L^{-1}、KNO_3 10^{-3}mol·L^{-1}

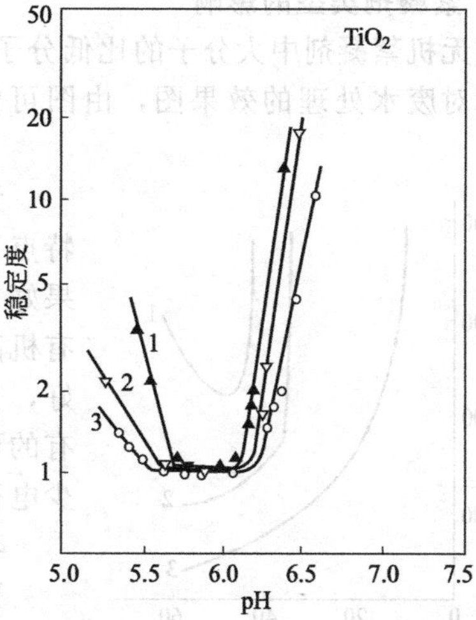

图 8.33 KNO_3 溶液中 TiO_2 胶粒的稳定度与介质 pH 的关系（25℃）

1—TiO_2 0.05g·L^{-1}、KNO_3 10^{-4}mol·L^{-1}；
2—TiO_2 0.10g·L^{-1}、KNO_3 10^{-4}mol·L^{-1}；
3—TiO_2 0.10g·L^{-1}、KNO_3 10^{-3}mol·L^{-1}

表 8.7 胶体粒子聚结时的 pH 及粒子的零电点

胶体粒子	聚结时介质 pH	零电点	胶体粒子	聚结时介质 pH	零电点
SiO_2	＜2	1.3	$CaCO_3$	＞10	11.0
TiO_2	＜4.5	4.5	$FeCO_3$	约 7	6.9
Fe_2O_3	＜5	5.2	$MgCO_3$	＞10	11.2

（2）介质 pH 对絮凝剂性质的影响　一般来说，应用无机铝盐絮凝剂要求水的 pH 在 5.5～8.5 间，应用铁盐絮凝剂要求水的 pH 大于 8.5。显然，这是从对絮凝剂水解反应生成各自氢氧化物絮状胶体物质有利考虑的。

同时，介质 pH 对离子型絮凝剂还可能影响其分子链节伸展状况，从而影响其在悬浮粒子表面的附着。如介质 pH 对阴离子型高子絮凝剂絮凝效果（在带负电荷 SiO_2 粒子体系中）如图 8.34 所示。

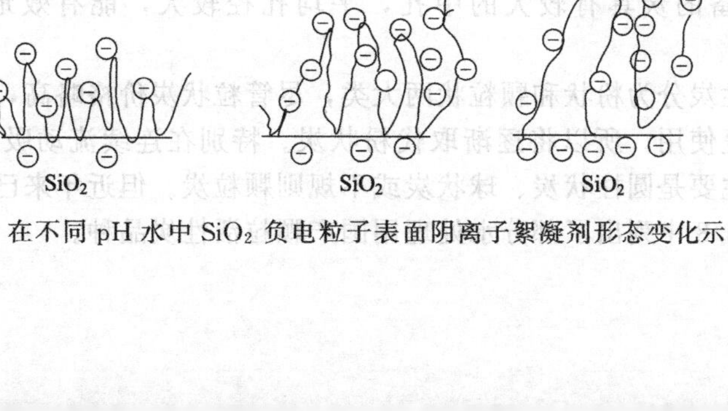

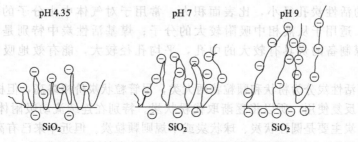

图 8.34 在不同 pH 水中 SiO_2 负电粒子表面阴离子絮凝剂形态变化示意图

在 pH=4.35 时，SiO_2 粒子虽带负电荷，但电荷密度不大（因其等电点为 pH 2～3），阴离子型絮凝剂解离后分子形态较卷曲，在 SiO_2 粒子上多点吸附；pH 增大至 7 时絮凝剂继续解离，链节上负电的电性排斥，成链环状吸附，易起桥连作用，形成粒子聚结；pH 增大至 9 时表面负电荷密度增大，絮凝剂解离充分，也带多个负电荷，与粒子静电排斥力大增，链节伸展至可与远距离粒子桥连，可形成大的含大量水的絮状聚集体。

3. 絮凝剂类型的影响

在无机絮凝剂中大分子的比低分子量的絮凝效果好，图 8.35 是 $FeCl_3$、$Al_2(SO_4)_3$ 与聚合铝对废水处理的效果图，由图可知聚合铝絮凝效果比 $Al_2(SO_4)_3$ 高 2 倍，比 $FeCl_3$ 更佳。

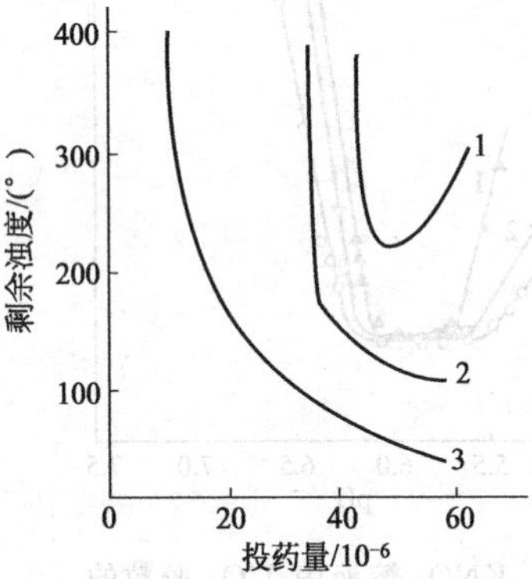

图 8.35 用 $FeCl_3$(1)、$Al_2(SO_4)_3$(2) 和聚合铝 (3) 处理油脂厂废水效果比较

无机高分子凝剂和有机高分子絮凝剂对不同体系各有特点。在处理水中无机胶体粒子时，无机高分子絮凝剂效果好，处理油污沾染的粒子有机高分子絮凝剂有优势。在有机高分子絮凝剂中线型结构的比环状或支链结构的效果好，分子量大的比分子量小的好。有机高分子絮凝剂中含有的可带电官能团数目要适中，过多时电荷密度太大；过少电荷密度太小不利于电性中和。

4. 絮凝剂用量

絮凝剂用量与溶液中悬浮物含量有关。用量不太大时，随絮凝剂用量增大效果也增强，但通常有最佳浓度。高分子絮凝剂的最佳浓度一般很低，一般在能使粒子表面达 50% 单分子层覆盖时效果最好，若达 100% 单层覆盖时，无法实现桥连作用，粒子接近时，吸附层起空间阻碍作用不利于聚结而利于分散。

六、液相吸附法用于水处理

(一) 水处理用吸附剂

用于处理生活和工业污水的吸附剂主要是碳质吸附剂（如活性炭等）。氧化物类吸附剂（如活性氧化铝）、黏土矿物类吸附剂（如膨润土等）、吸附树脂也有应用。碳质吸附剂主要用于对水中有机污染物的去除，黏土矿物多用于水中金属离子的去除。

(二) 活性炭在水处理中的应用

活性炭在水处理中应用最为广泛：用途广，用量大。2015 年我国吉林一工厂发生爆炸事故，使 100t 苯类物质流入松花江，据报道，当时急调 1400t 活性炭用于紧急处理被污染的江水。

水处理用活性炭的品种甚多，因此，其吸附性能和使用范围也有差异。一般来说，用椰壳制成的活性炭孔径小，比表面积大，常用于对气体中小分子的吸附；木质活性炭孔径较大，适用于从液相中吸附较大的分子；煤基活性炭中特别是由褐煤制成的活性炭，比烟煤制备的炭具有较大的中孔，平均孔径较大，能有效地吸附水中大分子有机物。

水处理用活性炭分为粉状和颗粒状两大类，尽管粒状炭价格略高，但机械强度大，再生也较容易，可反复使用，所以将逐渐取代粉状炭。特别在连续流动吸附体系中都使用粒状炭。目前商品炭主要是圆柱状炭、球状炭或不规则颗粒炭。但近年来已有高比表面积纤维状活性炭问世。表 8.8 中列出了部分水处理用国产颗粒活性炭品种。

表 8.8 部分水处理用国产颗粒活性炭品种

活性炭型号	ZJ-15	ZJ-25	QJ-20	PJ-20
形状	ϕ1.5 圆柱形	ϕ2.5 圆柱形	ϕ2.0 球形	不定形
材质	无烟煤	无烟煤	烟煤	烟煤
粒度	10～20 目	6～14 目	8～14 目	约 2.0 8～14 目
机械强度/$kg \cdot cm^{-2}$ ≥	85	80	80	85
含水量(质量分数)/% ≤	5	5	5	5
碘值/$mg \cdot g^{-1}$ ≥	800	700	850	850
亚甲蓝值/$mg \cdot g^{-1}$ ≥	100			120
真密度/$g \cdot cm^{-3}$	约 2.20	约 2.25	约 2.10	约 2.15
颗粒密度/$g \cdot cm^{-3}$	约 0.8	约 0.70	约 0.72	约 0.80
堆积密度/$g \cdot L^{-1}$	450～530	约 520	约 450	约 400
总孔容积/$cm^3 \cdot g^{-1}$	约 0.80	约 0.80	约 0.90	约 0.80
大孔容积/$cm^3 \cdot g^{-1}$	约 0.30		约 0.40	约 0.30
中孔容积/$cm^3 \cdot g^{-1}$	约 0.10	约 0.10	约 0.10	约 0.10
微孔容积/$cm^3 \cdot g^{-1}$	约 0.40		约 0.40	约 0.40
比表面积/$m^2 \cdot g^{-1}$	约 900	约 800	约 900	约 1000
包装方式	15～50kg 铁桶或袋装	25～50kg 铁桶或袋装	25～50kg 铁桶或袋装	25～50kg 铁桶或袋装
主要用途、特点	用于生活饮用水的净化,工业用水的前处理,污水的深度净化	具有良好的大孔,能有效去除污水中各有机物和臭味,宜用于工业废水的深度净化	易于滚动,床层阻力小,用于液相吸附,城市生活用水净化、工业废水深度净化	饮用水及工业用水净化、脱氯、除油异味

1. 活性炭的吸附机理

活性炭吸附，特别是对水中一些杂质的吸附主要是物理吸附。当然由于活性炭表面结构和性质的复杂性，以及被处理水中杂质的多样性，也会存在某些化学吸附或离子交换吸附。在同系物中 Traubc 规则依然存在，即吸附量随吸附质的分子量增大而增大。由于影响活性炭吸附的因素很多，这就要根据已掌握的知识自行分析。但有一点是肯定的，即活性炭的液相吸附至今并无统一理论。从吸附等温线说，有服从 Freundlich 公式或 Langmuir 方程的，有时也有多层吸附的可能。吸附等温线的测定对吸附设备的设计有一定参考价值。

活性炭广泛用于一般饮用水和废水处理，尤其优先用于对水中有机污染物（如酚类化合物、芳烃及卤代芳烃等挥发性有机物 VOC）的去除。

从实际污水处理的应用和液相吸附的科学研究意义来说，苯酚是在碳质吸附剂上吸附最好的有机污染物模型。已知许多因素影响自水中吸附苯酚，如水溶液的 pH，碳质吸附剂的类型、来源、矿物组成、吸附剂表面基团的类型，水中电解质的性质及浓度等等。碳质材料表面进行氧化或还原处理能大大改变其对苯酚等有机物的吸附能力。实验证明，活性炭表面羟基、羧基能阻碍芳香化合物的吸附。而醌基（或羰基）能提高活性炭对芳香化合物的吸附能力。

和多种固体吸附剂相同，在水溶液中碳质吸附剂表面可因其表面基团的解离、介质 pH 的影响、材料所含杂质的性质和含量等原因而带有电荷。表面电荷为零时的 pH 称为零电荷点（ZCP）或零点电荷（ZPC），电动电势为零时的 pH 称为等电点（IEP），活性炭的 ZPC 与 IEP 接近，或 IEP 略低于 ZPC。碳质吸附剂表面带电也是其能自水溶液中吸附各种离子的重要原因。

2. 活性炭处理废水的方式[41]

目前工业上主要采用动态吸附操作。从设备来说，目前主要用固定床或移动床。

（1）固定床 它是将废水连续地通过填充活性炭的设备，废水中的吸附质被吸附，使用一段时间后，出水中的吸附质浓度逐渐增大，当增至一定值后，即停止通水，将吸附剂再生。吸附和再生可在同一设备中进行，也可将失效的吸附剂排出，送至再生设备内进行再生。在固定床中水流方向可自上而下流动，也可自下而上的升流式流动，各有优缺点。但固定床可有单床式、多床串联式或多床并联式（见图 8.36），视水处理情况和需要而定。

（2）移动床 其运行操作如图 8.37 所示。移动床较固定床能够充分利用吸附剂的吸附容量。原水从吸附塔底部流入与吸附剂进行逆流接触，处理后的水从塔顶流出，再生后的吸附剂从塔顶加入，接近吸附饱和的吸附剂从塔底间歇地排出，被截留的悬浮物当然也随之排出，不需要反冲洗设备，但此操作要求塔内吸附剂上下层不能互相混合，操作管理要求高。此装置适于处理含不同浓度的有机废水，也可用于处理含悬浮物固体的废水。

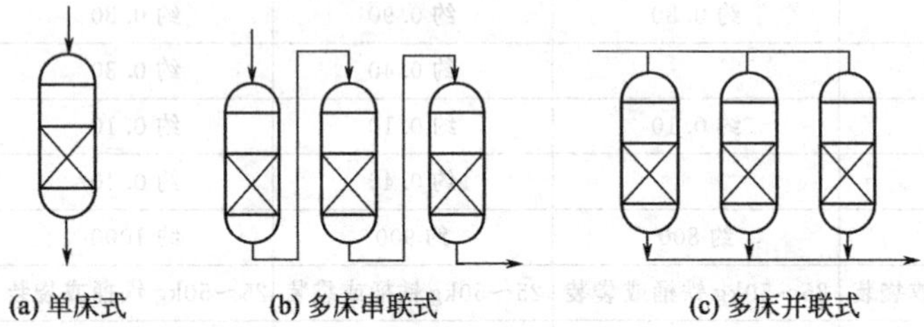

图 8.36 固定床吸附操作示意图

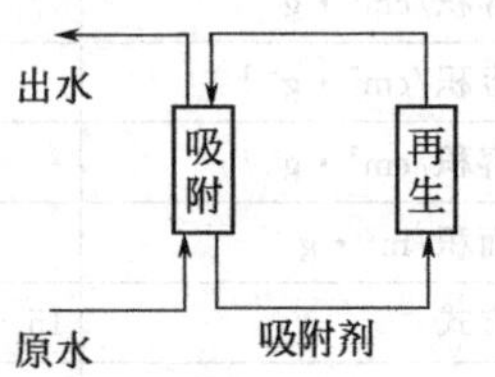

图 8.37 移动床吸附操作

3. 水处理用活性炭的再生

目前主要有两种方法再生水处理活性炭。

（1）加热再生法 此法应用广泛。将活性炭从净水设备中用水力输送到脱水装置，进行初步脱水至含水量 40%～50%，然后送至再生炉加热至 105℃以上，使炭粒逐渐干燥，再在贫氧条件下升温至 800℃左右，使被吸附的有机物大部分热解炭化，在升温至 900℃时通入水蒸气和空气，使炭中有机物最终生成 CO、CO_2、H_2 及氮的氧化物从活性炭上分解脱附，致使活性炭活化再生。再生炭的吸附容量一般可恢复至 95%左右。但此法能耗大，每次再生损耗 3%～10%以上的活性炭。

（2）化学法 此法通常采用臭氧、次氯酸钠等强氧化剂氧化被吸附的有机物，以达到活性炭再生目的。有时也可选用酸、碱或有机溶剂，使之与吸附物生成可溶性盐而使炭再生。例如，污水中含酚量高时可加入烧碱生成酚钠而溶于水中，最后经水洗可重新使用。因此，化学法所选用的处理剂应视被吸附物的性质来确定。

应当注意：用上述活性炭吸附法处理水或废水时，还要考虑水流和废水的具体情况以及被处理水的使用目的。若用作工业回用水，则废水需先经预处理（如沉淀处理）、生物处理，再经活性炭吸附处理。最后，消毒后供实际应用。

吸附法处理饮用水和废水，都已取得很大成功。例如，将 Ag^+ 载于活性炭上或将 I_3^- 与强碱性的季铵盐型阴离子交换树脂混合，可制成吸附型接触消毒剂，用于净水器中，可使细菌的总除去率达 93%，对大肠杆菌的去除率可达 96%。

（三）功能化碳质材料对水中重金属（离子）的去除[42]

污水中重金属污染物是严重的环境和公共健康问题。这是因重金属污染物可在环境和生物体内蓄积，超过一定浓度后严重影响生物体的新陈代谢，导致疾病发生。

吸附法除去水中重金属高效、经济、简便。为提高碳质吸附剂对重金属的吸附能力，采用一定方法对吸附剂表面修饰，引入适宜的功能性基团是有发展前景的。在活性炭表面接枝一些含氮化合物可形成氨基化活性炭。除氨基化活性炭外，现还有用巯基、羧基、螯合物及其他对重金有选择性吸附能力的物质对活性炭功能化的研究。表 8.9 中列出几种功能活性炭去除水中重金属的结果。

表 8.9　功能化活性炭除水中重金属离子

修饰物	吸附剂	重金属	吸附量/$mg \cdot g^{-1}$
	活性炭(AC)	Pd(Ⅱ),Pt(Ⅱ)	35.7，45.5
聚氨基葡糖	AC-NH_2	Pd(Ⅱ),Pt(Ⅱ)	42.5 52.6
甲基三辛基水杨酸铵	AC-TOMATS	Hg(Ⅱ)	83.3
巯基乙酸	AC-SH	Hg(Ⅱ)	694.1
	活性炭(AC)	Pb(Ⅱ)	8.3
乙二胺四乙酸	AC-EDTA	Pb(Ⅱ)	60.1
SDS	AC-SDS	Pb(Ⅱ)	49.2
2-萘酸	AC-TAN	Hg(Ⅱ)	224

其他碳质材料（如石墨、石墨烯、碳纳米管等）对重金属也有一定的吸附能力，经功能化后常大大提高其吸附能力。

碳纳米管（CNT）有圆柱形孔道，被吸附物受管壁碳原子的交叠相互作用比受平面碳质材料的相互作用更为强烈，且 CNT 高度石墨化使其比一般碳质吸附剂（如活性炭）有更强的吸附能力。

CNT 是单层或多层石墨片围绕中心轴按一定的螺旋角卷曲而成的无缝管状纳米级石墨晶体。故其有中空层状结构，比表面大，机械强度高，热学和化学稳定性好，表面有大量的 π-π 键用以吸附重金属离子。但 CNT 的非极性性质，不易在极性溶剂中分散，进行表面修饰（改性）可大大提高其对重金属的吸附能力。

和活性炭（AC）的表面改性相同，对 CNT 也常用二苯胺基脲（DPC）、氨基乙胺基-正丙基三甲氧基硅烷（AAPTE）、EDA、DETA、TETA、HDA（己二胺）、PDA（苯二胺）等进行表面氨基化，或者用 3-巯丙基三乙氧基硅烷（MPTS）、巯基亚胺酸盐以及其他多种功能基团接枝在 CNT 上，得到功能化 CNT，功能化 CNT 的吸附重金属能力也有明显提高。

（四）不溶性氧化物和黏土矿物对水中无机阳离子的去除作用

不溶性氧化物和黏土矿物在一定 pH 的水中常带某种电荷，并且多数这类物质在中性水中常带负电荷，因此依靠阳离子与负电表面的静电作用可使其发生吸附作用。对离子晶体，可选择吸附与其晶格相同或相似的离子；固体表面若有可以形成氢键或形成化学键的原子或基团时也可与水中某些阳离子发生特性吸附；固体表面若原本带有某种阳离子可以与水中的其他阳离子发生等量或不等量的离子交换。离子交换也是吸附。

孔性不溶性氧化物类物质（如硅胶和活性氧化铝等）多为极性表面，表面常有羟基等含氧基团，且多数在中性水中带有负电荷，因而很少用于在水溶液中的吸附（固体表面对极性水分子有强烈的吸附能力），但对于某些极性有机物和金属离子（主要是阳离子）也有一定吸附能力。这类吸附剂多用于自非极性溶剂中的吸附。

金属氧化物和黏土矿物对水中一价阳离子在荷负电表面上吸附会使表面电动电势降低，直至降为零。多价阳离子吸附时若阳离子浓度过大，吸附量很大，可能使表面带电符号由负变为正值。

黏土矿物都带有金属离子，因而溶液中的阳离子在黏土矿物上的吸附实际上是离子交换过程，吸附能力可通过离子交换平衡常数的计算来确定。但是由于得到离子的活度系数相当困难，故这种计算也非易事。

黏土矿物、沸石等含有各种金属离子的天然、廉价吸附剂，以离子交换机制，从水中吸附除去金属阳离子是当前常用的手段。如活化膨润土可自废水中除去96%的Pb^{2+}[43]。

第七节　染料的吸附

染料在固体表面的吸附是液相吸附的重要应用。涉及染料吸附的应用至少有以下的过程：染料在照相乳剂中引起的光敏增效作用，纤维和织物的着色，印染废水和原水、饮用水的深加工，系列固体材料比表面的测定。

一、染料[44,45]

物质的颜色是其在可见光区域内吸收某种颜色光的补色，例如能吸收黄光的物质显蓝色，不吸收可见光的物质显白色，吸收可见光光谱全部波长光的物质显黑色。与着色物质有亲和力，通过一定的物理或化学手段使其在着色物质上固着的物质称为染料（dye，dyestuff)。染料分类无固定的方法，如根据来源可分为天然染料和合成（人造）染料；根据分子结构可分为偶氮染料、蒽醌染料、靛系染料、酞菁染料、硝基染料等；根据应用方法可分为直接染料、还原染料、反应染料、显色染料等。

在实际应用中染料有自己的命名方法。我国有染料产品命名原则的国家标准。根据此标准我国命名的染料由冠称-色称-尾称构成。冠称指按应用方法和性能分类的名称；色称表示染料色泽；尾称表示染料系列、色光、性能、用途特征等。在命名的每一段都有详细的说明。西方的染料命名也很复杂，也是按应用特性分类和化学结构分类的。

二、染色

通过适当的处理和方法，使染料在被染物（纺织品或其他物质）形成均匀颜色的过程称为染色。有多种染色的方法。

(1) 直接染色　棉、麻等不含酸性或碱性基团的纤维表面有许多羟基可与溶于水中的直接染料分子形成氢键而染上颜色。显然这是形成氢键的物理吸附作用。常用的直接染料如联苯胺、刚果红等。

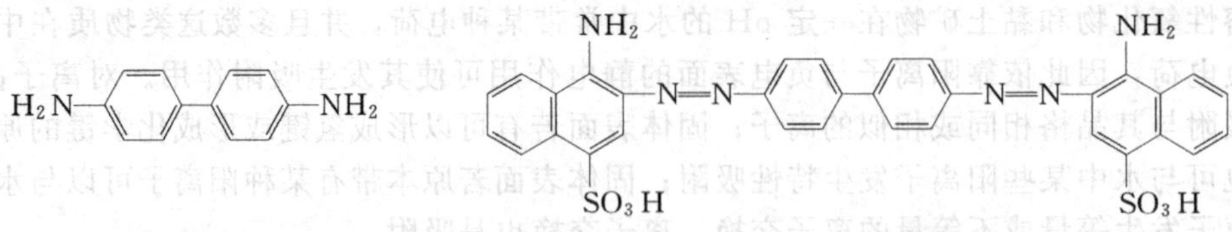

联苯胺　　刚果红

由于是物理吸附，易脱附，故多用于不常洗涤织物的染色（如装饰布、纸张等)。

(2) 媒介染色　有的染料须通过中间媒染剂方能使纤维染色。例如蒽醌类的染料茜素可与某些金属（如铝、铁的氢氧化物）形成配合物，而附着于纤维上。

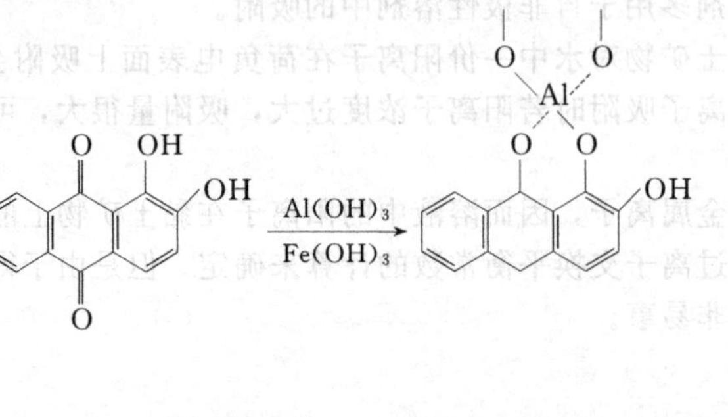

(3) 还原染色 染料经还原后溶解并附着于纤维上再经氧化而恢复染料颜色。例如蒽醌衍生物被还原为可溶性隐色体，浸泡纤维后再氧化成不溶性蒽醌染料的颜色。如

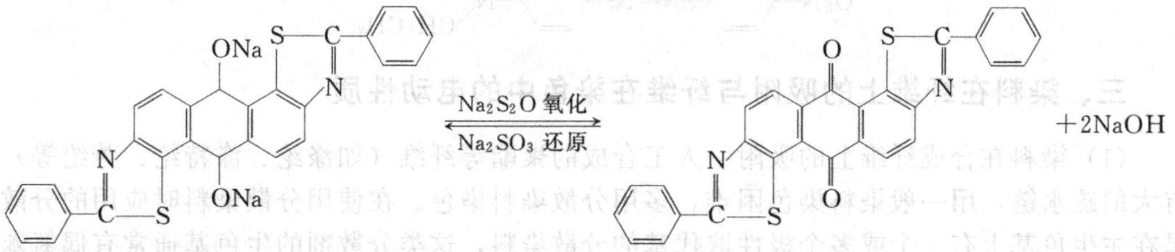

（无色） 还原黄

其他还原染料还有靛族染料，如

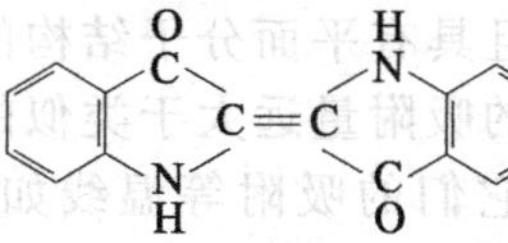

还原蓝，靛蓝

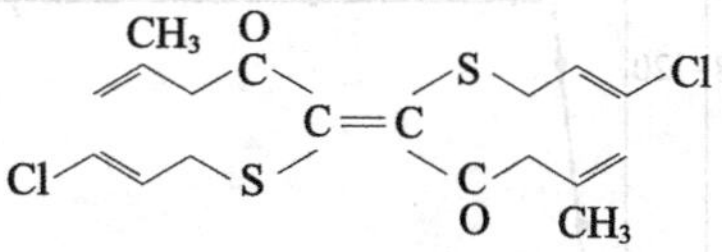

还原红，还原桃红 R

(4) 微粒染色 使染料中间体溶液在纤维上发生化学反应形成不溶性染料的微粒在纤维孔隙中聚集。如

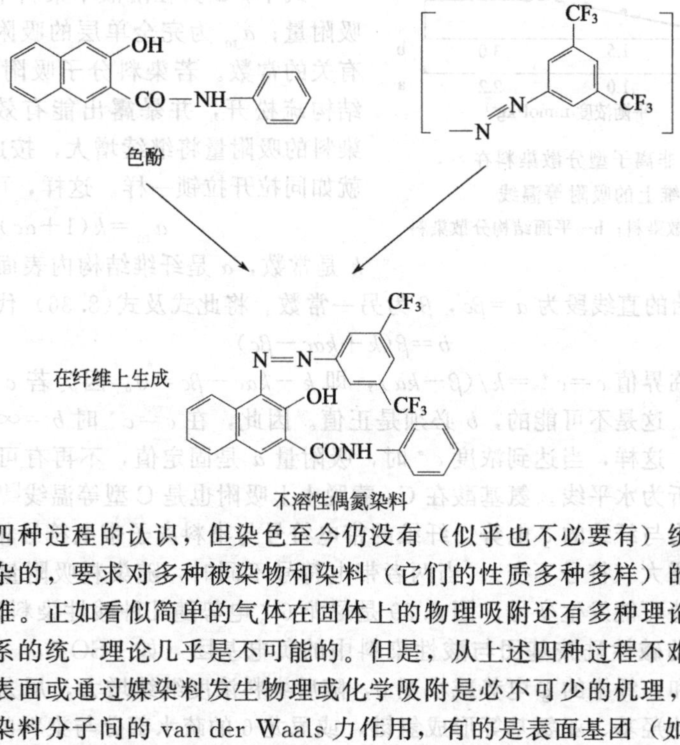

色酚

在纤维上生成

不溶性偶氮染料

尽管有上述四种过程的认识，但染色至今仍没有（似乎也不必要有）统一的理论。因为事物本来就是复杂的，要求对多种被染物和染料（它们的性质多种多样）的染色给出了一种理论解释确实困难。正如看似简单的气体在固体上的物理吸附还有多种理论模型提出，要用一适用于各种体系的统一理论几乎是不可能的。但是，从上述四种过程不难看出染料（或中间体）在被染物表面或通过媒染料发生物理或化学吸附是必不可少的机理，其中物理吸附有的是依靠表面与染料分子间的 van der Waals 力作用，有的是表面基团（如羟基）与染料分子形成氢键。化学吸附是染料在表面发生化学反应的前奏。因此，染色过程是由被染物和染料性质所决定的物理或化学吸附为必要步骤的一种表面现象。

从纤维性质论，动物纤维（如毛、丝、皮等）由蛋白质分子组成，表面有两性类基团，可以形成带色的盐，最易染色。植物纤维表面没有酸碱基，但有羟基，可与染料形成氢键等作用而染色。合成纤维表面性质复杂，常难以用上述四种过程染色。但合成纤维多是疏水性的，通常可将疏水性分散染料在分散剂（另一种分散染料）存在下配制成悬浮液，在高温下，染料迁移至纤维孔隙中形成固体溶液并被物理吸附。由于要渗入纤维孔隙，分散染料多

是简单的分子不大的不溶性单偶氮染料。如分散红

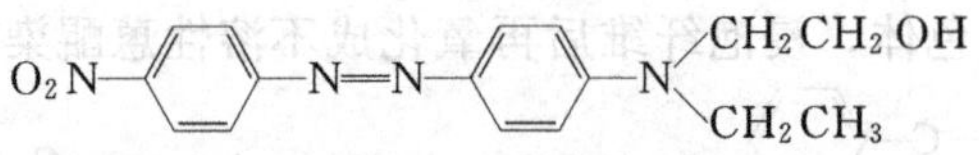

三、染料在纤维上的吸附与纤维在染色中的电动性质

(1) 染料在合成纤维上的吸附　人工合成的聚酯等纤维（如涤纶、涤特纶、芳纶等）都有大的疏水链，用一般染料染色困难，多用分散染料染色。在使用分散染料时应用的分散剂是在主生色基上有1个或多个极性取代基的分散染料，这类分散剂的生色基通常有偶氮苯或蒽醌结构。研究证明，使醋酸纤维染色的分散染料的能成键的氢原子越多，水溶性越好，吸附量越大，并且具有平面分子结构的分散染料在醋酸纤维上的吸附量远大于类似的非平面结构分散染料。它们的吸附等温线如图8.38所示。等温线属于图8.2的C型。这种等温线可用Langmuir方程表征：

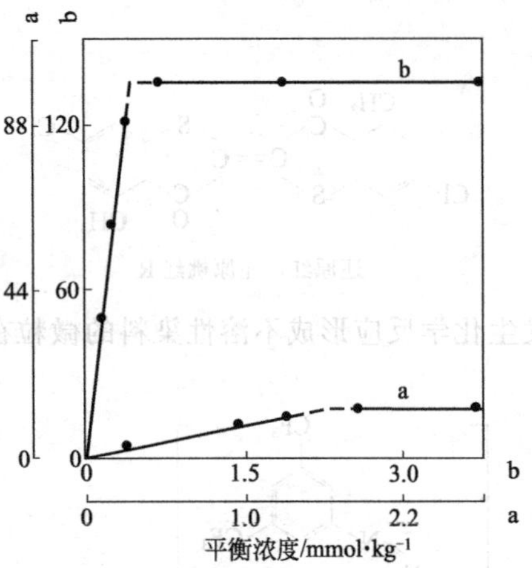

图8.38　非离子型分散染料在醋酸纤维上的吸附等温线

a—非平面结构分散染料；b—平面结构分散染料

$$a=a_m bc/(1+bc) \tag{8.35}$$

式中，a为在溶液中染料平衡浓度为c时的吸附量；a_m为完全单层的吸附量；b为与温度有关的常数。若染料分子吸附时能不断使纤维结构疏松开，并暴露出能有效吸附的新表面，染料的吸附量将继续增大，按此假设不断进行，就如同拉开拉锁一样。这样，可有

$$a_m=k(1+\alpha c) \tag{8.36}$$

k是常数，α是纤维结构内表面的扩张系数。对C型等温线，起始的直线段为$a=\beta c$，β为另一常数。将此式及式(8.36)代入式(8.35)，得

$$b=\beta(k+k\alpha c-\beta c) \tag{8.37}$$

此式只能适用到临界值$c=c^*=k/(\beta-k\alpha)$，即$k-k\alpha c-\beta c=0$。因为若$c>c^*$，则b的符号将从正变为负，这是不可能的，b必须是正值。因此，在$c=c^*$时$b=\infty$，即吸附的染料脱附速率等于零。这样，当达到浓度c^*时，吸附量a是固定值，不再有可供吸附的内表面形成，等温线转折为水平线。氨基酸在Ca-蒙脱土上吸附也是C型等温线[46,47]。

(2) 染料吸附与纤维的ζ电势　纤维的带电符号与染料离子带电符号相同时，随染料吸附量增加ζ电势增大（符号不变）。当两者带电符号不同时，随染料吸附量增大（溶液浓度增大）纤维ζ电势可能发生变号。图8.39是尼龙6 ζ电势随几种酸性染料浓度增加的变化。这是因为尼龙6的碱性酰胺基团与酸性染料中的负电基团（如$—SO_3^-$，$—COO^-$）等形成离子键，电性中和，纤维的ζ电势减小至0，随后染料浓度继续增大，尼龙表面的酰胺基团还可与酸性染料的羟基、亚氨基等形成氢键，或尼龙6的疏水部分与染料的苯环等极性小的部分以van der Waals力作用继续吸附，使纤维的负电荷增大，ζ电势符号改号，其负值增大。

由于纤维的ζ电势与其表面电荷密度（σ）有以下关系[48]：

$$\sigma=\pm\left(\frac{kT\varepsilon}{2\pi}\right)^{1/2}\left\{\sum_j n_j\left[\exp\left(-\frac{z_j e\zeta}{kT}\right)-1\right]\right\}^{1/2} \tag{8.38}$$

式中，ε是介电常数；n_j是溶液体相中单位体积的j阳离子或阴离子的数目；z_j是离子的价数；e为电子电荷；k是Boltzmann常数；T为热力学温度。

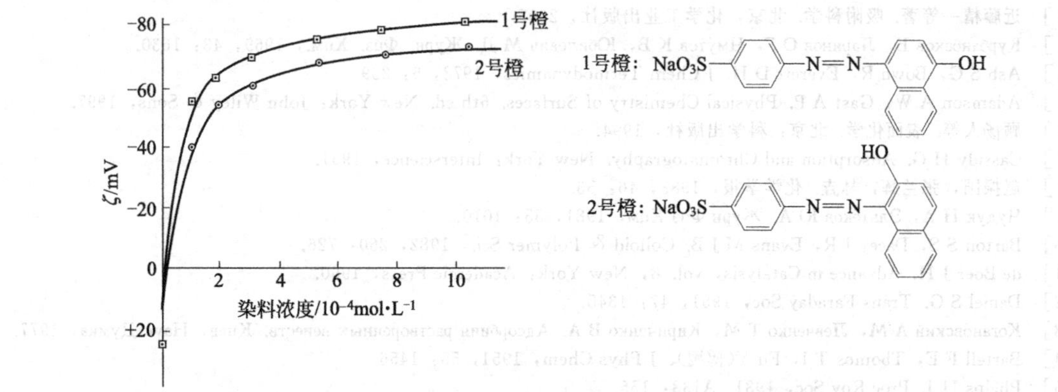

图 8.39　随酸性染料浓度增加尼龙 6 纤维 ζ 电势的变化

又由于有染料和无染料吸附时纤维电动电势的变化完全是染料吸附所引起的，故从 ζ 变化求出的表面电荷密度变化 $\Delta\sigma$ 可求出染料吸附量（$g \cdot cm^{-2}$）。表 8.10 中列出在酸性染料橙Ⅱ溶液中天然纤维（毛）和人造纤维（尼龙 6）ζ 电势和染料吸附量。一般认为，人造纤维比天然纤维更难染色，但从表 8.10 所列数据知酸性染料橙Ⅱ在尼龙 6 上的吸附量比在毛上的大 10 倍，亦即人造纤维应更易染色。看来，科学上的问题是复杂的，这一问题还要讨论下去。

表 8.10　酸性染料溶液中毛和尼龙的 ζ 电势及染料吸附量

(1)毛/橙Ⅱ体系，pH 3.75			(2)尼龙 6/橙Ⅱ体系，pH 3.4		
染料浓度/10^{-4}mol·L^{-1}	ζ/mV	吸附量/10^{-10}g·cm^{-2}	染料浓度/10^{-4}mol·L^{-1}	ζ/mV	吸附量/10^{-10}g·cm^{-2}
0	−9.0	0	0	+64	0
1.0	−21.0	2.4	1.0	86.5	45
2.0	−26.5	3.9	2.0	−107.1	65
3.0	−27.4	4.2	3.0	−105.0	65
4.0	−24.0	4.1	4.0	−113.8	78

四、染料吸附法测定固体比表面

染料吸附法用于固体比表面测定的根据是染料分子在溶剂（通常为水）的存在下在某些固体表面有优先吸附的能力，即在达到极限吸附时，固体表面绝大部分的溶剂水分子被排挤掉，表面被染料分子覆盖。而染料在溶液中的浓度极易测定，根据吸附平衡前后浓度变化能方便地计算出极限吸附量（单层饱和吸附量）。

亚甲基蓝是溶液吸附法测固体比表面应用最多的水溶性染料。根据分子的键长、键角数据可以计算出亚甲基蓝分子水平取向的分子面积为 $1.35nm^2$，垂直取向时的分子面积为 $0.75nm^2$。文献报道，在碳质固体（如石墨、炭黑、活性炭）表面，每个亚甲基蓝分子占的面积在 0.78～$1.30nm^2$ 间变化。硅酸盐类固体表面上每个亚甲基蓝分子占的面积为：硅胶，$2.70nm^2$；高岭土，$2.70nm^2$；二氧化硅，$3.27nm^2$；蒙脱土，$3.40nm^2$。

染料吸附法测固体比表面不是准确的方法。这是因为：①即使在极限吸附时，固体表面吸附溶剂也是不可避免的；②染料都是较大的有机分子，其在固体表面吸附时取向方式不同所占面积不同，这为计算比表面带来困难；③染料的较大分子难以进入孔性固体的小孔中，从而难以对孔性固体比表面进行测定。尽管如此，作为一种相对方法，对于了解同类固体表面的相对大小还是有一定意义的[49,50]。

参考文献

[1]　赵振国. 吸附作用应用原理. 北京：化学工业出版社，2006.

［2］ 近藤精一等著. 吸附科学. 北京：化学工业出版社，2007.
［3］ Курбанбеков Е，Ларинов О Г，Чмутов К В，Юбилевич М Д. Журн. Физ. Хим.，1969，43：1630.
［4］ Asb S G，Bown R，Everett D H. J Chem Termodynamics，1973，5：239.
［5］ Adamson A W，Gast A P. Physical Chemistry of Surfaces. 6th ed. New York：John Wiley & Sons，1997.
［6］ 顾惕人等. 表面化学. 北京：科学出版社，1994.
［7］ Cassidy H G. Adsorption and Chromatography. New York：Interscience，1951.
［8］ 赵振国，张兰辉，林垚. 化学学报，1988，46：53.
［9］ Чудук Н А，Эльтеков Ю А. Журн Физ Хим，1981，55：1010.
［10］ Barton S S，Dacey J R，Evans M J B. Colloid & Polymer Sci.，1982，260：726.
［11］ de Boer J H. Advance in Catalysis，vol. 8，New York：Academic Press，1960.
［12］ Daniel S G. Trans Faraday Soc，1951，47：1345.
［13］ Коганоский А М，Левченко Т М，Кириченко В А. Адсорбиия растворенных веиеств. Киев，Наук Думка，1977.
［14］ Bartell F E，Tbomos T I，Fu Y(傅鹰). J Phys Chem，1951，55：1456.
［15］ Phelps H J. Proc Roy Soc，1931. A133：155.
［16］ Kipling I J. J Chem Soc，1948，5：1483.
［17］ Zhao Z G(赵振国). Chinese J Chem，1992，10：325.
［18］ 赵振国，顾惕人. 化学学报，1983，41：1091.
［19］ 赵振国. 离子交换与吸附，2000，16 (5)：400.
［20］ 赵振国，顾惕人. 催化学报 [J]. 1984，5：295.
［21］ 徐晓军. 化学絮凝剂作用原理. 北京：科学出版社，2005.
［22］ Hiemenz P C，Rajagopalan R. Priciples of Colloid and Surface Chemistry. 3rd ed. New York：Marcel Dekker，1997.
［23］ 培斯可夫 Н П，等. 胶体化学教程. 陈惟同等译. 北京：商务印书馆，1953.
［24］ 徐光宪等. 物质结构简明教程. 北京：高等教育出版社，1965.
［25］ 张开. 高分子界面科学. 北京：中国石化出版社，1997.
［26］ Frisch H L，Hellman M Y，Lundberg J I. J Polym Sci，1959，38：441.
［27］ Fontana B J，Thomas J R. J Phys Chem，1961，65：480.
［28］ Kipling J J. Adsorption from Solutions of Non-Electrolytes，London：Academic Press，1965.
［29］ Kronberg L T，Cambero A，Santos A S，et al. Colloids & Surfares，1988，18：411.
［30］ Ermolenko N F，Ulazova A P，et al. Sorbtsya iz Rastvorov Vysokopolimerami i Uglyami. Minsk：Khimiya，1961.
［31］ 赵振国，梁文平，彭向东. 高等学校化学学报，1984，5：874.
［32］ Dubinin M Z. Phyzik Chem，1928，135：24.
［33］ 丁莹如，傅鹰. 化学学报，1955，21：357.
［34］ Jian J S，Snoeyink V L. J Water Polut Cont Fed，1973，45：2463.
［35］ Fritz W，Schlunder E U. Chem Eng Sci，1974，29：1279.
［36］ Radke C J，Pransnitz J M. AIChE J，1972，18：761.
［37］ 顾惕人. 环境化学，1984，3(2)：1.
［38］ Zhao Z(赵振国)，Gu T(顾惕人). J Chem Soc Faraday Trans I，1985，8：185.
［39］ 周正立，张悦，鲁战明. 污水处理剂与污水监测技术. 北京：中国建筑工业出版社，2007.
［40］ 汪家发. 现代生活化学. 合肥：安徽人民出版社，2006.
［41］ 佟玉衡. 实用废水处理技术. 北京：化学工业出版社，1998.
［42］ 刘瑜，傅瑞琪等. 化学进展，2015，27 (11)：1665.
［43］ Nassem R，Tabir S S. Wat. Rps，2001，35：3982.
［44］ 邢其毅，徐瑞秋，周政，裴伟伟. 基础有机化学. 第二版. 北京：高等教育出版社，1994.
［45］ 程侣柏，胡家根，姚蒙正，高崑玉. 精细化工产品的合成及应用. 第二版. 大连：大连理工大学出版社，1992.
［46］ Giles C H Adsorption from solution at the Solid/Liquid Interface.（Parfitl G D，Rochester C H，eds.）London：Academic Press，1983.
［47］ Greenland D J，Laby R H，Quirk J P. Tran Faraday Soc，1962，58：829.
［48］ Kitahara A，Watanabe A. 界面电现象. 邓彤，赵学范译. 北京：北京大学出版社，1992.
［49］ Giles CH，Nakhwa S N. J Appl Chem，1962，12：266.
［50］ 沈钟，沈力人等. 化学世界，1987，(5)：195.

习题

1. 测得钢粉自正己烷溶液中吸附硬脂酸的结果如下

浓度 c/mmol·L^{-1}	0.01	0.02	0.04	0.07	0.10	0.15	0.20	0.25	0.30	0.50
吸附量/mg·g^{-1}	0.786	0.864	1.00	1.17	1.30	1.47	1.60	1.70	1.78	1.99

用 Langmuir 公式处理实验数据。计算钢粉的比表面。设硬脂酸分子截面积为 0.205nm^2。

（答：极限吸附量=1.75$mg \cdot g^{-1}$，比表面=0.759$m^2 \cdot g^{-1}$）

2. 在固体自溶液中的吸附研究中，若已知吸附结果可用 Langmuir 公式表征。导出自两个浓度下的吸附量计算单层饱和吸附量的公式。

3. 一种炭黑自几种有机溶剂中吸附硬脂酸，得到两个平衡浓度（c_1=0.001$mmol \cdot L^{-1}$，c_2=0.004$mmol \cdot L^{-1}$）时的吸附量如下

溶剂	浓度	环己烷	乙醇	苯
吸附量/$mmol \cdot g^{-1}$	c_1	0.030	0.015	0.008
	c_2	0.060	0.025	0.010

实验结果服从 Langmuir 公式，计算炭黑的比表面。设硬脂酸的分子截面积为 0.205nm^2。讨论实验结果差异的可能原因。

（答：环己烷中，7.9；乙醇中，3.96；苯中，1.35$m^2 \cdot g^{-1}$）

4. 实验测得 2g 骨炭与初始浓度为 0.1$mmol \cdot L^{-1}$ 的 100mL 亚甲基蓝水溶液达吸附平衡后，溶液的平衡浓度为 0.04$mmol \cdot L^{-1}$，4g 骨炭进行上述实验，亚甲基蓝的平衡浓度为 0.02$mmol \cdot L^{-1}$。假设亚甲基蓝的吸附服从 Langmuir 公式，计算骨炭的比表面。亚甲基蓝在碳质固体表面单分子层中的分子面积为 0.65nm^2。（答：比表面=2.35$m^2 \cdot g^{-1}$）

5. 活性炭自苯-乙醇二元溶液中的吸附数据如下

溶液中苯的摩尔分数	0.16	0.24	0.35	0.54	0.66	0.78	0.90	0.98
表观吸附量/$mmol \cdot g^{-1}$	1.70	1.75	1.45	0.50	−0.10	−0.70	−0.10	−0.10

设苯和乙醇的分子截面积分别为 0.30nm^2 和 0.20nm^2。求活性炭的比表面，并与 BET 法得出的比表面值 770$m^2 \cdot g^{-1}$ 比较。（答：759$m^2 \cdot g^{-1}$）

6. 已知炭自水溶液中吸附某有机物溶质服从 Langmuir 公式。将 5g 炭加入浓度为 0.2$mol \cdot L^{-1}$ 的 200mL 溶液中。并知其极限吸附量=4.2$mmol \cdot g^{-1}$，吸附常数=2.8$mL \cdot mmol^{-1}$。求吸附平衡时的溶液浓度。（答：0.1665$mol \cdot L^{-1}$）

7. 举例说明溶液吸附的 Traube 规则。硅胶自环已烷中吸附同系列脂肪醇得到与 Traube 规则相反的结果。说明其原因。

8. 为什么说固液界面吸附比固气界面吸附更为复杂？

9. 固体自稀溶液中吸附的 Langmuir 等温式可表述为

$$n = n_m bc/(1+bc)$$

式中，n 为平衡浓度为 c 时的吸附量，n_m 为极限吸附量，b 为与吸附热有关的常数。上式的直线形式可有几种表示方法

$$1/n = 1/n_m + 1/(n_m bc)$$

$$c/n = 1/(n_m b) + c/n_m$$

$$n = n_m - n/(bc)$$

讨论应用不同直线型公式时不同浓度的数据点在决定直线中的作用。

10. 25℃硅胶自水中吸附十四烷基溴化吡啶（TPB）的结果如下。作吸附等温线，并对等温线做出解释。已知硅胶的比表面为 360$m^2 \cdot g^{-1}$，十四烷基溴化吡啶的 cmc=2.6$mmol \cdot L^{-1}$。

浓度/$mmol \cdot L^{-1}$	0.162	0.500	1.18	1.61	2.00	2.15	2.53	4.15	5.60
吸附量/$mmol \cdot g^{-1}$	0.0223	0.0463	0.0798	0.139	0.204	0.286	0.359	0.400	0.437

11. 已知二氧化锆的等电点约为 pH5.4。今在 24℃测得二氧化锆自 pH10.0 的 TPB 水溶液中吸附结果如下。作吸附等温线，解释其形状。

浓度/$mmol \cdot L^{-1}$	0.40	0.80	1.00	1.10	1.70	2.20	2.55	4.50	5.40
吸附量/$mmol \cdot g^{-1}$	0.96	5.95	18.9	34.1	44.4	52.7	60.5	60.1	60.6

12. 说明吸附在絮凝净水处理中的主要作用。

第九章 吸 附 剂

能有效地从气相或液相中吸附一种或几种组分的固体物质称为吸附剂(adsorbent)。吸附剂的共同特点是：对被吸附物（吸附质，adsorbate）有选择性吸附能力，有大的比表面和适宜的孔结构，物理和化学稳定性好，易再生，价格低廉，有良好的机械强度，对设备无腐蚀作用等。吸附剂常可作为催化剂载体或催化剂。

吸附剂没有统一的分类方法。常有按表面性质、孔径大小、颗粒形状、化学成分、用途进行分类的。最常用的吸附剂有碳质类吸附剂（如活性炭、碳分子筛）和非碳质类的氧化物类和盐类吸附剂（如硅胶、氧化铝、分子筛、黏土等)。

第一节 吸附剂的一般物理参数[1~3]

一、比表面（积）

由于吸附是一种发生于表（界）面上的行为，对于任何一种吸附质在指定吸附剂上的吸附量与表面积的大小成比例（设无孔的屏蔽效应)。比表面（积）通常定义为1g吸附剂的总表面积，单位为$m^2 \cdot g^{-1}$。

无孔和粒子均匀的吸附剂可用测量粒子大小计算比表面。大部分常用的孔性吸附剂测定比表面多应用气体（或蒸气）吸附法（见第七章第四节)。有时也可用液相吸附法。

二、孔结构

大比表面的吸附剂都有丰富的孔。孔结构的含义包括，孔径大小及分布（孔径分布)、孔的形状（类型)、孔体积及孔隙率（孔体积与固体总体积之比称为孔隙率，porosity)、单位质量吸附剂之孔体积（比孔容，specific volume)。

IUPAC采纳的孔大小的分类标准为：孔宽度小于2nm为微孔(micropores)，孔宽度在2～50nm间为中孔(mesopores)，孔宽度大于50nm为大孔(macropores)。

孔径分布是孔体积与孔半径的关系。孔体积与孔半径的关系曲线称为孔径的积分分布曲线，孔体积随孔半径的变化率与孔半径的关系称为孔径的微分分布曲线。孔径分布可由气体吸附等温线的脱附线数据求出（参见第七章)。

平均孔半径是在假设孔的形状前提下，根据吸附剂比表面和比孔容数值计算出的反映孔的等当大小的值。如设孔为圆筒形的，若比表面为S，比孔容为V_p，平均孔半径$r=2V_p/S$。r是对孔大小的粗略表征，但其常与孔径微分分布曲线最高峰相应的孔半径接近。

比孔容可用固体表观密度$d_{表}$与真密度$d_{真}$求出：

$$V_p=\frac{1}{d_{表}}-\frac{1}{d_{真}} \tag{9.1}$$

$d_{真}$的测定常用汞取代法，汞要进入小孔需施加大的压力，有些微孔很难进入，故依式(9.1)求V_p有一定局限性。

实验测定比孔容常用CCl_4蒸气凝聚法，其原理是根据 Kelvin 公式

$$r=-\frac{2\gamma \overline{V}\cos\theta}{RT\ln(p/p_0)} \tag{9.2}$$

相对压力p/p_0越大，发生毛细凝结的孔半径r越大。当以CCl_4为吸附质，设$\theta=0°$，用25℃时的相应数据代入式(9.2) 可得p/p_0与r的相关值（表9.1)。由表中数据知，当$p/p_0=0.95$时可使孔半径$r<40nm$的孔全部发生毛细凝结。因而测定在p/p_0约为0.95时凝聚在孔中的CCl_4体积即为$r<40nm$孔的总体积。实验操作可参阅参考文献[4]。

表9.1 CCl_4的相对压力p/p_0与发生毛细凝结的最大孔半径r关系表

p/p_0	r/nm	p/p_0	r/nm	p/p_0	r/nm
0.990	203.6	0.750	7.13	0.500	2.96
0.970	67.2	0.725	6.37	0.475	2.75
0.950	40.0	0.700	5.74	0.450	2.56
0.925	26.3	0.675	5.21	0.425	2.39
0.900	19.4	0.650	4.76	0.400	2.24
0.875	15.3	0.625	4.36	0.375	2.09
0.850	12.6	0.600	4.01	0.350	1.95
0.825	10.6	0.575	3.70	0.325	1.82
0.800	9.18	0.550	3.43	0.300	1.70
0.775	8.04	0.525	3.18		

三、密度

单位体积物质质量称为密度(density)，即$d=m/V$，d为密度，m和V分别为物质的质量与体积。对于孔性或粉状物体，有表观密度、堆积密度和真密度之分。

表观密度(apparent density) 也称颗粒密度。$d_{表}$是单位体积吸附剂本体质量与其体积之比。吸附剂体积包括吸附剂物质体积和孔隙体积。$d_{表}$可用汞取代法和液体渗入取代法测定。前者用于测定小粒子含微孔的吸附剂。后者适用于含大孔和颗粒间间隙的$d_{表}$。根据能取代汞的体积或渗入液体体积（即为含孔和缝隙吸附剂之体积）和吸附剂质量m计算$d_{表}$。

堆积密度(packing density) 也称假密度或堆密度。$d_{堆}$表示单位体积吸附剂堆积层的质量。在量筒中，在振动条件下倒入吸附剂，至总体积不再改变时之体积$V_{堆}$和吸附剂质量m计算$d_{堆}$。$d_{堆}=m/V_{堆}$。

真密度(true density) 也称骨架密度。$d_{真}$表示吸附剂组成的化学物质（骨架）的密度。在物化实验书中多有测量固体物质密度的方法介绍[5]。

显然，以上三种密度大小比较为：

$$d_{真}>d_{表}>d_{堆}$$

其他对吸附剂物理性质的宏观表征参数还有粒度、机械强度等，可参阅相关资料[1,6]。

第二节 活 性 炭

活性炭(active carbon) 是常见的黑色大比表面多孔性碳质吸附剂，主要成分为无定形碳及少量的氢、氧、氮、硫等元素和无机灰分。

活性炭作为吸附剂有以下特性。①有大的比表面和发达的微孔结构。活性炭比表面常可达几百至上千平方米·克$^{-1}$。比孔容约为$0.2\sim0.6cm^3\cdot g^{-1}$。在活性炭的微孔中吸附分子受到孔壁的叠加吸附作用力，再加上大的比表面，使其有大的吸附量。②活性炭

有碳的六角形排列的网状平面组成的微晶群和无规则碳结构，对吸附分子有强烈的色散力作用（色散力作用对任何性质的吸附质都存在）。同时活性炭表面可以有不同类型的含氧基团和杂原子，对某些极性分子有强烈的极性作用力。因此，虽然活性炭一般归于非极性吸附剂，但实际上活性炭既可吸附非极性的也可吸附极性的物质。③活性炭化学稳定性好，耐酸、耐碱。

活性炭的缺点是机械强度较差，高温易燃，但现在常加入辅料努力弥补其不足。

一、活性炭的制造

原则上，制备活性炭的原料可以是任何能变为炭的物质。工业上主要应用植物性原料（如木材、木屑、果壳及核、农作物秸秆和籽壳及农作物加工后废渣等），矿物类原料（如各种煤、油页岩、沥青、石油焦炭等）和其他富含碳的物质（如动物的血、骨，各种有机聚合工业产品的废物，废塑料、废橡胶等）。

活性炭的工业制造主要有气体活化法和化学药品活化法两种。

气体活化法是先将原料在隔绝空气条件下加热炭化，使有机物发生热解和热缩聚反应，形成有初始孔隙的炭化料，再在高温下用水蒸气（或 CO_2、氧、空气）进行炭化料的气体活化，目的是使在炭化料中残留的焦油、无定形碳氧化分解，被这些物质堵塞的孔隙开放（称为开孔作用）。用不同活化气体反应温度和产率不同。例如用水蒸气活化温度约在 750℃（以上），产率约为 40%；用 CO_2 活化温度约在 850℃（以上）；用空气活化时产率仅为 25%～30%，大部分原料被燃烧掉。一般来说烧失率越高，产物的孔径越大。

化学药品活化法是将某些化学药品溶液与原料混合均匀充分浸渍后加热处理，使原料发生脱水和炭化反应，放出水蒸气，形成多孔结构的碳骨架。

常用的化学药品有氯化锌、磷酸、硫酸钾、硫化钾等。

用化学药品活化法制备出的活性炭结构均匀。这种方法也有明显的缺点：化学药品本身和一些活化过程中产生的物质对设备有腐蚀性，对环境有污染，生产工艺复杂，成本高。

在实验室中自制活性炭或将市售活性炭进行再处理可得到纯净的低灰分活性炭。

【例 1】 糖炭的制备

将市售蔗糖重结晶几次，除去杂质。在坩埚中烧成黑炭。在有盖坩埚中加热至 1000℃，再在石墨管中通氯气条件下加热至 1000℃，炭中所含的 H 形成 HCl 逸出。以稀碱水洗后，真空干燥得糖炭。

【例 2】 市售粒状活性炭的低灰分处理

取市售三级粒状活性炭，在烧瓶中加入比炭体积大一倍的冰醋酸，加热回流 10h，倒出醋酸液，更换新的冰醋酸，重复回流 2 次。倒出醋酸液用去离子水洗至 pH 3～4，抽滤。将炭转入大口塑料瓶中，加入 2 倍体积的 20%氢氟酸，室温下振荡 10～14h（中间可停顿），倒出氢氟酸，用去离子水洗炭，直至洗液成弱酸性，抽滤，在 120℃烘干，可得灰分低于 0.1%的活性炭。有人认为，水洗可除去可溶性碱金属化合物，冰醋酸可除去碱金属和铁的化合物，氢氟酸可除去剩余大部分杂质。

二、活性炭的组成与物理性质[1,7]

表 9.2 中列出一些活性炭的元素组成。由表中数据可知，活性炭的化学组成 90%以上为碳，次要组分有氧、氢、硫、氮及灰分。次要组分含量虽少，但却常在吸附和催化作用中有重要意义。

表 9.2 活性炭的元素组成实例 %

活性炭	C	H	S	O	灰分
水蒸气炭	93.31	0.93	0.00	3.25	2.51
水蒸气炭	91.12	0.68	0.00	4.48	3.70
氯化锌炭	93.88	1.71	0.00	4.37	0.05
氯化锌含硫炭	92.20	1.66	1.21	5.61	0.04

一般活性炭的物理性质见表 9.3。

表 9.3 活性炭的一些物理性质

性质	数值	性质	数值
密度		孔隙率	33～43(粒状)
真密度/$g \cdot cm^{-3}$	1.9～2.2		45～75(粉状)
颗粒密度/$g \cdot cm^{-3}$	0.6～0.9	比热容/$J \cdot g^{-1} \cdot ℃^{-1}$	0.62～1.00
堆密度/$g \cdot dm^{-3}$	300～600(粒状)	磨碎率/%	68～89(粒状)
	200～400(粉状)	吸附力/$g \cdot (100g)^{-1}$	
比表面/$m^2 \cdot g^{-1}$	500～1800	丙烷	9～14.2(粒状)
平均孔半径/nm	1～2	正庚烷	16.2～26.1
比孔容/$mL \cdot g^{-1}$	0.6～1.1		

三、活性炭的结构

碳质材料中，活性炭、炭黑等为无定形碳。在极小区域内有与石墨类似的微晶结构。其他区域为排成六角形的碳原子平行层面和具有脂肪族链状结构无规则碳。无定形碳高温处理时微晶成长，并可转变为石墨型结构。转化的难易程度与原料性质和热处理条件有关。如石油沥青、聚氯乙烯等炭化后易石墨化，而纤维素、聚偏二氯乙烯等炭化物为不易石墨化无定形碳。不易石墨化的炭中，微晶区排列杂乱。在炭化初期，微晶间就生成强烈的架桥结构，即使高温处理，也妨碍微晶取向一致和形成规整排列，大部分活性炭均属不易石墨化炭。

含碳原料在高于1000℃处理时，先消耗掉无序碳，继而使微晶区扩大。易石墨化的和不易石墨化的原料在高温处理石墨化时微晶石墨层的层数和直径扩大幅度不同。例如易石墨化的聚氯乙烯在1700℃处理后微晶石墨层层数可达33层，微晶区直径达6.3nm，而不易石墨化的聚偏二氯乙烯在2700℃处理后石墨层数也仅有5.6层，微晶区直径为4.0nm。

原料在活化过程中，基本微晶之间许多炭化物和无定形碳被氧化除去，产生许多孔隙。活性炭既有大量微孔，也有中孔和大孔。活性炭和碳分子筛中不同大小孔的比孔容列于表9.4中。一般活化时间延长，微孔增加，比表面增大，但活化时间过长，微孔扩大为中孔，比表面反而减小。因此，任何活化方法均有最佳活化时间。一般活性炭的最大比表面约在 $1500m^2 \cdot g^{-1}$。文献上报道的更大数值在理论上是不可靠的或者在实验测定方法上有问题。

表 9.4 活性炭和碳分子筛的比孔容分布 $mL \cdot g^{-1}$

类别	微孔	中孔	大孔
大孔活性炭	0.1～0.2	0.6～0.8	约0.4
微孔活性炭	0.6～0.8	约0.1	约0.3
碳分子筛	约0.25	约0.05	约0.1

图 9.1 是几种活性炭的孔径分布曲线。其中以煤为原料和以椰壳为原料水蒸气活化法制出的活性炭几乎全是由小于 2nm 的微孔组成。这类炭具有最好的吸附性能。

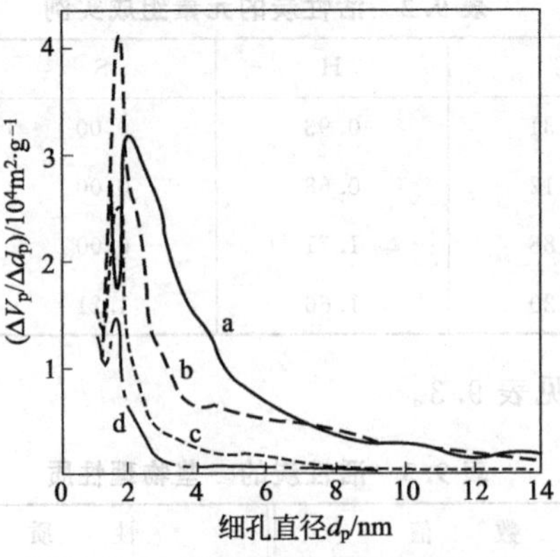

图 9.1 几种活性炭的孔径分布曲线

a—木炭氯化锌活化；b—煤类经长时间水蒸气活化；c—煤类水蒸气活化；d—椰壳经水蒸气活化

四、活性炭的表面性质

1. 活性炭的表面含氧基团

在制造过程的炭化和活化阶段中氧化性气体（如 O_2、H_2O、CO_2 等）及氧化性液体（硝酸、硫酸及其混合酸液，氯水，过硫酸铵，高锰酸钾溶液等）与炭表面作用可形成多种类型的含氧基团。经多种物理化学手段研究，炭表面的主要含氧基团有：羧基、酚羟基、醌型羰基、内酯基、酯基、酸酐基、环状过氧化物等（见图 9.2）。

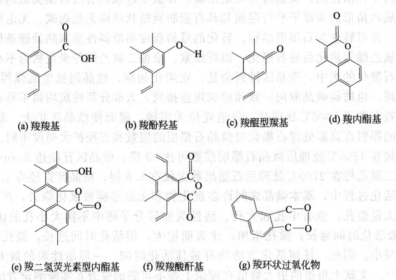

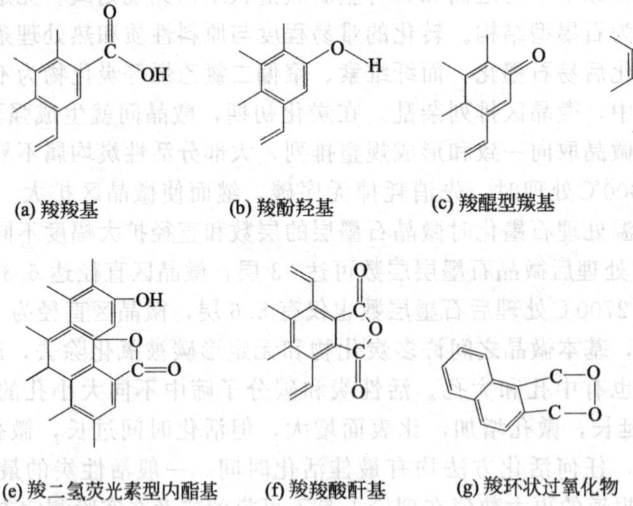

图 9.2 活性炭表面的含氧基团

炭表面这些基团的种类及含量，可引起炭亲水性、酸（碱）性的差别，也会导致表面电性质的不同（如在不同 pH 介质中表面带电符号、电动电势和表面电荷密度不同）。这些性质都会对活性炭的吸附性质产生影响。

图 9.3 是一种活性炭的 X 射线光电子能谱（XPS）图，图中将曲线上不明显的峰析分为独立的峰。由各基团的峰面积计算出的它们在表面的含量及氧和碳的含量一并列于表 9.5 中[8]。

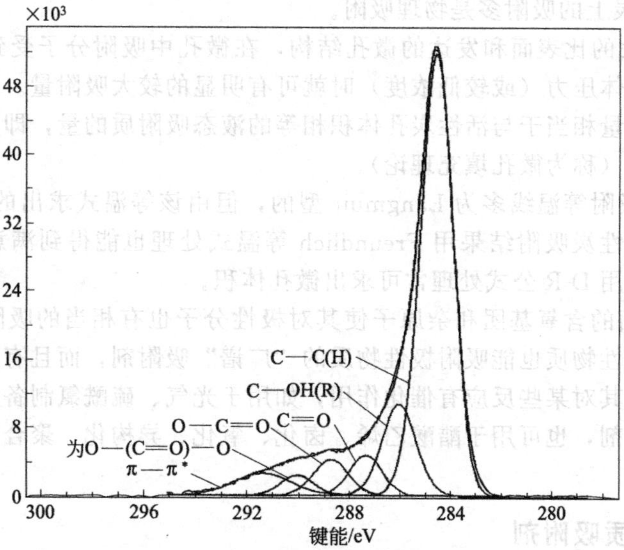

图 9.3　一种活性炭的 XPS 图

表 9.5　一种活性炭表面基团和氧、碳含量

表面基团	表面基团含量/%	氧含量/%
石墨结构 C—C	65.5	表面 6.8
C—O—H(R)	13.9	体相 6.2
C═O	6.1	碳含量/%
HO—C═O	5.6	
O—(C═O)—O	3.1	表面 93.2
π—π*	5.8	体相 88.45

2. 活性炭表面电性质

活性炭有杂质（灰分），杂质常使活性炭基本结构产生缺陷，可以化学吸附氧。液相中的某些无机或有机离子的吸附及某些表面含氧基团的解离都可能使活性炭表面带有电荷。

一种商品活性炭粒子的电泳淌度（mobility）与介质 pH 的关系如图 9.4 中曲线 1 所示。电泳淌度与 ζ 电势可以换算[9]。电泳淌度为 0 时 $\zeta=0$，故由图知，这种活性炭的等电点约为 pH＝2.5。活性炭的电性质受处理条件的影响。图 9.4 中曲线 2 是该曲线 1 之商品炭用过硫酸铵处理后的结果；等电点略有减小，在 pH 5～7 间这种炭的电泳淌度趋于恒定值，pH＞7 时表面负电性明显随 pH 增大而增加[10]。

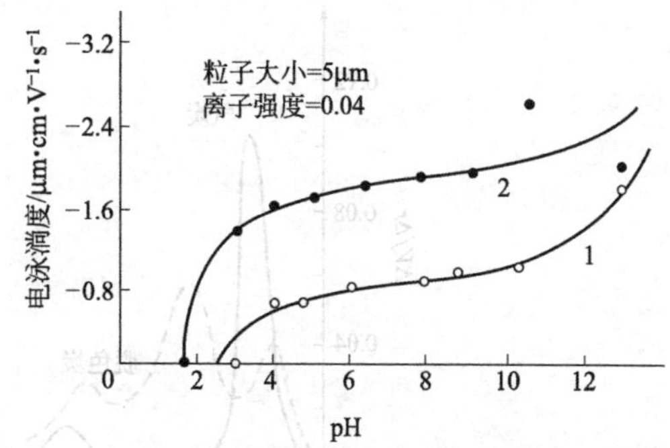

图 9.4　一种商品活性炭（1）及用过硫酸铵处理后（2）的电泳淌度与介质 pH 关系图

活性炭表面带电对离子吸附有一定影响。但是，一般来说活性炭表面主要以色散力作用吸附有机分子或大离子，电性作用是次要的。

五、活性炭的吸附性质

① 活性炭主要是非极性吸附剂，能选择性地吸附非极性物质，因吸附作用力主要是 van

der Waals 力，在炭上的吸附多是物理吸附。

② 活性炭有大的比表面和发达的微孔结构，在微孔中吸附分子受到孔壁四周的叠加作用能，在较低的气体压力（或较低浓度）时就可有明显的较大吸附量。活性炭无论对气相或液相吸附最大吸附量相当于与活性炭孔体积相等的液态吸附质的量，即其吸附机制可视为对活性炭微孔的填充（称为微孔填充理论）。

③ 活性炭的吸附等温线多为 Langmuir 型的，但由该等温式求出的 n_m^s 和 V_m，并非单层饱和吸附量。活性炭吸附结果用 Freundlich 等温式处理也能得到满意结果，但常数的物理意义更不清楚。用 D-R 公式处理常可求出微孔体积。

④ 活性炭表面的含氧基团和杂原子使其对极性分子也有相当的吸附能力。因此，活性炭是既能吸附非极性物质也能吸附极性物质的“广谱”吸附剂，而且有时在活性炭表面还可发生化学吸附，使其对某些反应有催化作用，如用于光气、硫酰氯制备及一些卤化、氧化脱氢反应中作为催化剂，也可用于醋酸乙烯、卤化、氧化、异构化、聚合等反应中作为催化剂载体。

六、其他碳质吸附剂

1. 分子筛炭

分子筛炭(molecular sieving carbon) 又称碳分子筛，全部为微孔，孔径接近分子大小，0.4～0.5nm。孔腔为平行板夹缝状。图 9.5 是两种活性炭与一种分子筛炭的孔半径分布比较。分子筛炭对非极性小分子（临界直径或板状分子厚度小于 0.5nm）有优先吸附能力，对 O_2 的吸附能力优于对 N_2 的，因而可用于变压吸附从空气中分离氧气。一种碳分子筛对 O_2 和 N_2 的吸附等温线及吸附因子（吸附量与最大平衡吸附量之比）与时间的关系曲线见图 9.6。由图可知，O_2 达到最大平衡吸附量仅需 30min，而 N_2 在 90min 时仅达最大平衡量的一半。这是因为 O_2 在碳分子筛中扩散快。当前以碳分子筛进行空气分离可得 99.995%N_2。

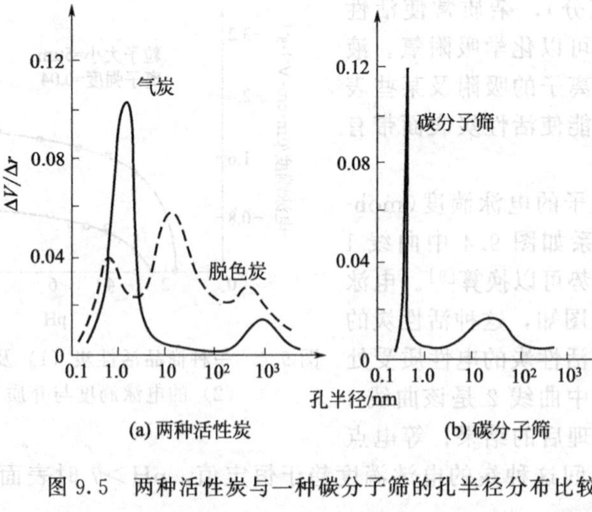

图 9.5 两种活性炭与一种碳分子筛的孔半径分布比较

2. 碳纳米管[11]

碳纳米管是石墨结构的一层或多层碳原子卷曲而成的笼状“纤维”。含有一层石墨层的称为单壁碳纳米管（图 9.7），多于一层的称为多壁碳纳米管。碳纳米管直径为 0.4～20nm，长度可从几十纳米到毫米级。碳纳米管密度仅为钢的 1/6，强度却是钢的 100 倍。碳纳米管有特殊的电子结构，是很好的一维量子导线。碳纳米管侧壁由六边形碳环构成，两端由正五

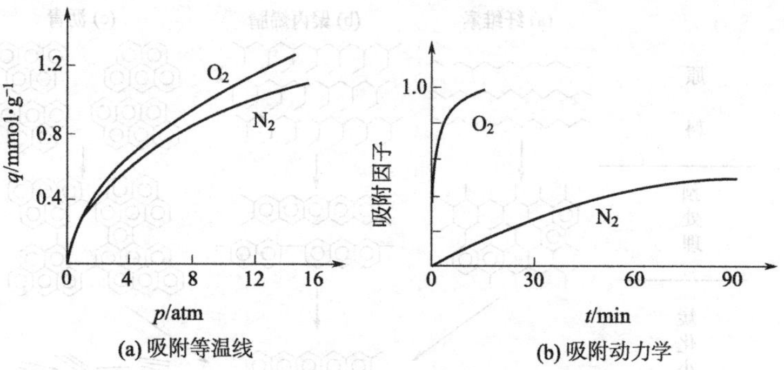

图 9.6 分子筛炭对 O_2 和 N_2 的吸附等温线及吸附动力学曲线（1atm＝101.3kPa）

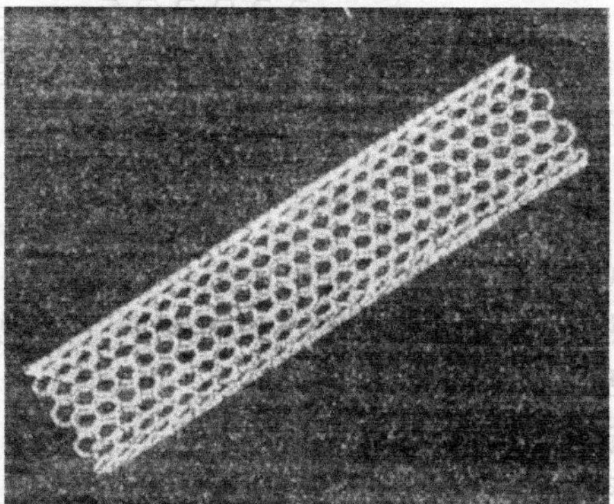

图 9.7 单壁碳纳米管结构模型

边形碳环封口，该封口五边形碳环为化学性质活泼部位。中空的碳纳米管中加入某些化学物质可形成复合纤维或纳米级丝状物。最近发现碳纳米管内有吸附和储存氢的能力，是有发展前途的储氢材料[12]。

3. 其他多孔碳质材料[1]

活性碳纤维、微孔泡沫炭、中孔碳质材料等都有良好的吸附、催化性质。

碳纤维研发很早，但工业生产却是 20 世纪 50 年代的事。作为新型非金属材料，碳纤维有相对密度小，耐热，耐化学腐蚀，高强度等优点。工业上制备碳纤维几乎均用高分子有机纤维炭化而成，如可选用人造纤维，聚丙烯腈纤维，聚乙烯醇纤维、聚酰亚胺纤维，沥青纤维等制造碳纤维，其中以用聚丙烯腈纤维制造的工艺最成熟。碳纤维生产的典型过程如图 9.8 所示。

用多孔性原料纤维制成的碳纤维或用普通碳纤维在水蒸气中加热至 800℃后的产物都有大的比表面，吸附能力和吸附速度大于粒状活性炭，其吸附有机溶剂、硫的氧化物和氮的氧化物能力比活性炭大 1.5～2 倍，对硫醇的吸附能力大 40～50 倍[13]。

七、活性炭的应用

1. 溶剂回收

溶剂回收不仅有大的经济效益，而且对保护环境、改善人类生活条件有大的社会效益。有机溶剂中以丙酮、汽油、苯、甲苯、二甲苯、低碳醇、短链烷烃、二硫化碳、乙醚等回收最为重要。一种溶剂回收工艺流程如图 9.9 所示。待回收蒸气通入吸附塔（内装粒状活性

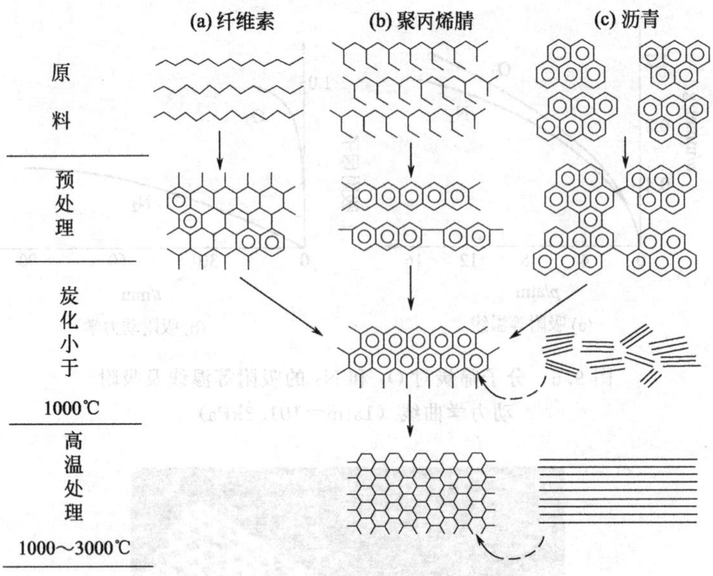

图 9.8　碳纤维生产典型过程

炭），吸附完成后通入 100℃水蒸气脱附，脱附的混合气冷却使水和溶剂分离并回收溶剂。利用脱附后混合气的液化热再产生低压水蒸气，加压后再用做脱附用水蒸气。为提高吸附和脱附效率也可采用纤维状活性炭为吸附剂。

2. 脱除气体中二氧化硫

SO_2 是热电站、黑色和有色冶金工业、化学工业、石油加工工业的主要污染物。SO_2 既有氧化性也有还原性（以还原性为主）。是造成大气污染的主要污染物之一。全球每年约有 7.2×10^7 t 的硫以 SO_2 形式排入大气。吸附法是回收和消除 SO_2 的重要方法。活性炭是回收 SO_2 的主要吸附剂，其对 SO_2 的吸附热大于其他吸附剂的（吸附热：活性炭，44kJ · mol^{-1}；硅胶，23kJ · mol^{-1}；石墨，30kJ · mol^{-1}）。SO_2 在一种活性炭上的吸附等温线如图 9.10 所示。在有氧气存在下，碳质吸附剂是 SO_2 转化为 SO_3 的催化剂：

$$SO_2 + 1/2O_2 \longrightarrow SO_3$$

在有水存在下，SO_3 又会形成 H_2SO_4

$$SO_3 + H_2O \longrightarrow H_2SO_4$$

形成的硫酸浓度与过程进行条件和被净化气体的湿度有关。在 100℃下空气中水汽浓度为 10％时吸附相内硫酸含量可达 70％[14]。

3. 水的处理（参见本书第八章第六节）

工业废水和生活污水经絮凝剂处理后必须经活性炭深度处理去除水中的残留含芳环的有机物、部分带色有机物。净水处理大多用活性炭，特别是除去霉臭和水中的其他臭气。家中净水器中使用活性炭主要为除去水中残氯和三卤甲烷等。但残氯可能不是吸附在活性炭上，而是与还原性炭反应而分解了。

应当说，活性炭是环境保护和治理中应用最为广泛的吸附剂。除上述三方面的主要应用外，其他如除去城市垃圾焚烧厂废气中含有的二噁英，可以将粉末状活性炭和石灰鼓风送入焚烧炉烟道气流中，活性炭可迅速吸附二噁英，并同时能除去汞和其他酸性气体。

汞对大气的污染因有色冶金采用大量贫汞矿冶炼而日趋严重。气体脱汞用活性炭通常先用化学药剂处理（如浸渍 $AgNO_3$、$FeCl_3$ 等），可以提高其除汞的效率。

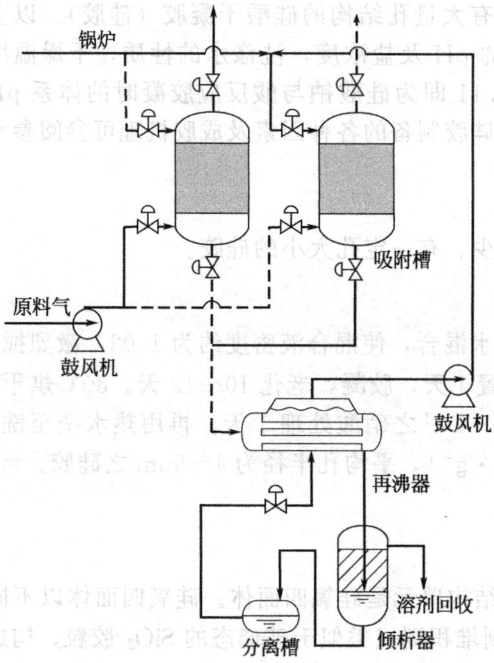

图 9.9 节能型溶剂回收工艺流程

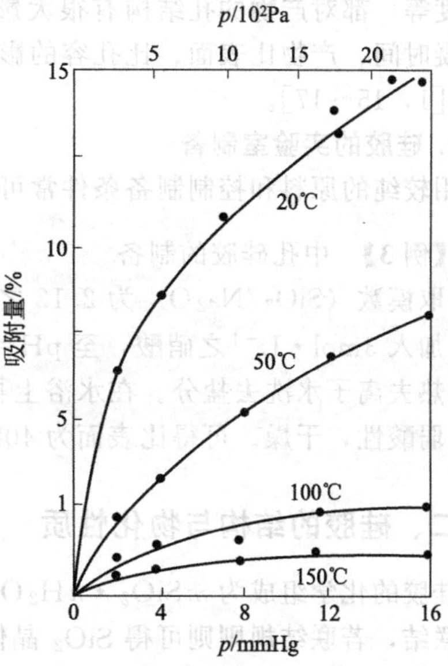

图 9.10 活性炭对 SO_2 的吸附等温线

第三节 硅 胶

硅胶（silica gel）是无定形结构的硅酸干凝胶，有丰富的孔性结构和大的比表面。

一、硅胶的制备

1. 硅胶的工业制备

硅胶可用多种方法进行工业制造，其中最主要的是用碱金属硅酸盐与无机酸（如硫酸）反应得到：

$$\underset{\text{硅酸盐}}{Na_2O \cdot 3SiO_2} + H_2SO_4 \longrightarrow \underset{\substack{\text{无定形氧化硅}\\\text{（硅胶）}}}{3SiO_2} + H_2O + Na_2SO_4$$

这种方法包括以下步骤：原料配制、成胶（胶凝）、老化（熟化）、干燥、活化等。

一般认为硅酸盐与酸反应，在一定pH条件下生成硅酸，再通过分子间缩合形成多聚硅酸和硅溶胶。然后发生胶凝作用形成硅酸水凝胶。在这种水凝胶中，SiO_2 粒子相互联结成网状结构，介质水填于其网状间隙中。胶凝后，骨架粒子间作用继续加强，引起骨架收缩，使部分水析出（脱水收缩）。经过此老化阶段后用水洗去过量的酸、碱反应物和产物

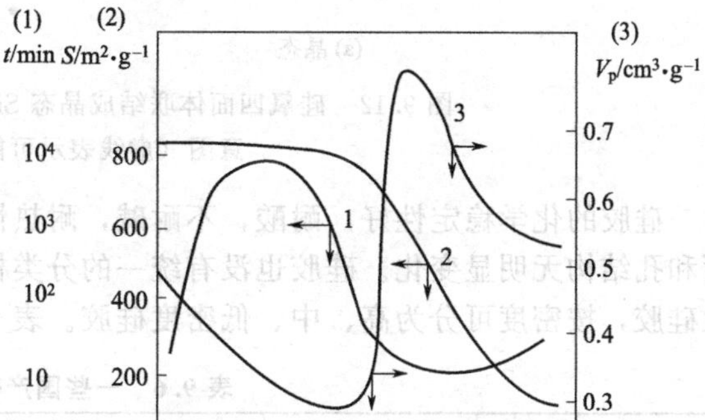

图 9.11 硅酸钠与酸反应胶凝时的体系 pH 与胶凝时间 t（1）、比表面 S（2）和比孔容（3）的关系

盐。干燥步骤是除去干净的水凝胶中的水，得到有大量孔结构的硅酸干凝胶（硅胶）。以上任何一步的条件（如胶凝时体系的 pH，老化时的 pH 及盐浓度，洗涤水的性质，干燥温度和速度等）都对产物的孔结构有很大影响。图 9.11 即为硅酸钠与酸反应胶凝时的体系 pH 对胶凝时间、产物比表面、比孔容的影响。关于硅胶制备的各种因素及成胶机理可参阅参考文献［1，15～17］。

2. 硅胶的实验室制备

用较纯的原料和控制制备条件常可得到杂质少、有一定孔大小的硅胶。

【例 3】 中孔硅胶的制备

取模数（SiO_2/Na_2O）为 2.12 之水玻璃与水混合，使混合液密度约为 1.02，激烈搅拌下加入 $3mol \cdot L^{-1}$之硝酸，至 pH＝4.5，静置 1 天，胶凝，老化 10～12 天。80℃烘干后用热去离子水洗去盐分。在水浴上再用 $6mol \cdot L^{-1}$之硝酸处理 1 天。再用热水洗至洗液呈弱酸性，干燥。可得比表面为 $400 \sim 500m^2 \cdot g^{-1}$，平均孔半径为 4～5nm 之硅胶。

二、硅胶的结构与物化性质

硅胶的化学组成为 $mSiO_2 \cdot nH_2O$，其基本结构单元是硅氧四面体。硅氧四面体以不同方式联结，若联结规则则可得 SiO_2 晶体，无规则堆积则成类似于玻璃态的 SiO_2 胶粒，构成硅凝胶的骨架。堆积时的孔隙在为水凝胶时被水填充，干凝胶时为空孔隙。图 9.12 是硅氧四面体联结成晶体 SiO_2 和玻璃态 SiO_2 的结构示意图。硅凝胶的结构类似于玻璃态 SiO_2 的结构。

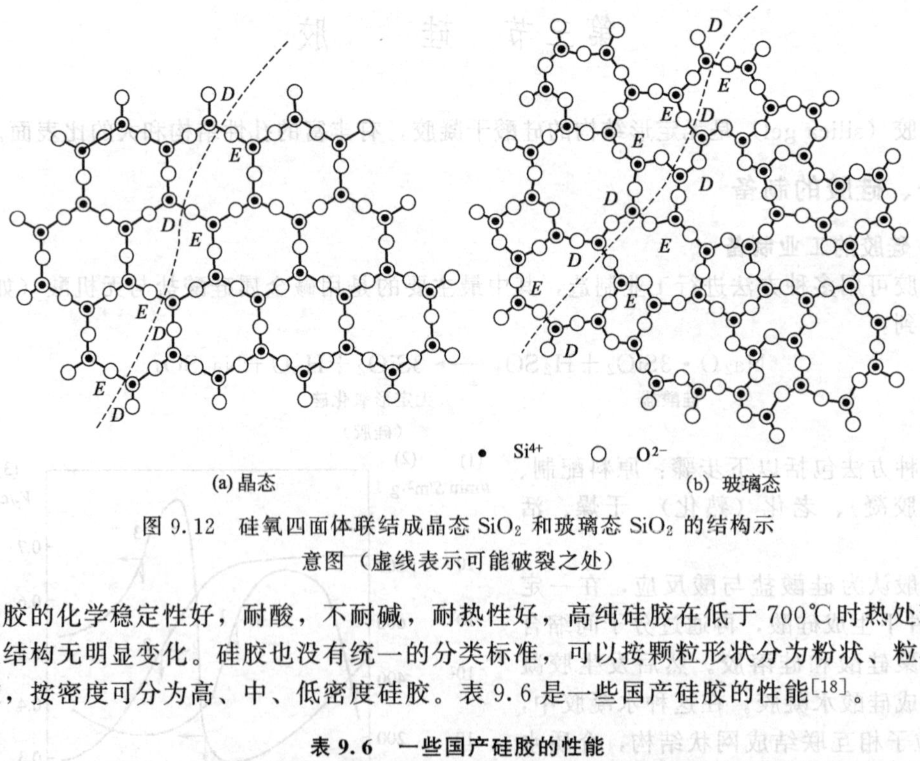

图 9.12　硅氧四面体联结成晶态 SiO_2 和玻璃态 SiO_2 的结构示意图（虚线表示可能破裂之处）

硅胶的化学稳定性好，耐酸，不耐碱，耐热性好，高纯硅胶在低于 700℃时热处理比表面和孔结构无明显变化。硅胶也没有统一的分类标准，可以按颗粒形状分为粉状、粒状、球状硅胶，按密度可分为高、中、低密度硅胶。表 9.6 是一些国产硅胶的性能[18]。

表 9.6　一些国产硅胶的性能

类　别	SiO_2 含量/%	比表面/$m^2 \cdot g^{-1}$	比孔容/$cm^3 \cdot g^{-1}$	堆密度/$cm^3 \cdot g^{-1}$	平均孔半径/nm
粗孔块状硅胶	＞98	300～400	＞0.90	0.4～0.5	4～10
细孔块状硅胶	＞99	＞600	0.35～0.45	＞0.6	1～3
粗孔微球硅胶	＞99	300～400	0.8～1.1	0.4～0.5	4～10
球形硅胶	＞99	＞500	＞0.35	0.6～0.7	2～4

三、硅胶的表面结构

1. 硅胶的表面羟基

当与水接触时，硅胶表面硅原子化学吸附水形成硅羟基，在硅羟基上可以与水分子形成氢键而发生水的物理吸附。

硅胶表面羟基主要有三种：自由羟基（free or isolated silanol group）、双生羟基（geminal hydroxyl group）和缔合羟基（associated hydroxyl group，surface hydrogen-bonded silanol group）（图 9.13）。实际上硅胶表面羟基还有多种形式[15]。

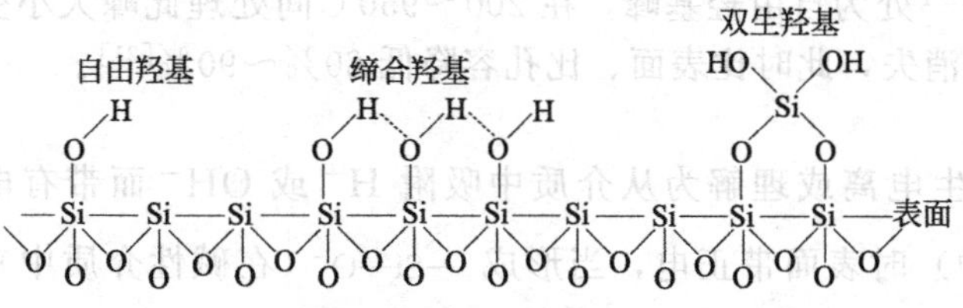

图 9.13 硅胶表面三种羟基示意图

许多研究成果证明，硅胶的吸附和催化性能与其表面羟基浓度（单位表面上羟基的数目）和羟基类型有关。二氧化硅表面羟基浓度与热处理温度的关系如图 9.14 所示[21]。图中多个实验室的结果均落在阴影区内说明，表面羟基浓度只与处理温度有关，而硅胶的来源无大影响。

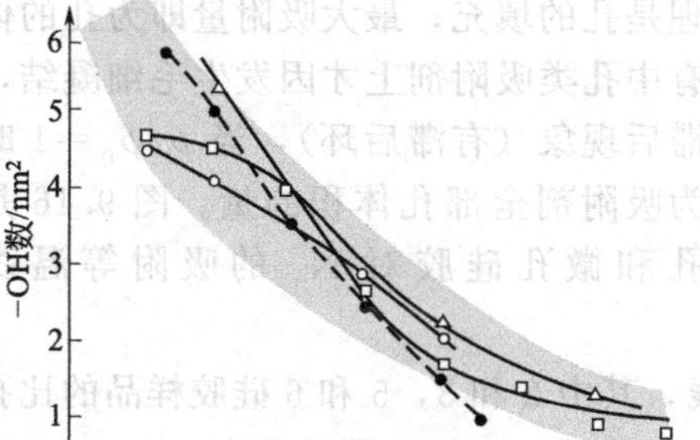

图 9.14 SiO_2 表面羟基浓度与热处理温度的关系

□ SiO_2 在 700℃脱水后再水化，在空气中加热[19]；

○ SiO_2 在 700℃脱水后再水化，在真空中加热[19]；

● SiO_2 在不同温度处理（空气中）的多个实验室结果[20]；△ 作者实验室结果[21]

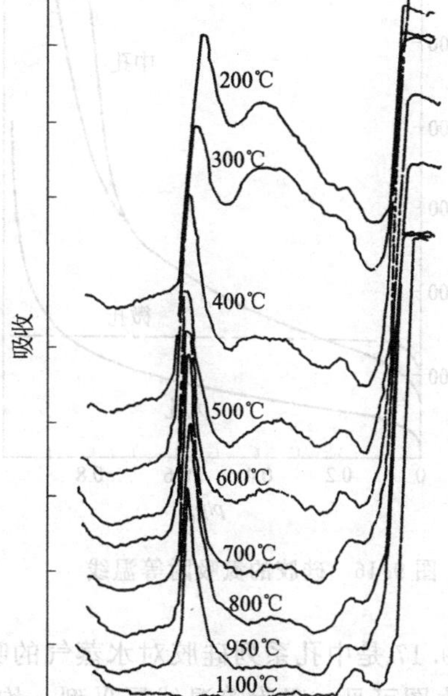

图 9.15 热处理温度对去灰硅胶红外光谱的影响

2. 硅胶表面的水

硅水凝胶中的水及中孔、大孔、硅胶颗粒间缝隙中毛细凝结的水与通常意义的水无异，均可认为是自由水。硅胶表面物理吸附的水一般也认为是自由水，这种自由水大部分在120℃空气中干燥即可除去，毛细凝结的自由水则常要在180℃方可除净。化学吸附的水（硅胶表面羟基形成），在100～200℃空气中干燥很难除去。除去化学吸附水实际上就是脱羟基，多数人认为，脱羟基需在真空中＞200℃以上方可进行。

图 9.15 是一种自制硅胶在不同处理温度的红外光谱图。由图可知，随处理温度升高，在约 3500cm^{-1}处缔合羟基吸收峰迅速减小，至 950℃时该峰方完全消失。同时测定出比表面减小约 1/4。约 3750cm^{-1}处为自由羟基峰，在 200～950℃间处理此峰大小变化很小，温度达 1100℃自由羟基完全消失，此时比表面、比孔容降低 80%～90%[21]。

3. 硅胶表面的电性质

在水中硅羟基可以发生电离或理解为从介质中吸附 H^+ 或 OH^- 而带有电荷，当形成 $\equiv Si—OH_2^+$（在酸性介质中）时表面带正电，当形成 $\equiv Si—O^-$（在碱性介质中）时表面带负电。决定电势的离子是 H^+ 和 OH^-。大多数硅胶的等电点约在 pH 2 附近。故当介质 pH＞2 时表面带负电，但实验证明，当 pH＞7 时硅胶 ζ 电势的负值才明显增大，即表面电荷密度明显增大，这是在 pH 7～8 时胶凝最快的原因（粒子间斥力不大）。硅胶表面带电也是其吸附某些离子的一个原因。

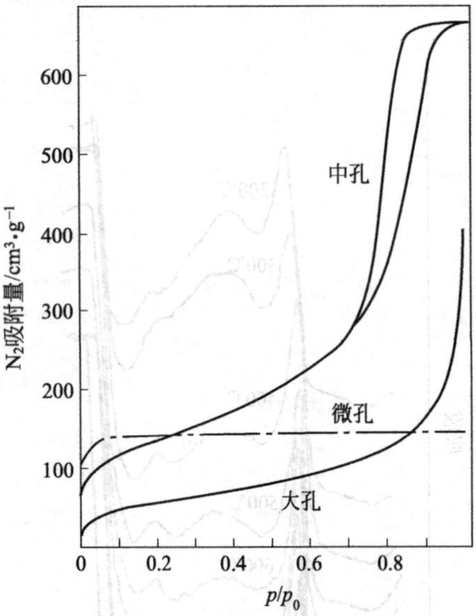

图 9.16 硅胶的氮吸附等温线

四、硅胶的吸附性质

1. 气体和蒸气的吸附

硅胶表面有硅羟基，硅胶是极性吸附剂，硅胶有丰富的孔结构。极性和芳香族气体分子可与硅胶表面羟基形成氢键而吸附，这类吸附的吸附量与表面羟基浓度大小有关。硅胶表面的孔又可使吸附质分子在一定压力下发生毛细凝结，增大吸附量（通常将毛细凝结的吸附质也算在吸附量里）。毛细凝结与吸附剂孔大小有关，当孔很大时可视为平表面，故无毛细凝结发生，很细的孔吸附机理是孔的填充，最大吸附量即为孔的体积量。只有中孔类吸附剂上才因发生毛细凝结，而有吸附滞后现象（有滞后环），当 $p/p_0=1$ 时之吸附量为吸附剂全部孔体积的量。图 9.16 是大孔、中孔和微孔硅胶对 N_2 的吸附等温线示意图。

图 9.17 是中孔系列硅胶对水蒸气的吸附等温线，其中 2 和 3，5 和 6 硅胶样品的比孔容相等。由图可见，吸附等温线属Ⅳ型，均有滞后环。2 和 3，5 和 6 号硅胶在 $p/p_0=1$ 时之吸附量相等（即比孔容相等）。8 号硅胶的孔半径为 2.2nm，滞后环不很明显。

一些研究结果证明，硅胶表面的自由羟基与吸附质分子形成氢键是吸附的重要原因，据此，第一层的吸附量就与表面自由羟基浓度有关。

2. 液相吸附

作为极性吸附剂，硅胶易自非极性溶剂中吸附极性物质，如自非极性有机溶剂中吸附水和有机小分子极性物（如乙醇）。硅胶自非极性溶剂中吸附某一极性有机物时，吸附量随溶

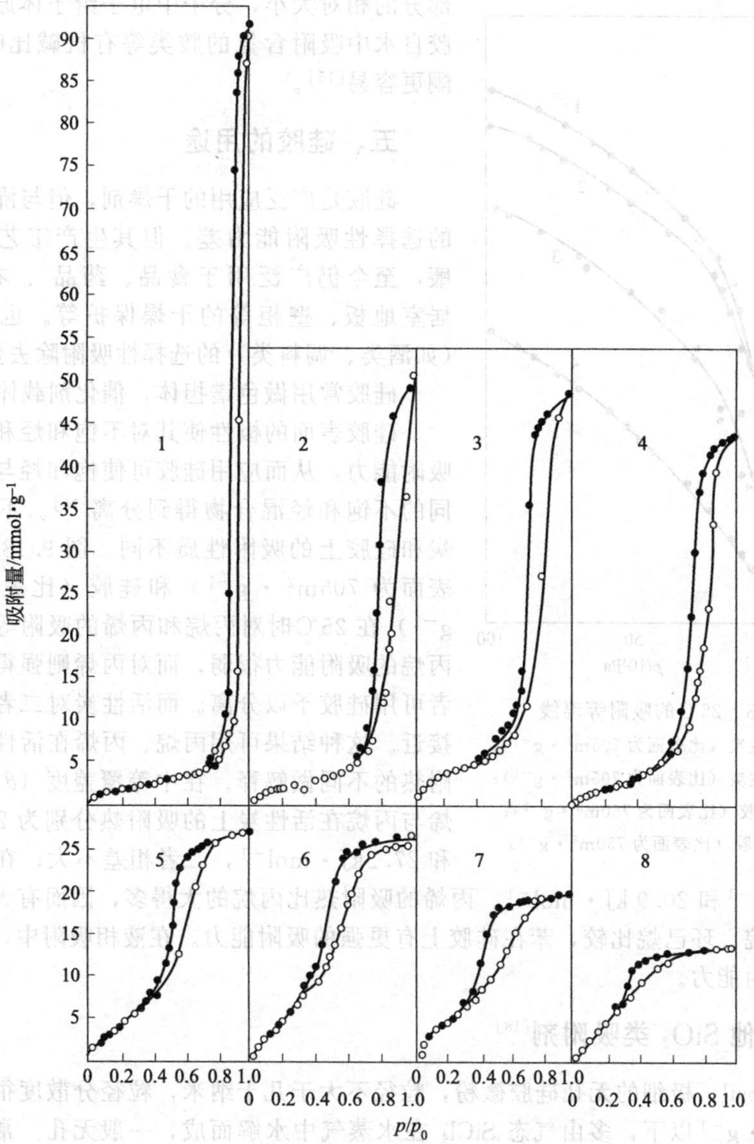

图 9.17 在 8 种硅胶上水蒸气的吸附等温线

8 种硅胶的孔半径：1—21.0nm；2—10.2nm；3—8.2nm；4—7.5nm；5—3.8nm；6—3.1nm；7—2.9nm；8—2.2nm

剂极性增大而减小。

硅胶自水溶液中吸附有机分子时情况较复杂：既要考虑有机分子可能与硅胶表面的作用，也要考虑水与表面强烈亲和作用和在水存在下表面可能带有电荷的作用。例如硅胶自醇和水的混合液中吸附醇时，水在硅胶表面形成富水相，随着溶液中水含量的增加醇的吸附量减小。

与自气相中吸附类似，硅胶的自由羟基在液相吸附中也起主要作用。证据之一是，当缔合羟基浓度变化、自由羟基浓度不变时硅胶自非极性的环己烷中吸附环己酮的极限吸附量保持不变，而自由羟基浓度降至零时，其对环己酮的吸附量也降至零[22]。有机物形成氢键的相对效率是其吸附能力大小的相对量度，相对效率越大，越容易被吸附。化合物形成氢键的相对效率涉及多种因素，其中氢键的强度无疑是最重要的，此外还涉及分子中极性和非极性

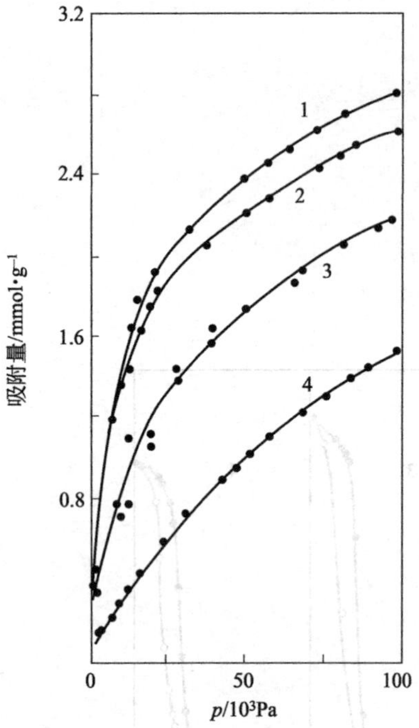

图 9.18 25℃的吸附等温线

1—丙烯-活性炭（比表面为 $705m^2 \cdot g^{-1}$）；
2—丙烷-活性炭（比表面为 $705m^2 \cdot g^{-1}$）；
3—丙烯-硅胶（比表面为 $750m^2 \cdot g^{-1}$）；
4—丙烷-硅胶（比表面为 $750m^2 \cdot g^{-1}$）

部分的相对大小，分子中电子给予体原子数目等。硅胶自水中吸附含氮的胺类等有机碱比吸附含氧的醇、酮更容易[15]。

五、硅胶的用途

硅胶是广泛应用的干燥剂，但与沸石比较其对水的选择性吸附能力差。但其生产工艺简单，价格低廉，至今仍广泛用于食品、药品 、衣物、美术品、居室地板、壁柜等的干燥保护等。也用于液态食品（如酒类、调料类）的选择性吸附除去蛋白质等杂质。

硅胶常用做色谱担体，催化剂载体和催化剂。

硅胶表面的极性使其对不饱和烃和芳烃有选择性吸附能力，从而应用硅胶可使饱和烃与其碳原子数相同的不饱和烃混合物得到分离[14]。不饱和烃在活性炭和硅胶上的吸附性质不同。图 9.18 是活性炭（比表面为 $705m^2 \cdot g^{-1}$）和硅胶（比表面为 $750m^2 \cdot g^{-1}$）在 25℃时对丙烷和丙烯的吸附等温线。硅胶对丙烷的吸附能力很弱，而对丙烯则强得多，这就使二者可用硅胶予以分离。而活性炭对二者的吸附能力很接近。这种结果可用丙烷、丙烯在活性炭和硅胶上吸附热的不同做解释。在中等覆盖度（$\theta=0.5$）时，丙烯与丙烷在活性炭上的吸附热分别为 $26.0kJ \cdot mol^{-1}$ 和 $27.2kJ \cdot mol^{-1}$，二者相差不大；在硅胶上分别为 $30.6kJ \cdot mol^{-1}$ 和 $20.9\ kJ \cdot mol^{-1}$。丙烯的吸附热比丙烷的大得多，因而有大的吸附量。

与正己烷、环己烷比较，苯在硅胶上有更强的吸附能力。在液相吸附中，硅胶也有对芳烃选择性吸附能力。

六、其他 SiO_2 类吸附剂[18]

（1）aerosil 极细的无孔硅胶微粉，粒径不大于几十纳米，粒径分散度很窄，比表面通常在 $200m^2 \cdot g^{-1}$ 以下，多由气态 $SiCl_4$ 在水蒸气中水解而成，一般无孔。常作为无孔性极性吸附剂或液体增稠剂应用。

（2）白炭黑 高温下边搅拌边将硫酸加入水玻璃溶液中形成的微米级孔性氧化硅微粉，比表面在 $200m^2 \cdot g^{-1}$ 以下，堆密度小，碱离子杂质多。可作为吸附剂、橡胶填充剂、农药稀释剂、粉体增流剂、防固结剂等。

（3）硅溶胶 硅酸多分子聚合形成的胶体溶液，SiO_2 粒子约为 7～20nm。分散介质多为水，称为硅酸水溶胶。

硅溶胶可用酸中和可溶性硅酸盐制备，实验室常用四氯化硅水解法和正硅酸酯水解法制备。硅溶胶多为单分散、非孔性、大表面的氧化硅粒子，常作为黏合剂、涂覆剂、催化剂载体应用。国产催化剂载体用硅溶胶性能见表 9.7。

表 9.7 国产催化剂载体用硅溶胶的性能指标

项 目	指 标	项 目	指 标
外观	蓝白色半透明液体	pH	9～9.5
相对密度	1.28～1.29	SiO_2 含量/%	39.5～41

续表

项 目	指 标	项 目	指 标
黏度/Pa·s	10^{-2}	Cl^-含量/%	0.02
粒径/nm	18～22	SO_4^{2-} 含量/%	0.02
Na^+含量/%	0.1		

【例 4】 正硅酸乙酯水解法制备硅溶胶

取市售正硅酸乙酯 2mL，加入到 50mL、95%的乙醇中，混合均匀后，边搅拌边滴加 0.03mol·L^{-1} NaOH 3mL。可得粒径较均匀的硅溶胶。粒径大小与搅拌和滴加 NaOH 溶液速度有关。

(4) 多孔玻璃　以硼硅酸钠为主要成分的玻璃在熔融状态缓慢冷却分离成氧化硼和氧化硅两相。用酸浸蚀除去氧化硼，生成细孔氧化硅。再用碱浸蚀除去孔中残留无定形氧化硅，得多孔玻璃。利用这种方法可制成多孔膜，用做滤膜。

第四节　沸石分子筛[1,14,18]

沸石分子筛是天然或人工合成的结晶铝硅酸盐，天然的称沸石（zeolite），人工合成的称分子筛（molecular sieve）或人造沸石。这两种硅铝酸盐常混称沸石分子筛。沸石分子筛有严格的结构和孔隙（孔隙大小因结构差异而有区别），可分离几何大小不同的分子，故而得名分子筛。天然沸石常温下孔隙中充满水，加热产生大量水蒸气，故称为“沸腾的石头”（沸石）。

一、沸石分子筛的化学组成与结构

分子筛的化学组成式可写为：

$$M_{2/n}O \cdot Al_2O_3 \cdot xSiO_2 \cdot yH_2O$$

式中，M 为金属阳离子，一般为 Na；n 为此阳离子价数；x 和 y 为结合的 SiO_2 和 H_2O 物质的量。$M_{2/n}O$ 与 Al_2O_3 的摩尔比为 1。SiO_2 与 Al_2O_3 的摩尔比称为硅铝比。类型不同，硅铝比不同。硅铝比越高，分子筛的热稳定性和化学稳定性越好。

分子筛的基本结构单元是硅氧四面体和铝氧四面体，在这两种四面体中硅和铝为中心原子。四个这种四面体结合成的立体和平面结构图像如图 9.19 所示。

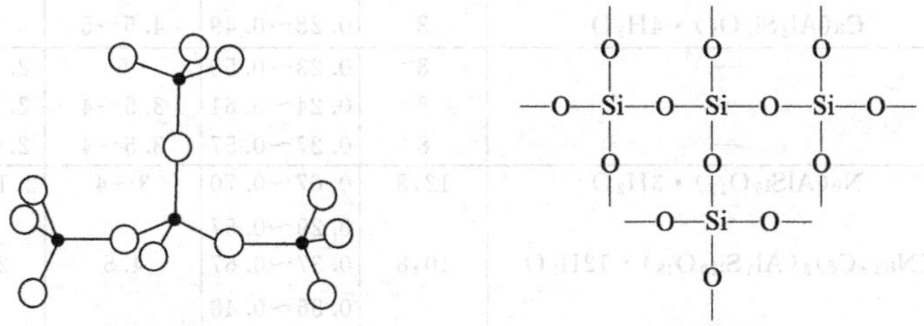

(a) 立体　　(b) 平面

图 9.19　四个硅氧四面体结合的立体和平面结构图像

● 硅原子；○ 氧原子

在铝氧四面体中因铝为+3 价，与周围四个氧成键后铝氧四面体带负电荷（−1），故铝氧四面体周围必有一正电荷离子中和其负电荷，以保持其电中性，如 Na^+ 即为起中和作用的阳离子。

通过氧原子连接的四面体形成环，多边形的环又通过氧桥连接成三维空间结构的笼。笼为中空结构，笼的形式有多种，其中β、α、八面沸石笼最为重要。

A型分子筛的晶体结构和α笼如图9.20所示。X型和Y型分子筛的晶体结构和八面沸石笼如图9.21所示。

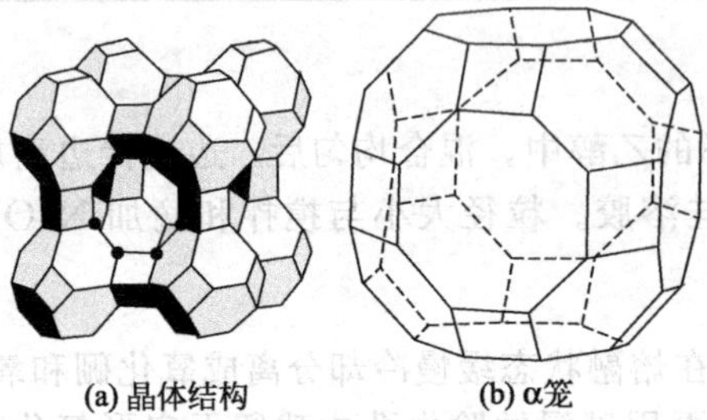

图9.20　A型分子筛的晶体结构和α笼

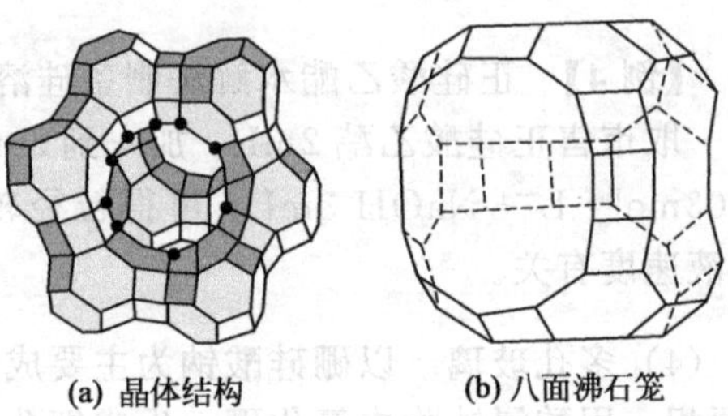

图9.21　X型、Y型分子筛的晶体结构和八面沸石笼

二、沸石分子筛的分类与命名

沸石分子筛分类至今无统一标准。

天然沸石可按结构分类（表9.8）。

表9.8　天然沸石的分类及性质

类别	沸石名称	化学组成	形成孔口四面体数	孔直径/nm	硬度	密度/g·cm⁻³	颜色
方沸石类	方沸石	$Na(AlSi_2O_6)\cdot H_2O$	8	0.26	5～5.5	2.2～2.3	白，无色
钠沸石类	钠沸石	$Na_2(Al_2Si_3O_{10})\cdot 2H_2O$	8	0.26～0.39	5～5.5	2.2～2.35	白，灰，黄，红
	杆沸石	$NaCa_2(Al_5Si_5O_{20})\cdot 6H_2O$	8	0.26～0.39	5～5.5	2.3～2.4	白，红，绿
	钡沸石	$Ba(Al_2Si_3O_{10})\cdot 3H_2O$	8	0.35～0.39	4～4.5	2.7～2.8	白，绿，粉
菱沸石类	菱沸石	$Ca_2(Al_4Si_8O_{24})\cdot 13H_2O$	8	0.37～0.50	4～5	2.1～2.2	白，红，肉色
	钠菱沸石	$Na_2(Al_2Si_4O_{12})\cdot 6H_2O$	12	0.43	4.5	2～2.1	浅黄，绿，白，红
	毛沸石	$(Ca,K_2,Mg)_{4.5}\cdot(Al_9Si_{27}O_{72})\cdot 27H_2O$	8	0.36～0.48	—	2.02～2.08	白
	插晶菱沸石	$Ca(Al_2Si_4O_{12})\cdot 6H_2O$	8	0.35～0.51	4～4.5	2.1～2.2	白，灰，黄，粉
钠十字沸石类	钠十字沸石	$(K,Na)_5(Al_5Si_{11}O_{32})\cdot 10H_2O$	8	0.28～0.48	4～4.5	2.15～2.2	白，红
	水钙沸石	$Ca(Al_2Si_2O_8)\cdot 4H_2O$	8	0.28～0.49	4.5～5	2.27	白，红，灰
片沸石类	锶沸石	—	8	0.23～0.50	5	2.1～2.5	白，黄，灰
	片沸石	—	8	0.24～0.61	3.5～4	2.1～2.2	白，灰，红，褐
	辉沸石	—	8	0.27～0.57	3.5～4	2.0～2.2	白，黄，红，褐
丝光沸石类	丝光沸石	$Na(AlSi_5O_{12})\cdot 3H_2O$	12,8	0.67～0.70 0.29～0.57	3～4	2.1～2.15	白，浅黄，粉
	环晶石	$(Na_2,Ca)_2(Al_4Si_{20}O_{48})\cdot 12H_2O$	10,8	0.37～0.67	4.5	2.165	—
	柱沸石	—	10,8	0.36～0.48 0.32～0.53	4～4.5	2.21	白
	镁碱沸石	—	10,8	0.37～0.44 0.43～0.55	3～3.25	2.14～2.21	—
	粒硅铝锂石	—	8	0.34～0.48 0.32～0.49	6	2.29	—
八面沸石类	八面沸石	$(Na_2,Ca)_{30}(Al\cdot Si)_{192}O_{384}\cdot 260H_2O$	12	0.74	5	1.92	白
	方碱沸石	—	8	0.39	5	2.21	—

人工合成分子筛多达百种，有不同的表示方法。但真正达到工业规模生产并有工业应用的主要有A型、X型、Y型等。表9.9中列出常见合成分子筛的一些性质。用离子交换法制备的分子筛，常将交换离子标于交换分子筛类型之前命名。如用Ca^{2+}交换普通的4A分子筛，若有2/3 Na^+被Ca^{2+}交换，得CaA型（5A）分子筛。有的分子筛用与最初研制公司的有关名称缩写来命名，如ZSM-5分子筛的ZSM是Zeolite Socony Mobil的字头缩写，而其中Socony又是由Standard Oil Company of New York的字头字母拼写而成。常见分子筛的化学组成经验式如下：

3A型 $K_2O \cdot Al_2O_3 \cdot 2SiO_2 \cdot 4.5H_2O$

4A型 $Na_2O \cdot Al_2O_3 \cdot 2SiO_2 \cdot 4.5H_2O$

5A型 $0.66CaO \cdot 0.33Na_2O \cdot Al_2O_3 \cdot 2SiO_2 \cdot 6H_2O$

13X型 $Na_2O \cdot Al_2O_3 \cdot 2.5SiO_2 \cdot 6H_2O$

Y型 $Na_2O \cdot Al_2O_3 \cdot 5SiO_2 \cdot 9.4H_2O$

丝光沸石型 $Na_2O \cdot Al_2O_3 \cdot 10SiO_2 \cdot 5H_2O$

ZSM-5 $(0.9 \pm 0.2)Na_2O \cdot Al_2O_3 \cdot (5 \sim 100)SiO_2 \cdot (0 \sim 40)H_2O$

表9.9 常见的合成分子筛的类型及性质

型号	3A KA	4A NaA	5A CaA	13X NaX	10X CaX	Y	ZSM
硅铝比	2.0	2.0	2.0	2.3～3.3		3.3～3.6	>40
孔直径/nm	0.3	0.4	0.5	0.8～1.0	0.8～0.9	1.0	长轴0.70 短轴0.50
极限吸附体积/$cm^3 \cdot g^{-1}$		0.205	0.223	0.238	0.235		

三、沸石分子筛的吸附性质

根据沸石分子筛的结构和表面性质可知，沸石分子筛有大的比表面和微孔体积；分子筛孔径均匀，并与普通分子大小接近；分子筛内晶表面高度极化，有强大的静电场，并有可交换的金属阳离子。

由于这些性质沸石分子筛是优良的吸附剂，特别是对水等极性小分子有强烈吸附能力，对于临界直径小于其孔径的分子，极性强、不饱和度大的小分子有选择吸附能力，对个别极性分子还有化学吸附能力。对大多数物质，沸石分子筛主要以物理力吸附（即为物理吸附）。

1. 对吸附分子的筛分作用

常用吸附剂（活性炭、硅胶等）孔径分布较宽，对吸附质的吸附量多只与平衡压力（或浓度）及吸附剂表面积大小有关，难以对不同大小的分子有选择性吸附能力。而沸石分子筛的孔径规则均匀，只有那些比孔径小的分子才能被吸附。如5A分子筛孔直径为0.5nm，正丁烷和异丁烷的分子直径分别为0.49nm和0.56nm，故5A分子筛只能吸附正丁烷，异丁烷的吸附量很小。

据此，Barrer（从1948年开始，他的实验室对分子筛的合成进行了开创性的工作[23,24]，完成了丝光沸石、菱沸石、方沸石、钠十字沸石、八面沸石、锶沸石、钡沸石的合成）将分子筛进行了分类：

3A分子筛只能吸附水。

4A分子筛可吸附H_2S、CS_2、CO_2、NH_3、低级二烯烃和炔烃、乙烷、乙烯、丙烯，低温下还可吸附甲烷、氖、氩、氪、氙、氮、CO。

5A分子筛可吸附饱和烃和醇，能吸附正己烷（直径0.49nm）不能吸附环己烷（直径0.51nm）和苯（直径0.60nm）。

X 型和 Y 型分子筛孔直径大得多，可吸附各种烃、有机含硫和含氮的化合物（如硫醇、噻吩、呋喃、吡啶等）、卤代烃（如氯仿、四氯化碳、氟里昂）、戊硼烷等。10X 和 13X 型分子筛虽孔大小接近，但所含阳离子不同，10X(CaX) 对芳烃及其支链衍生物无吸附能力。

表 9.10 中列出一些分子的临界直径。

表 9.10 部分分子的临界直径 d 和分子长度 l

物质	d/nm	l/nm	物质	d/nm	l/nm
氦	0.2	—	乙烯	0.40	0.46
氩	0.39	—	丙烯	0.40	0.65
氪	0.44	—	乙炔	0.24	—
氮	0.37	0.41	苯	0.60	—
氢	0.24	0.31	甲苯	0.67	—
氧	0.34	0.39	甲醇	0.40	—
一氧化碳	0.28	0.41	乙醇	0.47	0.59
二氧化碳	0.31	0.41	正丁醇	0.58	—
氨	0.36	—	乙酸	0.51	—
水	0.27	—	乙醚	0.51	—
甲烷	0.38	—	环氧乙烷	0.42	—
乙烷	0.40	0.46	四氯化碳	0.69	0.71
丙烷	0.49	0.65	氯	0.82	0.85
正丁烷	0.49	0.78	1,3,5-三乙苯	0.82	—
正戊烷	0.49	0.90	三丙胺	0.87	—
异丁烷	0.56	—	六乙苯	1.00	—
异戊烷	0.56	—			

显然，分子筛的上述吸附性质是机械性的未涉及分子筛的表面性质（参见第七章第五节）。

2. 分子筛的选择性吸附能力

分子筛表面有金属阳离子或经交换后的其他阳离子，在水中表面带有电荷。因此，分子筛属极性吸附剂，对极性分子和不饱和分子有更强的吸附能力。

分子筛对炔烃，特别是乙炔有强选择性吸附能力，实验证明，即使在乙炔与乙烯混合气中乙炔含量小时，5A 分子筛也可使乙炔富集。这是因为乙炔分子有大的四极矩，其与分子筛中的阳离子有明显的相互作用。在乙炔浓度低时分子筛对乙炔的吸附表现出比活性炭和硅胶更大的优势。图 9.22 是 5A 分子筛、活性炭、硅胶对乙炔的吸附等温线[14]。由图可见，

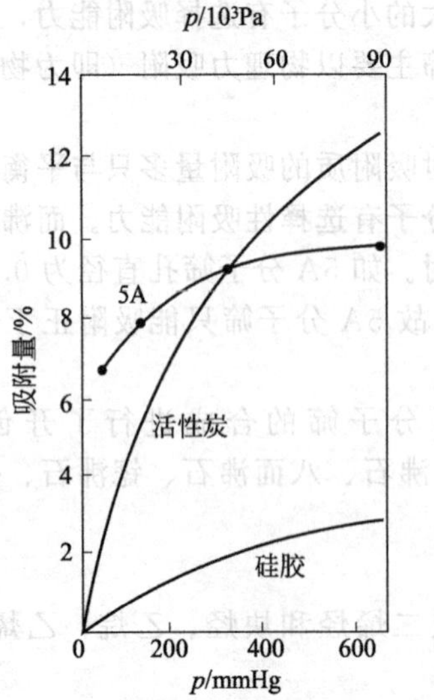

图 9.22 5A 分子筛、活性炭、硅胶对乙炔的吸附等温线（20℃）

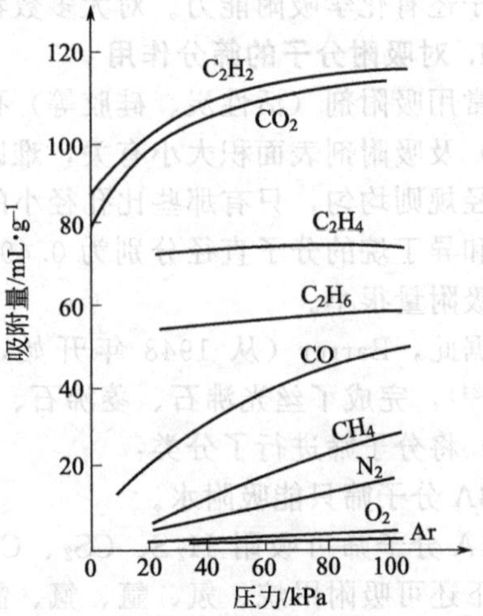

图 9.23 一些气体在 4A 分子筛上的吸附等温线（0℃）

在 20℃时在不大的压力下乙炔在 5A 上的吸附量已接近最大吸附量值。因此在低浓度的乙炔混合气中，分子筛对乙炔的吸附能力常比细孔活性炭高 1～2 倍，吸附温度升高，差距更大。5A 分子筛从各种工业混合气中都能优先吸附乙炔，只有 CO_2-乙炔混合气是例外，二者吸附能力较为接近，这是因为 CO_2 分子也有很大的四极矩。多种气体在 4A 分子筛上的吸附等温线如图 9.23 所示。

分子筛对芳香烃也有选择性吸附能力。当分子筛孔径较大，各种分子均可以通过时，这种对芳烃的选择性吸附能力成为一种分离手段。例如，用 13X 分子筛从气相中吸附，20℃，$p=266$Pa（2mmHg），苯的吸附量为 0.175 $g \cdot g^{-1}$，环己烷的吸附量为 0.05$g \cdot g^{-1}$。图 9.24 是 X 型分子筛、几种活性炭和几种硅胶从苯的环己烷稀溶液中吸附苯的等温线（25℃）。由图可见 13X 和 10X 分子筛的吸附等温线是陡升的，吸附能力与细孔活性炭吸附能力接近，两种硅胶从环己烷中吸附苯的能力比 X 型分子筛差得多。使用分子筛吸附分离法分离芳烃有实际意义。在通过苯加氢制备的环己烷中常含微量苯，有些以环己烷为原料制备化工产品或进行某种研究需除去残留的苯。而苯和环己烷沸点接近，精馏法难以分离。用直径 1cm，长 25cm 的圆柱内填 0.5～1mm 粒径的13X 分子筛将 0.5%、1%、5%苯的环己烷溶液流过，流出液用光谱法检测未发现苯，故纯度已达 99.999%。

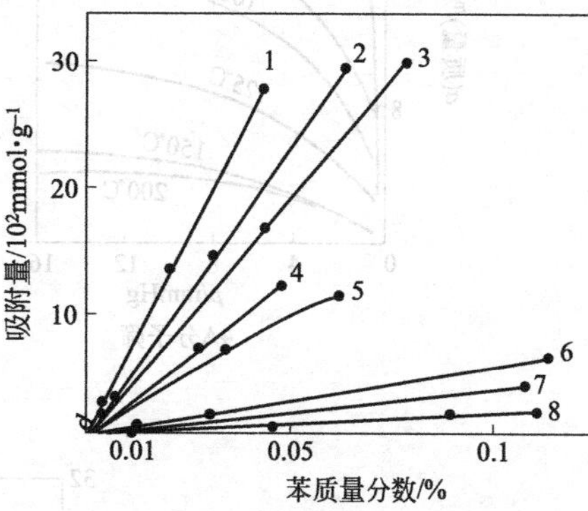

图 9.24 几种吸附剂从苯的环己烷稀溶液中吸附苯的等温线（25℃）

1—细孔活性炭；2—13X 分子筛；3—10X 分子筛；4—活性炭；5—炭；6—硅胶-1；7—4A 分子筛；8—硅胶-2

3. 分子筛对水的吸附

对水的吸附有以下特点。

（1）在低的压力下就有大的吸附量 水蒸气压力很低时等温线就急剧上升，甚至在 1～2mmHg(1mmHg=133.322Pa) 压力下已接近最大吸附量。图 9.25 是 4A、5A、13X 分子筛对水蒸气的吸附等温线。表 9.11 中列出 13X 分子筛与硅胶、氧化铝吸附水蒸气能力的比较。由表中数据可见在低压时分子筛吸附水的优越性。

表 9.11 13X 分子筛与硅胶、氧化铝吸附水蒸气能力比较（25℃）

吸附剂	压力/Pa(mmHg)				
	0.133 (10^{-3})	1.33 (10^{-2})	13.3 (0.1)	133 (1)	1330 (10)
13X 分子筛	3.5	9.0	18.0	20.0	25.0
氧化铝	1.5	2.0	3.0	5.0	14.0
细孔硅胶	0.2	0.4	1.2	5.0	25.0

（2）与其他吸附剂比较，温度较高时（如 100℃）分子筛仍有较大的水蒸气的吸附量 图 9.26 是 5A 分子筛、硅胶、氧化铝在 1330Pa(10mmHg) 时对水蒸气吸附的等压线。由图可见，在 1.3kPa 和 100℃时 5A 分子筛可吸附水蒸气 0.15～0.16$g \cdot g^{-1}$，甚至在 200℃还有显著吸附量（0.04 $g \cdot g^{-1}$），在此温度下硅胶和氧化铝的吸附量已近于零。因此，用分子筛作为干燥剂可以不必待被干燥气体冷却就可用分子筛除水汽，从而可节省能源，简化工业装置。

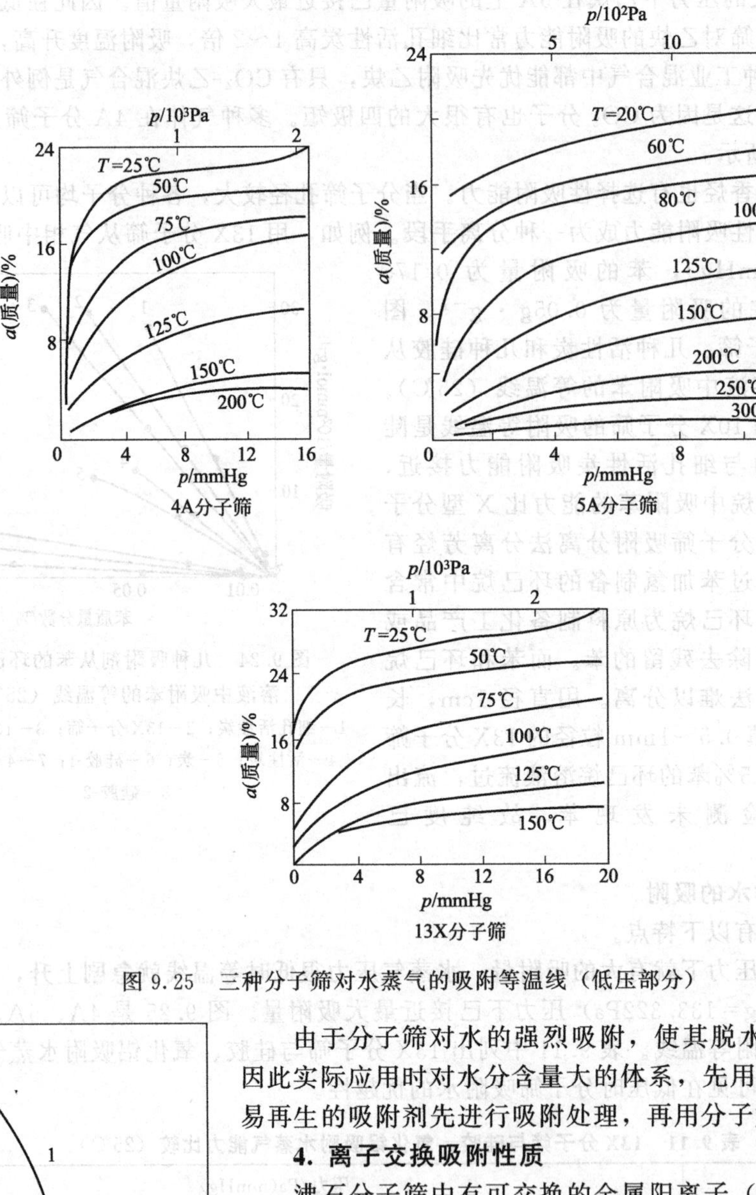

图 9.25　三种分子筛对水蒸气的吸附等温线（低压部分）

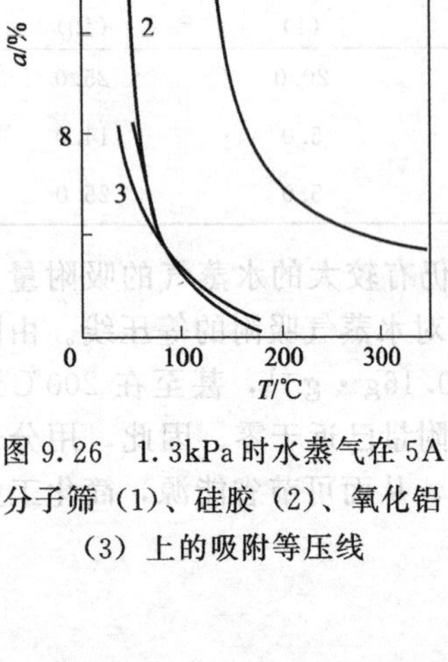

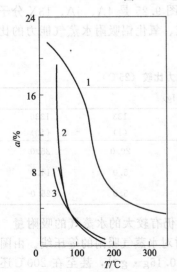

图 9.26　1.3kPa 时水蒸气在 5A 分子筛（1）、硅胶（2）、氧化铝（3）上的吸附等压线

由于分子筛对水的强烈吸附，使其脱水再生比较困难。因此实际应用时对水分含量大的体系，先用普通的较便宜的易再生的吸附剂先进行吸附处理，再用分子筛做深度干燥。

4. 离子交换吸附性质

沸石分子筛中有可交换的金属阳离子（如天然沸石中可能有 Na^+、K^+、Ca^{2+}、Mg^{2+} 等，合成分子筛中主要是 Na^+），沸石分子筛经适当的离子交换后可使其孔径大小、热稳定性、表面电性质、吸附性质、催化性质有一定变化，而这些性质直接影响其实际应用。

离子交换也是吸附作用。沸石分子筛的离子交换一般都在水溶液中进行。

沸石分子筛的阳离子交换能力由离子的性质（离子水合作用和离子价数）、沸石分子筛的类型、被交换离子在沸石分子筛中的位置决定。

离子交换对沸石分子筛性质的影响最明显的是孔径的变化和催化性质的改变。如 4A 沸石经 K^+ 交换得 3A 沸石，经 Ca^{2+} 交换得5A沸石。13X和10X分子筛作为裂化催化剂时选择性和热稳定性都不好，但若用 H^+、多价阳离子，特别是稀土金属离子交换后可大大提高其对裂化反应的催化活性、选择性和热稳定性。这方面内容可参阅催化类书刊。

四、新型分子筛[25,26]

目前新型分子筛主要有：高硅铝比（高硅）分子筛，大微孔和中孔分子筛，杂原子分子筛，非晶态物质分子筛，碳分子筛等。

1. ZSM-5 高硅分子筛

ZSM-5的化学组成为：

$$(0.9\pm0.2)M_{n/2}O \cdot Al_2O_3 \cdot (5\sim100)SiO_2 \cdot (0\sim40)H_2O$$

式中M为 Na^+ 或有机铵离子。

ZSM-5最早是以 SiO_2 为原料，加入强碱性的三乙基烷基胺，水热处理后三乙基烷基胺夹在 SiO_2 晶格中，煅烧除去有机胺得三维细孔 SiO_2 晶体骨架。ZSM-5有椭圆形孔道和直筒形孔结构，主孔口为十元环，长轴0.51～0.57nm，短轴0.54nm。ZSM-5硅铝比高，热稳定性好，1100℃处理结构不破坏。因其含铝少，表面电荷密度小，羟基少，对极性分子（如水）吸附量小，有强的疏水性。

2. MCM-41

以表面活性剂液晶为模板，使硅或硅铝酸盐晶化，除去表面活性剂后得到的孔径在1.5～30nm（可调节）的六方有序孔道结构的中孔分子筛，比表面可达 $1200m^2 \cdot g^{-1}$ 以上，典型孔径为4nm。

图9.27是表面活性剂模板法制备MCM-41中孔分子筛机理示意图。其中途径A与B的区别是前者在未加入硅（铝）酸盐前模板液晶已形成，后者是硅（铝）酸盐参与模板液晶的形成。

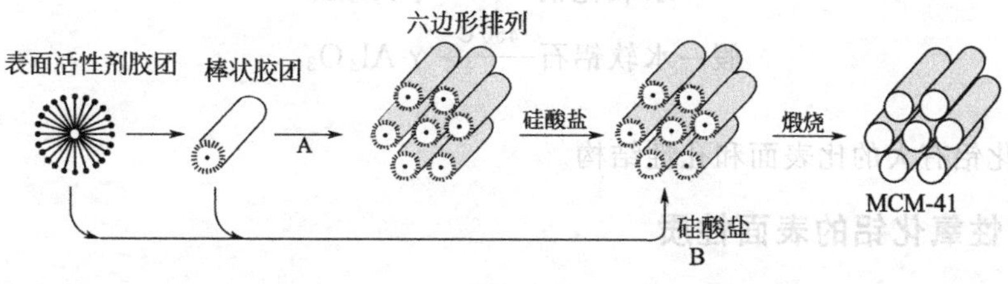

图9.27 MCM-41的模板法合成机理示意图

构成模板的表面活性剂有十六烷基三甲基溴化铵（阳离子型）、十六烷基苯磺酸钠（阴离子型）等。无机底物有水玻璃、硅溶胶、硅酸酯、钛酸酯等。

中孔分子筛合成条件苛刻（其实各种分子筛的合成都比硅胶、氧化铝等制备的条件要求严格，因为分子筛制备有晶化过程）。

中孔分子筛主要是源自催化剂的实际需要（大多数有机分子都大于1～2nm），因而中孔分子筛也主要用于研制新的催化剂。

3. 磷酸铝类大微孔分子筛

这类分子筛的基本结构单元是磷氧四面体（PO_4^+）和铝氧四面体（AlO_4^-），骨架呈中性。此类分子筛可在正磷酸和构成骨架的其他元素的氢氧化物胶体体系中加入胺类化合物作为模板剂和晶体生长剂（如氟离子），调节pH至微酸性，控制压力和温度，通过水热反应，可制出大微孔的分子筛。VPI-5是第一个有超大微孔的磷酸铝分子筛，孔径为1.2～1.3nm，能吸附苯溶液中的 C_{60}，VPI-5经400℃处理发生相变，得 $AlPO_4$-8，孔径变小。JDF-20磷酸铝分子筛在300℃处理，得 $AlPO_4$-5。一些磷酸铝分子筛的孔结构列于表 9.12 中。与磷酸铝分子筛类似的还有铝硅磷酸、磷酸镓、磷酸锆、磷酸钒等三维细孔结构的分子筛。

表 9.12　部分磷酸铝分子筛的孔结构

分子筛	孔径/nm	孔口形状	环大小
$AlPO_4$-11	0.39～0.63	椭圆	10或12皱环
$AlPO_4$-5	0.73	圆	12
$AlPO_4$-8	0.79～0.87	椭圆	
VPI-5	1.21	圆	18
JDF-20	0.62～1.45	椭圆	20

第五节　活性氧化铝

作为吸附剂的氧化铝是活性氧化铝（activated aluminium oxide）。由于 Al_2O_3 晶型复杂多样（有α、β、γ、δ、χ、κ、θ、ρ、η9种），其 γ-Al_2O_3 及χ-、η-和 γ-Al_2O_3 混合物是活性氧化铝。活性氧化铝由 $Al(OH)_3$ 煅烧而成。氢氧化铝有多种类型（如三水氧化铝，也称三水铝石、诺水铝石、拜耳石、湃铝石等；一水氧化铝，也称薄水铝石、一水软铝石、勃姆石；低结晶氧化铝水合物，也称假一水软铝石、假拜耳石等。）这些不同类型氢氧化铝在一定的温度处理可生成活性氧化铝。如

$$\text{三水氧化铝} \xrightarrow{250℃} \chi\text{-}Al_2O_3$$

$$\downarrow 200℃$$

$$\text{一水氧化铝} \xrightarrow{450℃} \gamma\text{-}Al_2O_3$$

$$\text{假一水软铝石} \xrightarrow{450℃} \gamma\text{-}Al_2O_3$$

活性氧化铝有大的比表面和孔性结构。

一、活性氧化铝的表面性质

1. 表面酸性

氢氧化铝脱水时产生能接受电子对的 Lewis 酸（L 酸）性中心和能给出电子对的 Lewis 碱（L 碱）性中心，L 酸中心吸水可成为能给出质子的 Bronsted 酸（B 酸）中心：

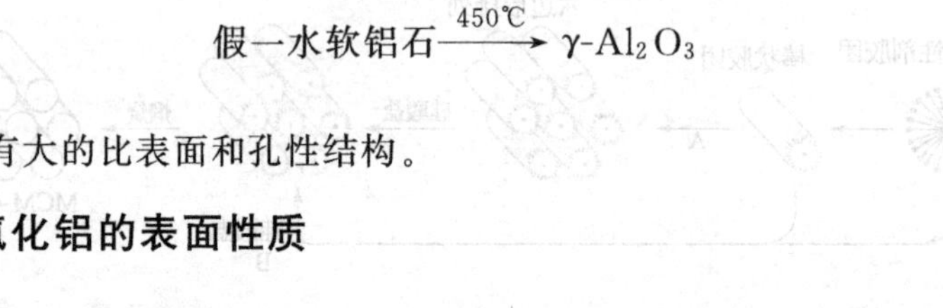

实验证明 Lewis 酸酸性比 Bronsted 酸酸性强得多。Al_2O_3 表面酸主要是 Lewis 酸。Al_2O_3 吸附水可使表面带有羟基，而且氧化铝表面羟基浓度比硅胶的高，可达10个·nm^{-2}。表面酸性和表面羟基浓度都对催化和吸附性质有影响。

2. 表面电性质

在水溶液中 Al_2O_3 表面带有电荷，带电符号及表面电荷密度与介质 pH 有关。用不同

方法测出的 Al_2O_3 的等电点约在 pH 8～9 间。Al_2O_3 等电点还与处理方法有关。如在 600～1000℃处理后陈化 1 天，等电点为 pH 6.4～6.7；而上述物料在水中陈化 7 天后变为 pH 9.1～9.5[27]。图 9.28 是 Al_2O_3 的 ζ 电势与介质 pH 关系图。由图可见在中性水中 Al_2O_3 应带正电荷，只有当 pH＞等电点时 Al_2O_3 才带负电荷。

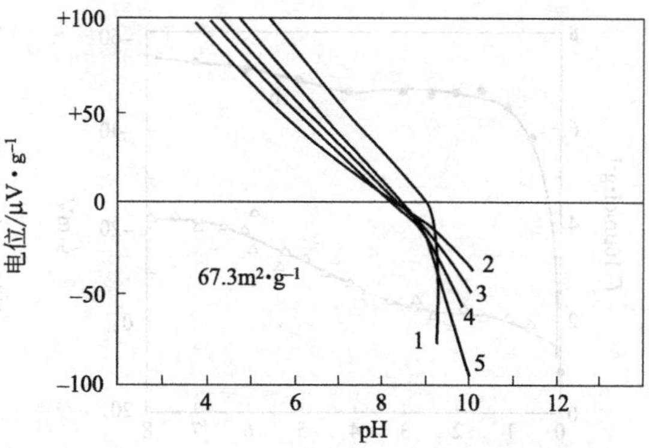

图 9.28 在不同 KCl 浓度时 Al_2O_3 表面电位与介质 pH 关系图

KCl 浓度(mol·L⁻¹)：1—1×10^{-4}；2—1×10^{-3}；3—1×10^{-2}；4—1×10^{-1}；5—1×10^{0}

二、活性氧化铝的吸附性质

氧化铝表面羟基浓度是常见氧化物类固体中最高的，而表面羟基与水分子形成氢键是水物理吸附的主要原因。活性氧化铝对水和极性气体及蒸气都有良好吸附能力，其深度干燥能力优于硅胶（但低于沸石分子筛）（表 9.13）。

表 9.13 实验室常用干燥剂除水汽效能

干净剂	空气中残余水量/g·m⁻³	干净剂	空气中残余水量/g·m⁻³
P_2O_5	2×10^{-5}	$CuSO_4$	1.4
KOH(熔融)	0.002	BaO	6.5×10^{-4}
H_2SO_4(100%)	0.003	$Mg(ClO_4)_2$	5×10^{-4}
$CaSO_4$	0.004	$Mg(ClO_4)_2\cdot3H_2O$	0.002
CaO	0.2	4A 分子筛	1×10^{-4}
$CaCl_2$(熔融)	0.36	Al_2O_3	3×10^{-3}
NaOH(熔融)	0.16	硅胶	3×10^{-2}
H_2SO_4(95.1%)	0.3		

在 Al_2O_3 表面的氧和铝上可化学吸附水形成羟基，化学吸附可引起某些反应的进行。许多实验证明硅铝催化剂对裂化反应和丙烯聚合反应速率的影响均与催化剂的总酸度有关。同样，Al_2O_3 表面酸量的变化可反映到对碱性气体氨的吸附上：酸量增大，氨的吸附量增大。实验证明在预处理温度小于 500℃时酸含量随温度升高而增大，氨的吸附量在 500℃处理的 Al_2O_3 上有最大值。

由于 Al_2O_3 等电点约为 pH 9，故在介质 pH＞9 时 Al_2O_3 表面带负电荷，pH＜9 时，表面带正电荷。在自水溶液中吸附无机或有机离子时吸附量的大小均与介质 pH 有关。从另一角度说，离子的吸附又必然影响 Al_2O_3 表面的带电符号和电动电势的大小。

【例 5】 已知 Al_2O_3 的等电点约为 pH 9，因此在 pH 5.9 时 Al_2O_3 应带正电荷，在 pH 10.4 时带负电荷，故在 pH 5.9 时应能方便地吸附十二烷基苯磺酸钠（SDBS）（阴离子型表面活性剂），在 pH 10.4 时应电性吸附阳离子型表面活性剂十四烷基氯化吡啶（TPC）。图 9.29 和图 9.30 分别是自不同 pH 水中吸附表面活性剂的吸附等温线和 Al_2O_3 粒子电动电势随表面活性剂浓度变化而改变的结果[28]。对图中结果不难用上述观点解释。并可用对硝基苯酚为溶质测出的 Al_2O_3 粒子比表面为 10.6m²·g⁻¹ 和吸附量数据对吸附层结构进行推测。

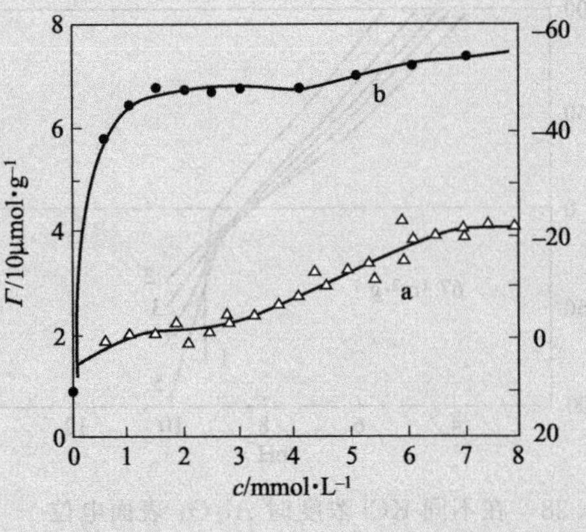

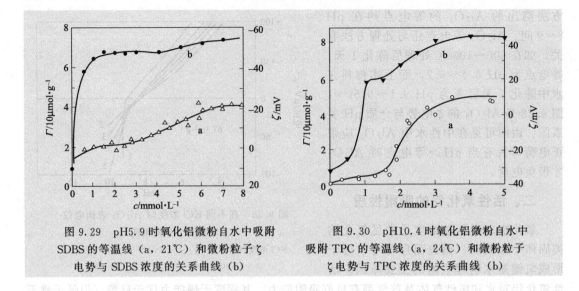

图 9.29 pH5.9 时氧化铝微粉自水中吸附 SDBS 的等温线（a，21℃）和微粉粒子 ζ 电势与 SDBS 浓度的关系曲线（b）

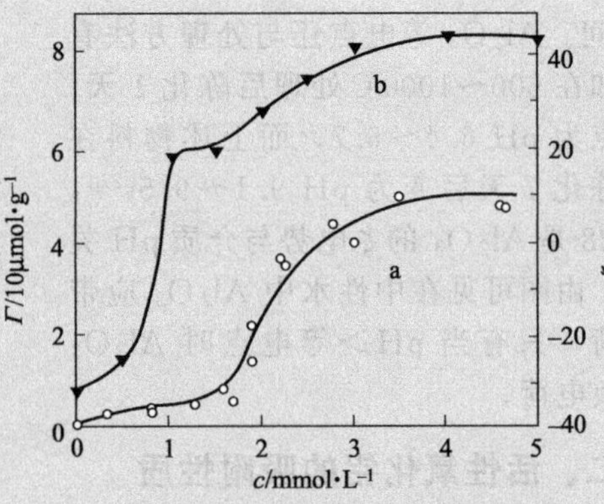

图 9.30 pH10.4 时氧化铝微粉自水中吸附 TPC 的等温线（a，24℃）和微粉粒子 ζ 电势与 TPC 浓度的关系曲线（b）

第六节 黏 土

黏土(clay）是有一定晶体结构的天然矿物质。成分和结构都很复杂，其中有一些有较大比表面和孔隙结构，可作为吸附剂应用。这类吸附剂价格低廉，有的经过后处理可大大提高其应用价值。

黏土按其结构特点可分为三类：①有膨胀晶格的层状矿物，以蒙脱土(montmorillonite，也称膨润土、班脱土）为代表；②纤维状结构的矿物，以海泡石(sepiolite)、石棉(mountain cork)、凹凸棒土(attapulgite）等为代表；③刚性晶格层状矿物，以高岭土（kaolinite，也称陶土)、滑石（talc）为代表。

在这些黏土中只有蒙脱土（包括漂白土）和海泡石等有吸附能力。

一、蒙脱土和海泡石的结构

蒙脱土的晶体结构如图 9.31 所示，蒙脱土为层状结构：两层硅氧四面体间夹一层铝氧四面体构成晶层单元，晶层间有氧原子层。晶层厚度约为 1nm，当水进入晶层可发生晶层膨胀（厚度可增大一倍)，晶层间可吸附阳离子，并可发生阳离子间的交换作用。

海泡石的结构如图 9.32 所示。海泡石为由两层硅氧四面体夹一层镁（或铝）氧四面体的晶层构成，有 0.38nm×0.94nm 的孔道，孔道中有结晶水分子和可交换的阳离子。

二、蒙脱土的吸附性质

蒙脱土有钠质和钙质两种，有微孔和中孔，比表面为几十至 $300m^2 \cdot g^{-1}$。天然即有吸附活性的蒙脱土为漂白土，大部分蒙脱土需用无机酸处理，除去部分或全部的 Ca、Mg、Fe、Al 等氧化物以使表面酸度和比表面增大。层间可交换离子被 H^+ 取代，并使晶格层间膨胀，可大大提高其吸附和离子交换能力。蒙脱土和海泡石都有很大的离子交换容量，前者可达 $74 \sim 140mmol \cdot (100g)^{-1}$，后者可达 $20 \sim 45mmol \cdot (100g)^{-1}$（对一价阳离子）。图 9.33(a) 是碱金属离子 Cs^+、Rb^+、K^+ 在 Li-蒙脱土上的离子交换等温线，交换能力依次为 $K^+ < Rb^+ < Cs^+$，这与这些离子半径大小顺序是一致的。水在 Li-蒙脱土上的吸附等温线如图 9.34 所示。在未经热处理的蒙脱土上吸附等温线为Ⅱ或Ⅳ型（缺高相对压力时数

据)，但明显比 280℃加热处理的样品上的吸附量大，这是因为加热处理后晶层间距不易再变化，晶层膨胀性减弱。这种变化也影响其离子交换能力，在热处理后的 Li-蒙脱土上一价阳离子交换能力的顺序变化为 $Cs^+ < Rb^+ < K^+$[图 9.33(b)]。蒙脱土的阳离子被大的阳离子取代，可使层间距扩大使得烃分子可以进去，如 Cs^+ 交换后正己烷的吸附量可提高 3.5 倍。实验还证明，原始蒙脱土的阳离子交换容量越大，活性白土的漂白能力越强。实际上原始态的蒙脱土或交换后含有 H^+ 和 Al^{3+} 的蒙脱土吸附活性最好，它们是吸附剂的酸性中心，可以通过化学吸附除去含氮、含硫和含氧的化合物[14,29]。

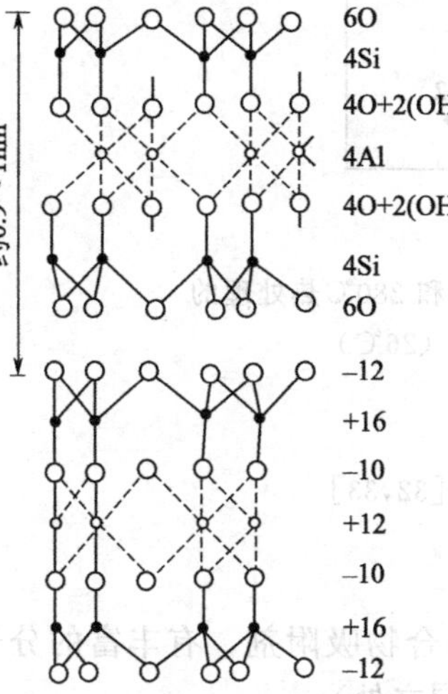

图 9.31 蒙脱土晶体结构示意

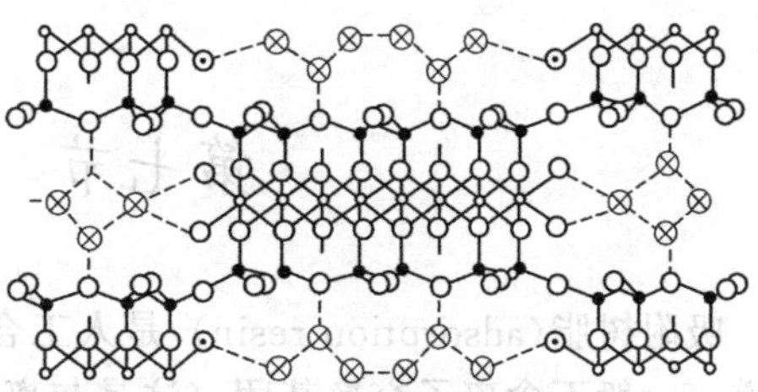
图 9.32 海泡石晶体结构示意

○ 氧；● 硅；∘ 镁或铝；⊙ 结晶水；⊗ 沸石水

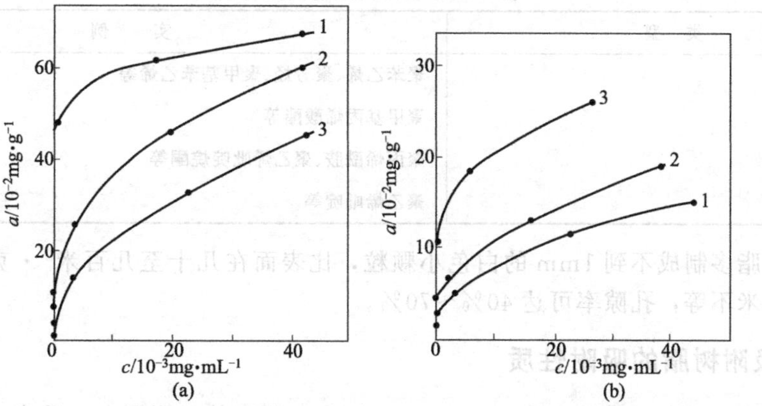

图 9.33 在普通的 (a) 和热处理过的 (b)

Li-蒙脱土上 Cs^+ (1)、Rb^+ (2)、K^+ (3) 离子交换等温线

天然黏土吸附剂主要用于各种油品、液体燃料的净化和提高质量。也用于各种酒水、植物油以及水的净化、精制。黏土吸附剂价格便宜，经开采后略加处理就可应用。

有时为改进黏土自水溶液中吸附有机物的能力，常用吸附阳离子表面活性剂的方法使其表面改性。如用吸附十六烷基三甲基溴化铵改性的蒙脱土吸附芳烃的能力可提高 10～20 倍[1,30]。

天然土壤（如西北高原的黄土）对有机物和金属离子也有一定的吸附能力。其中对离子的吸附可用黏土的表面羟基在不同 pH 时带电性质的差异和表面电荷密度大小解释[31]。

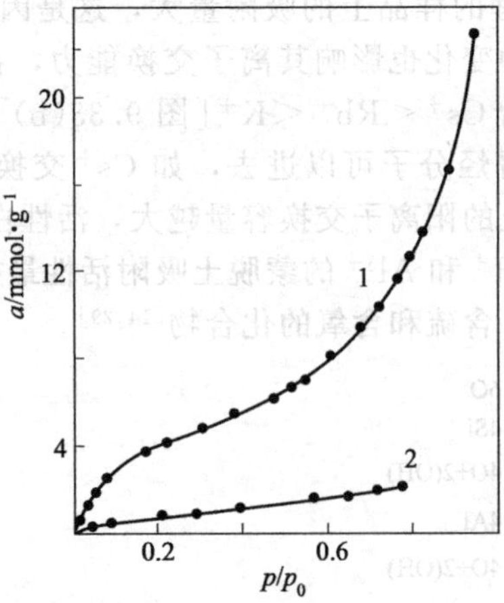

图 9.34 水蒸气在普通的 Li-蒙脱土（1）和 280℃热处理的 Li-蒙脱土（2）上的吸附等温线（26℃）

第七节 吸附树脂[32,33]

吸附树脂(adsorption resin）是人工合成的高分子聚合物吸附剂，有丰富的分子大小的通道，一般不含离子交换基团（这是与离子交换树脂不同之处）。

吸附树脂按其有机基团的性质可分为非极性、中极性、极性和强极性类型（表 9.14）。

表 9.14 吸附树脂的类型与实例

类 型	实 例
非极性	聚苯乙烯、聚芳烃、聚甲基苯乙烯等
中极性	聚甲基丙烯酸酯等
极性	聚丙烯酰胺、聚乙烯吡啶烷酮等
强极性	聚乙烯吡啶等

吸附树脂多制成不到 1mm 的白色小颗粒，比表面在几十至几百米^2 · 克$^{-1}$，孔直径为几至几十纳米不等，孔隙率可达 40%～70%。

一、吸附树脂的吸附性质

吸附树脂吸附主要作用力是 van der Waals 力，因而其吸附脱色、除臭，从水中吸附有机物的能力与活性炭相似。但吸附树脂的孔多为中孔和大孔，可发生多层吸附和毛细凝结，对较大的有机分子（如带有芳环的分子）其吸附能力有时优于微孔多的活性炭。总体而言，吸附树脂与活性炭有许多相似之处，利用活性炭的吸附规律推测吸附树脂的吸附规律常大致可靠。

吸附树脂的很大的优越性是品种多，可供选择（当然，活性炭经改变处理条件也可使表面性质有些改变），而且应用吸附树脂作为吸附剂不受介质中无机盐存在的影响，物理和化学稳定性好，易再生。目前吸附树脂主要用于药物提取，试剂纯化，色谱担体，天然产物和生物制剂的纯化与分离等。

非极性树脂有良好吸油性质，不吸水，可方便地从混合体系中分离油，这与活性炭的吸附平衡型分离方法不同。图 9.35 是一种非极性树脂 Oreosopu SL-160 和活性炭自水中吸附三氯乙烷的等温线比较。

二、吸附质结构对吸附的影响

自水中吸附有机同系物服从 Traube 规则。在吸附质中引入亲水性取代基将减小其在吸附树脂上的吸附量，引入电负性基团将提高其吸附量。均可归因于溶解度对吸附量的影响。结构相似的化合物，溶解度大的吸附量小。如非极性的聚苯乙烯树脂自水中吸附酚和氯代酚即为实例（表 9.15）。

吸附质在介质中若能发生分子间缔合常有利于在树脂上的吸附。吸附质分子发生解离不利于在树脂上吸附。

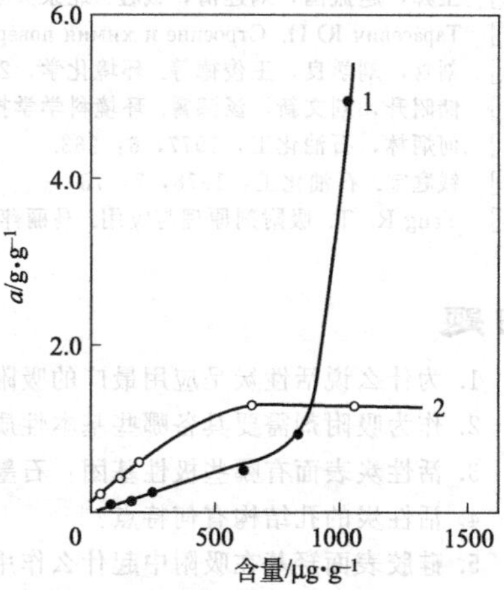

图 9.35 树脂（1）和活性炭（2）自水中吸附三氯乙烷（20℃）

表 9.15 一种吸附树脂自水中吸附酚及氯代酚

项 目	苯 酚	间氯代酚	2,4-二氯苯酚	2,4,6-三氯苯酚
溶解度/mg·L^{-1}	82000	26000	4500	900
起始浓度/mg·L^{-1}	250	350	430	510
吸附量/g·L^{-1}	12.5	38.5	81.8	121.0

更多有关吸附剂的知识可阅读文献 [34]。

参考文献

[1] 赵振国. 吸附作用应用原理. 北京：化学工业出版社，2005.
[2] Greeg S，Sing K S W. 吸附、比表面和孔隙率. 高敬琮等译. 北京：化学工业出版社，1989.
[3] 沈钟，赵振国，王果庭. 胶体与表面化学. 第三版. 北京：化学工业出版社，2004.
[4] 北京大学化学系胶体化学教研室. 胶体与界面化学实验. 北京：北京大学出版社，1993.
[5] 北京大学化学系物理化学教研室. 物理化学实验. 北京：北京大学出版社，1985.
[6] 童祜嵩. 颗粒粒度与比表面测量原理. 上海：上海科学技术文献出版社，1989.
[7] 何驹声. 林产化工与产品. 北京：化学工业出版社，1993.
[8] Xiao J，Zhang Y，Wang C et al. Carbon，2005，43：1032.
[9] 赵振国. 胶体与界面化学——概要、演算与习题. 北京：化学工业出版社，2004.
[10] Cookson J T Jr // Cheremisinoff P N，Ellerbusch F，eds. Carbon Adsorption Handbook. Ann Arbor，Michigan：Ann Arbor Science Pwblisheers，1978.
[11] 刘忠范，朱涛，张锦. 今日化学：2006 年版. 北京：高等教育出版社，2006.
[12] Dillon A C，Jones K M，Bekkedahl T A et al. Nature，1999，386：377.
[13] 王曾辉，高晋生. 碳素材料. 上海：华东化工学院出版社，1991.
[14] Кельцев Н В. Основы Адсорбционной техники. Москва：Химия，1976.
[15] Iler R K，The Chemistry of Silica. New York：John Wiley & Sons，1979.
[16] Okkerse C. Porous silica // Lise B G ed. Physical and Chemical Aspects of Adsorbents and Catalysts. New York：Academic Press，1977.
[17] 戴安邦，陈荣三. 化学学报，1963，29：384.
[18] 朱洪法. 催化剂载体制备及应用技术. 北京：石油工业出版社，2002.
[19] Taylor J A G，Hockey J A，Pethica B A. Proc Brit Ceram Soc，1965，5：133.
[20] Davydov A V，Lygin V I. Infrared Spectra of Surface Compounds and Adsorbed Substances. Moscow：Nauka Press，1972.
[21] 戴闽光，高月英，顾惕人，赵振国，高等学校化学学报，1981，2：495.
[22] 赵振国，张兰辉，林垚. 化学学报，1988，46：53.
[23] Barrer R M，Marschall D J. J Chem Soc，1964（7）：2296.
[24] Barrer R M. Brit Chem Eng，1959，4（5）：325.
[25] 徐如人，庞文琴等. 沸石分子筛的合成与结构. 长春：吉林大学出版社，1987.
[26] 刘辉，刘兴云，徐筱杰. 大学化学. 1999，（1）：10.
[27] Kitahara A，Watanabe A. 界面电现象. 邓彤，赵学范译. 北京：北京大学出版社，1992.

[28] 王舜，赵振国，刘迎清，钱程. 北京大学学报（自然科学版），1998，34：735.
[29] Тарасевич Ю И. Строение и химия поверхности слоистых силикатов. Киев：Наукова Думка，1988.
[30] 刘莺，刘学良，王俊德等. 环境化学，2002，21：116.
[31] 储昭升，刘文新，汤鸿霄. 环境科学学报，2003，23：209.
[32] 何炳林，石油化工，1977，6：263.
[33] 钱庭宝. 石油化工，1978，7：73
[34] Yang R. T. 吸附剂原理与应用. 马丽萍等译. 北京：高等教育出版社，2000.

习题

1. 为什么说活性炭是应用最广的吸附剂？
2. 作为吸附剂需要具备哪些基本性质？
3. 活性炭表面有哪些极性基团？石墨化炭黑表面有何特点？
4. 活性炭的孔结构有何特点？
5. 硅胶表面羟基在吸附中起什么作用？去羟基化会如何影响硅胶的吸附能力？
6. 沸石和分子筛的区别是什么？作为吸附剂利用分子筛的哪些特性？
7. 现在民用洗衣粉中常用沸石为助剂。为什么？其可能起什么作用？有何利弊？
8. 你提出几种使固体表面改性的方法。

第十章 泡沫、凝胶、气凝胶和气溶胶

主要基于胶体化学原理形成、稳定和破坏的实际体系有溶胶、乳状液（包括微小乳状液、微乳液）、泡沫、凝胶和气溶胶等。本章简要介绍泡沫、凝胶和气溶胶的定义、形成、性质及应用。

第一节 泡　　沫[1~8]

泡沫是一种以气体为分散相，以液体或固体为分散介质的粗分散体系。以液体为分散介质时通常即称为泡沫（foam），以固体为分散介质时称为固体泡沫。在泡沫体系中，作为分散相的气泡间有液体或固体的薄膜。在泡沫中被分散的气泡通常都不是很小。以水溶液为分散介质的泡沫中95%是气体，液体只有不足5%。在这种液体中95%是水，其余为表面活性剂和其他物质。

由于气体和液体的密度差大，泡沫形成后气泡会上浮，形成由液膜隔开的气泡聚集体，通常称之为泡沫的即指这种有一定稳定性的气泡聚集体，而在液体中刚形成球状气体分散相只能称为气泡。

与任何物质体系一样，泡沫的结构一直保持到不再能转变为更低的能量状态。泡沫中的气泡总是力图为球形，气体与液体间的液膜面积最小。当气泡间液膜破裂，气泡合并，新形成的大泡液膜面积小于合并前较小气泡液膜的总面积。泡沫也是热力学不稳定体系。纯的液体和气体难以形成稳定的泡沫。

从泡沫中气泡的形状来分，泡沫可分为球形的和多面体形的（图10.1）。这种区分与乳状液的液滴形状很类似。按泡沫体系中液体含量的多少来分，液体含量多的称为湿泡沫（wet foam），液体含量少，主要是气体的为干泡沫（dry foam）。干泡沫中被液膜分离的气泡为多面体形状，湿泡沫中的气泡为球形。不难看出，上述两种分类方法是一致的。

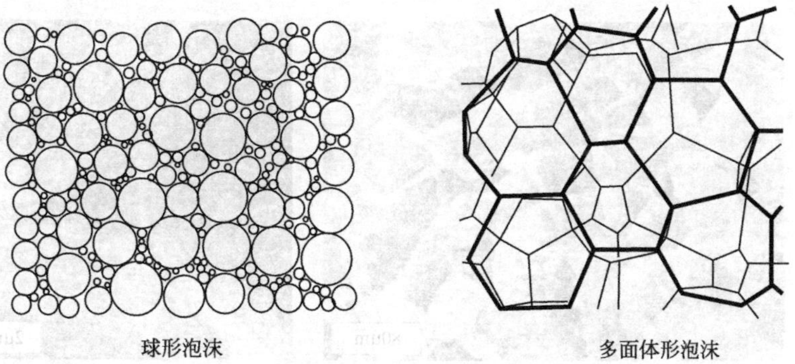

球形泡沫　　　　多面体形泡沫

图10.1　泡沫的类型（球形与多面体形）

无论用何种手段，也难以使纯液体产生稳定的泡沫，即使有一些泡沫生成，其存在时间（泡沫寿命）也很短暂。欲得有一定稳定性的泡沫必须加入第三种物质——表面活性剂。这类表面活性剂称为起泡剂（foaming agents），好的乳化剂也常是好的起泡剂。

由独立的球形气泡构成的球形泡沫有时不需要加入表面活性剂即可形成，其稳定性与介质黏度有关。黏度大，寿命长。但多面体形泡沫必须有表面活性剂加入才能形成。

一、泡沫的结构

泡沫和其他许多粗分散体系一样有很大的界面，是热力学不稳定体系。由短碳氢链脂肪酸（或醇）水溶液形成的泡沫是不稳定的泡沫。由表面活性剂水溶液形成的泡沫有一定稳定性，是亚稳态泡沫，在无外界干扰作用时，可以稳定存在很长时间。

Plateau 研究了由湿泡沫排液而形成的干泡沫（图 10.2）的结构，得出三条基本规则：

① 多面体的 3 个平面相交的角度为 120°；

② 4 个或更多的面交接于同一条线上形成不稳定结构；

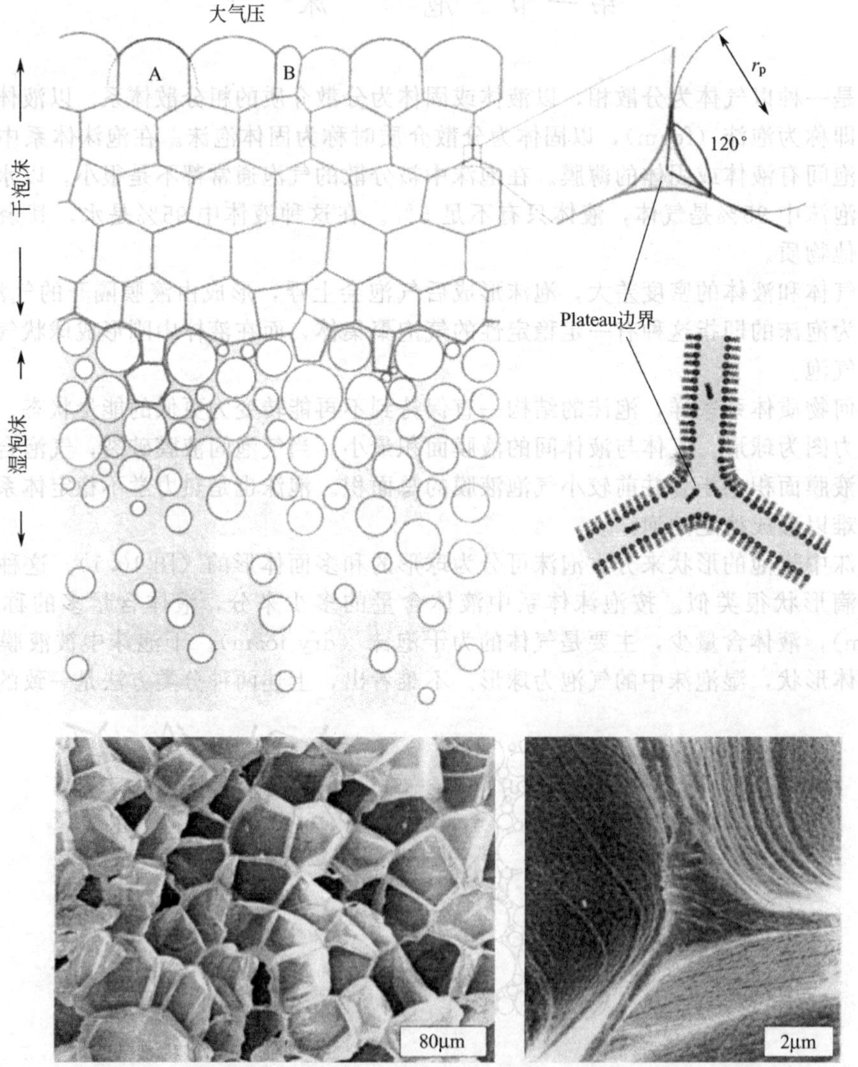

图 10.2 上左图：在液体中鼓泡形成的液体上端的泡沫，泡沫的下部为球形湿泡沫，上部为多面体形干泡沫，上右图为 Plateau 边界的截面示意

下左图：多面体泡沫 SEM 图，下右图是泡沫 Plateau 边界处薄层破裂的 SEM 图

③ 在多面体的所有顶角，4 条边交接形成四面体结构，在此四面体的任两边之夹角为 109.5°。

当多面体的间格数目和体积一定时，泡沫最适宜的结构是拥有最小的总膜面积。这就成了一个数学问题，得到的解是多面体平均有 13.4 个面。实验确定得到泡沫通常最多的有 14 个面，第二多的有 12 个面。

图 10.2 是在表面活性剂溶液中鼓泡时在液体上部形成的泡沫和多面体泡沫的 SEM 图。

二、泡沫液体的流失与泡沫液膜的破裂

在亚稳态干泡沫结构中（图 10.2），三个相邻液膜交联区称为 Plateau 边界（Plateau border）或 Gibbs 三角区。在此区域内液膜是弯曲的，而其他交接面是平面。根据 Laplace 公式知，Plateau 边界内液体的压力小于平液膜中的，在此压力差作用下平液膜所夹之液体将向三角区流动，这一过程称为排液作用。实际上，刚开始形成的泡沫液膜厚，在重力作用下即可发生液膜中液体的向下流动，当液膜厚度减小至微米数量级时，因重力引起的液膜内液体下流的速度已经很慢，进一步的排液主要是上述的因 Laplace 公式决定的平液膜内与 Plateau 边界区内存在的压力差而产生的（参见图 10.2 上右图）。

泡沫液膜中液体的排出使液膜变薄，同时还可能受到其他因素的影响。如使液膜稳定的起泡剂若是带有电荷的，则可能有电性排斥作用而阻碍膜的变薄，外加电解质对液膜水化层厚度的影响等都支持液膜薄到一平衡厚度（有人得出油酸钠水溶液所制泡沫液膜平衡厚度为 12nm）后不再减小也不破裂。

泡沫破裂的原因可能有：①液膜中的液体在重力和 Plateau 边界存在下引起的排液使液膜变薄至平衡厚度后，在外界扰动下破裂；②泡沫内气泡大小不一（即曲率半径不同），根据 Laplace 公式小气泡内压力大于大气泡内的压力（图 10.3），泡沫体系中不同大小的气泡接触，小气泡内的气体将扩散入大气泡中，最终结果是小气泡减少，大气泡长大，最后泡沫破坏、消失。

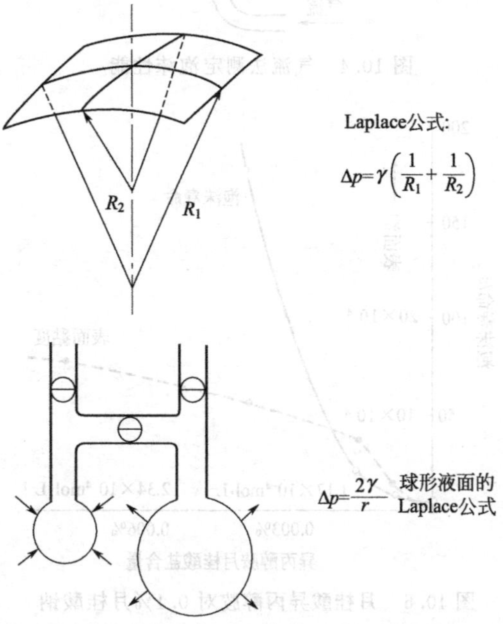

图 10.3　Laplace 公式与不同大小气泡的压力差

三、泡沫稳定性的度量

与胶体稳定性的研究一样，泡沫稳定性也没有公认的标准方法。但有几种方法可供选择。

(1) 气流法　使一气流以一定流速通过一下端装有玻璃砂滤的量筒（内置待测溶液），在量筒内形成泡沫，测量泡沫的平衡高度 h，以此作为形成的泡沫稳定性量度。这一结果反映起泡能力与稳定性的综合性能（图 10.4）。

(2) 搅动法　在量筒中放入待测液体，用气体或其物理方法搅动液体形成泡沫，在规定量筒规格、加液量、搅拌方式、速度、时间等条件下比较形成泡沫的体积 V。为表示试液的起泡性能，停止搅拌后，记录泡沫体积 V 随时间的变化，由 $L_f=\int (V/V_0)dt$ 可求出泡沫寿

命L_f（V为时间t时之泡沫体积，V_0是泡沫层最大体积，$\int V\mathrm{d}t$为V-t曲线下的面积）。

（3）单泡（寿命）法　这是在实验室中常用的方法。此法是通过向插入试液中的毛细管鼓气，记录气泡升至液面后到破裂所需时间（图 10.5），即为单泡寿命，须多次测量取平均值才有代表性。这种方法还可以测出气泡大小随时间的变化率以求出气体的透过性（参见下节）。

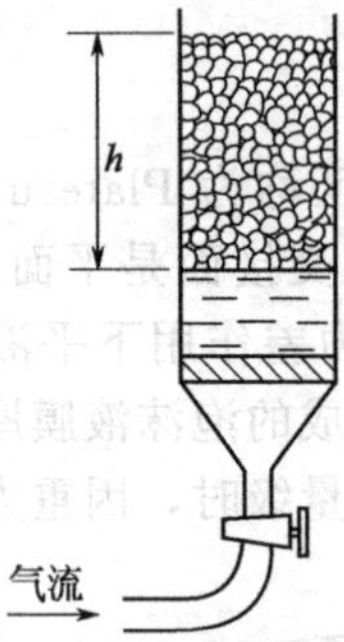

图 10.4　气流法测定泡沫性能

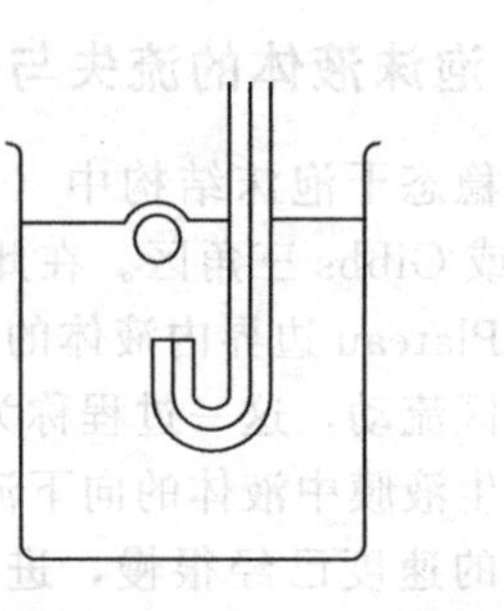

图 10.5　单泡法测定泡沫寿命

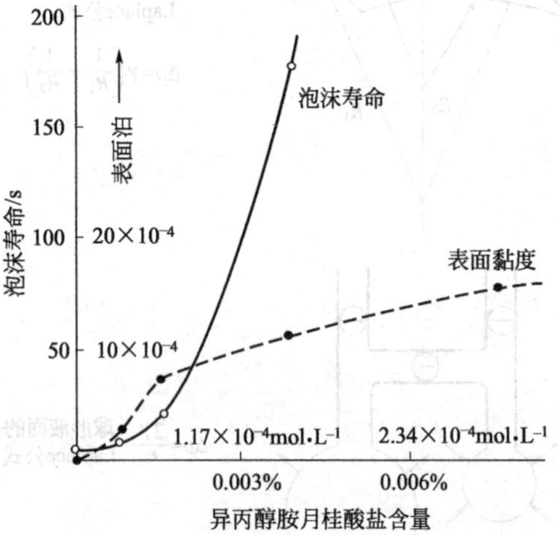

图 10.6　月桂酸异丙醇胺对 0.1%月桂酸钠（pH=10）的泡沫寿命和表面黏度的影响

四、影响泡沫稳定性的因素

1. 液膜的表面黏度

表面黏度大，液膜不易受外界扰动破裂，表面黏度大也将使排液减缓，使气体不易透过液膜扩散，从而增加泡沫的稳定性。一些研究结果表明，醇、酸、胺类的长链化合物形成的混合膜与单一化合物形成的单分子膜比较，有更特殊的性质。如在脂肪醇中加入相等键长的脂肪酸可引起单分子层膜面积的收缩（收缩膜）增大表面黏度。在月桂酸钠溶液中加入少量异丙醇胺月桂酸盐可提高表面黏度，增加用月桂酸钠溶液形成的泡沫稳定性（图 10.6）。在月桂酸钠溶液中加入不同的阳离子也可以影响泡沫稳定性和液膜表面黏度。表 10.1 中列出有关结果。但也并非表面黏度越大越好，因为表面黏度太大，液膜刚性太强反易破裂。因此，液膜应以适宜的高黏度和良好的弹性为好，以能抗拒外界条件变化的干扰。

表 10.1　一价阳离子对 0.1%月桂酸钠溶液泡沫稳定性及表面黏度的影响

阳离子①	Li^+	Na^+	K^+	Cs^+
表面黏度/10^6Pa·s	—	48.2	41.6	41.0
半生存期/s	20	26	40	>3600

① 离子浓度相同。

2. 表面张力的影响和 Marangoni 效应

由于液膜中液体的排液和外界扰动，液膜可能局部伸展、变薄并可引起破裂。若有表面活性剂分子存在，在表面拉伸时表面积扩大，此处吸附的表面活性剂分子密度减小（图 10.7 中 B），表面张力增大，面积拉伸扩大部分的表面张力大于未拉伸处的表面张力，因而

产生表面压 π。在此表面压作用下未拉伸处的表面活性剂向拉伸处迁移，使变薄处的表面张力降低，同时未拉伸处液膜内的液体向变薄处流动，液膜变厚恢复至原状。这种变化过程就如同液膜有一定弹性，使变薄的液膜得以恢复，这种作用称为 Marangoni 效应。这一效应的本质是因液体表面上表面张力梯度造成液体表面层及其夹带底层液体的流动。变薄后表面上表面活性剂密度减小是通过从低表面张力区域向变薄部分（高表面张力区域）迁移实现的。如果表面活性剂在液膜内的浓度很大或由其分子结构所决定其向表面的吸附速度很快，则变薄液面减少之表面活性剂分子密度很快可由液膜内之表面活性剂迅速吸附补充，不必待由表面压的作用通过表面活性剂表面迁移补充，可能变薄膜不能恢复原厚度，这种膜的强度差，泡沫稳定性差。这是表面活性剂浓度较低（＜CMC）时泡沫稳定性比浓度太大时好的原因。

一般来说，低表面张力对形成泡沫有利，因为形成一定总表面积的泡沫时少做功。但决定泡沫稳定性的主要是表面膜的强度，而表面膜的强度与表面分子间相互作用有关，相互作用强度大稳定性好。如较大的分子间若能形成氢键等作用，疏水基支链少者，形成混合膜的表面活性剂与极性有机物添加剂混合体系，阴、阳离子型表面活性剂混合体系（如 $C_8H_{17}SO_4Na$ 与 $C_8H_{17}NMe_3Br$ 混合体系）都能得到稳定性好的泡沫。

3. 表面电荷的影响

以离子型表面活性剂为起泡剂时在泡沫液膜上形成带有同种电荷的表面活性剂吸附层，当液膜排液变薄至一定程度时，液面两边之双电层重叠，电性相斥，阻碍液膜进一步变薄，有利于泡沫稳定。但是，若溶液中电解质浓度较大，双电层压缩变薄，电性斥力减小，表面电荷对泡沫稳定性的影响也变弱。

4. 气泡透过性的影响

图 10.3 中已表示根据 Laplace 公式当气泡大小不均匀时，由于小气泡中的压力比大气泡中的大，气体将从小气泡中扩散入大气泡中：小气泡减小，大气泡增大，最后泡沫消失。

停留在液面上的单个气泡中的气体从气泡中渗透出的量的研究表明，气泡半径与气泡形成后存在时间有如下关系[6]：

$$r^2=r_0^2-\frac{3k\gamma}{p}t \tag{10.1}$$

式中，r 为 t 时间时气泡半径；r_0 为 $t=0$ 时之气泡半径；p 为气泡中气体压力；γ 为溶液表面张力；k 为透过性常数。图 10.8 给出两种体系的 r^2 与 t 的关系。0.1% $C_{12}H_{25}SO_4Na$＋0.002% $C_{12}H_{25}OH$ 体系 r^2 与 t 为直线关系，而 0.1% $C_{12}H_{25}SO_4Na$ 体系为非直线关系。由直线的斜率或曲线某点切线斜率可求得相应的气体透过性常数。表 10.2 中列出几种表面活性剂溶液（0.1%）形成气泡的透过性常数，同时列出表面张力等数据。由表中数据可见透过性常数大的表面黏度小，泡沫稳定性差，这种关系虽不能完全一致，但透过性与表面膜的紧密程度有关，液膜上吸附分子排列紧密则气体透过性一定不好，泡沫也更稳定。

表 10.2　几种表面活性剂溶液（0.1%）的表面张力、表面黏度、泡沫透过性常数、泡沫寿命

表面活性剂	表面张力 γ/mN·m^{-1}	表面黏度 η_s/g·s^{-1}	泡沫寿命 t/min	透过性常数 k/cm·s^{-1}
$C_{12}H_{25}SO_4Na$(SDS)	23.5	2×10^{-3}	69	1.3×10^{-2}
$C_{11}H_{23}COOK$	35.0	3.9×10^{-2}	2200	0.21×10^{-2}
TX-100	30.5	—	60	1.79×10^{-2}
SDS＋0.002% $C_{12}H_{25}OH$	—	—	—	0.5×10^{-2}

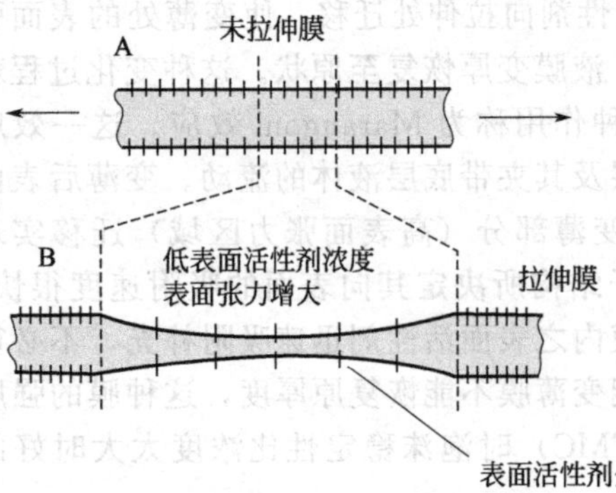

图 10.7 Marangoni 效应

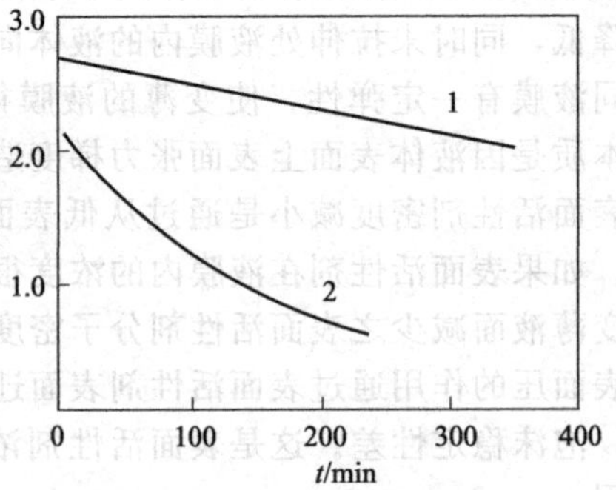

图 10.8 气泡半径与时间的关系

1—0.1% $C_{12}H_{25}SO_4Na$+0.002% $C_{12}H_{25}OH$；

2—0.1% $C_{12}H_{25}SO_4Na$

5. 表面活性剂结构对起泡性能的影响

对于同系列表面活性剂通常在某一碳链长度时起泡能力有最佳值。这是由于较长的碳氢链可使表面张力减小和有更小的CMC，然而碳氢链太长又使其溶解性能变差。在表面活性剂碳氢链上带有支链将使CMC增大，减小表面活性剂分子间的横向相互作用，吸附层的黏合强度和膜的弹性减小，从而降低泡沫的稳定性。若亲水基移至分子的中部，虽起泡性能较好，但持久性差。以上的比较都需以在大于CMC的浓度为条件。通常，非离子型表面活性剂比离子型表面活性剂的起泡能力和形成的泡沫稳定性都差。这可能是由于非离子型表面活性剂在界面上都占有大的分子面积，吸附分子的横向作用差，使得界面吸附膜弹性差。此外，非离子型表面活性剂大的水化基团也使其扩散困难，使 Marangoni 效应减小。表10.3中列出一些表面活性剂的起泡性质。

有一些表面活性剂的起泡能力与其溶解度参数有定量的关系。这是由于起泡能力与表面活性剂溶解度有关：太大时吸附量小；太小时溶液中表面活性剂分子太少起不到有效的作用。

表 10.3 典型的阴离子型和非离子型表面活性剂水溶液的起泡性质（60℃时的泡沫高度）[7,8]

表面活性剂	含量(质量分数)/%	泡沫高度/mm	
		初始($t=0$)	t 时高度①
$C_{12}H_{25}SO_3Na$	0.25	—	205(1)
$C_{12}H_{25}SO_4Na$	0.25	220	175(5)
$C_{14}H_{29}SO_3Na$	0.11	—	214(1)
$C_{14}H_{29}SO_4Na$	0.25	231	184(5)
$C_{16}H_{33}SO_3K$	0.033	—	233(1)
$C_{16}H_{33}SO_3Na$	0.25	245	240(5)
$C_{18}H_{37}SO_4Na$	0.25	227	227(5)
o-$C_8H_{17}C_6H_4SO_3Na$	0.15	148	—
p-$C_8H_{17}C_6H_4SO_3Na$	0.15	134	—
o-$C_{12}H_{25}C_6H_4SO_3Na$	0.15	208	—
p-$C_{12}H_{25}C_6H_4SO_3Na$	0.15	201	—
t-$C_9H_{19}C_6H_4O(C_2H_4O)_8H$	0.10	55	45(5)
t-$C_9H_{19}C_6H_4O(C_2H_4O)_9H$	0.10	80	60(5)
t-$C_9H_{19}C_6H_4O(C_2H_4O)_9H$	0.10	110	80(5)
t-$C_9H_{19}C_6H_4O(C_2H_4O)_{13}H$	0.10	130	110(5)
t-$C_9H_{19}C_6H_4O(C_2H_4O)_{20}H$	0.10	120	110(5)

① 括号内为时间（t，min）。

五、起泡剂和泡沫稳定剂

由上节介绍知，良好的起泡剂应有以下特点：有较低的 CMC 值，起泡剂能形成牢固的、紧密的能抗拒机械或其他物理条件改变、有一定弹性的稳定薄膜。起泡剂的疏水链最好应是长而直的碳氢链（烷基硫酸盐和其他皂最好有 $10 \sim 12$ 个碳原子的直链，若应用于更高的温度，碳氢链应加长，如 60℃ 可应用含 16 个碳的，接近水沸点可应用含 18 个碳的）。

添加某些有机化合物可有效地改进表面活性剂溶液的起泡性质。最常应用的是有直长碳氢链的极性有机物，其长度最好与起泡剂的大约相同或完全相同。如十二烷基硫酸钠用做起泡剂可加入十二醇，十二酸为添加物等。

添加物可以抵消或缓冲离子型表面活性剂的电荷的作用，使表面张力降得更低，有利于泡沫的形成和稳定。这些化合物称为泡沫稳定剂。

研究证明，各种类型的有机添加物对泡沫稳定性提高的效力有如下的顺序：伯醇＜甘油醚＜磺酰醚＜胺＜N-取代胺。这一顺序与对 CMC 的影响是一致的。

【例 1】　聚氨基甲酸酯（简称聚氨酯）是建筑工业最常用的固体泡沫材料。这种材料具有低玻璃化温度，高强度，高耐磨，耐油，耐臭氧，耐辐射和优良的电绝缘性能。聚氨酯常用二元醇或多元醇与二元或多元异氰酸酯反应制备。在聚氨酯分子中有多个 —O—CO—NH— 链节。调节和控制合成反应的原料、条件可制备出柔软、弹性和刚性的各种材料。

在二异氰酸酯分子中有两个 —N=C=O 基团。两种最常用的二异氰化合物是二异氰甲苯（TDI）和二异氰酸二苯甲酯（MDI）。二异氰化合物与二醇反应，生成聚氨酯，加入少量水，异氰酸酯基反应生成羧基，并放出 CO_2，该 CO_2 就是生成泡沫所需的气体。反应如下：

$$nO{=}C{=}N{-}R{-}N{=}C{=}O + nHO{-}R_2{-}OH \longrightarrow O{=}C{=}N{-}R{-}\overset{O}{\underset{\underset{H}{}}{C}}{-}N{-}C{-}O{-}R{\Big]}_n OH$$

$$R^*{-}N{=}C{=}O + H_2O \longrightarrow R^*{-}\underset{H}{N}{-}\overset{O}{C}{-}OH \longrightarrow R^*{-}NH_2 + CO_2$$

TDI: 　　MDI:

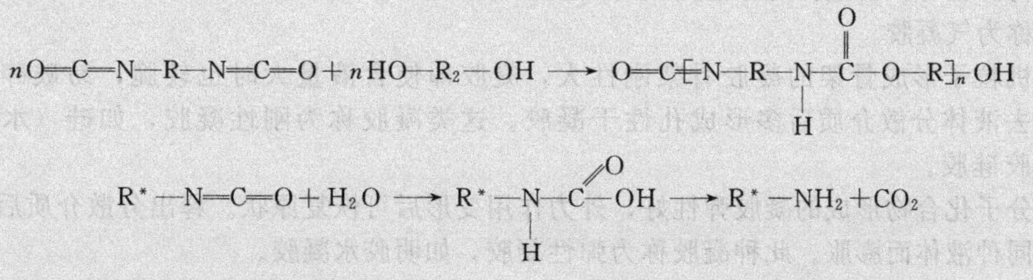

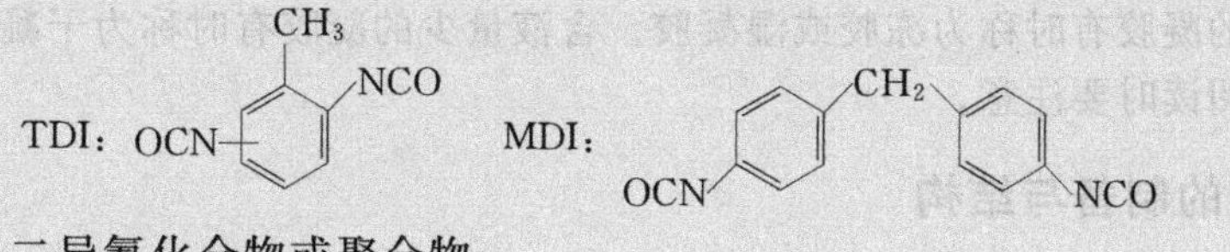

式中 R^* 可以是二异氰化合物或聚合物。

六、消泡和消泡剂

能使泡沫破裂消失即为消泡。可达到消泡目的的外加物质即为消泡剂（antifoaming agent，defoamer）。有时将能抑制泡沫形成的物质称为泡沫抑制剂。

消泡的主要机理是：①消泡剂一般都有很高的表面活性，可取代泡沫上的起泡剂和泡沫稳定剂，降低泡沫液膜局部表面张力（即此处表面压增大），吸附分子由此处向高表面张力处扩散，同时带有部分液体流走，液膜变薄而破裂；②消泡剂能破坏液膜弹性，失去自修复能力而破裂；③消泡剂能降低液膜表面黏度，加快液膜排液和气体扩散速度，缩短泡沫寿命。

常用的消泡剂分为天然的和合成的两大类。

天然产物消泡剂有天然油脂等。

合成的消泡剂有脂肪酸酯（如乙二醇和甘油的脂肪酸酯），聚醚（如聚氧乙烯醚，聚氧乙烯和聚氧丙烯嵌段共聚物，聚氧丙烯甘油醚，甘油聚醚脂肪酸酯等），有机硅（如聚硅氧烷，聚醚聚硅氧烷等）。

泡沫抑制剂的作用原理是在其存在下，表面扩大或收缩时不能形成局部表面张力的降低，因而也无表面压升高使液膜局部变薄的变化。如聚醚类表面活性剂就有这种作用。而长链脂肪酸的钙盐等取代烷基硫酸钠或烷基苯磺酸钠形成的泡沫时，钙皂的膜易破裂、不稳定，从而也能抑制泡沫的形成。但是，若其能与起泡剂形成混合膜，则可能使泡沫稳定。

其他泡沫抑制剂还有：用于造纸和电镀业的辛醇、硅烷（含量在 $10\mu g \cdot g^{-1}$ 时即有效）；4-甲基-2-戊醇和 2-乙基己醇可用做去污剂的泡沫抑制剂。

消泡剂与泡沫抑制剂本无原则区别。如全氟醇既是良好的消泡剂也是好的泡沫抑制剂。

第二节 凝 胶[2,4,9~11]

一、凝胶的定义

凝胶（gel）是由固液或固气两相构成的胶体分散体系，其中分散相粒子（胶体粒子、某些分散相较小的粗分散体系中的固体粒子和高分子溶液中的大分子化合物）在一定条件下相互联结形成的固体或半固体物质。在凝胶中分散相成网状骨架结构，分散介质（液体或气体）充填于此结构的空隙中。凝胶有一定的弹性和强度，但其结构强度不大，在外力作用下这种结构易破坏。以液体为分散介质的凝胶常称为液凝胶（简称凝胶），以气体为分散介质的凝胶称为气凝胶。

无机粒子形成骨架的凝胶骨架刚性大，凝胶即使含液量大时也较脆，易破碎。这种凝胶失去液体分散介质后多形成孔性干凝胶。这类凝胶称为刚性凝胶，如硅（水）凝胶的干凝胶硅胶。

高分子化合物形成的凝胶弹性好，外力作用变形后可恢复原状。释出分散介质后常可重新吸收同种液体而膨胀。此种凝胶称为弹性凝胶，如明胶水凝胶。

含液量多的凝胶有时称为冻胶或湿凝胶。含液量少的凝胶有时称为干凝胶。凝胶的种类和术语较多，阅读时要注意。

二、凝胶的制备与结构

1. 凝胶的制备

使溶胶或大分子溶液转变为凝胶即为胶凝作用（gelatination）。使胶凝作用得以进行有两种方法：①使溶胶和大分子溶液在一定条件下（如改变温度、改换分散介质、加入电解质等）使分散相析出并交联；②使固态高分子化合物吸收良溶剂，体积膨胀以致成凝胶。

（1）改变温度法

【例 2】 在 50mL 烧杯中加入 0.1g 琼脂碎片（或 0.2g 颗粒明胶），加入 20mL 水，在水浴上加热（或用明火慢加热），搅拌至溶解，放置至室温，得弹性半透明凝胶。

【例 3】 在 50mL 烧杯中配制 10mL 0.2% 甲基纤维素水溶液至全溶，在水浴上慢加热至 60℃（不可搅拌）得乳白色弹性凝胶。

(2) 加入非溶剂法

【例 4】 在 50mL 烧杯中加入 5mL 饱和 $CaCl_2$ 水溶液，摇动下迅速一次加入 20mL 无水乙醇，迅速摇匀，立得乳白色脆性凝胶（固体酒精）。

(3) 加入电解质法

【例 5】 在 5 支 10mL 试管中分别加入 4mL 胶溶法制备的 V_2O_5[或 $Fe(OH)_3$] 溶胶（溶胶需经渗析 2 天），再分别加入 1mL 5mmol·L^{-1}、10mmol·L^{-1}、20mmol·L^{-1}、40mmol·L^{-1}、80mmol·L^{-1}浓度的 $BaCl_2$ 水溶液，迅速摇匀，静置，观察溶胶流动状况，其中有的可能形成凝胶状。

2. 凝胶的结构

在凝胶中，分散相粒子的形态不同，刚性、柔性不同，粒子间连接方式及作用力性质不同，使得凝胶的结构有差异。

这样，有人将凝胶结构分为 4 种类型：

① 球形粒子联结成的串珠状网架结构；

② 片状或棒状粒子搭成的网架结构；

③ 由线型大分子构成的凝胶，局部成有序微晶区结构；

④ 以化学键相互连接的线型大分子的网状结构。

在上述几种类型中，以范德华力作用形成的结构 [①和②类的] 最不牢固，质脆，易破坏。有时有触变性。大分子形成的这类凝胶，可吸收溶剂，发生无限膨胀，直至溶解。大分子间以氢键等作用形成凝胶常可发生有限膨胀。但大分子间以化学键形成的凝胶结构最稳定，只能发生有限膨胀。

三、凝胶的性质

1. 脱水收缩作用

凝胶形成后，其网架组成的粒子或分子间相互作用进一步加强、靠近，使骨架收缩，部分填充于网架中的液态介质和未能参与骨架形成的小粒子和分子被析出，使凝胶体积缩小，析出液态物质。这种作用称为脱水（液）收缩或离浆作用（syneresis）。广义地说，胶体分散体系因析出一些液体而发生的自发收缩作用均为脱液收缩作用，除凝胶外，泡沫及悬浮体絮凝时也有这种作用发生。豆腐是最常见的蛋白质凝胶，在放置时体积收缩析出相当多的液态物质即为脱液收缩作用之实例。

有机大分子固体物质吸收溶剂后形成之弹性凝胶的脱液收缩作用常是可逆的，而非弹性凝胶（如硅酸水凝胶）之脱液收缩是不可逆的。

能增强构成凝胶骨架的粒子间相互作用和导致凝胶不稳定性增加的各种物理化学因素都有助于脱液收缩作用的进行。例如将凝胶浸于浓电解质溶液中、加压均可使更多液体从凝胶中析出。

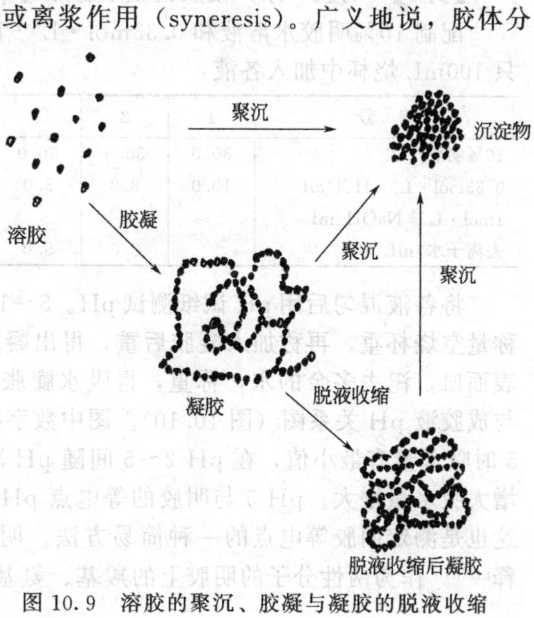

图 10.9 溶胶的聚沉、胶凝与凝胶的脱液收缩

在一定条件下，能引起溶胶聚沉的各种

因素都可能引起胶凝作用，生成凝胶和使凝胶脱液收缩、脱水收缩的凝胶在一定条件下也可转化为致密沉淀物（聚沉物）。这种关系如图10.9所示。

【例6】 硅酸（水）凝胶胶凝时间与pH的关系及其脱水收缩作用

在10支50mL具塞刻度试管中分别加入4.25mol·L^{-1}的醋酸1.7mL、1.9mL、2.1mL、2.4mL、2.7mL、3.0mL、3.3mL、3.6mL、3.9mL、4.2mL，各补加水至总体积为10mL。另取一小烧杯移入10mL市售相对密度为1.13～1.15的水玻璃。倒入第一支试管中，计时开始。迅速摇匀混合液（摇匀即可，不可反复过度摇动）。静置，倾斜试管，待胶凝时停止计时，得胶凝时间，并用pH试纸测出凝胶之pH。在其余9支试管中重复以上操作，得胶凝时间与pH关系。将10支试管静置48h，观测硅酸（水）凝胶析出水的体积。

【例7】 电解质对明胶溶液胶凝速度的影响

在4只50mL烧杯中各移入10%明胶水溶液（在水浴上加热溶解、保存，60℃）20mL，分别向其中各加入5mL水，5mL 1.25mol·L^{-1}的Na_2SO_4溶液，5mL 2.5mol·L^{-1} NaCl溶液，5mL 2.5mol·L^{-1}的NaSCN溶液，摇匀后室温下静置，观察并记录形成凝胶的胶凝时间，应得出SO_4^{2-}延缓胶凝，而Cl^-、SCN^-加速胶凝，以加入SCN^-胶凝时间最短。各种阴离子对胶凝时间的影响为（以胶凝时间为序）：

$$SO_4^{2-} > CH_3COO^- > Cl^- > NO_3^- > Br^- > I^- > SCN^-$$

此即阴离子的感胶离子序。

2. 吸液膨胀作用

凝胶吸收液体（或蒸气）使其体积膨胀，是弹性凝胶的性质。凝胶无限吸收液体，最终成溶液状态称为无限膨胀；只能吸收一定量液体称有限膨胀。膨胀作用由凝胶的骨架结构性质和外界因素（温度、介质性质等）决定。升高温度通常使膨胀速度加快。在一定条件下，单位质量或体积的凝胶吸收液体的极限量（或体积）占原质量（或体积）的百分数称为该凝胶的膨胀度。有等电点的各种蛋白质、纤维素凝胶的膨胀度受介质pH的影响：在等电点处有最小值。盐类对膨胀的影响主要是阴离子的影响，但恰与对胶凝作用影响的顺序相反。

【例8】 明胶（水）凝胶的吸水膨胀与pH关系

配制10%明胶水溶液和0.33mol·L^{-1} HCl、1mol·L^{-1} NaOH水溶液。按下表在9只100mL烧杯中加入各液：

编号	1	2	3	4	5	6	7	8	9
10%明胶/mL	30.0	30.0	30.0	30.0	30.0	30.0	30.0	30.0	30.0
0.33mol·L^{-1} HCl/mL	10.0	8.0	5.0	2.0					
1mol·L^{-1} NaOH/mL						0.1	0.2	0.5	2.0
去离子水/mL		2.0	5.0	8.0	10.0	9.9	9.8	9.5	8.0

将各液混匀后用pH试纸测试pH。5～10℃冷却胶凝后切成1cm×1cm的方块。事先称量空烧杯重，再称加入凝胶后重，得出凝胶重。向烧杯中加入足量水，放置8h，盖一表面皿，滗去多余的水，称重，得吸水膨胀后凝胶重，计算吸水量和膨胀度，作吸水量与成胶液pH关系图（图10.10）。图中数字指凝胶在水中浸泡时间。由图可知，在pH≈5时吸水量有最小值，在pH 2～5间随pH减小吸附量增大，而在pH 5～12间，随pH增大吸水量增大。pH 5与明胶的等电点pH 4.75接近，即为本实验所用明胶的等电点。这也是测定明胶等电点的一种简易方法。明胶吸水膨胀的结果可用Donnan平衡给出解释[12]。作为两性分子的明胶上的羧基、氨基的解离受介质pH的影响，在不同pH时产

生的小离子数目不同，因此，产生的在明胶凝胶内（凝胶的网状结构类似于半透膜）的附加渗透压不同，膜外水分子向凝胶内扩散的量也不同。只有在 pH＝IEP 时膜内小离子数为零，附加渗透压为零，水不能再向凝胶内扩散，故凝胶吸水量应为零。两性大分子都有这种特点。如木质纤维在碱性溶液中膨胀度最大，故制作木材纸浆时，都是将碎木片（屑）在碱溶液中密封蒸煮，使木质纤维充分分解，破坏分子间的氢键。

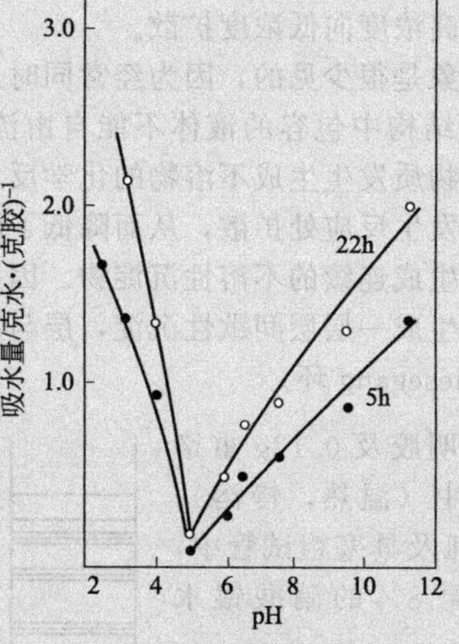

图 10.10 明胶凝胶吸水量与 pH 关系

3. 凝胶中的扩散作用与凝胶色谱

与一般液体一样，凝胶可以作为介质而在其中发生分子或离子的扩散作用，扩散速度的大小与扩散物分子量和凝胶中成胶物质浓度有关。扩散物分子量小时，其在水凝胶中的扩散与在水中扩散速度相同。凝胶中成胶物浓度越大，扩散物扩散受阻越严重，速度越慢。大分子在凝胶中扩散速度明显小于小分子的。当凝胶中网状结构的孔隙比大分子的尺寸还小时，大分子不能在凝胶中扩散。利用聚合物溶液通过填充有特种凝胶的柱子将使聚合物按分子大小进行分离的方法称为凝胶色谱法（gel permeation chromatography，GPC）。GPC 的分离机理有平衡排除、有限扩散和流动分离等理论。其中平衡排除机理起主要作用。根据此机理，当分子量大小不等的高分子混合物溶液流过凝胶柱时，试液中分子体积比凝胶网络孔隙还大者不能进入孔中，只能在填料颗粒间隙中流动，并最早从色谱柱中流出。分子稍小者能扩散进入稍大的孔中，并再扩散出来，故延迟一些时间从柱中流出。分子最小者可以出入于在网络结构中比其大的所有孔，故流出色谱柱最晚。这样，聚合物混合物中依分子大小不同被分离开。具体实验设计和检测可参阅有关书籍[13,14]。图 10.11 是 GPC 装置示意图。

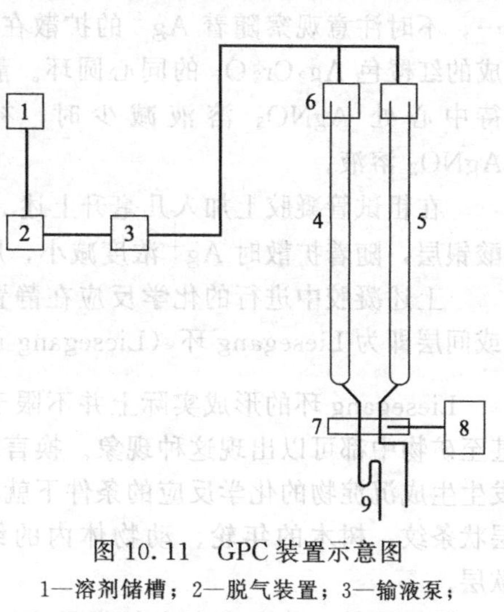

图 10.11 GPC 装置示意图

1—溶剂储槽；2—脱气装置；3—输液泵；4—色谱柱；5—参比柱；6—进样装置；7—检测器；8—记录仪；9—虹吸管

在 GPC 中应用的凝胶有有机类和无机类两种。有机类凝胶分离效率好，凝胶有一定柔软性，装填致密，尺寸稳定性差，这类凝胶有聚苯乙烯、交联聚甲基丙烯酸甲酯、氯丁橡胶凝胶（以上适用于有机溶剂体系）、聚葡糖、聚丙烯酰胺、琼脂糖凝胶（以上适用于水溶剂体系）等。无机类凝胶有微球改性多孔硅胶和多孔玻璃等。这类凝胶刚性好、尺寸稳定性好，能耐高压，但装填不易紧密，分离效率较低。显然，实用的GPC凝胶多为干凝胶。

4. 凝胶中的化学反应与胆结石的形成

若某物质在凝胶中只有扩散作用，没有该物质与成胶物的化学反应时，扩散物的浓度沿扩散方向由高向低分布，即从高浓度向低浓度扩散。

在凝胶中，单纯的扩散现象是很少见的，因为经常同时进行着吸附作用和扩散物与成胶物的化学作用。由于凝胶网状结构中包容的液体不能自由流动，因而也没有对流和混合作用。当扩散物与凝胶中的某些物质发生生成不溶物的化学反应时，此处凝胶中反应物浓度减小，引起周围凝胶中反应物向发生反应处扩散，从而降低了附近凝胶中反应物浓度，使得扩散物继续扩散，不能与反应物生成连续的不溶性沉淀物。因此，在凝胶中因扩散物与凝胶中某些反应物发生沉淀反应时常生成一层层间歇性沉淀，层与层间没有沉淀物生成。这种层状或环状沉淀物（图像）称为Liesegang环。

【例9】 取4g动物胶或明胶及0.12g重铬酸钾溶解于120mL蒸馏水中（温热，慢溶）。将溶液趁热分别倒入大培养皿及具塞粗试管中，室温下静置成水凝胶。另配8%的硝酸银水溶液。

将5滴$AgNO_3$溶液加入培养皿中凝胶的中心处，盖好培养皿上盖，静置1天、2天、3天…，不时注意观察随着Ag^+的扩散在凝胶中形成的红橙色$Ag_2Cr_2O_7$的同心圆环。静置期间，待中心处$AgNO_3$溶液减少时，补充滴加$AgNO_3$溶液。

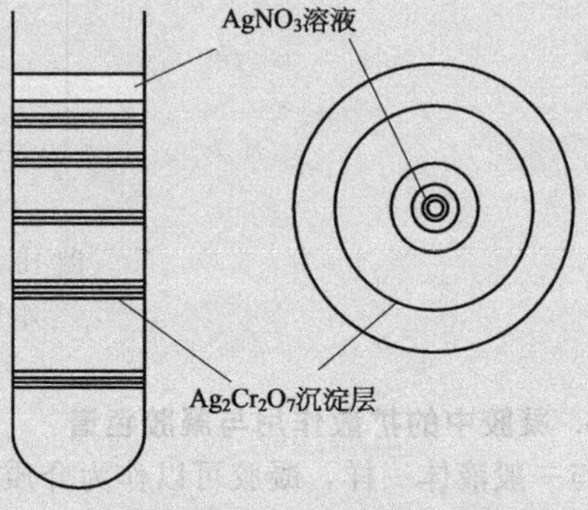

图10.12　Liesegang环示意图

在粗试管凝胶上加入几毫升上述$AgNO_3$溶液，同样静置逐日观察形成的平行的重铬酸银层，随着扩散时Ag^+浓度减小，层间距越来越大，且间层色带加宽。

上述凝胶中进行的化学反应在静置时最好放在暗处，观察时取出。所得周期性圆环或间层即为Liesegang环（Liesegang rings）。图10.12是Liesegang环示意图。

Liesegang环的形成实际上并不限于常规凝胶中，在孔性介质、毛细管、动植物组织，甚至矿物中都可以出现这种现象。换言之，只要在无对流体系中有扩散物和体系中某种物质发生生成沉淀物的化学反应的条件下就可能出现Liesegang环现象。如天然玛瑙和宝石中的层状条纹、树木的年轮、动物体内的结石层状条纹都是类似Liesegang环的不溶物的间歇层。

胆结石是一种发病率高的常见病。部分结石有环状结构组成的多层结构（图10.13）。其生成机理虽仍在讨论中，有一种看法认为就是类似于Liesegang环的形成机理。吴瑾光等在明胶、硅胶介质中得到胆红素钙和稀土胆酸盐沉淀的Liesegang环结构，而胆红素钙是结石的主要成分之一。他们发现，可溶性蛋白在介质中可与钙盐反应，使可溶性蛋白变为不溶性蛋白而沉淀下来。他们在胆酸钠体系中还发现作为介质的硅胶参与Liesegang环结构的形成。他们用化学实验的方法在体外重现结石形成过程，认为在一定条件下，胆酸既可以同铜离子、稀土离子或在这些离子存在下与钙离子形成Liesegang环结构，而且能促进胆红素钙、磷酸钙、磷酸钙等形成Liesegang环结构，因此，胆酸可能是结石形成的主要化学物质之一。图 10.14 为 $LaCl_3$-胆酸钠（琼脂）凝胶体系形成的周期性环状结构[15,16]。

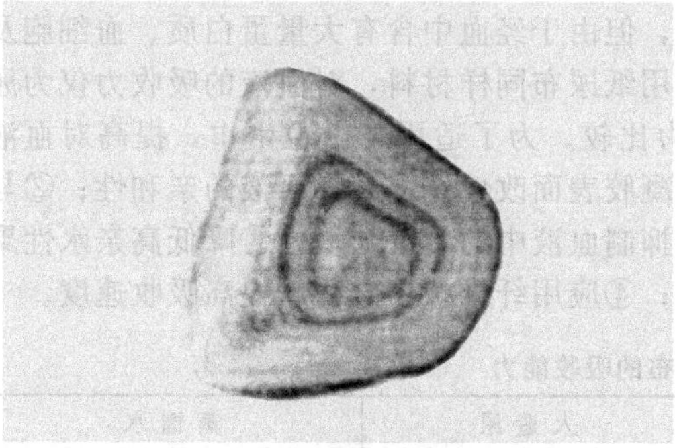

图 10.13 具有不同周期性和宽度的环状结构的一种胆结石剖面图

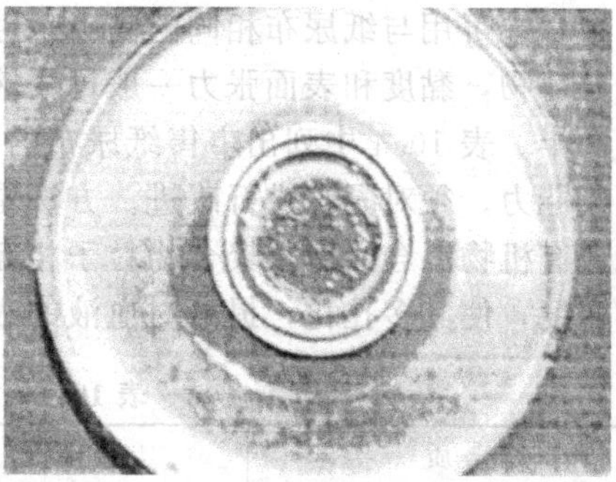

图 10.14 $LaCl_3$-胆酸钠凝胶体系形成的环状结构

四、凝胶的一些应用[17]

早些时候，构成凝胶网状骨架结构的主要是天然产物类有机大分子，因此凝胶的应用主要限于食品工业（如豆腐、琼脂等）和少数的工业部门（如硅胶、硅铝胶等）。自 20 世纪 60 年代以来，高分子化学的飞速发展，人工合成出许多亲水、亲油性的和带有可交换基团的大分子化合物，以这些化合物为骨架构成的凝胶，跳出了食品工业的狭小天地，在多种工业部门和日常生活中发挥出极大的作用。如淀粉衍生物吸水性树脂具有优越吸水能力，吸水后还有很强的保水性，故在卫生用品和农业等方面有广泛应用。离子交换树脂的开发和工业化生产已被应用于离子分离，溶液浓缩与净化（水的净化、海水提铀、裂变产物分离）等。其他如在化妆品，食品包装（保鲜、保冷、除水等），医药与医疗（如控制药物释放、丰乳填充、创伤涂敷料、软质隐形眼镜等），化学工业（如吸附分离、油水分离、潜热蓄热材料等）等领域都有广泛应用。现仅就应用最早和应用最多的两种用途予以简单介绍。

1. 吸水材料[18]

高吸水性聚合物（如淀粉接枝丙烯腈树脂）是通过高分子链与水的亲和性和凝胶骨架结构的半透性造成的渗透压将水吸入交联高分子网架结构内的。这种材料吸水量大，远优于棉花、纸浆等天然产物制品。最大用途是制作尿不湿等卫生用品。

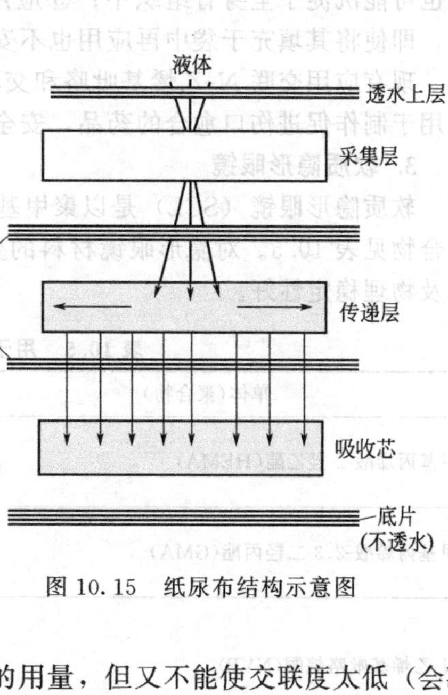

图 10.15 纸尿布结构示意图

儿童用纸尿布主要由透水性上片、吸收芯、不透水的底片构成。图 10.15 是一种超薄型纸尿布构造示意图。应用密度为 $0.04 \sim 0.1 g \cdot cm^{-3}$的交联纤维素、PE/PT 热熔融纤维或无纺布作为采集层和传递层。吸收芯由表面交联的高吸水性聚合物和纸浆构成，一般前者约占 40%～60%（质量分数）。高吸水性聚合物的吸液量（$g \cdot g^{-1}$）由聚合物链的亲水性和电荷密度决定，此两性质越高吸液量越大。聚合物交联密度越高，吸液量越低，故尽可能限制网络交联剂的用量，但又不能使交联度太低（会减小凝胶强度）。现常使高吸水性聚合物凝胶进行表面交联，而胶内芯保持较低交联度，这样既改善了在荷重下的吸液率，又仍能保持凝胶的强度等性能。

目前好的高吸水性聚合物在 4136Pa（约合 0.04 大气压）下吸液力达 10～30g·g^{-1}。

卫生巾可用与纸尿布相同的高吸水性聚合物，但由于经血中含有大量蛋白质、血细胞及组织分解物，黏度和表面张力一般比尿液高。故用纸尿布同样材料，对血液的吸收力仅为尿液的一半。表 10.4 中列出市售纸尿布的吸收能力比较。为了适用于做卫生巾，提高对血液的吸收能力。须对凝胶进行改进。方法是：①使凝胶表面改性，提高对血液的亲和性；②与无机或有机物混合，防止聚合物粒子相互接触，抑制血液中的凝胶结块；③降低高亲水性聚合物密度，使其多孔化，提高对血液的吸收速度；④应用纤维状聚合物以提高吸收速度。

表 10.4 市售纸尿布的吸收能力

性 质	血 液	人造尿	蒸馏水
吸收力①/g·g^{-1}	20～25	40～45	450～600
吸收速度/g·g^{-1}·s^{-1}	0.05～0.1	0.2～0.5	0.5～0.8
凝胶结块	有	无	无

① 离心分离（1500r·min^{-1}）吸收力。

2. 凝胶在整形外科中的应用

以水为溶剂的凝胶称为水凝胶（hydrogel），以有机溶剂为溶剂的凝胶称为液凝胶（lyogel）。水凝胶可用于医疗和整形外科。如水凝胶药膏（通过皮肤给药的市售软膏剂大多为水溶性高分子制成的水凝胶），柔软的隐形眼镜，人造玻璃体等。液凝胶一般不用于食品和医疗。聚硅氧烷凝胶曾用于埋植隆胸整形，但近来许多专家已指出其危险性。

聚硅氧烷凝胶乳房填充修补物是用未交联的油状硅氧烷低聚物为溶剂使交联的聚硅氧烷海绵溶胀而成的聚硅氧烷黏弹性体，属液凝胶。

应用聚硅氧烷有以下问题：①硅氧烷键的键能高，难分解；②分子链运动性强，未交联的聚硅氧烷为流体，易被生物体内的表面活性物质乳化（W/O 型），可能在体内移动；③流动性聚硅氧烷可分布于淋巴结和肝脏等组织中刺激巨噬细胞，使周围组织纤维化；④聚硅氧烷也可能沉淀于全身骨组织中；⑤应用聚硅氧烷为填充型乳房修补物的安全性资料极不完善，即使将其填充于袋中再应用也不安全。

现有应用交联 *N*-乙烯基吡咯和交联透明质酸水凝胶为隆胸材料的报道。由于透明质酸已用于制作促进伤口愈合的药品，安全性可能要好得多。

3. 软质隐形眼镜

软质隐形眼镜（SCL）是以聚甲基丙烯酸羟乙酯（PHEMA）为主的水凝胶，其他原料聚合物见表 10.5。对隐形眼镜材料的要求是内部无气泡，无不纯物，无条纹，不变色和化学及物理稳定性好。

表 10.5 用于制造 SCL 的典型单体和聚合物

单体(聚合物)	化学结构式
甲基丙烯酸-2-羟乙酯(HEMA)	$CH_2=C(CH_3)-COO-CH_2CH_2-OH$
甲基丙烯酸-2,3-二羟丙酯(GMA)	$CH_2=C(CH_3)-COO-CH_2-CH(OH)-CH_2(OH)$
N-乙烯基吡咯烷酮(NVP)	

续表

单体(聚合物)	化学结构式
甲基丙烯酸(MA)或甲基丙烯酸钠	$CH_2{=}C(CH_3){-}COOH$ (或 Na 盐)
丙烯酰胺(Aam)	$CH_2{=}CH{-}C({=}O){-}NH_2$
聚乙烯醇(PVA)	$\mathrm{-\!\!\!(CH(OH){-}CH_2{-}CH(OH){-}CH_2)\!\!\!-_{n}}$

软质隐形眼镜制造方法如下。①切割法。将棒状或板状的交联聚合物材料切割、研磨加工成透镜，用水或生理盐水溶胀成 SCL。②单面铸造法。高分子单体在一面有准确曲面的透镜模具中聚合，得半成品，另一面再切割、研磨加工成透镜，再经液体溶胀成 SCL。③两面铸造法。使单体在有准确曲面的模具中聚合，得透镜原料后溶胀成 SCL。④旋转铸造法。在一有精确曲面的模具内，使单体旋转，内面成抛物面，聚合成透镜，再溶胀成 SCL。或使含有溶剂的单体直接聚合成凝胶状 SCL。上述第③④两方法可直接（不用溶胀）制成 SCL。在溶胀工序中要除去残留单体并非易事。经机械加工常可适应用户的特殊要求。直接法（不经溶胀）能批量生产、降低成本。上述制备方法如图 10.16 所示。

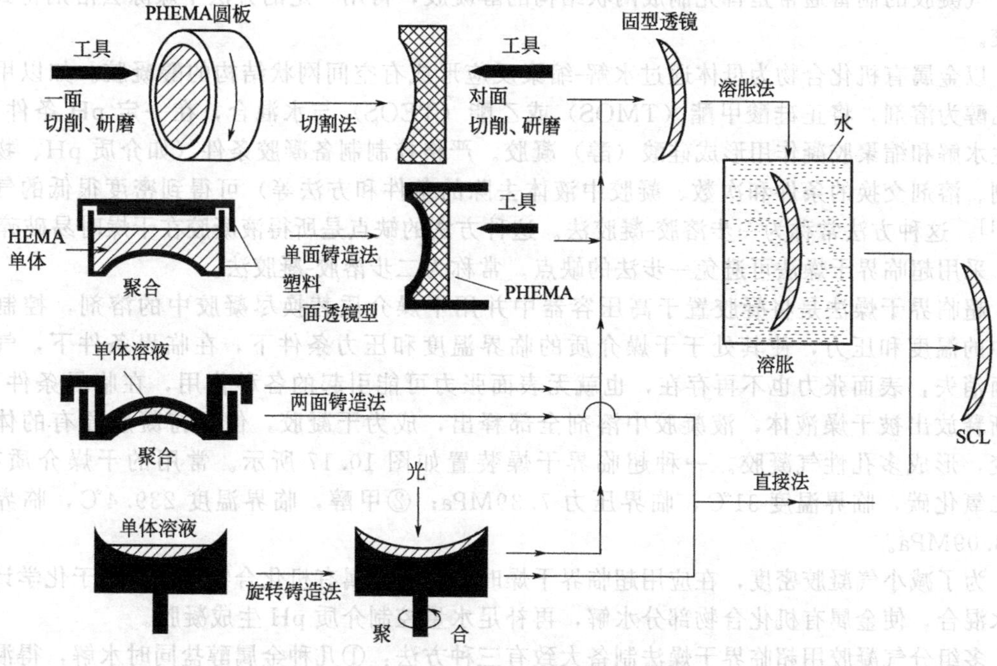

图 10.16　软质隐形眼镜的制备方法

4. 凝胶的吸附分离应用

由于凝胶是流体（液体或气体）与网状结构固体物质共存的体系，液体中的某些组分在流体体相内和网状骨架固体表面间成吸附平衡。另外，网状骨架孔隙的大小及骨架上可交换离子的存在，都使凝胶具有分子筛功能，吸附剂功能，离子交换功能，分离物质功能。

用其分离功能的凝胶主要是颗粒状的干凝胶（或含液量很低的液凝胶），前一章中硅胶、分子筛、活性氧化铝、吸附树脂等常用吸附剂都是干凝胶，它们的吸附性质在第九章已经介绍，不再赘述。

在顾雪蓉、朱育平所编《凝胶化学》一书中关于凝胶应用一章占全书1/3篇幅，对在各领域的应用作了或详或简的介绍，有兴趣的读者可参阅，定会受益颇多。

第三节 气凝胶[19,20]

气凝胶（aerogel，aero表示空气、轻的，gel为凝胶）是以气体为分散介质，以胶体粒子或高分子化合物相互联结构成的网架为分散相形成多孔网状结构的高分散固体材料。任何液凝胶只要经干燥处理，除去内部包容的液体，又能保持骨架结构不变，具有高孔隙、低密度的特点，原则上皆可成为气凝胶。实际上气凝胶与固体泡沫很相似，只是气凝胶中固体粒子大小可达纳米级，孔分布均匀，孔隙率可高达80%～99.8%，密度可低到每立方米仅几千克。现已研制出单组分气凝胶（如SiO_2、Al_2O_3、TiO_2、V_2O_5等），多组分气凝胶［如SiO_2/Al_2O_3、TiO_2/SiO_2、Fe/SiO_2、Pt/TiO_2、(C_{60}/C_{70})-SiO_2、$CaO/MgO/SiO_2$等］，有机气凝胶（如碳气凝胶）等。对着光看，气凝胶略显红色（透射光颜色），散射光略显蓝色。

一、气凝胶的制备

气凝胶的制备通常是首先制成网状结构的醇凝胶，再用一定的方法干燥除去溶剂得到气凝胶。

以金属有机化合物为母体通过水解-缩聚反应形成有空间网状结构的醇凝胶。如以甲醇或乙醇为溶剂，将正硅酸甲酯（TMOS）或乙酯（TEOS）与水混合，在一定pH条件下，发生水解和缩聚胶凝作用形成硅酸（醇）凝胶。严格控制制备凝胶条件（如介质pH、物料比例、溶剂交换的条件和次数、凝胶中液体去除的条件和方法等）可得到密度很低的气凝胶[21]。这种方法常称为一步溶胶-凝胶法。这种方法的缺点是所得液凝胶在干燥时易破碎。

采用超临界干燥法可避免一步法的缺点。常称为二步溶胶-凝胶法。

超临界干燥法是将凝胶置于高压容器中并用干燥介质替换尽凝胶中的溶剂，控制容器中的温度和压力，使其处于干燥介质的临界温度和压力条件下，在临界条件下，气液界面消失，表面张力也不再存在，也就无表面张力可能引起的各种作用，在临界条件下，逐渐释放出被干燥液体，液凝胶中溶剂全部释出，成为干凝胶，但保持凝胶原有的体积不变，形成多孔性气凝胶。一种超临界干燥装置如图10.17所示。常用的干燥介质有：①二氧化碳，临界温度31℃，临界压力7.39MPa；②甲醇，临界温度239.4℃，临界压力8.09MPa。

为了减小气凝胶密度，在应用超临界干燥时常先使金属有机化合物与醇及低于化学计量的水混合，使金属有机化合物部分水解，再补足水量控制介质pH生成凝胶。

多组分气凝胶用超临界干燥法制备大致有三种方法：①几种金属醇盐同时水解，得混合凝胶后再超临界干燥；②在一种醇凝胶形成的某一阶段添加其他组分并使其充分分散，再超临界干燥；③应用某种气凝胶为载体，使其他组分的氧化物沉积在载体上。

有机和碳气凝胶的制备起步较晚。凝胶的形成多应用聚合反应形成空间网状结构聚合物。由于是聚合反应，故常需加入适量催化剂。形成有机凝胶后，再经超临界干燥得到相应的有机气凝胶。有机气凝胶在惰性气体保护下高温热解可制备出碳气凝胶。

超临界干燥法需要高压设备，条件控制要求严格，制备周期较长，限制了其工业化应用。改进胶凝条件，实现低表面张力溶剂对水凝胶中水的置换，在常压下分级干燥是制备气凝胶的有前途的新工艺。陈龙武等用这种非超临界干燥法制备了硅气凝胶[22,23]。

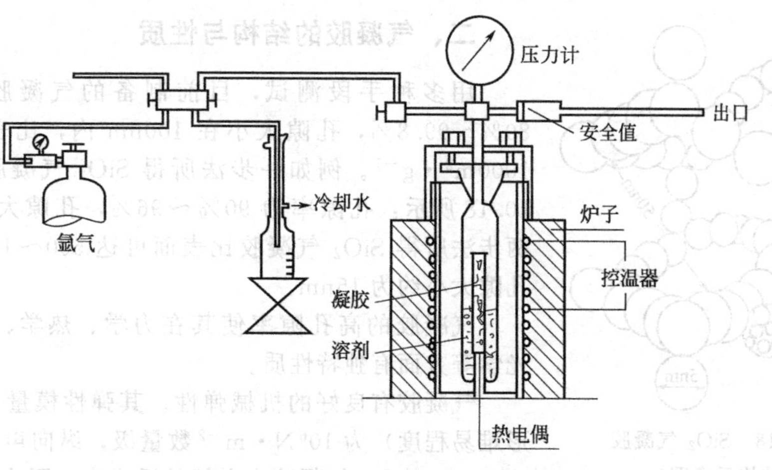

图 10.17 超临界干燥装置示意图

【例 10】 碳气凝胶的合成[24]

将淀粉（AR 级）与水按一定比例均匀混合，90℃下加热搅拌成半透明液态，自然冷却得淀粉水凝胶。将此凝胶陈化 24h，依次用低浓度乙醇、高浓度乙醇和无水乙醇浸泡至水凝胶全部变为坚硬的白色固体状，即为淀粉醇凝胶。将此醇凝胶放入超临界干燥器内，进行干燥处理。在 N_2 气氛中时所得淀粉气凝胶进行程序升温热解，1300℃恒温 3h。自然冷却后得碳气凝胶样品。该样品密度：$108kg/m^3$，碳粒子大小：20nm，电导率：$1.65S\cdot cm^{-1}$。

【例 11】 间苯二酚-甲醛（R-F）气凝胶的合成[19]

将间苯二酚（resorcin）溶于 37%的甲醛（formaldehyde）溶液中（摩尔比 1∶2），添加 Na_2CO_3 水溶液为催化剂，适当补加水以控制最终产品的密度。倒入玻璃烧杯中，密封。25℃下加热 1d，50℃下 1d，90℃下 3d。得稳定的 R-F 湿凝胶。用适宜方法（如超临界干燥法）可得 R-F 碳气凝胶。此法是利用间苯二酚和甲醛在 Na_2CO_3 的催化作用下的缩合反应：

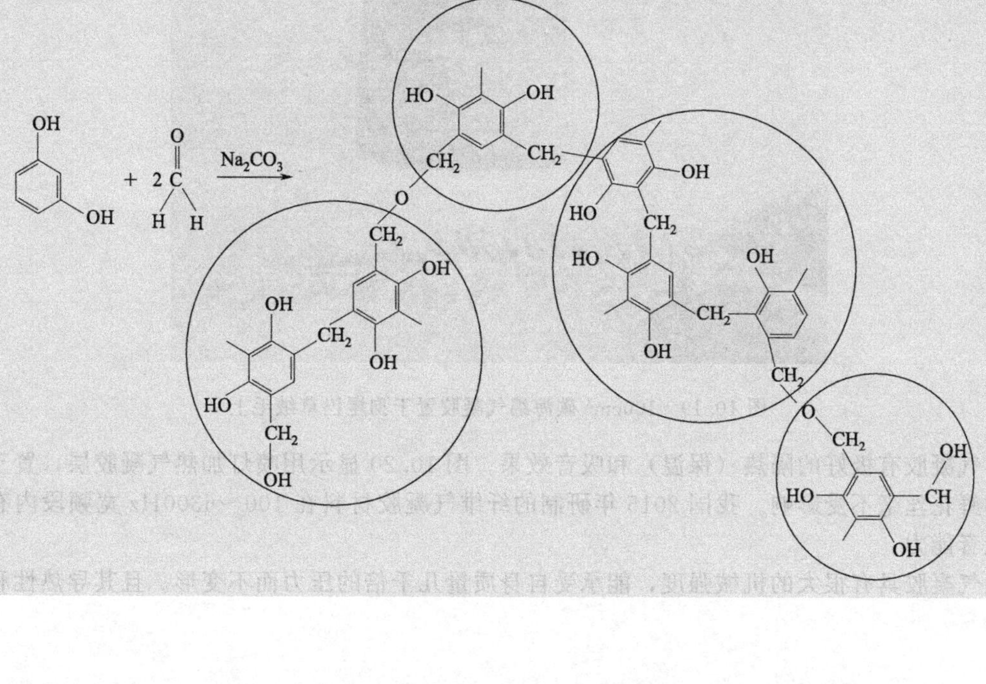

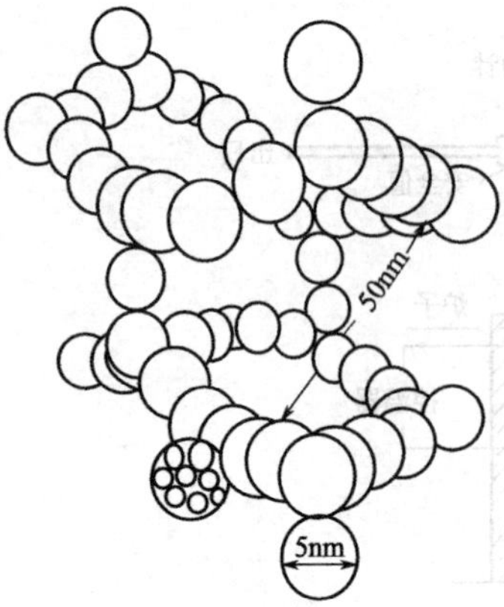

图 10.18 SiO_2 气凝胶结构示意图

二、气凝胶的结构与性质

用多种手段测试，目前制备的气凝胶，孔隙率在80%～99.8%，孔隙大小在100nm内，比表面为几百至1000$m^2 \cdot g^{-1}$。例如一步法所得SiO_2气凝胶的结构如图10.18所示：孔隙率为90%～96%，孔隙大小为100nm。两步法所得SiO_2气凝胶比表面可达500～1000$m^2 \cdot g^{-1}$，孔隙大小约为15nm。

气凝胶的高孔隙率使其在力学、热学、声学、电学、光学等方面有独特性质。

气凝胶有良好的机械弹性。其弹性模量（表征物体变形难易程度）为$10^6 N \cdot m^{-2}$数量级，纵向声波传播速率低达$10 m \cdot s^{-1}$。气凝胶有良好的透光度，阻止热辐射，是隔热性能优良的固体材料。实验测得密度为$8 kg \cdot m^{-3}$的SiO_2气凝胶的介电常数仅为1.008，是块状固体中最低的。

近几年气凝胶研究进展很快。

2011年美国科学家以Wi材料制成的气凝胶密度为$0.9 mg \cdot cm^{-3}$。

2012年英、德科学家研制的石墨气凝胶密度为$0.18 mg \cdot cm^{-3}$。

2013年我国浙江大学以碳纳米管和石墨烯制出的超轻气凝胶密度为$0.16 mg \cdot cm^{-3}$。称为“碳海绵”。

2015年我国东华大学俞建勇科研团队研制出纤维气凝胶密度为$0.12 mg \cdot cm^{-3}$。

密度如此小的气凝胶，比同体积的某些气体还要轻。如碳海绵的密度仅为$0.16 mg \cdot cm^{-3}$，比同体积的氦还轻（氦气的密度为$0.1785 mg \cdot cm^{-3}$）。100cm^3的碳海绵放在狗尾巴草上，纤细的绒毛几乎不变形（见图10.19）。

图 10.19 100cm^3 碳海绵气凝胶置于狗尾巴草绒毛上

气凝胶有极好的隔热（保温）和吸音效果。图10.20显示用喷灯加热气凝胶层，置于其上的鲜花丝毫不受影响。我国2015年研制的纤维气凝胶材料在100～6300Hz宽频段内有高效吸音能力。

气凝胶具有很大的机械强度，能承受自身质量几千倍的压力而不变形。且其导热性和折射率极低，绝缘能力比玻璃纤维强几十倍。

由于上述诸多特性，气凝胶已成为航天探测技术中不可替代材料。俄罗斯“和平”号空间站和美国“火星探路者”探测器都用它作为热绝缘材料。

图 10.20　喷灯加热下气凝胶上置的鲜花不受损伤

三、气凝胶的应用及前景[19,24]

气凝胶在工、农业和国防、航天技术以及基础研究方面均有应用实例，和更多的应用前景。

(1) 作为隔热材料的应用　硅气凝胶的纳米网络结构能有效地限制局部热激发的传播，硅气凝胶的热导率比相应玻璃态材料的热导率低 2～3 个数量级。气凝胶的纳米微孔抑制气体分子对热传导的贡献。硅气凝胶的折射率接近 1，对红外和可见光的湮灭系数之比达 100 以上，能有效地透过太阳光，并阻止环境温度的红外热辐射，故而是一种理想的透明隔热材料。在太阳能利用和建筑物节能方面已得到应用。并且，通过在气凝胶中掺杂，可进一步降低气凝胶的辐射热传导。已知常温常压下掺碳气凝胶的热导率可低至 0.013W/m·K，是目前热导率最低的固态材料，有望替代聚氨酯泡沫材料成为新型冰箱用隔热材料。当掺入 TiO_2 时可使硅气凝胶成为新型高温隔热材料，在 800K 时热导率仅为 0.03W/m·K，可用作单品配套新材料。

(2) 用作声学和隔音材料　硅气凝胶是一种理想的声学延迟或高温隔音材料，其声阻抗可变范围可达 103～107kg/m²·s，是理想的超声探测器声阻耦合材料。用厚度为 1/4 波长的硅气凝胶作为压电陶瓷与空气的声阻耦合材料，可提高声波的传输效率，降低器件应用中的信噪比。实验证明，密度在 300kg·m^{-3} 左右的硅气凝胶作为耦合材料，能使声强提高 30dB，若采用有密度梯度的硅气凝胶，可望得到更高的声强增益。

气凝胶可用作隔热恒温材料。美国宇航局研制的新型宇航服中，加入 18mm 厚的气凝胶层，就可以使宇航员扛住 1300℃的高温和零下 130℃的超低温，说明气凝胶是最有效的恒温、保温、隔热材料。

（3）用作储能器件材料　碳气凝胶是继纤维状活性炭以后开发出的新型碳素材料。它具有大的比表面积（600～1000$m^2 \cdot g^{-1}$）和高的电导率，若在气凝胶的微孔中充入适当的电解质可以制成新型可充电电池。这种电池具有储电容量大，内阻小，重量轻，充放电能力强，可重复使用等优点。

（4）用于强激光研究　气凝胶是纳米级多孔材料，这种材料可望能提高电子碰撞激发产生 X 光激光的光束质量，节约驱动能，能够实现等离子体三维绝热膨胀的快速冷却，提高电子复合机制，产生 X 光激光的增益系数。利用气凝胶的超低密度性质可以吸附核燃料。纤维气凝胶的纳米多孔网状结构有巨大比表面，且其结构介观尺度上的可控性，可使其成为研制新型低密度靶的最佳材料。并且利用硅气凝胶的结构以及 C60 的非线性光学效应，经掺杂 C60 的硅气凝胶有很强的可见光发射，并可进一步研制新型激光防护镜。掺杂方法是形成纳米复合相材料的有效手段。

（5）气凝胶具有极高的机械强度，耐高温、高压、高强度打击　因此可用以制造坚强的防护体系。美国宇航局利用气凝胶建造住所和军车。初步试验证明，在金属片上加一层 6mm 的气凝胶层，即使炸弹直接命中，金属片也分毫无损。

（6）在基础研究方面的应用前景　气凝胶内含有大量的空气，孔隙率在 80%以上，孔径大小在纳米范围（1～100nm)，因此气凝胶是属于纳米材料的。其具有纳米材料的一般特性（参见本书第一章）。气凝胶的纳米结构使其热导率极低，对光、声的散射均比传统的微米和毫米级孔性材料（如常见的硅胶、分子筛等）小得多。因而气凝胶在力学、光学、声学、热学、电学等方面有广泛应用前景。

硅气凝胶作为一种结构可控的纳米多孔材料，其表观密度在一定尺度范围内具有标度不变性，即其有自相似结构。因此，硅气凝胶已成为研究分形结构及其动力学性质的最佳材料。

此外，作为一种新型多孔纳米材料，除硅气凝胶外，还有其他单元、二元、多元氧化物气凝胶、有机气凝胶、碳气凝胶。作为一种独特的材料制备手段和工艺在其他新材料研究中也大有借鉴的意义。如制备气孔率极高的多孔硅，制备高性能催化剂的金属与气凝胶混合材料、高温超导材料、超细陶瓷粉末材料等。

（7）在环境保护中的应用　气凝胶有大的比表面和丰富的孔结构是非常理想的吸附材料。据报道，美国科学家研制的某种气凝胶能吸附水中的铅和汞。并且对处理海上原油污染有良好应用前景。“碳海绵”对有机溶剂有超快、超强的吸附能力，是迄今吸油能力最高的材料。如现有的吸油材料只能吸附自身质量 10 倍左右的油品，而“碳海绵”的吸附量可达 250 倍之多，最高可达 900 倍。

（8）石墨烯气凝胶的制备及其在水处理中的应用[25]　石墨烯气凝胶（GA）是指石墨烯分子间以石墨烯为主体相互连接或与其他有机或无机分子在一定条件下相互连接而形成的多孔网状结构。GA 机械强度极高可负担超过其本身 14000 倍的重量。三维的 GA 有极大的比表面和极低的密度（0.16$mg \cdot cm^{-3}$）。这种大的比表面和表面上丰富的含氧基团（通过表面改性可使表面功能化）使其对有机物、金属离子有良好的吸附能力。

GA 可用模板法（化学沉积模板法、高分子胶体模板法、单相冻结冰晶模板法等）、垫片支撑法、自支撑法、基面法、凝胶法等制备。

GA 广泛用于对水中重金属的吸附去除。有报道称，通过水热还原法制出的负载有硫的三维石墨烯气凝胶对 Cu^{2+} 的吸附容量达 224$mg \cdot g^{-1}$，是活性炭的 40 倍。另有报道，超疏水的 GA，对水中多种染料的吸附容量从 115～1260$mg \cdot g^{-1}$，除去率超过 97.8%。

四、其他超轻材料[26]

超轻材料是指密度小于 $10mg \cdot cm^{-3}$的固体材料。这种材料具有优异的比强度、比刚度和耐热性。并且有优良的减震、降噪、吸能、吸声以及过滤、吸附性能。

超轻材料都是多孔材料，孔隙率为 20%～99%。孔径多在纳米级到毫米级。一般来说，纳米和微米级的多孔材料多侧重于材料的功能性质的应用，如电学、光学、磁学应用，而毫米级的多孔材料除轻质外多用于民需和军需方面，这类超轻材料常可降低成本，利于大生产。

超轻材料除上述的气凝胶外，还有泡沫材料和点阵材料两大类。这是根据多孔材料结构的规则程度来划分的。气凝胶和泡沫材料为无序结构多孔材料，而点阵材料为有序结构多孔材料。

1. 泡沫材料

泡沫材料根据孔隙的形态可分为开孔和闭孔材料。前者的孔隙间是连通的，后者则孔为闭合的。根据材料的材质泡沫材料可有金属泡沫材料、聚合物泡沫材料等。

金属泡沫材料的特点是导电、导热性好，刚性大，减震效果好等优势，在汽车、飞机、航天器方面有广泛应用。金属泡沫材料因金属本身密度较碳质材料大得多，故能获得超轻范围的泡沫金属却不多。因而对其应用带来不利因素。

碳系泡沫材料比金属泡沫材料有更多的应用功能。如用 Ni 泡沫为模板，将石墨烯沉积于模板上，经 $FeCl_3/HCl$ 混合液腐蚀掉 Ni 模板，得到的石墨烯泡沫可用作超级电容器。以甲烷为碳源，用化学气相沉积法（CVD），在 Ni 泡沫模板上反应，最后用 $FeCl_3/HCl$ 腐蚀除去模板，得到石墨烯泡沫。

聚合物泡沫材料的最大优点是常有形状记忆功能和生物相容性。有的可用做固体支撑和医疗设备。

2. 微点阵材料

微点阵材料是由结点和结点间连接杆件单元组成的周期性结构材料。与孔性材料比较；微点阵材料具有抗剪切能力强，密度小、承载效率高等优点。或者，可以认为，微点阵材料是一种周期性有序的多孔材料。相比于泡沫材料微点阵材料虽表观密度稍大、比表面稍小，但因其结构的有序性，使其硬度和强度高，因而在实际应用中有更大的优势。

微点阵材料另一优势在于可设计性强，借助于计算机软件可设计出任意结构，因而利于根据需要设计生产。

陶瓷是人类生产和生活中不可或缺的材料，也是我国自古至今引以为豪的工艺制品，但其缺点是易碎、易裂。陶瓷点阵材料不仅超轻、强质，且可以在一定程度上克服陶瓷原有的脆性。

Zheng 等制备出密度在 $0.87 \sim 258mg \cdot cm^{-3}$间、杨氏模量达 $10^5 \sim 10^7$ 的超轻、超强机械强度的空心氧化铝陶瓷点阵材料，并且证明这种材料的机械性能由材料的几何结构决定，与材料的化学成分无关[27]。

第四节 气 溶 胶

一、气溶胶的定义及分类[28]

液体或固体以微米或亚微米级微粒状分散于气体介质中形成的分散系统称为气溶胶(aerosol)。以液体为分散相的气溶胶也称为液/气分散系统（体系），如雾、云、油雾、湿气等；以固体为分散相的气溶胶也称为固/气分散体系，如烟、尘、霾等。

习惯上有以形成气溶胶的原因进行分类的。由天然和自然现象（如火山爆发等）形成的气溶胶称为天然气溶胶；由人类日常生活和生产活动（如焚烧秸秆、垃圾，水泥生产等）产生的气溶胶称为人工气溶胶，当以大气为分散介质时常称为大气气溶胶。

二、大气气溶胶的一些常用术语[28～30]

随着人类环境保护意识的提高，大气气溶胶作为气象科学、环境化学、胶体与界面科学的边缘性科学分支日益受到重视。人类在认识和研究大气气溶胶的形成和清除中，必然要对气溶胶涉及的术语有所了解。一般来说，这些术语大多是指气溶胶中分散相粒子的，也有是指气溶胶整体（分散散粒子与分散介质整体），或者是指一种气象现象的。

粉尘（dust)：悬浮于气体（主要指空气）中多种化学成分的固体微粒。粉尘多是在固体物质经物理作用（如粉碎、研磨、输送过程等）或岩石的自然风化、风力的吹、扬而形成的。较大的粉尘粒子，可在重力作用下经一定时间后发生沉降。小粉尘粒子在相当长时间保持一定的稳定性，粉尘粒子多在1～200μm大小。

烟与飞灰：燃料（煤、石油、木材等）燃烧而生成的黑色的含碳粒子，常称为黑烟(smoke)。当燃料燃烧或金属冶炼过程中形成带有颜色的细小固体粒子（粒径约在0.01～1μm)，称为烟（fume)。燃料燃烧形成的很细小的白色粒子（如燃煤电站排放的灰白色烟气）称为飞灰（fly ash)。细致区分这些术语是困难的。甚至有时将烟与尘混称烟尘(smoke and dust)，烟尘的外观可能大致相似（如成灰色）但其化学组成可能大不相同，一般来说，黑色的主要是含碳粒子，灰白色多为极小的无机粒子，带有某种颜色的烟多为金属、金属氧化物的微小粒子。

雾（fog)：液体以小液滴的形式分散于气体中形成的乳白色气溶胶。气象学中将能见度小于1km的微小水滴分散于大 气中形成的悬浮体系称为雾。显然，雾中能见度的降低是因微小液滴的存在，这种液体微滴浓度越大，能见度越小。能见度大于1km的雾称为“薄雾”或霭（mist)。

霾（haze)：非水物（如重金属及其盐、芳烃、某些氧化物等）的微小粒子均匀分散于气体介质中形成的气溶胶，当分散相物质的粒子浓度足够大时可使能见度<10km，这种气溶胶，在气象学上称为霾或灰霾（Dust haze)、烟霾。霾存在时，常使远处光亮物体略显黄、红色，使暗黑物体略带蓝色。

空气中湿度近饱和时形成雾。当空气中有大量成霾的物质存在，且湿度大于80%时水汽凝结加剧，霾转化为雾，形成乳白色或青蓝色的天气现象。成霾的固体粒子在此时是成雾的液体微滴的核心。

总悬浮颗粒物（TSP)：悬浮于空气中不易沉降的所有粒径小于100μm的固体粒子和液体微滴的总量（质量)。其中粒径小于10μm的称PM_{10}，又称可吸入颗粒物。吸入可吸入颗粒物，积累于呼吸系统中会引发多种疾病。

三、气溶胶的物理性质[29,30]

气溶胶中分散相粒子的大小许多是在胶体分散相粒子大小范围内的，因此胶体的基本性质大多在气溶胶中也是适用的（见本书第二章）。以下介绍的气溶胶的性质许多是指分散相固体粒子的性质，而非气溶胶总体（分散相加分散介质总体）的性质。

1. 气溶胶固体粒子的密度、粒度和比表面

气溶胶固体粒子的密度是指单位体积粒子本身的质量（$g \cdot cm^{-3}$)，对于用大块物体破碎和研磨等机械分散方法形成的固体粒子的密度与其固体物质的密度是相同的，但当用凝聚法形成粒子时（如烟尘等）可能在这类粒子中含有孔隙而使粒子密度比本体物质的密度小（参见本书第九章第一节中密度的内容）。密度的大小将影响粒子的运动，在重力场中将影响其沉降速度，并进而影响气溶胶的稳定性。相同粒子大小，密度越大，沉降越快，气溶胶的稳定性越差。

固体粒子的大小称为粒度。一般来说，粒度是指多分散固体粒子的平均大小，习惯上粒度与粒径通用。粒度分布是指粒子的某一物理量 ϕ（如粒子数、粒子质量、粒子体积、粒子表面积等）在不同粒径间隔内相对于所有粒子所占的百分比或百分率（$\Delta\phi$,%）。

在实际的气溶胶中，分散相固体粒子的粒度分布有一定的统计规律。服从正态分布的固体粒子的粒度分布如图 10.21 所示。这一分布规律表示，在粒径为等间距的普通坐标上画出粒子比例数与粒径的关系，相对于出现最大粒径的概率是对称的。服从对数正态分布的粒度分布曲线如图 10.22 所示。

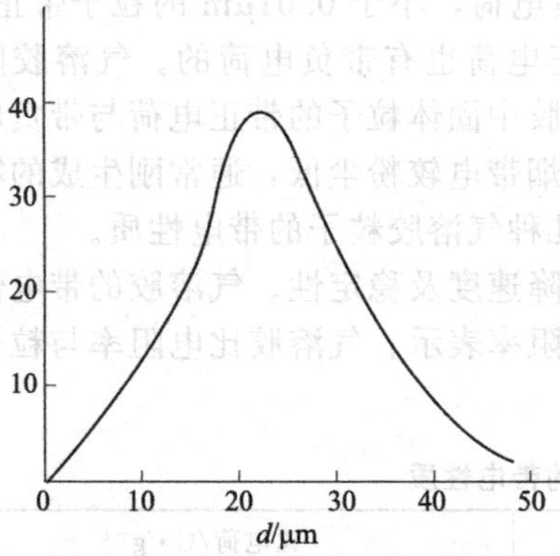

图 10.21 正态分布的粒度分布曲线

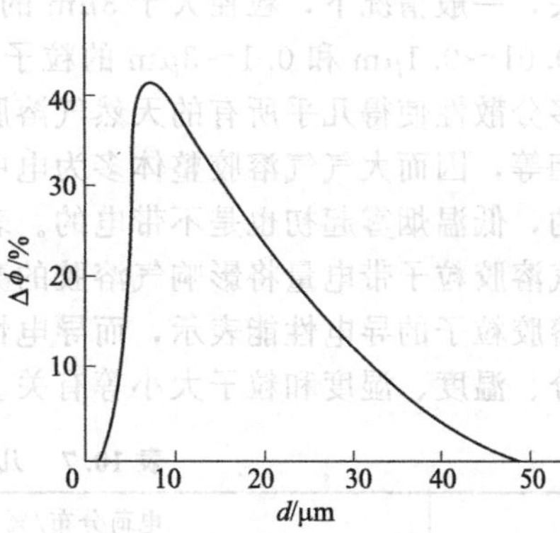

图 10.22 对数正态分布的粒度分布曲线

单位质量（或单位体积）气溶胶中分散相粒子的表面积称为比表面（$m^2 \cdot g^{-1}$ 或 $m^2 \cdot cm^{-3}$）。固体粒子粒径越小，比表面越大，其物理和化学活性越大。因而粒子比表面与气溶胶粒子的吸附性质、润湿性、黏附性等有密切关系。表 10.6 中列出一些气溶胶的固体粒子的比表面数据。

表 10.6 某些气溶胶的分散相粒子的比表面

气溶胶中固体粒子名称	固体粒子粒径/μm	粒子比表面/$m^2 \cdot g^{-1}$
新生成的香烟烟雾	0.6	10
细粒子飞灰	5	0.6
粗粒子飞灰	25	0.17
水泥煅烧烟尘	13	0.24
冶铁高炉烟尘	8	0.4
新生炭黑	0.03	110
粉状活性炭	—	800
细沙	500	0.005

2. 气溶胶固体粒子的电学性质

气溶胶粒子的带电性。气溶胶中的固体粒子和液体粒子（如小水滴）都带有电荷，雷电现象即为证明。气溶胶中固体粒子带电和液体中的疏液溶胶带电不大相同，因为在气溶胶中，带电的粒子表面不大可能有扩散双电层。气溶胶固体粒子带电的原因有：直接带电、静电带电和碰撞带电三种。

固体粒子可吸附气体中的某些离子而带电，直接电离带电虽有可能，但缺乏有力的证明。

静电带电。当空气中有高绝缘性液体的微滴与固体粒子表面先接触而又分开时可能形成带同号电荷的粒子，且相互排斥。与这一机制类似，高绝缘性（即高介电常数）的液体表面，常有丰富的电子或负离子，这种液体在高速雾化形成雾化小液滴必然带有丰富的电子或负离子，由此而形成的气溶胶粒子都带有电荷，此即喷雾带电机制。粒子接触摩擦带电是很古老的固体表面（甚至液滴表面）带电机制，但当湿度大时（如超过40%～60%）摩擦带电的作用就不明显了。但是干燥条件下，摩擦带电可能引起一定高粉尘浓度时的爆炸，确是要给予极大的注意。我国近年来粉尘爆燃事故时有发生，造成很大的人身伤亡和物质损失，有深刻的教训。燃料燃烧形成的粉尘粒子也都带有电荷，这是因为燃烧时可生成大量离子，如乙炔燃烧形成的炭微粒，在0.01μm的粒子上可带10单位电荷，此即燃烧带电。此外，放射线照射、电晕放电等都可以使粒子表面带电。

有趣的是，气溶胶分散相粒子带电性质和数量常与粒子大小、极性、表面状态和介电常数有关，一般情况下，粒径大于3μm的粒子表面带负电荷，小于0.01μm的粒子带正电荷，介于0.01～0.1μm和0.1～3μm的粒子可能既有带正电荷也有带负电荷的。气溶胶固体粒子的多分散性使得几乎所有的天然气溶胶和工业气溶胶中固体粒子的带正电荷与带负电荷的几乎相等，因而大气气溶胶整体多为电中性的。雾和烟带电较粉尘低，通常刚生成的雾是不带电的，低温烟雾起初也是不带电的。表10.7列出几种气溶胶粒子的带电性质。

气溶胶粒子带电量将影响气溶胶的凝聚速率、沉降速度及稳定性。气溶胶的带电性质可用气溶胶粒子的导电性能表示，而导电性质通常用电阻率表示。气溶胶比电阻率与粒子的化学成分、温度、湿度和粒子大小等有关。

表10.7 几种气溶胶粒子的带电性质

气溶胶粒子	电荷分布/%			比电荷/$C\cdot g^{-1}$	
	正电荷	负电荷	中性	正电荷	负电荷
飞灰	31	26	43	6.3×10^{-6}	7.0×10^{-6}
石膏尘粒	44	50	6	5.3×10^{-10}	5.3×10^{-10}
冶铜尘粒	40	50	10	6.7×10^{-10}	1.3×10^{-12}
冶铅烟雾	25	25	50	1.2×10^{-12}	1.0×10^{-12}
实验室油烟	0	0	100	0	0

3. 气溶胶粒子的光学性质

气溶胶的光学性质是其物理性质中最易观察和体验到的一种。晴朗的早上，人们都能看到美丽的红橙色朝霞（晚上则可见晚霞）和头顶蔚蓝的天空，这是大气中悬浮的粒子发生光散射的结果。一种较粗浅的解释是，人们观察东方升起的朝阳，主要是太阳光通过大气气溶胶透射光的颜色，而头顶的天空是阳光被气溶胶散射后的颜色。一般认为白光为入射光时短波长光被散射，因而透射光则必为波长长的光。

至于在森林中，日光经树叶的间隙透过形成如利剑的混浊光柱，更是丁铎尔现象的典型实例。

气溶胶粒子不仅对光有散射作用，而且许多粒子（金属粒子、炭粒子等）对光还有吸收作用。粒子对入射光的吸收和散射作用的共同作用称为消光作用。

气溶胶的消光作用是指入射光通过气溶胶时受到粒子的散射和吸收，使出射光受到衰减的作用。出射光是指与入射光同轴光路、方向透过介质后的光。这是因为在方向不同时散射光强有很大不同（光散射的基本原理参见第二章第二节）。

设入射光的光通量为F_o（或光强度为I），通过气溶胶层在原光浴方向的出射光数会衰减，因粒子对光的吸收引起的衰减服从指数定律，即

$$F_a = F_o e^{-aL} \tag{10.2}$$

因散射而引起的衰减为

$$F_b = F_o e^{-bL} \tag{10.3}$$

式中，L 为介质层厚度，a 和 b 分别为吸收系数和散射系数。

吸收和散射的共同作用，即消光作用引起的光的衰减为

$$F = F_o e^{-(a+b)L} = F_o e^{-\gamma L} \tag{10.4}$$

式中 $\gamma = a + b$，称为衰减系数（也称浊度）。此式表示粒子对光的消光特性随气溶胶层厚呈指数衰减。

对于单分散粒子的气溶胶（粒子大小相同），γ 可表示为

$$\gamma = a + b = n\theta_E A \tag{10.5}$$

式中，n 为单位体积气溶胶中的粒子数（即粒子浓度），A 为粒子的横截面积，θ_E 为单个粒子的消光效率因子，θ_E 的定义是：

$$\theta_E = \frac{\text{通过单个粒子消减后的光通量}}{\text{入射到单个粒子上的光通量}} = \frac{F_E}{F_o} \tag{10.6}$$

对于粒子大小不均一的气溶胶可得与上式类似的结果：

$$\gamma = n\overline{\theta_E A} \tag{10.7}$$

$\overline{\theta_E}$ 为多分散的气溶胶的消光效率因子的平均值，$\overline{A}$ 为粒子的大小（或截面积）的平均值。

若粒子在气溶胶中的浓度以单位体积中粒子的质量数表示（即质量浓度），并以 C_m 表示质量浓度，则有

$$C_m = n\,\frac{\pi}{6} d^3 \rho \tag{10.8}$$

式中，d 为粒子的直径，ρ 为粒子的密度。从而衰减系数 γ 可表示为：

$$\gamma = 3C_m\theta_E/2\rho d \tag{10.9}$$

单个粒子的消光效率因子 θ_E 由粒子直径 d，粒子折射指数 m 和入射光波长 λ 等参数决定，当忽略光的吸收作用，可得，

$$\theta_E = \frac{8}{3} a^4 \left(\frac{m^2-1}{m^2+2}\right)^2 = \frac{8}{3}\left(\frac{\pi d}{\lambda}\right)^4 \left(\frac{m-1}{m+2}\right)^2 \tag{10.10}$$

a 为粒径参数。

上式表示在粒子很小时，且只有散射而引起的消光作用，则消光效率因子与直径的 4 次方成正比，与入射光波长的 4 次方成反比。换言之，消光效率因子强烈地依赖于粒子大小 d 和入射光波长 λ。θ_E 的这种关系与胶体体系光散射的结果有类似之处［参见第二章式(2.38)］。

当实验测得气溶胶的衰减系数和粒子的消光效应因子后就可以求出气溶胶的浓度。

气溶胶的光散射特性及利用光散射原理测定粒子大小已在第二章中有较详细的介绍，在此不再赘述。

4. 气溶胶粒子的吸附性质

吸附作用（adsorption）是界面现象中最为重要的一种，当吸附作用发生时将会引发出其他多种界面现象（如润湿、分散与凝聚、黏附、固体的表面改性等）的实际应用。

在各种表、界面上（最常应用的是固气表面、液气表面、固液界面），由于表、界面原子受力的不均衡，有自发在界面上与介质中的某些原子或分子形成物理性的或化学性的键合作用，构成单层或多层的吸附层。当固体以分散状态的小粒子形成界面时，通常固体粒子越小表面积越大（固体粒子有丰富的孔结构，其表面积尤为大）。气溶胶中，固体粒子细小或有大的内表面（孔隙中的表面积）因而对大气中的某些成分（气体的或液体的，甚至是比气

溶胶固体粒子更细小的其他固体粒子）通过物理力（范德华力）或化学力（发生电子的交换、转移或共有，形成化学键）而吸着于气溶胶固体粒子的表面上。

借助于物理力的吸附称为物理吸附，只要发生吸附时的温度低于某种气体的临界温度，原则上这些气体即可在固体粒子表面发生物理吸附。这就是说，气体在固体粒子表面上的物理吸附可视为气体的液化过程，只有在低于气体的临界温度时物理吸附才能发生。但是，尽管吸附温度低于临界温度可以进行物理吸附，还必须在气体相对压力（蒸气压和饱和蒸气压之比）较高（如 $p/p_0>0.5$）时方能形成可观的多层吸附，即才有较大的吸附量。特别是对于孔性固体粒子，气体相对压力 p/p_0 较大时才能发生毛细凝结，吸附量才有明显增大。

化学吸附是吸附分子与固体表面形成化学键，因而化学吸附只能是单分子层的。

气溶胶粒子虽然不能像疏液胶体（溶胶）那样有厚厚的溶剂化层，也没有扩散双电层。但对于氧化物类固体粒子，仍可能极易吸附气相中的水蒸气分子，形成粒子表面的水化薄层，并可能进一步使水汽在其上凝聚成雾滴。

气溶胶固体粒子的润湿性质与接触液体的性质有关。液体与固体表面性质接近时易于在粒子表面上展开，润湿性好；反之，润湿性差。这与吸附能力大小有类似的关系。

有报道称，气溶胶粒子的润湿性还与粒子大小有关。例如，石英是硅的氧化物，亲水性好，应极易被水润湿。但当石英粒子小到 1μm 以下时反而难被水润湿。解释是，极细粒子比表面比较大粒子的大得多，故对气体的吸附作用更强烈，表面有较厚的气体吸附层，阻碍了液体（水）与石英粉体的接触。因而使其被水润湿的能力降低。

四、气溶胶的化学性质[29,30]

1. 气溶胶固体粒子的化学组成

气溶胶粒子的化学组成十分复杂，它含有多种微量金属、无机氧化物、硫酸盐、硝酸盐和多种有机化合物。由于来源不同，形成过程不同，成分各不相同，特别是城市大气受污染源影响较大，故气溶胶的化学组成变动也较大；相对而言，非城市（农村、山区、海洋等）的大气气溶胶化学组成较为稳定。

在我国，大气溶胶的化学成分中，有 50%～80%为无机物，有 10%～30%的有机物，有 2%～10%的生物物质（各种微生物，如花粉，细菌，孢子，病毒等）。无机物中包含了各种元素及化合物。有机物有 200 多种，主要是 C_{16}～C_{28} 的脂肪族烃类、多环芳烃、醛、酮、环氧化合物的过氧化物、酯和醌。表 10.8 中列出几个城市的大气气溶胶微粒的化学组成。

表 10.8 我国几个城市大气气溶胶微粒的化学组成

城市	化学元素组成
北京市区	Al Si S C Cl K Ca Ti Fe Mn Ba As Cd Sc Cu V Cr Ni Se Br Sr Pb Hg VDC①
北京北郊	Al Si S C Cl K Ca Ti Fe Mn Ba As Cd Sc Cu V Cr Ni Se Br Sr Pb Na Mg Zn P Rb Sb Ga Ce Mo La Co Nd Tb Cs W U Hf Sn Yb Eu Ta Tb Lu Hg VOC①
武汉市区	Al S Si C Cl Ca P K V Ti Fe Mn Ba As Cd Se Cu Cr Co Ni Pb Zn Zr Hg VOC①
广州市区	Al S Si C Br Ca Se Ga Ge Rb Sr Mo Rh Pd Ag Sn Sb Te I Cs La W U Hg Au VOC①
重庆市区	Al Si C Ca P K V Ti Fe Mn Ba As Cd Se Cu Cr Co Ni Pb Zn Zr S Cl Hg VOC①
兰州市区	Al Si Br C Ca Se Ga Ge Rb Sr Mo Th Pd Ag Sn Sb Te I Cs La W U Hg Au As VOC①

① VOC 为挥发性有机物。

大气中二氧化硫转化形成的硫酸盐是气溶胶的主要组分之一。这一转化过程可能是在气相中或在水滴、碳粒和有机粒子表面上先转化为三氧化硫，再与水作用生成硫酸并与金属氧化物微粒反应生成硫酸盐。

气溶胶中来源于土壤的各种元素，其含量在各地区间差别不大，但来源于工业生产的各种元素［如 Cl，W，Ag，Mn，Cd、Zn、Ni、As，Cr 等］就可能有较大的地区差别。

在气溶胶的有机物成分中，多核芳烃普遍存在于城市和乡村各处的大气中，并且凡有多核芳烃存在的，必有苯并芘的存在。而苯并芘是强烈的致癌物质，苯并芘是一切含碳燃料和有机物热解过程的产物，在城市中相当一部分是由汽车尾气排放而来。纸烟的烟雾和熏制食品中也常含有苯并芘。

2. 气溶胶中的化学反应

由于气溶胶的化学组成十分复杂，性质相异的物质间接触时在一定条件下可能发生多种类型的反应。最常见的有酸碱中和反应、氧化还原反应等。

某些碱金属、碱土金属的碳酸盐、氧化物、氢氧化物［如 Na_2CO_3、$CaCO_3$、Al_2O_3、$Al(OH)_3$、CaO、$Ca(OH)_2$、MgO、$Mg(OH)_2$ 等］粒子为碱性物质，和酸性的阴离子（如 SO_4^{2-}、NO_3^-、Cl^- 等）在水分存在下可发生酸碱中和反应，生成新的盐。

在大气气溶胶中还可能存在某些氧化性或还原性物质，他们之间可发生氧化还原反应，也可能与大气中的氧化还原性物质发生反应，如

$$2SO_2 + O_2 \longrightarrow 2SO_3$$

$$CH_3C(O)O_2\cdot + SO_2 \longrightarrow CH_3C(O)O\cdot + SO_3$$

大气气溶胶中的某些原子、分子、离子或自由基可以吸收光子发生反应（光化学反应）。如 SO_3 在 $\lambda<218$nm 太阳光辐射时可发生光解反应：

$$SO_3 + h\nu \xrightarrow{\lambda<218\text{nm}} SO_2 + O\cdot$$

甲醛吸收 $\lambda=295$nm 的光，可发生以下光解反应：

$$HCHO \xrightarrow{h\nu} H_2 + CO$$

此外，大气中有各种气体（如 SO_2，NH_3，NO_2 等），气溶胶中有多种金属离子和氧化物，可以为在大气中发生某些催化反应提供条件，如使氮氧化物生成硝酸盐，使 SO_2 氧化成 SO_3，再进一步生成硫酸或硫酸盐，使 CO_2 生成碳酸盐和有机物等。这些无机酸和盐与水作用形成酸雨。在这些反应中无机元素和某些金属离子可起催化剂的作用。

五、气溶胶的应用[31～33]

气溶胶在工、农业生产和国防建设等方面应用十分广泛。如日用化学品（如洗衣粉等）生产和食品生产（如奶粉等）中的喷雾干燥工艺就是将含有效成分的溶液喷成细雾状并与热气流接触，热量通过雾滴表面传入液雾中将溶剂蒸发以获得粉状固体产品。为了提高液体和固体燃料的燃烧速率和效率，常将其喷成雾状（燃油雾化）或固体气溶胶形态进行燃烧。农业上，施用农药不仅可将农药制成乳剂，并应用喷洒设备喷成雾状使用可提高药效，减少药品用量；将成核物制成气溶胶用于人工降雨，可大大改善旱情。在国防上，气溶胶可用于制造信号弹和遮蔽烟幕。

气雾剂是最为常见并广为应用的气溶胶商品，其应用范围十分广泛：在医疗保健、美容护发、日常生活、工农业生产等诸多方面都有应用。

实用气雾剂是指将欲喷洒物置于有特殊阀门系统的耐压容器中，喷洒物可以是各种溶液、混悬液或乳状液，在一定压力下将喷洒物以雾状喷到施用部位。

医疗用气雾剂可用于呼吸道、皮肤或其他腔道、表面，目前主要用于治疗哮喘、口腔、

烫伤、血管扩张、尿不畅等疾病。

用于日常生活的气雾剂主要有杀虫消毒、空气清新、美容固发、抑菌、灭虫、局部去污等。工业用气雾剂主要用于润滑、防锈、清洁、抗静电、脱模等。

气雾剂使用的缺陷是需用耐压容器和阀门系统，制备成本高，成品有一定的爆炸危险。

常用于作气雾剂抛射剂的有三氯一氟甲烷（F11）、二氯二氟甲烷（F12）、二氯四氟乙烷（F114）及 CO_2、N_2 的压缩气体。使用的容器要严格的耐压、并有化学和物理稳定性的要求。

六、大气污染与防治[2]

（一）什么是大气污染

人类生存、繁衍、发展必须依赖于自然环境。自然环境给人类提供物质和能量，人类在生存和生产中还要消耗自然界的物质与能量，并可能产生新的产物。人类和动植物的生活、文化、生产活动又会产生许多废弃物质。其中许多物质对人体和生物体是有害的。纯净的空气对生物是有益至少是无害的。天然的或人工产生的各种有害物质进入大气就造成大气污染。简言之，当大气中出现对生物体和对人类生存有害的物质成分，且浓度达到一定浓度时，导致人类生存和发展条件受到破坏，生态平衡遭到破坏，这种大气状态称为大气污染。

（二）大气污染源

大气污染物是指那些危害人体健康和生物体正常生长及对赖以生存的环境有破坏作用的各种化学的或生物物质。并且大气污染物在气体中达到一定浓度时才明显显现出来。大气污染物通常能在大气中形成相对稳定的气溶胶。

大气污染源可分为自然污染源和人为污染源两大类。自然污染源主要是自然界发生的事件施放出的气体或固体、液体物质（如地震、火山喷发、雷电、森林火灾、海啸等发生时释放出的各种小粒子）。人为污染源是人类生产、生活活动中排放出的废物，或者由这些排放物进一步通过各种反应而形成各种形态的微粒。如工业生产直接生成的尘埃粒子或化工生产排放的各种废气、废液再与气相中某些物质反应而形成的硫酸盐、硝酸盐等。生物类污染源的分类有时较困难。因为虽然有些病毒是自然发生的但也与人类不良卫生习惯和疏于有效管控和防治有关。

（三）雾霾与 $PM_{2.5}$[34,35]

（1）雾与霾　雾与霾都是天气现象，是气象学术语。都表示在这两种天气现象存在时能见度的降低。从气溶胶科学来讲，雾和霾的科学含义是不同的。雾是在空气中水汽达到或近于饱和时，水汽本身凝结成微小的水滴或在微小的尘粒上凝结成小水滴或小冰晶。换言之，在此气溶胶中分散相是水。霾是各种固体无机物或有机物小粒子分散在大气中形成的气溶胶，显然，固态小粒子是分散相。雾的分散相主要成分是水，雾是在气温低，水蒸气充足（接近饱和蒸气压）时自然产生的天气现象。霾多是人为（生产或生活排放）造成的固态小微粒，再辅以不良的扩散条件（地形、风力、风向等因素）而形成的固体小粒子分散于大气中的气溶胶。因此，雾多在夜间和早晨出现，而霾可在全天都有。

（2）$PM_{2.5}$的定义　PM 的英文全写为 Particulate metter，意为颗粒物。$PM_{2.5}$表示大气中直径小于 2.5μm 的颗粒物。这样大小的颗粒可以直接进入并黏附于下呼吸道和肺叶，因此 $PM_{2.5}$又称入肺颗粒物。

霾中的颗粒物不像雾的水滴主要是水，霾的颗粒物多不是纯化学物质，而是来源不同的各种微小固体和液体粒子及它们可能发生反应的产物的混合物，$PM_{2.5}$对人体危害大。

（3）$PM_{2.5}$的来源　具体到 $PM_{2.5}$的微小颗粒物，其主要来源如下。

① 化石燃料的燃烧。煤、石油都属于化石燃料，我国火力发电、工业和民用锅炉的燃

料基本上都以煤、石油为主。

煤炭中除可燃物质外，还有大量不易燃、不可燃的无机氧化物、硅酸盐等物质以极小粒子形式释放入大气中。石油产品的汽油和柴油多用作汽车燃料，燃烧过程中，若工艺过程氧化不足可能产生炭黑和挥发性有机物（VOC），这些物质及伴随生成的CO都以废气的形式排放到大气中。汽油中的硫，燃烧后可生成SO_2，并且在汽车引擎中在空气存在下和高温高压放电等条件下N_2与O_2反应可生成NO，并进一步氧化成NO_2，再遇水成硝酸。VOC的反应要复杂得多，但不完全氧化的汽、柴油最终都可能形成有毒性的NO_2、SO_2、并进而转化成硝酸、硫酸及相应的盐分散到大气中，均成大气污染物的重要组分。

② 在城市中霾的重要来源还有建筑材料生产和建筑施工过程中产生的各种粉状物质或挥发性的有机涂料及施工中的各种有机添加剂。至于房屋拆迁、城市改造中的筑路、建桥、垃圾的处理等等都会产生各种不同组成的无机的、有机的固体、液体、甚至气体的废物，它们都是大气污染源，粒子很小的则成为$PM_{2.5}$的重要来源。

上述$PM_{2.5}$的来源是普遍存在的，但不同城市、地区的产业结构、发展程度、生活水平不同，甚至同一城市季节不同都会引起$PM_{2.5}$来源的差异。表10.9列出北京冬、夏季2007年$PM_{2.5}$的主要来源比较。

表10.9 北京冬夏季$PM_{2.5}$来源（2007,%）

季节	煤燃烧	硫酸盐	硝酸盐	生物质燃烧	机动车排放	道路扬尘	未知
冬季	38.05	8.62	4.84	15.37	7.97	7.31	12.84
夏季	11.3	24.14	8.05	12.84	14.94	8.43	20.31

此表结果说明北京的$PM_{2.5}$来源季节性变化大，这是因为冬季燃煤供暖起重要作用。而且硫酸盐和硝酸盐的比例较大，硫酸盐是SO_2经氧化而成，硝酸盐则是VOC和羟基自由基（·OH）催化生成NO_2，进而生成硝酸盐。这说明我国东部大城市已进入光化学污染形成$PM_{2.5}$的时期。珠三角的$PM_{2.5}$也有类似的规律。

③ $PM_{2.5}$的成分。来源不同，$PM_{2.5}$的成分也不同。一般来说北部较冷地区$PM_{2.5}$中炭黑等碳质物质较多，且最高浓度在冬季和早春。这显然与燃烧矿物燃料取暖有关。而热带的内罗毕、河内等地$PM_{2.5}$的主要来源是交通和废弃物质燃烧。$PM_{2.5}$中还常有许多无机化学元素，如河内的大气中就含有17种无机物。

在许多$PM_{2.5}$中有多达40%～95%的有机物成分。这些成分和含量与有机质燃烧的程度及物理化学性质有关。燃烧不完全的产物中含有大量不完全氧化物质，如CO、烃、NH_3等。在北京的$PM_{2.5}$中就发现有百余种有机物。

（4）$PM_{2.5}$的标准　世界卫生组织（WHO）2005年制定的空气中$PM_{2.5}$的标准见表10.10。

表10.10 空气中PM2.5的标准值

标准	年均值/$\mu g \cdot m^{-3}$	日均值/$\mu g \cdot m^{-3}$	标准	年均值/$\mu g \cdot m^{-3}$	日均值/$\mu g \cdot m^{-3}$
准则值	10	25	过渡期目标2	25	50
过渡期目标1	35	75	过渡期目标3	15	37.5

中国气象局2010年正式发布气象行业的$PM_{2.5}$标准，规定$PM_{2.5}$的限值为75$\mu g \cdot m^{-3}$。表10.11列出我国空气质量等级与相应的$PM_{2.5}$标准值。

由于世界各国和地区发展水平不同，地理条件各异，WHO制定的标准不可能普遍施行。各国和地区都有自己的标准。目前发达国家和地区的实际应用的$PM_{2.5}$年均值标准有：台湾地区31$\mu g \cdot m^{-3}$，澳门地区33$\mu g \cdot m^{-3}$，香港地区36$\mu g \cdot m^{-3}$，美国13$\mu g \cdot m^{-3}$，日本20$\mu g \cdot m^{-3}$，欧盟12$\mu g \cdot m^{-3}$。

表 10.11 我国空气质量等级与相应的 $PM_{2.5}$ 标准值

空气质量等级	24h 平均 $PM_{2.5}$ 标准/$\mu g \cdot m^{-3}$	空气质量等级	24h 平均 $PM_{2.5}$ 标准/$\mu g \cdot m^{-3}$
优	0～35	中度污染	115～150
良	35～75	重度污染	150～250
轻度污染	75～115	严重污染	>250

(5) $PM_{2.5}$ 的形成　人为直接排放的纳米级物质要经过转化-老化过程逐渐形成 $PM_{2.5}$ 甚至 PM_{10}。图 10.23 示意了人为直接释放物质的化学转化以及颗粒物的形成过程。如 SO_2 转化为 H_2SO_4，挥发性有机物（VOC）转化为氧化型有机物（OVOC），这些次生物质挥发性低、易于形成气溶胶。可以发现酸性和氧化物物种以及 VOC 是包括 $PM_{2.5}$ 在内颗粒物形成的基础。烟雾、雾和霾之间并无严格的分界线，但雾和霾的区别在于颗粒物与水汽之间的相对含量。在高水汽含量和相对较低颗粒物含量的条件下，出现雾的天气现象；而低湿度和较高颗粒物含量则表现为霾的特征。

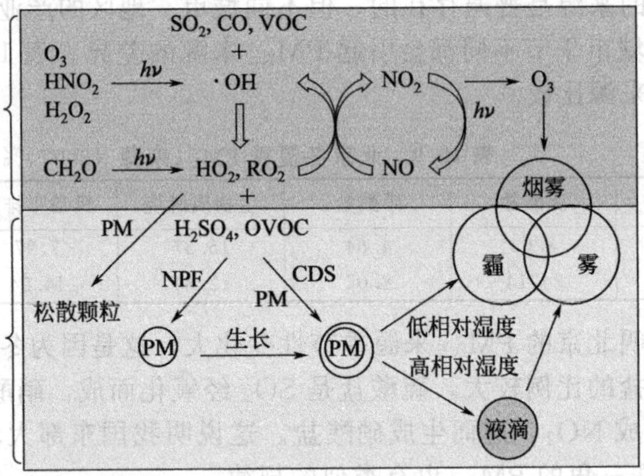

图 10.23　雾霾形成及光化学烟雾的重要化学过程
NPF—新粒子的形成；CDS—气体在气溶胶表面的沉积；VOC—挥发性有机物；
OVOC—氧化性挥发性有机物；PM—颗粒物

在北京地区 $PM_{2.5}$ 中的 100 多种有机物，其中主要有烷烃、芳烃、脂肪酸和正烷醇等，这些多类型有机物是挥发性有机化合物（VOC）转化而来。

大气中活性有机质的氧化和挥发性物质在颗粒表面的沉积导致气溶胶粒子的形成。氧化过程可以通过光化学或异质多相化学过程实现（图 10.23）；老化生长过程则增加了颗粒的大小和吸水性，降低了粒子的挥发性，经过老化过程，形成了硫酸盐、硝酸盐、矿物粉尘、海盐、有机碳和无机碳的均质混合物，即为颗粒物质。老化生长过程实际包括了纳米粒子的快速凝结和低挥发有机质的沉积。与水汽作用后，粒子的物理和化学性质发生变化，从而对环境产生不同的影响，包括云团的形成。云团处于低空区时，根据水汽和颗粒物的相对含量，称其为雾或霾，或者直接简称为雾霾。

概括起来，人为排放产物首先形成 2nm 左右的气溶胶粒子，这些小粒子通过成核模式进一步增大到 3～10nm，其中硫酸对成核有很大影响。除了成核过程，低挥发性有机物在颗粒表面的沉积改变粒子的大小和亲水性，这个过程称为气体-粒子转化过程（gas-to-particle process）。因此，如果硫酸是初生粒子的主要成分，硫酸的凝结和中和以及与其他低挥发物质的聚集将极大加速 $PM_{2.5}$ 甚至 PM_{10} 的形成。

(6) $PM_{2.5}$ 的危害

① 光化学烟雾　光化学烟雾是大气中的挥发性有机物和氮氧化物等一次性污染物在阳光作用下通过光化学反应生成的二次污染。从图 10.23 的光化学烟雾反应过程可以看出，臭

氧是光化学烟雾的重要产物和指示污染物。臭氧具有很强的氧化性，能与许多生物组织发生氧化还原反应；吸入呼吸道的臭氧，可与其中的细胞、流体及组织反应，导致肺功能减弱和组织损伤，严重影响人类的健康。模拟实验和测量结果都表明臭氧形成于 VOC 敏感区域。

汽车发动机和火电厂的高温下产生的 NO 在 VOC 和自由基·OH 存在下转化为 NO_2，而 NO_2 通过几种途径进一步发生反应，其中一种途径为：

$$NO_2 \xrightarrow{h\nu} NO + O_3$$

这个反应生成了活性很强的氧原子（O），与氧分子结合形成臭氧分子：

$$O + O_2 \longrightarrow O_3$$

NO 和 VOC 之间通过化学反应促进次级污染物——臭氧的生成。由于 VOC 参与了臭氧的形成，所以光化学烟雾包含了未反应的有机物等固体颗粒，即光化学烟雾既有 $PM_{2.5}$ 等颗粒物质的参与，也是新颗粒物的形成过程，光化学烟雾同时还产生严重影响人类健康的活性氧自由基及其他活性基团。

② 对气候的影响 $PM_{2.5}$ 等颗粒物处于低空区时，我们称其为雾霾；在高空区的气溶胶可以反射太阳光而且呈暗棕色，因而被称为大气棕色云团（atmospheric brown clouds）。与温室气体导致全球变暖不同，大气棕色云团因反射太阳光而降低地球表面温度。与亮水蒸气云团不同，棕色云团由 $PM_{2.5}$ 等颗粒物组成，其中的碳质、硫酸盐、硝酸盐和矿物粉尘等对云团的棕色颜色贡献最大。棕色云团增强了对太阳光的吸收和散射，减少了到达地球的太阳能。许多研究工作认为气溶胶微粒对太阳光有反射效应，从而对全球变暖有冷却效应。有的科学家已开始研究利用气溶胶遏制全球变暖。

③ 对人类健康的影响 目前已有确切证据证明 $PM_{2.5}$ 对人类循环系统和呼吸系统的影响。有研究工作报道多种空气污染物对人循环系统的影响。发现污染物对不同疾病的影响呈现强度和滞后性的差异。颗粒物可导致病人血压升高，而且即使低于健康指导值的污染物也与循环系统疾病及其死亡率有明显的正相关性。已有足够证据表明 $PM_{2.5}$ 与肺癌有直接关系，而且 $PM_{2.5}$ 每增加 $10\mu g \cdot m^{-3}$ 会导致心肺疾病死亡率增加 6% 和肺癌死亡率增加 8%。但颗粒物的毒性及对后续的健康影响在很大程度上还是未知的，故进一步研究颗粒物质影响人类健康的生物学机理，对于理解颗粒物的毒性及后续的健康影响具有重要意义。

（四）大气污染的治理[28,30,36,37]

1. 大气污染治理的一般方法

大气污染的处理过程大致分为干除法和湿除法两大类。也可分为物理法和化学法两大类。

大气污染实际上除气溶胶污染外还应包括废气的污染。因此，大气污染的治理也应包括对有毒、有害气体的消除，以免污染干净的空气。

干除法是将固体粒子通过沉降或吸附的方法停留在下垫面、植物枝叶或地面上。湿除法是以成云、雾、雨的形式，经降雨过程冲刷以除去固体污染物。

2. 废气治理

废气是指人类在生活和工、农业生产活动中产生的有毒有害的气体，特别是多种工业生产产生的废气，许多是有异味的有害气体，严重污染环境和损害人及动物健康，有的还能导致农作物、林木和植被受害。

废气多种多样，性质各异，治理方法也各有不同。但一般有物理法、化学法、物理化学法和生物法四大类。

（1）物理法 液体吸收法。可溶性气体可通入适宜液体（溶剂）使废气溶于液体。吸收饱和后，更换溶剂。废气饱和溶液可采用一定的方法回收。

冷凝回收法。有机废气可经过冷凝器，低于其沸点冷凝成液态回收，故要有冷凝设备。

静电除尘法。固体粒子常带有电荷，在电场中，粒子失去电荷，失稳、聚集、沉降以达到分离目的。

(2) 化学法　酸性（或碱性）气体通入碱性（或酸性）液体中发生中和反应而去除，同理有的气体可发生氧化还原或其他化学反应而去除。只是都要考虑反应产物的回收。

(3) 物理化学法　吸附法。固体表面可发生气体的物理吸附，吸附能力的大小由固体表面和气体性质决定。多孔性大比表面的吸附剂有良好吸附能力，碳质吸附剂（如活性炭、碳纤维等）对非极性气体（如饱和烃和苯类）有良好的吸附能力。硅酸盐和硅铝酸盐类吸附剂（如分子筛、硅胶、硅铝胶等）对极性气体（如水汽、脂肪醇、脂肪酸蒸气）有良好的吸附能力。吸附分物理吸附与化学吸附两大类。物理吸附设备简单、脱附容易。吸附饱和后用水蒸气吹扫易于脱附和回收。常用的吸附剂有活性炭，硅胶、分子筛、碳纤维等。

催化燃烧法。此法适于高浓度有机蒸气除去，但有机资源浪费较大。

(4) 生物法　生物氧化法。将人工筛选的特种微生物菌群固定于生物载体上，污染气体通过时，微生物菌群从污染气体中获得营养，在适宜条件（温度、pH 等）下菌群生长，繁殖、在载体上形成生物膜，污染气体接触生物膜被相应微生物菌群捕获并消化。

在上述这些方法中，表面活性剂难以直接发挥作用。因为表面活性剂只有在溶液中才能形成胶束，在有各种界面存在时才能发生吸附作用，各处功能才能得以发挥。上述这些方法或直接溶于某种液体或直接从气态变液态回收，或被吸附剂吸附，再脱附回收等等。但是只要有液相存在就可能有表面活性剂的应用。废气被液体溶解或与液体中某种化合物反应形成新的物质，在回收这些物质时表面活性剂就可能发挥其作用。当然，这就相当于“废水”处理了。

3. 雾霾治理

(1) 雾霾治理的一般方法　如前所述，雾与霾的科学含义不同。雾的分散相是小水滴或小冰晶（包含有极微小的尘粒）。霾的分散相是固体小粒子。虽然如此，这两种天气现象的宏观表现都是使大气的能见度降低，恶化人类、动植物体的生存条件。故常将二者混称雾霾，并在治理时比较注重霾的防治。

雾霾治理的一般方法是减少粉尘类污染物排放，减少石化类能源的使用，尽可能开发利用清洁能源；植树造林搞好水利工程建设，减少水土流失，调节气候，减少风沙等自然灾害的发生；合理规划国民经济发展，避免盲目城市化，城市建设不贪大求详，控制人口过度增长，不能无限制发展大城市和发展汽车的拥有量；提倡和推进人类生活低碳化等等。

(2) 表面活性剂在抑尘中的作用[36]

从粉尘特性和起尘机理出发研制适宜的化学抑尘剂。从克服粉尘轻、小、带电等特点出发，抑制粉尘飞扬。表面活性剂因其有良好的润湿、渗透、分散和聚集等功能被广泛用作抑尘剂的主要组分。目前化学抑尘剂以有机高分子聚合物、表面活性剂（起功能调节作用）为主要组分。表面活性剂的主要作用是乳化、润湿、增溶和保水作用。

① 阴离子型表面活性剂配方型抑尘剂

在此类抑尘剂中阴离子型表面活性剂主要起润湿、聚集作用，达到黏结粉尘的目的。此类抑尘剂有：以水玻璃、增塑剂、阴离子表面活性剂、甲基苯乙烯乳液等为主要组分的抑尘剂；以碱金属盐类，阴离子表面活性剂和改性剂等为原料制备的煤尘抑制剂；以渣油、水、十二烷基硫酸钠、十二醇为主要原料用来黏结粉尘的渣油/水乳状液型抑尘剂；以渗透剂 JFC、腐殖酸钠、十二烷基苯磺酸钠、金属洗涤剂、六偏磷酸钠为主要原料的高效水泥降尘剂等等。

② 阳离子型表面活性剂配方型抑尘剂

阳离子型表面活性剂的亲水离子中大多含氮原子，也有含磷、硫原子的。实际应用的阳离子表面活性剂多为含氮原子的。如胺盐和季铵盐，在化学抑尘剂中应用阳离型表面活性剂的较少，这是因为多数矿物或植物类物质粉尘，在水中多带负电荷，阳离子表面活性剂吸附后表面疏水化，并且胺盐型表面活性剂水溶性较差，在中性、碱性介质中发生水解析出胺。而季铵盐阳离子表面活性剂润湿能力差，成本高，毒性较大。但也有用阳离子表面活性剂参与抑尘剂的。如以季铵盐阳离子表面活性剂、絮凝剂（聚氮丙啶，聚 2-羟丙酯-1-*N*-甲基氯铵）、环氧乙烷、水为主要组分的煤尘抑制剂。

③ 两性表面活性剂配方型抑尘剂

此类表面活性剂毒性小，耐硬水性好，与其他类型表面活性剂相容性好，但价格昂贵。少用于抑尘剂。但也有以酰基甜菜碱、三乙醇胺烷基硫酸盐为主要组分的粉尘抑制剂。

④ 非离子型表面活性剂配方型抑尘剂

非离子型表面活性剂有良好的分散、乳化、润湿、分散等性能。在以改善润湿性能为主的抑尘剂中一半多的表面活性剂为非离子型的，如以多种非离子型表面活性剂（Surfynol 440、Macol 30、Plurafac RA 43、Mindust 293、Neodol 92）为主要成分制成润湿煤尘的抑尘剂，以聚氧乙烯月桂酸酰醚，1,2-二丁酯萘-6-硫酸钠为主要组分的煤尘润湿抑尘剂。以黏结性为主的抑尘剂中也广泛应用非离子型表面活性剂，如聚醚改性硅酮油、聚氧乙烯壬基酚醚和聚氧乙烯烷基醚等非离子型表面活性剂为主要组分的粉尘黏结剂，以无机黏结剂、丙烯酸钠聚合物、聚乙二醇非离子型表面活性剂或硫酸酯为主要组分的粉尘黏结剂等。

⑤ 高分子表面活性剂配方型抑尘剂

在抑尘剂中应用的高分子表面活性剂有聚乙烯醇、部分水解的聚丙烯酰胺及聚丙烯酸盐等。一般多用作乳化剂和分散剂。如以水溶性阴离子丙烯酸聚合物、丙烯酰胺、丙烯腈、丙烯酸或甲基丙烯酸醚、水溶性非离子亚烃基醇共聚物、水溶性非离子聚烷氧基醇表面活性剂及其他高分子物质等制成抑尘剂，以多糖类水溶性聚合物（如瓜尔豆胶）及其衍生物、多元醇、聚丙烯酸及其衍生物等为原料制成煤尘抑制剂，以 PVA、丙烯酸酯、聚乙烯酰胺树脂、OP、Span、Tween、过硫酸钠等为原料制成树脂型抑尘剂，以淀粉接枝聚丙烯酸钠为原料制备的用于路面抑尘的树脂型抑尘剂，以可溶性淀粉、硅酸钠、丙三醇等为原料的生态型抑尘剂，等等。

总体来说化学抑尘剂的研究中以阴离子型、非离子型和高分子表面活性剂应用较多，效果显著。但表面活性剂的降解似是实际应用的顾忌之一。降解和选择价廉、稳定性好、润湿性、黏结性俱佳的表面活性剂仍是抑尘剂研究的重要内容。

(3) 表面活性剂在湿法除尘中的应用[37]

湿法除尘也称洗涤除尘，是使废气与液体（一般为水）直接接触，将污染物（粉尘）从废气中分离出去的一种方法。此法设备结构简单，净化效率高，适用于净化非纤维性和不与水发生化学反应的各种粉尘。

在湿式除尘过程中，含尘气体与液体接触程度对除尘效果有很大影响。悬浮于气体中的 5μm 以下的小粒子和水滴表面均有一层气膜。很难被水润湿而使处理效果降低。为了增加尘粒的润湿性，改善除尘效果，采用加有各种阴离子型和非离子型表面活性剂的洗涤剂，尘粒被润湿和分散效果有很大改善。以上两类表面活性剂有良好的润湿功能，而且可以吸附在尘粒的狭缝中产生劈分压力、增加狭缝深度，减少粒子破碎的机械能。当应用阴离子型表面活性剂时，其在粒子表面吸附可使粒子荷负电，增大粒子间的静电斥力，使粒子更易于分散到液体中，在煤矿采煤工作面用高压喷咀将浓度为 0.01%～0.5%的含 AE 的水进行喷洒，可除去 95%的粉尘，在爆破尘毒的治理中，用表面活性剂水溶液处理后除尘率可提高 31.59%。

参考文献

[1] Mollet H, Grubenmann A. Formulation Technology. Weinheim: Wiley-VCH, 2001.
[2] 周祖康，顾惕人，马季铭. 胶体化学基础. 北京：北京大学出版社，1987.
[3] Butt H J, Graf K, Kappl M. Physics and Chemistry of Interfaces. Weinheim: Wiley-VCH, 2006.
[4] 郑忠. 胶体科学导论. 北京：高等教育出版社，1989.
[5] 赵国玺，朱珖瑶. 表面活性剂作用原理. 北京：中国轻工业出版社，2003.
[6] Davis J T, Redel E K. Interfacial Phenomena. New York: Academic Press, 1963.
[7] Ross J, Miles G D. American Society for Testing and Materials. Method D, 1173-53, ASTM: Philadelphia, 1953.
[8] Myers D. Surfactant Science and Technology. 2nd ed. New York: VCH, 1992.
[9] 侯万国，孙德军，张春光. 应用胶体化学. 北京：科学出版社，1998.
[10] 普季洛娃 И Н. 胶体化学实验作业指南. 北京：高等教育出版社，1955.
[11] 北京大学化学系胶体化学教研室. 胶体与界面化学实验. 北京：北京大学出版社，1993.
[12] Hiemenz P, Rajagopalan R. Principles of Colloid and Surface Chemistry. 3rd ed. New York: Marcell Dekker, 1997.
[13] 施良和. 凝胶色谱法. 北京：科学出版社，1980.
[14] 北京大学化学系高分子化学教研室. 高分子物理实验. 北京：北京大学出版社，1983.
[15] Wu J, Xu D, Soloway R D. Gastroentordogy, 1990, 98 (5): 249.
[16] 李晓峰，Solovay R D，吴瑾光，徐光宪. 中国科学（B辑），1996，26：52.
[17] 顾雪蓉，朱育平. 凝胶化学. 北京：化学工业出版社，2005.
[18] 林松柏. 高吸水性聚合物. 北京：化学工业出版社，2013.
[19] 埃杰尔特 米-安等. 气凝胶手册，北京：原子能出版社，2014.
[20] 沈钟. 化学通报，1965（4）：31.
[21] Kistler S S, Nature, 1937, 127: 741
[22] 陈龙武，甘礼华. 化学通报，1997，(8)：21.
[23] 陈龙武，冯颖，甘礼华，侯秀红. 第九届全国胶体与界面化学会议论文摘要集，济南，2002.
[24] 卢芸等. 生物质纳米材料与气凝胶. 北京：科学出版社，2015.
[25] 孙贻然等. 化学进展，2015，27（8）：1133.
[26] 高燕等. 化学进展，2015，27（12）：1214.
[27] Zhang X. Y. Lee H, et al. Science, 2014, 344: 1373.
[28] 迈尔斯，德. 表面、界面和胶体——原理及应用. 北京：化学工业出版社，2005.
[29] 李尉卿. 大气气溶胶污染化学基础. 郑州：黄河出版社，2010.
[30] 卢正永. 气溶胶科学引论. 北京：原子能出版社，2000.
[31] Barnes G, Gentle I. Interfacial Science (2nd ed). New York: Oxford, 2011.
[32] 沈钟，赵振国，康万利. 胶体与表面化学（第四版）. 北京：化学工业出版社，2012.
[33] 侯新朴等. 药学中的胶体化学. 北京：化学工业出版社，2006.
[34] 吴兑. 探密 PM2.5，北京：气象出版社，2012.
[35] 程春英，尹学博，大学化学，2014，29（5）：1.
[36] 常婷，程芳琴. 科技情报开发与经济，2009，19（11）：121.
[37] 袁平夫，廖柏寒，卢明. 环境保护与科学，2005，31：38.

习题

1. 什么是泡沫？泡沫的基本结构是怎样的？

2. 泡沫的普拉蒂奥（Plateau）边界的作用为何？

3. 决定和影响泡沫稳定性的作用因素是什么？马兰格尼（Marangoni）效应在泡沫稳定性中如何起作用？

4. 何为凝胶？区别水（液）凝胶、干凝胶、湿凝胶（冻胶）、气凝胶等术语。

5. 举出几种常见凝胶，说明其网架结构的组成。

6. 简单方法研究硅胶水凝胶的胶凝时间与体系 pH 的关系表明：在 pH 8～10 间 j 胶凝时间最短。根据硅酸聚合的机理做定性解释。

7. 明胶水凝胶的吸水膨胀的简单实验如下：取 10g 干明胶加入 90g 水，在水浴上加热溶解，分成 10 等分置于 10 个小烧杯中，静置冷却成明胶水凝胶。用小刀将水凝胶切割成约 11cm 方块。各分别加入 pH

2～10 的水，静置几小时（具体时间视室温而变）。观察明胶水凝胶吸水膨胀情况。用 pH 试纸测出各样品中水的 pH。泌出各烧杯中的清液。称量出每克明胶水凝胶的吸水量。作吸水量与介质 pH 关系图。解释所得结果。

8. 什么是水凝胶的脱水收缩（离浆）作用？说明其原因。

9. 说明什么是液体气溶胶和固体气溶胶，如何治理？

10. 说明雾与霾的区别。雾与霾都是天气现象，为什么近年才特别注意这两种现象的危害？

11. 为什么雾多发生在夜间和早晨，而霾可以全天都有？

全书习题参考书目

1. 赵振国. 胶体与界面化学——概要、演算与习题. 北京：化学工业出版社，2004

2. Barnes G，Gentle L I. Interfacial Science An Introduction (2nd ed.) New York：Oxford Univ. Press.

3. Adamson A W，Gest A P. Physical Chemistry of Surfaces (6th ed.). New York：John Wiley & SonsInc. 1997.

4. Baranova B I，Rastschti I zadatschi po kolloudnoi khimii，Moscova：vischaya shkola，1989 (Russian)

5. Popiel W J. Introduction to colloid science. Hicksville N. Y.：Exposion press. 1978